TEZHONGGONGCHENGXINJISHU

■■■ 北京饭店改造工程

■■■ 杭州天工艺苑增层改造工程

■■■ 山东临沂国家安全局大楼平移工程

■■■ 盐城市广电中心加固工程

■■■ 广西梧州福港楼平移工程

■■■ 兰州白塔纠倾工程

■■■ 广西梧州人才交流中心平移工程

TEZHONGGONGCHENGXINJISHU

深圳龙岗基坑工程

南方大厦改造加固工程

宝鸡电厂地基孔内强夯桩加固工程

山东东营永安商场旋转工程

上海音乐厅平移顶升工程

TEZHONGGONGCHENGXINJISHU

特种工程新技术

(2006)

主　编　唐业清
副主编　杨桂芹　张　誉
　　　　蓝戊己　崔江余

中国建材工业出版社

图书在版编目(CIP)数据

特种工程新技术/唐业清主编. —北京:中国建材工业出版社,2006.6
ISBN 7-80227-102-9

Ⅰ.特… Ⅱ.唐… Ⅲ.建筑工程-新技术
Ⅳ.TU-39

中国版本图书馆 CIP 数据核字(2006)第 055814 号

内 容 简 介

本书收录了中国老教授协会土木建筑(含病害处理)专业委员会第七届建筑物改造与病害处理学术研讨会的论文百余篇,包括本学科发展综述,建筑物移位、纠倾、增层、改造加固及地基基础工程等。本书基本反映了我国近几年来在建筑物改造与病害处理领域的理论研究和工程实践现状,总结了近几年来该学科技术领域的新技术、新成果,可供从事建筑工程移位、纠倾、增层、改造加固及地基基础勘测、设计、施工、管理领域的科技工作者和大专院校师生参考。

特种工程新技术

主　编　唐业清
副主编　杨桂芹　张　誉
　　　　蓝戊己　崔江余

出版发行:中国建材工业出版社
地　　址:北京市西城区车公庄大街6号
邮　　编:100044
经　　销:全国各地新华书店
印　　刷:北京鑫正大印刷有限公司
开　　本:850mm×1168mm　1/16
印　　张:28.5
字　　数:763千字
版　　次:2006年6月第一版
印　　次:2006年6月第一次
定　　价:58.00元

网上书店:www.ecool100.com
本书如出现印装质量问题,由我社发行部负责调换。联系电话:(010)88386906

《特种工程新技术》编委会

主　编　唐业清

副主编　杨桂芹　张　誉　蓝戊己　崔江余

编　委　林立岩　万墨林　周志道　卢明全
　　　　叶观宝　张　鑫　江　伟　吴如军
　　　　李今保　何新东　韩继云　惠云玲
　　　　徐学燕　王曙光　司　安　李国雄

前　言

我国的改革开放政策,促进了国民经济的迅猛发展,而建筑行业是国民经济的重要支柱,这些年也同样得到了快速的发展。我国既有建筑物积累总量已达400多亿平方米,目前城乡每年还以5亿多平方米的数量继续建造着,可以说这是史无前例的宏伟工程。

既有建筑物是我国亿万人民辛勤劳动的结晶,是全社会谋求进一步发展的重要物质保证,我们不仅要善于建设,而且要善于管理,我们必须精心地维护这些既有建筑物,使其处于完全良好的使用状态,尽可能地延长其使用寿命。

随着人民生活水平不断提高,城乡建设规划不断求新,生产不断发展,人们对既有的各类生产、生活用房的使用功能和条件会不断提出新的要求,使其不断适应新形势发展的需要,这样必然会有对既有建筑物进行移位、增层或改造的工程,这也成为了一门与时俱进,有长远发展和需求的重要专业学科领域。

由于天灾(如地震、飓风、雪灾、洪水、泥石流及滑坡等)和人祸(建筑物设计、施工的失误以及使用过程中的损坏等)的危害,常使既有建筑物发生倾斜、裂损、沉陷等严重病害,需要及时抢救,消除各类灾害对建筑物造成的损害,恢复其正常使用功能,也是保护既有建筑物,保护国家财产一项重要任务。

我国对既有建筑物的保护和维修缺乏严格有效措施,许多城镇地区常常由于规划和发展的需要,随意拆除"碍事"或有些病害的既有建筑物。一般住宅建筑物的设计寿命约50年,而据统计,目前全国旧建筑物存在的平均寿命仅30年左右,随意拆除不到使用年限的建筑物,而不是通过加固、改造、移位和病害治理等手段进行加固和挽救,乱拆既有建筑物给社会造成许多严重损失,是十分令人痛心的。

随着我国累积的既有建筑物数量越来越多,其加固、改造与病害处理的任务越来越重,新兴的建筑物改造与病害处理新学科越来越被人们所重视,它已成为我国建筑行业一个重要专业技术领域。

中国老教授协会土木建筑(含病害处理)专业委员会,2006年6月在上海主持召开"全国第七届建筑物改造与病害处理学术研讨会",收到了百余篇涉及建筑物改造与病害处理的学术论文,这些论文是广大工程技术人员在工程实践中积累的宝贵经验,是我国近些年在这个学科领域技术进步的重要成果。

为了向广大工程技术人员或从事本学科的有关教学、科研等单位人员,介绍这次学术研讨会的宝贵成果,特出版这本专集,作为建筑工程特种新技术(2006)向大家推荐。希望本书的出版能为提高我国建筑物改造与病害处理技术水平作出新贡献。

编　者
2006年5月

目 录

第1章 综 述
1.1 建筑物改造与病害处理学科现状与展望 ……………………………………唐业清(1)
1.2 加强建筑结构改造工程的科研与实践 …………………林立岩　颜万军　单明　林南(9)
1.3 沙漠治理新思路新途径新方法 …………………唐业清　崔江余　杨桂芹　李虹　许丽(12)
1.4 特种工程技术新成果新进展 ………………………………………………吴如军　唐颖(17)

第2章 移位工程
2.1 建筑物移位工程技术现状与展望 ………………………卢明全　张帆　杨军春　范强(25)
2.2 建筑物整体移位施工技术及可靠性评价 ………………………张新中　张宗敏　武宗良(31)
2.3 中国目前最高的移位工程——宁夏吴忠宾馆
　　移位工程设计与施工 …………………………………………蓝戊己　朱启华　尹天军(37)
2.4 建筑物整体移位工程设计方法 ………………………………张新中　武宗良　崔万杰(45)
2.5 高层建筑物移位技术研究与探讨 ………………………………………………卢明全　孙肃(51)
2.6 建筑物平移关键技术设计与分析 ……………………楼永林　刘名开　姜钟阳　楼世松(55)
2.7 建筑物旋转(绕固定端)移位技术研究 ……………………………卢明全　解宝国　孙肃(62)
2.8 燕化两巨型塔器整体液压连续平移技术 ……………………………………………徐祥兴(66)
2.9 上海音乐厅移位托盘梁系结构性能研究 ……………………………梁峰　卢文胜　蓝戊己(70)
2.10 PLC液压整体同步控制技术在工程建设中的应用 ……………………………………杨世杰(73)
2.11 电脑控制系统在移位工程中的应用 ……………………………………………李春益　杨武松(76)
2.12 浅谈整体顶升法调整刚架整体下沉的施工技术 ………………………………………兰永宁(79)
2.13 浅议建筑物整体移位移动装置 ……………………………………………蒋岩峰　林其荃(83)
2.14 桥梁顶升技术在高速公路改造中的应用 ……………………………………………王海(85)
2.15 桥梁顶升技术在建设中的应用 ……………………………………………………赵殿峰(88)
2.16 纵墙承重砖混结构的整体平移 ……………………………………………………李其廉(92)
2.17 库尔勒市某综合服务楼平移工程实例 ……………………杨军春　卢明全　孙肃(94)
　　参考文献 ……………………………………………………………………………(98)

第3章 纠倾工程
3.1 建(构)筑物纠倾技术进展 ………………………………………………张鑫　魏焕卫(99)
3.2 我国当前最高的纠倾建筑物——哈尔滨齐鲁大厦纠倾
　　工程的技术与实践 ………………………………………………………………何新东(110)
3.3 追降法建筑纠偏技术工程实践 ……………………………………………王士恩　吴木林(112)
3.4 非线性理论在纠倾工程中的应用研究 ……………………………………李启民　唐业清(114)
3.5 古塔纠倾中某些技术关键的思考 ……………………………………………谌壮丽　王桢(120)
3.6 湖南省级文物邵阳市水府庙戏楼整体抬升方案探讨 ……………郭云耿　陈颂　袁标兵(124)
3.7 大跨结构纠倾加固实践 ……………………………………………………李启民　王树理(130)

3.8 电除雾器框架楼纠倾 ……………………………………………………………… 谢党泽(135)
3.9 一幢特殊建筑物的抢险加固与纠倾 ……………………………………………… 吴如军(138)
3.10 某学校学生公寓纠倾加固 ………………………………………………… 高卫 陈东(142)
3.11 古建筑物的整体顶升及纠倾 …………………………………………………… 李其廉(145)
3.12 射水排砂法在特殊地基建筑物纠倾中的应用 …………………………… 何茂 吴如军(148)
3.13 某住宅楼顶升纠偏工程实践 ……………………… 江伟 蒋汉荣 邓俊军 曹继锋(150)
3.14 掏土和锚杆静压桩相结合在纠偏工程中的应用 ……………………… 徐文华 陈卫东(153)
3.15 锚杆静压桩的基础纠偏实例分析 ……………………………………… 李晓勇 陈卫东(157)
3.16 上海某房屋倾斜治理及地基加固工程 ……………………………………… 李建新(160)
参考文献 ……………………………………………………………………………………… (162)

第4章 增层工程

4.1 房屋增层改造建筑设计的浅探 ………………………………………………… 林道宏(164)
4.2 既有建筑物增层的岩土工程评价 ………………………… 李滔 孙莉 杨石飞 陈晖(166)
4.3 地下加层对既有建筑物上部结构内力的影响 ………………… 李勇 徐学燕 林虎(171)
4.4 植筋锚固技术在内增层改造中的应用 ……………………… 张宗敏 张新中 李雨阁(175)
4.5 摩擦阻尼器在沈阳市政府大楼增层抗震加固中的应用 ………………… 单明 林立岩(181)
4.6 框架结构旧楼改扩建几项技术问题论述 ………………………………… 张国祥 李秀万(185)
4.7 锚杆静压桩和压力注浆法在增层加固中的综合应用 ……… 陈立龙 何新东 李万有(191)
参考文献 ……………………………………………………………………………………… (195)

第5章 改造加固工程

5.1 上海优秀历史建筑的检测评定与加固 …………… 张誉 顾祥林 张伟平 欧阳煜(196)
5.2 北京五大奥运场馆及配套工程的改造加固 ……………………………… 崔江余 丁志娟(202)
5.3 五洲大酒店东楼改扩建工程结构
    加固改造施工技术 ……………………………………… 邢海兰 张永福 赵连峰(210)
5.4 结构改造加固综合技术选择与应用——北京饭店改建工程 ……………………… 杨崇俭(217)
5.5 既有建筑鉴定加固改造中存在的若干结构抗震问题 …… 武慧芬 张家启 惠云玲(225)
5.6 混凝土梁修复后新老材料平截面假定试验研究 ……………… 肖辉 惠云玲 郝挺宇(229)
5.7 建筑结构胶应用中的若干问题 …………………………………………………… 万墨林(232)
5.8 不锈钢绞线网和聚合物砂浆加固技术 ……………………… 韩继云 张小冬 费毕刚(234)
5.9 《砖混结构加固与修复构造图集》简介 …………………………………………… 万墨林(238)
5.10 水平旋喷桩超前加固技术进展 ………………………………………… 崔江余 钱春香(239)
5.11 钢筋混凝土结构检测鉴定中的若干问题 ……………………………………… 袁海军(245)
5.12 建筑物裂缝病害的分析与处理 ………………………………………………… 谢锡庆(248)
5.13 某体育馆主框架梁裂缝原因分析 …… 袁海军 费毕刚 邱平 肖从真 潘立(251)
5.14 某民族学院大礼堂墙体裂缝分析与加固处理 ………………………… 郑建军 张国澍(254)
5.15 地下室现浇混凝土外墙柱裂缝原因分析 ……………………………………… 刘军(258)
5.16 某教学楼检测鉴定及加固设计 ………………………………………………… 任旭(261)
5.17 北京戒台寺抢险加固 …………………………………………………………… 王桢(263)
5.18 钢结构整体顶托在古建筑加固中的应用 …………… 陈寅 陈尚建 周勇 侯发亮(269)
5.19 某商场室内改造加固工程实例 ……………………… 李今保 潘留顺 王瑞扣 钱伟(273)
5.20 砖混结构房屋"托换"技术灵活运用浅论 ……………………………… 李秀万 张国祥(276)

5.21 托梁换柱施工技术在砖混结构房屋
改造中的运用 …………………………… 黄聪 陈尚建 赵晶晶 李莉媛(282)
5.22 砖混结构无支承墙体托换技术设计 ………… 赵晶晶 陈尚建 黄聪 李莉媛(285)
5.23 某砖混结构改造扩建中的难点分析 …………………………………… 罗国权(288)
5.24 高效体外预应力技术在加固和改造工程中的应用 …………………… 项剑锋(291)
5.25 某特大桥箱梁中横隔梁加固 ………………………… 李今保 王瑞扣 潘留顺(295)
5.26 某电动扶梯改造加固工程 ……………………………………… 钱伟 陈东(299)
5.27 用新技术改建钢楼梯及加固混凝土工程 …………………… 龚金京 赵启明(300)
5.28 某商场地下室底板开设电梯井施工 ……… 李今保 潘留顺 朱盐民 王海祥(307)
5.29 混凝土梁、柱、板底腐蚀加固处理办法 ………………………………… 唐颖(310)
5.30 某中学图书馆加固方案的设计与施工 ………………………… 梁坚源 李同群(313)
5.31 某高层酒店的补强加固 …………………………… 郭平 张新华 侯巧玲 房学礼(316)
5.32 浅谈在建筑加固工程中采用钢管混凝土柱施工问题 ………… 李同群 吴如军(318)
5.33 某高层建筑混凝土强度严重不足的加固设计和施工 …… 丁小琴 曹继锋 方伟(320)
5.34 新建高层建筑物的病害处理 ………………………… 孙立鹏 孙永利 张寿利(323)
5.35 某炼钢厂吊车梁应力测试及分析评估 ……… 杨建平 常好诵 弓俊青 刁鲁明(327)
5.36 锚杆静压桩技术在上海地区住宅楼
改造工程中的应用 ……………………………………… 周志道 周寅 倪诗阁(330)
5.37 某80m混凝土烟囱裂缝及盐酸腐蚀鉴定与分析 ……………… 刁学优 许锴(332)
参考文献 …………………………………………………………………………… (337)

第6章 地基基础加固

6.1 地基沉降引发工程质量事故的原因分析 ……………… 叶观宝 徐超 肖媛媛(339)
6.2 工程建设中地基沉降控制措施综述 ……………… 叶观宝 徐超 王艳 裔照洲(343)
6.3 地下大空间开挖引起的上覆岩层离层的
基本机理 ……………………………………… 魏金波 于广明 段欣 刘宁(349)
6.4 减沉桩设计原理及工程实例有限元分析 ………………………………… 郭哲(355)
6.5 树根桩技术现状与发展前景 ………………………… 叶观宝 徐超 杨晓明(362)
6.6 挤扩支盘灌注桩在电厂建设中的应用 ……… 马旭龙 兰岚 李兴利 张晓玲(366)
6.7 挤扩支盘灌注桩的应用实例 …………………………………… 张晓玲 杨桂芹(371)
6.8 压力注浆法在治理高填方路基
裂缝中的应用 ………………………… 丁太东 安享茂 张学利 朱克令(376)
6.9 条形基础垫层底面处附加压力值的简化计算 …………………………… 李保军(381)
6.10 把好地基基础关确保工程质量与安全 …………………………………… 厉家能(384)
6.11 锚杆静压桩在特殊地基土中的应用研究 ……………………… 张国澍 郑建军(387)
6.12 浅析深基坑施工中存在的几个问题及处理措施 ……… 梁俊峰 李广江 尹伟(390)
6.13 预制混凝土楼板连续跨塌控制 ………………………… 赵挺生 张奉举 董立(395)
6.14 多种支护工艺在某基坑工程中的综合应用 ……………………………… 梁坚源(397)
6.15 紧邻地铁变电站深基坑支护设计与施工 ……………………… 高志刚 任刚 杨桂芹(404)
6.16 CFG桩在加固深厚人工填土地基中的应用 …………………… 肖长生 张鹏(412)
6.17 CFG桩复合地基在深圳某高层建筑中的应用 ………………… 乔丽平 许宏洲(413)
6.18 冻结法施工工艺浅析 …………………………………………… 乔丽平 方雨明(415)

6.19 浅谈嵌岩桩的几个问题 ·· 张鹏 乔丽平(418)
6.20 "变废为宝"发展循环经济——论 DDC、SDDC 技术
    在固体垃圾处理中的运用 ··· 司炳文(421)
6.21 循环钻机成孔水下混凝土灌注桩工法论述 ···················· 郭英杰 金星(423)

第1章 综　　述

1.1 建筑物改造与病害处理学科现状与展望

1.1.1 本学科的重要性

我国自改革开放以来，进行了大规模的建设工程，已建成的各类建(构)筑物达400多亿平方米，现在每年还以5亿多平方米的规模进行。这些耗费巨资和人力、物力建成的各类既有建(构)筑物，是我国的宝贵物质财富，是全国亿万人民劳动的结晶，也是改革开放的重要成果。因此，维护好这些大量既有建(构)筑物，保证其安全使用，及时消除天灾或人为造成的各种病害，延长其使用寿命，就是对国家社会财富最有力的保护。

建筑行业包括两大领域，即新建工程领域和既有建筑领域。本学科涵盖了既有建筑物的改造和病害处理工程。既有建筑物的改造工程包括：建筑物的移位、增层、改建与扩建；既有建筑物的病害处理工程包括：建(构)筑物的纠倾、沉降控制和裂损的加固处理。既有建筑物，包括了既有构筑物。

据统计，由于管理不当，有许多设计寿命为50年的房屋一般仅使用30年左右就被拆除，这是对国家财产的极大浪费。实际上，对仍有使用价值的房屋不可乱拆，有了毛病可通过加固、改造与病害处理方式挽救，以延长使用寿命。一栋建筑物从建造到最终被拆除，可能经历许多意想不到的"苦难"，例如：

由于勘察、设计、施工等方面的失误，有些建筑物在施工建造过程中就发生倾斜、裂损以及不均匀下沉等严重质量事故。如能及时查明这些建筑物病害原因，对其进行有效地加固和病害处理，使其转危为安，可避免重大经济损失和保护人民生命财产的安全。

由于地震、水灾、风灾、雪灾、地面塌陷、滑坡、泥石流等自然灾害和火灾等灾害，可使既有建筑物遭受严重损坏。通过纠倾扶正、地基基础和上部结构的补强加固，可消除其病害，恢复正常使用功能，挽回经济损失。

随着社会经济水平不断提升，人们对增加房屋面积，改善房屋使用功能，提高房屋质量，美化周边环境等要求也随之提高。因此，及时做好既有建筑物的改造和加固，以满足人们不断增长的新要求，使既有建筑物不断适应时代进步的要求，其重要性决不亚于新建工程。

我国人口众多，人均住房面积还较低，房屋的质量和环境条件与发达国家相比也有较大差距。目前只有少数人有较宽敞、满意的住房。要较好地解决多数人期盼的住房还要走很长的路。因此我们要十分珍惜和有效保护各类既有房屋，而且通过对既有房屋的增层与改扩建，增加房屋使用面积。这样不仅节省土地，还比简单地拆除旧房节省投资30%～60%。可见本学科任务的重要与艰巨。

再经过若干年大规模建设,各类建筑物的拥有量将达到饱和,新建工程的规模会逐年下降,而既有建筑物的拥有量则会十分巨大,那时,我国在世界也是大户人家。因此,如何对既有建筑物进行维护、加固、改造和各类病害的治理,将会成为建筑领域里的头等大事,相关的企业和科学技术必然得到迅速发展。一些发达国家新建工程数量较少,而既有建筑物的维护、加固与改造工程则占60%以上。应该看到,本学科还是一个正在发展中的新学科,基础薄弱,经验不足,工程难度较大,人才匮乏,科研滞后,是一个风险与创新并存的学科。目前人们普遍关注的是房屋市场价格,而对既有建筑物的改造、加固与病害处理工程的严峻现状与重要性的认识还很不足。

建筑物改造与病害处理行业或学科的重要性可概括为:它是人们为保护自己的劳动成果,抗拒天灾人祸对建筑物的毁坏,及时地加固处理各种建筑物病害使其转危为安,高质量、及时对既有建筑物进行改造及改扩建,使其不断适应人们生产、工作和生活的新需求,确保人们生产、工作、学习、生活等各类用房的安全和正常使用。是不断改善人们生产、工作和生活条件,保持社会安宁和稳定不可缺少的重要行业或学科。其技术能力和水平,也是一个国家和民族抗拒灾难、保护自己,求生存、谋发展的能力和智慧的标志与体现。

1.1.2 本学科的主要内容

在建筑工程两大领域中,既有建筑工程包括建筑物改造和建筑物的病害处理两大部分,这也就是本学科所包含的两大主要内容。

1.1.2.1 建筑物的改造工程

建筑物的改造包含内容广泛,如增层、改造、扩建、移位等。其内容还可进一步分类如下:

(1)地下改扩建工程。新增设局部或整体式地下室或者改扩建旧地下室,增加旧房的地下使用空间,如新增设地下街道、储藏室、人防工程以及其他地下开发工程等,通过开发地下工程拓展空间,向地下要各类生产、生活及工作用房。

(2)在构筑物上的增层改造。在旧房上增建新的楼层,进行建筑物增层改造工程,向空间要住房;在室内空间较大、屋顶较高的房屋内进行室内增层改造工程,增加既有房屋的空间使用面积。

(3)在平面上进行改扩建,增加或扩大房屋在平面上的使用面积。

(4)拆除部分已损坏、腐蚀的地基基础、墙体、梁、柱、板等承重构件,重新进行加固改造,或者同时进行改扩建,扩大房屋的使用面积,使改造与加固相结合,从而消除旧房隐患,延长房屋的使用寿命,改善房屋的使用功能。不一定到了设计寿命就拆除,通过大修、改造和加固还可延长使用20年以上,这是不争的事实。

(5)更新外墙面、门窗、屋面、管道、水电线路,室内重新装修、装饰和改造等,通过大修使其焕然一新。

(6)建筑物的移位工程。根据城市建筑规划的要求,对于妨碍交通和影响城市功能的临街房屋可进行移位处理。移位工程包括平移、转动、抬升与迫降。通过移位不仅保护了建筑物,而且也使城市面貌一新,这是一举多得的好事。

由此可见,旧房改造工程的内容和项目繁多,这些工程都应通过常规手续依法进行设计、施工,要办理相关的报批手续。而且要经过方案的论证和比选,邀请有经验、施工质量可靠的专业公司承担工程任务。

1.1.2.2 建筑物的病害处理和加固工程

由于勘察、设计、施工和使用不当等人为因素及自然灾害等诸多因素所致,造成建筑物发生影响正常使用甚至危害使用者安全的各种病害,如倾斜、扭曲、严重裂损、大面积下沉等,不采取有效措施对其病害进行有效治理,恢复其正常使用功能,建筑物将丧失使用价值甚至报废拆除。

建筑物的病害处理和加固工程也可进一步分类如下:

(1)建筑物的纠倾加固工程。针对建筑物发生倾斜的原因,采取有针对性的纠倾和加固技术措施,使其改斜归正,并防止其再复倾。

(2)建筑物的裂损与扭曲变形的挽救与加固处理。针对发生病害的原因,对其进行不均匀沉降的调整处理,释放结构变形产生的内应力,修补裂缝,对损坏结构构件进行加固。

(3)因自然或人为灾害而损坏的建筑物加固处理。如地震、泥石流、飓风、火灾、洪水等灾害造成建筑物损坏时应根据病害原因和损坏状况有针对性地对其进行抢救与加固,尽可能恢复其正常使用功能。

(4)由于地下水位变化或其他因素,引起大批建筑物发生过量沉降以及地基基础发生严重损坏时的沉降控制与加固处理。

(5)进行增层、移位、改扩建的建(构)筑物,也可能同时具有不同程度的病害,因此建筑物的改造与病害处理加固工程通常要结合进行。

要成功地治理建筑物的病害,必须正确判断发生病害的原因,通过检测鉴定,正确做出评价。加固处理应经过方案比较,充分论证,不可简单、武断地确定。

1.1.2.3 建筑物改造与病害治理工程必须与环境治理保护相结合

环境治理时也可能要对建筑物进行必要的改造与病害处理,或者在进行建筑物改造与病害处理的同时需要与环境保护、环境治理相结合。总之,在进行既有建筑物改造与病害处理时须具有环境保护的意识与相应措施,使经过处理后的建筑物成为安全、坚固、适用、美观,面貌焕然一新的建筑物,而其周边环境也应做相应改造、美化、治理,使居住者感到舒适满意,提高居住房屋质量与环境质量。

1.1.3 本学科的发展特点

建筑物改造与病害处理在建筑工程领域中是新兴学科,它的发展与新建工程技术的发展密不可分,是弥补新建工程的失误与不足而发展起来的学科,或者说是大规模新建工程的拾遗补缺,是新建工程的影子和小兄弟。它将从弱到强,今后可能逐渐成为建筑领域的主要支柱,是有远大前程的新学科,其发展特点可概括如下。

1.1.3.1 20世纪80年代初开始的低多层房屋增层改造工程

20世纪80年代初改革开放以来,百废待兴,要开始进行大规模建设,但资金严重短缺,各类生产、公用、居住房屋严重不足,北京市提出人均居住面积6m^2为奋斗目标,上海工人住宅区有不少是三世同堂,一家人只能挤住在一间10多平方米的房间里,十分窘迫。在这种形势下单靠新建工程来解决全国房屋严重不足的重大困难是不现实的,因此各地首先从有条件的低多层房屋开始,进行改扩建和增层改造工程,资金多为自筹,工程规模有限,但颇有实效。有些大单位自力更生,先解决居住面积甚挤的住房,增加小客厅、厨房、卫生间等面积缓解矛盾;有些机关、商场、学校在原有的低多层楼房上进行增层改造,扩大房屋的使用面积;也有些城市的房管部门选择最为困难的小区进行增层改造,以较少的资金投入,取得立竿见影的显著成效;在广州,沿街有许多居民楼,但商业店铺门面严重不足,他们有针对性地对其进行增层改造,改变底层房屋结构,使其适于商业店铺的需要。这对推动商业的发展也是颇有贡献的。全国许多城市都进行了房屋的增层改造,同时也对旧房进行必要的加固补强,这不仅缓解了各类用房严重不足的燃眉之急,也延长了旧房的使用寿命,增加了房屋的安全性。

当时全国典型的增层改造工程有：

(1)哈尔滨秋林公司商业楼。该商业楼是俄罗斯风格建筑，原为2层砖混结构，墙上有许多俄罗斯风格的建筑雕塑，是一栋文物保护建筑。为适应商业发展需要，哈尔滨市对其进行了增层改造，由2层增为4层，建筑面积增加1倍。完全保留了原建筑风格，内框架结构，外墙上的雕塑按视觉比例放大。如今已成为哈尔滨市的一个景点建筑。

(2)北京晚报社办公楼。原为4层砖混结构，增层改造后为8层外套框架结构。新增结构为钢结构，是由北京建筑设计院设计。改造后建筑面积增加1倍，外观漂亮，是北京市增层改造工程中一栋标志性建筑。

(3)上海鞍山新邨住宅小区住宅楼。原建筑为2层灰砖楼，一户2~3室，每室住一家，老少三代同堂，几家合用一个厨房和厕所，拥挤不堪。上海市房管局对其进行增层改造，由2层增至5层。改造后，造型美观、宽敞实用，老住户搬进了有2~3个卧室的单元房。是当时有代表性的解困式住宅改造工程。

(4)北京黑色冶金设计研究总院办公楼和职工住宅楼的增层改造工程。为了解决办公用房紧张和改善职工住房条件，对院部办公楼(3+1)和家属宿舍进行改造(增加使用面积、改善使用功能)。他们采取自力更生的办法，自行设计、自己管理施工，其增层改造工程取得较好成果。

(5)沈阳铝镁设计院办公楼(3+2)增层改造也是一个成功的典范。改造后不仅改变了建筑物本身，也改变了沈阳马路湾地区的环境。

(6)此后相继进行的有代表性增层改造工程。如：中石油天然气总公司地球物理勘探局涿州办公大楼，原为4层砖混结构，采用外套结构增至11层；武汉铁道部第四勘测设计院办公楼，是20世纪50年代建成的4层砖混结构，采用外套框架结构，在90年代增至10层；四川绵阳市医药站办公楼，是上世纪70年代建成的7层砖混结构，90年代采用框架结构增至11层；其他还有北京电力公司办公楼、北京地毯厂办公楼、公安大学办公楼、北京国家商务部办公楼以及原纺织工业部办公楼的增层工程等等。不仅北京乃至全国规模较大的增层改造工程也是不胜枚举。

当时在全国范围内的旧房增层改造工程，数量多、规模大、费用低、见效快，颇受欢迎。报刊媒体对此也十分关切和支持，90年代初在《南方周末》报上，刊登了对我的访谈录，支持当时我提出的："向空中要住房，向旧房要面积，用新建与旧房增层改造两条腿走路的办法解决我国各类用房严重不足"的主张。鼓励和推动了我国旧房增层改造事业的迅速发展。

1.1.3.2 20世纪初建筑物纠倾扶正和各类病害处理工程大量涌现

随着大规模建设的逐渐展开，由于勘察、设计、施工等环节的失误和建筑行业中的不正之风，出现了一批倾斜、裂损、严重病害的劣质建筑，给国家建设事业造成很大危害。为挽回经济损失，建筑物的纠倾扶正和病害处理工程大量出现，使我国的建筑物纠倾扶正和建筑物病害处理技术得到相应发展。

有关建筑物改造与病害处理学科的科研和专门人才的培养也得到高校和科研单位的重视，专门从事此类工程的专业技术公司迅速涌现。经主管部门批准开始编制了指导本类工程的技术标准。许多成功的典型工程出现，增强了治理建筑物病害的信心。成功地纠倾扶正与病害治理工程有：

(1)哈尔滨29层百米高的齐鲁大厦纠倾扶正成功。由于设计不当、偷工减料、地基被注水软化等诸多因素，使这栋正在施工中的高层建筑物发生了严重倾斜。经过纠倾加固取得成功，为国家挽回6 000余万元经济损失。这也是我国第一座扶正成功的超高层建筑。美国《世界日报》以"百米高楼扶正成功"为标题对此加以报道。

(2)山西化肥厂倾斜155cm的百米高烟囱纠倾扶正成功。由于强夯处理地基质量不合格、设计失误和使用维护不当,造成该烟囱严重倾斜,而且每日还以 1~2mm 的速度发展。经过纠倾扶正处理成功。此后我国还有一些 150m 高烟囱纠倾扶正成功。

(3)海口海事法院深桩基础(桩长 19m)的 7 层建筑物倾斜 39cm 扶正成功。这是由于相邻深基坑施工降水而引发的倾斜。温州永嘉县 7 层居民楼(26m 深桩基础)扶正成功。这些都进一步证实了具有深桩基础的倾斜建筑物纠倾扶正的可行性。

(4)云南大理 23 栋倾斜和过量沉降的住宅楼纠正和沉降控制成功。这是在深达 30m 的深厚软土地基上纠倾加固成功、有效控制沉降的工程实例。

(5)兰州黄河北岸的白塔纠倾加固成功。这是我国建筑加固扶正的一个典范。此外成都奎光塔成功纠倾加固、北京西山戒台寺抢险加固等工程都由西北铁道科研院主持实施。山西应县木塔的纠倾加固,是在一批院士、老专家的策划下进行的。

全国近年纠倾扶正工程量很大,各地同行都做了许多重要工程,丰富了本学科领域的技术成果。

1.1.3.3 近十余年来建筑物移位工程方兴未艾

由于改革开放深入发展,城乡的房屋和道路建设迅速开展,文物保护逐渐被重视,旅游日趋兴旺而且都走上法制化轨道。各类已建的建筑物和构筑物,由于妨碍建设规划的实施而被拆除者甚多,在社会舆论的呼吁和领导部门的提倡下,许多有价值的建(构)筑物通过移位工程,被完好地保留下来,这也是保护国家和社会公共财富的有力措施。最近十余年来,做过许多有价值的平移工程,例如:

(1)上海音乐厅平移工程。上海音乐厅是一栋具有百年历史的知名建筑物,经过平移、抬升和扩建,成为上海市一个新景点。由上海天演建筑物移位工程有限公司实施。

(2)广西梧州市人事局 10 层办公楼的成功平移,荣获世界吉尼斯金奖。由大连九鼎特种建筑工程有限公司实施。

(3)宁夏自治区吴忠市 13 层的吴忠宾馆成功平移,开创了我国 10 层以上高层建筑成功平移的新例证。由上海天演建筑物移位工程有限公司实施。

(4)山东东营市孤岛镇 5 层商业大楼原地转动移位 45°,为我国移位工程增添新途径。大连九鼎特种建筑工程有限公司实施。

(5)我国建造年限久远的古建筑河南省济源寺平移工程取得成功,该寺位于河南省安阳市林洲横水镇马店村,建于 1300 年前唐代贞观年间。由于修建安林高速公路要穿过寺院,因此决定对该寺移位。由河南省古建筑研究所杜启明所长主持平移工程。是降坡 1.5m,移位 400m,转三次大弯的移动工程,难度大,有许多创新。

(6)平移工程在国外也有广阔的市场。位于美国纽约时代广场,具有文物保护价值的美国纽约大剧院于 2003~2004 年进行了平移和改造,引起全美举国上下极大的关注。工程费用达 1 亿多美元,被世界工程界瞩目。

本届学术研讨会上又提供一批新的移位工程实例。其作用与效益被社会广泛接受。总之移位工程技术在广泛实践的基础上得到迅速发展。通过多年实践,总结为应当走一条从实践—理论—实践的道路,不断总结,不断完善,不断创新,才能不断发展。

1.1.3.4 具有崭新特色的旧房改造工程正掀起新高潮

为迎奥运、迎世博开展了大规模的城乡建设,与此同时全国开展了具有崭新特色的既有建筑物增层改造与病害处理工程,其特征是:

(1)平屋顶改为彩色坡屋顶的平改坡工程大规模地开展。

在北京、上海、广州等大城市的带动下,这一改造工程很快展开,不仅增加城市建筑群的整体美观,而且对旧房屋顶具有保温、防渗漏多种效果,为人们广为接受。此类工程将波及到有条件的中小城市。

（2）20世纪80～90年代建造的多层和10余层的普通高层，面临改扩建和加固高潮。

由于当时经济条件所限，单元房面积较小、使用功能较低、工程质量较差，不少房屋出现开裂、下沉、倾斜、墙皮剥落、管线老化。建造20多年，已面临大修期。这类建筑物数量多，影响大，一般不可采取拆除的办法处理，因此，新一轮的改扩建和加固工程提到日程。不仅大城市，甚至中小城镇也会波及。

（3）高层和超高层建筑的增层改造工程日渐增加。

一批超高层、大型体、高档次的建筑物，已不能满足日益发展的需要，要进行增层改造或整体改扩建的工程也常出现。如广州的南方大厦改造加固工程、广州联华大厦的增层改造工程、广州百脑汇大厦的改造工程、深圳绿岛酒店的改造加固工程等等。

（4）大批'烂尾楼'的改造加固工程目前正在重新启动。

在亚洲金融风暴时大批下马遗留的'烂尾楼'为数不少，质量问题较多，资金不能到位，已长期在风雨中摇晃，破坏城市风景线，是城建工程中一大难题。通过重新筹措资金或售出，由新业主主持，使其起死回生。目前已开始起动，首先通过检测评估，查出其缺欠和病害，然后进行整体的加固改造，完成后继工程。海南岛的'烂尾楼'数量较多，沿海一些城市也不少，目前正在纷纷启动。

（5）为迎2008年奥运会、2010年世博会，北京、上海的一些重要酒店、体育运动设施、公共建筑物正在进行大量的改扩建和加固。如北京饭店二期工程、五洲大酒店的改造加固工程、北京奥林匹克体育场的改造工程、民族宫饭店的改造工程以及北京展览馆的改造工程等等。全国各地都有这类大型既有建筑物的改造加固工程。

（6）随着城市规划的发展，古建筑物的改造加固、移位，江河改造、桥梁顶升等工程日渐增多，兰州黄河北岸白塔纠倾工程、四川奎光塔纠倾加固工程、北京西山戒台寺的加固工程、四川都江堰的加固工程以及山西应县木塔纠倾加固、天津狮子林桥和北安桥抬高顶升等等。因此古建筑物的保护、加固工程具有广阔前景。

1.1.4 本学科的技术进步概况

本学科技术的发展与进步，是全国既有建筑物的改造与病害处理工程的进展的缩影。下面简略回忆这些年的发展概况：

1.1.4.1 经主管部门批准成立了有关本学科的学术交流社会团体，积极开展技术交流活动。

如中国老教授协会于1990年经民政部社团司批准，成立了房屋增层改造专业委员会、中国建筑标准化协会的建筑物检验与加固专业委员会等。通过这些学术团体的活动，团结了全国从事这一行业的专家同仁，开展交流合作，推动了我国房屋增层、移位、纠倾扶正、改造加固工程技术的发展。在中国老教授协会房屋增层改造专业委员会的主持下，这些年召开多次全国性学术研讨会并出版大会论文集。如：

1990年1月，在北京召开第一届房屋增层纠偏学术研讨会；

1992年10月，在郑州召开第二届建筑物增层改造学术研讨会；

1994年5月，在武汉召开第三届建筑物增层改造学术研讨会；

1996年10月，在济南召开第四届建筑物改造与病害处理学术研讨会；

1999年未能召开第五届建筑物改造与病害处理学术研讨会，出版了《第五届学术研讨会论文集》，以论文交流的形式代替了开会；

2002年10月，在北京召开京津地区建筑物改造与病害处理小型学术交流座谈会；

2004年10月,在大连召开第六届建筑物改造与病害处理学术研讨会;

2006年6月,在上海召开第七届建筑物改造与病害处理学术研讨会。

此外,中国标准化协会建筑物检验与加固专业委员会,隔两年也召开一次建筑物检验加固学术研讨并出版大会论文集。这些活动对推动我国在建筑物检验、鉴定、加固、改造与病害处理技术学科领域的进步都起到很大的作用。

1.1.4.2 有关本学科、本专业的技术标准已陆续颁布执行

为更好地推动本学科技术发展,使其纳入国家技术标准指导之下,用于指导本学科的技术标准编制工作正在有序地进行,1996年以来有:

(1) 1996年颁布中国工程标准化协会标准《砖混结构房屋加层技术规范》(CECS);

(2) 1996年颁布中国工程标准化协会标准《钢结构加固技术规范》(CECS);

(3) 1997年铁道部颁布标准《铁路房屋增层纠偏技术规范》(TB);

(4) 1998年颁布城镇建设工程行业标准《建筑抗震加固技术规程》(JGJ);

(5) 1998年建设部颁布行业标准《既有建筑物地基基础加固技术规范》(JGJ);

(6) 建设部技术标准《建筑物移位纠倾增层加固技术规范》(CECS)的编制工即将完成,今年可报批。

这些技术标准是我国在这个学科领域技术进步的结晶,是新技术新成果的集中体现,是指导建筑物改造与病害处理的技术法规,是既有建筑物改造与加固工程质量的根本保证。

1.1.4.3 这些年全国先后成立一批专门从事建筑物改造与病害处理的专业技术公司

建设部专门批准了具有从事特种工程资质的专业技术工程公司,通过市场竞争,大力推进了本行业的技术进步,显著地提高工程质量,降低了工程造价,为本学科的发展注入新的动力。

1.1.4.4 学术交流甚为活跃。除了学术研讨会之外,每年在全国许多专业学术刊物上发表许多学术论文,不断提升我国在这一领域的技术水平。

1.1.4.5 有关本学科的人才培养和科研课题得到应有重视。许多高校和科研单位,专门招收了这类专业的研究生,并积极开展相关的科研工作。

1.1.5 《建筑物移位纠倾增层加固技术规范》简介与评述

1.1.5.1 《建筑物移位纠倾增层加固技术规范》的编制得到广泛的重视与支持。建筑物改造与病害处理专业是个新发展起来的学科。随着既有建筑物积蓄量增大,城乡建设与城市改造的需要,这个学科领域的任务就会更艰巨、更繁重。为确保建筑物移位、纠倾、增层、加固和改造的工程质量,必须加快编制指导这一领域的技术标准。根据中国工程建设标准化协会[2003]建标协字第27号文《关于印发中国工程建设标准化协会2003年第二批标准编制、修订项目计划的通知》要求,批准了《建筑物移位纠倾增层加固技术规范》的立项,开始编制本规范。

《建筑物移位纠倾增层加固技术规范》(以下简称新规范)是由北京交通大学为主编单位,会同国内24所高校、科研、设计、工程等单位的30位长期从事本学科的专家,从2002年11月25日开始,经过近四年的共同努力,将于2006年底完成规范的编制、审查和报批工作。

新规范包涵了既有建筑物的移位、纠倾、增层、改造与加固等综合全面的内容,编制工作难度较大。能在较短时间内高效率、高质量地完成,是与领导的支持和各参编专家们的重视和努力分不开的。更要感谢对新规范征求意见稿和审查稿提出许多宝贵修改意见和建议的国内同行专家们的热情帮助。

1.1.5.2 将出版《建筑物移位纠倾增层与加固》一书

与新规范配套的《建筑物移位纠倾增层与加固》一书即将出版。

本书的作者就是参加新规范编制工作的全体编制组成员,其目的是为新规范的顺利实施,为正确运用新规范保驾护航。本书与新规范的关系可概括如下:

(1)本书是为配合新规范颁布后的全面、准确宣传贯彻而编制的。

(2)本书是为了帮助广大工程技术人员,正确领会、深入学习新规范而编制的。

(3)本书是为广大工程技术人员学会具体应用新规范而编制的。通过本书120多个工程实例,使他们能顺利地进行既有建筑物移位、纠倾、增层、改造加固工程的设计、施工。

总之,随着新规范与本书的相继颁布、出版,一定会为建筑物改造与病害处理专业学科领域技术的提高与发展提供新动力。

1.1.5.3 《建筑物移位纠倾增层加固技术规范》简介:

新规范的内容包涵10章正文、10条附录以及条文说明等内容,具体如下:

1 总则;　　　　　　　　　　　　2 术语符号;
3 基本规定;　　　　　　　　　　4 检测与鉴定;
5 移位工程;　　　　　　　　　　6 纠倾工程;
7 增层工程;　　　　　　　　　　8 结构加固与改造;
9 地基基础加固与托换;　　　　　10 质量检验与验收;
附录(共10条);
用词和用语说明;
条文说明。

1.1.5.4 对新规范的评价

(1)在我国既有建筑物改造与病害处理专业学科领域里,《建筑物移位纠倾增层加固技术规范》是第一部包涵既有建筑物的移位、纠倾、增层、改造加固等诸多内容的新规范,对这个新学科的建设与发展有重大意义,是新学科进步的标志和重要成果。

(2)和其他几个已颁布的单项技术标准相比,不仅资料新颖、内容丰富齐全,反映了近十年我国在这个学科领域里最新成就,而且移位工程也是第一次编入规范。是既有建筑物专业学科领域里最具代表性的新技术标准。

(3)建筑物移位、纠倾、增层和改造加固技术,这些年在众多工程实践中,有许多新创造、新成果。而参加新规范编制组的成员,他们许多人就是这些新技术、新成果的发明人、创造者,是重要移位、纠倾、增层与改造加固工程的主持人,他们对这些技术最有发言权,参加新规范的编制更具有权威性、实用性和可靠性。在既有建筑物改造与病害处理专业学科领域里,基本上是工程在先,科研滞后,工程实践带动学科发展。新规范的编制就是在认真全面总结、研究近十余年国内在这领域里的重要成果的基础上编制的。因此新规范更具有坚实的理论与实践基础,更具有权威性。

(4)新规范目前还是推荐性技术标准(CECS),通过颁布后实行过程再进一步检验、补充、修订,使其日趋完善,进一步成为具有行业强制条文的技术标准。

(5)建筑物改造与病害处理专业学科,是基于我国的特殊情况,得到了迅速而有成效的发展。它的成果是建立在大量工程事故抢救处理的实施基础上,是通过付出沉重代价而取得的。因此,这些成果是来之不易,特别宝贵。而根据这些成果编制的新规范也就更难能可贵。可以说新规范不仅在国内是第一本,在国际上也是一部珍贵的资料。

1.1.6 今后的展望

(1)建筑物改造与病害处理是个具有强大生命力而且可以久盛不衰的新学科,是保护国家和人民财富、延长建筑物使用寿命、确保人民居住安全、能不断满足使用功能要求的重要技术领域。随着既有建筑物累积量越大,其任务就更加繁重,它的重要性就会得到社会更加广泛的认可和重视。

(2) 随着社会发展和人们生活水平的不断提升,对本专业技术领域会不断提出新的需要。因此,本学科要不断吸收高新科学成果,不断技术更新。新的科学技术成果是保证本学科持久发展的坚实基础。经常有效地开展本学科的技术交流和学术研讨是吸收新技术、普及新技术、交流推广新成果的有效途径。

(3) 科研和人材培养是推动本学科领域高新技术不断迅速发展的两个轮子,必须得到更加有效的重视与落实。

(4) 必须不断充实、提高专门从事建筑物改造与病害处理专业公司的技术素质,鼓励从业人员的定期培训,不断提高技术人员的业务水平。

(5) 要继续加强有关本专业、本学科领域新技术标准的修订与编制工作,使建筑物移位、纠倾、增层改造和加固工程,都能在技术标准的指导下高质量地有序进行。

(6) 为更好地进行技术交流,希望有个专门技术刊物,以便能更集中、更有效、更及时地进行报道和交流。

(7) 选择成熟、可靠、有效的技术成果,通过有关部门的论证和批准,加强本学科技术工法的建设。

1.1.7 结　语

长期以来,建筑行政主管部门对既有建筑物改造与病害处理学科重要性的认识和重视程度不足,限制、约束的多,而主动引导与推动不足。以技术标准的编制为例,属于新建工程的技术标准占绝对多数(当然这都是很需要的),而关于既有建筑物的技术标准却寥寥无几。工法立项批准情况也大体相似。我们相信这种不重视、不平衡的现象是暂时的,随着既有建筑物累积数量越来越多,各类矛盾突出后就会得到重视和加强。此外还要通过新闻媒体的力量宣传本学科的重要性,得到社会更广泛的重视。

建筑物改造与病害处理学科的发展前景是无限广阔的,高新技术的发展与应用是这个学科不断向上提升的动力,从事这个学科领域的同行们是重担在肩。靠大家踏实苦干、团结合作、取长补短、共同提高,以推动本学科的迅速发展,为国家和社会不断作出新贡献。

唐业清

(北京交通大学)

1.2　加强建筑结构改造工程的科研与实践

为落实科学发展观,建设节约型社会,在建设领域要厉行节约。我国大量的既有建筑,包括历史上遗留下来的老建筑,都是国家的既有财富,社会的固定资产,也是一个地方物质、文化实力的体现。延长这些既有建筑的使用寿命,通过改造提升它们的使用功能,避免"大拆大建",是一件厉行节约、积累财富、利国利民的大事。

过多地把一些历史遗留保护建筑和一些本可以改造升值继续使用的新建筑拆除,变成有碍环境的"建筑垃圾",不符合建设节约型社会的方针。

1.2.1 结构改造的内容和对策

在当前城市建设中,往往遇到以下情况需进行建筑结构改造:

(1)对一些使用年代已久,又具有一定保留价值的建筑,要提高其当前耐久性,增强结构关键构件的承载能力,改善结构整体变形性能,提高其抗震安全性;

(2)改变既有建筑的使用功能,如欲改变原房间的用途,需扩大室内布置的柱网尺寸或开间尺寸,提高或降低室内层高,在承重墙体上增设大洞口或拆除某段承重墙等;

(3)在既有建筑上增加楼层(包括室内增层和地下增层),为满足规划要求,对既有建筑进行移位、抬升、纠倾等;

(4)一些"烂尾楼"在复建时,往往新业主要对原设计的布局作较大的变动;

(5)在既有建筑上增加建筑功能部件,如增设楼梯、电梯井,增加专用管道井,增加阳台、挑板、装饰部件,改变屋顶造型等。

1976年唐山地震以来,我国现代加固改造技术有了显著进步,已具备对各种既有建筑更新加固改造提供充分可靠的技术保证和对策的能力。

但是,技术对策是有代价的,不同可靠度的对策其代价是不同的。所以,对建筑物进行改造,应综合考虑该建筑物的寿命周期和改造后的期望价值。在当前有关结构改造技术规范尚不完善的情况下,应强调通过专家论证来集思广益,进行可行性研究,根据投入收益比,综合各种客观因素进行科学论证,确定改造后的期望目标。改造设计属于非常规设计,应抓住影响结构安全的主要技术问题(如关键构件的强度、整体结构的变形能力等),对一般次要问题,应允许适当放宽,通过深入细致地论证,确定合理的改造对策。

实 例 沈阳市人民政府办公楼是一幢建于20世纪30年代的4层框架结构,建筑总面积15 405m^2,1995年要求增建两层,同时要将原未按抗震设计的老结构,加固改造为能抗震,并将设计使用寿命从改造之日起至少延长30年。改造工期限定为100天。经过专家论证,认为原基础设计较合理,原地基砂土承载力取值偏保守,经过基底取样,按实测的多年压密后的砂土摩擦角推算,地基基础可满足接建两层的要求。对上部既有结构的加固方案,当时提出三个可行方案:

方案1 通过加固既有框架的全部构件(梁、柱和节点),使增层后的框架的强度和层间变位均达到大震不倒的设防目标。

方案2 通过提高结构的整体性和刚度,增设部分混凝土剪力墙,同时仅对部分重要的或已有损伤的构件进行加固,达到大震不倒的设防目标。

方案3 在既有框架中增设钢支撑代替混凝土剪力墙,在交叉钢支撑的中央结点处设置摩擦耗能阻尼器以吸收并消减地震能量,达到大震不倒的设防目标。

经比较,方案1的工期最长,造价最高,施工时影响面最大;方案2因要增设混凝土剪力墙,湿作业量大,工期仍不满足规定期限要求,施工影响面仍然很大;方案3经动力分析和整体动力模型试验及阻尼器的消能试验证明,耗能减震的效果很好,抗震设防的可靠度更大,且施工安装简单,没有湿作业量,工期可满足要求。该方案因是最先采用我国自制的摩擦耗能阻尼器,科技投入较多,使总造价比方案2大一些。经全面衡量,最后决定采用方案3。

1.2.2 提高结构整体牢固性是抗震加固的有效方法

近年来,愈来愈多的工程改造和加固实践表明,对结构进行整体性加固,提高结构体系的抗侧力性能,再辅以对关键性构件的加固,这样加固效果比对一般构件进行普遍加固要有效得多。

使既有结构体系得到改造和增强的常用方法有:

(1)当既有结构为纯框架结构体系时,可以在部分框架柱间加钢筋混凝土剪力墙,形成框架-剪力墙结构体系。也可在部分柱间加交叉钢支撑(含带阻尼器的耗能支撑),形成带钢支撑的框架结构体系。

(2)当既有结构为混凝土弱剪力墙体系时,可以加厚剪力墙或外粘纤维增强复合材料,或拆除薄弱墙段改为增强的新墙段,形成强剪力墙结构体系。

(3)当既有结构为砖混结构体系时,可以将部分墙段改为(或增设)夹板墙或混凝土墙,或外粘纤维增强复合材料,形成砖和混凝土的复合结构体系。也可在原砖混结构中加混凝土构造柱(组合柱)和圈梁,形成约束砌体结构体系。

(4)利用原砖混结构中的电梯间以及部分相交的纵横墙内壁增设混凝土墙,复合成筒体,形成带混凝土增强筒体的砖混结构体系。

(5)采用砖混结构的公共建筑的中央大厅,除按上述(3)、(4)条对部分墙段进行改造外,可在建筑平面内插入一个完整的混凝土框架-剪力墙结构,通过新老结构的牢固结合,形成新的混合结构体系。

(6)楼盖的整体性和水平刚度对结构的整体牢固性影响极大。有条件时,宜在原有的板面上现浇一层至少40mm厚的钢筋混凝土叠合板,起加强作用。对空旷、平面很不规则的建筑尤应如此,当实在无法做叠合板时,可以在楼盖的梁肋之间增设水平支撑系统。

(7)原有多层建筑较空旷,又通过纵、横向变形缝分割成刚度变化较大的几部分,由于原建筑的变形缝宽度过小(如20mm),已不起抗震缝的作用,加上原建筑各部分的变形已趋稳定或应力已经释放,可采取堵缝的方法并结合以上加固措施,使建筑各部分连结,形成牢固的整体。

1.2.3 改变室内建筑功能布局的结构对策

常用的改变室内建筑布局的方法有:

(1)抽柱法 在柱列中每隔一根柱切除一根柱,可使柱距扩大1倍;同时对梁进行加固,可保留原有梁,外包混凝土并施加预应力,未切除的边柱或边墙应进行验算,复核其承载力。

(2)抽柱增柱法 如将原有三跨框架改为二跨,或去掉内柱,重新增设新柱并加固梁。

(3)抽柱断梁法 将多跨框架的中柱和与其相交的梁切除,形成局部大空间,顶部的梁按"抽柱法"加固。

(4)抽墙增梁法 砖混结构中为了扩大开间而将墙拆除,原来由墙支承的上部楼板和墙体,改用新增的梁承担,梁可用托梁、夹墙梁或吊梁(吊于顶层出屋面新增反梁上)方案。

(5)抽墙增墙法 抽掉原有墙后,为弥补墙身抗剪强度和刚度削弱,可采取新增或加厚其他墙段的方法,或改变纵横墙承重的布局。

(6)墙开大洞的补强加固法 不论混凝土墙或砖墙开洞,均按抗剪刚度不削弱的原则,将减少的开洞洞口面积由同轴线上其他墙段的增厚来弥补;当楼板整体刚度较好时,也可补到相邻轴线的平行墙段上。

混凝土墙开洞后应增设洞口边缘的构件和过梁,宜在洞口两侧设槽钢,将墙中的水平钢筋刨出焊于槽钢上。同理,在洞口上方亦设槽钢,将墙中的竖向钢筋刨出亦焊于槽钢上,然后浇筑免振自密实混凝土。

1.2.4 基础的加固改造

当传给地基的荷载增加时,除常用的地基承载力挖潜、对地基加固处理、扩大基础断面三种常用方法之外,还可采取以下结构措施:

(1) 将独立基础或墙下条形基础连成连续的筏板,形成带正反柱帽的筏形基础,一方面利用深度修正提高地基承载力;另一方面基底扩展后减小压强。

(2) 柱下筏板基础因柱子荷载增加引起筏板的抗冲切、抗剪切强度不足时,可增大地下室(或底层)柱子断面,以扩大冲切锥体面积、减少冲切力和剪切力。

(3) 增加柱间地梁的刚度,使柱荷载扩散。

(4) 底层柱间加混凝土墙或短肢墙,使柱荷载扩散。

1.2.5 外墙的改造

根据建设部关于建筑节能的规定:今后新老建筑在进行改造时均应按规定的节能标准进行外墙改造;接建部分的墙体不得采用黏土砖(含黏土空心砖);外墙的保温宜采用超轻材料(如聚苯乙烯板)做外保温。由于外保温材料可以提供足够的热阻,则墙体的功能仅仅是承重(含抗震)和维护,不必追求多孔低密度和过大的孔隙率,墙厚可以减薄,如可用190mm或240mm厚的承重空心砌块或混凝土盲孔空心砖代替过去的承重实心外墙。由于砌块的功能单一,可简化统一小砌块的块型规格,不仅减轻墙重,节省墙体造价,砌块的生产制作成本也可大幅降低。

1.2.6 小 结

对既有建筑的改造和加固,宜设法提高结构的整体牢固性,尽量采用新加抗侧力体系(支撑或剪力墙)来承担大部分水平荷载和抗震能力;同时应尽量利用结构原有的承载能力,以达到节约资源、减少加固工程量和降低施工难度的目的;还要尽量减轻改建后上部结构的自重,从而减少既有地基基础的负担。

建筑结构改造是个崭新的课题。无论既有建筑的鉴定、改造标准的掌握、各种结构对策的应用(含近年来开始引起重视的性能化抗震加固方法的建立和细化),以及加固改造的施工方法、施工器械,均有许多值得深入研究探讨之处。应有组织地深入开展这一工作,为建设节约型社会做贡献。

林立岩 颜万军 单 明 林 南
(辽宁省建筑设计研究院)

1.3 沙漠治理新思路新途径新方法

中国国土沙漠化、荒漠化(包括水土流失、沙漠化、石漠化、盐渍土等)态势严重,全国荒漠化土地超过260万km²,占国土总面积的27%以上,超过耕地总面积2倍多,而且每年还以6 700km²的速度发展。荒漠化土地约为日本国土的7倍、法国国土面积的5倍左右。每年经济损失超过2 200多亿元人民币,已严重影响人民的生产和生活。西北部分地段的长城都几乎被沙所埋盖。因此制止国土沙漠化、荒漠化的发展,向沙漠夺回被侵占的耕地,发展沙产业,开创使沙漠变绿洲的"绿沙工程",是关系到13亿中国人民生存和发展的大事。本文将探讨治沙的新途径、新方法,并建议重视开发工程治沙法和全面推行综合治沙法。

1.3.1 中国土地荒漠化、沙漠化的态势十分严重,治理沙漠是关系到中华子孙生存繁衍的大事

中国是一个拥有近十三亿人口的大国,到21世纪后期人口会再增3亿,而耕地、淡水、森林、草地等赖以生存的资源却严重不足:

(1)中国人均占有耕地为 0.07~0.1hm²,不到世界人均占有耕地的二分之一;

(2)中国人均占有淡水资源不到 2 000t,相当世界人均占有淡水的四分之一左右,是世界上 13 个贫水国家之一;

(3)中国人均森林占有面积只相当世界人均占有面积的 17.0% 左右,排在 119 位,是森林资源人均占有量较低的国家;

(4)中国人均草地面积为 0.33hm²,远低于世界人均占有草地 0.76hm² 的水平;

(5)近些年中国水土流失严重,流失面积达 370 万 km²,占国土面积的 38%,每年还以 1 万 km² 的速度增加;

(6)每年发生旱涝灾害 3 000 多万平方公里,损失巨大;

(7)有占野生动植物总数 15%~20% 的物种受到环境恶化的威胁而濒危。

由于土地荒漠化、沙漠化导致沙尘暴天气频频发生,2001 年中国北方受到 15 次沙尘暴侵犯,2002 年又发生了 13 次。整个中国北方包括首都北京都被一次次的沙尘暴所包围,强风沙卷走地表土,淹没道路、田地和草场,吹毁房舍和工农业生产设施,严重恶化大气质量,危害人们的健康。中国的沙尘已远扬到日本和美国的纽约地区,近几年虽略有好转,但仍没有从根本扭转其严重态势。中国生态环境的恶化,旱涝灾害频繁,动植物资源下降,土地荒漠化日趋严重,水资源不足等又进一步损害和降低人民赖以生存的各种宝贵资源。

国土荒漠化、沙漠化的根本原因是由于气候变暖、大风、干旱少雨、超载放牧、过度用水、滥砍滥伐、滥挖药材、破坏森林草地、污染水源、严重水土流失等自然与人为因素,特别是人类活动对土地的过度索取与破坏所致。

荒漠化和沙漠化土地的治理与利用,是关系到中国四分之一国土的改造、开发以及保护和改善其他四分之三国土生态环境的大事,是开发大西北、建设大西北,保护古都北京等与沙漠接壤众多城市不受沙漠化侵害的重大课题。国土荒漠化、沙漠化的治理必须在政府的统筹下进行。只要政策对路,措施有力,调动各方面积极性,群策群力,开发沙产业,向沙化土地夺回耕地,抵抗沙化的侵犯,走高科技治沙之路,向世界治沙技术先进的国家学习,集各种治沙方法之长,在沙漠上建起一个个绿洲和绿色长城,绿化沙漠的"绿沙工程"宏愿就一定能实现。

1.3.2 治理荒漠化、沙漠化土地的新途径、新方法

治理荒漠化土地目前有下述可行的方法:

(1)生物治沙法 选择条件合适的荒漠或沙漠地区,采用现代技术成果,通过封育,种植耐旱、优良品种的树木、草种、农作物,形成局部绿洲。再以局部绿洲效应扩大其生态效应和治理沙漠。这也是中国当前治沙的主要途径与方法。这种治沙方法要求有相应的自然条件配合,适用范围有局限而且成本较高,需要的时间较长。

(2)沙漠产业化法 选择条件合适的沙漠地区,利用其充足的阳光、广阔的空间和宝贵的地下水,采用高新技术,创办沙漠农业工厂,提高植物的光合作用以获得经济、生态双赢。开发风力电能以及适合在沙漠地区生存发展的生产企业。学习国内外在大漠建成绿洲城镇的成功好经验。

(3)化学治沙法 在沙漠地区喷洒化学凝固剂的固沙治沙方法。

(4)工程治沙法 通过现代岩土工程技术手段和采用有效的工程机械,根据场地覆盖沙层的厚薄,可分别或综合采用面层铺盖土料治沙法、沟式置换治沙法、井式置换治沙法、孔内强夯治沙法、振冲密实治沙法、混合治沙法、沙面固化法、土工合成材料治沙法、挡沙堤法以及沙场集水井法等。利用这些有效的岩土工程方法,可以进行大规模的施工,夺回近些年被沙漠侵占覆盖的大量土地。工程治沙法应当是治沙最为有效的工程方法,也是笔者大力推荐的方法。

(5)综合法　根据沙漠地区的具体条件,可分别或综合采用生物治沙法、沙漠产业化法以及工程治沙法等两种或多种方法,对荒漠化、沙漠土地有针对性地进行综合治理,取各种方法之长达到高效治理的目的。这应当是治沙首选的经济可行的方法。

1.3.3　推行工程治沙法的条件和前期准备工作

工程治沙法的推行条件和前期准备工作,是关系到治沙成败的重要前提,应包括以下内容:

(1)政府有关部门应对绿沙工程给予政策支持和法律保证。例如:就治沙工程的资金支持、治沙与扶贫政策的结合、沙漠夺田的产权政策、税收优惠扶持政策、治沙产业(或经济)开发区的设置、沙产业的经营等重大问题,应出台充分调动各方积极性的政策、法规,积极帮助、大力扶持,把做好绿沙工程作为国家重要决策。

(2)汇集与培养一批有志并热爱治沙事业的高素质的技术与管理人材。支持建立治沙企业集团(或公司),创立具备承担治沙工程的有技术、有力量的专业公司(或集团),政府应为工程企业开展治沙工程创造条件。积极鼓励高校、科研部门参加绿沙工程科研、开发,对作出成效的单位和个人给予奖励。

(3)中国已具备推行工程治沙法的有利条件。从20世纪80年代起中国进行了大规模的城乡建设。由于人口多、土地少,许多工程都建造在各类软弱土层上。为了处理各类复杂的软弱地基,从而促进了中国岩土工程技术的大力发展。全国目前有数百个有技术、有设备、有施工经验和能力的岩土工程(或地基基础)专业公司,他们如能参与绿沙工程,必定是推行工程治沙法的生力军。

(4)开展土地沙漠化的调研排查。根据人力、资金和沙害的严重程度,合理安排,有序治理,实现高科技、高效率、高质量的绿沙工程。

(5)选择一些符合条件、适宜作为首期工程法治沙场地,进行试验性、示范性施工。选择场地时必须反复比较、综合论证。通过试验取得可行参数,总结施工经验。

1.3.4　工程治沙法

1.3.4.1　概述

(1)工程治沙法的含义

工程治沙法就是把岩土工程和建筑地基加固处理工程中,可用于治沙的技术和方法,与治沙工程的特点结合,能取得显著技术经济效果且简便易行的方法。

(2)工程治沙法的适用条件

工程治沙法主要适用于埋沙层不太厚,沙层比较稳定,其下为可用于农、牧业生产的土壤层,特别是最近几年乃至被沙漠侵占几十年的草场和耕地,周边环境也具备恢复生态的条件。在治沙中,除了本文介绍的方法外,尚应包括后期的农、牧业的种植规划,发展治沙的综合效益等,本文不予介绍。

(3)治沙场地类别的划分

由于埋沙厚度的不同,采用的治沙方法也会不同,因此建议根据沙层厚度划分为以下三类:

A类　埋沙厚度小于1.5m薄沙层,是近期沙化扩展覆盖的沙层;

B类　埋沙厚度为1.5~3.0m的中厚沙层;

C类　埋沙厚度大于3.0m以上的厚沙层。

(4)正确选择工程治沙方法

对可能采用的工程治沙方法进行比较分析,如埋沙沟法井的分布、间距、尺寸的确定,取土量、填沙量的计算,土方的使用与储存,土方与沙的堆放场地,工期及造价的计算等应预先规划,通过比选采用经济、合理的方法,做好施工设计。

1.3.4.2 工程治沙法简介

工程治沙法如:沟式置换法、井式置换法、孔内强夯法、面层铺盖法、振冲密实法、混合法、沙面固化法、挡沙堤法、集水井法等。

(1)沟式置换治沙法

适用于覆盖沙层厚度小于 1.5m 的 A 类沙场地。沙层下为较厚或有限厚土层,采用推土机和挖土机,在规定位置先推去地表沙层,将沙堆放到设计规定的位置,然后再按设计要求,由设计土层表面向下挖掘埋沙沟,沟宽一般为 4~5m,沟深 3~4m 左右。挖出土料按规定堆放,然后用推土机将沙分层推入沟中和辗压,距设计地面 0.5~0.7m 停止填沙,在填沙层面铺设两层防渗土工布塑料薄膜,用于防止水分下漏,其上分两层回填土料并压实。

沟式置换治沙法处理后的场地,露出可种植草木或庄稼的土层,即为设计地面。为巩固治沙成果须继续进行防护林、挡沙堤、取水井、贮水池等后期工程,以便为开展农、牧业生产准备条件。

(2)井式置换治沙法

当上覆沙层厚度为 1.5~3.0m 的 B 类沙场地,可采用井式置换治沙法。井式治沙法对沙下地层的要求是深厚土层,钻机可钻入排土且无障碍物。此法的优点是既能回填大量的沙子,又能置换出宝贵的土料,露出宜耕种的土层。

此法首先用推土机推去设计层面上的沙层,堆到指定的位置,采用直径 1.5~2.5m 的大型螺旋钻钻孔排土,达到设计标高为止。排出的土按要求堆放,提起钻机钻杆并用推土机将井孔周边堆放的沙子分层(每层 1~1.5m)推入井内,用钻机的钻杆反钻将填沙压实直至设计标高(距设计地面 0.5~0.7m)。在填沙面上铺设防渗土工布和塑料薄膜,其上分两层铺土料并压实,各井排出的土料堆放待用。当地下水位较高时,井式治沙法可配合井外降水法施工。

(3)孔内强夯治沙法

孔内强夯治沙法是通过特制的 2~15t 柱状或橄榄状夯锤,吊机起吊后对沙地层强力冲、砸、夯、挤,对沙土进行振动和强制挤密,可砸碎各种障碍物直至预定深度,形成设计井孔。此种方法能改变井孔周边沙的密实度,影响圆直径可达 2~3 倍孔径。对于埋沙层为 A 类或 B 类沙场地,沙层下地层中有卵石层、砂砾层、孤石、枯树等,不宜采用沟式置换法、井式置换法时,可采用孔内强夯治沙法。如表层有卵、碎石层,其下有适于耕种的土层可用沙置换时,采用此法的效果更佳。

此法可形成直径为 1~2m、深度为 10~25m 的夯击井孔,用推土机将孔周设计地面以上的沙子推入井孔内,每次填沙厚度不宜超过 2.0m。然后用夯锤夯击密实至设计标高,再后铺 1~2 层防渗土工布,其上再填 0.5~0.7m 耕植土料。

(4)面层铺盖土料治沙法

对于沙层厚度大于 3m 以上的 C 类沙场地,上述几种换土填沙的治沙方法工程量可能很大,工程造价可能较高,因而不宜采用。或者地面沙层厚度虽为 A 类但从沙层下取不到有用的素土,如治沙场地有剩余土料或附近有土丘、土山的土料可以利用,且不会恶化生态环境时可采用面层铺盖土料治沙法,将较厚沙层保留不动,按沙地面坡度情况分区、分块、分期治理。

首先整平处理场地,上铺防渗、防老化的土工布、塑料布两层,具有抗变形和防渗水的作用;其次,根据设计估算的土方量,边采土、边运土、边在土工布或塑料布上铺 0.5~1.0m 的土料。铺土料时应分层铺(层厚 25~30cm)并按设计要求压实。为防止土工布随沙移动,铺设时应深浅沟错开压住土工布。此法适用于沙层稳定,周边环境适于农、牧生产,且具有生产所需的水源条件的沙场地。

(5)振冲密实固沙法

当场地沙层厚薄不均,可采用大功率振冲器(如2t以上),靠其自重、上下高频振动和喷射高压空气,破坏沙土结构,对厚沙层进行干式振冲密实处理,改变松散沙结构,使其呈密实状态。边振边填沙,随振冲器下沉周边沙呈漏斗状,可填埋大量沙子,最深可达10m左右。干振法不用水用高压空气,适合沙漠地区缺水的特点。

覆盖沙层薄的场地,沙子被振冲密实填充后,露出沙下土层可用于农牧业生产。厚沙层处振冲密实的沙层面明显降低,最后可对其层面进行固化处理。有条件的场地也可上覆土料,以便种植草木,改善生态环境。

振冲密实固沙法还可用于沙漠地区建(构)筑物(如房屋、厂房、道路、水塔等)的地基基础加固处理,如与水泥结合使用可产生较高强度的水泥沙加固体。挡沙堤的地基和基础采用振冲密实固沙法,能取得较好效果。

(6)混合法

在沙层分布厚薄不均的沙场地,为减少工程量,增加治沙工程效益,降低工程总造价,在同一治沙场地可因地制宜地分别采用沟式置换法、面层铺盖法、振冲密实固沙法。采用混合法时要根据场地条件,通过技术经济造价比较,综合分析确定。

混合法还有另一种含义,即除了根据场地条件取各种工程治沙法之长进行治沙外,还可考虑生物治沙法、沙产业等方面的特点与优势,发挥各法的长处,科学、高效地结合,最大限度地应用最新科技成果,以最小的投入,取得最佳的综合治沙效果。

(7)沙面固化法

对于沙层较厚且不稳定,有可能产生流动、随风扬沙,侵害已治理过沙地农场,危害相邻的铁路、公路、水渠、房屋以及其他重要设施,治理后也不具备农牧生产条件,应对此类沙场地进行有效地稳沙、固沙处理。固沙、稳沙的处理方法可用植树造林、种草植被等生物工程法,构筑防沙堤及沙面固化法、振冲密实固沙法等。也可采用在沙漠地区行之有效的生物工程方面的新技术,如日本有宜于沙漠地区种子发芽的纳豆树脂种子包衣材料,比利时的土壤贮水TC技术,西班牙的仿真沙漠塑料树技术等。可通过采用固沙桩、土工布、土工格栅、面层固化材料、塑料格栅树等行之有效的工程技术方法,组成最佳方案实施之。

(8)挡沙堤法

挡沙堤是用于保护已开发、治理沙场的成果,防止已种植的农作物、草地、树木等再次被流沙掩盖、毁坏。挡沙堤修筑后可较快发挥挡沙作用。

应根据沙地条件和周边移动沙层情况、筑堤材料取得难易程度,选用下列不同结构形式和材料筑成挡沙堤,通过工程综合分析,选用最佳设计方案。挡沙堤的建设还可与沙漠地区的道路修筑结合,投资效益会更好。

工程法建造的挡沙堤选用材料不同则有下列不同形式:如场地附近有石料来源时,可用开采的石料砌筑重力式圬工挡沙堤,可采用土工布重力式挡沙堤、水泥旋喷搅拌桩挡沙堤以及抗滑桩式挡沙堤等。

(9)集水井法

治沙场地的水是极为宝贵的,能否为后期的农业生产有效地提供水资源是关系到治沙成败的大事,因此选择治沙场地时必须考虑地面雨水、地下水等水资源条件。在治沙施工时与解决水资源结合起来,可起到事半功倍的作用。

集水的方法可有集水井、贮水池以及其他可行的方法。在进行井式置换治沙或孔内强夯治沙施工时,如具备井孔内水位较高,水量充足的有利条件时,应根据沙场后期生产、生活用水量,保留一定井孔不完全填沙,改为集水井。

贮水池是用于干旱少雨地区汇集地面雨水且防蒸发的蓄水结构。在沙漠地区积水还可采用其他新技术成果,如德国莱比格教授利用沙地昼夜明显的温差变化,发明的沙地集水特殊吸附装置。一套装置每天可提供10个人的洁净用水。

1.3.5 结　　语

治沙工程关系到国土改良、生态环境改善的重大问题,国家要出台能充分调动各方积极性的扶持性的优惠政策,吸引国内外投资者和企业积极参与投资和经营,使国家、企业和个人都能有所回报。国家首先应增加治沙工程的投资,统一规划领导,防止政出多门;并在基础设施建设方面提供支持和帮助。

中国环境恶化和沙漠化的严重态势,是天灾加人祸造成的恶果。据统计,人祸成分占95%,天灾仅占5%。因此加强环境保护的立法和执法,制止人为的破坏是刻不容缓的,是制止沙漠化继续发展的首要措施。

治沙工程必须走产业化的道路,建立沙漠生态经济区和沙漠产业开发区,大力提倡和推动沙漠工程和治沙产业的结合与发展,使治沙产业纳入市场经济。

治沙工程是多学科、多专业的复杂课题,因此必须根据当地具体条件,采用行之有效的生物、工程等技术进行综合性治理,以取得更大效益。

治沙工程必须采用高新科技,广泛吸收国内外的成功经验,减少与先进国家的差距,使各国治沙的新技术、新成果为我所用,走科技治沙之路。土工合成材料如土工布、土工格栅、土工棍、土工板以及土工纤维等,在治沙、固沙工程中有广泛用途。应结合治沙工程的特点和需要,大力发展这一行业。

治沙工程受大自然条件控制因素较多,是财力、人力付出大而收效迟的基业工程,任重道远,需要几代人百折不挠,才能取得成功。海外华人也一定会有智献计,有力出力,为中华大地的繁荣兴旺作出新贡献。相信,我国土地的荒漠化、沙漠化的态势在我们几代人的努力下,一定会得到遏制,我们的奋斗将造福于子孙后代。

唐业清[1]　崔江余[1]　杨桂芹[2]　李　虹[3]　许　丽[4]

(1 北京交通大学;2 北京城建设计院;3 北京建工集团机械施工公司;4 国贸工程设计院(北京))

1.4　特种工程技术新成果新进展

1.4.1 综　　述

据统计,我国已建成使用的各类建筑物已超过400多亿平方米。这些建筑物是我国一笔巨大的财富,是二十多年改革开放的重大成果。

按照国家有关标准,建筑物的设计寿命一般为50~70年,但由于种种原因,大部分建筑物未达到使用年限就被拆除了,最近在北京的一次学术研讨会上,中国住宅产业委员会的主任委员就提到,我国既有建筑物平均使用寿命仅为30年左右,甚至很多刚建成的建筑物未能使用就被拆除了。这给国家造成重大的损失。那么用什么办法来确保和延长建筑物的使用寿命,使那些病害建筑物转危为安呢?我们认为通过建筑物维修、加固、改造和病害治理等各种技术手段来保护或恢复建筑物的使用功能,使这些建筑物能长期地为人民生活、生产服务。这将是保护社会财富和社会资源的一个巨大贡献。

为使广大工程技术人员及时了解我国近年在这个领域的新进展,我们通过文献检索搜集了最近三年来在这个学科领域里的一些新成果,整理成文,供大家参考。同时也介绍近期做过的一些主要工程如下:

1.4.2 移位工程

随着我国城市化建设的加快,城市道路和交通建设的加大投入,有的道路要拓宽也遇到路边建筑物受阻,特别是具有文物保护价值的古建筑必须加以保护,要通过工程移位的办法来解决。此外,由于修建水库、公路、桥梁等也要搬迁一些古建筑等。近年来,移位工程发展很快,移位建筑由低层建筑向高层建筑发展,移位项目越来越大,移位难度也越来越高,笔者通过搜集近年来比较显著的主要移位工程成果如表1.4.1所示。

表1.4.1 移位工程成果

工程实例	论文名称	作者	文献摘录	日期
中央储备粮平顶山直属粮库综合楼平移工程	综合楼整体迁移抬升工程方案设计	张新中,邓子辰,武宗良	建筑技术开发	2004.6
上海音乐厅平移工程	上海音乐厅整体平移和修缮工程	章明,陈绩明	建筑学报	2005.11
上海外滩天文台,上海刘长胜故居,大连运物供应公司,山东临沂市办公室,南京江南大酒店,广州锦纶会馆平移工程	建筑物的改造与病害处理	唐业清	岩土工程界	2005.2
山西常村煤矿巨型井塔,晋江市糖业烟酒公司综合办公楼,河南省孟州市市政府,河南省许昌市公路总段办公楼,广东省阳春市阳春大酒店,山东省临沂市国家安全局办公大楼,南昌铁路局工会曙光俱乐部,西安一同汽车租赁公司	国内外建筑物整体平移技术的发展	张鑫	岩土工程界	2005.2
辽宁盘锦兴隆台采油厂办公楼	建(构)筑物移位技术研究	卢明全,杨军春	岩土工程界	2005.2
天津众美制衣综合楼	钢筋混凝土分荷结构在房屋平移中的应用	蒋岩峰,林其荃	岩土工程界	2005.2
辽源市就业服务局综合楼	辽源市某综合楼整体平移工程实例	刘名开,姜钟阳	岩土工程界	2005.2
武汉铁路分局印刷厂办公楼	复杂结构建筑物整体移位实例	薛柏林,田启新	岩土工程界	2005.2
广西梧州市人事局综合楼	从广西梧州10层大楼移位成功探讨高层建筑移位技术	卢明全,孙肃,程向阳		2004.11

续表

工程实例	论文名称	作者	文献摘录	日期
广西北海原英国领事馆,山东建工集团办公楼,北京物资局老干部活动中心L形建筑物,山西潞安王庄煤矿职工食堂及附属办公室,中山市自来水厂,江苏江都供电局生产调度楼	近年若干建筑物移位工程简介	章履远,久鼎公司	建(构)筑物地基基础特殊技术	2004.11
山东丰大银行平移工程	建筑物整体平移与隔振技术的研究	张鑫,张青,叶列平	结构工程师2005年增刊	2005
昆明市金刚塔	昆明市金刚塔整体顶升施工新技术	钱登洲,王铁成,边智慧	施工技术	2005.8
浙江义乌市城西街道马街村村头别墅	平移房屋是节约资源的好思路	叶祝颐	中国建设报	2005.27
吴忠宾馆平移工程	2005年由上海天演公司施工的13层高楼的平移			

1.4.3 纠倾工程

由于勘察设计、施工的失误或者抽取地下水、天灾等原因导致建筑物的倾斜,这些倾斜建筑物倾斜量一旦超过规范规定的标准,将有可能危及人的生命安全,这些建筑物要么拆除,要么通过纠倾将建筑物扶正,使建筑物转危为安。我国建筑物的纠倾技术发展较快,纠倾成功的案例较多。笔者通过搜集近年来的主要成果如表1.4.2所示。

表1.4.2 纠倾工程成果

工程实例	论文名称	作者	摘录	日期
施秉县民族中学教工住宅	锚杆静压桩加固既有建筑物地基及纠偏设计与施工	王林枫,冉群,刘波,戴自涛	施工技术	2005.8
四川省都江堰市城南奎光塔	迫降、顶升组合协调纠偏法扶正奎光塔	王桢,谌壮丽	岩土工程界	2005.2
哈尔滨齐鲁大厦	高层建筑物倾斜的原因分析与处理	谢锡庆	岩土工程界	2005.2
杭州市大浒弄东片A地块(A区)经济适用房	预应力管桩倾斜处理方法探讨	龚华中	岩土工程界	2005.2
杭州花园北村15栋住宅楼	杭州花园北村15栋住宅楼顶升、纠倾、加固	蔡泽芳,顾尧章	建(构)筑物地基基础特殊技术	2004.11
哈尔滨市七水厂排水泵站	倾斜泵站的纠偏施工技术	王景军,赵彩明,李兆斌	建(构)筑物地基基础特殊技术	2004.11
武汉七一寄宿学校	某粉喷桩复合地基学校建筑纠偏处理	徐杨青,宋德斌	建(构)筑物地基基础特殊技术	2004.11

续表

工程实例	论文名称	作者	摘录	日期
宜化集团长江北岸自来水厂取水井	宜化集团长江北岸自来水厂取水井的纠偏施工技术	刘薇	建(构)筑物地基基础特殊技术	2004.11
黄龙公寓	截桩迫降扶正多层建筑倾斜的工程实践	寇秉厚,王擎忠	建(构)筑物地基基础特殊技术	2004.11
常熟市教育局农副职中教师住宅楼	基于应力解除法纠倾的数值仿真计算研究	马海龙,姚文宏,吴剑国,邵剑	建(构)筑物地基基础特殊技术	2004.11
玉环丹玉包装公司综合楼	玉环丹玉包装公司综合楼地基加固纠偏	朱荣祥,李尧坤,贺业民,申屠新民	建(构)筑物地基基础特殊技术	2004.11
东莞正腾工业园A3宿舍楼纠倾工程	2005年由广州胜特公司设计施工,该6层建筑物长60m、宽14m			
东莞中堂红星旅馆纠倾工程	2005年由广州胜特公司设计施工的7层特殊建筑物			

1.4.4 增层工程

由于我国人口较多,相对人均占有土地量较少,为提高土地使用率,我们提倡向空中要住房,向地下要面积。这些年建(构)筑物的增层工程也越来越多,增层工程有室内增层、地下增层和空中增层。通过增层工程,在土地使用量不变的情况下增加了建筑使用面积。近年来,增层工程在我国有新的特点,由低层建筑物的增层或直接增加少量楼层发展为高层建筑物的增层和超高层建筑物的增层,增层规模也越来越大,将其主要增层工程实例列表如表1.4.3所示。

表1.4.3 增层工程成果

工程实例	论文名称	作者	摘录	日期
地球物理勘探局办公大楼4层增至11层	不破而立——地球物理勘探局办公大楼设计	蔡节	建筑学报	2003.11
广州太古广场增层改造	该大楼由原设计38层增加至43层,由广州胜特公司对该楼地下室进行改造施工			2003
哈尔滨工业大学动力楼	哈工大动力楼巨型框架增层结构设计与测试	郑文忠,周威,田石柱,李平	建筑结构	2004.9
广州联华大厦增层改造	该大楼原为28层烂尾楼后增加为32层,广州胜特公司参与该楼的增层与改造			2004
广州艺术学校宿舍楼增层	该宿舍楼由原6层增加至8层,广州胜特公司参与该楼的增层与加固			2005
北京市西城区文津街国家图书馆分馆	国家图书馆分馆书库增层改造设计	沙安,张军,唐曹明,郭浩	结构工程师2005年增刊	2005

1.4.5 结构改造与加固工程

建筑物建成使用后，由于生产、生活方面的需求不断提高，原建筑物的功能无法满足使用要求，需要拔柱、抬升或降低楼面标高，室内增设大型扶梯、电梯、增加楼面荷载乃至扩大使用面积等，甚至有的建筑物还未建成就需改造加固。建筑物建造后存在质量问题以及旧建筑物的老化等也需加固处理。另外，这些年各地为迎接各种大型国际国内活动，改造加固工程越来越多。随着人们物质文化生活的提高，对建筑物的使用要求也越来越高，特别是我国改革开放初期建造的很多建筑物，室内整套面积小、厨房小、卫生间小，房间布局不合理，无电梯等，这些房屋又进入了中老年期，它的改造与加固任务也较大，近年来，改造与加固从一般到复杂，从低层建筑物到高层建筑物，从旧建筑物到新建筑物以及烂尾楼等，都在进行大规模的改造加固。此外，许多建筑物由于城市规划方面的需求，它的立面、功能都需更改，还有原来有开裂的建筑物，有些倾斜下沉的建筑物亦需加固改造后以崭新面貌来出现。建筑物改造加固成果如表1.4.4所示。

表1.4.4 建筑物改造加固成果

工程实例	论文名称	作者	摘录	日期
沈阳玻璃厂新切装车间厂房	沈阳玻璃厂新切装车间厂房抽柱扩跨改造设计	王铁锋,刘振清	建筑结构	2005.10
青岛奥柯玛办公楼	青岛奥柯玛办公楼抽柱后框架的加固设计	刘继明,曹中明	建筑结构	2005.10
北京电子管厂改造为涉外出租办公楼	旧工业建筑的再利用	庄简狄,李凌	建筑学报	2004.11
锅炉房改建为苹果社区售楼处，厂房改建为远洋艺术中心	两个改建项目	非常建筑工作室	建筑学报	2004.11
上海交叉学科研究中心	结构保存与居住空间寻找——老式别墅的再利用	伍江,谢建军	建筑学报	2003.11
中国美术馆	中国美术馆改造装修工程设计	庄惟敏,宿利群	建筑学报	2003.8
和平宾馆	旧街中的新建筑	聂兰生	建筑学报	2003.7
国图文化大厦	国图文化大厦——中国国际图书贸易总公司仓库改造	焦毅强	建筑学报	2003.6
邵阳市五交化站办公楼,邵阳市府门口菜市场	多层砖混房屋底层扩空改造的设计与施工	郭云耿,王建成,刘金梁,陈颂,杨峤柏	岩土工程界	2005.2
包钢三宿舍新建住宅楼	包钢某新建住宅楼加固设计	万墨林	岩土工程界	2005.2
上海深房广场	烂尾楼的改建加固设计	施从伟	结构工程师2005年增刊	2005

续表

工程实例	论文名称	作者	摘录	日期
厦门集美中学黎明楼	黎明楼加固改造综合技术	吴鹭生,许文杰,李巧军	第七届全国建筑物鉴定与加固改造学术会议论文集	2004
河北省邯郸市汉光总厂,邯郸市光明商场	混合结构房屋的改造设计与施工	蔡文章,王军波,严迪佳,李永军	第七届全国建筑物鉴定与加固改造学术会议论文集	2004
六安市皖西大戏院	皖西大戏院加固改造	曾伟,钱礼平	第七届全国建筑物鉴定与加固改造学术会议论文集	2004
重庆市渝中区军体院	军体院改造扩建工程实例	石宏伟,马永正,梅全亭	第七届全国建筑物鉴定与加固改造学术会议论文集	2004
中国一拖集团有限公司冲压厂一期、二期厂房	某工业厂房加固改造的方案设计与施工	张玲玲,张勇	第七届全国建筑物鉴定与加固改造学术会议论文集	2004
广州南方大厦改造加固	广州胜特公司对该古建筑物进行改造施工			2004
广州百脑汇商厦改造加固	广州胜特公司对该商厦地下负2层至地上5层进行改造施工			2005
中山厚兴大厦改造加固	黑龙江四维岩土公司对该建筑物进行改造施工			2005
珠海绿洋酒店改造加固	广州胜特公司对该建筑物进行改造施工			2006

1.4.6 地基基础加固工程

当建筑物建成使用后,由于复杂原因导致建筑物发生倾斜、不均匀下沉、裂损、扭曲等病害,或者需要对旧建筑物进行改造、移位、增层、纠倾、加固工程等,均需通过地基基础加固才能够消除病害,近年来主要地基基础加固工程如表1.4.5所示。

表1.4.5 地基基础加固成果

工程实例	论文名称	作者	摘录	日期
景江华庭工程	景江华庭工程再建桩基础处理实例	肖刚,曹可之	建(构)筑物地基基础特殊技术	2004.11
天津电力唐口住宅小区	电力唐口小区住宅预加固技术分析	廖利辉	第七届全国建筑物鉴定与加固改造学术会议论文集	2004
郴州市市政府新区8~11栋住宅楼	地面注浆处理深厚软土中桩基础沉降的实践	瞿地成,肖双德	第七届全国建筑物鉴定与加固改造学术会议论文集	2004
苏州云岩寺塔(虎丘塔)	虎丘塔的倾斜控制和加固技术	袁建力,刘殿华,李胜才,姚玲,杨福南	土木工程学报	2004.5

第1章 综　述

续表

工　程　实　例	论　文　名　称	作　者	摘　录	日　期
厦门集美中学延平楼	延平楼地基基础综合加固技术	蔡明辉,李巧军	第七届全国建筑物鉴定与加固改造学术会议论文集	2004
中山汇东酒店基础加固		广州胜特公司施工		2005
云南大理市	23栋住宅楼地基加固工程	卢明全	双灰桩加固、条基础为筏板基础	2003

图1.4.1　广州南方大厦加固改造工程

图1.4.2　广州百脑汇商厦改造加固工程

图1.4.3　东莞正腾工业园纠倾工程

图1.4.4　中山厚兴大厦加固改造工程

图1.4.5　中山汇东酒店基础加固工程

图1.4.6　珠海庆华国际酒店加层改造工程

1.4.7 结　语

（1）由于时间仓促，本文只能通过文献检索方式，将近两年来的部分论文资料整理成文。事实上我国近年来在建筑物改造与病害处理技术领域的成果要比本文所列的内容丰富得多。

（2）为做好有关我国建筑物改造与病害处理技术的新工程、新技术、新成果、新发展的成果汇集工作，我们今后仍然采用文献检索、文摘整理等有效方式加大搜集力度，以此来展现我国在该领域的技术进步，在每两年召开全国学术研讨会的时候，将整理一份我国在这一技术领域里的新成果、新发展的报告，奉献给大家，旨在推动全国的技术交流，为本行业的技术发展做些贡献。

吴如军　唐　颖

（广州市胜特建筑科技开发有限公司）

第2章 移位工程

2.1 建筑物移位工程技术现状与展望

2.1.1 概 述

建筑物移位技术起步始于20世纪初欧美国家,世界上第一例建筑物移位工程是位于新西兰新普利茅斯市的一所一层农宅,此后,欧美、前苏联等国家相继发展了这项技术,其中比较有代表性的工程实例有1901年美国依阿华大学科学馆整体平移,1982年英国伯明翰一所会计事务所平移,1983年英国兰开夏郡Warrington市一座学校建筑整体平移,1998年美国一所豪华别墅从波卡罗顿移至100多英里外的皮斯城,1999年6月美国北卡罗莱纳州Hatteras角海岸一座灯塔移动2 900英尺,1999年丹麦哥本哈根飞机场候机厅移动2 500m。目前国外累计完成的移位建筑物约30余幢。2004年之前,移位最重的建筑物(吉尼斯世界纪录)是哥伦比亚的库特考姆大厦。该建筑物高8层,重7 700t,移动距离29m。

我国建筑物移位技术始于20世纪80年代,落后于欧美、前苏联等国家近半个世纪,但是这项技术在我国发展迅猛,势头良好。其理论与技术处于世界领先地位,到目前为止,我国已累计完成各类建筑物移位100余幢。

2004年大连久鼎特种建筑工程有限公司打破纪录,创造的吉尼斯纪录是广西梧州人事局综合大楼。该建筑物10层,高36m,总面积8 836m^2,总质量13 000t,移动距离30.276m。

2.1.2 建筑物移位技术现状

(1)建筑物移位按移动轨迹可分为以下三类:

①水平移位

直线移位:移位路线为直线,即通常所说的平移;

折线移位:移位路线为折线,即通常所说的转向;

曲线移位:移位路线为曲线,即通常所说的旋转。

②升降移位

整体抬升移位:移位路线沿原基点垂直向上;

整体下降移位:移位路线沿原基点垂直向下。

③组合移位

以上两种或两种以上移位方式的组合。

(2)建筑物移位按运动方式可分为以下三类:

①滚动移位；
②滑动移位；
③轮动移位。

世界上第一座建筑整体迁移工程是位于新西兰新普利茅斯市的一所一层农宅，使用蒸汽机车作为牵引装置。现代整体平移技术始于20世纪初。1901年美国依阿华大学由于校园扩建，将重约60 000kN三层高的科学馆进行了整体平移，而且在移动过程中，为了绕过另一栋楼，采用了转向技术，将其旋转了45°。该建筑物平面尺寸为86英尺×115英尺，建筑面积约3 000m²。此项移位工程采用的是圆木滚轴滚动装置，用了675个直径6英寸圆木滚轴，用800个螺旋千斤顶将建筑物顶起，采用木梁托换，用30个螺旋千斤顶提供水平牵引力。这一技术在当时的土木工程界引起了相当大的兴趣和广泛的评论。这座楼至今仍在使用，已经历了百年的考验。

直线移位移动距离最长的代表工程是我国河南慈源寺平移工程（2006年）。慈源寺位于河南省安阳市林州横水镇马店村，始建于1 300年前唐代贞观年间。由于安林高速公路建设将从寺院中部通过，需对慈源寺3座文物建筑实施整体平移。其他9座建筑实施"解体组合"方式搬迁，也就是说，拆了之后按原样、用原材料重建。慈源寺新址位于现址西南方向，海拔约310m，"新家"距离"老家"大约400m左右。如图2.1.1所示。

图2.1.1 慈源寺

最重的代表工程是，哥伦比亚的库特考姆大厦平移工程（1974年）和我国广西梧州人事局大楼平移工程（2003年）、宁夏吴忠宾馆平移工程（2005年）。哥伦比亚库特考姆大厦高8层，重7 700t，移动距离29m。广西梧州人事局大楼平移工程获得2004年《世界最重移位工程》吉尼斯世界纪录证书。该楼10层，高36m，总面积8 836m²，总质量13 000t。该大楼位于梧州市奥奇丽路东侧，西堤二路北侧，因西堤路拓宽改造占用该楼位置，整体向北侧平移30.276m。该楼基础型式为桩基础，框架结构（图2.1.2）。吴忠宾馆位于宁夏吴忠市裕民街，是一幢在建星级宾馆。由主楼和裙楼两部分组成，框架结构。主楼长43.04m，宽17.64m，高12层，局部13层，最高点标高53.7m；裙房3层，长50.84m，宽17.7m。整座建筑占地面积1 927m²，建筑总面积约12 700m²。根据规划要求，拟将该建筑向西平移82m，平移总质量约20 000t。如图2.1.3所示。

折线移位代表工程是我国盘锦兴隆台采油厂原办公楼分体转向平移工程（2001年）。该工程创下五项全国第一：①国内首例分体、转向（90°）平移工程；②平移总距离130m，为国内之最；③单日最长移位距离24m，为国内之最；④首次采用了活动式支顶系统；⑤平移就位精度高，误差在3mm之内。如图2.1.4和图2.1.5所示。

旋转移位代表工程是山东东营永安商场旋转工程（华夏第一旋）（2005年）。该工程是世界首例以固定端为轴心进行旋转的移位工程。成功解决了结构荷载托换、新老基础不均匀沉降、移动弧形轨迹难控制三大技术难题，开创了国内外建筑物以固定端为轴心进行旋转移位的先河，被誉为"华夏第一旋"。该建筑为4层钢筋混凝土框架结构,桩基础,高18.3m,建筑面积4 811.49m²,总质量5 773.8t。以西北角为圆心顺时针旋转20°,旋转半径最大达74.6m,旋转最长距离为26.043m。如图2.1.6所示。

图2.1.2　广西梧州人事局大楼

图2.1.3　吴忠宾馆

图2.1.4　盘锦兴隆台采油厂

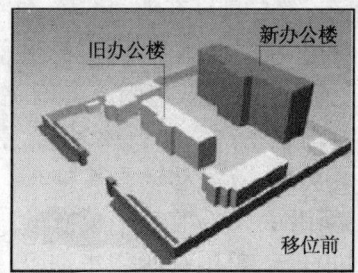
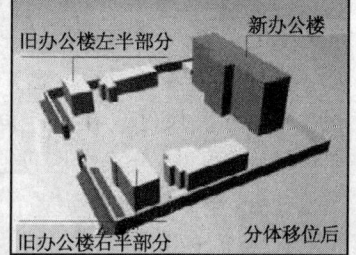

图2.1.5　移位前后示意图

组合移位代表工程是上海音乐厅(2003年)。上海音乐厅占地面积1 254m²,建筑面积约3 000m²。结构总体上为框架-排架混合结构。音乐厅整体平移66.46m并整体顶升3.38m。音乐厅总体迁移方案为:先在原址顶升1.7m,然后平移66.46m到达新址,最后顶升1.68m。如图2.1.7所示。

图 2.1.6　山东东营永安商场

图 2.1.7　上海音乐厅

文物或古老建筑移位代表工程有"锦纶会馆"(图 2.1.8)平移工程(2001 年)。"锦纶会馆"总建筑面积 600m², 高 1 层,是典型的砖木结构建筑,主要用柱子来承力。整个建筑在平移时显得特别脆弱,增加了平移的难度。平移 120m。该工程创下了国内外砖木结构古建筑平移纪录。

山东济南一座有 80 年历史的古建筑(图 2.1.9)在原有的位置上向西平移 17m(2005 年)。

滑动移位代表工程也是宁夏吴忠宾馆平移工程

轮动移位代表工程是美国明尼苏达州 Minneapolis 市 Shubert 剧院(图 2.1.10)平移工程(1999 年)。该剧院在平移时采用平板拖车,其自身具有动力装置,在平移现场外观看不到牵引设备,令人惊叹不已。参观者络绎不绝,引起了新闻媒体注意,广泛进行报道。平移工程取得圆满成功。为了增加其整体性,在墙下浇注了混凝土墙进行加固。将剧院内斜地面开挖 20 英尺深,然后填砂至地面下 5 英尺处。在此空间内设置主次钢梁托换系统(重 2 270kN),托换时用 138 个千斤顶, 19 个液压泵站, 分三个区顶起 8 英尺, 置入移动平板拖车。移至指定位置后, 将托换钢梁取出, 建筑物落至新基础上。整个工程用了 70 台移动平板拖车, 其中 20 台为自带动力的。

还有一个比较特殊的工程。1998 年, 美国一所豪华别墅(图 2.1.11), 建筑面积约 1 100m², 从波卡罗顿长途跋涉 100 多英里到皮斯城。该建筑物顶升托换时用了 64 个 150kN 千斤顶。其特殊之处在于, 移位行进中必须经过一条运河。采用一艘特殊的船体作为运输工具, 通过调节船中的水量(192 000 加仑)来保证该建筑物从陆地到船上和从船上到陆地的平稳。该建筑物基础为混凝土桩基, 桩基切断时钢筋留有足够的连接长度, 以便移至新位置时的连接。

图 2.1.8 锦纶会馆

图 2.1.9 山东济南古建筑

图 2.1.10 Shubert 剧院平移工程

100多年来,许多国家都有过移位工程的实例。1982年,位于英国伯明翰的一所会计事务所,由于超市扩建,需将其移至5英里外的地方。平移时,首先在房屋地面下建一个225mm厚的钢筋混凝土板,然后用千斤顶将其顶起,放入滚动装置进行移动。1983年英国兰开夏郡Warrington市一座历史悠久的学校建筑进行了整体平移。由于道路拓宽不得不将该具有历史纪念意义的建筑纵向平移15m。托换顶起时使用了专用的托换装置,并用环氧树脂技术对建筑物进行了加固。在该建筑物基础下建一个钢筋混凝土水平框架(上轨道梁),其下建造另一个框架(下轨道梁)与片筏基础连为整体,并延伸至新位置。两个框架之间放入滚轴,并涂抹润滑油。用卷扬机和钢丝绳做牵引装置。采用的牵引装置和平移方法与目前我国许多整体平移工程相似。1999年6月位于美国北卡罗莱纳州Hatteras角海岸的一座灯塔,为了免于海岸侵蚀,决定将其移至1 600英尺外的地方。由于地形的原因,移动轨迹达2 900英尺。该灯塔高61m,重达44 000kN。和以往的移位工程相比,该工程无论从设计上还是从施工上都达到了很高的水平。为了确定建筑物的自重,采用世界先进的液压顶升系统,由100个千斤顶将其顶高5英尺。为了保证该高耸结构的稳定性和承载力系统的可靠性,采用扩大钢梁作为底盘,用钢梁铺成7条行走下轨道,设置14根跨越7条下轨道的长滚轴,液压千斤顶提供水平牵引力,每分钟行走2.5英尺。同时采取了许多其他措施避免所经路途可能遭受暴风雪的侵袭和地基的破坏。1999年9月16日至19日,丹麦哥本哈根飞机场由于扩建将候机厅从机场一端移至另一端,经过4个月的准备工作,在4天之内移动2 500m。该建筑物建于1939年,长110m、宽34m,2层、局部3层,钢筋混凝土框架结构。移动时,将1层内外墙体全部拆除,在一层中间高度处用水平向和斜向钢结构支撑进行加固,并通过这些支撑将建筑物的荷载均匀地落在60台自推动多轮平板拖车上。用金刚石链条锯将框架柱在地面处切断。为了保证移动的速度,采用了多种规格的自推动多轮平板拖车,车上安装了自动化模块和电脑设备,借此来自动调节x或y方向的同步移动以及补偿z方向不同路面之间的沉降差,且能够自动确定旋转中心。由于平移时不能影响飞机起降,在时间上进行了详细的计划,基本上是在晚上进行的。

图2.1.11 别墅移位工程

2.1.3 建筑物移位技术发展趋势与意义

2.1.3.1 发展趋势

国外建筑物移位技术虽然起步较早,但完成的工程实例并不多,这可能与其城市规划、城市建设理论比较先进和成熟有关,同时与其文化背景亦有关。而我国的移位技术虽然起步较晚,但发展迅猛,这与我国的特殊国情有关。

国内外建筑物移位技术发展趋势有以下几个方面:

(1)建筑物移位由多层建筑向高层发展。最初建筑物的移位通常是5~6层以下,现在已达到10层、12层。

(2)结构形式由简单向复杂发展。

(3)小体量向大体量发展。

(4)移动轨迹由简单的直线移位向折线(转向)、曲线、组合移位发展。

(5)移位控制由人工向半自动化、全自动化发展。

(6)移位轨道由一次性向可拆解组装式发展。

(7)服务领域由城市建设向多领域发展。如矿山工程、桥梁工程、隧道工程等。

2.1.3.2 现实意义

该项技术之所以在我国得到迅猛发展,主要原因是它适合我国的基本国情,概括说来它有以下五个方面的积极意义:

(1)良好的社会效益。可避免因拆迁而产生的社会矛盾,保持社会稳定,不扰乱人们正常生活和工作秩序。

(2) 显著的经济效益。通常6层以下建筑物移位,其费用大约占拆除重建费用的 1/2~1/3;如果是体量较大的高层建筑,其经济效益更为显著。

(3) 保护环境。避免因拆除而产生建筑垃圾。

(4) 节约资源。因为避免了拆除重建,所以节约了大量建材资源,符合我国可持续发展和科学发展观的基本国策。

(5) 保护古建筑和文物。通过移位技术,既解决了古建筑或文物与现代城市规划的矛盾,又保护了建筑、文物,包括古树名木等。

卢明全[1] 张 帆[2] 杨军春[1] 范 强[1]
(1 大连久鼎特种建筑工程有限公司;2 胜利石油管理局孤岛社区管理中心)

2.2 建筑物整体移位施工技术及可靠性评价

2.2.1 引 言

目前,我国城市建设与改造的热潮方兴未艾,在旧城规划拆迁改造、道路拓宽等一些城市建设中,经常需要对一些尚具有使用价值或较高历史价值的建筑物实施拆除重建,既需要投入大量财力、物力和时间,又难免对周边环境造成污染。在这种情况下,建筑物整体移位技术迅速发展起来。建筑物移位是指在保证建筑物整体性和可用性不变的前提下,通过特殊的托换加固处理,利用行走轨道和牵引装置,将建筑物从原址迁移到新址。建筑物整体移位不仅避免了拆除重建造成的财产损失和环境污染,且相对造价低、工期短,施工期间不会影响建筑的使用功能。移位技术对于城市改造来说是一项社会效益和经济效益明显、应用前景十分广阔的新兴工程技术。

建筑物整体移位技术在我国还仅限于移位成功,至今尚没有全面系统的理论研究,也没有专门的设计规范和施工规范,处于设计理论及施工技术标准严重滞后于工程实际的局面。因此,对移位工程中的关键施工技术进行系统的科学研究,已成为急需解决的技术课题。

2.2.2 建筑物移位施工的基本步骤

移位方案必须在保证原有结构安全可靠的前提下进行,施工应按照以下步骤进行:

(1) 收集资料,对待移位建筑物进行可靠性及可行性评价;
(2) 工程地质勘察;
(3) 整体移位方案设计;
(4) 施工前期准备;
(5) 牵引轨道及新基础的施工;
(6) 安装滚动装置;
(7) 托换加固体系的施工;
(8) 将建筑物与原基础切割分离;
(9) 设置外加动力设备;
(10) 建筑物移动及过程监控;
(11) 建筑物就位连接;
(12) 检测、鉴定与验收。

2.2.3 移位轨道及基础施工

建筑物移位施工的关键是托换加固体系和迁移轨道的施工。

迁移轨道体系应满足如下要求：

(1)要保证有足够的承载力和刚度，以承受滚动支座移动过程中的作用；

(2)要保证有足够的施工精度，平移时轨道要达到规定的平整度，以保证托换体系受力均匀并减小摩阻力；

(3)爬坡时要保证坡面符合设计坡度。

迁移轨道施工一般包括以下几部分：

(1)根据建筑物移动的需要划分施工段，然后分段把原基础两侧的填土挖去，形成施工工作面，并对旧基础进行处理。

(2)按设计要求在原基础两侧底部浇注钢筋混凝土移位轨道梁，亦称为下基础梁，下基础梁一直延伸到新基础，并严格控制移位轨道的平整度。

(3)待下基础梁达到一定强度后，在下基础梁上安装行走机构。

施工移位轨道和新永久基础时，要求支模准确，模板固定牢靠，用水准仪检测支模的平整度。浇注混凝土时用塑料模板，并用水准管找平，严格控制基础顶面平整度。

在远距离移位过程中，必须结合新基础设计施工对平移轨道地基进行详细的地质勘察，在施工前还应采用钎探的方法，查明是否存在孔洞、暗沟、古墓等，并进行相应的处理。

2.2.4 托换加固体系施工

2.2.4.1 墙托换施工技术

对于混合结构砖墙承重建筑，墙托换构造如图 2.2.1 所示，一般按以下步骤施工：

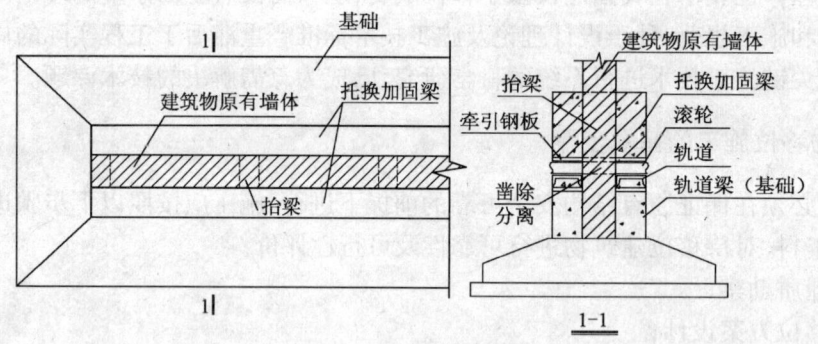

图 2.2.1 墙体托换构造

(1)根据划分的施工段，首先将托换加固施工部分的墙体表面凿毛，除去杂物并用水清洗干净。

(2)在设计位置，将建筑物墙体上开凿出一定尺寸的抬梁洞口。

(3)设置轨道、滚轴及牵引钢板，然后分段绑扎抬梁及托换加固梁钢筋。

(4)支模并浇筑混凝土形成托换加固梁系，浇筑混凝土时要先用高强度等级的水泥砂浆引浆，以保证托换梁与墙体密实连接。支模时，应采用喇叭口，并超灌适当高度的混凝土。在混凝土中应加入少量的微膨胀剂，避免混凝土的干缩。

托换梁施工段的划分要尽量减少连接处理，达到降低工程造价、提高施工工效、缩短施工周期和保证托换梁整体性的目的。一般轴线相交处墙体应划分一个施工段,各施工段应间隔施工。

2.2.4.2 柱托施工技术

柱托换施工应间隔进行,相邻柱不得同时托换。为了保持原框架的柱网尺寸不变,应在切断柱子前设置水平杆件定位,必要时应设置临时支撑,如采用砖柱或钢管支撑。由于框架柱主要传递上部结构荷载,其托换依靠后浇牛腿实现,因此,后浇牛腿应考虑新旧混凝土的协调工作,在钢筋布置、钢筋锚固或焊接长度方面采取加强措施。具体施工步骤如下:

(1)将托换高度范围内柱纵筋混凝土保护层凿除,钢筋清刷干净。

(2)沿轨道每隔一定间距均匀设滚轴,并在其上铺设牵引钢板,钢板形式同墙托换加固结构。

(3)柱设封闭的环筋(托换牛腿纵筋)与柱纵向钢筋焊接,并在托换高度范围沿柱高设封闭焊接箍筋。当托换柱荷载较大时,托换牛腿纵筋也可采用植筋锚固技术植入柱内。

(4)绑扎托换加固梁钢筋。

(5)支侧模并浇注混凝土,具体浇注细节同墙托换加固结构。

柱托换完成后,当后浇混凝土达到设计强度后即可实施切断。切断一般采用人工开凿为主,机械钻孔为辅,要尽量减少振动对结构的损伤。金刚石线切割锯切割断柱技术对结构产生的振动很小,是值得推广的断柱新技术。柱切断后应尽快进行移位施工,以防止出现过大变形。

2.2.5 牵引体系施工

牵引体系包括行走机构及施力机构。

2.2.5.1 行走机构

根据工程特点,行走机构一般可选用滑动式或滚动式两种。滑动式是在设计的上、下轨道钢板之间涂抹润滑剂,利用钢板间的滑移实现移位。其优点是平移过程相对平稳,对结构产生的振动较小,且可控性好,适用于转向移位或者强度和刚度较差的结构。缺点是摩擦系数大,在使用滑动式平移时对顶推装置的要求较高,且造价较高。滚动式行走机构摩擦系数小,移动速度较快,造价低,施工简单。缺点是可控性和抗振动能力稍差。这两种行走机构都要求下基础梁顶面平整。施工时可每隔一定距离在基础中预埋钢管,用于固定行走机构。

综合分析国内外成功移位工程实例,多数采用滚动式行走机构。对于图2.2.2所示的滚动行走机构,滚轴的强度非常关键,选用滚轴时应考虑远距离移动和多次重复使用等因素。一般可选用实心钢滚轴、内灌微膨胀高强混凝土无缝钢管滚轴或工程塑料滚轴。

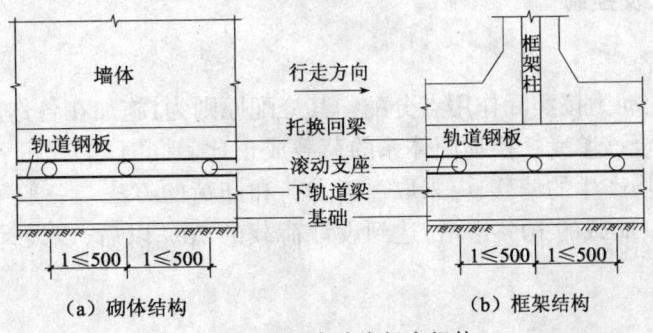

图2.2.2 滚动式行走机构

滚轴选定以后,施工前应对滚轴进行抗压试验,滚轴的强度和径向变形要满足设计要求。行走过程中还要及时调整滚轴的角度和间距,以控制移动方向,避免荷载在滚轴上分布不均匀造成滚轴破坏。

2.2.5.2 施力机构

施力机构的施工需考虑力的施加方式、施加位置、牵引设备选型及布置、拉杆及锚固等因素。根据外加施力机构安装的位置不同,建筑物移位的施力形式有牵引式、顶推式和综合式三种,其施力构造如图2.2.3所示。其中牵引式适用于多层及低层建筑物的移位,其优点是施工操作相对简单,方向性强,建筑物移位过程中不容易跑偏;顶推式适用于多层及高层建筑物移位,施工操作比较方便,施力效率较高,但容易出现跑偏现象;综合式即牵引式和顶推式相结合,适用于高层及荷载较大的建筑物,但设备投入较大,造价较高。

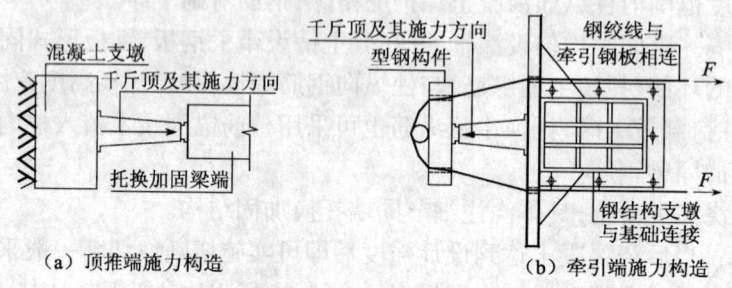

图2.2.3 施力点构造形式

用顶推的方法施力是比较稳定的,但结构每移动一段距离,千斤顶就要重新安装,另浇反力装置。对于移位距离较远的工程,也可采用可移动支顶支座(钢支架),钢支架与上、下轨道位于同一轴线上,通过钢插销与下轨道连接为一体。在施工下轨道时,每隔2m预留一组插销孔,这样楼体每移动2m,便可调整一次钢支架及千斤顶的位置,使千斤顶与楼体的距离不大于2m。其优点在于支顶垫块长度不大于2m,减少垫块总用量,同时避免垫块过长受力不稳定的缺点,施工简单方便。移动式钢支架支座与固定支顶支座搭配使用,可以在建筑远距离移位工程中降低造价,提高效率。

牵引动力设备通常可用液压千斤顶、机械千斤顶、卷扬机等。使用时可根据被迁移建筑物的具体条件、结构形式、迁移距离、工期及造价等因素综合选定。

牵引动力设备通过牵引杆(索)将牵引力传至牵引钢板以拖动建筑物。牵引时如果牵引杆变形不一致,容易使建筑物偏离轨迹、惯性滑移。所以在使用牵引式时,牵引杆应采用高强低松弛材料,如高强度大直径的精轧螺纹钢筋,也可采用钢缆或钢绞线作为牵引索。

2.2.6 整体移动施工及控制

2.2.6.1 平移

实施移位时,外加动力按实际作用点分配。其分配原则为:施加在各作用点的外加动力必须与建筑物上部结构传至该单元托换加固体系的荷载成正比。同时,为保证各个轴线同步移动并减少由于移动使建筑物产生的偏移,应采取逐级加荷和卸荷的方法。一般第一级加荷到设计荷载的30%,以后每级以荷载的10%递增,达到设计荷载的70%以后,以设计荷载的5%递增,直到建筑物移动。

2.2.6.2 顶升

建筑物顶升主要应用于裂损、倾斜建筑物治理以及建筑移位后的抬升。对于移位后的抬升,为保证施工安全,一方面要保证建筑物托换底盘有足够的刚度能使建筑物各部分同步抬升,另一方面要均匀合理布置千斤顶的安放位置、控制施力大小及时间同步,防止顶升不同步造成建筑物倾斜而损伤。

2.2.6.3 旋转

(1) 建造新基础及旋转轨道梁　旋转施工的轨道梁是以旋转中心为圆心，以旧基础支座位置为起点，以新基础支座位置为终点，以旋转中心至旋转支座之间的距离为半径建立在条形基础之上的钢筋混凝土圆弧轨道。

(2) 可调反力支座　建筑物旋转施工不同于平移施工，由于建筑物要作整体旋转，反力支座必须不断地改变推力方向和位置。为了方便施工，旋转施工的反力支座采用可调支座。可调反力支座由钢支架和轨道上的预留孔组成，钢支架由角钢斜撑、槽钢横梁和固定螺栓组成。如图 2.2.4 所示。

(3) 设置旋转支座　旋转支座与平移施工的支座除滚轴作径向扇形布置外，其余一致。

(4) 旋转作业　建筑物整体顶升后，先设置旋转支座，然后在千斤顶提供的水平推力作用下，作不等速转动，推动速度与支座半径大小成正比，直至建筑物新址就位。

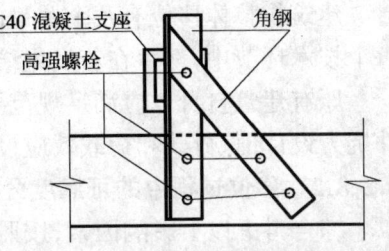

图 2.2.4　可调反力支座示意图

2.2.6.4 移位过程的控制

建筑物移动时的监测是十分必要的，它直接影响移位工程的安全。监测时要重点注意结构的薄弱或敏感环节，如柱截断时的沉降、轨道梁的沉降、托架和轨道梁内钢筋的应力等，并设定报警值为防止结构出现危险提供预警。正常情况下，当构件受拉钢筋的应变超过 $500\mu\varepsilon$ 时，受拉区混凝土会出现第一批微裂缝，但构件远未破坏。把托梁应变超过 $500\mu\varepsilon$ 作为警戒线一般是比较安全的。观察建筑物的整体状况，如顶部与底部相对位移变形，记录楼体各点的前移距离与前移方向、楼体倾斜状况及裂缝情况，这些都属于静态监测。动态监测主要是加速度的测试，了解结构在动力作用下的响应。此外还应注意移位工程对场地周围的建筑物和市政设施的影响，根据监测结果，及时对施工方案进行调整。

2.2.7　就位连接施工

2.2.7.1 承重墙体的连接

建筑物就位后，墙体的连接构造如图 2.2.5 所示。其施工步骤如下：

(1) 用千斤顶逐段顶住托换加固梁，撤下滚轴并及时按设计尺寸及间距放入预制钢筋混凝土垫块。

(2) 将新永久基础内相应构造柱位置预埋钢筋撬起调直，将上部构造柱外露钢筋调直、对准位置，并将钢筋表面清刷干净。用专用夹具固定搭接钢筋，单面焊接。

(3) 将迁移轨道梁与柱连接部位凿毛，清扫干净，墙两侧支侧模板，模板高于托换加固梁下皮不小于 100mm。

(4) 分两次浇筑混凝土，先在一侧灌注混凝土并振捣，直到另一侧混凝土流出并超过半满时，再从另一侧灌注混凝土，并振捣密实。

2.2.7.2 框架柱的连接

整体水平位移就位后，当柱底与基础面间隙较小时，可采用预埋钢筋焊接。间距较大有一定高度时，其连接一般采用钢筋混凝土现浇处理。当柱主筋每边不多于 4 根时，其连接采用主筋上下焊接，连接区箍筋加

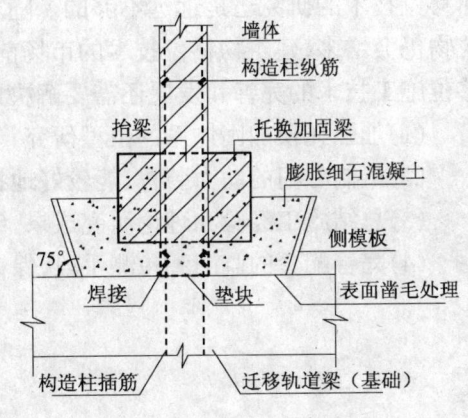

图 2.2.5　墙体就位连接示意图

密并提高混凝土强度等级;当柱主筋每边多余 4 根时,除上述处理外,应对该段柱进行局部处理,可采用加大截面法或外包钢法。应注意混凝土浇捣质量,以防止新旧混凝土之间产生隔缝。

2.2.8 可靠性及风险评价

2.2.8.1 移位工程中影响安全的因素

建筑物整体移位有几个关键的施工阶段:加固托换、切割、移位、抬升、转向和就位连接等,在每个技术环节中,都存在着发生结构失效的可能性,需要在可靠度分析中加以考虑。

原有建筑自身也应满足规范要求的可靠度。影响原有建筑结构可靠度的因素是:结构和构件抗力设计值、荷载和荷载效应设计值、施工缺陷、结构设计构造和设计方法精度的影响。

2.2.8.2 移位过程中的可靠度分析

综合考虑以上影响因素,按照我国规范中采用以概率为基础的设计方法,对每个施工环节的可靠度加以评价。假定第 n 个环节的失效概率为 P_{fmi},则移位过程的可靠度 P_m 可以表示为

$$P_m = 1 - P_{fm} = \prod_{i=1}^{n}(1 - P_{fmi})$$

2.2.8.3 风险评估指标的确定

要衡量结构的移位风险水平,要看在施工各阶段的失效概率和目标失效概率的对比。因此定义移位工程风险指数 η 为失效概率 P_{fm} 和目标失效概率 $[P_f]$ 的比值

$$\eta = \frac{P_{fm}}{[P_f]}$$

风险等级评估标准如下:
(1) $\eta < 1$ 时,基本无风险,平移工程安全可靠;
(2) $1 \leq \eta \leq 5$ 时,风险很小且不影响结构安全;
(3) $\eta > 5$ 时,风险较大。

平移工程中应避免出现较大风险的情况。

2.2.9 结　语

目前我国已经有上百项工程移位成功的实例,但是与其他建筑处理技术相比较,对建筑物整体移位技术的研究还是远远不够的。随着我国城市建设的进一步发展,面临拆迁或者移位的建筑物仍会增多,建筑物移位技术的市场前景十分广阔,必将成为一个新的研究热点。建筑物整体移位施工技术的完善和发展还需要解决以下几个问题:
(1)加强托换加固体系的模型研究,研制专门的托换施工装置。
(2)研制专门的动力装置,能较好地控制牵引力的同步均衡并根据检测结果及时调控。
(3)总结施工经验和理论研究成果,编制专门的指导性的设计施工规范。
(4)完善配套的监测和检测手段,保证建筑物移位的顺利实施。

张新中[1,2]　张宗敏[1]　武宗良[1]
(1 华北水利水电学院;2 西北工业大学)

2.3 中国目前最高的移位工程
——宁夏吴忠宾馆移位工程设计与施工

目前关于建筑物移位技术的文章与报道已较多,多层框架与砖混结构的建筑物移位技术已逐渐走向成熟,但对于高层建筑物平移的论述仍较少。由于高层建筑总体高度高,单柱荷载特重,建筑物整体刚度及梁柱等刚度也很大,所以平移时较一般建筑物平移考虑的因素要更全面、技术要求更高、平移时的风险也更大。本文通过吴忠宾馆整体平移工程的设计与实践阐述高层建筑平移的要点,希望能对平移技术的发展起促进作用。

2.3.1 工程概述

2.3.1.1 地理位置及周边环境

吴忠宾馆位于宁夏吴忠市裕民街,是一幢在建的星级宾馆。由主楼和裙楼两部分组成。目前主体结构及外立面墙面砖已基本完成。由于该宾馆位于在建的中央大道上,需向西整体平移82.5m。

图 2.3.1 吴忠宾馆正立面图

2.3.1.2 建筑及结构概况

主楼长 43.04m,宽 17.64m,高 12 层,局部 13 层,总高度为 53.7m。裙房 3 层,长 50.84m,宽 17.7m。整座建筑占地面积 1 927m²,建筑总面积约 13 850m²。移位总质量为 20 000t。

主楼为框架-剪力墙(筒体)结构,剪力墙按 8 度一级抗震设计,混凝土强度等级为 C40,框架按 8 度二级抗震设计。6 行 8 列共计 42 根柱,柱混凝土强度等级为 C40(1~6 层)、C35(7~13 层),最大柱断面尺寸为 1 050mm×1 050mm,平移时最大柱荷载约 925t。

2.3.1.3 原基础概况

柱下为钢筋混凝土承台,承台顶面标高为 -2.35~-2.25m,底面标高 -3.35~-4.35m;地梁顶面标高为 -2.35m,底面标高为 -3.05m。电梯井深 1.5m,承台下为冲孔灌注桩,采用 C25 混凝土,桩径为 φ800mm、φ600mm 两种,桩长不小于 4 800mm(从承台底面至桩端),桩端进入卵石层不小于 2 500mm。竖向单桩承载力设计值 φ800mm 桩为 1 365kN,φ600mm 桩为 932kN。

2.3.1.4 平移场地工程地质条件

地质情况自上而下分为 6 个土层,其工程力学指标如下:

①杂填土:层厚0.8~4m,杂色,黄褐色为主,局部为灰黑色,稍湿,松散,主要由建筑垃圾、粉砂、粉黏土等组成。

②粉质黏土:层面埋深0.8~4m,层底深度2.5~5.7m,该层厚0.5~3.6m,黄褐色,稍湿,软塑~可塑,属中等压缩性土,有层理,新鲜切面可见油脂光泽,摇震无明显反应。该层局部夹黏土、粉土薄层,并可见少量的腐殖质。其地基承载力特征值可按110kPa考虑。

③细砂:层面埋深2.5~5.7m,层底深度4.9~6.4m,该层厚0.4~3.4m,黄褐色,湿~饱和,稍密,砂粒成分以石英长石、云母为主。其地其承载力特征值可按160kPa考虑。

④卵石:层面埋深4.9~6.4m,层底深度11.2~16.6m,该层厚5.5~11.3m,杂色,饱和,中密~密实,级配较好,分选性差,磨圆度较好,呈亚圆状,成分以灰、白色石英砂岩、砂岩、灰岩为主,属中等风化,粒径一般在20~50mm,最大可见100mm,充填物为砂类土。局部夹圆砾和细砂薄层,其地基承载力特征值可按400kPa考虑。

⑤粉质黏土:层面埋深11.2~16.6m,层底深度13.7~27.4m,该层厚1.7~15.0m,黄褐色~棕黄色,饱和,坚硬,属低压缩性土,局部夹粉土、粉砂、中砂、粉土薄层。有层理,摇震无反应,新鲜切面可见油脂光泽,其地基承载力特征值可按680kPa考虑。

⑥细砂:层面埋深13.7~27.4m,最大深度13.1m,未穿透此层。灰褐色~灰白色,饱和,密实,分选性好,矿物成分以长石、石英、云母为主,局部夹中砂、砾砂薄层,其地基承载力特征值可按350kPa考虑。

场地内地下水为孔隙潜水,含水层岩性主要为卵石及细砂,地下水的补给主要为大气降水及地表水,本次勘察期间水位埋深6.2m左右。地下水对混凝土结构具有弱腐性。

2.3.1.5 工程特点和难点

本工程与国内同类工程相比,具有如下特点:

(1)是目前平移领域内最高(53.7m)、最重(200 000kN)、建筑面积最大(13 850m²)的建筑,整个平移规模已达世界之最。

(2)由于平移建筑重量重,采用传统的移位方式所需提供的动力系统将很难实现,因而在移位设计时怎样降低摩擦系数是工程能否平移成功的关键。

(3)由于该建筑分主楼和裙楼两部分,建筑高度差别较大,沿平移方向各轴线荷载差别较大,分布不对称:最大轴线平移荷载达69 000kN(B行),最小轴线荷载仅为16 000kN(E行)。B行荷载是E行荷载的4.3倍。

(4)该建筑物最大单柱荷载达9 200kN,对托换设计、卸荷设计、滑道设计及地基处理提出了更高的要求。

(5)平移前需对42根柱子、剪力墙共计60m²进行切割。

2.3.2 总体设计原则

(1)符合既有建筑、结构设计施工规范;
(2)按照现场实际情况进行计算,托换时不考虑活荷载;
(3)在施工期间和移位完成期间,确保房屋、附属设施及人员的绝对安全;
(4)不改变房屋结构和使用功能,保持原有的室内净高;
(5)通过在移位后保留托盘梁,提高房屋的抗震安全性;
(6)托换体系和下滑道应安全可靠,有足够强度和刚度;
(7)推移方向、距离和速度完全可控,可以随时调整,保证就位后误差不超过2cm;
(8)性价比合理。

2.3.3 移位技术原理介绍

建筑物的整体移位是将建筑物从原址移至规划新址。平移可分为一个方向平移与多个方向平移及旋转。由于城市建设发展的需要,大批建筑物被拆除变为瓦砾。为了减少拆除重建造成的资源浪费及环境污染、保留文物建筑的原貌均可采用移位技术。其施工方案设计是根据建筑物的形状、整体强度(刚度)、地理位置、现场施工条件、经济投资比较等多种因素综合选定。其基本原理,是对现有结构物体进行必要的安全加固,根据托换理论改变其传力系统,从而可以在基础的适当位置使迁移部分与原结构部分脱离开,分成原有基础部分与迁移部分,使迁移部分形成独立的可移动单元体,然后通过滑道推拉等技术手段,使迁移物达到新的预定位置,并完成连接处理工作。其优点在于:由于建筑物可整体移位,因此只需付出新址基础费用及移位费用,特别适用于旧房改造、既有建筑物迁移、古建筑物保护性迁移等的施工,可大大节约投资,缩短施工周期,改善自然环境,具有极佳的社会效益和经济效益。

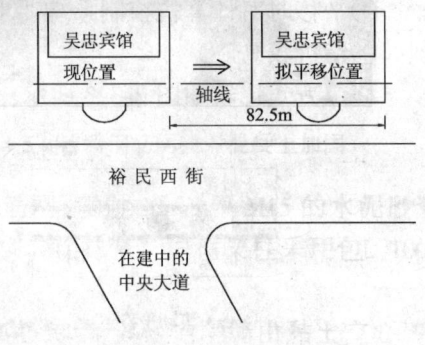

图 2.3.2 移位路线图

2.3.4 移位路线

根据业主要求吴忠宾馆沿其横向轴线往西整体平移82.5m。如图 2.3.2 所示。

2.3.5 移位方式择选

移动方式指的是上下轨道体系之间的接触方式。

方案一 滚动平移。在上下滑道之间摆放滚轴,下滑梁上设置钢板,上滑梁设置槽钢或钢板,滚轴采用实心铸钢材料或钢管混凝土。

滚动的优点是:

①摩擦系数较小,需提供的移动动力较小;

②造价低。

其不足之处是:

①易产生平移偏位,移动过程中需经常人工调整滚轴方向,无法使平移建筑精确到位;

②由于滑道不平及上下滑梁不平行引起滚轴受力不均,使个别滚轴变形或破坏,引起上部荷载重新分布,严重时会导致上部结构开裂或损坏。

方案二 支座式滑动平移。即在上下滑道之间摆放支座,支座采用钢构件,下滑梁上设置钢板,平移时在滑动面上涂抹黄油等润滑介质。

其优点是:

①平移时比较平稳;

②偏位时易于调整,便于纠偏,适用于高精度计算机同步控制系统;

③平移过程中辅助工作少,平移速度快。

其不足之处是:

①摩擦系数较大,平移需提供较大的推力;

②对下滑道的标高、平整度要求非常高。

方案三 液压悬浮式滑动平移。即在上下滑道之间摆放支座,支座采用液压千斤顶,千斤顶下垫德国进口的高分子材料,下梁道上设置镜面不锈钢板。

其优点是：
①平移时平稳、安全可靠；
②偏位时易于调整，适用于高精度计算机同步控制系统；
③平移过程中辅助工作少，平移速度快，可以缩短工期；
④磨擦系数小，需提供的动力也小；
⑤液压千斤顶在行走时能够自动调整滑脚高度及额定反力，对下滑道的平整度要求相对较低。

其不足之处是：
①平移时对计算机控制系统要求较高。
②造价较高。

移位方式比较如图2.3.3所示。

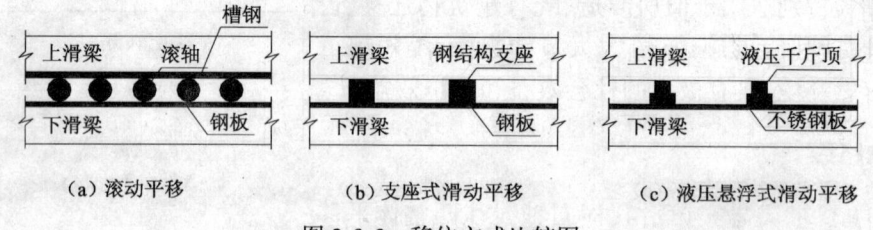

图2.3.3　移位方式比较图

通过以上比较，液压悬浮式滑动平移最安全可靠，但造价较高。考虑到吴忠宾馆整体移位时的质量及特点难点，决定采用液压悬浮式滑动平移。

2.3.6　行走段及新址基础设计比选

根据地质报告，确定场地的持力层为卵石层，埋深较浅，其地基承载力特征值可按400kPa考虑，桩端阻力按2 500kPa考虑；地下水埋深位置约在持力层面以下2.5m的位置处，新址及行走段地基既可采用钻孔灌注桩亦可采用人工挖孔灌桩进行处理。原基础采用钻孔灌注桩。通过对钻孔灌注桩与人工挖孔灌桩的比选，人工挖孔灌桩在施工质量、工期、环境污染、控制沉降等方面均优于钻孔灌注桩。施工时做好护壁和加强现场管理，其安全可以保证。因此对新址及行走段地基均采用人工挖孔灌桩。

人工挖孔桩布置图如图2.3.4所示。

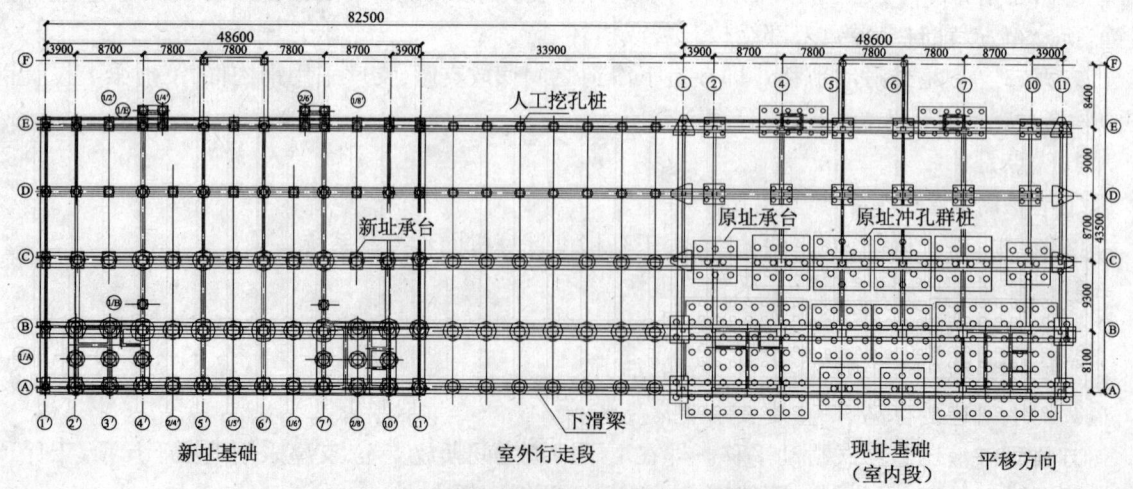

图2.3.4　吴忠宾馆平移工程整体平面布置图

2.3.7 下滑梁及反力系统

2.3.7.1 下滑梁平面布置

沿 A、B、C、D、E 轴柱两侧边分别设置下滑梁,从现址至新址基础位置。下滑梁平面位置如图 2.3.4 所示。

2.3.7.2 下滑梁断面设计

下滑梁混凝土顶面标高均为 -1.80m,在其上有 2cm 的砂浆找平层;室内段下滑梁底部与原有承台凿毛后连接,承台底部之间用钢筋连接,室内段 A、B、C 后接梁高 0.65~2.55m,D、E 段后接梁高 0.65~1.55m;室外段下滑梁 A、B、C 梁高 2m,D、E 段梁高 1.2m;新址段下滑梁设置在新址的承台上,并把承台相互连接。下滑梁断面如图 2.3.5 所示。

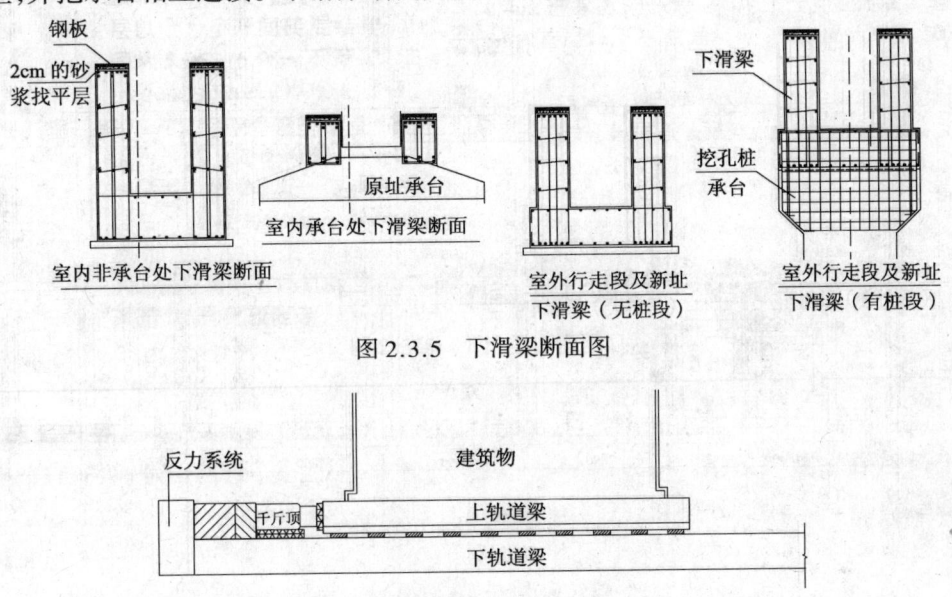

图 2.3.5 下滑梁断面图

图 2.3.6 反力支承图

2.3.7.3 反力系统设计

建筑物用千斤顶对其平移过程提供支顶反力的部分,如图 2.3.6 所示。

2.3.8 托盘梁系设计

托盘梁系是在平移时与房屋成为一个整体的部分,主要有上滑梁、夹墙梁、抱柱梁、卸荷梁、系梁等组成。上滑梁就是与下滑梁对应滑移的部分;夹墙梁就是夹在墙两侧的部分;抱柱梁就是为使房屋柱与托盘梁系成为一个整体而不致让柱产生向下滑的部分。

沿 A、B、C、D、E 轴柱两侧边分别设置上滑梁,分别与室内下滑梁相对应,除与室内下滑梁相对应的上滑梁外,在电梯井位置设置夹墙梁,其余有墙段两侧均需设置夹墙抬梁,每个柱均设置抱柱梁。抱柱计算时不考虑柱的卸荷作用,按柱全荷载计算抱柱连接力并留有富余,以加大安全系数。上托盘梁系布置如图 2.3.7 所示。

由于最大柱荷载达 9 200kN,根据以往的抱柱公式计算的抱柱高度能否保证抱柱的有效性是个问题,为此对柱进行卸荷。

采用钢桁架对柱进行卸荷,通过液压设备在平移前将部分柱荷载转移至上滑梁,并通过上滑梁、液压千斤顶转移到下滑梁。卸荷设备采用液压千斤顶,需计算卸荷理论值,并在液压千斤顶上设定好。卸荷值通过压力表显示,平移过程中可以观察到卸去的荷载,保证了卸荷的有效性。

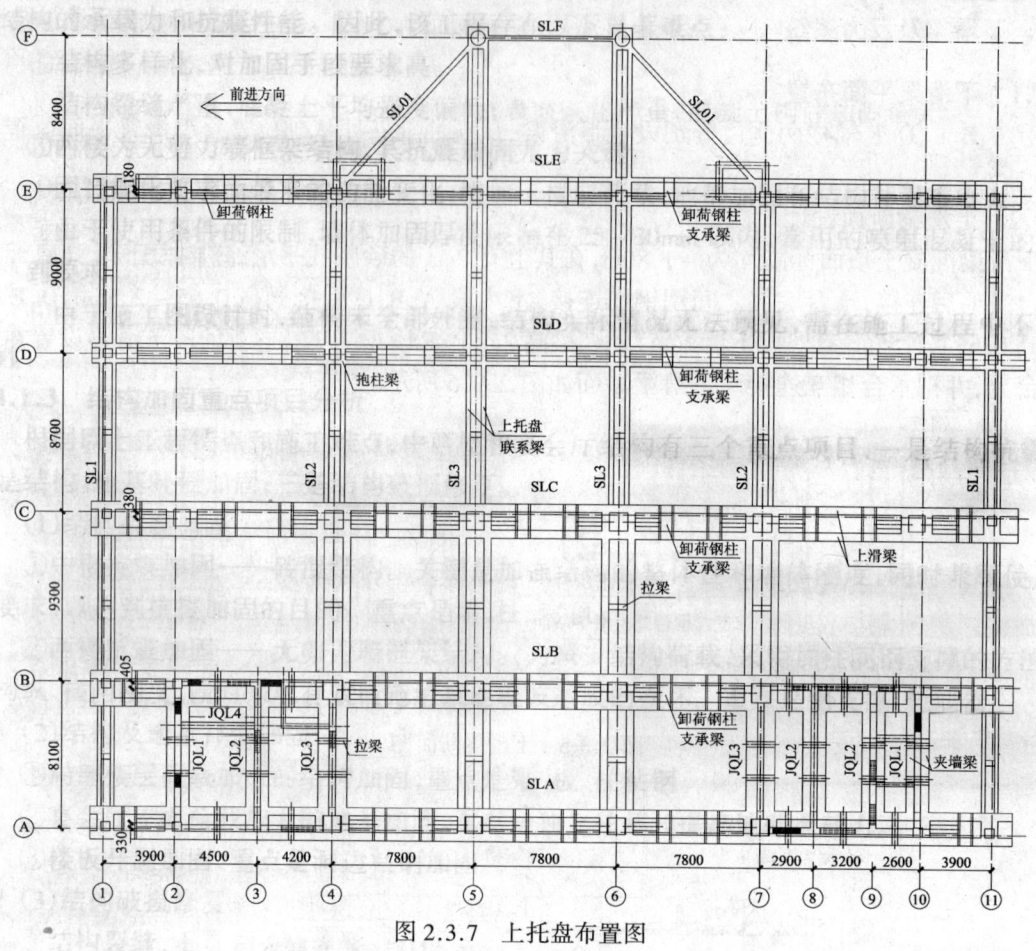

图 2.3.7 上托盘布置图

2.3.9 墙、柱切割

所有柱、剪力墙、砖墙需全部与基础断开，考虑到风镐对结构的影响及托换时间较长，采用金刚链切割机对柱、剪力墙进行切割。该设备切割时通过金刚链摩擦混凝土与钢筋达到切断的目的，且切割速度快、无振动、噪声低，对上部结构无任何损伤。待滑动面以上所有混凝土结构达到设计强度后，即可对滑动面上的柱和墙体进行切割，使建筑物的荷载全部转换到上托盘。切割应在平移前进行。

切割时应密切观测抱柱梁与柱之间是否有位移，建筑物有无沉降、倾斜等情况，并密切监测基础梁及滑移支座的受力变形情况。切割现场如图 2.3.8 所示。

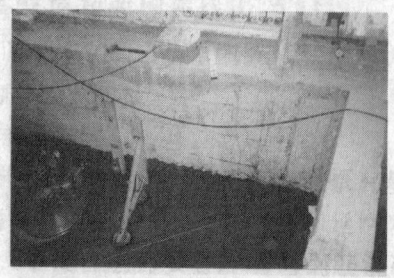 

图 2.3.8 切割现场图

42

2.3.10 工程监测

2.3.10.1 监测工作的目的是监测移位施工全过程的有关参数,合理评价结构受外力(基坑开挖、墙柱切割、平移等)作用的影响,及时、主动地采取措施降低或消除不利因素的影响,确保结构的安全。

2.3.10.2 监测的主要内容

(1)变形监测 即平移过程中对结构整体姿态的监测,包括结构的平动、转动和倾斜。

(2)沉降监测 在基础、上下滑梁施工阶段、平移阶段,对基础、上下滑梁进行沉降监测。

(3)应力监测 在托换及平移进程中,针对结构、抱柱梁、卸荷柱、上下滑梁及一些关键部位进行应力监测,预设报警值,保证结构的绝对安全。应力点监测布置如图2.3.9所示。

图2.3.9 应力点监测布置

2.3.11 PLC液压同步控制系统

为了消除平移过程由于各轴线不同步对建筑物增加的附加应力,采用了PLC液压同步控制系统。该系统建立在移位闭环控制的基础上,10个顶推千斤顶被分成四组,根据平移时光栅尺反馈信号,计算机对各组千斤顶给出位移指令,并约束每组千斤顶的顶推速度,达到各组千斤顶之间精确同步。整个顶推过程资料表明,各组千斤顶之间的同步精度控制在2mm之内,从而有效地保证了建筑物平移的方向,并最大限度地降低了由于顶推给建筑物增加的附加应力,保证建筑物在平移工程中结构的安全。

整个顶推工程均通过操作台实现。操作台全部采用计算机控制,通过工业总线,施工过程中的位移、荷载信息,被实时直观地显示在控制室的彩色大屏幕上,一目了然。实时监控,不但大大改善了施工条件,工程的安全性和可靠性也得到了保障。

PLC同步液压顶推顶升系统应用实例,如表2.3.1所示。

表2.3.1 应用实例

工程名称	结构影响	安全情况	平移顶升规模	完成时间
上海音乐厅(上海市优秀文物建筑保护单位)平移顶升工程	无任何变形开裂,穹顶及壁饰完好无损	良好	建筑面积3 000m^2,建于1930年。平移距离66.46m,平移布置10台千斤顶。顶升高度3.38m,共布置59台千斤顶,顶升质量5 850t	2003年7月8日
北京英使馆旧址(国家一级文物保护单位)平移工程	无任何影响	良好	建筑面积1 800m^2,建于1904年,平移距离80m,已完成62m。	已移至中间停留位置
宁夏吴忠宾馆	无任何影响	良好	建筑面积13 850m^2。平移距离82.5m,平移质量20 000t,平移布置10台千斤顶	2005年11月4日
上海市天山路30号平移工程	无任何影响	良好	建筑面积360m^2,向东斜向平移49.25m,平移方向与房屋纵轴线呈69°2′夹角	2005年12月7日

续表

工程名称	结构影响	安全情况	平移顶升规模	完成时间
天津狮子林桥顶升-落梁工程	无任何影响	良好	钢筋混凝土结构,桥长93m,共三幅,总质量7 000t,其中老桥重4 200t,布置36台千斤顶,顶升高度1.27m	2003年9月13日
天津北安桥顶升-落梁工程	无任何影响	良好	钢筋混凝土结构,桥长93m,总质量3 850t,布置36台千斤顶,顶升高度1.5m	2004年4月14日
上海市中环线A3.4标云岭西路立交顶升工程	无任何影响	良好	全长636.676m,桥墩立柱采用双柱式钢筋混凝土结构,盖梁为预应力钢筋混凝土结构,顶升高度为0.27~2.7m	2005年12月
杭州市余杭区东湖路立交桥顶升工程	无任何影响	良好	全长431.4m,双向4车道。该桥宽16m,桥面净宽15.4m,跨铁路线跨度25m,其余各跨均为20m。最大抬升高度543mm	2005年9月30日
安徽省合安、高界高速公路跨线桥顶升工程	无任何影响	良好	该工程包括合安高速公路K23+501.5行车跨线桥、K23+690人行跨线桥、LJK31+088支线跨桥,高界高速公路跨线桥4座桥。顶升高度分别为:40cm、50cm、29cm、61cm	2005年9月20日
上海某钢管混凝土系杆拱桥顶升-落梁工程	无任何影响	良好	上海某桥主桥为85m下承式拱梁组合体系跨河大桥,采用钢管混凝土系杆拱,桥面宽36.5m,双向双幅。施工时先将桥梁顶升100mm,支座处理完毕后再回落300mm	2004年5月
苏州胥口水利枢纽复线船闸公路桥整体顶升工程	无任何影响	良好	桥面总宽17.5m,将原桥7号墩抬高15cm,8号墩抬高60cm,9号墩抬高108cm,10号墩抬高156cm,11号墩抬高206cm	2006年4月28日

2.3.12 平移工程

推力计算及千斤顶选用。根据初步计算,房屋移位总质量约200 000kN,取启动时滑动摩擦系数为0.04,所需总推力仅为8 000kN。

根据上述计算结果,横向平移时拟选用6台1 000kN和4台3 200kN的千斤顶,可提供12 789kN的总推力,是所需总推力的1.6倍。以上配置足以克服启动阻力。

表2.3.2 轴线荷载及所需顶推力荷载表

房屋轴线	A行	B行	C行	D行	E行	合计
轴线总重(kN)	45 000	69 000	50 000	20 000	16 000	200 000
所需顶推力(kN)	1 800	2 760	2 000	800	640	8 000

2.3.13 沉降问题

为了观察新基础的沉降,平移前在新基础的A、C、E行滑道上各设置了5个测点(5个测点较均匀地布置在滑道上），用精度为0.01mm的水准仪观测。采用沉降平均值代表整个建筑物的状态。根据沉降数据表绘制出A、C、E行基础沉降与房屋状态的曲线如图2.3.10所示。从曲线看，当房屋荷载全部加上时基础沉降已达50%。而平移到位1个多月以后沉降量仅为0.01mm/d，曲线接近水平。在桩基设计时已按荷载大小确定桩径，但从沉降曲线看，荷载较小的E行和荷载较大的A、C行沉降绝对值虽相差不大，但沉降速度相差近1倍，这也是今后应注意的。

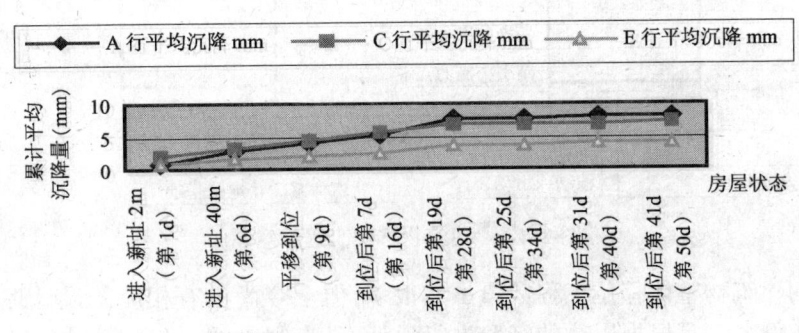

图 2.3.10 新址基础沉降曲线图

表 2.3.3 新址基础平均沉降累计表

累计平均沉降量\状态\轴线	进入新址2m（第1d）	进入新址40m（第6d）	平移到位（第9d）	到位后第7d（第16d）	到位后第19d（第28d）	到位后第25d（第34d）	到位后第31d（第40d）	到位后第41d（第50d）
A行平均沉降(mm)	0.67	2.86	3.93	5.03	7.42	7.65	7.87	7.96
C行平均沉降(mm)	1.88	3.27	4.35	5.64	6.61	6.74	6.93	7.08
E行平均沉降(mm)	0.77	1.44	2.15	2.47	3.53	3.67	3.86	3.95

2.3.14 结　语

吴忠宾馆整体平移工程于2004年11月开工，2005年10月1日开始平移，2005年11月4日晚平移到位，整个平移过程结构未出现异常。吴忠宾馆成功平移，创造了平移13层建筑物的先例。不仅代表了我国平移领域目前最高的技术水平和成就，同时也打破了该领域的世界纪录。通过吴忠宾馆的平移设计与实践，系统地解决了超高、超重建筑物平移工程中诸如地基、基础、抱柱、卸载、滑移方式、反力系统、就位连接等一系列问题，为建筑物移位领域提供了范例。

蓝戊己　朱启华　尹天军
（上海天演建筑物移位工程有限公司）

2.4　建筑物整体移位工程设计方法

2.4.1 引　言

建筑物整体移位是指在保持建筑物整体性和可用性不变的前提下，通过托换加固体系将建筑物与原有基础分离,再通过迁移轨道设施及动力设备将其移动到指定位置的工程。建筑物整体移位工程示意如图2.4.1所示。

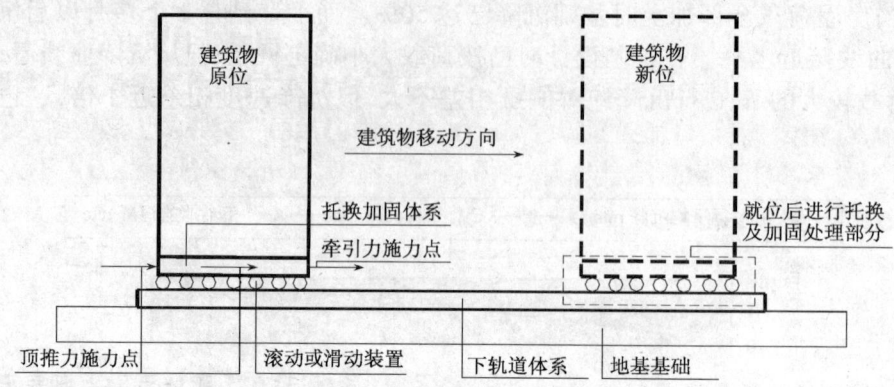

图2.4.1 建筑物移位工程示意图

目前我国的建筑物整体移位工程数量虽然很多,但至今尚没有相应的设计理论和规范。现有的移位工程实例大多是根据以往的经验进行设计,具有很大的盲目性。建筑物整体移位是一项技术复杂且风险较大的工程类型,一旦发生事故后果十分严重。例如,某市中心医院放射中心进行整体移位,在移动至7m时,出现了托换加固梁断裂和墙体开裂的事故,致使工程停工,造成50余万元的直接经济损失,并严重影响了医院的正常工作。因此,从避免风险的角度考虑,目前的移位工程设计往往偏于保守,这义必然影响移位工程的经济性。所以,对建筑物整体移位工程设计方法的研究是一项十分紧迫的任务。

本文在综合分析国内外移位工程资料的基础上,通过大量的实际移位工程设计和现场试验分析,对建筑物整体移位工程的设计方法作了全面的总结分析,提出了一套系统的通过滚轮迁移的建筑物整体移位工程设计方法,以期在保证安全的基础上提高移位工程的经济性。

2.4.2 墙托换加固体系的设计方法

对于砖混结构的建筑物,其主要的竖向承重构件为墙体,因此,移位工程托换加固的主要对象为墙体。墙托换加固构造如图2.4.2所示。

托换加固梁是指在待迁移建筑物根部墙体两侧,用于托换墙体荷载并加固移位切割面上部结构的水平构件。托换加固梁可以分为与建筑物移动方向平行的纵向托换加固梁和与移动方向垂直的横向托换加固梁两类,其受力方式和力学计算模型也有所不同。墙托换加固体系的设计应包括纵、横向托换加固梁及抬梁设计。

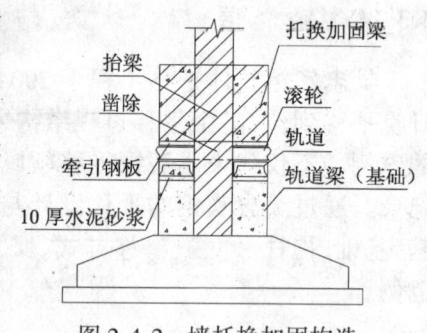

图2.4.2 墙托换加固构造

2.4.2.1 纵向托换加固梁的设计方法

对于与建筑物移动方向平行的墙体两侧的纵向托换加固梁,其下部有滚轮的支撑作用,内侧有建筑物原有墙体对其的咬合摩擦力,其计算简图可按照均布荷载和扭矩共同作用下的倒置矩形截面连续梁构件进行设计。

取两个相邻抬梁间为一跨,其下部滚轮的支撑作用可近似看作为均布荷载,墙体与托换加固梁之间的咬合摩擦力对托换加固梁产生了扭矩及向下的均布荷载,单侧托换加固梁的受力状况及计算模型如图2.4.3所示。

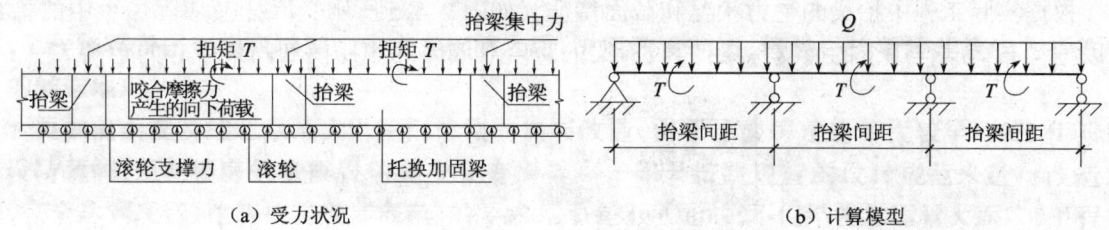

(a) 受力状况   (b) 计算模型

图 2.4.3　纵向托换加固梁受力状况及计算模型

根据上述计算模型及荷载分析，分别对托换加固梁按受弯和受扭构件计算其纵筋截面积，按受剪和受扭构件计算其箍筋截面积，并将相应的计算结果叠加，即得到该类型弯剪扭构件的最终配筋结果。

2.4.2.2　横向托换加固梁的设计方法

对于与建筑物移动方向垂直的横向托换加固梁，其下部没有滚轮的支撑，因此该类托换加固梁可以按均布荷载及扭矩作用下的墙梁进行设计。上部建筑物传来的荷载及梁自重视作用在其上的均布荷载，另外墙体与托换加固梁之间的摩擦咬合力对托换加固梁产生了扭矩。横向托换加固梁的构造形式如图 2.4.4 所示。

与普通的墙梁不同的是该构件还受到扭矩的作用，构件的最终配筋结果为按墙梁计算与按抗扭计算配筋的叠加。

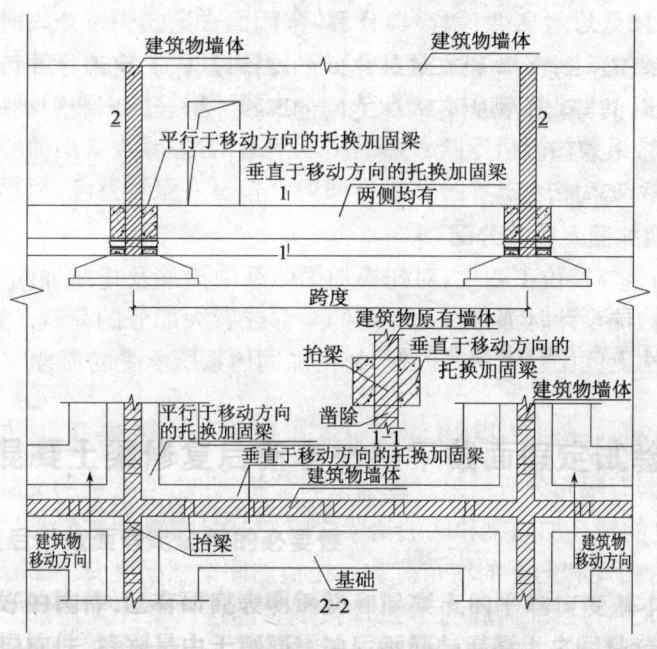

图 2.4.4　横向托换加固梁的构造

2.4.2.3　抬梁的设计方法

抬梁是指在墙体托换加固体系中，每隔一定间距设置的与墙面垂直、横穿墙体并连接墙体两侧加固梁的构件。

在已有的资料中，对抬梁设计方法的论述很少，实际工程中往往也是凭借经验对其配筋，多数情况下取其配筋和截面与托换加固梁相同。实际上，抬梁的受力形式与托换加固梁有根本的差别，而且抬梁对建筑物托换加固体系的整体性有很大的影响。

根据实际工程中抬梁的受力状况和截面特征,(如图2.4.5所示),墙托换加固体系中的抬梁可以按均布荷载作用下的简支深梁计算,深梁的跨度取墙体两侧托换加固梁中心的距离。

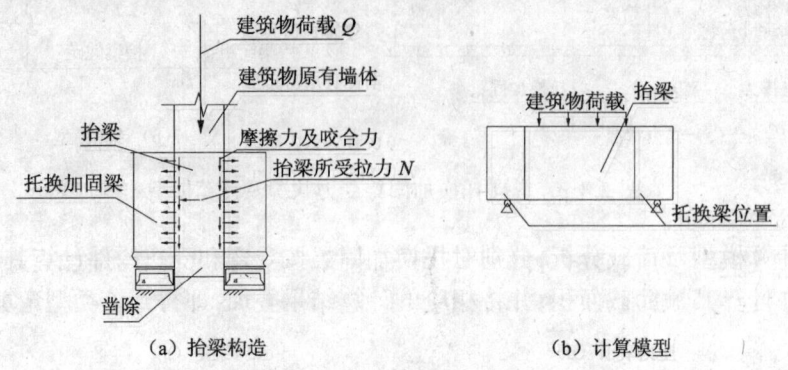

图 2.4.5 抬梁构造与计算模型

另外,在竖向力作用下,建筑物原有墙体与两侧托换加固梁之间有相对滑移的趋势,产生摩擦咬合力,并使托换加固梁有向两侧胀开的趋势,由此产生的拉力由抬梁承受,因此,还需对抬梁按轴心受拉构件进行计算,计算所得纵向配筋与按深梁计算结果叠加后即为抬梁最终的配筋结果。

抬梁所受拉力可近似按如下公式计算

$$N = F/\mu$$

式中　F——托换加固梁与建筑物原有墙体之间的摩擦咬合力,可取 $F = (Q/4)\mu$;

μ——托换加固梁与建筑物原有墙体之间的摩擦系数,综合考虑摩擦力与咬合力的作用,一般可取 0.5~0.7;

Q——建筑物的竖向荷载。

2.4.2.4 抬梁及托换加固梁荷载分配

在以往的建筑物整体移位工程中,对托换加固体系中抬梁及托换加固梁荷载的考虑大多偏于保守,在对每一个构件设计时都考虑其上部的全部或者大部分的荷载。这样虽然充分考虑了安全性,但是在经济性上就比较欠缺。因此,托换加固体系所承受的荷载应按其实际传力途径分析确定。

对于一段两抬梁间的平行于移动方向的托换加固体系,上部荷载将分别传到两侧托换加固梁和两端抬梁上,根据有限元分析结果及现场试验分析,并总结大量的文献资料,可认为上部传来的荷载在墙体两侧的托换加固梁和两端抬梁之间的分配比例为 0.5:0.5,即每个托换加固梁分得 1/4,其作用效果为扭矩和向下的均布荷载。托换加固梁还受到其下部滚轮的支撑作用,可视为向上的均布荷载,大小为上部荷载的 1/2,即按倒置的连续梁计算该部分托换加固梁时,其承受的均布荷载为总荷载的 1/4。抬梁间距取 1.5~2.0m 为宜,抬梁间距的大小对荷载的分配比例也有所影响。

对于垂直于移动方向的托换加固体系,其受力分布可参照墙梁的受力形式,不同的是两个托换加固梁分别处于墙体的两侧,上部荷载分别传至两个梁上,因此,对于单侧托换加固梁,不但要考虑竖向荷载,还要考虑墙体竖向荷载作用点与托换梁形心的不重合而产生的扭矩作用。

2.4.3 柱托换加固体系的设计方法

对于框架结构、底框结构及局部框架的混合结构,其框架部分的主要竖向承重构件为框架柱。对于此类移位建筑物,其托换加固的主要对象为框架柱。

柱托换加固结构可以按倒置牛腿进行设计。从图2.4.6可以看出,柱托换加固构造与普通的牛腿相比有所差别:该牛腿为倒置的牛腿,视加固结构下部滚轮的支撑力为牛腿的竖向外力;为了与墙体托换加固结构的衔接及便于施工,一般取牛腿的截面为矩形截面,主要利用牛腿中的焊接环筋作为纵向受拉钢筋,当被托换柱竖向荷载较大时,也可布置水平环筋;新筑牛腿内钢筋和原有柱体的连接可采用焊接,也可采用植筋锚固技术进行连接。

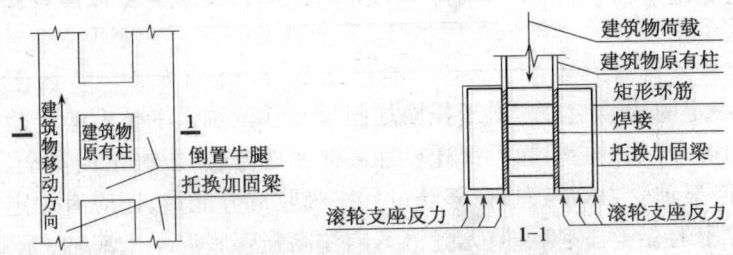

图2.4.6 柱托换加固体系构造

2.4.4 下牵引轨道设计

在目前的移位工程设计中,下轨道通常是利用建筑物原有基础、就位后的新永久基础以及连接二者的临时基础。在这些基础上铺设钢轨或预应力混凝土轨道梁。钢轨可采用槽钢内填混凝土,轨道上再设置滚轮及托换加固结构。

该方法充分利用了建筑物的自身结构,具有较大的经济性,而且设计方法简单。对于移动方向与建筑物基础平行的建筑物移位工程是比较理想的设计方案。其设计应包括原有基础的受力验算及加固、临时基础及建筑物就位后的永久基础设计。永久基础应按现行建筑地基基础设计规范执行。

2.4.5 地基设计

移位的地基设计包括三种情况:大距离移位过程中沿线的过渡地基设计,要满足建筑物行进过程中不出现不均匀沉降或过大的沉降。考虑到所承受荷载为临时荷载,地基承载力设计值可考虑提高至1.20倍。另一种是小量移位,应着重考虑新旧基础交错时新旧地基沉降变形协调问题。第三种是就位后的永久地基设计,应按新建工程按现行规范进行设计,并应考虑移位建筑物荷载一次性到位的瞬间加载影响。

对就位后的地基基础,若出现新旧基础的交错,应考虑既有建筑物地基承载力提高造成的新旧基础间地基变形的差异,必要时应作加固处理,这一点需特别注意。

2.4.6 滚动支座的设计

滚动装置位于托换加固梁以下,下轨道之上,主要作用是承受和传递建筑物荷载并使其平稳移动。它是上部结构与基础之间的可滚动支撑,承受了建筑物移动过程中的全部荷载,对移位工程的安全性起着重要的作用。设计时应考虑如下几个影响因素:

(1)各种不同类型滚轮的承载力可按表2.4.1采用,并依此设计滚轮间距。

(2)对于砖混结构,由于建筑物要在滚轴的缝隙中实施切割,因此,滚轴直径应保证上部结构和原基础切割分离时有一定的切割操作空间。工程中常用的滚轴直径为50~100mm。

(3)考虑滚轴直径对牵引力的影响。工程实践表明,滚轴的直径越大,滚动摩擦系数越小,建筑物移动时所需的牵引力或顶推力也越小。

表 2.4.1　各种滚轴的极限压力与设计压力

滚轴类型	极限压力（kN）	设计压力（kN）
工程塑料滚轴	780	390
钢管混凝土滚轴	401	200
钢管聚合物滚轴	560	280

（4）滚轴应有一定的变形能力。由于托换加固梁及移位轨道平整度的误差，往往导致均匀分布的滚轴受力不均匀，严重时会引起上部托换加固体系的开裂，影响结构安全。因而滚轴应有一定的变形能力，以使滚轴受力均匀，并在移动过程中吸收部分能量，还应有一定的隔震能力。

目前工程中常用的有实心钢滚轴、无缝钢管内注高强膨胀混凝土滚轴、无缝钢管内注聚合物滚轴（填注环氧树脂砂浆）和工程塑料合金滚轴等几大类，各有特点，可根据工程的实际情况选用。

2.4.7　牵引动力装置的设计

一般工程中采用的移位施力方式如图 2.4.7 所示。为保证建筑物移动的整体同步性和可控制性，宜在建筑物的牵引端和顶推端都设置动力设备，牵引端必须提供足够大的牵引力施力作用空间，设置施力点该牵引可通过事先铺设的牵引钢板实现。该牵引钢板放置在滚轮之上，与托换加固梁浇注在一起。在端部设置供牵引用的牵引环，必要时可在牵引钢板上均布焊设钢板抗剪键，以提高钢板与托换加固梁之间的抗剪能力。顶推移动装置主要利用千斤顶，以托换加固梁端作顶推点，并在沿途迁移基础上浇注反力支墩和在新基础上预埋构件作为移位过程中的反力支墩，必要时应在移动方向托换加固梁中部适当部位增设顶推施力牛腿。顶推端及牵引端施力构造如图 2.4.8 所示。

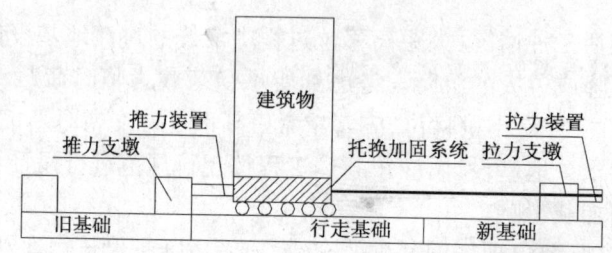

图 2.4.7　建筑物移动的施力方式

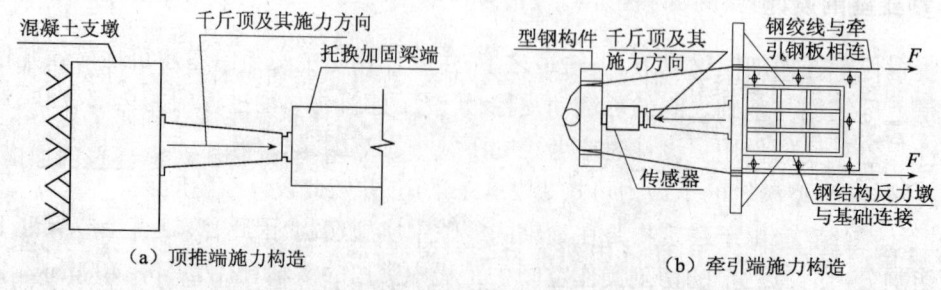

图 2.4.8　施力点构造

移位时的施力 N 大小可按下式进行计算

$$N = K\frac{Q(f+f')}{2R}$$

式中　K——滚轴表面不平及滚轴方向偏位等原因引起的阻力增大系数,一般取 $K = 2.5 \sim 5.0$,
当轨道与滚轴均为钢材时 $K = 2.5$;
　　　Q——建筑物总质量;
　　　f,f'——分别为上下轨道的摩擦系数;
　　　R——滚轴半径。

2.4.8　结　语

建筑物整体移位是一门有重要实用价值和广泛应用前景的新兴技术,可以在很大程度上节约社会财富和宝贵的资源,为城市改造、文物和古建筑保护以及环境保护提供了一个行之有效的方法。本文提出的建筑物整体移位工程设计方法可为同类工程提供参考,以促进该项技术的健康规范发展。

张新中[1,2]　武宗良[1]　崔万杰[1]
(1 华北水利水电学院;2 西北工业大学)

2.5　高层建筑物移位技术研究与探讨

随着城市基本建设的发展,尤其是道路改扩建及城市整体规划的要求,一些原有建筑物往往面临两种命运:一是拆除;二是移走。拆除不仅会造成固定资产的损失,还会对周边环境造成污染,而通过建筑物的移位,不仅满足了新的规划要求,且与拆除重建相比可以缩短工期,节约大量人力和成本。一般建筑物移位所需要的成本约占拆除重建的 $1/4 \sim 1/2$,高层建筑物的经济效益尤其可观。建筑物的移位基本上不干扰人们的日常工作及生活秩序,尤其是避免了建筑物拆除重建对环境造成的污染,具有很好的社会和经济效益。

建筑物移位技术始于前苏联、东欧及欧美国家,我国 20 世纪 90 年代初开始研究并应用这项技术,到目前为止,已成功地完成百余栋建筑物的移位。据不完全统计,我国目前已完成的移位工程项目比国外所有国家移位工程项目的总和还多,该项技术在我国已得到了长足的发展。但移位工程一般都是多层建筑物(8 层以下)。高层建筑物一般是指 10 层和 10 层以上的建筑物,其基础的埋置深度一般为建筑物的 $1/15 \sim 1/18$,所以一般高层建筑物均设有地下室,且一般都采用深基础。高层建筑物的移位工程因为自重大,受地震、风荷载的影响比较大,尤其是高层建筑物结构复杂,基础埋深比较大,所以高层建筑物的移位技术有其自身的特点和规律。本文通过广西梧州人事局平移设计和施工进行了积极的探索和研究。该工程建筑面积 8 836m^2,重 13 254t,高度 36.8m,10 层框架结构,平移距离 30.276m。2004 年 5 月 25 日平移到位。如图 2.5.1 和图 2.5.2 所示。

2.5.1　建筑物移位原理

建筑物平移的基本原理是在建筑物基础的顶部或底部先施工下轨道梁系(下底盘),然后施工上轨道梁系(上托盘),下底盘和上托盘之间采用滚轴或钢轨作滑道,最后把建筑物底部的柱子或墙体完全断开,使建筑物的全部荷载转换到上托盘上,然后用千斤顶顶推使其在下底盘上水平移位,直至到新址。

图 2.5.1 移位前

图 2.5.2 移位后

应该说移位原理是比较简单的。由于其平移速度通常只有 0.8~1.6mm/s,非常缓慢,对下轨道平整度要求很严格。整个场地下轨道的高差一般不超过 5mm,且平移轨道非常平滑。因此,整个平移过程非常平缓,人一般无法感觉到。

2.5.2 切断位置的确定

高层建筑物一般均设有地下室。切断位置一般设在地下室底板或顶板上。下面分别讨论:

(1)切断位置在地下室底板上 该方案的优点是主要作业面在地下室内,对上部结构基本没有影响,而且对首层的正常工作秩序也没有影响。可充分利用其地下室底板及梁系作为下轨道梁系。但是因为上、下轨道梁位于地下室底板处,所以向前移动的上、下轨道梁都需在沉基坑中施工。如果平移的距离比较长,则沉基坑的土方和支护工程量比较大;如果平移的距离比较小,地下室底板埋深较浅,应优先选择该方案。

(2)切断位置在地下室顶板上 利用地下室顶板作下轨道梁系的底面,上轨道梁系在首层室内。该方案的缺点是主要作业面在首层室内,对首层的正常工作造成很大影响,且上轨道梁系的施工将占据首层大部分空间,各类管线及电梯等设施皆受较大影响。

2.5.3 移动方式的确定

建筑物移位方式一般有两种即滚动和滑动。

(1)滚动方式 它的移动装置是在上、下轨道梁之间设置滚轴,在推力或牵引力的作用下,通过滚轴的滚动使建筑物移位。其优点是阻力小,移动速度较快,平移过程震动相对较小,施工简单;缺点是如果建筑物自重较大,其滚轴承受的荷载亦较大,由此将导致上、下轨道梁的宽度增加,截面增大。

(2)滑动方式 它的移动是通过上、下轨道梁的钢板和钢轨(一般用起重机钢轨)之间相对滑动来实现建筑物移位。其优点是平移安全、抗振动、抗风

图 2.5.3 滚动移位装置

荷、抗突发性地震能力强；缺点是移位阻力较大。高层建筑物移位首选该方案。

2.5.4 动力形式的确定

建筑物移位的动力形式有三种。

(1)牵引式　适用于多层以下建筑物移位，其优点是施工操作相对简单，方向性强，建筑物移位过程中不容易跑偏。

(2)顶推式　适用于多层及高层建筑物移位，施工操作比较方便，但容易出现跑偏现象。

(3)综合式　即牵引式和顶推式相结合，适用于高层及荷载较大的建筑物，但设备投入较大，造价较高。

鉴于高层建筑物荷重大，起动阻力亦较大，且结构复杂，因此应首选综合式。

千斤顶

图 2.5.4　综合式顶推形式

2.5.5 上下轨道梁的设置模式及线式平移和点式平移

上下轨道梁的设置模式有两种：

(1)单梁式；

(2)双梁式。

单梁式虽然节省材料但施工比较繁琐；双梁式施工方便，能够缩短工期，而且安全可靠。所以高层建筑物应优先选择双梁式。

图 2.5.5　轨道梁

滚动或滑动装置的布置形式一般有线式和点式两种，即轨道梁方向满布和局部布置。线式平移一般适用于多层砖混结构，轨道梁应力分布均匀，运行平稳。高层建筑物的结构形式一般为框架、框架-剪力墙结构等，所以宜采用点式平移。框架结构可以考虑在框架柱托换下布置滑点，即局部布置滚动或滑动装置，滑点的设置可根据框架内力及跨度考虑布置单个或多个。框架-剪力墙结构的剪力墙部分可考虑线式平移方案。点式平移受力合理，施工方便，节省材料，为高层建筑物移位首选。如图 2.5.6 所示。

2.5.6 技术可行性、安全性论证

2.5.6.1 惯性力影响的论证

对于多层建筑物的移位,在平移过程中,可基本不考虑惯性力的影响;但是对于高层建筑物,则应考虑在平移过程中惯性力的影响。

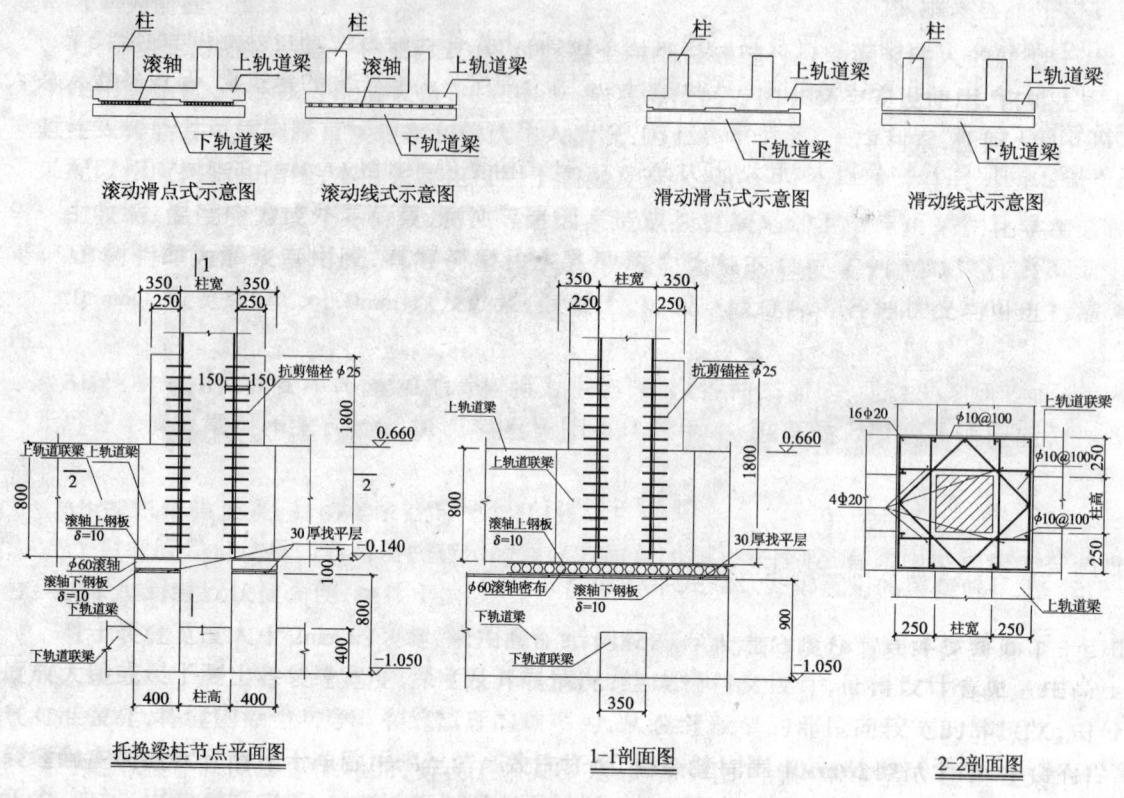

图 2.5.6 双梁滑点式示意图

在平移过程中,其加速度分布为三个阶段(如图2.5.7所示):

(1)起动加速阶段;
(2)匀速前进阶段;
(3)停止加速阶段。

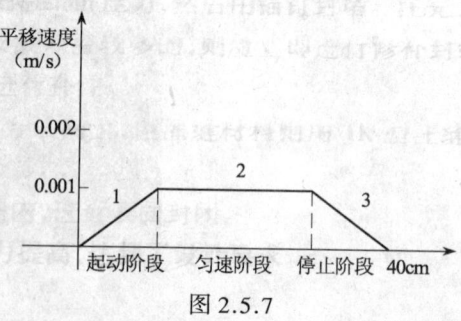

图 2.5.7

从图 2.5.7 可以看出,在起动加速阶段,其加速度为 $0.0006 m/s^2$。以 7 度设防,建筑物受到由地震引起的加速度为 $0.1g$,即 $0.98 m/s^2$。通过以上计算可见,建筑物平移时的加速度远小于 7 度地震时的加速度,是它的 1/1 633。因此平移是安全的。

2.5.6.2 风荷载作用的论证

通过对水平风荷载的实例计算证明,高层建筑物在平移过程中具有较大的抗倾覆能力,能保证平移时,在遭遇强风作用时有较大的安全稳定性。

2.5.6.3 突发地震对建筑物影响的论证

当地震作用方向和建筑物平移方向相同时,移位设有平移轨道,建筑物沿着平移方向可前后

自由移动,消耗地震能量,故在此方向上可不考虑地震水平力对该建筑物的不利影响。当地震作用方向和建筑物的平移方向垂直时,应设置抗震支墩阻止上轨道梁和其上的建筑物产生过大的水平位移。这样可以保证平移时突发地震该建筑结构同样具有较强的抗震能力。

综上所述,随着建筑物移位技术的不断完善和发展,不仅保证了建筑物移位的稳定和安全,而且能带来较好的社会效益和经济效益,为城市规划建设锦上添花。

卢明全　孙　肃
(大连久鼎特种建筑工程有限公司)

2.6　建筑物平移关键技术设计与分析

2.6.1　前　言

20世纪90年代我国经济建设进入了高速发展的时期,其显著标志是交通与城市建设的发展,需要建设许多宽直的公路和城市道路,这就使一些已建房屋成为建路的障碍。是拆还是移?技术上与经济上谁更合适?这促使了建筑物平移工作的展开。经过近十年的实践总结,在多数情况下建筑物平移与拆除重建相比较可节省资金1/3~1/2,节省工期1/2~2/3,且对环保亦很有好处。另外,建筑物平移从技术上也逐渐完善,积累了许多经验教训,在此基础上国家标准《建筑物移位纠倾增层改造技术规范》也即将问世。虽然建筑物移位的原理较简单,即将建筑物底部用上梁加固、设置底滑道、安装钢滚轴、水平切断房屋、用千斤顶顶推就位,但由于移位建筑物构造的多样性,具体的移位设计构造与施工方法也具有多样性,只有通过实践不断地总结经验教训,才能使移位工程技术先进、经济合理。

2.6.2　上梁的位置与截面

通过上梁的设置,使房屋底部加固成一个具有一定刚度与强度的底盘。上梁下沿移位方向设置下轨道梁,在上、下轨道梁之间设置滚轴。滚轴设置完后,原有房屋的墙体或框架柱才可以水平切断,改变原传力系统为经滚轴的传力系统,这样就可以原建筑物总质量的5%左右的水平推力使建筑物移位了。

上梁如何设计要根据建筑物不同构造采用不同方案。建筑物的构造特点主要是,承重方式(墙或柱),荷载情况(大或小),基础构造(深或浅)等。根据不同情况,上梁的位置与截面形式主要有以下几种:

2.6.2.1　墙(柱)内式

上梁截面完全在墙(柱)截面内,如图2.6.1所示。此种构造用于浅基础情况,上、下梁设置于地面下受限制。地基梁适当加固作为下轨道梁,上梁在室内地坪以上,不允许突出室内或突出室内待平移结束后需要再凿除。此种上梁构造设计虽简单,但托换施工较麻烦,需要分段托换,甚至为了使上梁的主筋连续贯通还需将后托换段墙的外层再凿去,这是非常费工的。

2.6.2.2　局部墙(柱)外式

上梁截面主要部分在墙(柱)截面内,部分在截面外,如图2.6.2所示。此种构造亦用于浅基础情况,与2.6.2.1类似。由于部分上梁可突出墙(柱)外皮,因此上梁主筋可布置在墙(柱)外皮,保证连续贯通,这样分段托换更方便些。

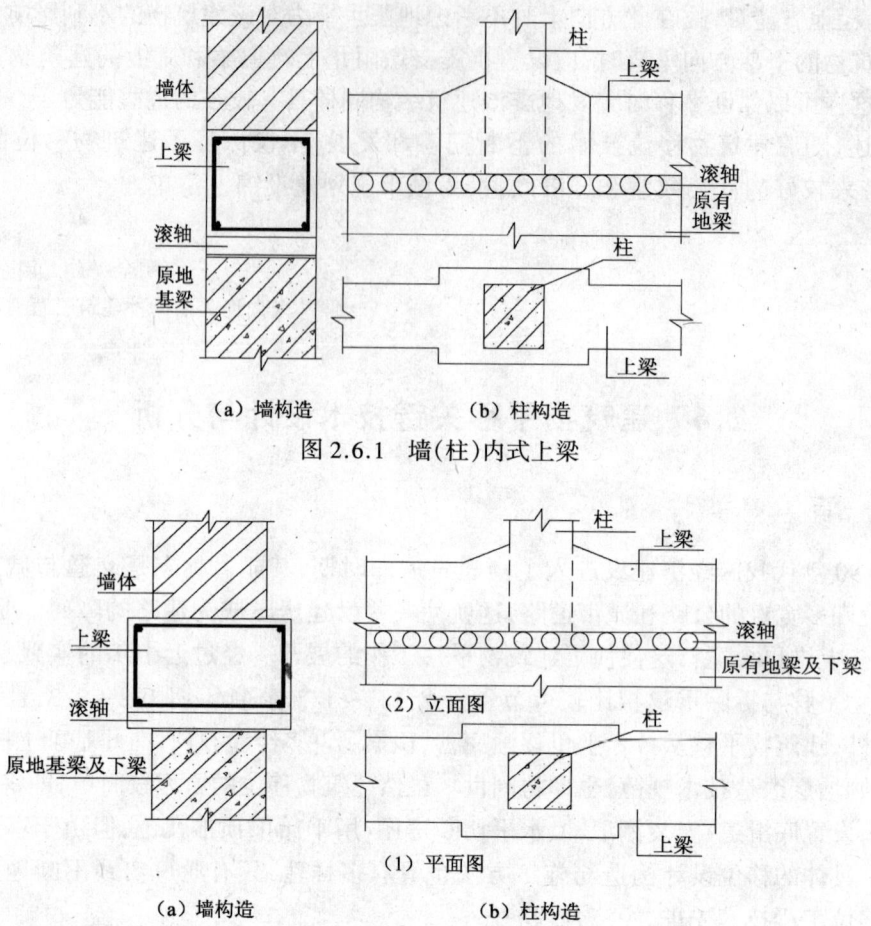

(a)墙构造　　　　(b)柱构造

图 2.6.1　墙(柱)内式上梁

(a)墙构造　　　　(b)柱构造

图 2.6.2　局部墙(柱)外式上梁

2.6.2.3　墙(柱)外式

上梁分两片布置在墙(柱)截面外两侧,如图 2.6.3 所示。此种构造适用于原基础埋置较深,室内地坪下有足够的高度布置上、下梁的情况。为了使墙(柱)荷载能够传给外皮的双梁,必须在墙(柱)中设置短横梁。这种构造托换施工较方便,也就是在墙(柱)外施工完全部上、下梁及设置滚轴后再截断墙(柱)。上、下梁有时也可用型钢制作,平移后可以回收。

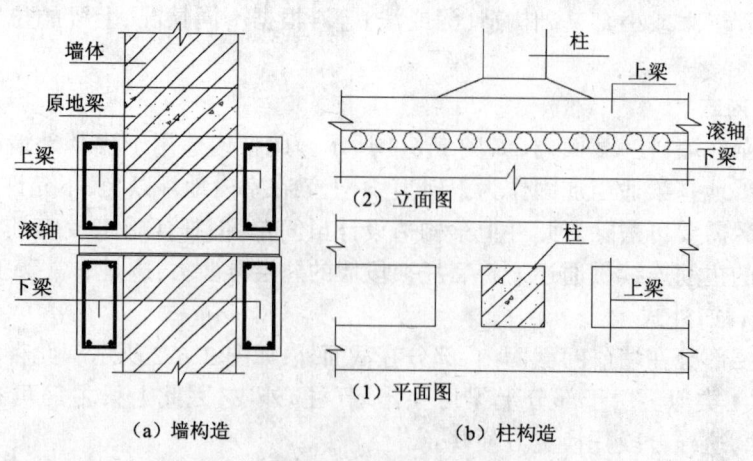

(a)墙构造　　　　(b)柱构造

图 2.6.3　墙(柱)外式上梁

2.6.3 滚轴的布置

滚轴的布置,也就是建筑物平移时竖向传力系统的布置,它对上、下梁的结构影响很大,对托换施工的方便性也有影响。滚轴的布置有两种:较早应用的是滚轴线性均布;另外一种是笔者探索的、有一定间距的几根滚轴集中在一处的点式分布。

2.6.3.1 滚轴线性布置构造

滚轴沿房屋位移方向的墙(柱)轴线均匀布置,如图2.6.4所示。此种构造对荷载均匀的承重墙结构可使上、下梁承受横向均布压力,受弯、剪力很小,因此上、下梁截面较小,配筋较少。但当承受柱荷载或另一方向墙体传来的集中力较大的荷载时,欲使滚轴受力均匀,荷载均匀分布,则上梁的截面就要求较大,配筋亦较多;若滚轴受力不均,集中荷载作用于一小段上梁上,则因为要将集中力分布到地基土(或桩基)上,基础宽度要增大,桩基承载能力也要增大。从平移施工方面来分析,滚轴分布于墙(柱)两侧,对于截断墙(柱),施工很不方便;曲线与转向平移也就更不可能了。

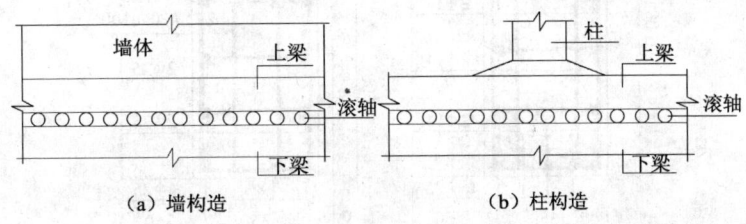

图2.6.4 滚轴线性布置构造图

2.6.3.2 滚轴点式布置构造

将5~10根滚轴紧密靠在一起成为一个荷载点,按适当的间距布置在墙(柱)的上、下梁之间,如图2.6.5所示。滚轴按上部荷载的大小布置,再设置一些钢斜撑,尽量使每个滚点承受的竖向荷载较均匀,这样可以使下梁荷载较均匀,使基础宽度较小,单桩承载力较小,下梁的高度也较小。此种构造使上梁在柱边的滚点由加腋承担,柱间滚点由钢斜撑将力传给柱顶梁端,因此上梁大部分受力较小,构造配筋即可。

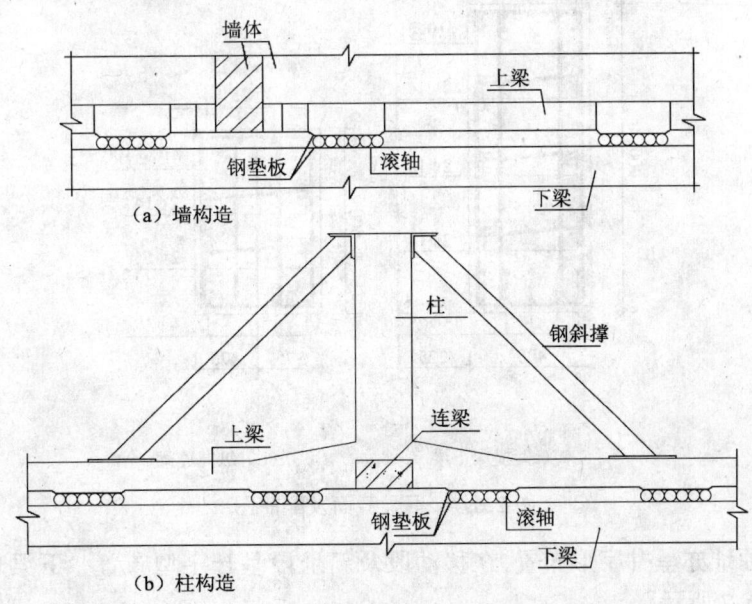

图2.6.5 滚轴点式布置构造图

2.6.3.3 两种方案的对比分析

某10层框架结构,长40m,宽22m,沿横轴方向平移30m。框架柱布置纵向间距3m左右,横向跨度8.9m+4m+8.9m。单柱荷载标准值1 400~3 930kN。

(1)滚轴线性布置方案

上梁围绕柱子呈井字形布置,沿移动方向双梁截面如图2.6.6(a)所示,沿纵轴方向起联系作用的双梁如图2.6.6(b)所示。

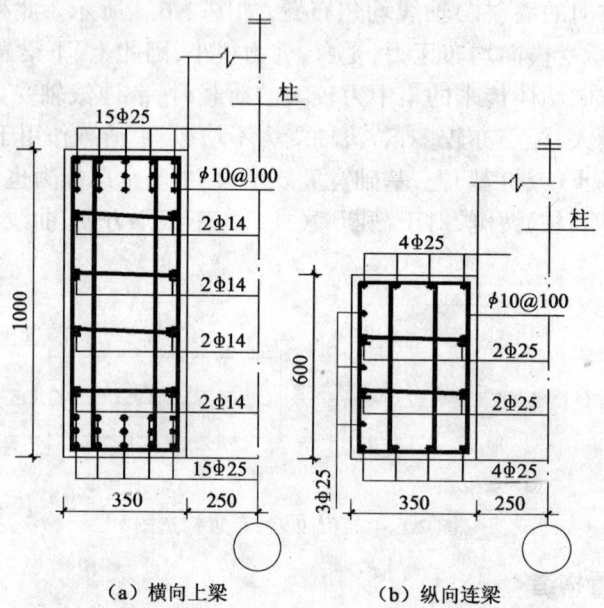

(a)横向上梁　　(b)纵向连梁

图2.6.6　上梁截面及配筋图

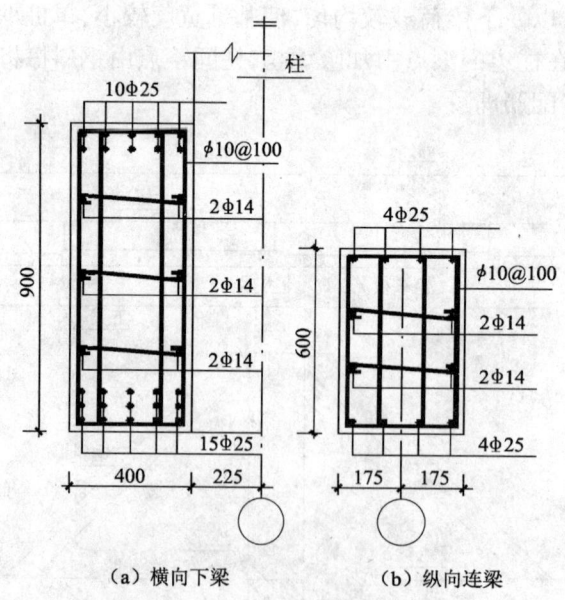

(a)横向下梁　　(b)纵向连梁

图2.6.7　下梁截面及配筋图

下梁在房屋原址亦呈井字形布置,在移动段及新址段呈卝字型布置。下梁卝字型布置的截面及配筋如图2.6.7所示。

(2)滚轴点式布置方案

每柱用牛腿及型钢分荷斜撑使荷重传至 2～5 个滚点,每个滚点平均荷重为 625kN,滚点最大荷重为 800kN。仅在上梁柱子附近一小段牛腿按剪力选择的截面较大,大部分区段仅为构造配筋,纵、横向上梁截面及配筋如图 2.6.8 所示。

下梁按 800kN 移动集中荷载设计,其沿移动方向梁截面及配筋如图 2.6.9 所示。另一方向不需设置连系梁。

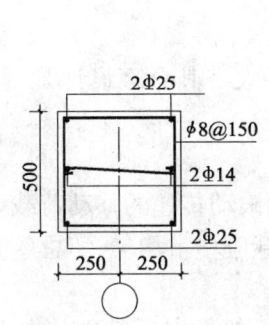
图 2.6.8 上梁截面及配筋图

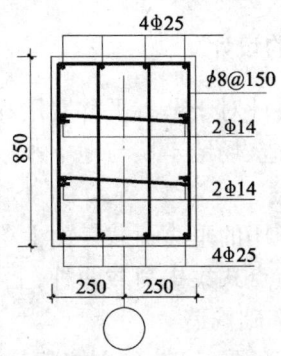
图 2.6.9 下梁截面及配筋图

(3)两种方案的对比分析

滚轴线性分布作用于上梁的反力为均布荷载,对于承重墙体的均布荷载,上梁在墙下时本身无弯剪力作用;对于柱的集中荷载,则上梁要转变为滚轴的线性均布荷重,上梁变为均布反力作用下的连续梁,这样梁、柱连接处就要承受较大的剪力与弯矩。

滚轴点式布置作用于柱边上梁的滚点荷载产生剪力与弯矩,但由于滚点距柱边距离一般在 0.5～1.0m 之间,因此剪力与弯矩不是很大。由型钢斜撑通过上梁传给滚点的荷载,对上梁只产生部分轴向拉力与压力,对上梁截面与配筋的影响很小。

下面以图 2.6.10 为例,对滚轴线性分布与点式布置内力进行分析比较。

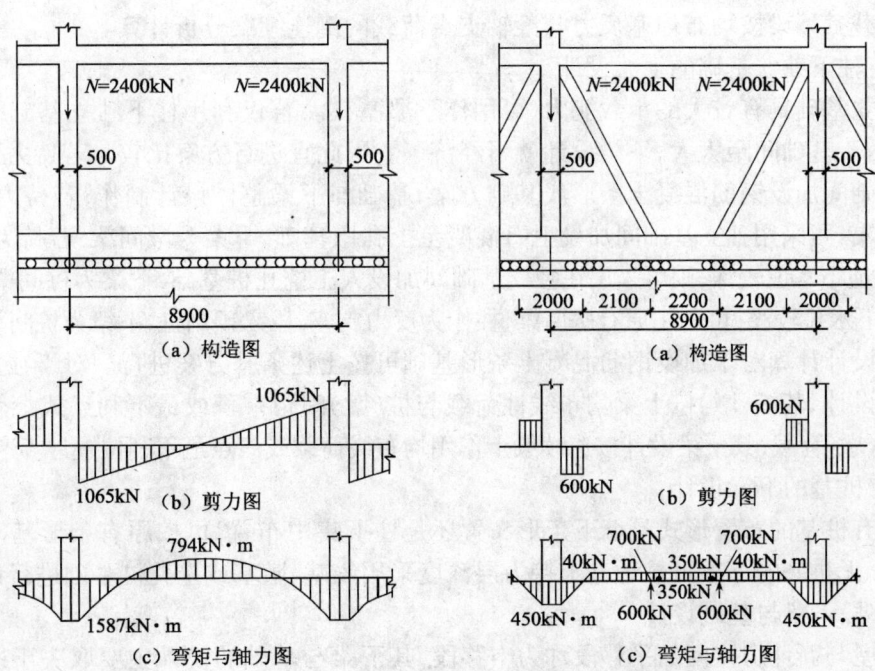
图 2.6.10 两种构造的剪力与弯矩图

滚轴两种构造方案(图2.6.6、图2.6.7、图2.6.8及图2.6.9)实例对比结果表明,点式构造与线性构造混凝土用量比为1:2.21;钢筋用量比为1:3.85。点式构造中未计入型钢斜撑用钢量,型钢斜撑在平移就位后可拆卸回收。

滚轴两种构造方案(图2.6.10)理论对比表明,点式构造与线性构造最大剪力比为1:1.78;最大弯矩比为1:3.52。由于点式构造方案的剪力与弯矩仅发生在柱边很小一段牛腿部分,因此点式构造方案实际混凝土用量与配筋比理论比值还要小,也就是更接近上述实例对比分析中的数据。

2.6.4 下梁与基础的设计

下梁与基础的设计对于节省平移费用和工期影响很大。其合理设计是,认真考虑上梁的荷载、房屋原有基础构造、场地土质与地下水条件等。

2.6.4.1 上梁的荷载

下梁与基础上作用的垂直荷载是由上梁下面的滚轴滚动传递的移动荷载。根据滚轴布置方案有线性均布荷载与点式集中荷载两种,上梁下传的荷载应尽量均匀,切忌忽大忽小。

2.6.4.2 房屋原有基础构造

房屋原有基础有条形基础、独立柱基与桩基础等。一般新房址基础基本上是采用原房屋基础构造设计,因此对于原房址与新房址区段下梁与基础的设计原则是尽量利用原基础的承载能力,对不足区段加固处理。

(1)原有基础为条形基础时的下梁设计

原有纵、横向条形基础承重的房屋,平移时改为仅横向(或纵向)条形基础承重,以此进行验算,大部分原基础承载力不足而需要加固。此时可以采用分荷措施,如在一些较大房间的中间加设一道滚道,例如教学楼、中廊式四道纵墙,就可在两教室中各增设一道滚道成为纵向六条滚道;横向在教室进深梁下加滚道,这样原基础可能就不需要加固了。若基础承载力仍不够,则可加大底面宽度处理。

条形基础的下梁结构计算较简单,对于线性均布上梁荷载其下梁按构造设计即可;对于点式滚轴上梁荷载其下梁按均布地基反力与滚轴支点荷载的倒连续梁分析计算。

(2)原有柱下独立基础的下梁设计

柱下独立基础具有较大的承载能力,可用作下梁基础。若仅利用柱下独立基础做下梁基础设计下梁,由于基础间距太大,下梁设计就不经济了。因此宜进行方案比较。若持力土层较浅可采用独立基础间加设钢筋混凝土条形浅基础方案,基础与下梁整体设计制作;若持力土层稍深,在3~4m左右,可采用独立基础间加设毛石混凝土挖孔墩基础,下梁为墩间梁;若持力土层更深,在5~9m,且地下水位较深,则可采用在独立基础间加设人工挖孔桩基础,下梁为桩间梁;若持力土层较深且地下水位较浅,可利用原有房屋梁、柱作为反力支座,压入预制桩,下梁为桩间梁。

下梁的设计计算对于加设钢筋混凝土条形基础可按上述条基方案进行。对于独立基础间加设桩(墩)的设计,其桩(墩)按上梁均布线性荷载与桩(墩)间距乘积或最不利点式滚轴布置荷载来计算单桩(墩)荷载;其下梁设计按连续梁上作用均布线荷载或滚点最不利位置计算弯矩与剪力。

(3)原有桩基的下梁设计

根据原有桩基的布置形式是墙下条形布置还是柱下集中布置,可按原有条形基础与独立基础考虑;对于无桩基的下梁可按地基土持力层深度采用线基、墩基或挖孔桩基础进行计算。

(4)空移段下梁与基础设计

原有房屋与新址房屋间的平移段称为空移段,其下梁与基础的设计主要取决于地基土持力层的深浅与地下水的分布。从实践经验看,浅基础由于下梁与基础整体构造设计,最经济;其次是墩式基础、挖孔桩与其他桩基。

2.6.5 平移方向的调整

平移中有方向调整问题,如直线平移,曲线平移,纵、横向转角平移及原地转角平移等。根据工程探索与实践叙述如下:

2.6.5.1 直线平移

当采用线性布置滚轴与点式布置滚轴时,滚轴不断地从后端脱出,又不断地从前端加入。为了保持沿某方向直线平移,应沿下梁面弹出行进直线,加入滚轴时应沿直线垂直安放。当发现建筑物偏移直线一定距离时,可及时将后加滚轴向正确方向偏转一微小角度安放,这样滚动时,建筑物就会回到正确的位置,滚轴仍垂直行进,直线安放。

2.6.5.2 曲线平移

当建筑物需直线平移一段距离后再转动一个小角度时,可以设计为沿曲线平移。只有点式布置滚轴方案才能实行曲线平移。根据滚点曲线行进的轨迹线分布可以设计为曲线底梁或筏板式底板。在底梁(或底板)上预先绘出各上梁滚点的运行轨迹曲线。滚轴垂直曲线布置安放,平移时将底梁面垫铁板也沿曲线安放。这样建筑物就会沿曲线行进了。

2.6.5.3 纵、横向转角平移

建筑物沿纵轴方向平移一段距离后再改变移动方向,沿横轴方向再平移一段距离。此时亦只有采用点式滚轴布置方案才可实施。在上梁与滚点设计时,必须同时设计满足纵向平移与横向平移的两套受力系统的滚点、上梁及斜撑。施工时滚轴沿先平移的方向安放,另一方向只施工滚轴上铁板埋件、上梁及斜撑。下梁设计根据行进方案,先设计纵向下梁,到位后再设计横向下梁。纵向平移差3块底铁垫板宽度距离时,可按图2.6.11所示方法用底铁垫板逐步垫砂增高的方法,使到位后的底铁垫板下约有9mm厚的砂垫层。然后逐个在横向滚点下安放滚轴、底铁垫板及板底砂层,再将相邻纵向滚点底铁垫板下的砂层去掉,拆下滚轴及底铁垫板用于另一方向滚点安放。全部托换完毕,即可横向平移,底铁垫板下垫砂通过逐步减少至完全不垫。

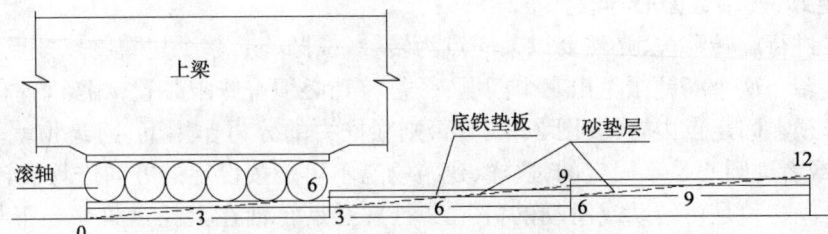

图2.6.11 滚轴支点升高示意图
(注:图中数字为垫砂层与底铁垫板高度,单位 mm)

2.6.5.4 原地转角平移

原地转角平移亦只有采用点式滚轴布置方案才能实施。其方法类似于前面所述的曲线平移方案,一般采用筏式底板方式。与曲线平移不同的是,在上梁的转动中心设置转动轴套管,套管中插入钢棒,其下段固定在底板中。转动施工中应根据各推动点的运动方向布置千斤顶的方向,每次千斤顶的顶升行程应根据该点距转动中心的距离计算。

楼永林[1] 刘名开[1] 姜钟阳[1] 楼世松[2]
(1 辽宁省建筑科学研究院;2 上海浦东石化设计院)

2.7 建筑物旋转(绕固定端)移位技术研究

2.7.1 建筑物移位技术概述

近年来,随着我国大规模城乡建设与改造,建筑物移位技术在我国得到了突飞猛进的发展。据不完全统计,目前国外完成的建筑物移位工程实例总和为 30 余例,而我国已完成的建筑物移位工程实例总和为 130 余例。目前,最重建筑物移位的吉尼斯世界纪录是由大连久鼎特种建筑工程有限公司创造的——广西梧州人事局综合大楼(高 10 层,建筑面积 8 836m^2,质量 13 254t)。

建筑物移位包括以下三个方面:
(1)水平移位　平移——移动路线为直线;
　　　　　　　转向——移动路线为折线;
　　　　　　　旋转——移动路线为曲线。
(2)垂直移位　整体抬升——移位路线沿原基点垂直向上;
　　　　　　　整体下降——移位路线沿原基点垂直向下。
(3)组合移位　两种或两种以上移位方式的组合。

除旋转移位外,上述各种移位方式在我国均有许多成功实例。山东胜利油田永安商场旋转移位是世界首例旋转移位工程,也是截止目前唯一的一例旋转移位工程。这是因为旋转移位所涉及的问题比较复杂。

2.7.2 旋转移位

从理论上讲,旋转移位应该是可行的。它与其他移位不同之处在于:有绕固定端旋转(即转轴或圆心);移位路线为曲线;移位轨道为曲线;各施力点施加的力不同;结构上承受较大的剪力。这五个问题在实践中都是可以解决的。可以说,建筑物旋转移位无论是在理论上,还是在实践上都是可行的。下面分别探讨上述五个问题。

2.7.2.1 固定端(转轴或圆心)问题

建筑物要进行旋转移位,必然要以某一点为转轴(或圆心),整个建筑物以该点为圆心沿设定的方向进行旋转。这个问题派生出三个问题:一是转轴必须有侧限装置(相当于轴套),它的作用是限制转轴必须在固定点内转动(图 2.7.1),否则在推力的分力作用下,建筑物就不能沿固定端为圆心转动,或者说圆心是不固定的,这样,建筑物是不可能按设定的方向进行旋转的;二是转轴与侧限装置之间必须是可转动或滑动的(图 2.7.1);三是转轴在上托盘梁系与下托盘梁系之间界面是可以转动或滑动的(图 2.7.2)。如以转动(或滚动)方式实现上述三个问题,其设计示意图如图 2.7.1 和图 2.7.2 所示。

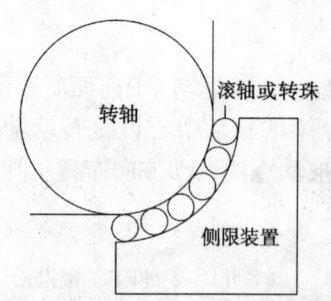
图 2.7.1　转轴与侧限装置设计示意图

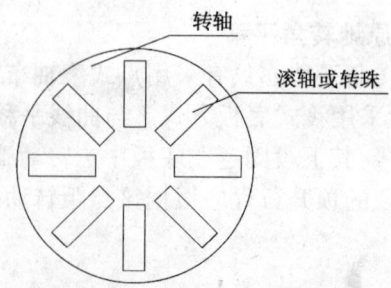
图 2.7.2　上、下托盘梁系转动或滑动界面示意图

2.7.2.2 移位路线问题

既然建筑物是绕固定端旋转,则移位路线一定是沿固定圆心(转轴)分布的圆周弧线(图2.7.3)。

2.7.2.3 移位轨道问题

这里所指的轨道是指上、下托盘梁系的轨道部分。其中下托盘梁系轨道为全程圆周弧线,上托盘梁系轨道是按微分原理分割成的数段直线段。

2.7.2.4 各施力点施力不同问题

为避免建筑物结构及转轴产生过大的剪切力,建筑物旋转所需的外力应按不同施力点理论上计算所需的外力施加。

2.7.2.5 转轴剪切力问题

由于建筑物内部结构的差异、荷载的差异以及外动力施

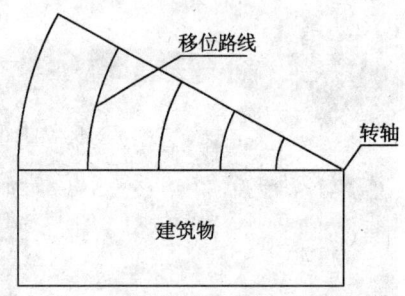

图 2.7.3 移位路线示意图

作等差异,必然要对转轴产生水平分力,这个水平分力通过转轴作用在侧限装置上。所以,侧限装置要承担一个理论上无法准确计算的水平剪切力。如果侧限装置的抗剪强度大于该剪切力,则建筑物能按设定的方向旋转;否则,侧限装置被破坏,建筑物脱离固定端,后果严重。因此,侧限装置的抗剪强度计算是很重要的环节。笔者认为以理论上计算最大水平分力之和的2倍来设计侧限装置较为适宜。

2.7.3 工程实例

下面以山东胜利油田孤岛采油厂永安商场旋转工程来说明。

2.7.3.1 概 述

孤岛社区永安商场位于山东省东营市孤岛社区胜大超市和迎香街建筑群落的夹隔地带,永安商场与其他建筑均不平行。由于前后道路和自身扩建的需要,该商场需要以其西北角柱子中心为圆心整体旋转20°。该商场始建于2000年,为3层框架结构,局部4层,长74m,宽22m(轴线测算),总占地面积1 628m²,总体质量2 600t。该建筑有76根结构柱,本次旋转工程有64根结构柱下设有滑点。

2.7.3.2 设 计

基础形式采用筏板基础,下面设长螺旋灌注桩。桩长24m,桩径400mm。筏板上面设置下轨道梁。如图2.7.4所示。下轨道梁轨迹为以旋转中心为圆心的同心圆。上轨道梁和连梁采用双梁体系,上轨道梁下设滑点梁,滑点梁布置方向和下轨道梁相同,如图2.7.5所示。

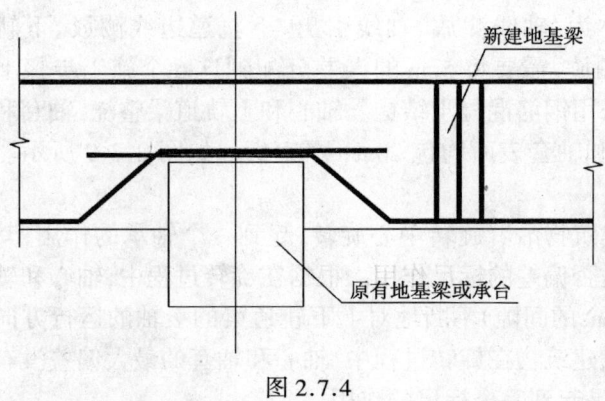

图 2.7.4

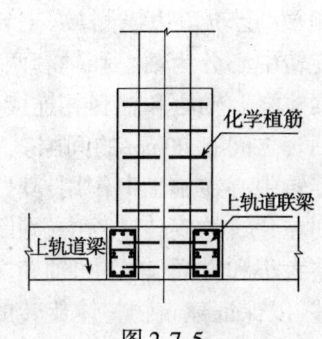

图 2.7.5

在原建筑物基础上设置筏板时,筏板和原桩基承台连接如图2.7.6所示。

框架柱和上轨道梁连接通过托换柱,如图2.7.7所示。

图2.7.6 筏板和原桩基承台连接

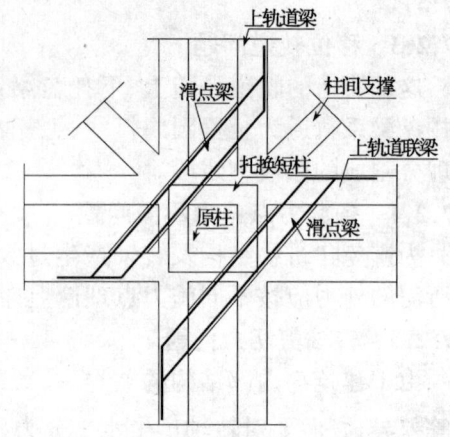
图2.7.7 框架柱和上轨道梁连接通过托换柱

上轨道梁下设10mm厚钢板,下轨道梁上设10mm厚钢板,上、下轨道梁通过$\phi 60\text{mm}$滚轴相连,如图2.7.8所示。

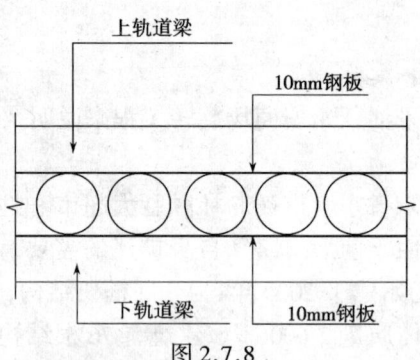
图2.7.8

本次移位的难点为移位的轨迹精度控制要求严格。具体要求为,以其西北角柱子中心为圆心整体旋转20°,在移位过程中64根结构柱下128个滑点,每个滑点上轨道中心与下轨道中心之间偏差不能超过5cm。这一技术要求在建筑物平移工程已经得到充分体现,但是在建筑物的旋转工程还是第一次实践。其难点在于,放线施工的精度,要保持128个滑点同步的准确,要求在放线施工中的累积误差不能超过5cm。这就要求放线施工的每一步都要进行控制与自检。建筑物移位放线施工步骤大体为,轴线测放、轴线引出、下轨道边线测放、下轨道中线测放、上轨道边线测放、上轨道中线测放,需要将5cm的误差分配到这6个施工步骤上。

旋转中心分为轴心和轴套两部分,均采用钢筋混凝土结构。轴心和上轨道梁整浇,轴套和下轨道梁整浇。轴心和轴套相连接处在轴心和轴套表面均包20mm厚钢板。如图2.7.9所示。轴心和轴套之间有20mm的间隙。

旋转中心在施工中作用:其一是保证建筑物沿着旋转中心旋转,起到一个轴承的作用;其二是起到在建筑物旋转过程中,判断旋转轴是否偏差的标尺作用。根据在旋转过程中,轴心和轴套的偏差大小和方向(轴心和轴套之间有20mm的间隙)不断地对上下轨道梁的滚轴的运行方向进行调整,以保证建筑物整体旋转的准确。该建筑物在旋转过程中,轴心和轴套的最大偏差没有超过20mm。这样轴心和轴套就没有受力,只是起到一个标尺的作用。

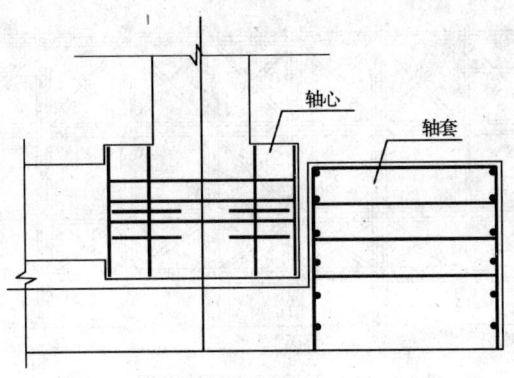

图 2.7.9

因为旋转要求整个上轨道梁系有足够的水平刚度,所以用剪刀撑加强上轨道梁系。如图 2.7.10 所示。设置水平剪刀撑保证了平移旋转时的水平刚度。在计算剪刀撑时,杆件按轴心受压和轴心受拉计算。由于混凝土杆件中配筋量不多,即剪刀撑杆件只能承担较小的拉力,可以忽略不计。剪刀撑压杆可承担所有的压力。其保护原理是:首先刚度最大的一道剪刀撑进行破坏,然后刚度次一级的剪刀撑进行破坏,最后破坏整个体系。这种设计方法是保护建筑物移位安全的有效措施。在整个旋转过程中,上轨道梁的整体性对建筑物的安全保护有重要作用,剪刀撑破坏保护措施可以在上轨道整体破坏到达之前进行多次预警,接到预警信号以后,施工人员可以有充足的时间对此进行分析和抢救,保证建筑物旋转安全可靠。

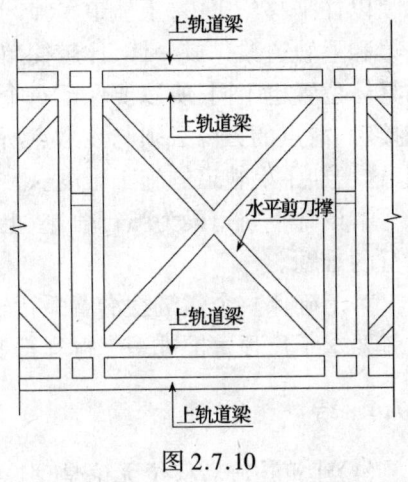

图 2.7.10

2.7.3.3 施 工

旋转施工的桩位要求是:4 根桩或 9 根桩为一组,每桩组的中心是旋转后对应柱子的中心,桩位中心允许偏差应在桩基规范允许范围之内。但是本次桩基施工难点在于,桩基中心位于一条曲线上,不能(或困难)直接放线施工。所采用的放线方法是,先将整个楼体的纵横轴线施放于场地平面上,在将楼梯旋转就位以后的纵横轴线施放于建筑场地的平面上,CAD 电子版平面图反映桩位,用标注命令将每一个桩位与其临近轴线的关系标明在图纸上,根据图纸在现场找到对应的轴线,量出对应关系,标明桩位。

因为该工程为旋转移动,所以每个柱子移动的距离不同。柱子移动距离的大小和柱子距旋转中心的距离有关,距离旋转中心越远,柱子移动的距离越大,反之越小。而且在旋转平移时,每个柱子的行程也不同。

图 2.7.11 所示为千斤顶和泵站布置示意图。

如图 2.7.11 所示,在该建筑物的外侧,每个柱子布置一个千斤顶;但是在旋转中心及其相邻柱子没有布置千斤顶。

为了调整千斤顶的行程,距离旋转中心最远一侧的 2 排柱子布置 1 台 1 号泵站,1 号泵站为 2 台千斤顶供油,行程运行相对较远。2 号泵站也同 1 号泵站相同,千斤顶的行程也运行相对较快。离千斤顶最近一侧的 3 号、4 号泵站,每台泵站分别为 3 台千斤顶供油,行程运行相对较慢。较好地解决了千斤顶行程不一致的问题。

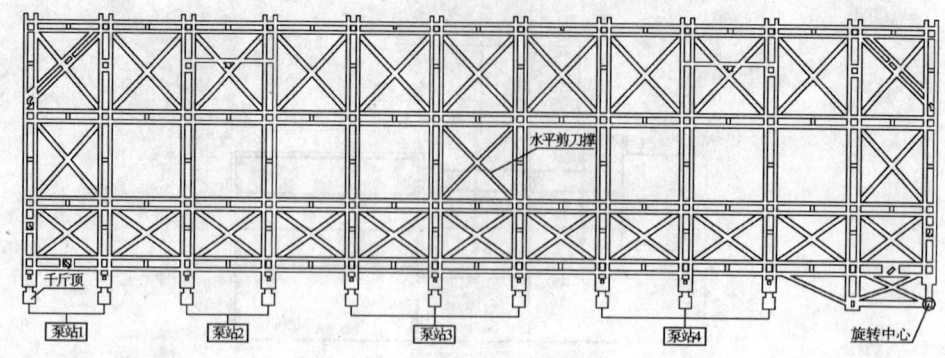

图 2.7.11　千斤顶和泵站布置示意图

在平移旋转的启动阶段,每台泵站的压力为 32MPa,每台千斤顶的推力为 50t;在平移旋转的正常运行阶段,每台泵站的压力为 16MPa,每台千斤顶的推力为 25t。

以往平移施工中,上轨道滑点与上轨道成 0°,施工时可以单纯地增加滑点部位的配筋,将滑点梁和上轨道梁作成一体,比较简单。旋转施工,每个滑点所要走过的弧线段的半径不同、滑点的具体位置也不同,所以要保证每个滑点在旋转移位过程中始终保持下面有足够的面积和滚轴相接触,滑点的方向必须与该滑点所要运行的弧型轨迹相切,这样每个滑点与上轨道梁的角度不同,这增加了上轨道的施工难度。

本设计下轨道梁为弧行轨迹,上轨道梁下设滑点梁,较好地解决了整个建筑物沿着弧行轨迹运行的难题。

为了确保整个建筑物沿着弧行轨道运行,施工时应确保滚轴的轴线垂直于弧行轨道的轴线,这就要求千斤顶每推进一个行程都要对滚轴调整校对一次。

2.7.4　结　论

(1)建筑物旋转移位无论是理论还是实践都是可行的;
(2)旋转移位的关键点是固定端问题;
(3)旋转移位应重点考虑旋转移位时所产生的水平分力对结构的作用。

卢明全[1]　解宝国[2]　孙　肃[1]
(1 大连久鼎特种建筑工程有限公司;2 胜利石油管理局孤岛社区管理中心)

2.8　燕化两巨型塔器整体液压连续平移技术

2.8.1　整体液压平移法的提出

北京燕山石化在将原有的 45 万 t/a 乙烯装置改扩建成 66 万 t/a 乙烯装置过程中,汽油分馏塔和急冷水塔是两台重点改造设备。在乙烯装置第二次停车大检修改造期间,拆除原汽油分馏塔(DA-101)和急冷水塔(DA-103),新建汽油分馏塔(DA-101N)和急冷水塔(DA-103N)。新汽油分馏塔,直径 9m、高 41.3m、净重 618t;新急冷水塔 8.5m/11m、高 48.75m、净重 736t。由于这两台巨塔是关键的工艺设备,而且直径超大、高度超高、质量超重,因而无法在工厂整体制造,只能在现场将部件组对焊接安装。

在现场组对焊接安装的方法有三种:①常规的方法是在停车大修期间拆除旧设备后,在新作的基础上组对安装新设备。这种方法势必延长停车时间,造成较大的经济损失。②第二种方法是停车大修前完成塔体的分片拼装组装成段，待在停车大修期间，先拆除两台旧塔，作好新基础，然后用钢排将预制好的塔段拖至新基础近处，再用大吊车分吊装组对成形。这种方法的问题是因实际场地窄小，组装的塔段无处摆放，如放在较远处还需要在吊装前采用钢排将塔段拖回来，这很费事而且还需大吊车，费用又高。③鉴于上述两种方法存在的问题，因而提出了第三种方法，这就是打破常规，借鉴高炉或楼房平移的方法，创造性地提出了整体液压平移法安装巨塔的新方法。

2.8.2 整体液压连续平移法的确定

整体平移安装巨塔的方法就是在停车大修前，在旧塔的某一侧一定距离处作临时基础，在临时基础上现场组对塔体。在大修开始后拆除旧塔作新基础，最后分别将两巨塔整体平移到新基础上进行就位安装。这种安装方法的优越性在于工期有保证，且能提高施工质量、降低施工费用；更为重要的是，停车时间可以大大缩短，经济损失大为减少。但这种方案的实施风险也很大。首先巨塔整体液压平移在国内属首次，无现成的经验可借鉴，容易发生事故，且一旦发生无法挽回。平移楼房、高炉时，因其重心低、底面大，稳定性好，平移中稍有差错不碍大事。而平移巨塔，其重心高、底座小，一旦发生事故，后果不堪设想。其次是平移中如发生偏移，致使巨塔不能就位安装，且也没有其他方法挽回，势必影响整个改扩建工程的实现。因此确保两巨塔平稳安全平移到位是液压平移方案的关键。

为确保巨塔平移的顺利成功，设计方提出了巨塔平移中控制速度为 0.5mm/s，加速度为 $1mm/s^2$。为此，承建方经过反复调研、考察，选择了北京中建科研院研制的"SQD 型松卡式千斤顶及配套设备"来完成巨塔的平移。SQD 型松卡式千斤顶不仅是国家级科技成果重点推广项目，而且已广泛应用于大型储油罐、钢桅杆、通讯塔、水塔等液压提升施工中，且均取得了圆满成功。因此将它用于巨塔平移应是可行的。

采用 SQD 型松卡式千斤顶及其配套设备进行巨塔整体液压平移与采用普通千斤顶进行楼房液压平移是有区别的。简言之，前者平移是连续的，后者是间断的。以该工程为例，原先采用普通千斤顶的方案是：既有"后推系统"（即采用 2 台 30t 千斤顶进行顶推），又有"前牵系统"（即使用 4 台 10t 倒链进行牵引），还有"后溜系统"（即使用 4 台 10t 倒链）等一系列措施。每当千斤顶向前顶推了一个液压行程后就需要垫上一块厚度与行程相应的垫块，才能进行第二个行程的运行，很麻烦。而采用松卡式千斤顶很简单，只要在距塔器一定的位置设置固定的小钢架，将千斤顶安装好再穿入拉杆（圆钢棒），此拉杆与塔器底部相连接即可。这样松卡式千斤顶工作时，就能不断地一个行程接一个行程拉着巨塔向前运行。因为松卡式千斤顶本身具有上、下卡头（即松开和卡紧拉杆的特殊装置，就相当于人在爬杆时的双手），采用此千斤顶进行巨塔平移就能发挥出该顶的特殊功能。因此，燕化两巨塔采用这种整体液压平移技术是合理的选择。

2.8.3 整体液压平移巨塔的技术准备

2.8.3.1 安装工艺技术准备

(1)平移通道的设置。在新塔就位处西侧十余米处，按正式基础的要求作临时基础，新塔就位处作正式基础，并做好平移通道将两基础连接好。

(2)下滚道板铺设在两基础的表面，并与预埋钢板焊接好。

(3)上滚道板采用塔基环板（$\delta = 70mm$）代替即可。

(4)塔裙的加固。为了使巨塔在平移过程中受力均匀，要确保塔裙不发生变形，因而对塔裙采用 H 型钢进行了加固。

(5)滚杠的选择。根据计算及实践经验选取 $\phi 108 mm$ 圆钢作为滚杠,如图 2.8.1 所示。

2.8.3.2 液压平移专用设备

液压平移巨塔的专用设备由如下五部分组成。

(1) SQD 型松卡式千斤顶　即 4 台 SQD-160-100s·f 型松卡式千斤顶,每台千斤顶的承载力为 160kN,液压行程 100mm。如图 2.8.2 所示。

(2) 液压泵站　专门为适应平移两巨塔而研制的液压泵站如图 2.8.3 所示。该泵站具有数字化调节巨塔平移速度的功能,而且调节范围也比较大。在确保巨塔开始平移和就位时的平稳和安全的同时,又可作适当的调节,以便需要时加快平移的速度。

图 2.8.1　巨塔、滚杠、拉杆、卡套

图 2.8.2　松卡式千斤顶、小钢架

图 2.8.3　液压泵站、液压管路系统

(3) 液压管路系统　通过液压管路系统将 4 台千斤顶和液压泵站联结成一个整体,如图 2.8.3 所示。这样既可以使 4 台千斤顶同时工作,又可使单台千斤顶独立运行。运行速度均可调节,特别方便。

(4) 固定小钢架　该小钢架是固定不动的,每台千斤顶分别安装在每个小钢架上(图 2.8.2)。小钢架的位置根据巨塔平移的距离而定。

(5) 拉杆　采用 $\phi 32 mm$ 钢棒作为平移巨塔的拉杆(图 2.8.1),其长度由平移距离而定。钢棒超长可以采用焊接办法将两节或多节相连接。

2.8.3.3 确保巨塔平移稳定的措施

(1) 松卡式千斤顶具有平稳运行的特点　松卡式千斤顶是为了提升重物(大型设备或大型件)而研制的,专门设置了上下卡头的特殊结构。在液压力的作用下上下卡头可以自动作出卡紧或松开提升杆(或拉杆)的动作,相当于人向上爬升时双手交替进行的动作。因此该千斤顶可以通过拉杆将巨塔一个行程接一个行程的连续往前牵引,因而可以确保巨塔平移的平稳。

(2) 滚杠专用卡套　在巨塔平移过程中,滚杠的运行是否一致也很重要。采用若干组滚杠专用卡套,该卡套卡在滚动的相邻的两滚杆上,使两滚杠的间距相对固定,同时又不影响滚杠的滚动(图 2.8.1)。前后滚杠运行步伐应尽量一致,避免发生跑位现象,以进一步确保巨塔平移的稳定。

(3) 偏移的纠正　在平移过程中,由于上下滚道板间的摩阻不一致,不可避免地会影响巨塔运行的快慢而发生偏移。这时可调节液压泵站上的相应阀或千斤顶上的阀,以达到纠偏的目的。

2.8.3.4 模拟试验

整体液压平移巨塔,虽然从技术上做了充分准备,但在国内尚属首次,没有任何经验可借鉴。为使平移万无一失,又做了两次模拟试验。采用一堆钢锭(大约100t),下面是钢板,钢板下面是滚杠,滚杆下面是平整的水泥地面,在钢锭上面放一细高铁筒,没有采取任何固定措施。采用1台千斤顶,按大于、等于、小于1mm/s的几档速度分别进行牵引。其结果,铁筒在钢锭上很平稳。通过模拟试验,熟悉了操作要点,也发现了一些问题,采取了措施,做到胸中有数,为正式平移打下了基础。

2.8.4 巨塔整体液压连续平移施工

在上述技术准备工作全部完成后,新急冷水塔于当年8月22日首先整体液压连续平移成功。开始平移时,速度严格控制在0.5mm/s之内,平移相当平稳。运行一段距离后,速度逐步加快,仍然很平稳。

巨塔运行过程中应注意解决如下几个问题:

(1)在巨塔运行过程中由于滚杠上面或下面等各个位置的摩阻不一致,不可避免地会使运行速度有差异,导致巨塔发生偏移。这时可将运行较快一侧的2台千斤顶暂停工作,运行较慢的一侧继续前进。待纠偏后4台千斤顶再一起工作。

(2)在巨塔连续平移过程中,需将巨塔后面已退出的滚杠转移到前面按相关要求放置待用。如此循环转移直至巨塔平移施工结束。

(3)在巨塔离就位200~300mm处,将巨塔运行速度逐步调慢,同时将纠偏工作做好,以使巨塔正确就位。

(4)在整个平移过程中,要及时解决出现的异常情况。例如:由于有一根拉杆的锈蚀严重,加上小钢架的千斤顶的定位孔与下卡座的孔不同心造成别劲,以致造成卡头打滑,影响千斤顶的正常工作。发现后立即处理解决。

图2.8.4

经过9个多小时,液压连续平移了13.26m,平稳、安全、正确地到达了就位位置。8月24日又将新汽油分馏塔顺利、平稳、安全、正确地连续平移了12.12m,到达了就位位置(图2.8.4)。至此,两巨塔的液压平移取得圆满成功,开创了我国大型塔器整体液压连续平移的先例。

北京燕山石化两巨塔整体液压平移成功的事实,充分说明了"松卡式千斤顶及配套设备"不仅可以广泛应用于大型储油罐倒装法液压提升施工,大型钢结构、钢网架结构整体液压提升(爬升)施工,以及通讯塔、钢桅杆等的整体液压提升施工;还可以广泛应用于建筑物、构筑物的整体平移施工中。采用松卡式千斤顶及相关技术,可以使建筑物、构筑物的平移更加平稳(采用的拉杆是钢棒),而且可以实现步进式连续进行,省去了普通千斤顶平移时不断加垫块或垫铁的麻烦,且施工成本低,其优越性是显而易见的。总之,松卡式千斤顶及其相关技术将会取得更广泛的应用。

徐祥兴

(北京中建建筑科学技术研究院)

2.9 上海音乐厅移位托盘梁系结构性能研究

2.9.1 前言

近年来，随着城市道路交通容量的快速膨胀和市政规划的迅速发展，旧城改造和道路拓宽工程屡见不鲜，经常出现与原有建筑物用地相矛盾的现象；有时也会遇到建筑物使用功能不足或者建筑结构安全性能下降等情况。传统的解决手段是将原有建筑物部分或全部拆除，然后再扩建或重造。然而其中会有相当数量的建筑物具有较高的使用价值，或者具有相当的历史人文价值，一旦拆除将造成无法弥补的损失。建筑物整体移位技术作为在两难中求得两全的最佳解决方法，其显著的社会、经济效益越来越得到广泛应用。

建筑物移位技术具有难度大、综合性强、阶段性强以及风险性大的特点。虽然整体迁移、纠偏和顶升等技术在国内外已经有大量的工程实例，但目前的设计与施工主要还是依靠经验，因此在部分工程中出现建筑物扭转、倾斜、严重开裂，甚至倾覆倒塌的现象。探求涉及移位过程中建筑结构安全的因素，有针对性地采取措施保证移位过程中和移位后的结构安全性，已成为建筑物移位这个专业化工程的重要课题。

2.9.2 设计施工中的关键环节

虽然建筑物整体移位技术自20世纪初就逐步开始应用，但该项技术却远未成熟，国内也尚无相关的技术规程或规范可遵循。在实际工程中，一方面可能因循守旧，在具有创新性的可选择方案面前放不开手脚；另一方面也可能盲目冒进，使得移位过程的安全得不到保障。因此该技术在现阶段仍然属于高风险特种工程，稍有不慎就可能造成移位结构的严重损毁和工程人员的伤亡。

根据以往国内诸多工程实例和文献资料，普遍认为的对移位结构安全有较大影响的有：

(1) 地基基础设计　地基基础设计直接关系移位过程结构的安全，包括原基础的检测加固、临时地基的处理和轨道基础的设计施工等。需保证移位结构在移位路径中的任何位置由于天气、设备、人员及其他预料之外的原因不得不做时间较长的停留时，轨道系统不发生影响进一步移位的整体沉降和影响移位结构安全的不均匀沉降。

(2) 轨道系统设计　包括轨道系统的平整度以及轨道系统的刚度是否能够在移位过程中承受移位结构的竖向荷载和水平荷载，保证不产生影响结构安全的变形。在轨道系统周围应设置必要的限位装置，保证移位结构按预定轨迹移动。

(3) 托盘系统设计　托盘系统是移位结构在与原基础断开后的临时基础，其刚度大小直接关系到上部结构的竖向变形和水平移位时的水平向不均匀顶推造成的结构变形，因此在施工空间和经济条件允许的情况下，可适当增大托盘系统刚度。托盘系统的支座，如滑脚、滚轴等，应能够适应轨道系统的不平整或变形，其不发生破坏或能进行受力的重分布，使上部结构受力不发生较大的改变。

(4) 动力系统设计　动力系统应根据移位结构各部分的重力或摩擦力大小及移位路线布置施力点。应严格控制各点出力情况，在一定程度上保证各顶推点或牵引点在预定计划下同步移动。要求施加的外力在结构内部的传力途径顺畅、直接，使结构不致在水平外力作用下发生严重的开裂甚至倾覆。

(5) 支垫系统的设计安装　包括建筑物的竖向支垫和水平动力系统的水平支垫。采用的有钢筋混凝土垫块、钢结构格构短柱、钢管混凝土短柱等。无论采用何种材料，都必须保证有较大的安全系数。支垫系统总高度不可过高，且各垫块、顶铁间需有可靠的连接，保证其稳定性。

2.9.3 托盘系统刚度对结构安全的影响

在移位工程中，普遍认为造成结构破坏的原因为：

(1)由于地基基础处理不当、动力系统不同步、托盘系统刚度不足及结构受力估计不足等造成结构各部分间产生较大相对变形所造成的严重开裂。

(2)由于移位过程中追求速度，结构加速度过大及轨道不平整等引起的振动所造成的结构在动力作用下的破坏。

(3)由于大风、大雨等不可抗力所造成的结构破坏。

可以看到，以上原因中前两种破坏都是可以通过设计、施工人员的努力所避免的。通过对上海音乐厅整体移位工程的研究，认为由于振动所引起的结构破坏可能性很小。上海音乐厅是建于1930年的欧式古建筑，结构形式不规则，材料强度低，整体刚度极差，没有抗震设计。在整体平移中，由于动力系统故障，加速度传感器曾检测到相当于7度小震的振动，该结构没有发生任何破坏。故在控制移位速度的情况下可不考虑结构振动影响。

托盘系统在水平方向往往形成密集的网格状，以支承结构柱、墙及附属设施的荷载，由此形成的水平向刚度很大。计算分析中，在上海音乐厅整体移位中10个顶推点，在第三顶推点和第四顶推点不同步顶推下，导致上部结构内力变化最大的顶推点完全失效的情况下，结构各点水平向相对位移非常小，如表2.9.1、表2.9.2所示。

表 2.9.1　3号轨道梁不同步造成各点水平位移

节点号	X(mm)	Y(mm)
63	7.6E-03	-1.9E-03
65	7.6E-03	7.3E-04
70	7.4E-03	3.0E-03
71	7.1E-03	4.1E-04
105	1.3E-03	7.9E-04
106	8.8E-04	-1.4E-03
113	9.8E-04	-2.3E-04
171	5.8E-03	1.3E-03
172	1.1E-02	-6.1E-05
191	1.4E-03	2.1E-03

表 2.9.2　4号轨道梁不同步造成各点水平位移

节点号	X(mm)	Y(mm)
63	2.8E-03	1.1E-03
65	2.6E-03	2.5E-03
70	2.3E-03	-2.9E-04
71	2.4E-03	3.6E-03
105	3.2E-03	2.1E-03
106	1.5E-03	1.0E-03
113	1.6E-03	-3.2E-04
171	8.6E-03	7.8E-04
172	5.7E-03	4.6E-04
191	3.2E-03	-2.9E-03

可见，托盘系统的水平向刚度已经完全可以承受不同步顶推。在上海音乐厅整体移位工程的后期，仅对10个顶推点的5个进行顶推，结构仍顺利平移到位，没有发生开裂，验证了这个结论。由此，认为在结构移位过程中造成结构破坏的最显著因素是结构的竖向变形。对此，以上海音乐厅整体移位工程为例，进行了计算分析。

根据上海市房屋检测中心给出的"上海音乐厅房屋质量检测报告"以及上海音乐厅整体平移工程"托盘梁系及钢结构加固施工图"，按空间框架计算模型，采用有限元分析软件SAP2000对音乐厅整体平移过程中采用不同托盘梁高度进行了计算，以了解托盘梁系刚度对结构竖向变形的影响。

考虑滑脚破坏和轨道梁不平整所造成的影响，分别撤除了1~59号滑脚，发现33号滑脚撤除时，周围柱的竖向变形最为显著。以33号滑脚周边范围的结构为研究对象，逐步改变托盘梁系高度，观察托盘梁系刚度变化对结构竖向变形的影响。托盘梁系分别采用了500、600、700、800、900、1 000、1 100、1 200、1 300、1 400、1 500mm等11种截面高度，在对数据经整理后得到以下33号滑脚周围影响较大的柱的竖向变形，如图2.9.1所示。

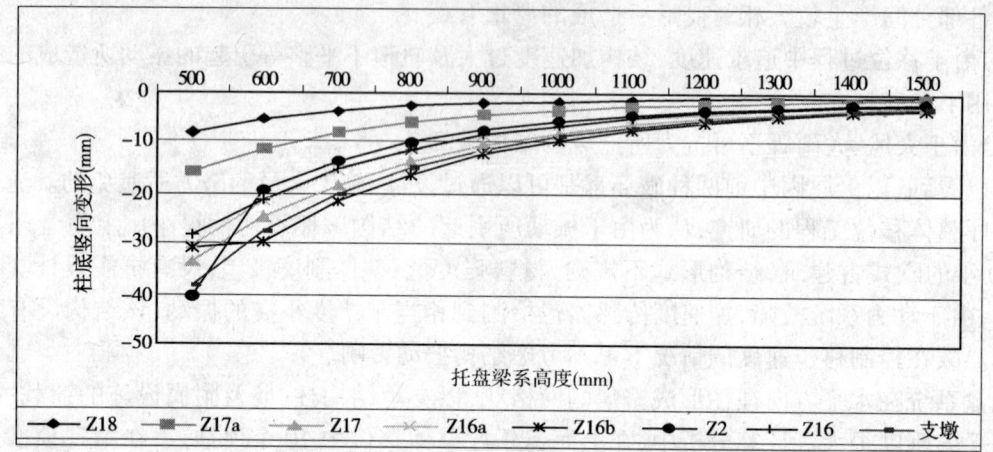

图2.9.1　33号滑脚失效时周围柱竖向变形

根据《建筑地基基础设计规范》，工业及民用建筑框架结构的相邻柱基的沉降差为0.002 1。上海音乐厅柱最密集处相邻柱距仅为2～3m，对于上海音乐厅这样的保护性建筑，可将沉降差允许值确定在4mm内。而根据上述计算，在托盘梁系高度为1400mm时，方满足要求。此时滑脚处位移为3.3mm，即在滑脚产生3.3mm的相对竖向位移时需采用1 400mm高托盘梁系方可保证结构安全。但由于地基沉降和轨道梁面的不平整，普通滑脚出现5mm范围的失效在工程中经常出现。

在此情况下，约束33号滑脚的竖向位移，同样改变托盘梁系高度后观察周围柱的竖向变形，整理后得到图2.9.2。

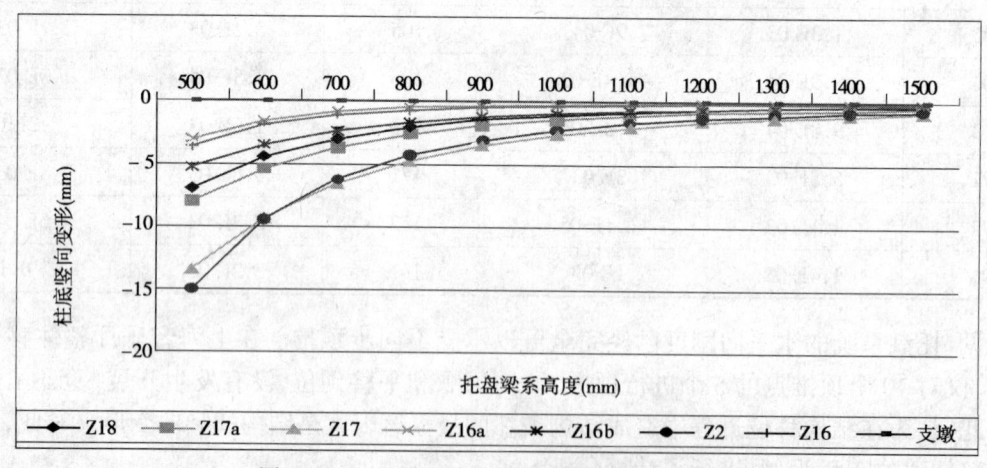

图2.9.2　33号滑脚未失效时周围柱竖向变形

可见，当托盘梁系高度为900mm时即可将各柱的竖向位移控制在4mm内，滑脚的位移控制可以大大减小上部结构的相对位移，保证结构的安全。

在上海音乐厅整体移位工程中，首次在结构移位领域采用了悬浮式滑脚和PLC技术，即用59个由电脑控制的液压千斤顶代替传统的滑脚，使结构处于悬浮状态。一旦出现由地基沉降等原因造成的滑脚位置竖向位移,电脑立即发出指令,调节相应位置滑脚千斤顶的活塞出缸情况。此调节范围在20mm以上,保证托盘系统始终在水平面内。上海音乐厅采用的托盘梁系高度为1 100mm,但在平移、顶升过程中,并没有发生严重的结构开裂。监测结果也证明,各支墩最大竖向位移为3~5mm。可见,悬浮式滑脚和PLC技术很好地减小了支墩的竖向位移。

2.9.4 结　　论

根据对上海音乐厅计算分析可以得到以下结论:

(1)结构整体移位中,造成移位结构破坏的最主要因素是结构各部分间的相对变形。

(2)托盘梁系在水平方向组成框架结构,在合理安排动力系统的情况下,其刚度足够承受由于各受力点不同步顶推所造成的不利影响,上部结构不会产生影响安全的变形。

(3)托盘梁系的竖向刚度较弱,托盘梁系截面高度对上部结构各部分竖向变形影响很大,对在结构整体移位中的结构安全起到至关重要的作用。

(4)由于轨道梁面不平整、滑脚破坏等原因造成的滑脚的相对竖向变形极大地影响结构的竖向变形。在采用悬浮式滑脚等相关措施减小滑脚竖向变形情况下,达到相同安全目标,可大大缩小托盘梁系截面高度,经济效益可观。

梁　峰[1]　卢文胜[1]　蓝戊己[2]
(1 同济大学土木工程学院;2 上海天演建筑物移位工程有限公司)

2.10　PLC液压整体同步控制技术在工程建设中的应用

随着国民经济的飞速发展,作为基本建设,必将涉及到既有建筑物的保护,或迁移、或抬高、或功能完善等问题。如文物建筑或保护性建筑在城市规划中需要移位、抬高、加固等;城市立交桥的匝道桥改为高架桥等;既有公路、铁路、水上桥梁运营若干年后,由于不能满足净空高度要求,需要抬高桥梁等。所有这些问题都涉及到对既有建筑物的移位和抬升。

以往对这些建筑物多采取切块搬迁或拆除后在原址重建的方法。这种方法建设期长、造价高,对城市发展或交通的影响很大。

随着新的施工技术——PLC液压整体同步控制技术的出现,使人们对既有建筑物的迁移或改建有了新的认识和方法。这种施工技术的特点是:在不改变既有建筑物形态和结构性能的前提下,以最短的工期、较低的造价完成对既有建筑物的迁移、保护和改造等。

2.10.1　PLC液压整体同步控制技术

2.10.1.1　PLC液压整体同步控制系统原理

PLC液压整体同步控制系统是由PLC液压控制室、液压泵站、液压千斤顶、位移监控系统等构成。其工作是由PLC液压控制室按预先编制的控制程序输入液压、位移指令传给液压泵站和位移监控系统。液压泵站接受指令后,给液压千斤顶输送相应的液压,液压千斤顶根据液压值和顶力产生相应的位移。位移监控系统根据各液压千斤顶的位移情况,及时反馈给PLC液压控制室,控制软件程序将根据位移反馈信息及时修整液压、位移指令。通过反复调控形成力与位移的闭环,使各个千斤顶的位移在每个循环内的系统误差控制在2mm以内,确保建筑物在位移过程中的安全、稳定。

建筑物位移施工时,首先根据设计要求对建筑物进行必要的加固处理,再安装PLC液压控制系统。系统安装、调试完成后将建筑物受力体系托换至 PLC 液压控制系统上,通过系统的 PLC 控制室发出的一系列位移指令完成建筑物的移位(平移或顶升)。移位至设计位置后,在保压平衡状态下将建筑物受力结构体系的再次托换至新的结构基础上,最终完成建筑物的位移施工。

2.10.1.2 PLC 液压整体同步控制技术简介

下面以某桥顶升施工为例简单介绍 PLC 液压整体同步控制技术。

(1)顶升准备阶段

1)总体顶升力的计算、顶升点的布置及选择

依据有关规范、既有桥梁竣工图对桥梁结构进行受力分析,分跨计算每跨顶升质量及顶升总质量,确定千斤顶用量;合理布置顶升点,使桥梁在整个顶升过程中处于整体稳定、结构受力合理的状态。

该桥主跨总重约 1 500t,采用 16 台 200t 千斤顶,总顶力 3 200t;每个盖梁对称布置 8 台千斤顶。引桥每跨总重约 200t,每个盖梁下对称布置 2 台千斤顶。顶升力安全系数 $K \geq 2$(K 值一般取 1.5~2)。

2)既有桥梁结构加固、顶升设备基础

桥梁加固是针对桥梁在顶升受力状态下,为确保桥梁结构安全、稳定而进行的。结构加固应与顶升设备基础同步考虑。顶升基础是依据各顶升点的顶升力计算各顶升点上下的受力结构及着力点。通常下部以桥梁下部结构桩基及承台为着力点,上部以盖梁为着力点。当承台或盖梁无法满足千斤顶着力点要求时,需对其进行补强或设置新的着力点。

该桥主桥跨经检算,确定上部采取在盖梁下设置钢结构分配梁、下部采取以承台为顶升支撑点的方法。引桥因无承台且盖梁结构亦不能满足顶升受力要求,因此经检算,上下均采用抱柱梁结构布置顶升点,同时以此对桥梁结构加固。抱柱梁结构通常以新旧混凝土界面受剪承载力 $V = 0.24 f_c A$(经验回归公式),并综合考虑结构抗弯、抗扭、抗剪计算所需强度、刚度后设置。实际通常只需界面承载力 $V_s = 0.16 f_c A$($< V = 0.24 f_c A$),具有足够的安全系数。

3)限位装置

设置限位装置的目的是防止桥梁在顶升过程发生纵向和横向位移。桥梁顶升后,由于坡度调整其纵向长度会发生变化,为此在桥上每跨处设置专用限位装置,桥下主控制墩处亦设置限位装置,在上下限位装置共同作用下,确保桥梁不发生横向位移。纵向位移在跨内消除,防止逐跨累计叠加,使顶升后墩柱误差小于 10mm。

4)顶升设备的安装及调试

以上工作完成后即可进行顶升设备的安装。顶升设备包括液压千斤顶及顶下钢支撑、临时钢支撑、液压泵站及油路管、PLC 液压同步控制系统、顶升位移监控系统等。安装前应对设备的状况进行检查、检修,确保设备完好。安装完成后进行设备调试,无误后安装钢支撑。

5)PLC 液压同步顶升控制技术

PLC 液压同步顶升控制技术是一种力和位移综合控制的顶升方法。这种力和位移综合控制方法,建立在力和位移双闭环的控制基础上。由液压千斤顶精确地按照桥梁的实际荷重,平稳地顶举桥梁,使顶升过程中桥梁受到的附加应力最低;同时液压千斤顶根据分布位置分组,与相应的位移传感器(光栅尺)组成位置闭环,以便控制桥梁顶升的位移姿态。同步精度达到 ±2.0mm,这样就可以很好地保证顶升过程的同步性,确保顶升时盖梁、板梁结构安全。

①元件的可靠性检验　元件的质量是系统质量的基础,为确保元件可靠,本系统选用的元件均为 Enerpac 的优质产品或国际品牌产品,并进行检验。在正式实施顶升前,将以 70%~90% 的

顶升力在现场保压 5h,再次确认密封的可靠性。

②系统的可靠性　液压系统在运抵现场前进行 31.5MPa 满荷载试验 24h,进行 0~31.5MPa 循环试验,使系统无故障无泄漏。

③液压油的清洁度　液压油的清洁度是系统可靠的保证。本系统的设计和装配工艺,除严格按照污染控制的设计准则和工艺要求进行外,连接软管还应进行严格冲洗、封口后移至现场。现场安装完毕后进行空载运行,以排除现场装配过程可能意外混入的污垢。系统的清洁度应达到 NAS 9 级。

④力闭环的稳定性　所谓力闭环就是当系统设定好一定的力后,力的误差在 5% 内。当误差超过此范围,系统能自动调整至设定值的范围。力闭环是本系统的基础。力闭环的调试利用死点加压,逐台进行。

⑤位置闭环的稳定性　所谓位置闭环就是系统给光栅尺设定顶升高度后,当顶升高度超过此高度时系统自动调降至此高度;当顶升高度低于此高度时系统自动升调至此高度,保证系统顶升的安全性与同步性。

6)保压平衡

调试完成后,对顶升系统按每级 10% 逐级加载,预加计算荷载的 99.9% 时锁定系统,实现平衡保压。

7)断柱

一般采用接头错开断开的方法。接头不易错开时,依据《钢筋机械连接通用技术规程》(JGJ107—2003,J257—2003)规定,钢筋在同一接头断开时,柱断开部位宜在柱中部弯矩较小、无箍筋加密的区段,并采用Ⅰ级机械连接。有抗震要求或加高后柱不能满足设计要求时,可采用环向外侧植入补强钢筋、柱外包钢筋混凝土使钢筋接头错开的方法。

采用金刚链锯无振动切割墩柱,切割时采取逐墩对称切割。由于柱切割是在系统平衡保压状态下进行的,因而可以实现力系的平稳转换,确保桥梁的稳定、安全。切割采用水冷却,无粉尘噪声污染,切口平顺。

8)试顶升、称重

柱切割完成后,进行试顶升称重。试顶升就是 PLC 液压同步控制系统先给出一个位移 1mm 的指令,顶升系统在位移 1mm 后持荷 5min,并将各液压千斤顶及液压泵站的荷载、泵压、油压值等数据反馈给 PLC 液压同步控制系统,作为顶升控制依据,实现位移、顶力双控,进而实现整体同步顶升。

(2)正式顶升阶段

1)正式顶升

正式顶升按照整体同步顶升、逐墩到位的方法完成全桥顶升。

该桥按照设计限定的顶升不平衡误差不大于 5mm,而采用 PLC 液压整体同步控制技术其顶升不平衡误差不大于 2mm,完全满足设计要求。顶升高度按照预先给定的高程通过光栅尺控制其精度可达到 1mm 以内。

2)立柱钢筋接长及柱混凝土浇筑

①立柱钢筋接头的连接　可采用挤压套筒机械连接,亦可采用电焊焊接连接。

②柱混凝土浇筑　混凝土浇筑前应将柱接头处清凿干净。采用整体钢模、微膨胀混凝土浇筑,确保浇筑完成柱混凝土密实、新旧混凝土粘结牢固、表面光洁。

3)拆除恢复

全部顶升完成、柱混凝土达到设计强度后,即可拆除桥梁限位装置、顶升千斤顶及支撑系统、液压泵站、PLC液压同步控制系统,恢复桥面系完成桥梁改造。

2.10.2 PLC液压整体同步控制技术的先进性

PLC液压整体同步控制技术的先进性:

(1)由于进行了结构检算,对移位可能对建筑物造成影响的部分模拟位移、顶升状态进行了补强,可确保建筑物的安全。

(2)采用金刚链锯无振动切割,在切割过程中对建筑物结构稳定无任何影响。

(3)柱切割是在PLC液压控制系统处于保压平衡状态下进行的,使建筑物在稳定的状态下完成了力系转换。

(4)整个位移过程是在PLC液压整体同步控制系统的位移、顶力双控状态下完成的,做到了结构位移、受力均处于受控状态。

(5)由于采用了专用的限位装置,可以确保建筑物位移完成后的线形、中线、水平、柱垂直度等达到设计及规范要求。

(6)施工工期短,对环境影响小。整个施工所需时间约90~100d,在准备阶段,可以在不影响正常使用的条件下进行。从正式移位施工到完成恢复结构仅需要60d。

(7)社会效益和经济效益显著。一般所需费用约为重建费用的三分之一。由于施工工期短,对周边环境的影响小,最大限度地节约了社会资源。对文物保护建筑而言,更具有不可估量的社会效益。

2.10.3 适用范围

该施工控制技术可适用于各类房屋建筑,简支、连续梁桥等及各类内力自平衡体系桥梁的移位。

2.10.4 结　　语

综上所述,液压整体同步控制技术已经成为一项日趋成熟的施工技术。因此在当前工程建设中引入液压整体同步控制技术,并利用它完成建筑物的移位、既有桥梁的改建及扩建施工,从施工技术条件上已经日趋成熟,同时从直接经济效益和社会经济效益分析,都具有显著成效。随着国民经济建设的进一步发展,这项技术必将得到更为广泛的应用和进步。

杨世杰

(上海天演建筑物移位工程有限公司)

2.11　电脑控制系统在移位工程中的应用

建筑物整体移位技术起始于20世纪初,它是指运用托换技术,将原建筑结构(或原建筑的部分结构)脱离原始支撑点,用人力、机械、液压等动力使之移动到目标位置,最后和新支撑点连接的工程技术。由于建筑物自身刚度及移位过程中的不同步,有可能造成结构局部应力过载,这是施工人员应考虑的头等大事。托换技术经过多年施工经验累积,已成为一项成熟的技术。但是如何解决在运动过程中尽可能减少结构的附加应力及如何提供始终符合工程要求的动力,在实际施工过程中难有完美的解决方案。

由于现代科学技术的不断发展,移位技术的动力手段也越来越先进。原先的人力发展为机械动力(如卷扬机等),现在由于液压千斤顶稳定、高效的工作方式在许多重大移位工程中崭露头角。在整体控制方面,也逐渐由人为主观控制,过渡到机械电机控制,到现在我们采用工业 PLC 控制系统,使难以把握的移位工程由模糊转为数字化控制。

2.11.1 系统概述

从功能上说,整个系统可分为:动力系统(泵站、千斤顶)、控制系统(PLC、传感器)、监控系统(PC、组态软件、控制台)三大部分(如图 2.11.1 所示)。

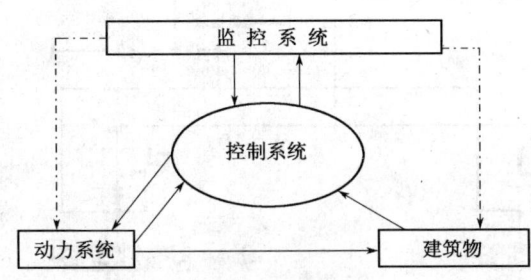

图 2.11.1 系统整体工作机制

2.11.1.1 软件系统

软件系统主要包括两部分:PLC 程序和组态编程软件,这两者是相辅相承的。前者进行基础运算,后者是 HMI(人机交互界面)的平台。利用组态软件,可以通过局域网或 Internet 进行访问、监控。

2.11.1.2 系统硬件

系统硬件包括:

(1)伺服千斤顶 自带压力传感器和液压锁,可以承受高达 15% 的侧向推力,并将所受的载荷,实时传至中控室的操纵台上。

(2)光栅位移检测装置(位移传感器) 检测分辨率达 0.01mm 的位移检测元件,可以精确控制建筑物的移位距离。

(3)液压电控系统 可以同时控制 16 个点的闭环控制液压站。采用力(压力)、位移综合控制方式,能有效地防止顶升、顶推过程中,基础不均匀沉降或下滑梁不平整对上部结构的影响。泵站上集成一个 Siemens 224 CPU 及数个 235、237 扩展模块,能采集压力信号和位移信号。通过工业总线,将检测信号传至总控室,并接收总控室下达的操作指令。

(4)操纵台系统 包括电脑、S7-300、触摸屏、控制面板、UPS。整个移位过程,中央控制操作台通过工业总线,控制各子站的工作,并将检测信号采集至工控机内。顶升、顶推过程的各主要参数,均显示在操作台的彩色大屏幕显示器上。顶升、顶推全过程的检测数据,均存储在大容量硬盘中,可供用户日后随时查询。该系统同步精度 ±1mm。

2.11.1.3 原理

液压系统原理如图 2.11.2 所示。高压泵、电磁溢流阀、单向阀、压力传感器和蓄能器组成电子卸荷式节能供油回路,稳定地为系统提供最高 31.5MPa 的油压。2 路由比例调速阀和电磁阀组成的电液比例控制回路,是顶推(升)系统的主控回路。每路比例控制回路,由一个光栅尺检测位移。油缸、光栅尺、比例调速阀组成高精度位置闭环控制,可以平稳地将建筑物向前推进。依靠 4 组顶推缸不同的位移量,可控制建筑物推移时的姿态,以便建筑物的精确到位,如图 2.11.2、图 2.11.3 所示。

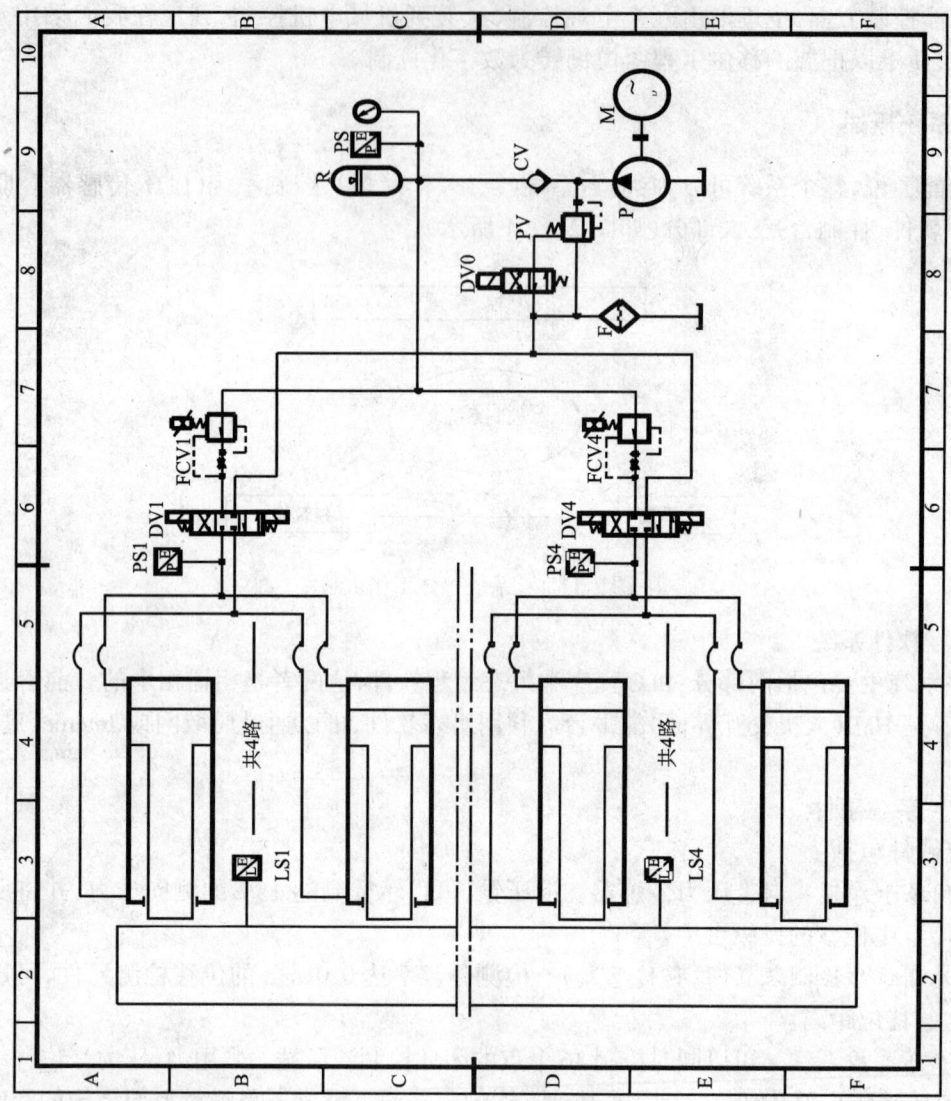

图 2.11.2 液压系统原理图

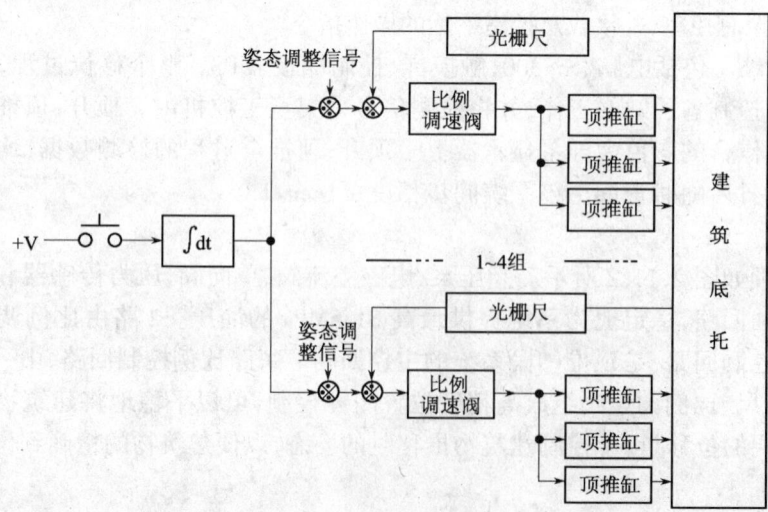

图 2.11.3 系统控制图

移位时首先由总控室操作人员下达位移指令,数据由组态软件下传到 PLC 中,PLC 根据内置传感器上载的数据判断现场是否符合指令要求,不符的话,再驱动千斤顶。然后返回的数据,形成循环,直至符合要求,跳出循环,等待上位机输入新指令,如图 2.11.4 所示。

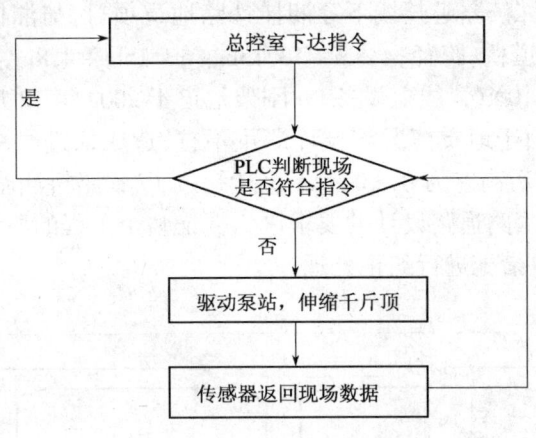

图 2.11.4　程序控制图

2.11.2　典型工程实例

吴忠宾馆平移工程。吴忠宾馆长 50m,宽 17m,13 层,最高点标高 53.7m,占地 1927m^2,总质量约 2 万 t。在平移时为了保证整体的平稳性,采用了半悬浮式滑移。

根据该工程的实际需要,共使用 4 台顶升泵站和一台顶推泵站,通过 MPI 电缆与主控室 S7-300 相连。主控室 S7-300 作为上位机,控制整个系统。

顶升泵站连接 50t 和 200t 两种千斤顶。50t 千斤顶以 4、6 或 8 个为一组,安装在下滑道上。200t 千斤顶安装在扁担梁上,协助卸荷柱分担上部压力。泵站工作时进入压力闭环,即由 PLC 控制千斤顶上的压力。在平移过程中,当前方下滑道凹陷时,千斤顶压力下降(由压力传感器传送至 PLC),PLC 驱动泵站加压,千斤顶伸出,压力上升到设定值后,进一步维持压力设定值。当下滑道凸起时,千斤顶压力上升,PLC 驱动泵站卸荷,千斤顶缩进。压力下降到设定值时,维持压力设定值。

顶推泵站连接 100t、320t 千斤顶。工作时进入位置闭环,要求建筑物 5 条轴线在相同的时间段内位移相同。如果某一条轴线的位移量大于设定的指令位移(光栅尺传送至 PLC),PLC 驱动泵站减少相应千斤顶的供油量,使千斤顶不能伸出或者伸出速度减小,达到同步行走的目的。

该工程于 2005 年 11 月顺利完成。

李春益　杨武松

(上海天演建筑物移位工程有限公司)

2.12　浅谈整体顶升法调整刚架整体下沉的施工技术

在铁路既有线下顶进桥涵施工中,由于地基承载力达不到设计要求,施工方法不当等,顶进桥涵极易出现刚架扎头下沉现象,造成刚架内净高满足不了设计要求和刚架受力状态的改变,造成工程废弃。南宁市江滨路延长线下穿湘桂铁路地道工程主刚架整体下沉的处理,采用了在刚架底布置油顶整体顶升调整刚架标高的施工技术并获得成功,确保了刚架施工质量,取得了宝贵的经验,创造了良好的社会效益和经济效益。

2.12.1 工程概况

南宁市堤园路工程的江滨路延长线下穿湘桂铁路地道项目,与湘桂铁路相交。道路与铁路立交采用四孔连续刚架地道桥(跨径:4.8m+13.15m+13.15m+4.8m,如图2.12.1所示)。刚架长为8m,宽为39.6m,重3 100t(含线上设备)。刚架地道于2002年12月8日开工,2003年元月3日开顶,26日顶进就位。由于地质情况与设计严重不符,造成顶进时刚架桥扎头。刚架顶进就位后,前端扎头0.908m,前后高差为0.255m,下沉量超过了《铁路桥涵施工规范》允许的范围。刚架净空满足不了南宁市江滨路道路设计的要求。为保证整个工程的质量,经业主、设计、监理、施工单位现场研究,决定采取措施进行纠正处理。

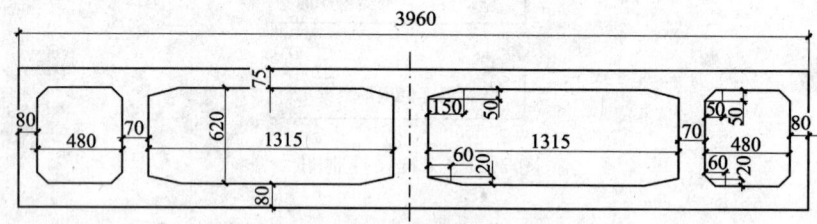

图2.12.1 四孔连续刚架地道桥(单位 cm)

2.12.2 扎头原因分析

经现场勘察分析,造成刚架扎头的原因如下:

(1)刚架横向宽度较小,为减少加固工字钢受力长度,顶进桥悬臂板较长,刚架横向偏心力矩加大,应力重分布后,造成地基承载力严重不足。

(2)经现场对土质取样试验,土质空隙率和含水率较大,刚架顶进后地基压缩大,承载力不足,造成前端扎头。

(3)地质资料不准,不能预先采取加固措施。

2.12.3 施工设计方案

2.12.3.1 处理方案概述

(1)在刚架中边墙前后各开挖一个支撑梁基础,并浇注C40混凝土底板作为支撑基础垫梁。中支垫主筋采用2Φ20钢筋组成钢筋束,间距100mm。边支垫主筋采用单根φ18mm,间距90mm。

(2)混凝土底板垫梁浇注完成后,浇注C40混凝土临时支撑结构。支撑结构达到设计强度的75%后,在支撑结构上布置200t油顶,共用36台油顶。

(3)封锁线路及线路落道,36台油顶同时顶起刚架,用预制的C40钢筋混凝土垫块(尺寸500mm×500mm×50mm)层层加高,托换刚架临时支撑,然后恢复线路开放行车。

(4)顶升刚架过程分四次循环。第一次用18台油顶先顶起(顶进前进方向端)扎头255mm部分,使前后水平一致,顶起后及时托换刚架临时支撑,线路上及时落道。第二、三、四次循环,每一循环36台油顶同时顶升刚架,每循环顶升高度为250~300mm,每次循环顶升刚架,都要及时托换刚架临时支撑,直至将刚架顶升至设计标高。刚架顶至设计位置后,刚架底板下及时砌筑浆片,并压注水泥浆,如图2.12.2所示。

2.12.3.2 施工说明及施工步骤

(1)混凝土垫梁(底板)及混凝土支撑墙施工 混凝土垫梁及混凝土支撑墙共分6块施工,刚

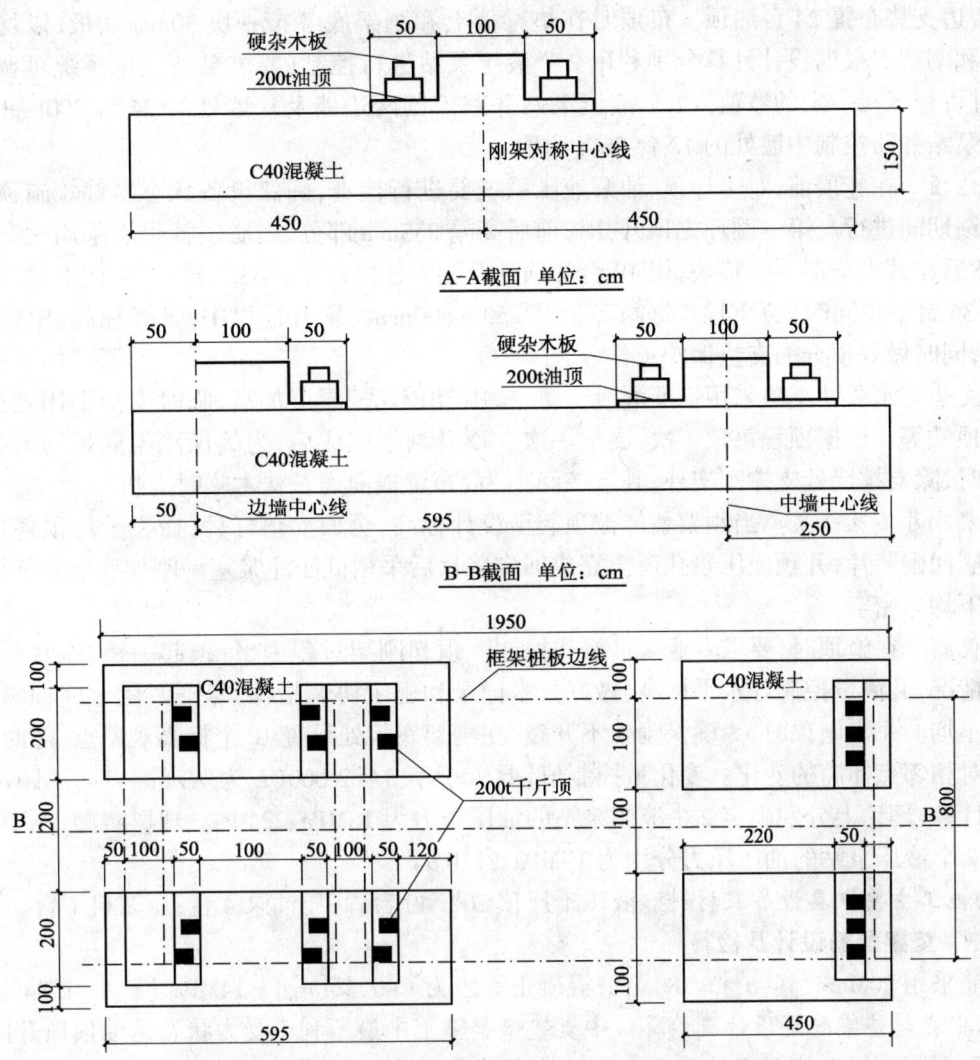

图 2.12.2 刚架顶升垫梁及千斤顶布置平面

架中墙混凝土垫梁的尺寸为9.0m(长)×4.0m(宽),厚度为1.5m,开挖深度为2.3m,伸入刚架底板底横向长度为3.0m。刚架边墙混凝土垫梁的尺寸为8.95m×3.0m(宽),厚度为1.0m,开挖深度为1.8m,伸入刚架底板底横向长度为2.0m。6块混凝土垫梁的基坑开挖时,每块基坑开挖分3小段跳槽开挖,开挖时用挡板或浆片做好未开挖部分的临时支护。基坑开挖过程注意保证刚架底中部横向2~4m宽的一带作为刚架顶升前的基底持力层,持力层为黏土。刚架顶起后,采用"积木法"在混凝土支撑墙上层层用钢筋混凝土垫块垫起刚架。

(2)封锁线路施工　每次封锁线路4h进行顶升刚架作业,共分四次封锁线路施工。封锁线路施工要求严格按《铁路运营线路施工安全及操作规程》实施。

(3)顶起施工及步骤　施工工艺流程:垫梁基坑开挖——浇注垫梁钢筋混凝土、支撑墙钢筋混凝土——布顶、安装设备、调试、试顶——封锁线路4h、线路落道——起顶刚架——托换临时支撑刚架——线路整修、恢复线路开通——重复上述起顶刚架步骤,直至设计位置——框架底板下回砌浆片、压浆。

顶起施工要点:

①布顶　采用现有的200t油顶布在混凝土梁上,总共布置36台油顶。其中,中支垫布置12

台油顶,边支垫布置24台油顶。布顶时在垫梁顶上和刚架底各布一块30mm铁板,以均匀作力于垫梁和刚架。根据设计计算分别利用2个液压泵站进行控制(要求泵站液压系统可调节油压大小,且可稳压在一定的数值),1个液压泵站并路控制两边墙及外墙处的24台200t油顶;另1个液压泵站并路控制中墙处的12台200t油顶。

②施顶　在施顶前,对千斤顶、油泵液压系统要进行检查,确保设备状态良好。施顶必须在线路封锁期间进行。第一循环先顶升扎头前后高差255mm部分,最底层抄垫层采用硬杂木板垫水平,然后在其上垫混凝土垫块,用18台油顶顶升刚架使之水平;第二、第三、第四次循环中每个循环用36台油顶同时顶升刚架,每循环顶升250～300mm。顶升过程中,做好标高、中线情况跟踪检测,同时做好顶升的支垫保护工作。

③支垫　永久性支垫采用钢筋混凝土垫块,用"积木法"层层加高,临时支垫采用硬杂木板、钢板及顶铁等。根据顶程每顶一次,支垫一次。顶升刚架完成后,为确保刚架底板均匀受力,开通线路时,除支撑墙处支撑刚架外,其余按间距3m布置横向通长枕木临时支垫。

④浆砌片石及压浆　当刚架整体被顶起至设计标高,全面支垫好后,撤去千斤顶各顶设备,在刚架底回砌浆片,并预埋压浆孔道。完成回砌浆片后采用低压注浆塞满刚架底空隙部分,以确保底板下均匀密实。

⑤观测　在施顶时,要求专业人员操作控制。顶起刚架过程中,每顶起一镐,注意观测施工中各种情况,并测量控制好水平标高,做好技术记录和施工协调指挥,保证两侧不因倾斜而使底板受力不均。每次施顶时,为确保刚架不开裂,在刚架底板处设置10个标高观测点,随时检测上顶过程对相邻点标高的变化。变化量控制值,要求小于$3L/2\,000$(L为两观测点间的距离)。根据设计计算,理论上分别确定2个液压泵站的油压压力为18MPa、22MPa。现场实测,刚架同步顶起过程2个液压泵站的油压压力分别为19MPa、21MPa。

(4)施工主要机具设备及材料　液压千斤顶200t 40台;高压油泵4台;压浆机1台。

2.12.3.3　垫梁配筋设计及检算

钢筋采用20MnSi,其$[\sigma_s] = 180$MPa;混凝土等级为C40,其$[\sigma_b] = 14$MPa,$[\tau_c] = 1.34$MPa。

(1)中支垫垫梁配筋设计及检算　中支垫垫梁施工中最不利于受力状态是油顶顶升框架时。取1m板宽进行计算,则沿板的跨度方向的均布荷载$q = 200$kN/m(按地基基本承载力取值),受力简图如图2.12.3所示。

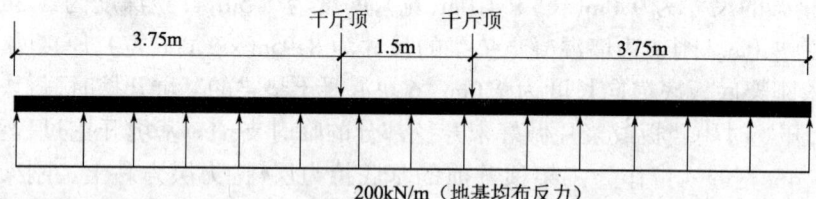

图2.12.3　中支垫垫梁最不利受力状态计算简图

支点处最大弯矩$M = (1/2)qL = (1/2) \times 200 \times 3.75 = 1\,406$kN/m,支点处垫梁板厚1.5m,钢筋的净保护层取40mm,采用$\phi 20$mm钢筋,a按$40 + 10 = 50$mm计算,则$h_0 = h - a = 1\,500 - 50 = 1\,450$mm;假定内力臂$Z = 0.88h_0 = 0.88 \times 1\,450 = 1\,276$mm,钢筋$A_s = M/([\sigma_s]Z) = 1\,406 \times 10/(180 \times 1\,276) = 6\,121.6$mm²,施工选用2Φ20钢筋组成一束,每束间距100mm,则每米宽度内钢筋面积$A_s = 6\,282$mm²。根据实际的配筋验算材料应力,均满足要求。

(2)边支垫垫梁配筋设计及检算　边支垫垫梁施工中最不利受力状态是油顶顶升框架时。取1m板宽进行计算,则沿板的跨度方向的均布荷载$q = 200$kN/m(按地基基本承载力取值),受力简图如图 2.12.4 所示。

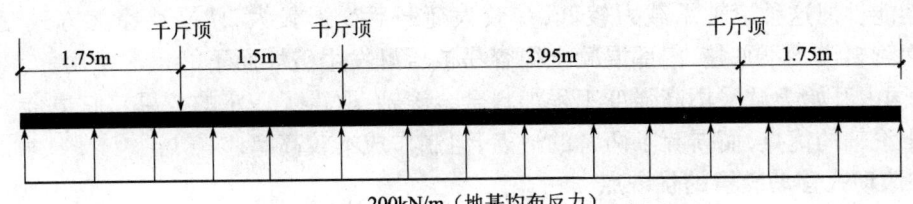

图 2.12.4 边支垫垫梁最不利受力状态计算简图

支点处最大弯矩 $M=(1/2)qL^2=306.3\mathrm{kN/m}$，支点处垫梁厚 1.0m，钢筋的净保护层取 40mm，采用单根 $\phi18\mathrm{mm}$ 钢筋，a 按 $40+18/2=49$ 计算，则 $h_0=h-a=1\,000-49=951\mathrm{mm}$；假定内力臂 $Z=0.88h_0=0.88\times951=836.9\mathrm{mm}$，钢筋 $A_s=M/([\sigma_s]Z)=306.3\times10^6/(180\times836.9)=2\,033.3\mathrm{mm}^2$，施工选用单根 $\phi18\mathrm{mm}$ 钢筋组成一束，每束间距 90mm，则每米宽度内钢筋面积 $A_s=2\,828\mathrm{mm}^2$。根据实际的配筋验算材料应力，均满足要求。

2.12.3.4 刚架桥顶升受力点检算

刚架桥顶升受力点检算采用刚架桥应力计算软件进行，经检算符合设计要求。

2.12.4 结 语

通过南宁市江滨路延长线下穿湘桂铁路地道工程主框架整体下沉及扎头的处理，证明了采用本施工技术不仅施工简单、速度快、效果好，而且可确保行车安全及桥涵就位后的施工质量。本方法为处理类似工程质量问题，提供了可借鉴的经验，具有广阔的应用前景。

兰永宁

（中铁 25 局集团柳州铁路工程有限公司）

2.13 浅议建筑物整体移位移动装置

近年来，建筑物整体移位技术得到迅速发展。根据建筑物周围条件与规划要求，在一定范围内实施整体移位，使其得以保留，社会效益和经济效益十分明显。其基本原理是对现有结构采用托换技术，从基础的适当位置使移位部分与原结构部分脱离开，分成原有基础部分与平移部分，使平移部分形成独立的可移动单元体，然后安装移动装置，施加动力后达到水平移位的目的。

下面仅对平移中的移动装置作简单阐述。移动装置指的是移动的过程中上下轨道体系之间的相互接触部分，也可以简单看作上下轨道体系间移动中的连接方式。大体上可分为滚动式和滑动式两种。

2.13.1 滚动式移动装置

2.13.1.1 滚动式移动装置的主要形式

指上下轨道体系间采用滚动摩擦，有滚轴和滚轮两种形式。滚轮的制作成本及技术要求均较高，且应用中可控性较差，所以实际工程很少应用，而多采用滚轴的方式。

滚轴可分为实心钢质滚轴和钢管混凝土滚轴两种，两者各有优缺点。实心钢滚轴强度较高，摩擦系数小，不容易破坏，回收利用率高。但由于实心钢滚轴的变形系数小，不易对平移过程中的上、下滑梁的间隙变化做出及时适应性调整，移位过程中产生的竖向震动较大。

钢管混凝土受力后有一定的压缩变形,能够及时对上下滑梁的间隙做出适应性调整,具有一定的隔震性能。但这种滚轴承载力较低,受较大荷载后变形较大,使平移摩擦方式变得更为复杂。一旦遇到轨道梁不平整,内部混凝土很容易被压酥发生破坏而不能正常使用。

近年,国内开始尝试采用高强度工程塑料合金滚轴,取得了一定的效果。它集合了钢滚轴和钢管混凝土滚轴的优点,而摒弃了两者的缺点,但制作成本较高。

2.13.1.2 滚动式移动装置的优缺点

滚动式移动相对于其他移动方式的优点为:摩擦系数小(实际工程中测定的对钢板的摩擦系数为0.05~0.1),所需的动力也就较小;对动力系统要求低,比较经济。而且滚轴间的间距往往较小,当个别滚轴由于各种因素发生破坏后,内力可以在其他滚轴重新分布,不会对上部结构造成大的影响。

主要缺点是一旦滚轴摆放方向不精确就很容易造成偏位,且难以调整;在有转向要求的平移工程中更加困难,一般只有用捶击法来转向,对上部结构稳定安全有不利影响。

2.13.2 滑动式移动支座

与滚动式相对的,指上下轨道体系间采用滑动摩擦。这种移动方式的优点在于在平移过程中相对平稳,发生偏移的情况可以采用限位装置或侧推纠正,安全性高。滑动式移动支座按滑动形式可分为整块式滑动和滑脚式滑动两种。整块式滑动方式是一种较早的应用形式。它使整条上下轨道直接相互接触,所以在墙下施工时必须分段进行,对墙、柱的切除也造成了很多的阻碍,增加了施工的难度,摩擦系数较高。滑脚式滑动装置是根据经验的积累对整块式滑动装置逐步改进的一种形式,根据滑梁受力状况的要求在上滑梁节点位置设置滑动支座,即将全接触滑动改为间断式接触滑动,减少了接触面积,并留出了切柱所需要的施工空间。它的缺点是一旦部分滑脚发生破坏就造成托换梁跨度的突然增大,无法如滚动式一样进行内力的自动调整,而使上部结构发生局部变形,甚至出现严重的开裂。

滑动式移动支座按接触介质可分为钢-混凝土、钢-钢、四氟板-不锈钢板等形式。通过接触介质的不断改善,并通过在接触面间涂抹润滑油的方式,使滑动摩擦的摩擦系数逐渐降低。其中的四氟板-不锈钢板的摩擦系数为0.02~0.04,基本接近滚动摩擦的摩擦系数。

2.13.3 内力可控式滑动支座

是滑动式移动装置的一种新形式(如图2.13.1所示)。所谓内力可控是基于以下理念进行设计的:在平移施工过程中,尽管已经采取了加固地基、提高建筑物刚度等措施避免建筑物发生不均匀沉降,但由于建筑物在平移过程中的种种不确定因素,仍然会产生一定程度的不均匀沉降,从而导致结构内力的重分布,并可能引起支撑体系、上部结构的变形开裂。另外由于下滑梁平整度施工精度的误差以及上下轨道

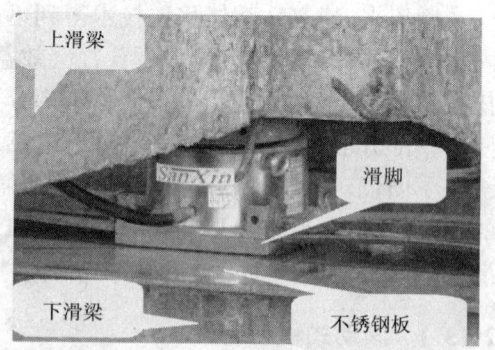

图2.13.1 内力可控式滑脚

梁的变形等因素,都可能引起某个支点处的上下轨道梁的距离产生变化,如此时滑脚不能进行适应的调整,必然会使个别滑脚发生悬空现象,从而使上下轨道梁及相邻支点处的内力急剧增加,导致轨道梁开裂及支点发生破坏等严重结果,危及上部结构安全。为避免以上情况的发生,考虑在支座位置安装由PLC同步系统控制的液压油缸,油缸底部安装滑块,平移前通过称重的方法设置各油缸压力值,使之与上部荷载相适应并使油缸预伸出一定位移,使整个房屋处于悬浮状

态,避免房屋出现附加应力,此称为悬浮式滑动支座。通过设在每一支座处的压力传感器可以实时反映基础的不均匀沉降程度和支点受力变化幅度,当不均匀沉降和力变化幅度超过预定值时,可以通过计算机系统随时进行调控,避免不利因素继续扩大。

千斤顶上部固定在上托梁上,下部支于滑块上,滑块为镶有聚四氟乙烯板的精加工构件。

悬浮式滑动支座揉合了传统的滚动滑移和滑动平移两种方法的优点并且增加了内力的可控性:

(1)既具有滑动摩擦移位时的平稳,又具有滚动摩擦时摩擦系数小的优点。根据以往工程经验,采用这种摩擦面的静摩擦系数约为0.05,动摩擦约为0.02。

(2)上下滑梁之间的空隙可使滑动面工作状况一目了然,遇到问题便于及时处理。

(3)由于上下滑梁之间具备墙、柱切割空间,一条滑道梁可一次性施工完毕,缩短了施工周期,也避免了一条滑道梁分成若干段而引起的施工误差。

(4)可以实现房屋平移过程中的三维控制。水平双向的移位通过计算机控制的同步牵引系统监控,竖向移位及内力变化通过置于滑块上的计算机控制的液压系统监控。

建筑物整体移位是风险性较大的工程技术,必须认真对待工程的每个环节,保证移位结构的绝对安全。移位工程的方案多种多样,在选取时应当综合考虑移位结构的特点、场地条件和具体工程要求,以提高工程的安全性、经济性和工作效率。随着施工技术的不断成熟、滑移装置的不断改进,势必使结构平移技术的安全性得到更高的保证。

蒋岩峰　林其荃

(上海天演建筑物移位工程有限公司)

2.14 桥梁顶升技术在高速公路改造中的应用

2.14.1 概　述

随着公路运输的高速发展,原来建设的高速公路由于一些原因,已不能满足现在的行车要求,这样就需要对一些高速公路进行改造。其中跨越高速公路的桥梁改造无疑是改造中最大的难点,由于净空不足,许多桥梁都有被超高车辆刮擦的现象,危及了桥梁的安全,采用桥梁整体顶升技术则是解决公路净空不足的理想方法之一。安徽省某高速公路上的三座桥梁的整体顶升就充分说明了这一点。

2.14.2 工程实例

2.14.2.1 桥梁顶升背景

三座桥都处于高速公路曲线段。根据测量结果,其超高侧净空约为4.5m均未达到要求的5.0m。由于净空不足,已发生多起交通事故,且对桥体有所损伤。K23+690人行跨线桥尤为严重(板梁位置也向行车方向移动了约1cm),如图2.14.1所示,严重影响了行车安全。为避免此类事故再次发生,对桥梁再次造成损伤,故采用整体顶升技术将桥梁整体抬升到设计要求高度。

图2.14.1　K23+690桥损伤

2.14.2.2 K23+501.5行车跨线桥

该桥建于2002年9月,为四级路上跨桥。主桥共分四跨,跨径12m+17m×2+12m,梁高90cm,桥宽7m,其中车道为6m,护栏每边0.5m。原桥设计荷载为汽车-10级,验算荷载为履带-50,原通行高度4.5m。上部结构为钢筋混凝土连续刚构,主梁为现浇式混凝土梁;下部结构为薄壁墩、U型桥台、扩大基础,桥墩与梁现浇一体。根据测量结果,现在超高侧的净高为4.7m,故需将该桥顶升0.4m。

总体施工方案:

①老桥基础为扩大基础,基础顶面尺寸为4.75m×2m,具备千斤顶布置的条件,决定利用老基础为顶升时的基础。千斤顶采用"2+4+4+4+2"的方式布置。

②抱柱围梁的施工:对原柱离基础顶0.6m处进行抱柱围梁施工,作为桥墩顶升施力作用点。

③顶升体系安装:在桥墩两侧抱柱围梁下及桥台内侧底设顶升千斤顶及支撑系统,并在桥墩两侧抱柱围梁下及桥台顶设临时支撑,作为千斤顶收顶时的支撑点。

④顶升控制系统:采用PLC液压同步顶升控制系统,采用200t千斤顶,顶身长度395mm,底座直径375mm,顶帽258mm。千斤顶均配有液压锁,可防止任何形式的系统及管路失压问题,从而保证负载有效支撑。

⑤墩柱切割:由于该桥为连续刚构,梁与墩现浇一体,顶升前必须将桥墩进行切割。待抱柱围梁下的千斤顶安装并施力后,采用新型无振动直线切割设备进行切割。切割位置在基础以上0.3m处。

⑥整体顶升:待所有准备工作做好后首先进行试顶升,若无问题,便进行正式顶升。千斤顶最大行程为140mm,每一顶升标准行程为100mm。最大顶升速度10mm/min。该桥需要顶升五顶。

⑦桥墩桥台接高:顶升施工完成后即可进行立柱加固。为了使立柱在连接后有更好的受力状态,除对原立柱钢筋采用套筒连接外,还将原有立柱每侧加宽120mm,在原立柱四周植$\phi 25$mm钢筋,并浇筑比原桥墩高一强度等级的混凝土,混凝土浇筑到抱柱箍底面。桥台加高则是将原桥台凿毛并剔出外侧钢筋后,内侧打好膨胀螺栓,将预先预制好的钢筋混凝土钢筋网垫块放入,将钢筋网垫块的外伸钢筋与原桥台所剔出钢筋及膨胀螺栓焊接。然后灌注比原桥台混凝土高一强度等级的混凝土。其施工全部过程如图2.14.2所示。

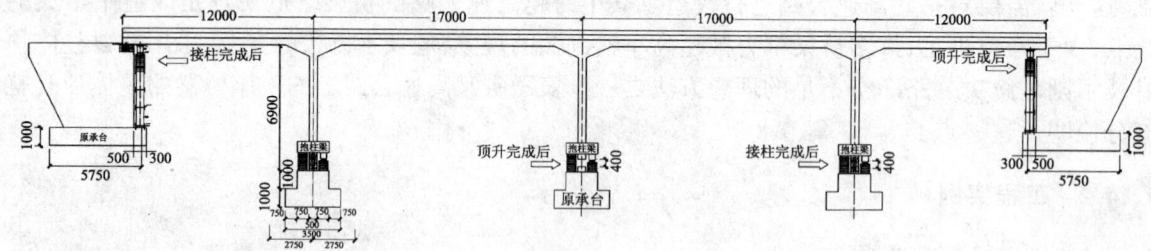

图2.14.2 行车跨线桥墩台接高示意图

2.14.2.3 K23+690人行跨线桥

该桥建于2002年9月,用于沟通被合安高速路所隔断的乡村人行道。共四跨,跨径11m+16m×2+11m,梁高75cm,桥宽4.5m,其中人行道为4m,护栏每边0.25m。原桥设计人群荷载为3.5kN/m²,原通行高度4.5m。上部结构为钢筋混凝土连续梁;下部结构为矩形实体墩、U型桥台、扩大基础。根据测量结果,现在超高侧的净空为4.6m,故需顶升0.5m。

总体施工方案:

(1)老桥基础为扩大基础,上部承台尺寸为2m×3m,决定利用老基础作为顶升时的基础。

(2) 在桥墩两侧和桥台内侧搭设顶升支架，利用原桥墩作为临时支撑。

(3) 顶升控制系统采用PLC液压同步顶升控制系统，千斤顶采用200t千斤顶，布置方式采用"2+2+2+2+2"布置。

(4) 待所有准备工作做好后首先进行试顶升，若无问题，便进行正式顶升。

(5) 就位后，再顶升0.2m。对立柱顶部的四周凿出10cm左右的混凝土，并将立柱新老混凝土结合部分进行表面凿毛处理。根据设计图纸，放入钢纤维混凝土预制块，四周加高部分采用与原立柱同规格等数量的竖向主筋和箍筋，加高立柱混凝土采用相对原立柱混凝土强度高一等级混凝土进行浇筑，浇注达到第一次所顶升高度即可。混凝土强度达到要求后，将梁落到原顶升高度位置。顶升过程及桥墩接高如图2.14.3所示。

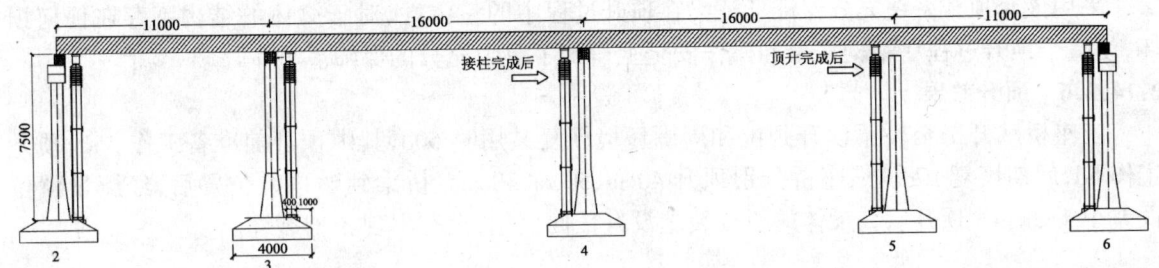

图2.14.3 人行跨线桥顶升及桥墩接高示意图

2.14.2.4 LJK31+088支线上跨桥

该桥为机耕路路上跨桥，主桥共分两跨，跨径为25m+25m，梁高1.3m，路面宽4.5m，土路肩宽0.5m；原桥设计荷载：汽车-10级；验算荷载：履带-50；原通行高度4.5m。上部结构为钢筋混凝土连续箱梁，下部结构为柱式墩，U型桥台，扩大基础。根据测量结果，现在超高侧的净空为4.8m，故需顶升0.3m。

总体施工方案：

因老桥为扩大基础，上部承台尺寸为2.9m×2.9m，所以利用老基础作为顶升时的基础；利用原桥墩桥台作为临时支撑；千斤顶布置方式采用"2+2+2"布置；顶升共分为四次完成。在桥墩接高上采用同K23+690人行跨线桥桥墩的接高方式；在桥台接高上则采用同K23+501.5行车跨线桥桥台的接高方式进行。其顶升过程和加高过程如图2.14.4所示。

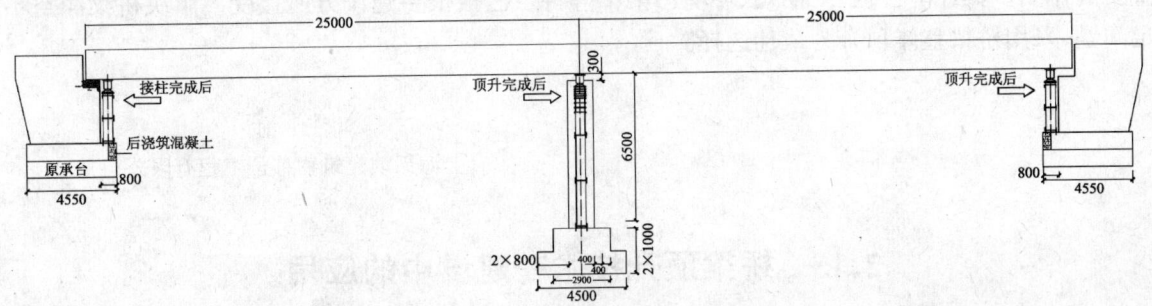

图2.14.4 支线上跨桥顶升及桥墩接高示意图

2.14.2.5 PLC液压同步顶升控制系统

三座桥梁都采用PLC液压同步顶升控制系统作为顶升工具。由于三座桥梁都为连续梁，并且K23+501.5行车跨线桥还为连续刚构，在顶升过程中某个点顶升不同步都会对梁体结构产生重要的影响，导致裂缝的出现，甚至破坏梁体结构。所以在顶升过程中要求对梁顶升时的整体性提出了更高的要求。为此采用目前全国最为先进的 PLC 液压同步顶升输入控制系统作为整体顶升的机械工具满足了要求。该系统具有以下优点：

(1) 具有良好 Windows 用户界面的计算机控制系统。

(2) 整体安全可靠，功能齐全。软件功能：位移误差的控制，行程控制，负载压力控制，紧急停止功能，误操作自动保护等；硬件功能：油缸液控单向阀可防止任何形式的系统及管路失压，从而保证负载有效支撑。

(3) 所有油缸既可同时操作，也可单独操作。

(4) 同步控制点数量可根据需要设置，适用于大体积建筑物或构件的同步位移。

(5) 顶升过程同步性很好。

采用该套顶升系统充分保证了桥梁在顶升过程中的整体性，对于梁体的结构不存在任何损坏，使整个顶升过程在结构安全和操作安全上得到了更为充分的保障。

2.14.2.6 顶升效果

三座桥从开工至桥梁顶升到位和周围环境恢复共用时 50d，其中顶升前准备工作 35d，顶升工作 5d，后期恢复 10d。三座桥分别顶升 40cm、50cm、30cm。桥梁到达顶升位置后，经测量就位误差小于 3mm。顶升后其梁体的原有裂缝没有任何变化，没有出现新增裂缝。

2.14.3 结束语

以上详细介绍了顶升的全部过程，那么采用整体顶升的经济效益如何呢？是拆除重建经济，还是整体顶升划算呢？

拆除重建：该三座桥梁现值为 170 万元，拆除费为 10 万元，重建同等桥梁的费用为 190 万元，合计费用 370 万元。

顶升所发生的费用：90 万元。

从以上数据可以看出，整体顶升所产生的费用只占拆除重建的四分之一。由此可见，如果条件允许，通过整体顶升比拆除重建能够节约大量资金。同时采用顶升的方法对环境的污染也是最小的，无论是从建筑垃圾、噪声、扬尘，还是水电的消耗都远远低于重建所造成的污染和破坏。

综合以上比较可见，在现代高速公路改造中，对待桥梁净空不足问题，桥梁整体顶升起到了重要的作用。其经济合理、工期短、环境污染小等特点已被很多建设方所接受。解决桥梁净空不足问题，采用桥梁整体顶升为最佳选择。

王 海
(上海天演建筑物移位工程有限公司)

2.15 桥梁顶升技术在建设中的应用

2.15.1 桥梁顶升

2.15.1.1 河道改造中的桥梁顶升

(1) 顶升背景

随着海河两岸改造工程的启动，天津市内跨海河桥梁的改造开始提上议事日程。这些桥梁具有结构完整、功能完好等特点，但是这些桥梁由于建造时间较长，已经不能满足城市发展的需要,特别是通航高度的不足。而采用同步顶升桥梁上部结构是解决通航净空不足的好方法。根据规划要求,海河的通航为Ⅵ级航道,通航净高为4.5m,按此要求狮子林桥需顶升1.271m,北安桥需顶升1.122m。两座桥均采用抬高后,桥墩、台不加高,而将原支座拆除,并在原位施工钢管混凝土支座垫石的方法。

(2)狮子林桥梁顶升

狮子林桥主桥共分三跨,建于1974年,桥宽24.6m,其中机动车道18m,人行道每侧3m。上部结构为挂孔悬臂结构,跨径24m+45m+24m,挂孔为8m。1994年在老桥上、下游每侧各修建一座新桥,新桥桥宽为9.3m,桥梁上部结构外形同老桥外形,结构截面为三跨变截面预应力混凝土箱形连续梁,跨径为25.2m+45m+25.2m。新桥修建时将老桥的人行道拆除,改为中央分隔带,而新桥为非机动车和人行桥。设计荷载为汽-20,挂-100。以下方案说明主要针对老桥,因为新桥的结构和老桥基本相同,只是横向尺寸不同,因而新桥相对于老桥只是横向分布的顶升油缸数量相应减少。全桥总体布置图如图2.15.1所示。

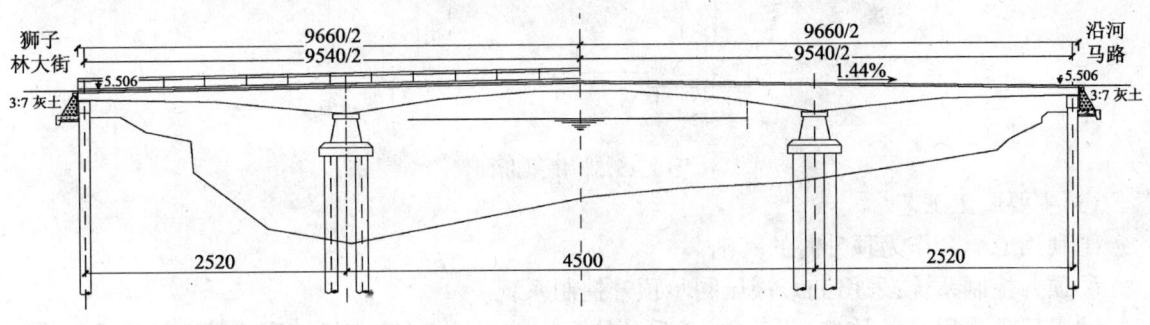

图2.15.1 全桥总体布置图

狮子林桥老桥顶升工程。施工中采用"6+12+12+6"的200t千斤顶布置方式,36台千斤顶分成8组控制,同时抬升老桥。如图2.15.2所示。

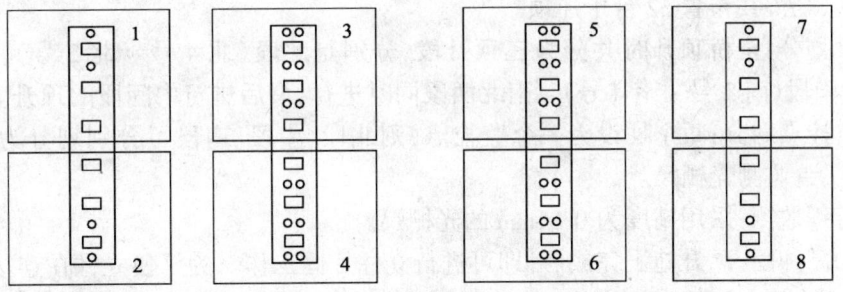

图2.15.2 200t千斤顶布置及分组控制图

(3)主要施工顺序

施工准备→搭建施工平台→中墩顶点位置混凝土凿除→顶升设备安装→封锁交通→切断桥面连接,松开固定支座锚固连接螺栓,管线切改→进行桥体称重,确认各顶升点反力→试顶升2cm后分级顶升至施工所需高度→安装墩、台顶钢支撑→施工钢管混凝土支座垫石,安装支座→落梁就位、固定支座→设备拆除,场地、管线恢复→桥头处理→恢复交通。

2.15.1.2 跨越铁路桥梁顶升

(1)顶升背景

由于沪杭铁路线电气化改造，东湖立交桥的主跨净空不能满足改造后的要求，必须增加净空高度。为了满足铁路净空和调坡的要求，顶升范围为北侧4号墩～南4号墩共计8跨，总长145m。

(2)桥梁整体顶升

杭州市余杭区东湖路立交桥上跨沪杭铁路线。北起上塘河，南至卫星河，全长431.4m，双向4车道。桥宽16m，桥面净宽15.4m，跨铁路线跨度30m，其余各跨均为20m。板梁采用后张法预制板梁，每跨布置16片，梁高100mm。其桥梁断面如图2.15.3所示。

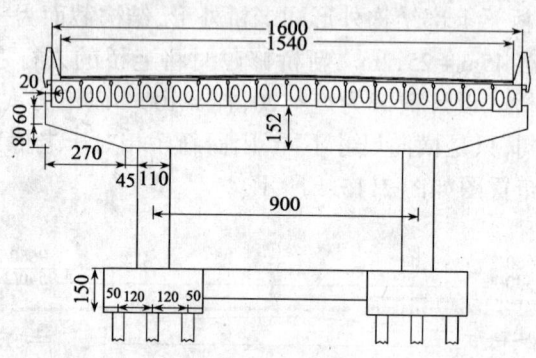

图2.15.3 桥梁断面

(3)主要施工工艺

①利用原承台作为顶升时的基础。

②顶升控制系统：采用PLC液压同步顶升控制系统。

③千斤顶选用：采用200t千斤顶，千斤顶均配有液压锁，可防止任何形式的系统及管路失压问题，从而保证负载有效支撑。

④千斤顶布置：根据顶升质量顶升的稳定性要求，南1号北1号墩每个柱周围布置4台千斤顶，即每个盖梁下布置8台顶升千斤顶，其余各墩每个柱周围布置3台千斤顶，即每个盖梁下布置6台千斤顶，全桥共布置52台千斤顶。

⑤顶升段划分：全桥顶升时共分为三顶升段，分别是北段（北4号～北2号）、中间段（北1号～南1号）、南段（南2号～南4号）。南北两段同时进行，最后进行中间段的顶升。

⑥顶升监控点划分：每个柱设为一个监控点，则北段、中段、南段可分别划分为6点、4点、6点，每个点设1台监测光栅尺。

⑦顶升行程监测：采用精度为0.01mm的光栅尺。

⑧立柱加高加固：顶升施工完成后，即可进行立柱加固工作。为了使立柱在连接后有更好的受力状态，采取在原立柱四周外侧种植竖向钢筋。加高立柱混凝土采用膨胀混凝土。

2.15.1.3 跨越高速公路桥梁顶升

(1)顶升背景

由于高速公路曲线段超高引起净空不足，已发生多起交通事故，且对桥体有所损伤。采用整体顶升技术将桥梁整体抬升到设计要求高度。

(2)桥梁整体顶升

该桥建于2002年9月，为四级路上跨桥，主桥共分四跨，跨径12m+17m×2+12m，梁高90cm，桥宽7m。设计荷载：汽车-10级；验算荷载：履带-50。上部结构为钢筋混凝土连续刚构，根据测量结果，现超高侧净高为4.7m，故需将该桥顶升0.4m。

(3)总体施工方案

①采用200t千斤顶"2+4+4+4+2"方式布置。

②抱柱围梁施工：依照图纸对原柱离基础顶0.6m处进行抱柱围梁施工，作为桥墩顶升施力作用点。

③墩柱切割：由于该桥为连续刚构，梁与墩现浇一体，顶升前必须将桥墩进行切割。待抱柱围梁下的千斤顶安装并施力后，采用新型无振动直线切割设备进行切割。切割位置在基础以上0.3m处。

④桥墩桥台接高：为了使立柱在连接后有更好的受力状态除对原立柱钢筋采用套筒连接外，还将原有立柱每侧加宽120mm，在原立柱四周种植φ25mm钢筋，并浇筑比原桥墩高一强度等级的混凝土，混凝土浇筑到抱柱箍底面。桥台加高则是将原桥台凿毛并剔出外侧的钢筋后，内侧打好膨胀螺栓，将预先预制好的钢筋混凝土钢筋网垫块放入，将钢筋网垫块的外伸钢筋与原桥台所剔出钢筋及膨胀螺栓焊接。然后灌注比原桥台混凝土高一强度等级的混凝土。

2.15.1.4 城市建设改造中的桥梁顶升

(1)总体概况

因上海中环线施工需要对原吴淞江大桥北引桥进行整体抬升改造。本次顶升工程的范围为原吴淞江大桥41~46号6个桥墩，上下行各为19m宽的两座桥，共计24根立柱，每跨采用18片预应力混凝土空心板梁，桥墩立柱采用双柱式钢筋混凝土，盖梁为预应力钢筋混凝土。单侧桥墩处的顶升总重为760t。其中41号墩顶升279mm，46号墩顶升2 467mm。如图2.15.4所示。

图 2.15.4

(2)总体施工方案

①顶升控制系统：采用PLC液压同步顶升控制系统；千斤顶选用200t千斤顶，每个柱周围布置3台千斤顶，即每只桥墩设置6台顶升千斤顶，一侧共用36台千斤顶；分成12组光栅尺控制，根据顶升高度41号至46号逐步到位。

②顶升托架体系：顶升托架采用8根φ580mm带法兰钢管作为支撑，上部与盖梁底的钢垫板通过法兰相连，下部设钢抱柱梁，钢抱柱梁下安装千斤顶。整个支撑体系通过圆钢管连系杆及剪刀撑连成一体。

③牵拉限位系统：板梁段头的铺装层钢筋凿出与纵向限位焊接，避免盖梁顶升时板梁纵坡减小，水平投影增长，而引起的盖梁纵向位移。

④立柱接高：顶升施工完成后，即可进行立柱加固工作，为了使立柱在连接后有更好的受力状态，采取在原立柱四周外侧种植竖向钢筋。

2.15.2 顶升展望

桥梁整体技术在各种道路改造及城市建设改造中逐渐起到了举足轻重的作用,并且为改造工程节约了大量的资金,大大缩短了工程工期,降低了环境污染。我国现在正处于高速发展中,铁路、道路、航道、城市建设正处于高峰时期。过去修建的桥梁很多已经不能满足现在的建设改造要求。大量拆除重建,给国家造成经济损失,资金流失、环境污染等。就目前的顶升技术而言,对我国现有桥梁都可进行顶升,无论桥梁的大小,结构的复杂程度如何。顶升这一高新技术将会得到更充足的发挥空间,为国家带来更多的社会效益和经济效益。

赵殿峰
(上海天演建筑物移位工程有限公司)

2.16 纵墙承重砖混结构的整体平移

2.16.1 建筑物整体平移特点及适用范围

近年来,建筑物整体平移技术得到迅速发展,根据建筑物周围条件与规划要求,在一定范围内实施整体平移,使其得以保留,取得理想效果,其社会效益、经济效益十分显著。建筑物整体平移涉及地基基础、钢结构、混凝土结构、砖木结构等领域,它采用托换技术,将上部结构与基础分离,安装行走机构,施加动力后达到水平移位。利用液压推进系统,可提高平移速度,提高工效,为建筑物整体平移技术的推广应用创造了良好的前景。

2.16.1.1 建筑物整体平移特点

(1)建筑物不需拆除,保持其上部结构原状,保留或恢复其使用功能。
(2)在整体平移过程应用组合式下轨道板及活动反力支座,能灵活拆装,重复利用,在需转向移位时,可进行局部换向操作,做到安全可靠、方便换向。
(3)采用液压推进系统及组合式下轨道板,可有效提高工效,缩短工期,降低工程造价。

2.16.1.2 建筑物整体平移适用范围

适用于具有使用价值、保留价值,但因各种原因需全部或局部拆除,或因总体规划需要调整位置的建筑物。

(1)一般工业与民用建筑,其层数为多层。结构形式包括钢结构、钢筋混凝土结构、砌体结构、木结构、石结构等。
(2)其他构筑物。
(3)古建筑和特殊建筑。

2.16.2 工程概况

某大厦位于河北 308 国道石家庄段,平面呈八字形,建筑面积 3 650m²,4 层砖混结构,基础为砖放脚条基。1~4 层多为大开间商店,外纵墙承重。大厦于 1995 年建成并投入使用。按城区总体规划,需向南整体平移近 70m(图 2.16.1)。

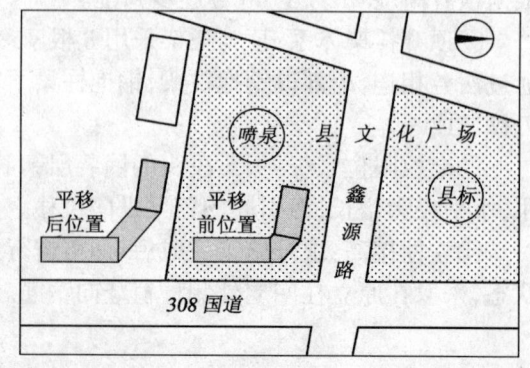

图 2.16.1 平移工程平面示意图

2.16.3 整体平移技术实施

平移工程实施中,首先对大厦的工程质量进行了全面的检测。在对平移场地做了详细的工程地质勘察的基础上,通过对大厦原始设计认真分析,反复论证,制定了单轨道优化受力的平移方案(图2.16.2);先后将该大厦原有砖基础托换成由混凝土条形基础、上轨道梁、下轨道梁、钢板滚轴四部分组成的可移动机构,并处理了旧河道软弱地基,新建了平移轨道梁和该大厦新位置的混凝土条形基础。

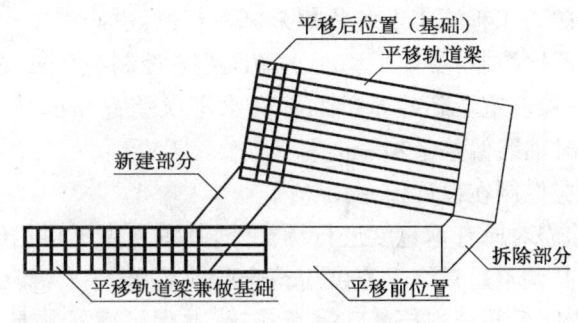

图2.16.2 大厦平移方案

(1)采用单轨道优化受力的平移方案,安全可靠,并可降低工程造价。
(2)通过调整轨道梁基础宽度,克服移楼过程中可能出现的地基不均匀沉降。
(3)在推移千斤顶作用的第一开间,对其上轨道梁采取加强措施,以克服推移可能出现的不同步问题。
(4)在1~4层大房间安装了X形型钢支撑,增强建筑物的整体性和平移的稳定性。
(5)对平移轨道梁下的旧河道地基,采用置换法进行加固处理,防止地基不均匀沉降。
(6)在平移过程中,及时采集各项技术数据,强化监控措施,保证安全平移。

2.16.4 整体平移工艺原理

(1)利用先施工的托换梁作为托架,利用在托架与基础或平移轨道之间安置的行走机构,在外加动力推动下进行水平向移位。
(2)托换架将建筑物沿某一水平面切断,形成平面托架,将上部结构荷重转移至托架上,使上部结构与基础分离,成为可移位的整体。托换梁为钢筋混凝土结构,分段施工。
(3)在托换梁与基础或平移轨道之间安置滚轴,当施加的外加动力克服阻力后,即可实施水平向移位。在建筑物与就位处之间设置临时平移轨道,在就位处建造永久性基础。
(4)建筑物就位后进行可靠的连接处理。

2.16.5 整体平移施工流程

2.16.5.1 整体移位总体工艺程序

收集有关工程资料→整体平移可行性分析评估→整体平移方案设计→施工前期准备→平移轨道、基础托换、新建基础→整体平移→建筑物就位连接→建筑物修复验收。

2.16.5.2 钢筋混凝土托换梁施工工艺程序

水准测量→室内外土方开挖→施工放样控制标高→施工段划分→墙体开凿→基础梁找平、修补→铺设下轨道板→置入滚轴→铺设上轨道板→绑扎、焊接钢筋→支模、浇捣混凝土——→养护、拆模。

2.16.5.3 建筑物整体平移施工工艺程序

准备——→置入行走机构——→设置反力支座——→安装油压千斤顶——→确定顶推力参数——→平移推进(千斤顶推进、千斤顶回程、置入垫块、安装反力座)——→偏位监测——→偏位调整——→就位。

2.16.6 整体平移质量控制标准

(1)严格按《地基与基础工程施工及验收规范》、《混凝土结构工程施工及验收规范》、《钢结构工程施工及验收规范》、《砖石工程施工及验收规范》等有关标准施工。

(2)托换梁底标高应严格控制,整体平移时水平误差应控制在3mm之内。

(3)水平移位时,其平移轨道及新建基础面标高水平误差≤3mm;平移过程中轴线偏差应控制在1/2托换梁宽,就位时轴线偏差≤20mm。

(4)外加动力施加值应控制在设计值±10%内。

(5)建筑物就位后,除需对原有垂直度进行调整外,其垂直度不得超出原有垂直度±1‰。如需对原垂直度进行调整,其调整后最终垂直度应符合验收要求。

(6)建筑物就位后,应使上部结构与基础重新连接,并保证建筑物具有良好的整体性和抗震性。连接构造传力路线明确,构造简单,其承载力不低于原有结构。

(7)建筑物整体平移应保证主要受力构件不出现裂损,次要构件不破坏,附属构件可修复。

2.16.7 结　论

(1)建筑物整体平移约占拆除重建费用的50%~60%,节省建筑材料,减少因拆除而引起的环境污染。整体移位所需工期一般为90~105d,在条件允许情况下,还可以缩短工期。

(2)建筑物整体平移时对建筑物本身结构影响较小,对邻近建筑物及周围环境无影响。

(3)整体平移除对一层生活或办公有影响外,其他楼层可以照常使用。

(4)采用液压推进系统,平移速度大大加快,可提高工效。该楼房平移时最高速度为3m/h。

总之,建筑物整体平移技术在我国旧城改造、道路拓宽以及减少建筑垃圾、保护环境等方面都具有十分重要的现实意义,其社会效益和经济效益十分显著。

李其廉

(河北科技大学建工学院)

2.17 库尔勒市某综合服务楼平移工程实例

2.17.1 工程概况

新疆库尔勒市巴州科委科技综合服务楼位于库尔勒市孔雀河北侧,建于1993年,为地上6层、地下1层,框架结构,独立基础。地下室四周设有重力式挡土墙。建筑物长27.0m,宽16.8m,高25.4m,总建筑面积2 527m²。因孔雀河风景旅游带的建成使得这一带的车流量和人流量骤然增加,造成交通格外拥挤。为解决这一问题,巴州建设局决定拓宽孔雀河北侧的道路,将巴州科委科技综合服务楼向北整体平移16.8m。该平移工程的设计及施工由大连久鼎特种建筑工程有限公司完成。

2.17.2 地质条件

根据业主提供的地勘报告,场地宏观地貌为孔雀河冲积三角洲,微观地貌为河漫滩,场地地形基本平坦,地层结构如下:

①表层土:由素填土和杂填土组成,上部为杂填土,富含生活和建筑垃圾;下部为素填土,成分以粉土为主,富含植物根,含有小砾石,结构性差。厚度 0.6~2.3m。

②卵石:骨架颗粒排列基本连续,具中等程度风化,磨圆度不良,井壁基本直立,有掉块现象,易挖掘,密实度为稍密。该层中局部夹有粉砂和砾砂薄层或透镜体。厚度 0.7~2.0m,f_{ak} = 300kPa。

③卵石混漂石:井壁直立,骨架颗粒磨圆度好,具微风化,密实度为稍密~中密,局部夹有砾砂层。钻孔揭露厚度 2.0~4.6m,f_{ak} = 500kPa。

勘察深度范围内未见地下水,据了解地下水水位在 10m 以下。

2.17.3 平移设计

根据建筑物结构类型和基础形式,该平移工程轨道梁采用滑点式双梁结构;动力系统采用千斤顶进行顶推;移动方式采用滚轴进行滚动平移;托换结构采用化学植筋进行框架柱托换;柱子连接采用混凝土捻浆方法进行连接。

2.17.3.1 永久基础

永久基础即建筑物平移到达设计位置处长期承担建筑荷载的基础。由于建筑物平移就位后其上增加两层,且平移后建筑物一部分坐落在新基础上,另一部分坐落在原基础上,故重新设计的永久基础既要满足建筑物增层的要求,又要解决建筑物不均匀沉降问题。其形式采用独立基础。

2.17.3.2 临时基础

临时基础即建筑物平移过程中短期承担建筑荷载的基础。建筑物的原基础和平移后的永久基础均为独立基础,沿建筑物移动方向,在独立基础之间设有毛石混凝土条形临时基础,其底面标高同独立基础底面标高,临时基础宽度根据框架柱荷载和地基承载力计算求得。本工程临时基础宽度设计为 1.5m 和 2.5m。

2.17.3.3 下轨道梁

下轨道梁承担建筑物平移过程中上部结构通过滚轴传递下来的荷载,是滚轴的支撑面。设计的下轨道梁必须具有足够的强度和良好的平整度。本工程沿建筑物平移方向,在柱子两侧布设下轨道梁,共设计下轨道梁 8 条。由于框架柱的荷载不同,下轨道梁的截面和配筋也不同。截面尺寸有两个,分别为 500mm×350mm 和 800mm×350mm,但其顶面标高在同一标高上,其上铺设 10mm 厚钢板。

2.17.3.4 滚 轴

楼体的移动系通过滚轴的滚动实现的。本工程为滑点式双梁结构,即每根柱子位置处布设两道滑点梁,滑点梁与下轨道梁之间设有滚轴,滚轴设计为直径 60mm 圆钢,长度 350mm。根据柱子荷载不同,按每根滚轴承担 10t 荷载设计滚轴数量,且滚轴间距不大于 300mm,故每根柱下的滚轴数量是不同的。本工程设计滚轴数量为 808 根。

2.17.3.5 上轨道梁

上轨道梁的作用为在滚轴的支撑下能承受上部结构的全部荷载,同时应具有足够的刚度,在建筑物平移过程中能保持框架柱之间的相对稳定。本工程共设计上轨道梁 8 条,其中滑点梁处梁的截面为1 200mm×300mm,滑点梁之间及横向连梁的截面为600mm×300mm。为能承受柱子传递下来的荷载,上轨道梁与柱子之间采用化学植筋方法进行连接,化学植筋采用直径25mm螺纹钢,长度500mm,根据柱子荷载不同,按每根化学植筋承担6.7t荷载抗剪力计算植筋数量。本工程共布设框架柱植筋数量848根。为保证上轨道梁在水平面上具有足够的刚度,沿建筑物移动方向,在上轨道梁前、后各设计三组剪刀撑,剪刀撑的截面为700mm×400mm。如图2.17.1所示。

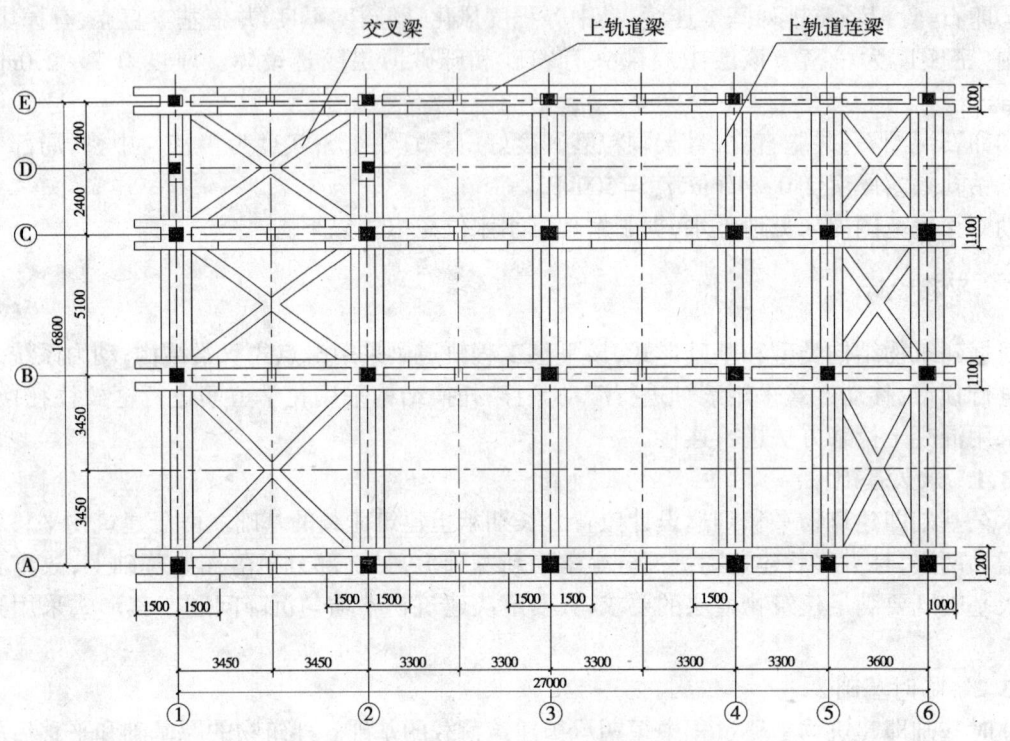

图2.17.1　上轨道梁系平面布置图

2.17.3.6　支顶支座

在建筑物平移过程中由支顶支座提供支顶反力,即千斤顶一侧顶在支顶支座上,另一侧顶在上轨道梁上,在千斤顶顶推力作用下建筑物缓缓前移。本工程支顶支座由固定支顶支座和活动支顶支座(钢支架)组成,固定支顶支座由钢筋混凝土浇筑而成,其下为混凝土基础,其前面与下轨道梁相连,共设计固定支顶支座4个。活动支顶支座由钢板焊接而成,通过钢插销与下轨道梁相连,下轨道梁上每隔2m预埋一个插销孔,共设计活动支顶支座7个。

2.17.3.7　支顶垫块

建筑物平移的动力由千斤顶提供。千斤顶的行程是有限的,为保证建筑物的顺利平移,在千斤顶的后侧设有支顶垫块,即千斤顶在支顶支座提供支顶反力的作用下,将建筑物每推动一个行程,其后应加入一个行程的支顶垫块。本工程的支顶垫块由直径146mm、壁厚10mm的钢管制作而成,钢管两侧焊有10mm厚钢板,共制作支顶垫块7组,每组垫块由长度为350mm、700mm、1 100mm的垫块各一块和数块10mm和20mm厚的钢板组成。

2.17.3.8　动力设备

本工程动力设备采用顶推力为100t的液压千斤顶,千斤顶的最大行程为400mm。根据建筑物荷载及滚轴的滚动摩擦系数计算建筑物平移所需的最大顶推力,求得所需千斤顶数量。本工程共布设7台千斤顶,由2台电动液压泵站控制。

2.17.4 平移施工

施工前办理开工的相关手续,制定详细的施工组织设计,并对工人进行技术交底。

2.17.4.1 前期准备工作

全面检查建筑物结构,统计并详细记录建筑物墙体及柱子上的裂缝,在有代表性的裂缝处粘贴石膏饼,供以后观测使用,设定建筑物沉降观测点并记录。开挖建筑物四周工作面,拆除地下室挡土墙,开挖室内地面及永久基础处基坑,开挖深度为基础底面埋深,土方开挖完毕后,组织勘察单位进行验槽。拆除或通过软连接方法处理与建筑物相连的各种管线。由于地下室挡土墙为重力式毛石混凝土挡土墙,其墙体较厚,拆除时又不能损坏框架柱,故该道工序施工时间较长。2005年7月7日开工,8月18日完成上述工作。

2.17.4.2 基础施工

按设计图纸进行永久基础、临时基础及支顶支座基础施工。由于建筑物长度为27.0m,建筑物移动距离为16.8m,这样永久基础中有三个独立基础与原建筑独立基础部分重叠。该处采用在原独立基础上进行化学植筋及在基础表面进行人工凿毛的方法处理,以确保混凝土浇筑后新、旧基础成为整体。基础施工8月24日全部完成。

2.17.4.3 下轨道梁及支顶支座

下轨道梁及支顶支座坐落在基础上,按设计绑扎钢筋、支模板、浇注混凝土,然后进行下轨道梁砂浆找平施工。下轨道梁的平整度直接影响建筑物平移过程中的顶推力及建筑物墙体裂缝的变化,是平移工程质量控制的重要内容。本工程下轨道梁的平整度控制标准为梁的顶面标高误差在±2mm以内。为保证砂浆找平层能与下轨道梁混凝土牢固连接,砂浆找平层厚度不小于15mm,同时砂浆强度相对较低,施工时其厚度不大于25mm。砂浆找平层经验收合格后安装下轨道梁钢板,建筑物平移时,上部荷载通过滚轴传递到钢板上,在滚轴滚动过程中导致钢板发生延展。为解决平移过程中由于钢板延展发生隆起变形问题,钢板安装时,在钢板之间均留有2~3mm缝隙。下轨道梁施工9月3日完成。

2.17.4.4 上轨道梁

按设计在柱子上进行化学植筋。柱子凿毛,为防止植筋钻孔将柱子主筋钻断,施工前查找出柱子主筋的准确位置。在滑点梁位置处按设计铺设滚轴,滚轴上方铺设带有锚固筋的上轨道梁钢板,且钢板之间留有2~3mm缝隙,然后绑扎钢筋、支模板、浇筑混凝土。其中滑点梁处轨道梁底模板由下轨道梁钢板取代。9月18日完成上轨道梁混凝土浇筑工作,进行混凝土养护,等待混凝土强度。

2.17.4.5 柱子截断

上轨道梁混凝土强度达到设计强度后,截断框架柱。为保证建筑物平移过程中截断后的柱根不影响滚轴的正常滚动,柱根的标高要高于上轨道梁底面的标高,并在柱根处留有足够长度的钢筋,备建筑物平移就位后柱子与基础连接使用。柱子截断工作9月25日开始,10月7日完成。

2.17.4.6 平移

检查已完成的各项工作。平移设备安装、调试,铺设移动距离的指示标尺,对工人进行技术交底,进行沉降观测并记录,检查墙体裂缝。上述工作均完成且无问题后开始建筑物平移。用千斤顶向前顶推建筑物,开始时逐级增加千斤顶的顶推力,并保持两台液压泵站提供的顶推力相等,直至楼体开始移动。当建筑物被顶推一个千斤顶行程后,收回千斤顶并在其后侧加上支顶垫块,重复上述步骤,直至建筑物被顶推2m。安装活动钢支架,利用活动钢支架提供的反力顶推建筑物,直至被顶推到达设计位置。在建筑物平移过程中要对楼体进行全面观测(包括楼体各点的前移距离,前移方向,楼体倾斜状况及楼体裂缝变化情况),根据监测结果及时调整施工工艺,使建筑物沿着前移轨道安全、平稳、准确无误地移动至设计位置。10月9日开始进行平移施工,10月12日建筑物平移就位。平移距离16.8m,平移时间4d。

2.17.5.7 连　　接

建筑物平移就位后,对建筑物就位位置及倾斜状况进行测量,达到设计要求后进行结构连接。将柱子钢筋与基础上的预埋件进行等强度焊接,用捻浆方法将柱子与基础连接起来。10月28日完成柱子及各种管线连接工作,然后业主进行建筑物增层施工。

2.17.6 结　　语

经过114d,建筑物安全、顺利地平移了16.8m,到达设计位置。经测量就位误差小于5mm,未发生不均匀沉降,墙体原有裂缝未发展,也未见新增裂缝。工程圆满完成,得到当地建设局及业主的肯定。

该平移工程与建筑物拆除重建相比,节约资金约180万元,节约工期约1年,为国家节省了大量的建筑材料,减少了由于拆除而产生的大量建筑垃圾。平移工程具有较好的社会效益和经济效益。

杨军春　卢明全　孙　肃

（大连久鼎特种建筑工程有限公司）

参 考 文 献

1　唐业清,万墨林. 建筑物改造与病害处理. 北京:中国建筑工业出版社,2000
2　鞠建英. 特种结构地基基础工程手册. 北京:中国建筑工业出版社,2000
3　龚思礼. 建筑抗震设计手册. 北京:中国建筑工业出版社,2002
4　史佩栋,高大钊,桂业琨. 高层建筑基础工程手册. 北京:中国建筑工业出版社,2000
5　彭振斌. 托换工程设计计算与施工. 北京:中国地质大学出版社,1997
6　李爱群,吴二军等. 我国建筑物整体平移技术及工程应用进展. 江苏建筑,2003年增刊
7　陈爱环,解伟等. 建筑物整体移动几个关键技术研究. 建筑技术开发,2002,29(4)
8　上海天演建筑物移位工程有限公司. 上海音乐厅整体平移施工方案. 2002年6月
9　同济大学. 上海音乐厅监测方案. 2003年1月
10　同济大学. 上海音乐厅监测报告. 2003年6月
11　上海市房屋检测中心. 上海音乐厅房屋质量检测报告技术审查意见. 2002年11月
12　蓝戊己,朱启华,郑华奇. 上海音乐厅整体平移施工方案. 2002年6月
13　西南交通大学. 结构设计原理(上). 北京:中国铁道出版社,1995
14　张鑫,徐向东,都爱华. 国外建筑物整体平移技术的进展. 工业建筑,2002(7)
15　梁峰,卢文胜. 移位技术与结构建筑安全问题. 结构工程师,2004,20(5)
16　张寿维,苗克芳,袁广林. 山东潍坊某办公大楼整体平移技术. 黑龙江科技学院学报,2002(1)
17　吴二军,李爱群. 建筑物整体平移工程的可靠度计算和风险评估. 建筑技术,2004,135(6)
18　张新中,邓子辰,武宗良. 砖混结构综合楼整体迁移抬升工程关键施工技术. 建筑技术,2004,135(6)
19　蒋岩峰,林其铨. 钢筋混凝土分荷结构在房屋平移中的应用. 岩土工程界,2005,2(8):38～40
20　蓝戊己,吕西林,江欢成等. 上海音乐厅整体平移顶升技术研究报告,2005.5
21　上海天演建筑物移位工程有限公司. 宁夏吴忠宾馆整体平移工程施工技术方案. 2005.5
22　张天宇,侯伟生. 建筑群远距离整体平移工程实例. 福建建筑科技,2000(2):24～25
23　张新中,邓子辰,武宗良. 综合楼整体迁移抬升工程方案设计. 建筑技术开发,2004,31(6):78～81
24　武宗良. 建筑物整体移位工程的设计方法与施工技术的分析与试验研究. 华北水利水电学院硕士毕业论文,2005
25　袁广林,袁迎曙. 大空间、复杂结构建筑物平移技术研究与应用. 中国矿业大学学报,2001,30(2):135～138

第3章 纠倾工程

3.1 建(构)筑物纠倾技术进展

3.1.1 前言

人们为了生存和生活的需要建设了大量的建筑物和构筑物,但由于种种原因,这些建筑物在建设或者使用过程中发生不均匀沉降造成建筑物的倾斜,如著名的意大利比萨斜塔(图3.1.1),中国的虎丘塔和奎光塔。这种情况同样也大量出现在工业与民用建筑物中,如山东某电厂120m高的烟囱(图3.1.2)、济南某新建住宅楼等。建(构)筑物倾斜轻者影响建筑物的正常使用,严重时使其丧失使用功能,甚至倒塌破坏。如为了控制比萨斜塔的倾斜花费了2 500万美元;加拿大特郎斯康谷仓则花费很大代价纠倾,但纠倾后其位置比原来降低了4m。相比而言,建于中世纪英国著名的Ely大教堂和法国的Bauyais大教堂则没有那么幸运,由于倾斜量过大发生倒塌。

图3.1.1 比萨斜塔

图3.1.2 某电厂120m烟囱

对于大部分倾斜的建筑物,只要主要受力构件(梁、柱、板和承重墙体)没有严重破损或者造成倒塌的裂缝,有继续使用价值,都可以通过纠倾和相应的加固措施恢复其使用功能。因为如果全部拆除重建,经济损失和社会影响都是难以估量的。如山东某电厂120m高的烟囱发生倾斜,如果拆除重建不但需要花费300多万的费用而且影响生产,进而造成上千万元的损失。特别是对有些建筑物,如意大利比萨斜塔、中国苏州虎丘塔等名胜古迹,从保护文物的角度出发决不能拆掉重建,只能通过各种措施进行纠倾处理。正是基于这种考虑,人们不断尝试采用合适的方法对倾斜的建筑物进行纠倾扶正。由于建筑物倾斜的复杂性及场地条件的复杂性,不同的纠倾方法和加固措施也不同,从而促进了建筑物纠倾技术的发展。

3.1.2 国内外纠倾技术研究现状

古代,人们对于建筑物倾斜的认识和处理措施缺乏相应的地基知识,如举世闻名的意大利比萨斜塔,全高54.5m,始建于1173年,竣工于1372年,施工历史整整200年。比萨斜塔之所以延长工期,主要是因施工中塔身曾两度发生倾斜,当时的施工人员仅从结构上采取了一些措施,仍无法纠正,而一再被迫停工,最终不得不带着倾斜而竣工。而我国民间旧时有能工巧匠"扶正房屋"之术,仅限于扶正一层或二层的简易房屋,也多是从结构上进行整理。如虎丘塔塔身中心轴线呈折线状抛物线,说明其在建塔时即已发现倾斜问题,并企图在后续施工中通过结构体的改向予以纠倾。

自20世纪后半叶以来,随着人类改造世界活动的加快,倾斜建筑物的大量出现,纠倾技术的发展和研究才逐渐受到人们的重视。如1991年成立的"拯救比萨塔国际委员会"经过8年之久的反复论证后,采用掏土法使斜塔的倾斜自然北移。经过严密设计和施工,塔顶中心点偏离垂直中心线的距离比拯救前减少43.8cm,已基本恢复到18世纪末的水平,足以确保它在200年内不会发生倒塌的危险。我国的纠倾扶正技术虽起步较晚,但经过近20年的应用和发展,我国的纠倾技术有一定特色和创新,涌现出许多纠倾的新工艺、新方法和新技术。在全国各地进行了大量的建筑物纠倾加固工程实践,挽救了大批危险建筑物,避免了严重的经济损失。如刘祖德教授首创了"地基应力解除法"的纠倾方法,唐业清教授发明了辐射井射水取土纠倾法,阮慰文等开发了建筑物顶升纠倾技术,焦五一教授提出了用于地基沉降计算的弦线模量的概念,山东建筑工程学院工程鉴定加固研究所开发了掏土灌水纠倾法等。1991年成立了中国老教授协会房屋增层改造技术研究委员会专业性学术团体,推动了我国房屋增层、纠倾、加固、改造工程技术的发展。1997年,我国颁布《铁路房屋增层纠倾技术规范》(TB 10114—97);国家行业标准《既有建筑地基基础加固技术规范》(JGJ 123—2000)也于2000年6月1日起施行;国家标准《建筑物移位纠倾增层改造技术规范》即将颁布,这些规范的实施使得建筑物的纠倾工程的设计和施工走向规范化。

3.1.3 建(构)筑物倾斜原因分析

在上部结构、基础、地基的共同作用体系中,地基在基础传递的上部荷载的作用下发生沉降,而这些沉降的不均匀引起建(构)筑物倾斜。按照《建筑地基基础设计规范》(GB 50007—2002),影响地基沉降的因素包括上部荷载($F+G$)和地基土层(E_{si}),这些因素同样是影响建筑物倾斜的因素。

$$p_0 = \frac{F+G}{A} - \gamma_d d \tag{3.1.1}$$

$$s = \psi_s \sum_{i=1}^{n} \frac{p_0}{E_{si}} (z_i \bar{\alpha}_i - z_{i-1} \bar{\alpha}_{i-1}) \tag{3.1.2}$$

3.1.3.1 上部荷载的原因
上部荷载分布不均匀造成地基沉降不均匀,主要表现在:①建筑结构的不匀称,建筑物体型复杂;②建造过程中施工荷载引起加载不均匀;③建(构)筑物使用期间使用荷载不均匀。

3.1.3.2 地基土层原因
根据公式(3.1.2),造成地基沉降不均匀的主要土层原因是地基土层厚薄不均,即E_{si}不均匀,如在山坡、河漫滩、回填土等天然不均匀地基,由于地基处理不当造成建筑物发生倾斜等。

由于实际的上部结构、基础和地基三者是一个共同作用的体系,即使地基土层和上部荷载分布比较均匀,但基底反力并非均匀分布,而是呈现马鞍形状(图 3.1.4)。若地基变形比较大往往也可能造成不均匀沉降,从而引起建筑物的倾斜。如湿陷性黄土、膨胀土、冻土、淤泥质土等特殊土地基,若没有经过处理往往会产生比较大的不均匀沉降。当然山体滑坡、地震液化等自然灾害也会引起建筑物的倾斜,如日本神户大地震使位于山坡上的大批建筑物滑塌破坏。

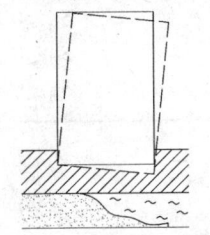

图 3.1.3 地层不均引起倾斜

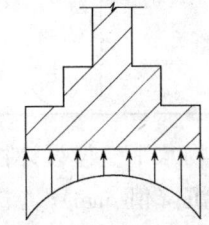

图 3.1.4 基底反力分布不均

3.1.3.3 周边环境因素

随着时间的推移,建筑物在自身荷载作用下其地基变形逐渐趋于稳定,但当周围环境使其现有的应力场发生不均匀的变化超过其承受限值时也会造成其发生倾斜,如邻近建筑物或堆载、邻近基坑开挖、邻近降水、邻近桩基的施工振动和挤压等。

引起建筑物倾斜的原因很多,有些可以通过详细勘察和合理设计(包括上部结构和地基基础的设计)来避免的,而周边环境因素则可以通过对环境影响者合理的设计和施工来避免。

3.1.4 纠倾工程设计

纠倾工程设计前,应充分掌握相关资料和信息,包括倾斜建筑物现状、工程地质条件,然后对其倾斜原因进行分析,通过多种纠倾方案比选,制定全面的详细的设计文件。纠倾设计文件包括纠倾设计方案、施工方法、观测点的布置及监测要求、结构加固设计、防复倾加固设计、施工安全及防护技术措施、环境保护措施等。

3.1.4.1 纠倾方法选择

纠倾方法的选择应根据建筑物的倾斜原因、倾斜量、整体刚度、基础形式、基础质量、工程地质、环境条件以及各种纠倾方法的适用范围、工作原理、施工程序等综合确定。纠倾方法的选择可参考《建筑物移位纠倾增层改造技术规范》有关内容。

3.1.4.2 纠倾合格标准

《建筑物移位纠倾增层改造技术规范》表 6.1.3 明确规定了纠倾合格标准(表 3.1.1),据此计算建筑物设计沉降量或者抬升量 ΔS

$$\Delta S = \frac{S_{\mathrm{H}} \cdot b'}{H_{\mathrm{g}}} + a \tag{3.1.3}$$

表 3.1.1 纠倾合格标准

建筑类型	建筑高度(m)或层数	纠倾合格标准
建筑物	$H_{\mathrm{g}} \leqslant 24$,或小于等于 7 层 $24 < H_{\mathrm{g}} \leqslant 60$,或 8~20 层 $H_{\mathrm{g}} > 60$,或大于 20 层	$S_{\mathrm{H}} \leqslant 0.005 H_{\mathrm{g}}$ $S_{\mathrm{H}} \leqslant 0.004 H_{\mathrm{g}}$ $S_{\mathrm{H}} \leqslant 0.003 H_{\mathrm{g}}$

续表

建 筑 类 型	建筑高度(m)或层数	纠 倾 合 格 标 准
构筑物	$H_g \leqslant 20$ $20 < H_g \leqslant 50$ $50 < H_g \leqslant 100$ $100 < H_g \leqslant 150$ $150 < H_g \leqslant 200$ $200 < H_g \leqslant 250$	$S_H \leqslant 0.008 H_g$ $S_H \leqslant 0.006 H_g$ $S_H \leqslant 0.005 H_g$ $S_H \leqslant 0.004 H_g$ $S_H \leqslant 0.003 H_g$ $S_H \leqslant 0.002 H_g$

式中 S_H——建筑物水平变位设计控制值(mm);
　　a——预留沉降值(mm);
　　b'——纠倾方向建筑物宽度在水平方向上的投影(m);
　　H_g——自室外地面算起建筑物的高度(m)。

3.1.4.3 纠倾方案比选和设计优化

纠倾方案从安全可靠、经济合理、施工方便等方面进行认真比选,挑选出最佳方案。

纠倾设计应对所选用的纠倾方案进行纠倾程序优化和纠倾参数优化,其主要参数为沉降速率、回倾速率、回倾时间等。纠倾设计可以按照下述步骤进行:

(1)首先确定设计沉降量(或抬升量)ΔS,倾斜率和倾斜方向等;
(2)计算倾斜建筑物基础形心位置和偏心距,进而确定基础底面压应力,根据基底压应力图验算地基承载力;
(3)根据确定的回倾方向,布置纠倾部位,如迫降孔的位置和数量,顶升位置和机具数量等;
(4)在纠倾前后根据建(构)筑物倾斜情况,进行防复倾加固设计,确保建(构)筑物纠倾前后和纠倾过程中的安全。

3.1.5 常用纠倾方法及技术特点

纠倾技术是与土力学理论与地基基础处理技术的发展以及相应的施工机械与监测技术的发展分不开的,它的技术内涵往往不仅涉及到土力学和地基基础的内容,还涉及建筑学、结构力学、结构工程等多个学科。目前,纠倾技术主要以土力学理论为导向,以工程经验为依托来指导实际施工,至今尚未形成自身系统的理论和施工方法。

尽管没有成熟理论的支撑,但土木工程师和科技工作者们在大量的工程实践中总结出许多纠倾方法(图3.1.5)。这些纠倾方法整体来分主要有两类:迫降法和抬升法。迫降法是从土力学原理来加大沉降较小一侧的地基变形来纠倾(图3.1.6),常见的迫降纠倾法包括掏土法、水处理法、加压法、振捣液化法、淤泥触变法、桩基卸载法等;抬升纠倾法是通过直接改变上部结构的受力或位移、位移趋势来达到纠倾目的(图3.1.7),常见的抬升纠倾法包括顶升法、地基注入膨胀剂法等。实践中,广大土木工作者也总结出一些其他的纠倾方法,如预留法、横向加载法等(图3.1.5)。

在实际工程中,往往多种纠倾方法联合使用。至于具体的纠倾方法,则根据建筑物特点、场地地层特点、周围环境特点的不同而不同。下面详细介绍常见的纠倾方法及特点。

3.1.5.1 掏土纠倾法

掏土纠倾方法属于迫降法的一种,是指从建筑物沉降较小一侧的基础内侧或基础外侧向基底以下的土体掏出适量的土,以达到纠倾的目的。1962年,意大利工程师Terracina针对比萨斜塔的倾斜恶化问题提出了一种地下抽土法,这也许是最早提出运用掏土进行纠倾的设想。建筑物地基掏土纠倾方法是应用较多的纠倾方法(表3.1.2)。

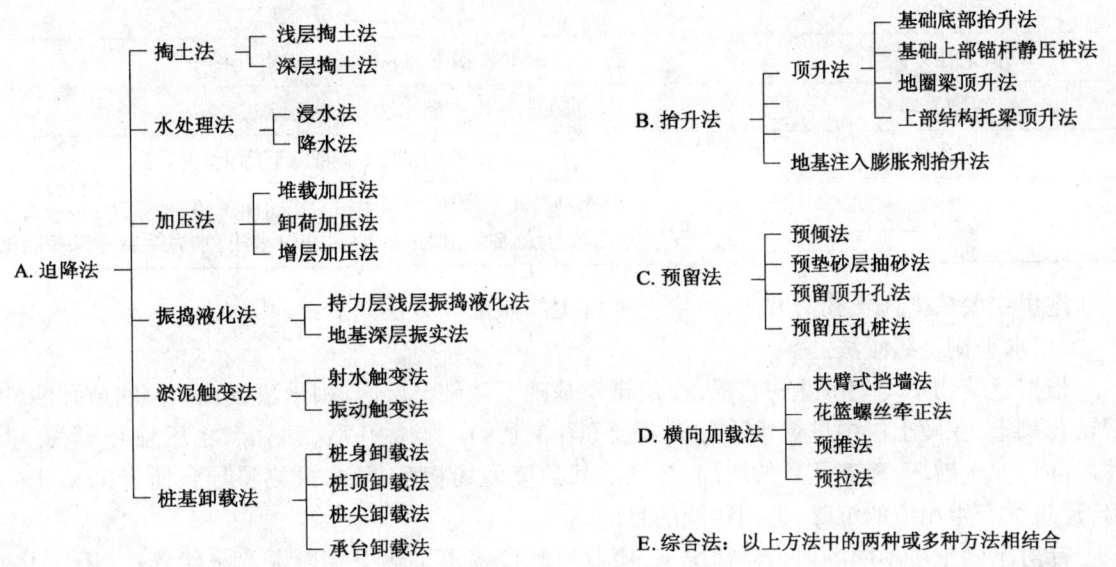

图3.1.5 纠倾方法分类

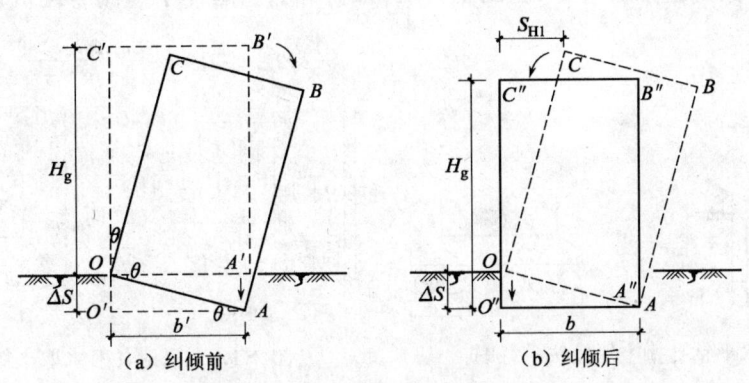

图3.1.6 迫降法纠倾计算示意图

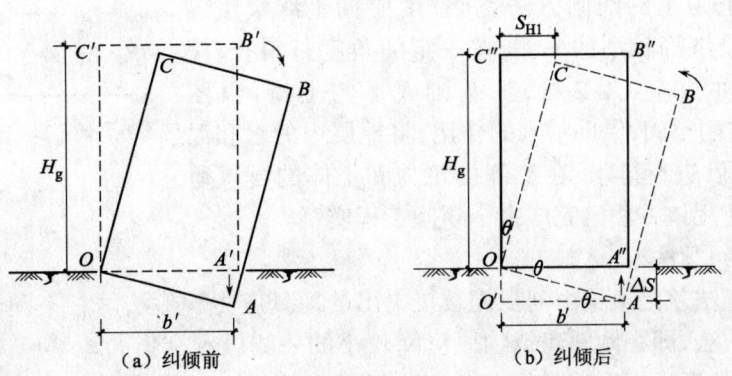

图3.1.7 抬升法纠倾计算示意图

表 3.1.2 地基掏土纠倾方法的分类

分 类 依 据	常 用 方 法
土层位置	浅层掏土、深层掏土
掏土孔方向	水平孔掏土、斜孔掏土、垂直孔掏土
纠倾原理	掏土灌水法、应力解除法
掏土孔位置	基础外侧掏土、基底以下掏土
掏土工艺	人工掏土、冲水掏土、钻孔掏土、基础抽砖法、抽砂法；沉井深层冲孔取土法、钻孔排淤法、辐射井射水法、水力螺旋追踪控制法

这里主要依据掏土孔的方向，讨论三种掏土纠倾法。分述如下：

(1) 水平掏土纠倾法

根据建筑物不均匀沉降的状况，在建筑物基础下浅硬土层内，用干法成孔和湿法成孔两种水平钻孔掏土，在硬土层中进行水平钻孔掏土(图3.1.8)。当钻孔后，钻孔产生压扁变形，孔壁土体局部将发生破坏，随着孔数的增加，各孔之间的应力场相互叠加，最终将导致所有的钻孔被压扁，建筑物产生相应的沉降，达到纠倾的目的。

针对不同土层不同场地条件情况下，唐业清教授提出了辐射井射水取土纠倾法(图3.1.9)，即利用高压水枪伸入基础下进行深层冲水，土体在高压水的作用下变成泥浆流出，冲水区附近的土体在上部结构压力作用下挤入流出土体剩下的空间，引起冲水一侧的建筑物沉降，达到纠倾的目的。

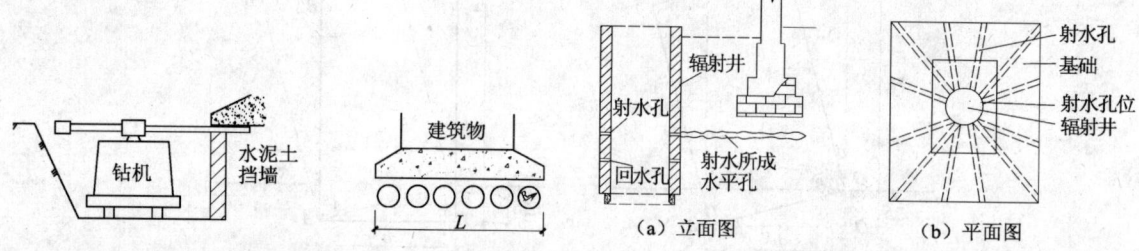

图 3.1.8 水平钻孔掏土纠倾法示意图　　图 3.1.9 辐射井射水取土纠倾示意图

(2) 倾斜掏土纠倾法

倾斜钻孔掏土为主的纠倾方法也叫"反向掏土纠倾法"。该方法是在构筑物沉降较小的一侧，按一定的角度打斜孔，深入到构筑物宽度的 1/3~1/2 处，将基础底下的土掏出(图3.1.10)，造成一定的空间，借助抽水的作用，将地层中的水和泥沙同时抽出，掏空后进行排水，在上部构筑物和土体的自重荷载作用下压密。应用该方法已完成多个纠倾工程实例。

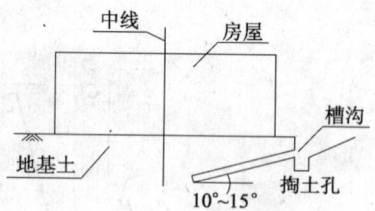

图 3.1.10 倾斜钻孔掏土纠倾法示意图

(3) 垂直掏土纠倾法

垂直掏土纠倾法就是最早由刘祖德教授提出的地基应力解除法。它不同于"浅层掏土法"，是一种软土纠倾方法，即在倾斜建筑物原沉降较小的一侧设置密集的地基应力解除孔，各孔上部设有护壁套管(长度视土质情况而定)，依靠大型螺旋钻旋入一定深度，分期分批地在钻孔适当深度掏出软弱地基土(图3.1.11)，并依靠螺旋钻上拔荷载来造成孔底真空环境，配合各种促沉措施，使地基应力在局部范围内得到解除或转移，促使软土向该侧移动，增大其沉降量，最终达到纠倾的目标。

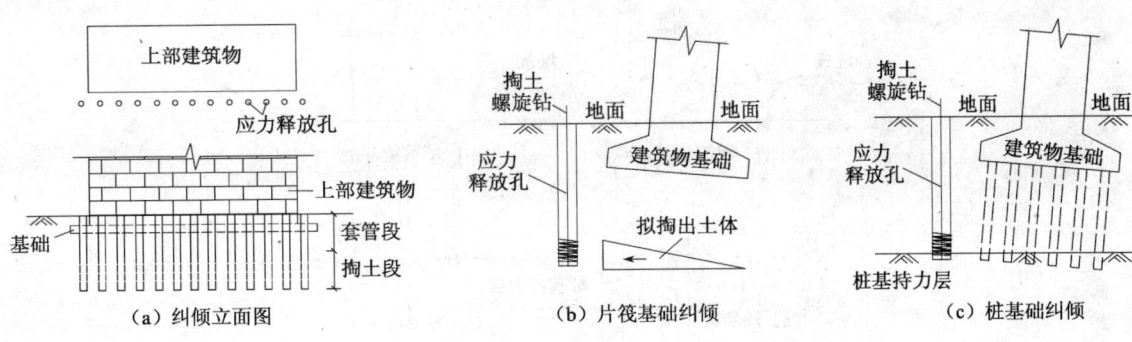

图 3.1.11 应力解除法纠倾示意图

3.1.5.2 降水和浸水纠倾法

（1）降水纠倾法

降水纠倾法就是通过降低建筑物沉降较小一侧的地下水位，增加土中的有效应力，使该侧的地基土产生固结沉降（图 3.1.12），从而达到纠正倾斜建筑物的目的。降水纠倾法较适用于片筏基础、箱形基础等浅基础的建筑物纠倾，且当土层的渗透系数必须达到某一程度时才有效果。对于桩基础，降水使得降水影响深度范围内的桩侧摩阻力转变为负摩阻力，造成桩的承载力减小，同时增加了作用在桩上的荷载，引起桩基础的沉降。所以降水纠倾法可应用于桩基础，但纠倾的效果受降水深度的影响。降水影响深度越大，则桩侧的摩阻力转化为负摩阻力的范围也越大，纠倾效果越明显。另外，应注意降水引起周围建筑物的不均匀沉降影响，当距离周围建筑物比较近时应慎用。

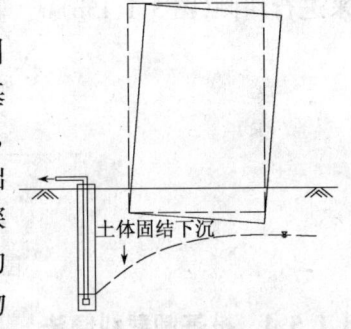

图 3.1.12 降水纠倾法示意图

降水纠倾法较为简单易行，成本低，不影响建筑物正常使用。利用该方法已成功地对 120m 高的烟囱进行了纠倾。

（2）浸水纠倾法

浸水纠倾法就是在沉降小的一侧基础边缘开槽、坑或钻孔（图 3.1.13），有控制地将水注入地基内，使土产生湿陷变形，从而达到纠倾的目的。该纠倾方法适用于湿陷性黄土地区多层砖混结构、框架结构、高耸构筑物及其他刚度较大的建（构）筑物的纠倾。当黄土含水量小于 10%、湿陷系数大于 0.05 时可以采用浸水纠倾法；当黄土含水量在 17%~23% 之间、湿陷系数在 0.03~0.05 时，可以采用浸水和加压相结合的方法。对于含水量较大、湿陷系数较小的黄土，单靠浸水湿陷效果有限，则辅以加压，同时要求注水一侧的土中的压力超过湿陷土层的湿陷起始压力。

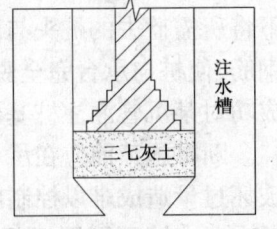

图 3.1.13 浸水纠倾法示意图

3.1.5.3 加压纠倾法

加压纠倾法包括堆载加压法、卸荷加压法、增层加压法。

（1）堆载加压纠倾法

堆载加压纠倾法就是通过在沉降较大一侧堆载，对于浅基础就是使其产生附加沉降（图 3.1.14a），对于桩基础则是使桩产生桩身负摩阻力（图 3.1.14b），由此引起的下拉荷载促使桩沉降从而达到纠倾的目的。由于该方法产生附加沉降或桩身负摩阻力需要堆载较大，而且纠倾时间过长，所以在具体的纠倾过程中往往作为一种辅助方法与其他纠倾方法联合使用。如比萨斜塔和某软土地基上的建筑物纠倾中与掏土纠倾法联合使用。

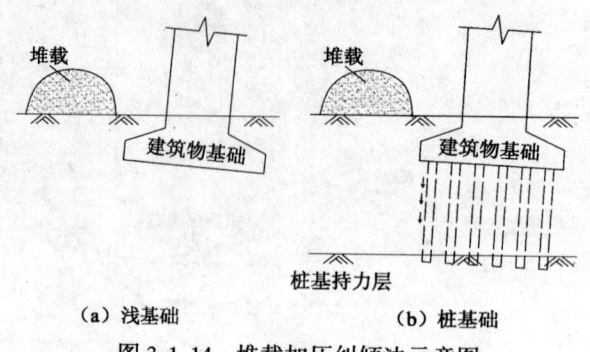

图 3.1.14 堆载加压纠倾法示意图

(2) 卸荷加压和增层加压纠倾法

卸荷加压纠倾往往是通过对沉降较大一侧基础卸荷和在沉降较小一侧堆载的联合方式进行纠倾(图 3.1.15a),而增层加压法则是通过改变上部荷载分布的方式(即增加沉降较大一侧荷载)来进行纠倾(图 3.1.15b)。

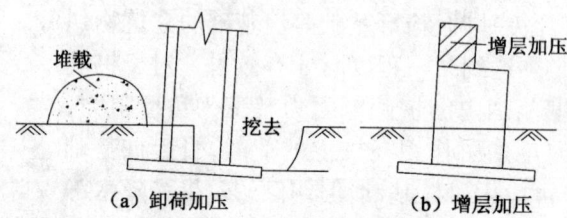

图 3.1.15 卸荷加压和增层加压纠倾法示意图

3.1.5.4 桩基卸载纠倾法

桩基卸载法就是通过人为方法使沉降较小一侧的桩或承台产生沉降,从而达到纠倾的目的。包括桩顶卸载、桩身卸载、桩尖卸载和承台卸载等纠倾法。纠倾前应验算单桩和承台承载力,根据桩的类型、地质条件及倾斜等状况确定卸载部位及卸载方法。

(1) 桩顶卸载纠倾法

对端承桩、摩擦端承桩宜采用桩顶卸载法,即常说的截桩法,通过特殊设计的扁平铲在底板下将所需砍去的桩头与底板的联结处砍断,或者将桩周底板四周凿穿约 20cm 宽的缝,锯断缝中钢筋,使桩与承台完全脱离,待纠倾完成后再重新做桩头与底板的连接。文献 15 曾采用此方法成功对某沉管灌注桩基础框架结构的 6 层建筑物进行纠倾。

断桩施工前应在承台周围开挖工作坑,露出需断的桩颈,在桩颈下部加约束钢箍,以防桩体破坏过量造成难以控制的局面。同时在各桩边准备足够的钢垫板,从设计沉降量大的一侧开始顺次凿去桩颈周围混凝土,减少桩截面积,增大该处局部压应力,利用桩混凝土被压破坏而达到纠倾下沉的目的,并随凿随垫钢板,以防变形过大。如此不断重复,直至达到所需沉降量。纠倾完毕后,在桩颈破坏处设加强钢箍与承台一起浇捣混凝土,形成扩大桩头(图 3.1.16)。

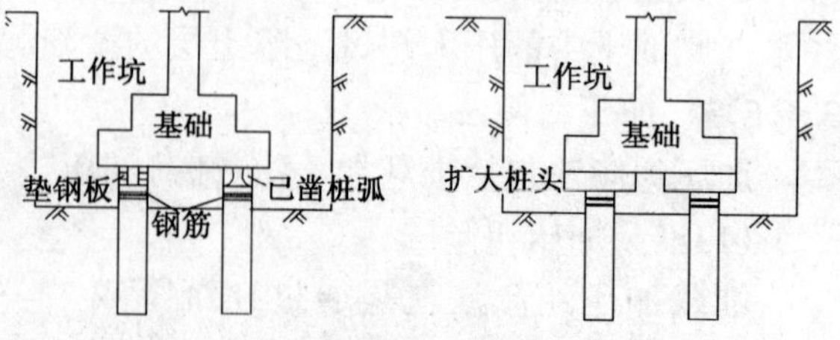

图 3.1.16 桩顶卸载纠倾法示意图

(2) 桩身卸载纠倾法

对于摩擦桩宜采用桩身卸载,即通过对沉降较小一侧的土方开挖暴露该部位桩体上部(图 3.1.17),增加桩体下部和桩端的荷载,从而引起沉降达到纠倾的目的。

由于该方法造成桩基倾斜需要周期比较长,且工作量比较大,往往需要与其他方法联合使用。

(3)桩尖卸载纠倾法

对于桩长比较短的桩基础,可以采用桩尖卸载纠倾法,即通过在沉降较小一侧桩基础周围打斜孔(图 3.1.18),掏出桩尖下部土体,促使桩基沉降进行纠倾。

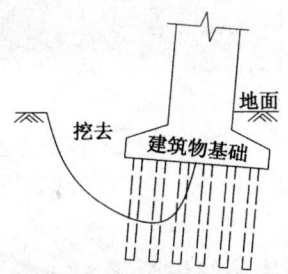

图 3.1.17 桩身卸载纠倾法示意图

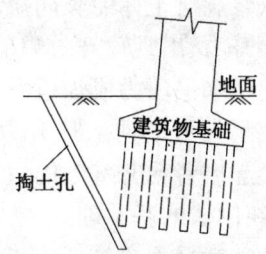

图 3.1.18 桩尖卸载纠倾法示意图

(4)承台卸载纠倾法

对计入承台效应的桩基础,可采用承台卸载。可以通过对承台底取土(图 3.1.19),也可以将底板凿穿约 20cm 宽的缝,锯断缝中钢筋,使这一部分底板变成条形基础,从而使这部分承台以及承台下的桩失去承载作用,这部分承台以下承台下的桩承受的力转移到周围其他桩上,使桩体下沉达到纠倾的目的。郭应桐等在某粉喷桩基础 7 层框架结构的建筑物纠倾中利用该方法。

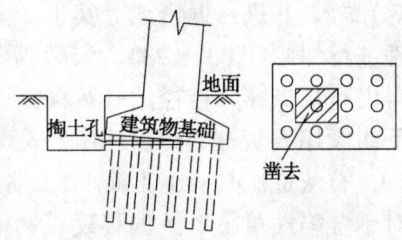

图 3.1.19 承台卸载纠倾法示意图

3.1.5.5 顶升纠倾法概述

顶升纠倾法将千斤顶设置在基础梁的顶部或圈梁底下,再用千斤顶将整个建筑物顶升而达到纠倾的目的。从施工的结果来看,顶升纠倾法在理论上和实践中可认为也是一种颇为有效的成熟方法。常见的顶升法有框梁顶升纠倾法、托梁顶升纠倾法(图 3.1.20)、静压桩顶升纠倾法(图 3.1.21)。顶升纠倾设计的关键在于托换体系的设计、顶升荷载和顶升点的确定,保证在顶升过程中整体结构的安全。

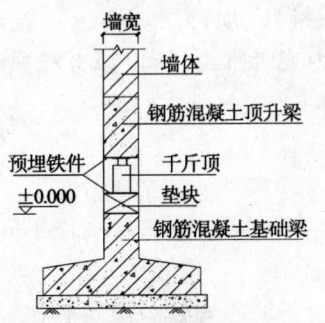

图 3.1.20 托换梁顶升纠倾法

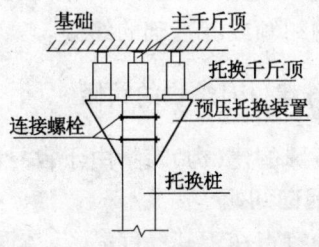

图 3.1.21 静压桩顶升纠倾法

由于顶升纠倾法需要克服上部荷载作用,实施时往往困难比较大。所以《建筑物移位纠倾增层改造技术规范》明确规定顶升纠倾法适用于上部结构荷载较小、不均匀沉降较大以及特殊工程地质条件的建筑物纠倾,砖混结构建筑物顶升不宜超过 7 层,框架结构建筑物顶升不宜超过 8 层。

3.1.5.6 压密注浆与膨胀纠倾法

(1)压密注浆顶升纠倾法

顶升效应是随着注浆过程中浆液对土体作用方式的改变注浆表现出来的,文献 19 研究认为压密注浆一般都会经历两个过程：①在注浆的初期，出浆口周围土体的压缩空间较大，浆液将在出浆口附近土体中形成圆柱状浆泡，浆液对土体以水平挤压为主(图3.1.22a)；②随着浆液体的增大、浆液对土体的挤压力的上升，浆液在土体中发生水平劈裂，形成浆脉之后，浆液对土体的作用方式以浆脉对土体的竖向挤压为主(图3.1.22b)。这个过程是产生顶升力、出现顶升效果的主要阶段。该阶段土体中的竖向压力超过水平压力成为最大主应力，宏观的表现就是浆液对土体产生了较大的向上顶升力，地面效果也将逐渐明显，即达到地面隆起或者抬升基础的效果。

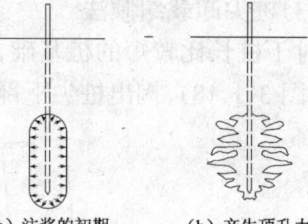

图3.1.22 压密注浆示意图

(2) 膨胀纠倾法的基本理论

膨胀纠倾法就是用机械或人工的方法成孔，然后将不同比例的生石灰(块或粉)、掺合料(粉煤灰、炉渣、矿渣、钢渣等)及少量附加剂(石膏、水泥等)灌入，并进行振密或夯实形成石灰桩桩体，然后利用石灰桩遇水膨胀机理进行纠倾(图3.1.23)。朱彦鹏研究了石灰桩的膨胀机理，基于弹性理论得出石灰桩膨胀桩径的计算公式，然后根据地基土孔隙比变化给出了基础下纠倾用石灰桩的体积计算公式。

石灰桩法具有施工简单、工期短和造价低等优点，混合膨胀材料的方法对于湿陷性黄土地区偏移建筑物的纠倾和地基加固，具有明显的技术效果和经济效益，目前已在多个纠倾工程中应用。

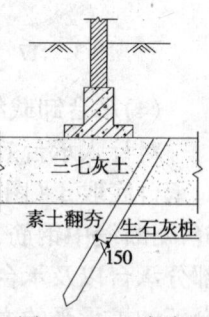

图3.1.23 膨胀纠倾法示意图

3.1.5.7 预留纠倾法

预留纠倾法根据预计的建筑物未来的倾斜状态(包括倾斜方向和倾斜量)而对各构件进行设计，使结构满足一定的抗变形能力。包括预倾法、预垫砂层抽砂法、预留顶升孔法和预留压桩孔法。其预先设计的方法则需要根据建筑物场地地层条件、建筑物的荷载和结构类型等情况，为将来最大限度地降低纠倾费用提供便利。

3.1.5.8 横向加载纠倾法

横向加载纠倾法主要是通过施加水平推力阻止其继续倾斜或者纠正其倾斜从而保证建筑物的安全正常使用。包括扶臂式挡墙法、花篮螺丝牵正法、顶推法、顶拉法。由于一般建(构)筑物荷载比较大，要想采用该方法纠倾往往需要很大的水平拉力或者推力，所以该方法只适用于小型的构筑物的纠倾或者基础的纠倾。

3.1.6 特殊建(构)筑物的纠倾

许多特殊的建(构)筑物由于自身的特点，其纠倾方法往往与一般建筑物有所不同。

3.1.6.1 烟囱纠倾

烟囱的特点在于其高度高、单体面积小、整体刚度大，由于偏心导致烟囱重心比较高，纠倾施工时可能使得回倾速度较快，这一点在施工时应特别注意，否则可能导致纠倾过正。根据场地条件和烟囱基础情况，烟囱的纠倾常采用多种方法综合施工，如反压法、降水法、掏土法等。目前，采用降水纠倾法完成了山东某电厂120m高的烟囱，采用辐射井射水排土对山西化肥厂100m高烟囱进行纠倾。

3.1.6.2 高层建筑物纠倾

高层建筑物荷载大，基础形式一般采用片筏基础、箱型基础或者桩基础。对于高层建筑物纠倾，由于纠倾的成败社会影响极大，因此应首先由有经验的单位和专家对建筑物的现状进行检查和鉴定,考虑该建筑物是否有纠倾的技术条件和经济价值,且勿盲目施工,否则可能使1995年武汉事故重演。国内有许多高层建筑物成功纠倾的报道,其中唐业清教授等在高层建筑物纠倾方面做了大量的研究和实践工作,其采用辐射井射水排土法成功对27层的哈尔滨齐鲁大厦进行纠倾,是目前国内纠倾扶正最高的一栋高层建筑。

高层建筑物常见的纠倾方法有掏土、截桩、断柱等,文献8对掏土和截桩纠倾法进行计算分析发现,截桩纠倾法对高层建筑物纠倾效果比较明显。

3.1.6.3 古建筑物纠倾

古代建筑物最常见的就是古塔、庙宇、楼阁、民居、古堡等,由于其建造年代久远,由于先天性不足或者人为破坏和自然破坏导致地基不均匀沉降,从而导致塔体倾斜。由于古建筑物整体刚度和基础刚度比较差,所以在纠倾之前往往需要对其进行结构和基础加固,如意大利比萨斜塔,我国都江堰奎光塔、眉县净光寺、兰州白塔等古建筑物的纠倾。由于古建筑物发生倾斜的原因各异,地质条件也千差万别,但纠倾方法大同小异,基本都采用掏土(砖)纠倾,包括直接掏土、钻孔取土、地基应力解除、深井深层冲水掏土等方法。当然大部分情况下都需要与其他纠倾方法联合,即与堆载预压法、局部顶升法等联合。

无论采用何种方法对古建筑物纠倾,都必须遵循以下原则:①应保证在纠倾过程中古建筑物变位协调,不产生附加应力,避免古建筑物的进一步破坏;②在纠倾过程中变位速度、方向人为可控,不应产生突然下沉,影响建筑物的安全;③应满足古建筑物的纠倾精度要求,并保持其长期稳定。

3.1.7 建(构)筑物纠倾加固技术

地基不均匀沉降导致建(构)筑物发生倾斜,而地基不均匀沉降的原因则是由于地基强度不好造成的。由于建筑物倾斜是一个不断发展的过程,无论采用何种纠倾方法,都不可避免的对沉降较大一侧造成影响,为保证纠倾精度及建筑物长期稳定,防止再次倾斜、纠倾过量或纠倾不足,应进行防复倾加固。即首先对沉降较大一侧的基础进行加固,纠倾完成后再对沉降较小一侧进行加固。最常见的基础加固方法是锚杆静压桩、定位墩、定位桩、定位梁、双灰桩、树根桩、压力注浆等加固方法。

对一次性纠倾到位的古塔及古建筑物,宜用刚性固定法,如钢垫板、钢楔子等锁定。对允许缓慢纠倾到位的建筑物,在设计定位装置时,其标高根据预留沉降量计算。

3.1.8 建(构)筑物纠倾监测和信息化施工

由于建(构)筑物纠倾的过程中,上部结构主体的受力体系也在发生变化,如果不能采取及时的措施,可能造成纠倾过程结构构件的开裂等情况,影响建(构)筑物的使用,因此信息化施工是纠倾施工的必要措施。

信息化施工除了做好跟踪纠倾建筑物及相邻建筑物的倾斜、沉降和裂缝外,还要密切观测周围地面沉降、隆起和裂缝以及场地地下水位变化。对建筑物实施纠倾措施后宜每天监测一次。对重要工程或危险性较大的纠倾工程,宜采用计算机智能控制系统,跟踪监测。现场监测系统应设置预警装置。纠倾工程的设计和施工人员通过这些及时反馈的观测数据,及时调整纠倾速度。如控制掏土速度和位置、降水的速度和位置、顶升的速度等,沉降大处施工速度慢一点或停止施工,沉降小处施工速度快一点。另外,还可以通过观测的信息及时调整纠倾方案,保证纠倾的成功。

3.1.9 结　语

建筑物纠倾工程是一个复杂的系统工程,技术难度高;同时还是一个风险比较大的工作,一旦纠倾失败将造成恶劣的影响,造成较大的经济损失。如果纠倾的措施控制不当,建筑物受力不均,上部的结构开裂甚至破坏。因此,在进行纠倾工程时需要进行详细的论证,弄清建筑物倾斜的原因,采取正确的纠倾措施。在实际纠倾工程中,往往采取多种纠倾加固方法综合使用,通过信息化的施工手段,保证纠倾工程的成功。

张　鑫　魏焕卫
(山东建筑工程学院工程鉴定加固研究所)

3.2　我国当前最高的纠倾建筑物
——哈尔滨齐鲁大厦纠倾工程的技术与实践

3.2.1　工程概况

哈尔滨市齐鲁大厦地上26层,地下2层,基底埋深9.9m,地上高度96.6m,框剪结构,箱形基础。主塔建筑面积19 000m²,裙房建筑面积7 400m²,总建筑面积26 400m²,主塔平面尺寸为26.10m×26.10m,箱基底板31m×31m(图3.2.1)。

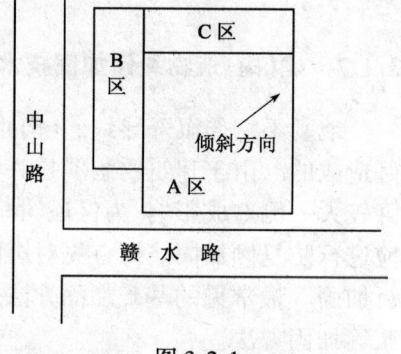

图3.2.1

该楼1993年开工,1995年12月主体完工;1996年3月发现倾斜,到1996年12月倾斜值达542mm,倾斜率6.05‰。

3.2.1.1　倾斜原因分析

首先,经过分析计算发现该楼存在严重偏心,由于建筑物造型不对称,导致荷载在地基平面上分布不均,使形心与重心偏移0.55m。其次,施工时出现严重失误,在重心偏移方向上建筑物基底底板襟边短缺0.4～0.9m,缺失面积20m²左右,加重了建筑物偏心程度,使偏心距达到0.9m。再次,施工主体完工后消防水池漏水,总量达2 600t,全部渗入地基土中,造成地基土承载力下降。

3.2.1.2　纠倾方案及实施

根据该楼地质条件、倾斜原因及大厦结构基础现状,经专家反复论证决定采用辐射井纠倾专利技术,采用压力注浆钢管锚桩技术及双灰井墩技术进行防复倾加固。该大厦自1997年1月纠倾开始至1997年7月结束,历时6个月。在纠倾和加固过程中采用多种技术措施和方法,目前经过近十年的使用已完全消除了大厦自身存在的隐患,取得很大的社会及经济效益。

3.2.2　纠倾工程的技术成果

在此次纠倾工程中,针对该大厦的本身特点,制定了几套纠倾加固方案及技术措施并反复论证进行优化,并强化了预防措施及信息处理。在方案实施过程中不断改进,总结为以下几项技术成果和措施,供参考。

3.2.2.1　辐射井纠倾技术

辐射井纠倾法属于迫降法,具有应用范围广、可控制性强、沉降均匀等特点,其原理是利用高压射水取土在建筑物基底下形成土洞,使土体产生塑性变形,产生沉降,达到纠倾目的。

(1)辐射井的布置

辐射井均布置在倾斜建筑物沉降小的一侧,射水孔一般在基础底面0.5~1.0m处,长度不超过转动轴。考虑射水孔长基础边缘处射水孔间隙大,不利于孔的压缩变形沉降,所以本次布置进行交叉射水,利于建筑沉降回倾。如图3.2.2所示。

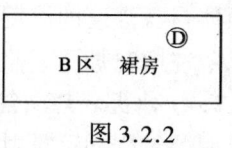

图3.2.2

(2)一井多用联合纠倾

由于主塔A区与裙楼C区的结构相连,在主塔A区回倾过程中,C区裙楼成为回倾阻力,必须同时与A区主塔回倾,否则C区结构将被破坏,产生裂缝。所以在C区C井采用一井多用法(图3.2.3)。在射水时先射下层,再射上层,同时根据回倾情况进行射水调整,以达到均匀沉降回倾目的。

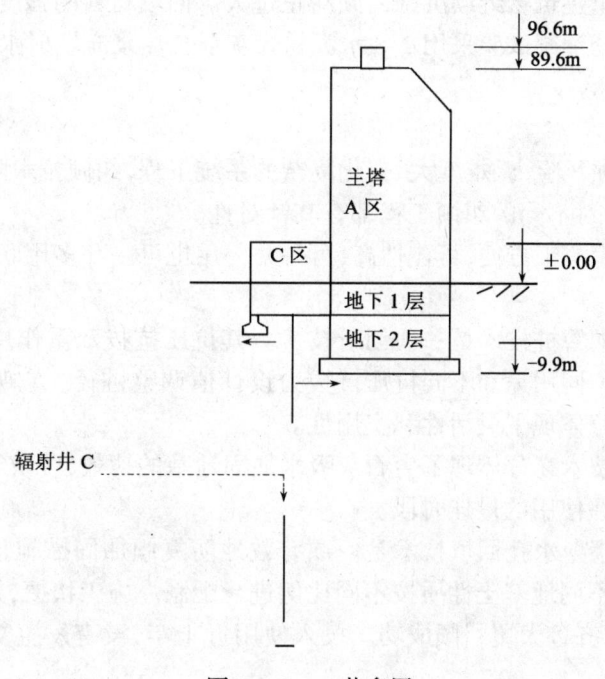

图3.2.3 一井多用

3.2.2.2 异形压力注浆钢管桩技术

为了克服建筑物大偏心的缺陷,消除偏心力矩影响,防止建筑物回倾,必须进行防复倾加固。在建筑物地下室内进行此项工作困难很大,经反复论证,决定采用异形压力注浆钢管桩技术。其原理:用专用设备成孔,利用钢管高压注浆形成可变径异形桩体,在不增加桩长的情况下,增加桩的侧摩及端承阻力,起到抗压抗拔的作用。

(1)布置及作用效果

为平衡偏心距,经过计算决定在基础偏心一侧设立16根抗压异形注浆钢管桩,在另一侧设立35根抗拔异形注浆钢管桩。受钢管材料自身性能及箱基底板和测试条件的限制,实测抗压桩单桩承载力为240kN,抗拔桩单桩抗拔力为200kN,而实际抗压、抗拔力要大于实测值,满足设计要求。在桩的施工过程中通过高压注浆形成变径异形桩体,使水泥浆被注入桩间土体中,既保持桩体的完整性又形成劈裂状的水泥岩脉,提高了桩体的侧摩阻力和桩端阻力。在成桩过程调整压力可能形成不同桩径体,以提高抗压能力。同时采用高性能钢管,和钢绞线联合使用,可提高抗拔力,用以满足不同的设计抗拔力要求。

3.2.2.3 双灰井墩加固技术

该大厦施工期间漏水使地基土承载力降低,在纠倾射水过程中也使地基土受浸,回倾后应恢复地基承载力。本次纠倾工程采用双灰井墩加固技术,其原理为利用生石灰加粉煤灰吸水反应放热膨胀作用来加固地基。原方案在大厦倾斜一侧设置10个双灰井,在纠倾施工过程中,根据实际情况改为5个双灰井墩。采用平硐式双向延伸1m,分层充填预注浆管。按顺序施工封顶后,注浆入低模数的水玻璃,同时注入少量水提高生石灰与粉煤灰的化学反应。水玻璃可起到提高墩体自身强度的作用。双灰井墩的施工是在建筑回倾即将满足设计回倾值时开始进行的,施工双灰井墩时加强了监测频率。

3.2.2.4 水泥粉煤灰注浆射水孔回填加固技术

纠倾过程因反复射水而留下很多纵横交错的射水孔,当建筑物达到设计回倾值时,及时进行射水孔的回填工作,防止建筑物继续沉降回倾纠正过大。回填材料的强度应和地基土强度相近。根据地基土性质,经现场配制试验采用2:8水泥粉煤灰混合注浆充填射水孔,效果明显。

3.2.3 结 语

(1)纠倾工程是一项风险高、难度大、变化复杂的系统工程,纠倾技术随纠倾工程的深入也在不断创新。每项技术针对不同的纠倾工程都有其针对性。

(2)辐射井纠倾技术施工方便,可控性高,可一井一用也可一井多用联合纠倾。形式多样,作用相同,事半功倍。

(3)异形压力注浆钢管桩技术是一项创新技术。其抗压抗拔双重作用是其他桩型无法替代的。可根据不同目的、不同用途和不同抗压抗拔力设计值调整桩径。它吸收了旋喷、成井、注浆等工艺技术的优点,充分体现了灵活性和实用性。

(4)双灰井墩加固技术充分体现了生石灰吸水加固地基的功效,可恢复地基土功能。在纠倾工程应用中,应注意掌握使用的最佳时段。

(5)水泥粉煤灰注浆射水孔回填技术是一项有效地防复倾加固措施,能充分回填射水孔,控制建筑物沉降;能依据不同地基土性质按不同比例进行配制。施工快捷,处理面大的均匀。

(6)应用上述技术,齐鲁大厦纠倾成功。投入使用近十年,没有发生复倾、沉降等现象,且裙楼也保持稳定。

何新东

(黑龙江省四维岩土工程有限责任公司)

3.3 迫降法建筑纠偏技术工程实践

3.3.1 基本情况

新兴县县城位于新兴江中下游,为新兴江的冲积平原区。其地层构成,除地表有1.5~3.0m黄褐色的粉质黏土层外,其下部多有1.0~8.0m不等厚度的淤泥或淤泥质土。该层含水量多大于70%,为高压缩土层。早期建造的民用建筑物,很少有工程地质勘察资料供设计人员采用,多凭表观经验确定地基土的强度,导致一些建筑物建造在较厚的淤泥或淤泥质土层上,地基沉降变形明显。当建筑物基础范围内的软弱层厚度分布不均匀时,会产生差异沉降量,导致建筑物明显倾斜,降低其安全稳定性,需通过纠偏加固施工才可继续使用。

建筑纠偏技术有多种方法,各有其优缺点。从大的方面讲,主要有迫降法和抬升法两大类。迫降法是通过工程技术手段迫使建筑物沉降较小一侧基础增加沉降量,达到与沉降较大一侧基础处于近似水平,从而使建筑物处于正常状态。该法具有工程量相对较小、平稳、工程费用低等优点,但它降低了建筑物的设计标高,对地面标高要求较严的工程不适用。

抬升法施工则相反,它是通过工程技术措施将建筑物沉降较大一侧,抬升一定高度来达到纠偏的目的。由于该法首先要对地基进行加固,因此,工程量相对较大,费用高,是纠偏施工中的"休克疗法"。其施工风险也相对较高,多用在大型建筑的纠偏工程中。结合新兴县地基土特性及建筑物的实际情况,多选用迫降法纠偏,取得了较好的效果,积累了一些有益的施工经验。

3.3.2 某住宅楼纠偏

某住宅楼由 A、B 栋构成,其中 A 栋为砖混结构,占地面积 17.7m×9.3m。该建筑沿横向倾斜量达 28.6cm,相对倾斜率 14.3‰。B 栋为混凝土框架结构,占地面积 17.7m×10.5m,沿纵向倾斜量达 46.8cm,相对倾斜率 23.4‰。两栋楼相距仅有 10.0m,平行布置。原设计两楼均为 5 层,片筏基础,施工时临时决定在每柱基下方加设 5 根直径约 10cm 的木桩,木桩入土深度多为 2.0m,建筑物也由原设计的 5 层改为 6 层。但在第 6 层尚没建成时,两楼均发生了不均匀沉降。位于北侧的 A 楼以向南倾斜为主,位于南侧的 B 楼以向北倾斜为主。补充勘察表明,两楼之间的地基土为河湖淤泥,A 栋位于北岸边缘,B 楼刚好位于南岸边缘,两楼均是因为地基土分布不均匀而引发差异沉降,造成建筑物的倾斜。

在制定纠偏施工方案时了解到,在片筏型基础下方填有厚约 0.5m 的砂层可供利用。考虑到柱基下方打有木桩,桩尖持力层为可塑状亚黏土,有可压沉的地基条件。因此,对两栋住宅楼均采用了在沉降量较少一侧基础下方掏砂,迫使其下沉来调整两栋住宅楼的倾斜量。

施工中发现,单用掏砂法纠偏,效果不理想。后来,采取在地板上堆压砂包、水压冲击减弱木桩摩阻力等辅助手段促使桩体在上部荷载作用下沉降,效果明显好转。最终达到了纠偏施工要求,两栋住宅楼经纠偏,均达到了倾斜率小于 4‰的目标。

对沉降量较大、地基土强度较低的一侧选用钻孔灌注桩加传力平台的方法加固,纠偏成果得到有效维持。A、B 两栋住宅楼均未发生进一步倾斜。

3.3.3 某住院楼纠偏

某住院楼建于 1992 年,底部总面积 146.68m²,高 11.3m,3 层框架结构。施工时发现部分墙柱朝东南方向发生明显位移,并随时间的推移,倾斜量不断增加。1996 年 10 月测得其楼顶已经向外倾斜移位 16.2cm,倾斜率达 14.34‰;另一方向倾斜位移 6.9cm,倾斜率达 6.11‰。双向倾斜量均大于其允许值,因此,需对其实施纠偏加固施工。

地基补做勘察表明,该楼采用埋深 1.5m 的条形基础,置于淤泥质亚黏土上。而该淤泥质土呈流塑状态,厚约 5.0m,其间夹厚薄不一的泥炭层,含水量高达 126%,孔隙比 2.54,标贯试验实测锤击数 2.0~3.7 击,承载力特征值仅有 35kPa 左右。由于淤泥质土层中不同部位夹有厚度不一的泥炭层,泥炭层较厚的东南面,沉降量也相应较大,从而形成沉降差,导致房屋倾斜。

根据该住院楼地基土情况,选用应力解除法对建筑物进行纠偏加固。为消除纠偏施工可能对附近建筑物的影响,首先对西侧的连体建筑物进行了分离施工,截断相连结处地梁,并用基础加固桩替代地梁承载。其次,对位于住院楼北侧的办公楼,采用微型钢管桩进行隔离,避免由于住院楼的纠偏施工引起办公楼的人为倾斜。最后再施打应力解除孔,并采取如射水、加压等辅助手段促使地基土的淤出。采用监测数据指导施工的进行,使住院楼按人为沉降速度回倾到正常状态。对纠偏扶正后的建筑物基础,在地基强度较差一侧,选用钻孔灌注桩,上加与原基础连结一体的承台进行加固,最终取得了较好的纠偏效果。纠偏施工布置情况如图3.3.1所示。整栋建筑经纠偏,由原来14.34‰的倾斜率扶正到小于4‰,达到了安全使用的目的。

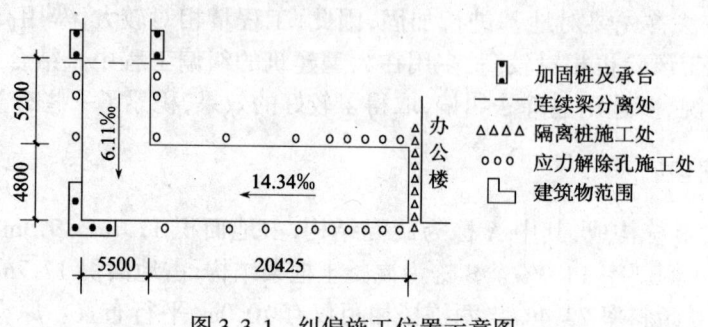

图 3.3.1 纠偏施工位置示意图

3.3.4 结 束 语

工程实践表明,建筑纠偏技术的选用,应结合工程所在地的土层情况及建筑物的结构特点选取;同是迫降法,其施工工艺措施,也应根据土层和基础形式的不同而异。只要方法得当,均可取得较好的纠偏加固效果。

王士恩[1]　吴木林[2]

(1 广东省水利水电科学研究院;2 新兴县第七建筑工程公司)

3.4 非线性理论在纠倾工程中的应用研究

3.4.1 引 言

目前,建(构)筑物的设计计算以刚体力学和线性小变形力学为基础,地基和结构通常只考虑弹性变形和一小部分塑性变形。比如,确定地基承载力时,主要考虑地基的弹性变形,将塑性区严格限制在一个较小的范围内。地基沉降设计计算,多采用分层总和法和规范法。前者将地基视为均质连续、半无限空间各向同性线性弹性体,按弹性理论计算土中附加应力。后者也是按弹性理论计算土中附加应力,采用一维压缩试验确定土的压缩模量,并采用经验系数加以修正。我国规范规定在风荷载和地震(小震)作用下,建筑结构处于弹性状态,其内力及位移分析计算采用弹性方法。除少数情况下,构件的刚度一般采用弹性刚度。

但是,倾斜建(构)筑物在纠倾过程中,地基土普遍进入塑性大变形阶段,部分结构也出现塑性变形。迫降法纠倾时,当地基土比较均匀、荷载很小时,地基土的应力应变呈线性关系。但对分层地基或荷载较大的建筑物地基(大部分纠倾工程属于此类),应力与应变不遵守直线关系。在回倾速度较快、或回倾过程中遇到较大的荷载(如地震、热带风暴)等一些情况下,建(构)筑物一些结构构件也进入弹塑性状态,多表现为梁、板、柱、墙体开裂或产生较大变形等,应力与应变也不再遵守线性关系。

大量的纠倾实践证实,建(构)筑物在纠倾工程的整个力学过程中,不服从力的叠加原理,力学平衡关系与各种荷载(包括原有的各种永久荷载和可变荷载,以及纠倾施工中所施加的各种荷载)特性、加载过程密切相关。纠倾作用力的施加顺序不同,结果有着较大的差别,同时对边界条件和初始条件也比较敏感。这些特点说明建(构)筑物纠倾所表现出的力学效应是非线性的,遵循非线性力学规律。因此,建(构)筑物纠倾设计不能简单地利用参数设计来代替,应建立在非线性力学理论的基础之上,采用非线性力学的设计理论和方法。

3.4.2 工程概况

3.4.2.1 建筑物概况

该住宅楼位于海口市海甸岛,7层框架结构,建筑高度23.0m,建筑面积770m²,采用钢筋混凝土灌注桩基础,桩径600mm,桩长4.0m,桩尖标高为-5.6m,基础梁断面尺寸为600mm×700mm,基础梁标高为-1.60m。该住宅楼的基础平面图和2~7层平面图分别如图3.4.1和图3.4.2所示,图3.4.3为该住宅楼纠倾前的倾斜状况。该住宅楼于1994年竣工并投入使用,但在施工过程中便发生倾斜,以后倾斜继续发展。1996年5月的测量结果表明,住宅楼向北倾斜237mm,向西倾斜495mm,倾斜合成矢量为549mm,方向为NWW19.4°,单面最大倾斜率为21.5‰。该建筑物的倾斜量为《房屋增层和纠倾技术规范》中纠倾合格标准4‰的5倍多,同时也严重超出了我国《危险房屋鉴定标准》中规定的1%的标准(23m×1%=230mm)。该建筑物属于严重危险建筑物,如不立刻进行纠倾扶正,则不能继续居住和使用,应予以报废。

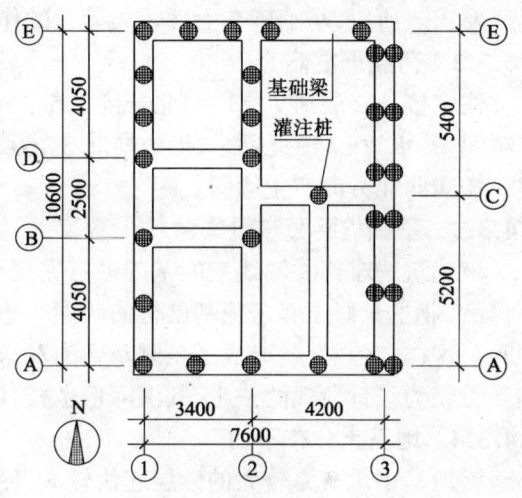

图3.4.1 基础平面图

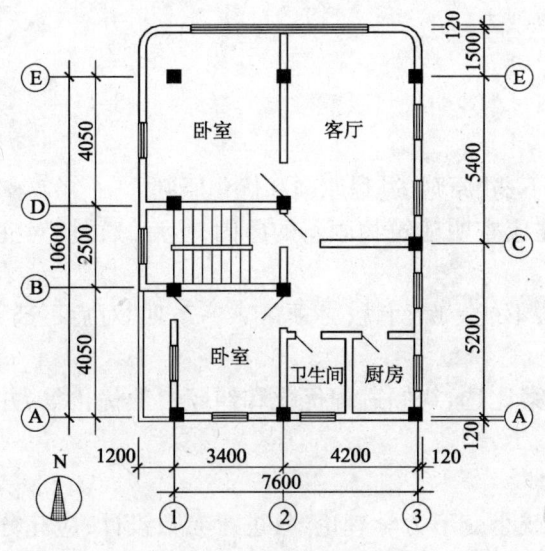

图3.4.2 2~7层平面图

图3.4.3 住宅楼倾斜状况

3.4.2.2 工程地质

该工程没有进行地质勘察工作，整个场地是围海造地形成的。从后来加固开挖的情况看，土层从上到下分布为：杂填土、淤泥（$f_{ak}=40\text{kPa}$，$c=0.08\text{kg/cm}^2$，$\delta=4.5°$）、中细砂（厚度约 0.5m，砂层从东南方向到西北方向的标高由 -3.5m 降低至 -5.0m）、亚黏土（$f_{ak}=130\text{kPa}$，$c=0.1\text{kg/cm}^2$，$\delta=15°$）。

该场地的地下水位标高为 -1.0m。

3.4.3 事故分析

造成该建筑物严重倾斜的主要原因有以下几个方面。

3.4.3.1 基础桩的单桩承载力严重不足

由于有效范围内的地基土大部分为杂填土和淤泥土，仅有一薄砂层，基础桩的单桩承载力较小，其极限承载力仅为 200kN，而建筑物作用于每根桩的竖向力却为 240kN，超出承载力，不符合规范要求。所以，基础桩在上部较大荷载的作用下，必然产生较大的沉降。

3.4.3.2 荷载严重偏心

住宅楼从 2 层到 7 层均向北悬挑 1.5m，向西悬挑 1.0m，并且在 7 层的楼梯间正上方建造一水箱间，蓄水 10t。由此而来，形成向北 3 760kN·m 的倾覆力矩和向西 4 100kN·m 的倾覆力矩，使建筑物向西北方向产生倾斜。

3.4.3.3 基础桩平面布置失误

该建筑物东侧③轴线上的基础桩打完之后，邻居认定桩位超出建筑红线，侵占了他人地盘。不得已，业主只好紧邻东侧基础桩的西侧一边又打了一排基础桩，③轴线基础梁则置于两排桩的中间。这样，客观上就形成了东侧基础为双排桩，而其余基础均为单排桩，③轴线上基础桩的单桩受力仅为设计荷载的一半，其沉降量也较其他基础桩大为减少。

3.4.3.4 地基土分布不均

该地基中承载力较大的砂层起伏较大，使得基础桩承载力由东南向西北方向递减，沉降量递增。

3.4.3.5 负摩擦力影响

由于持力层部分的地基土大部分属于新近回填土，这些欠固结土的沉降对基础桩产生向下的负摩擦力，形成下拉荷载，进一步削弱了桩基的承载力。

3.4.4 非线性纠倾设计

3.4.4.1 非线性纠倾原则

建筑物非线性纠倾设计应遵循的原则是"对症下药"原则、过程原则和优化原则。

(1)"对症下药"原则　建筑物纠倾设计时，首先应查明建筑物倾斜的原因，然后，通过"对症下药"的纠倾措施，达到"改斜归正"的纠倾目的。

(2)过程原则　建筑物纠倾是一个复杂的过程，不能一蹴而就，必须依靠一系列"对症下药"的措施逐步来实现。

(3)优化原则　建筑物的优化纠倾包括纠倾方案比选、纠倾过程优化和纠倾参数优化等，并应满足三个条件，即缓慢启动、均匀回倾、平稳锁定。

3.4.4.2 非线性纠倾设计程序

建筑物纠倾设计比较复杂，不能按照刚体力学或小变形力学理论，只进行参数设计；应充分考虑各种因素，按照非线性理论，采取工程对象分析、力学对策设计、过程优化设计和最优参数设计等设计程序。

(1) 工程对象分析　首先要面向工程对象,对倾斜原因(包括规划、勘察、设计、施工、管理、使用和自然灾害等)进行全面、深刻分析,准确地找到其症结所在,并分清主次矛盾。如果没有找到建筑物倾斜的真正原因,或者是倾斜原因分析得不够全面,很可能导致纠倾工程的失败,甚至弄巧成拙。

(2) 力学对策设计　根据建筑物的倾斜原因,分析作用在建筑物上的各种荷载特征,综合考虑纠倾建筑物现状、工程性质、结构类型、基础形式、整体刚度、荷载特性、工程地质、水文条件、环境情况等因素,然后进行力学对策设计。

建筑物非线性纠倾工程设计时,要对各种纠倾方法的适用范围、工作原理、作用特性、施工程序等了如指掌,同时应根据实际情况灵活运用。如果纠倾措施不力,可能导致倾斜建筑物纠而不动,甚至越纠越偏。相反,如果因地制宜地采用恰当纠倾对策,会收到事半功倍的效果。纠倾扶正方案应从安全可靠、经济合理、施工方便等方面进行认真比选,挑选出最佳方案。

本纠倾工程的住宅楼为短桩基础,周围建筑物较密集,纠倾方法采用综合纠倾法,其中包括桩身卸载法、基础梁卸载法和加压法等。

(3) 过程优化设计　对各种纠倾方法的施加方式和施加过程进行研究,尤其是要认真分析同时采用综合纠倾法和逐一采用单种纠倾法的力学效果,并分析各种纠倾方法的施加顺序。实践证明,相同的力学对策,不同的过程,其纠倾效果相差很大。

(4) 最优参数设计　在力学对策设计和过程优化设计的基础上,对最佳纠倾过程再进行最优参数设计。需要指出的是,同一种纠倾方法,在不同的工程地质、水文条件和环境情况下,参数设计可能相差较大。

3.4.4.3　非线性纠倾设计计算

(1) 设计最终沉降量、倾斜量(包括水平变位值、倾斜角等)和倾斜方向。

(2) 计算倾斜建筑物基础形心位置和偏心距,其中偏心距按下式计算。

$$M_p = (F_k + G_k)e + M_{Hk}$$

式中　M_p——倾斜建筑物基础底面偏心距;
　　　F_k——相应于荷载效应标准组合时,建筑物上部结构传至基础顶面的竖向力值;
　　　e——倾斜建筑物偏心距;
　　　M_{Hk}——相应于荷载效应标准组合时,水平荷载作用于基础底面的力矩值。

(3) 计算基础底面压应力

$$p_k = \frac{F_k + G_k}{A}$$

$$p_{k\,min}^{k\,max} = \frac{F_k + G_k}{A} \pm \frac{M_p}{W}$$

式中　p_k——相应于荷载效应标准组合时,基础底面平均压应力值;
　　　$p_{k\,max}$——相应于荷载效应标准组合时,基础底面边缘最大压应力值;
　　　$p_{k\,min}$——相应于荷载效应标准组合时,基础底面边缘最小压应力值;
　　　A——基础底面面积;
　　　W——基础底面抵抗矩;
　　　G_k——基础自重和基础上的土重。

(4)确定回倾方向。回倾方向取住宅水平变位合成矢量的反方向。

(5)确定纠倾时建筑物基础转动轴。根据偏心荷载作用基底压力计算图,建筑物纠倾转动轴位置取距沉降大的一侧基础长度的1/3～1/4,并应根据纠倾进展情况适时调整。

(6)根据基底压力图设计迫降位置和数量(采用顶升法时,确定顶升位置和机具数量)。

3.4.5 非线性纠倾施工

按照非线性纠倾原则,纠倾施工过程分为迅速止倾、缓慢启动、均匀回倾、平稳锁定等四部分。

3.4.5.1 准备工作与止倾并举

6月20日,首先开挖地面进行承台梁卸载,并为桩体卸载创造条件。承台梁卸载从两方面进行,一方面首先卸去压在住宅楼①轴线和Ⓔ轴线承台梁上的回填砂,同时将这些回填砂搬运到室外,压在③轴线和Ⓐ轴线附近。另一方面,在③轴线和Ⓐ轴线的承台梁下隔段掏土,破坏承台下土体阻力。

承台梁卸载和压重的顺序、数量等应进行过程优化,使倾斜建筑物迅速止倾,并缓慢地进行回倾。承台梁卸载后该建筑物向东回倾了5mm,向南回倾了2mm。

3.4.5.2 缓慢启动,均匀回倾

根据建筑物平面刚度和各方向的倾斜情况,进行过程优化设计和参数优化设计,确定倾斜建筑物的回倾程序,从而再确定卸载桩的数量、卸载桩的位置、单桩卸载量等。

7月1日建筑物纠倾正式开始,利用钢管射水对③轴线和Ⓐ轴线的基础桩,以及建筑物内部各轴线上基础桩分阶段进行"桩身卸载",破坏土体对桩身的部分摩擦力以及桩尖部端阻力,降低基桩的承载力,使其按照纠倾设计方案产生沉降。桩体卸载与建筑物回倾的关系如表3.4.1所示。

表3.4.1 桩体卸载与建筑物回倾关系

射水次数(第 n 次)	射水深度(m)	向南回倾量(mm/次)	向东回倾量(mm/次)
5	3.5	0	2
6	3.5	0	3
7	3.5	0	2
8	3.5	0	2
9	4	1	2
10	4	0	4.5
11	4	1	3.5
12	4	0	3
13	4.5	1	6
14	4.5	1	6
15	4.5	1	7
16	4.5	1	6

注:表中仅列举了具有代表性的部分数据。

采用桩基卸载法纠倾,摩擦端承桩基础的建筑物的回倾规律可总结为:桩侧摩阻力减少50%时,建筑物开始回倾,其速度为1~3mm/次;桩侧摩阻力减少70%时,建筑物回倾速度为2~4mm/次;桩侧摩阻力减少90%时,建筑物回倾速度为4~7mm/次。每个回合的"桩身卸载",当完成预定1/2工作量时,建筑物开始回倾;当完成预定全部工作量时,建筑物回倾量达到本次总回倾量的1/2;在其后的4~5h以内,建筑物再回倾1/2,以后的时间里建筑物基本不动。

3.4.5.3 建筑物平稳锁定

当倾斜建筑物回倾到接近纠倾标准时,应不失时机地采取"滞动"措施。滞动措施最好也是加固措施,一举两得。本工程采用调整射水桩的数量、减少射水孔数量和"沉砂"等方法达到回倾滞动和基础加固相统一。

9月15日,建筑物向北回倾至75mm,向西回倾至59mm,符合我国《建筑地基基础设计规范》、《房屋增层和纠倾技术规范》和《建筑桩基技术规范》中的相关规定(23m×4‰=92mm)。考虑到紧邻该住宅楼的东、南侧为拟建住宅楼(其中南侧住宅楼基础已施工),相邻建筑物的建造对该住宅楼将要产生一定的影响,届时该住宅楼还要有少量的回倾,所以纠倾工作到此为止。在纠倾过程中,建筑物按规律平稳回倾,没有发生结构开裂、破损等严重的质量事故,纠倾工作圆满完成。该住宅楼的回倾曲线如图3.4.4所示。

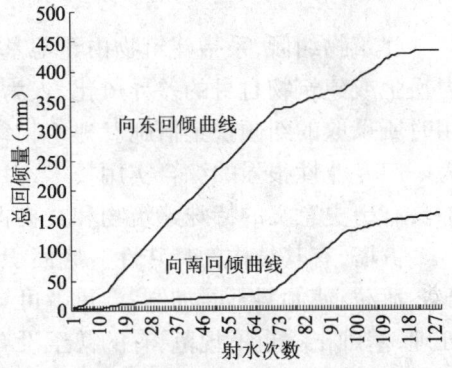

图3.4.4 建筑物回倾图

3.4.6 防复倾加固

鉴于建筑物的底层已经开挖,所以采用"静力压入桩"进行防复倾加固。

压入桩截面为240mm×240mm和200mm×200mm两种形式的钢筋混凝土方桩,桩尖桩段长为1350mm,其余桩段长为800mm,采用硫磺胶泥锚接进行分段接长。

静力压入桩布置在①轴线和⑥轴线承台梁下,以基础底面为反力支托,用千斤顶将桩压入地基中,解决原基础桩单桩承载力不足的矛盾,并起到加固基础的作用。静力压入桩加固如图3.4.5所示。

在整个纠倾与加固过程中,对周围环境采取了多种保护措施,并对原建筑物的布置进行了调整,以达到美观效果。

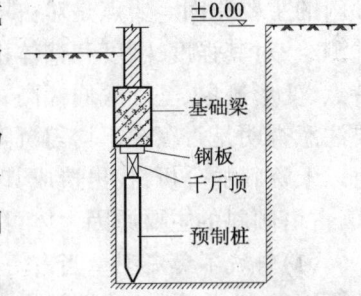

图3.4.5 静力压入桩加固示意图

3.4.7 结 语

建(构)筑物的设计计算是以刚体力学和线性小变形力学为基础,但是,建(构)筑物纠倾过程所表现出的力学效应是非线性的,遵循非线性力学规律。本文将非线性理论引入建筑物纠倾设计,并结合某严重倾斜住宅,探讨非线性纠倾设计原理、非线性纠倾特点和非线性纠倾设计计算方法等,详细介绍了以桩基卸载法为主要手段的综合纠倾法实施非线性纠倾以及防复倾加固的成功实例,为非线性理论在纠倾工程中应用提供了一些成功的经验。

但是,建(构)筑物纠倾工程是从实践中发展起来的一门科学,对实践的依赖性很大,完全按照非线性理论进行设计与施工,目前的条件尚未成熟。然而,作为一种理论指导和发展方向,非线性纠倾应大力倡导,并不断进行实践和总结,使纠倾工程更具有科学性和实用性,为国家挽回更多的损失。

李启民[1] 唐业清[2]

（1 山西省信息工程设计院；2 北京交通大学）

3.5 古塔纠倾中某些技术关键的思考

3.5.1 前　　言

建筑物纠倾,系指建筑物由于地基、基础或本身因某种原因如地震、水害、加载、卸载、侧向应力松弛或建筑物自身的差异风化、人为破坏等造成建筑物倾斜超过规定限度,严重影响其正常使用时所采取的纠倾扶正措施。建筑物纠倾扶正技术,随着国民经济的发展和科技进步,已逐渐成为一门专业性很强的综合实用技术,对恢复缺陷建筑物的使用功能,拯救危险建筑物,特别是保护具有历史意义的特殊建筑物和文物古迹起着极为重要的作用。

古塔,有其结构的特殊性。底面积小而高度大,重心高稳定性差,稍有倾斜,就会产生较大的偏心荷载,使倾斜不断加剧,严重者可导致倒塌。古塔一般建于天然地基之上,对地基未做任何处理,基础工程也不规范,有的甚至没有基础。再加之年代久远,多属于砖石、砖木结构,风化破坏严重,整体性及刚度均较差。古塔作为文物,不能再生,对其实施纠倾比一般建筑物风险更大,故对其关键技术必须认真对待,确保纠倾过程中安全可靠、平稳可控。

3.5.2 纠倾前必须认真查清倾斜原因,做好必要的加固

在对古塔实施纠倾以前必须进行详细工程地质勘察,通过调查、测绘、勘探等手段查明造成倾斜的主要原因。要点是对古塔的变形迹象、变形历史、结构特点、倾斜方向与倾斜度详细调查并测绘;对其强度、刚度和整体稳定性进行评估;对地基基础状况详细勘探,查明基础形式、结构特点、变形迹象、基础底面标高;地基土的地层结构岩性、含水情况、地下水位、承载能力等,特别要注意查明是否存在不均匀沉降的条件以及古塔所在场地斜坡土体的整体稳定性等问题。通过对以上资料的分析,找出造成其倾斜的直接原因和间接原因,确定纠倾加固方案。根据研究和实践,古塔倾斜的主要原因大体可归纳为以下几种类型:

(1)斜坡不稳定型　当古塔处于斜坡之上,因斜坡本身不稳定而导致古塔倾斜。斜坡不稳定的原因很多,如滑坡、边坡坍滑、开挖坡脚使坡体应力松弛等。古塔倾斜方向一般与斜坡变形方向一致,如兰州白塔山白塔和延安宝塔的倾斜就属于此种类型。对于斜坡不稳定型的古塔纠倾前必须先加固斜坡,否则纠倾是徒劳的。

(2)地基不均匀沉降型　这种倾斜原因是由于地基土的不均匀造成的,如岩性不一样,一侧硬一侧软;或一侧含水量大,一侧含水量小;或不均匀加载造成地基土的不均匀沉降。特别是湿陷性黄土地区含水量的影响特别敏感,多数的古塔倾斜就属于此类,如兰州烈士陵园纪念塔、陕西眉县净光寺塔等,对于这类建筑物的倾斜,纠倾前后需做好地基加固,强化软弱地基土层是必须的。

(3)建筑物本身产生不均匀破坏型　建筑物本体在外力(如地震、洪水、雷击、炮击等)作用下或不均匀风化条件下,使古塔自身产生不均匀破坏造成倾斜。这种类型一般产生于年代久远的古建筑物中,如四川省都江堰奎光塔就是典型的实例。对于这种建筑物的倾斜,首先必须加固建筑物本身,使其满足纠倾和使用过程中的强度、刚度要求。

(4)综合型 即不是单因素原因,而是上述两种或两种以上因素共同作用的结果。在这种情况下应该在众多原因中分清主次,针对主因做好纠倾和加固工作。

纠倾只是将已倾斜的建筑物通过各种有效途径将其扶正,使其恢复使用功能,但要保证这种扶正具有长效性,就需针对不同的倾斜原因采取相应的加固措施。加固工程是纠倾工程中的一个重要组成部分,决不可等闲视之。

3.5.3 古塔纠倾方案的选择

纠倾加固方案的选择,是实施纠倾加固工程之前的一个极为重要的步骤。方案选择得当是纠倾工程重要保证,它关系到纠倾实施的可行性、可靠性和经济性。方案比选实质是纠倾方法的选择,常用的纠倾方法大体可归纳为三种,即迫降法、顶升法和组合法。具体选用哪种方法,必须因地制宜,根据现场条件,特别是针对造成倾斜的原因,当地的地质岩性情况,建筑物本身的结构、刚度、稳定性以及建筑物的重要程度等加以比选论证,找出最优方案。

对于古塔这种特殊建筑而言,无论选择何种纠倾方案,均应做到变形协调、变位同步,减少塔体因附加应力造成进一步的破坏;纠倾方向和速度人为可控,保证纠倾过程的绝对安全。

各种纠倾方案都存在优点、缺点,适用各种不同的条件。实践证明,组合方法因可以取长补短,优于单一方法,如果能做到科学协调组合,实施力的合理转换则会显示出更大的优越性,这是值得我们认真考虑的一个问题。

中铁西北科学研究院受四川省都江堰政府的委托承担了奎光塔纠倾加固工程的任务。经详细勘察发现高52.67m,重达34 600kN的奎光塔,地基土为致密的自然砂卵石层;基础为条石层和卵石土垫层,地基基础基本完好,承载力也够,并无明显的不均匀下沉。造成塔体倾斜的原因主要是地震力作用塔体产生不均匀破坏。根据这一特殊情况,常规方法均不合适,在地基中掏土纠倾,不仅技术难度大且无必要;考虑到塔身倾斜主要是一侧压缩,一侧拉伸,问题出在塔身,不在地基基础。正好塔底有一护台,护台至基础顶面尚有60cm高的空间,在这一范围内除去一三角形楔体使塔体纠倾扶正,既便于施工也利于隐蔽,且不会破坏地基基础的原有平衡条件。根据计算,楔体高度不超过25cm,尽管塔身掏砖尚无先例可循,但砖体材料均匀单一,易于钻孔,只是掏取脆性材料时存在"突沉"的安全隐患,相对而言,在塔身上作文章容易一些。经过充分的研究论证,最终决定在塔底部首次尝试掏砖纠倾,采用钢筏承托,并提出迫降、顶升组合协调纠倾方法,即复式纠倾方法,其作用原理如图3.5.1所示。

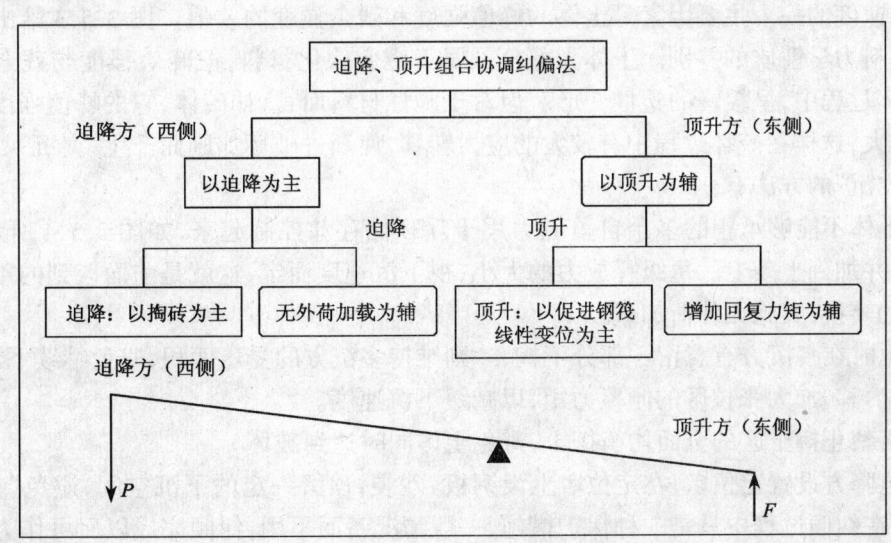

图3.5.1 迫降、顶升组合协调纠倾法原理

此方法作用机制可归纳为四点,即迫降顶升组合协调机制、千斤顶控制,掏砖不变形机制,无外荷加载机制,砖条渐进破坏机制,其应力图形如图3.5.2所示。

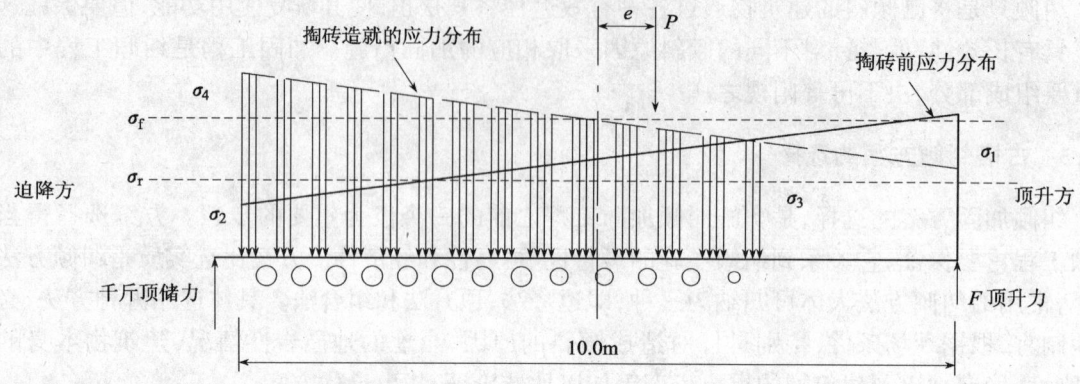

图3.5.2　迫降、顶升组合协调纠倾法的应力图形

实践结果表明,把迫降法与顶升法科学地结合起来,使其作用互补,变位协调,提高了纠倾的效率,缩短了纠倾时间,达到了可控精确纠倾的目的。利用千斤顶储力,实现了力的合理转化,达到了无外荷加载的目的,使整个纠倾过程置于严密的可控状态,避免了"突沉"的危害,保证了纠倾的绝对安全。通过这个实例得到了一个启示,纠倾方法的科学组合大有可为,是古塔科学纠倾的一个发展方向。

3.5.4　关于"突沉"的理论分析及防止方法

所谓"突沉"是指在掏土过程中由于掏土量过大,使一部分剩余土条压应力超过土体的峰值强度后突然产生压缩破坏而降至残余强度,沉降速度过快的一种变形现象。"突沉"对古塔纠倾影响很大,轻则使古塔造成进一步破坏,重则造成古塔倒塌,因此必须避免。

"突沉"一般发生在无控制措施的掏土自重纠倾情况。当塔体刚度较大时,哪怕一部分土条应力已大于土体强度,但仍不会产生破坏变形。当压力足以使塔身旋转时,迫降方边缘土体会产生破坏,使渐进破坏开始进行,此时是否产生"突沉",完全取决于渐进破坏发展的速度。影响渐进破坏发展速度的一个主要因素是土体的峰值强度和残余强度的差值。图3.5.3给出了土体和砖体两种材料力学性质的差别。土体大部分虽属于应变软化材料,但峰值强度与残余强度差值较小,在破坏过程中,呈缓慢的塑性变形。但对于脆性材料而言,如砖体,它的峰值强度与残余强度值差异很大,这样在破坏过程中有较大的应力转移,使渐进破坏加剧而产生"突沉"。

防止"突沉"的方法有:

(1)把土体不能够承担的多余自重应力用千斤顶储存和控制起来,如图3.5.4所示,然后分级卸载释放并加到土条上。每级释放力的大小,视下沉速度而定,这就是前面谈到的用千斤顶储力,实现力的转换,实施无外荷加载。

(2)掏土时在多沉方有意留一部分不掏,一则维持多沉方的受压面积,避免继续下沉;二则利用旋转轴的内移,加大张拉区的倾覆力矩,以减缓下沉速度。

(3)严格禁止掏土区的全面均衡掏土,避免土体同时达到破坏。

(4)在迫降方设置定位墩,在定位墩上设钢板、砂袋,预留一定的下沉空间,避免"突沉"的发生。定位墩在纠倾过程中只是一种保护措施,一般情况备而不用,纠倾完成以后可作为一种防复倾措施。

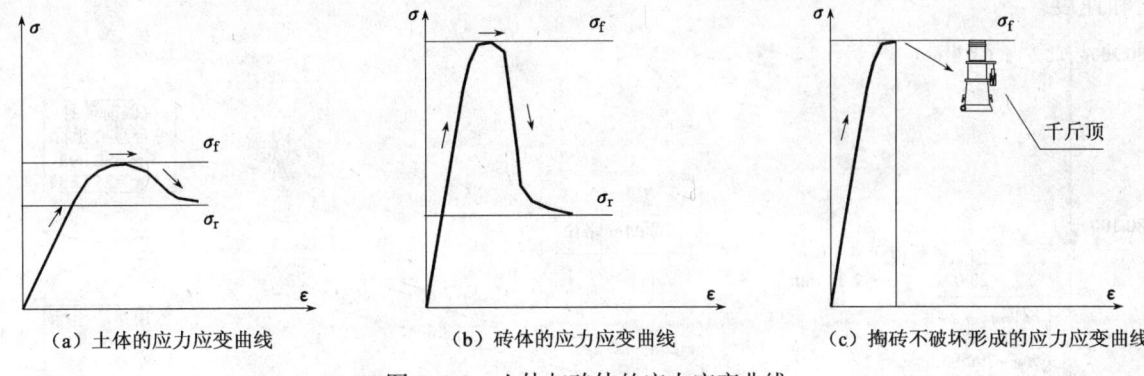

(a) 土体的应力应变曲线　　　(b) 砖体的应力应变曲线　　　(c) 掏砖不破坏形成的应力应变曲线

图 3.5.3　土体与砖体的应力应变曲线

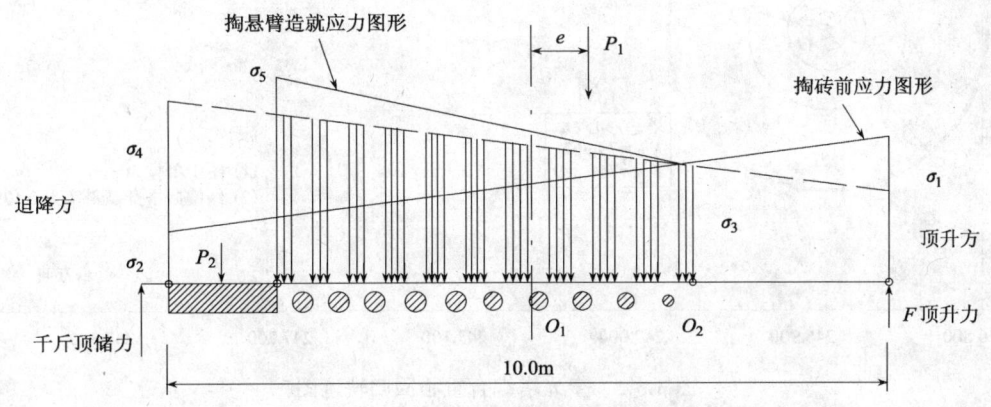

图 3.5.4　无外荷加载机制示意图

3.5.5　建立严密监控系统,快速进行信息反馈

严密的监控系统和快速信息反馈系统是确保古塔纠倾顺利进行的重要保证。纠倾参数的不断调整,安全性评判,判断纠倾回归路线和确定最终成果等,全靠监测数据的反馈。严密的监测系统包括：

(1)塔身定位观测与多点定时跟踪观测　用全站仪交会观测塔尖、塔身固定测点的位移,并绘制塔尖或塔体重心坐标位移轨迹图,如图 3.5.5 所示。

(2)塔身沉降观测　在塔底布置测点并安设电子位移计和千分表,以监测塔身的沉降值。这种监测手段的特点是直观,速度快,可随时采集数据进行分析,但精度较差,干扰大,因此还需同时设立水准点,进行水准测量,以便确定准确的沉降值。

(3)倾斜盘监测　在塔身的不同高度设置倾斜盘,以监测塔身在纠倾过程中的变位,确定塔身位移是否同步,有无附加应力产生。

(4)千斤顶受力监测　所有千斤顶均应配备荷载传感器,用 U-CAM 数据采集仪随时监控千斤顶的受力状况。

以上监测手段,既可以单独使用,又可以互相核对,以求数据准确。监测系统的配置,可根据工程难易程度和重要性选定。

纠倾过程中的信息快速反馈十分重要,如千斤顶的受力状态、塔体沉降量、塔尖或重心坐标的位移、回归方向及速度等。将 U-CAM 数据采集仪收集到的数据进行各种计算和分析,绘制塔尖或重心的位移轨迹图,并与理想回归线进行比对,以便及时调整千斤顶加力系统,控制纠倾方向和速度。

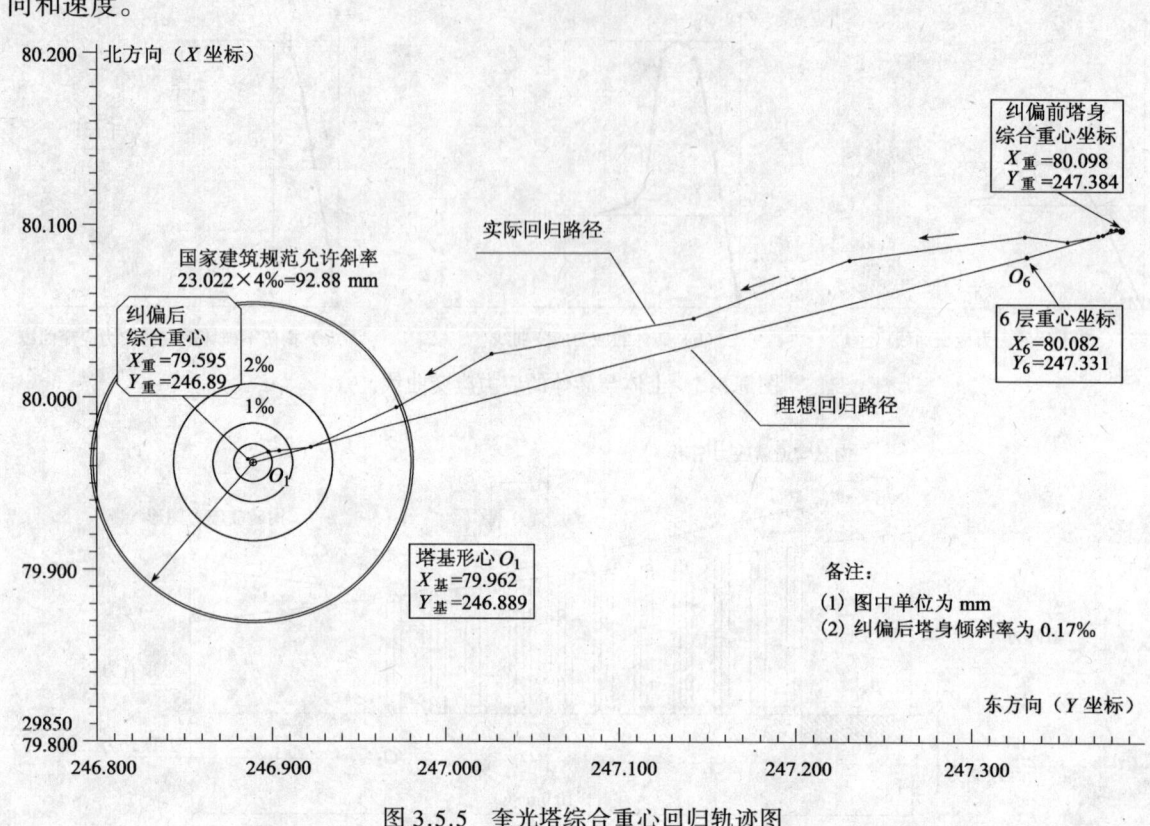

图 3.5.5 奎光塔综合重心回归轨迹图

3.5.6 结束语

我国是一个多塔的国家,现存的古塔近万座,它是人类文化遗产的重要组成部分,由于年代久远,这些古塔大多发生不同程度的倾斜和破坏。研究古塔的倾斜及变形机理,对拯救文化遗产有着极为重要的意义。古塔纠倾的关键技术除以上谈到的以外,还有纠倾施工、施工程序和工艺工法、复旧处理等。随着对这些关键技术问题的深入研究和突破,古塔纠倾技术一定会在科学化、规范化方面取得更大的成绩。

谌壮丽 王 桢
(中铁西北科学研究院)

3.6 湖南省级文物邵阳市水府庙戏楼整体抬升方案探讨

3.6.1 概 述

邵阳市水府庙戏楼位于该市邵水东路北端,东邻双清路,西面、北面为邵水河与资江两江交汇口(如图 3.6.1 所示)。该戏楼始建于明朝万历四十一年(1613 年),曾两次被毁,第二次重建于清朝道光二十一年(1841 年),水府庙戏楼原为一座庙宇,由正殿及戏楼诸部分组成,因历史原因,正殿、配殿均被拆毁,现仅保存戏楼(如图 3.6.2 所示),1983 年 10 月公布为省级文物保护单位。

第3章 纠倾工程

图 3.6.1 平面位置图

图 3.6.2 戏楼

水府庙戏楼占地面积 465.18m², 建筑面积 264.88m², 总高 16.35m, 由一座三重檐、各层边数不等的楼阁和两翼各一开间硬山式二层砖木结构建筑组成, 底层平面呈"凸"字形, 第二层为八角形, 第三层为六角攒尖。屋面为小青瓦, 各脊和翘角均以龙、凤、鹿、象等泥塑动物装点, 山墙为马头式封火砖墙。如图 3.6.3 至图 3.6.7 所示。

水府庙戏楼结构特点是: 南西北向砖墙围合, 东向开敞, 主体结构为木构架, 两翼局部砖墙承重, 木结构部分为传统老式木柱、木屋架, 所有檐柱、金柱均不能通立, 采用上层檐柱、金柱立于下层牵枋之上, 层层架立、层层拉牵、结构严紧、做工精细、坚固合理、匠艺高超(如图 3.6.8 所示)。

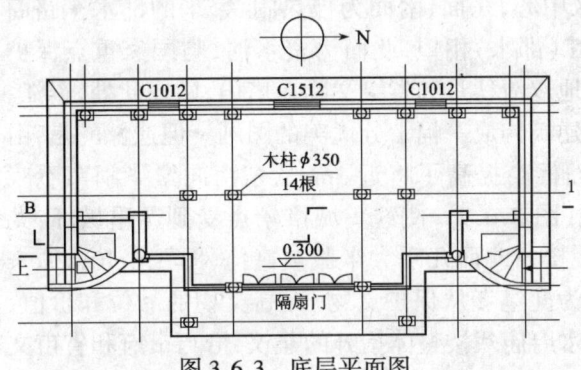

图 3.6.3 底层平面图

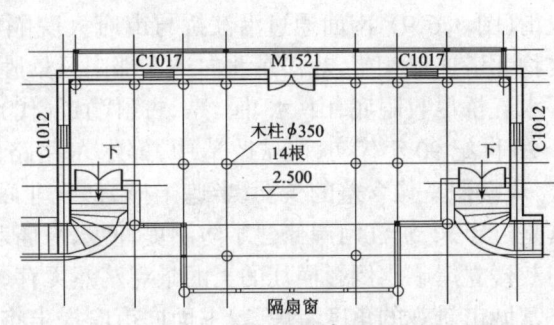

图 3.6.4 楼层平面图

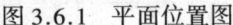

图 3.6.5 南立面

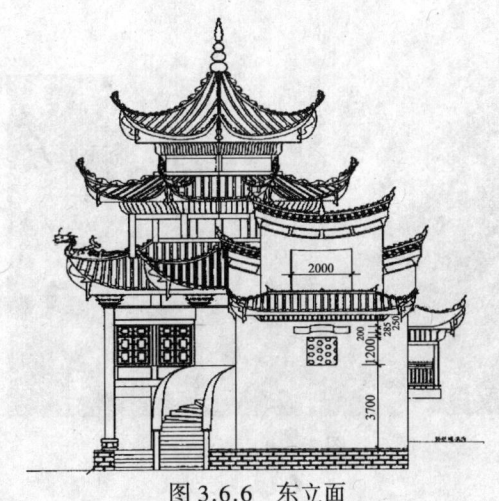

图 3.6.6 东立面

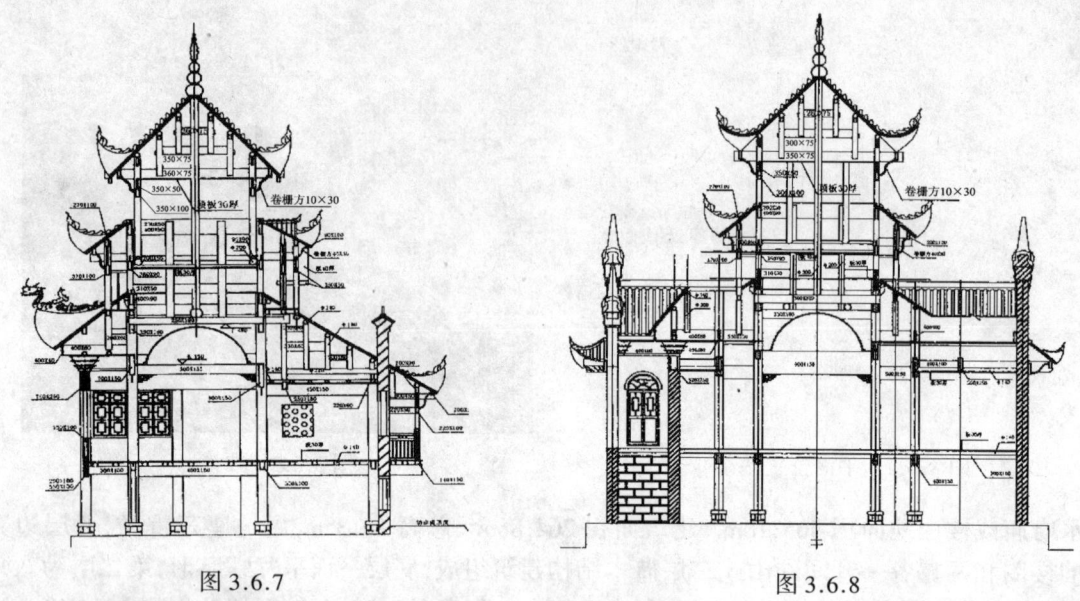

图 3.6.7　　　　　　　　　　　　　图 3.6.8

水府庙戏楼虽然经历几度兴、毁，但由于每次重建都尊重历史沿革，因此至今仍保留明清建筑风格，具有典型江南园林中亭、台、楼、阁的特点，有着很高的历史、艺术和文物价值。

3.6.2　整体抬升的必要性

水府庙戏楼位于宝庆(邵阳市旧名)古城市区中心，东面、南面为极热闹、繁华的邵水东路商业街(图 3.6.9)，南面通过沿江桥与市府大院隔江(邵水)相望，北面为资水河，与国家重点保护文物北塔遥遥相望，戏楼东北向还有邵阳风景胜地双清秋月和省级文物东塔山，站在此处，资江、邵水五桥尽收眼底，山、水、园、亭，古(代)近(代)建筑构成一幅十分优美的图画。但遗憾的是，由于 20 世纪 90 年代初，旧城改造中，邵水东路路面标高提高了将近 3m，从东南向繁华闹市看戏楼，戏楼似乎像含羞的少女，半遮半掩，似现非现(图 3.6.9)，使这一城市景点受到严重破坏，尤其是近年来，资江河岸修建了防洪堤，使水府庙戏楼西北面几乎大半截被遮掩(图 3.6.10)，原来的戏楼立岸临水倒影横江的美丽景观荡然无存，为此笔者从保护文物、提高文物的品位和价值，丰富城市景观的角度考虑，曾书面向市府提出将水府庙戏楼整体抬升的建议，恰巧市府和省市文物部门已将此事提到议事日程，并正在着手委托有关方面制定抬升方案，这是本课题出台的原由。

图 3.6.9　商业街

图 3.6.10　戏楼西北面

3.6.3 落架抬升方案

水府庙戏楼落架抬升大修工程方案,其主要做法是:将整个楼阁全部落架,所有木构件在落架前分层按部位分类编号,并拍好照片;拆除后,按类别和编号堆放好,归安前将需要挖补和拼装构件制安好,待原地面标高提高,并施工完人工挖孔桩基础后,再按原部位归安。屋面各脊饰也按事先拍好照片复原,小青瓦尽量利用原有青瓦,因拆损造成的缺量,就近选定瓦窑,事先定制,力求与原规格一致,墙体拆除后,仍按原样恢复。施工中马头墙墀头泥塑部分,力争进行整体拆除和安装,墙面粉饰采用原始材料和工艺,以求与本来面目一致。

此方法的缺点是:①戏楼主体结构为明清砖木古建筑,结构严紧、做工精细、榫卯结合紧密,加之年代已久,木构架局部陈旧腐朽,在落架拆卸过程中,不可避免地对原结构造成较大损伤和破坏,致使戏楼木构架难以复还。②南、西、北三面砖墙所用材料为清朝黏土砖(青色古砖),清式灰浆砌筑,古色古香,在落架拆卸过程中,同样会造成较大的损伤和破坏,无法补充和替代,即使仿制一批老式青砖来补充,但在颜色、陈旧感上不可能与原材料协调一致,达到整旧如旧的理想效果。③难度最大的是硬山、脊角、马头墙上的墀头,花、鸟、走兽等泥塑部分,在落架过程中破损更甚,现今又难以找到这种能工巧匠;这一部分不能复原,落架方案会全功尽弃,将可能给戏楼这一价值极高的文物造成无法弥补的损失。

3.6.4 整体抬升方案

3.6.4.1 整体抬升方案的设计理念及设计依据

(1)设计理念 宇宙间没有绝对静止的东西。从科学含义上说,地球上一切静止的东西,只能是一种相对静止。设计的十分富裕建筑物(戏楼)的整体抬升是建立在该建筑物基础托换中,基础托盘有足够的整体刚度、强度模拟地球这个大托盘托起地球上的建筑物一样,然后通过技术手段,使其按 0.1~0.15mm/s 的速度同步抬升,让基础托盘和托盘上建筑(戏楼)与地球三者均近似地保持着一种相对"静止"状态。

(2)设计依据 ①水府庙戏楼虽经历 160 余年的风、雨、雷、电、洪水、地震等自然环境的影响和考验,经检查,建筑物目前状态仍基本完好,主楼大角及垂直度偏差仍在国家现行规范允许范围内,两翼及后向砖墙砌体基本完好,无开裂破损迹象,南向山墙略有倾斜,但倾斜度甚小。木质结构个别构件有局部腐朽,但不危及整体结构安全,这是整体抬升的最重要依据。②国内外近几十年来,重要文物整体抬升移位纠偏的成功实践,也是我们设计戏楼的主要依据之一,如上海音乐厅的平移、四川都江堰市奎光塔的顶升纠偏等重要文物建筑,在其难度上、复杂性上较本工程大得多。本工程的抬升完全可以借鉴国内外现有技术和经验。③国内目前正在编写《建筑物移位改造纠倾技术规范》及其他专业性技术规范、规程,是整体抬升设计、施工的重要依据。

3.6.4.2 整体抬升方案的设计

(1)基础托盘设计 经计算,水府庙戏楼地面以上总自重为 257.14t,其中主体木质戏楼自重为 84.92t,周边砖墙主体自重 172.22t,考虑超载系数及其他不可见因素,设计总自重按 300t 取值。基础托换梁设计成钢筋混凝土多格十字交叉梁体系。考虑荷载尽可能均布分布,共设置了 8 个顶升点,具体结构布置如图 3.6.11 所示。连梁最大跨度为 6.5m,悬臂长最大为 2.2m,图中主梁 KL-1、KL-2、KL-3、KL-4 设计截面 350mm×750mm,主筋上下各 7Φ25,箍筋 φ12@150。其余次梁 KL-5 至 KL-10 截面为 300mm×700mm,主筋上下各 6Φ25,箍筋 φ12@150。托盘梁体系结构自重 74.85t,设计按 100t 计。

顶升支点采用 8 个人工挖孔桩,桩径 1.2m,桩底至微风化红色砂岩。根据地质勘察资料,桩端承载力取 4 000kPa，桩长 12m，桩底扩孔直径 $D=1 400$mm；为方便顶升，桩顶设柱帽直径 $D=1 400$mm。

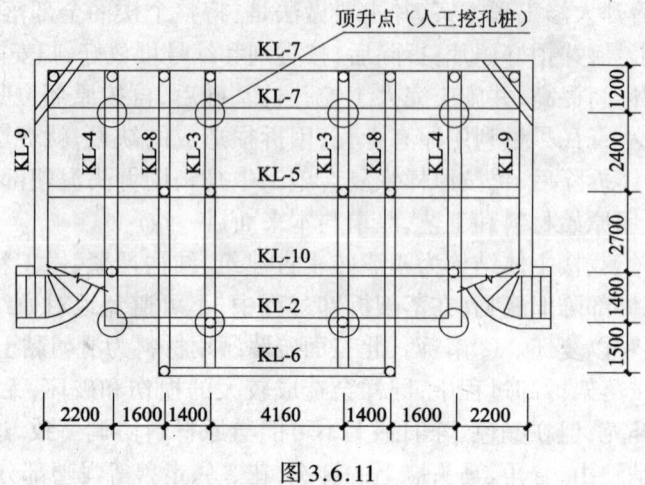

图 3.6.11

(2) 顶升高度设计　现戏楼一层地面低于邵水东路（戏楼东南角）路面 2.4m，设计抬升高度为 2.8m，从视感上这一高度为最佳高度。

(3) 基础设计　整体抬升后，戏楼托换基础与原有基础约有 2.6m 空隙。砖墙下沿原有墙基做 300mm 厚钢筋混凝土墙体，按构造配筋，双层双向 $\phi 12@150$，C30 混凝土填实至托换梁底。中部木柱基础，利用托架梁承重，托梁下 8 个顶升点，用钢管组合垫块逐一垫高至托架顶，并逐个钢楔楔紧，然后将垫块作劲性配筋，外包 C30 混凝土柱作为永久基础，提高后 ±0.00 以下是填土或作地下室，视现场情况而定。

3.6.4.3 整体抬升方案的施工

(1) 施工流程　如图 3.6.12 所示。

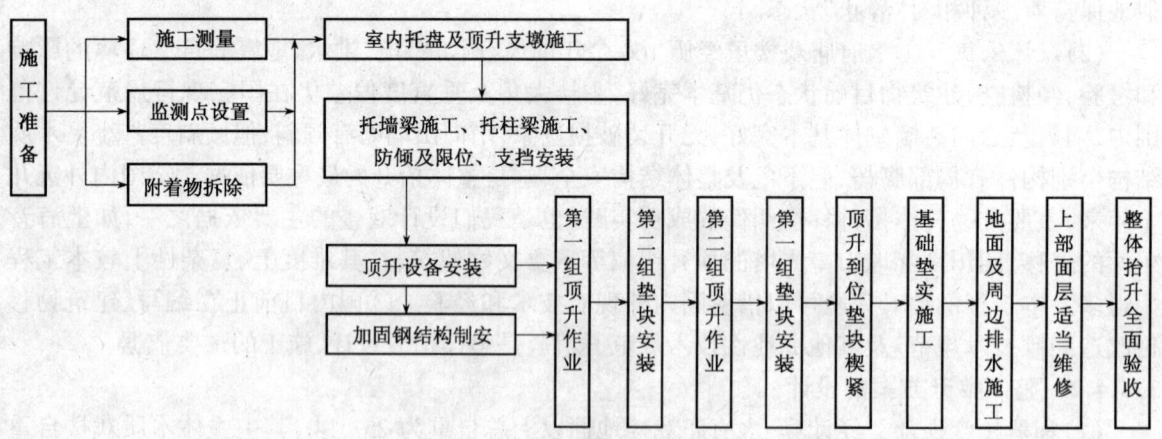

图 3.6.12　施工流程图

(2) 托墙梁施工　如图 3.6.13 所示。在戏楼砖墙 ±0.00 以下，沿墙长每 800mm 凿一个 240mm×605mm 小洞，洞内设钢板钢管组合支撑，钢板逐个楔紧，全墙（一条墙）撑好后，再将未撑墙体按梁标高度凿除，修整上下接触面，在下接触面铺设双层油毡作隔离层，然后按设计扎筋——支模——浇捣——养护——拆模程序施工。

(3) 托柱梁施工　按轴线逐条进行（不可同时进行），在进行每一条轴线时，用满樘钢管脚手架在二层楼面下,支撑柱上部荷载并逐个楔紧,然后再挖去±0.00以下土方,施工好每一条托柱梁。注意在纵横梁交叉处必须为上一道工序留出空位,待下一梁施工时再二次浇捣,使纵横梁钢筋及混凝土结合良好。

图 3.6.13 托墙梁施工

(4) 空间刚度加固 在戏楼整体顶升前,对戏楼进行整体刚度加固,采用轻钢(或钢管)桁架对戏楼薄弱部位进行"包装"式的整体加固,具体如图 3.6.14 所示。

(5) 限位支撑设置 为避免顶升过程中戏楼整体水平位移或倾斜,利用周边已有构筑物或另设支撑作限位支挡,东向利用道路挡土墙,西向利用已建成防洪堤,南向利用原有土体,北向设专用支撑,支挡面离托梁 5~10mm,如图 3.6.14 所示。

(6) 交替顶升及钢垫块制安 如图 3.6.15 所示。每个支点设两个同型号的油压千斤顶,分别设在两组不同系统中,每次启动一组 8 个,第一组顶升时,第二组制安钢垫块和移动千斤顶,交替进行,循环往复。上下钢垫块用电焊连接,完成后成为一个个钢组合柱,外用混凝土浇捣,以防止钢柱锈蚀。

(7) 施工监测 为了保证戏楼顶升过程绝对安全,在顶升过程中对以下项目进行监测:8 个顶升桩的沉降观测(用水准仪);戏楼姿态、垂直度(用经纬仪);上部结构及托盘梁应力应变、自振频率、顶升速度、千斤顶承受的荷载、偏移量及精度、墙体裂缝变化等,整个操纵控制均可通过计算机控制系统控制其全过程的数据变化。

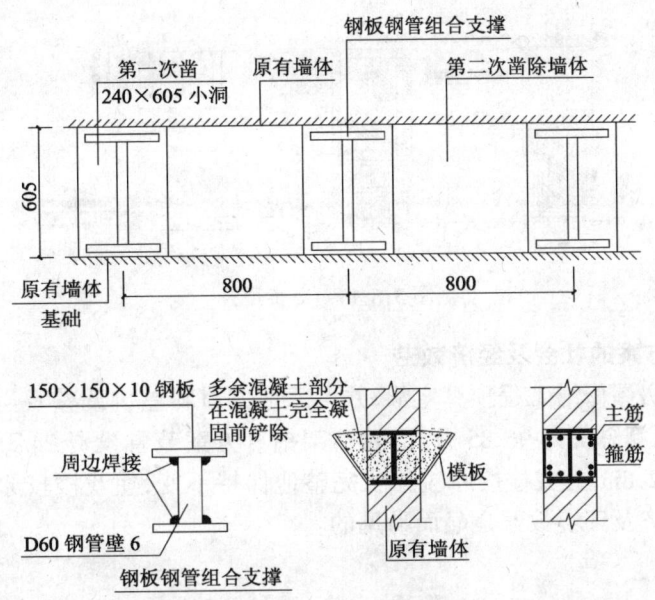

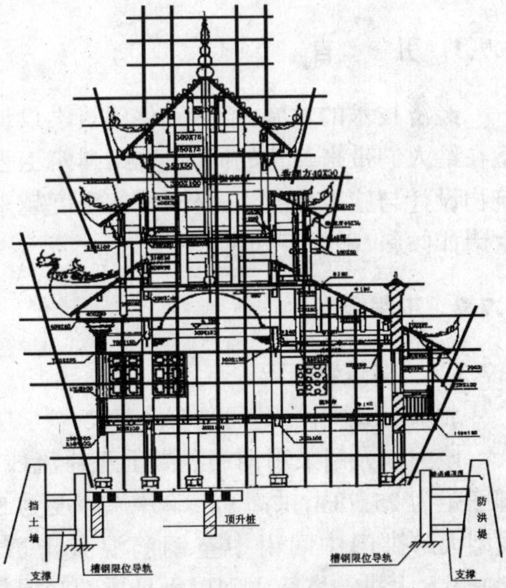

图 3.6.14 整体加固

(8) 定位和维修 顶升到达设计标高后,即对戏楼整体定位。墙下用钢筋混凝土墙填充密实,在混凝土墙与托盘梁接触面下 200mm 段,用斜模超高浇捣,并在混凝土内掺 8% UEN 膨胀剂,使之结合紧密。在顶升支点到位后用钢板楔在垫块与托梁间，楔紧，外包C30混凝土以免钢垫块锈蚀。待整体顶升就位后，再对戏楼进行必要维修，对局部木檩条腐朽部分进行更换，小青瓦全部检修一次。对油漆、粉饰进行适当维修。

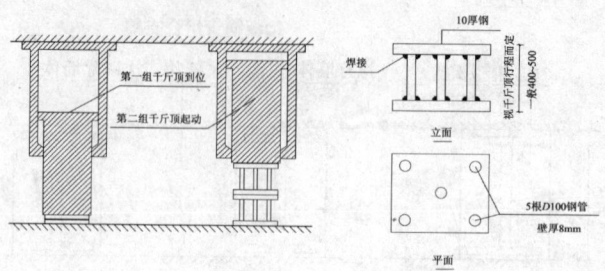

图3.6.15 交替顶升

3.6.4.4 整体抬升方案的社会及经济效益

依据《全国统一房屋修缮工程预算定额》并考虑地方材料差价调整及当前市场调控因素，本工程整体抬升方案预算总价为96.85万元，较落架抬升方案节省投资24万多元；施工工期5个月。由于整体抬升32.8m，且戏楼按原貌原状完整地保持不变，使戏楼较原来更加雄伟壮观，因此本方案的社会、经济及环境效益是显而易见的。

郭云耿[1] 陈 颂[2] 袁标兵[3]
（1 长沙中盛建筑勘察设计公司；2 湖南东方建设股份有限公司；3 湖南邵阳市建筑质量监督站）

3.7 大跨结构纠倾加固实践

3.7.1 引 言

经济技术的发展，给多元化建筑学设计注入了活力，提供了更大的创作空间。奇特的建筑造型在给人们带来美感的同时，也给建筑工程技术带来了挑战，如增加了大跨度、大悬臂的建(构)筑物设计与施工难度。另外，建筑密度越来越大，场地条件也越来越差，使得建(构)筑物容易产生诸如倾斜、破损等病害。

3.7.2 工程概况

3.7.2.1 构筑物概况

北京南郊某中学进行新校址建设，教学楼等主要工程竣工后，于2005年6月进行新大门建设。

该中学大门采用钢筋混凝土双片流线型大跨度拱结构（图3.7.1为大门施工照片），大小拱脚净距为25.78m，拱高9m，单片拱厚度为300mm，大拱脚宽度为4.8m，小拱脚宽度为1.19m。流线型大跨拱门中间由中空钢筋混凝土剪力墙结构塔筒擎起，塔筒高度为12m，剪力墙厚度为200mm。大拱与塔筒中间以大悬挑钢筋混凝土平板相连接，形成凌空气势。拱、塔筒以及凌空平板均为C30混凝土。

大跨拱脚基础设计为钢筋混凝土平板式筏基，以天然地基土作为持力层，地基承载力特征值采用120kPa，基础设计埋深为1.0m，基础混凝土等级为C30。大跨度拱门基础平面示意图如图3.7.2所示。

该大门于2005年7月10日结构工程完工时，发现向街道方向倾斜300mm，并且倾斜还在继续发展，于是，装修施工立即停止。该大门的倾斜率达到25‰，超过《房屋增层和纠倾技术规范》

(TB 10114—97)中构筑物纠倾合格标准8‰的3倍,属于严重危险构筑物。

图3.7.1 拱门现场

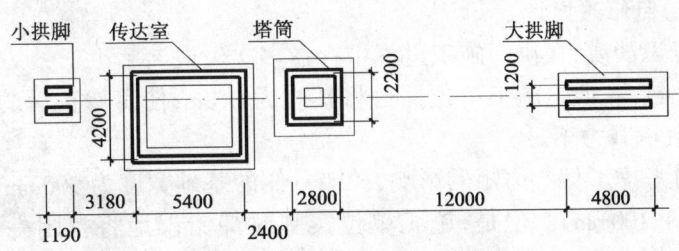

图3.7.2 拱门基础平面图

3.7.2.2 工程地质

该项目的工程地质主要为第四纪沉积层,根据事故处理阶段所进行的岩土工程补充勘察报告,该场地地下水位标高为-3.5m,地层岩性及地基土的物理力学性质如表3.7.1所示。

表3.7.1 地层岩性及地基土性质统计表

成因年代	土层编号	岩性	厚度(m)	状态	承载力特征值 f_{ak}(kPa)
人工堆积层	①	杂填土	0.6	稍湿、较软	
新近沉积层	②	粉质黏土	1.3	湿、较软	80
新近沉积层	③	粉土	0.4	湿、较软	110
新近沉积层	④	粉质黏土	1.2	湿、较软	150
第四纪沉积层	⑤	粉质黏土	0.8	饱和中软	180
第四纪沉积层	⑥	粉土	4.6	饱和中软	200

3.7.3 事故分析

造成该构筑物严重倾斜的主要原因有以下几个方面。

3.7.3.1 缺乏岩土工程勘察资料

该拱门距离教学楼约50m,设计阶段没有进行岩土工程勘察,导致地基土性质、承载力等缺乏详实的描述和客观的数据,给地基基础设计带来风险,埋下隐患。

3.7.3.2 地基持力层选择失误,地基承载力估算过高

由于没有进行岩土工程勘察,拱门地基基础设计时参考了教学楼的勘察资料,客观上存在一定误差。但是,原设计又犯了冒进的错误,选择新近沉积层作为持力层,基础埋深过浅(1.0m),

地基土强度低,压缩性大,同时又错误高估地基承载力特征值 $f_{ak} = 120\text{kPa}$,是实际承载力($f_{ak} = 80\text{kPa}$)的 1.5 倍,导致地基承载力严重不足。

3.7.3.3 上部荷载严重偏心,基础设计计算失误

该拱门与塔筒上部结构总质量为 3 040kN,其中,大拱脚上部结构质量为 1 010kN,小拱脚上部结构质量为 180kN,塔筒上部结构质量为 1 850kN。由于造型顶板横向外挑 3.14m、内挑 1.1m,使得上部结构重心偏离基础形心 300mm,并形成了 936kN·m 外倾偏心力矩。

按照 $f_{ak} = 80\text{kPa}$ 进行验算,原基础设计中只有小拱脚基础底面积满足《建筑地基基础设计规范》(GB 50007—2002)的要求。大拱脚基础底面面积不能满足要求,也没有考虑偏心力矩的影响。大拱脚基础底面边缘的最大压力值达到 $f_{kmax} = 305\text{kPa}$,超出规范要求($f_{kmax} = 3.3f_a > 1.2f_a$)。塔筒基础底面面积也严重不足,偏心力矩影响考虑不足。

所以,大拱脚基础和塔筒基础在较大的荷载与偏心力矩共同作用下产生严重的不均匀沉降,拱门倾斜。从后来事故处理情况看,大拱脚基础与塔筒基础倾斜侧的混凝土垫层均已破损。

3.7.3.4 施工单位擅自修改设计

施工单位安全意识淡漠,在拱门施工过程中存在多次失误。

基础设计埋深比较浅,但是施工单位擅自将其改为 0.8m,使得修正后的地基承载力特征值减小约 5%,再次导致承载力不足。

塔筒基础设计时考虑了偏心力矩的影响,校园一侧的基础宽度为 900mm,街道方向一侧的宽度增加了 200mm(即 1 100mm)。但是,施工单位实施时却错误地将校园一侧的基础宽度做成 1 100mm,街道方向一侧的宽度做成 900mm,导致塔筒基础在街道方向一侧的底面最大压力值大大超出规范要求。

另外,拱门基础施工时,正值雨季,施工单位安全意识淡漠,防护措施不力,使基坑泡水。

3.7.4 事故处理

事故发生后,作为应急措施,紧急将造型顶板横向外挑的 3.14m 切割 1.74m,保留 0.9m 的外挑造型。此举卸除荷载 280kN,并使上部结构重心与基础形心基本重合,阻止倾斜进一步发生。

鉴于开学时间日益临近,拱门装修尚未进行,通过各方协商,决定该构筑物纠倾与装修相结合,采用结构挂网抹灰的形式,利用灰层的厚度变化调直拱和塔筒,同时进行岩土工程补充勘察,按照补勘资料进行基础加固。

3.7.5 基础加固

根据岩土工程补充勘察资料,同时考虑构筑物的倾斜状况,基础加固后,大拱脚基础底面面积由原来的 10.45m² 增加到 19.38m²,塔筒基础底面面积由原来的 15.94m² 增加到 33.06m²,并进行基础形心调整。

3.7.5.1 拱门结构稳定支撑与安全防护

为了拱门稳定支撑与安全防护,搭设相应的外脚手架。根据大门的平面布置及立面状况,外架搭设部位及形式为:沿加固的基础外面搭设双排外脚手架,双排架纵距 1 200mm,排距 1 000mm,步距 1 800mm。脚手架钢管采用 $\phi48 \times 3.5$ 焊管,长度分别为 1.2m、1.5m、3m、4m、6m 等规格。

双排架搭设顺序:放线──→铺设垫板──→摆放扫地杆──→逐根树杆并与扫地杆扣紧──→装扫地小横杆并与立杆和扫地杆扣紧──→装第一步大横杆并与各立杆扣紧──→安第一步小横杆──→安第二步大横杆──→安第二步小横杆──→加设临时斜撑、上端与第二步大横杆扣紧──→安装第三、第四步大横杆和小横杆──→接立杆──→加设剪刀撑──→挂立网防护──→挂水平接网。

3.7.5.2 土方工程

基槽挖方后及时钎探,钎探时使用 N10 标准钎杆按设计布置图进行布孔,并由专人负责记录。基槽钎探工作必须真实、准确、可靠。钎探记录由专人整理,审查后归档。地基钎探经验收合格后再进行下一工序施工。

基槽回填土使用现场存土,过筛后分层铺摊,分层夯实。夯实后的填土及时作干密度试验。回填灰土要严格控制灰土含水率、虚铺厚度、夯实遍数、干密度,防止漏夯,不留隐患。

3.7.5.3 原基础结构处理工艺与方法

查验原基础结构损伤状况,并对裂纹进行注胶封闭处理。

(1) 工艺流程

基层处理 → 裂缝密封 → 安装注嘴 → 密封剂养护 → 注入浆材 → 硬化养护。

(2) 处理方法

基层表面处理时,将裂缝内的灰尘清理干净,用蘸丙酮的棉纱将裂缝的两侧清理干净,封缝或灌注前应清理积水,烘干,保持缝内干燥。对于封闭的裂缝,以环氧树脂沿缝隙用刮刀刮平封死,要求尽可能将树脂挤入缝隙中。对于要求灌浆的裂缝,首先确定灌注孔的位置,用封缝胶按照间距 300~500mm 将灌浆嘴骑缝粘于裂缝上,尽量保证灌注孔的均匀分布。用封缝胶将裂缝及边缘部分进行封闭,胶层厚度约为 1mm 左右,宽度为 20~30mm。从灌注嘴通入压缩空气试压,如有漏气则需修补,直至不漏为止。采用自动压力注浆器进行注浆,直到出浆口有浆液流出时表明裂缝内注浆饱满,结束注浆。在注浆过程中必须随时检测是否有漏浆部位,发现漏浆及时封堵,防止浆液浪费污染环境。待浆液初凝而不外流时,可以拆下注浆嘴,用封缝胶把注浆嘴处抹平。

3.7.5.4 基础加固工艺

(1) 基础垫层

混凝土等级为 C20。在浇筑地点用铁锹投料,基槽边坡搭设马道。根据垫层基准线浇注混凝土,并用大横杠横竖刮平,木抹子搓平,铁抹子溜光压实。

(2) 钢筋绑扎

新增基础内钢筋与原基础的连接采用植筋法。钢筋绑扎时,待基础植锚钢筋固化强度达到要求后进行钢筋焊接与绑扎。在混凝土垫层上按设计画好基础受力钢筋分档线,按分档线摆好受力钢筋,在受力钢筋上画出分档线,摆好分布筋,然后用火烧丝逐扣绑扎。

(3) 浇注自密实混凝土

① 自密实混凝土为 C40,现场搅拌。

② 浇注前,应先吸干原混凝土表面的浮水,将预先搅拌好的自密实混凝土从进料口灌入模内,利用流体压差自流特性自动充满全部空隙(无须使用振捣器振捣,必要时可使用长条器械引流)。浇注时,必须连续进行,不得中断,并尽可能缩短浇注时间。浇注中,如模板中出现跑浆现象,应及时进行处理。

③ 浇完自密实混凝土后,新浇基础表面应覆盖草袋等在常温下养护 1 个星期以上。

(4) 植筋施工工艺

1) 工艺流程

植筋工艺流程如图 3.7.3 所示。

2) 施工工艺

① 定位放线 根据设计图纸,在植筋部位进行定位放线。对于新增基础的定位必须结合原有基础的实际尺寸进行综合定位放线,首先确定

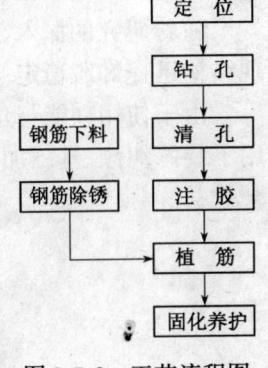

图 3.7.3 工艺流程图

新增基础的轮廓线,然后再确定植筋钻孔的位置。

②钻孔　使用钢筋探测仪测出钢筋的位置(或人工将原结构筋剔除)做好标记,使用电锤或水钻避开钢筋位置钻孔,遇到钢筋时可调整钻孔位置。孔深必须达到设计图纸或施工规范要求。

③清孔　钻孔完成后,将孔周围灰尘清理干净,用毛刷将孔内清理干净。再用棉丝沾丙酮清刷孔洞内壁,使孔内达到清洁干燥;如果孔内较潮湿,必须用鼓风机对孔内进行干燥处理。清孔处理完毕后,用干净的棉纱将孔洞严密封堵,以防有灰尘和异物落入。

④配胶与灌胶　根据结构胶的使用要求按比例分别用容器秤出(按一次应用量),将各组分放在一起搅拌,直到胶干稀均匀,色调一致为止。使用相应的注胶机将结构胶注入预先钻好的锚固孔内。搅拌好的结构胶一定要在固化前用完,已经固化的胶不得再应用到施工中。

⑤钢筋除锈　锚固用的钢筋必须严格按照设计要求的型号、规格选用,根据锚固长度及部位做好除锈处理。除锈长度大于埋设长度5cm左右。用钢丝刷将除锈清理长度范围内的钢筋表面打磨出金属光泽。要求除锈均匀干净,不得有漏刷部位。将所有处理完的钢筋分类码放整齐,并按类别标示清楚。

⑥植筋　首先将管袋植筋胶注入孔内约2/3,边旋转钢筋边插入孔底,以少量胶溢出孔口为宜。

⑦固化养护　在结构胶固化前,不要扰动植入的钢筋,待结构胶固化达到强度后可以加载施工。

拱门基础加固历时7d,整个构筑物很快稳定,装修后拱门达到相关规范要求。图3.7.4为塔筒靠近大拱脚一侧的基础加固剖面图。

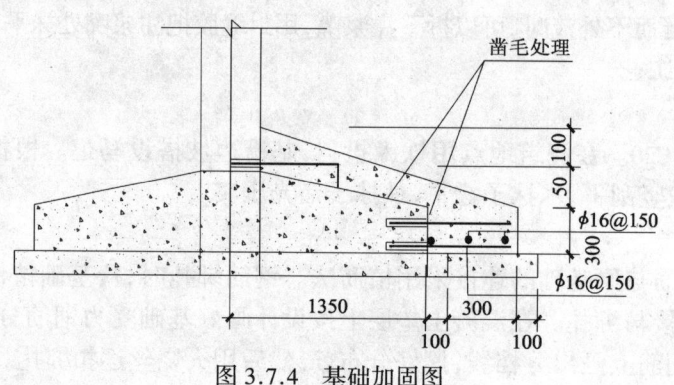

图 3.7.4　基础加固图

3.7.6　结　语

大跨拱门横向刚度小,整体稳定性差,地基基础设计应特别重视偏心荷载的不利影响以及环境变化对浅层地基土干扰。

随着研究的深入,混凝土切割技术和植筋加固技术应用于建(构)筑物纠倾加固工程,既可实现结构迅速卸载稳定倾斜建(构)筑物,也可实现新旧混凝土基础的可靠连接达到加固的目的。

由于使用功能与建筑物不同,构筑物的纠倾加固可以采取较为灵活的方法。本工程项目采用了装修纠倾、基础加固处理方法,省时省工,经济实用,为按时开学创造了条件,具有很好的社会效益。

李启民[1]　王树理[2]
(1 山西省信息工程设计院;2 中国地质大学(北京))

3.8 电除雾器框架楼纠倾

河北省邢台恒源化工集团有限公司小房岗硫酸厂52管电除雾器于1997年建成,8年后发现混凝土框架向东南方向倾斜,影响生产。2005年3月委托河北工程大学纠倾加固。

3.8.1 概况

电除雾器的框架楼由4根框架柱及梁板组成的5层小楼,承载着52管电除雾器。基础底深2.2m,底板为厚600mm、边长7.8m×8.2m混凝土筏板及4根1.2m高的梁组成,筏板底部设有12Φ钢筋,而顶部未设。如图3.8.1所示。

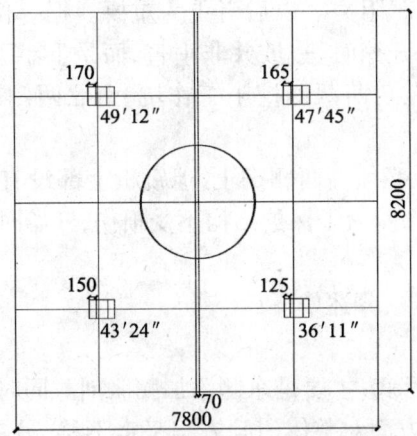

图3.8.1 电除雾器纠倾前后平面图

说明:①虚线表示倾斜后位置,实线表示纠倾后位置;
②四边框架柱位移量为标高12 650mm处测定,偏移角度如图所示;
③中间除雾器位移量为标高6 490mm处测定,向东偏移70mm,
　　向南偏移5mm(数值太小,未能在图中显示出来);
④偏移量单位为mm

总高度13.93m,自框架柱顶12.65m处开始测得各柱倾角及水平位移如表3.8.1所示(测点高度距地面772mm)。

表3.8.1 各柱倾角及水平位移

	西北柱	东北柱	西南柱	东南柱
倾 角	49′12″	47′45″	43′25″	36′11″
测点处水平位移(mm)	170	165	150	125
	电除雾器北侧	电除雾器南侧	东侧	西侧
倾 角	36′42″	39′04″	3′13″	3′18″
测点处水平位移(mm)	60	70	5	5
量测高度(mm)	7 030	6 490	7 300	7 447

注:垂直高度按11.878m计算。

3.8.2 倾斜原因

电除雾器框架楼地基土为软质岩石,地质专家鉴定为动力变质岩。就外观而言,应为花岗片麻岩。由于西面的硫酸塔管道漏酸,长期腐蚀地基岩石表面,渗到框架筏板下,积蓄在松散层之下,密实层之上。一旦雨水或工业废水进入,必将引起浓硫酸的爆炸,从而产生很大的推动力,推动框架向东南方向倾斜。

3.8.3 纠倾原理与方法

框架倾斜后,其质心向下沉一侧(东侧)偏移,为此必须使筏板上抬。采用以生石灰为主的膨胀剂,掺入适当比例的粉煤灰,以煤电钻掏孔,孔径由小到大。孔距从远到近,填塞膨胀剂,根据监测反馈的信息调整膨胀剂的用量。

抬升筏板,必须克服两种阻力。一种是框架楼及电除雾器的自重在下沉侧的分力(包括筏板上的土重),一种是周围土的摩阻力。以后者更为重要。据一位参加过施工基础的工人师傅反映:当时为了节约土方,基坑开挖时,边坡并非垂直,而是上小下大、口小肚大的瓮形,只不过这个瓮是方形的罢了)。于是在东西两侧挖了工作坑,南北两侧也挖了沟,减少了回倾时的阻力。

要克服自重所产生的阻力,必须在西侧掏土,但筏板上部没有钢筋。筏板上堆积着1.5m厚的土,土重达30kN/m²,无法清除。为了保护结构不受损伤,开始时只在东侧加膨胀剂,对西侧掏土非常慎重。

整个纠偏工作可分四个阶段,分述如下:

第一阶段:积蓄能量阶段。

自3月21日开工,直到4月底,主要是东侧添加膨胀剂。同时在技术上进行了探索和研究,逐步摸清了该工程的性质。一方面对整体纠倾方案坚定不移,另一方面有了改进和发展。这一阶段必不可少,必须克服急功近利的思想。特别是土建图纸不全,施工人员无从采访的情况下更是如此。

这一阶段做了大量的准备工作。如开挖东侧和西侧的工作坑,南北两侧挖沟减少阻力(图3.8.2),建立回倾监测系统,逐日量测。施工中遇到很多困难,如雨水、贮水池漏水常常灌满工作坑。对此,采用潜水泵排水。

第二阶段:回倾阶段(保护结构,水平掏土)(自5月1日至6月8日,计39d)。

本阶段在技术指导上是东侧填塞膨胀剂的水平深度必须接近基础中心线,西侧开始掏土,由近及远。为了保护筏板基础不受损伤,梁下先不掏。为了结合东侧添加膨胀剂,达到缓慢、平稳、均匀、协调的目的,西侧筏板下放置30多个硬木木楔,以避免过快回倾。这种作法效果很好,筏板、框架、梁、楼板没有出现任何损害,达到满意结果。由于地基土为软质岩石,所以使用膨胀剂效果较好。

第二阶段6月8日结束,测量电除雾器本体已经垂直,纠偏成功。西倾2mm,北倾1.5mm,按照国家标准《建筑物移位纠倾增层改造规范》第6.1.3条的规定,构筑物纠倾合格标准为$5.5\%H_g$。即,$13.96m \times 0.005\ 5 = 0.076\ 8m \approx 76.8mm$,其精度已经达到了国际先进纠倾水平。

框架日纠倾量曲线4月14日以前,基本没有变化。自4月14日开始描绘,第52天即6月4日,如图3.8.3所示。

第三阶段:与阴极管同心度阶段(6月8日至6月15日)。

根据甲方代表要求及合同规定,要求阴极管同心度≤5mm。经过7d努力,主要是西侧继续掏土,东侧填塞膨胀剂,最后框架柱水平位移情况如表3.8.2所示。

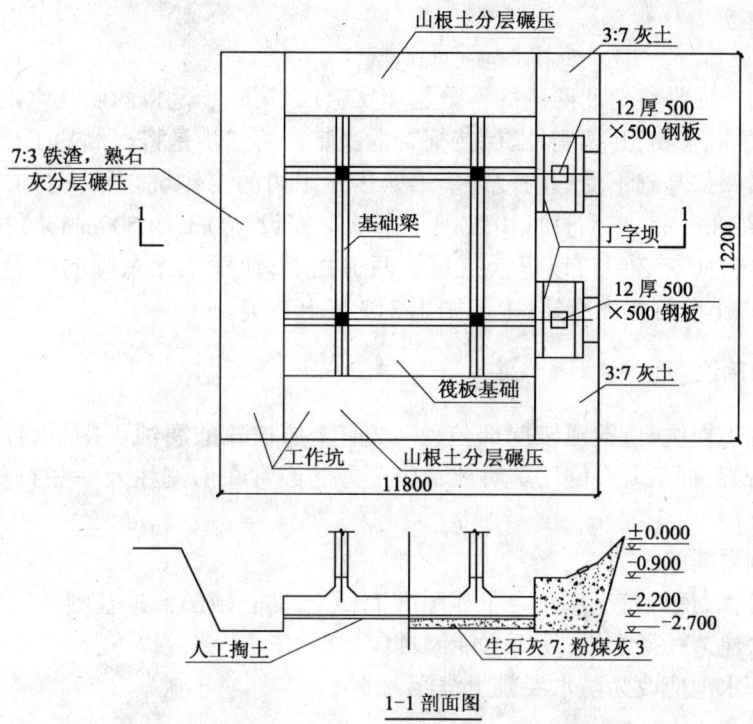

图 3.8.2 电除雾器纠倾基础处理平面示意图

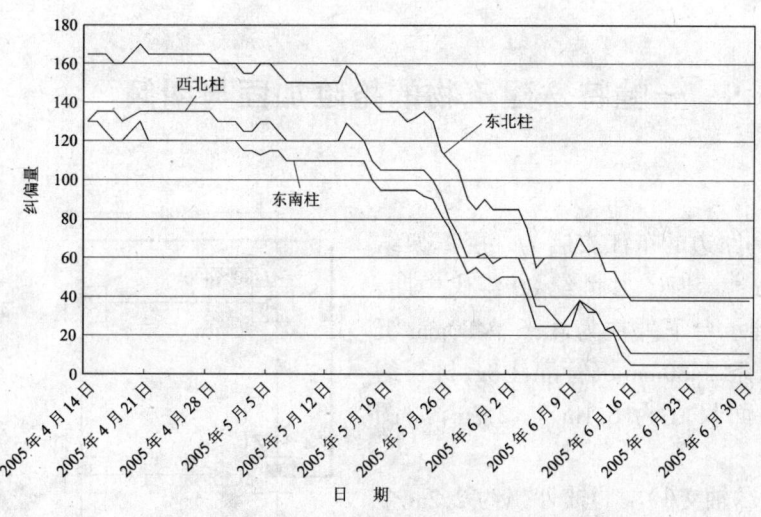

图 3.8.3 电除雾器框架柱日纠偏量

表 3.8.2　框架柱水平位移情况

西　北　柱	东　北　柱	西　南　柱	东　南　柱
41	38		5

注：(1)位移以 mm 为单位；(2)西北柱及东北柱本身有弯曲；(3)西南柱因有障碍，不便量测。

经过量测，不同心度西倾 3.5mm，北倾 2mm。小于 5mm，纠偏圆满成功。

3.8.4 加　固

纠倾完成后,首先是将南北两侧的沟分层填实辗压,第二步是将西侧掏空的基础底板下填筑熟石灰与粉煤灰的混合物,并捣实,以保持框架的稳定。第三步是将西侧的工作坑用7:3铁渣白灰分层辗压夯实,保护基础不受酸的侵蚀。第四步是东边的工作坑在梁头打C15混凝土丁字坝两道并和梁头连结在一起,东侧直抵山坡。丁字坝上安设500mm×500mm×12mm铁板,用16Φ钢筋锚在混凝土内,如有必要可以焊接支撑。两道挡墙,使框架无东倾的可能。混凝土总量达10m^3。其余部分以土分层辗压夯实,上部则用3:7灰土夯实。

3.8.5 对厂方的建议

(1)在掏西侧工作坑时,发现较深部位(1~2m)土层被硫酸腐蚀。掏尽腐蚀土。但筏板下,不能掏的太深,否则,框架就会倒塌。对此希望厂方能经常在南侧注入一些石灰水,压力灌浆更好,使土层硬化。

(2)避免西侧再漏酸。

(3)±0.00地面,最好打一层三合土或耐酸混凝土,防止硫酸漏进基础。

(4)东侧设法建造一条水沟,使雨水能够排出。

(5)砖砌循环水池应改为防水混凝土浇灌。

谢党泽

(河北工程大学)

3.9　一幢特殊建筑物的抢险加固与纠倾

3.9.1　工程概况

位于中堂镇中心马路边的东江旅店为7层框架结构,建筑总面积约800m^2。建于20世纪80年代中期,采用独立柱基础,基础承台下外柱为4条φ480mm沉管灌注桩,中心柱为5条φ480mm沉管灌注桩,桩长约为23m。首层基础平面尺寸为6.1m×12.7m,如图3.9.1所示。

该建筑物1~7层②轴交Ⓓ~Ⓕ轴外飘约2.2m全封闭式用作房间,③轴交Ⓑ~Ⓓ轴飘约1.4m全封闭式用作房间,Ⓑ轴飘约1.45m为楼梯间,Ⓕ轴2~7层外飘约2.2m封闭式阳台。该建筑物周边情况,如图3.9.2所示。

2004年业主将①轴边排水明渠改为暗道,近期由于工地道路长期重载车辆出入,门楼边框破裂引起业主注意,发现该建筑物向①轴倾斜,①交Ⓕ轴倾斜略比①交Ⓑ轴大。经测量单位监测发现,①交Ⓓ轴处倾斜达6.1cm,①交Ⓑ轴处倾斜达48cm,各观测点的倾斜率

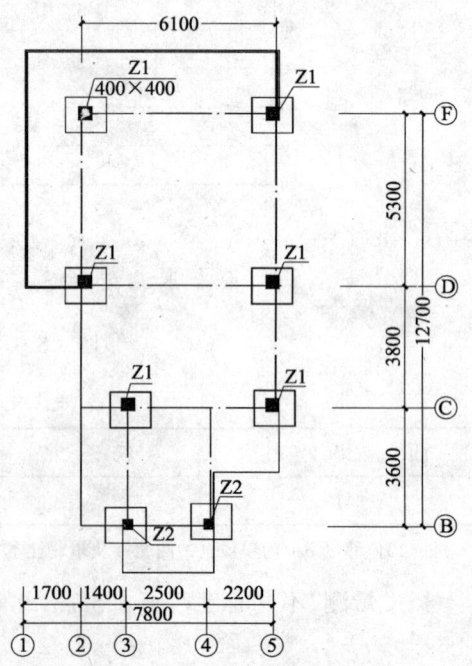

图3.9.1　基础平面尺寸

均远远大于有关标准,且每日还以5mm的倾斜速度增加,属严重危险建筑物。必须快速抢险、加固,使其转危为安。

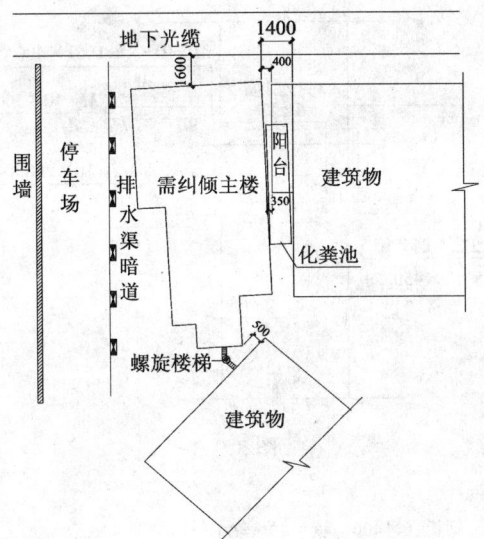

纠倾建筑物及周边实景

图3.9.2 建筑物周边情况

3.9.2 地质情况

①素填土:褐黄、灰褐色,主要由中细砂组成,松散,顶部0.10m为混凝土地板,厚度为1.60m。

②黏土:灰褐色,很湿,软塑状,土质较均匀,厚度为1.90m。

③淤泥:深灰色,饱和,流～软塑状,不均匀,混较多粉细砂,厚度为13.60m。

④细砂:灰色、灰白色,饱和,松散,厚度为6.30m。

⑤中砂:灰黄,灰白色,矿物成分为石英,饱和,松散～稍密状,厚度为6.60m。

⑥粗砂:灰白色,饱和,中密状为主,含较多中细砂,厚度为5.10m。

⑦中风化泥岩:褐灰色,薄层状构造,岩芯呈片状、饼状为主,岩质较硬,厚度为3.40m。

3.9.3 原因分析

(1)建筑物荷载偏心较大,①轴1~7层外挑封闭式阳台宽达2.2m,②轴交Ⓑ~Ⓓ轴1~7层外飘1.4m,②到⑤轴框架柱间距仅为6.1m,且高宽比严重失调,重心严重偏移,造成建筑物向①轴倾斜。

(2)近期①轴边排水渠的修建、开挖及排水等增加了②轴桩基负摩擦力,引起②轴下沉量增大。

(3)由于房屋侧面工地道路大型重载运料车辆的出入对地面产生震动,使地基土体产生触变,进一步加大了桩的负摩擦力和桩的下沉,加快了建筑物的倾斜。

上述原因造成该建筑物向①轴倾斜严重,并且每日以5mm的倾斜速率在发展。

3.9.4 处理措施

鉴于该建筑物结构外飘偏心大、倾斜量大及倾斜发展速率快,必须采取有效手段进行纠倾扶正。

3.9.4.1 快速抢险

第一步,在首层⑤轴处沿⑤轴堆载。首先在首层⑤轴柱子上设置对称牛腿,牛腿用钢箍与柱箍紧连接,再在牛腿上搁置型钢梁,然后在型钢梁上堆荷载。如图3.9.3所示。

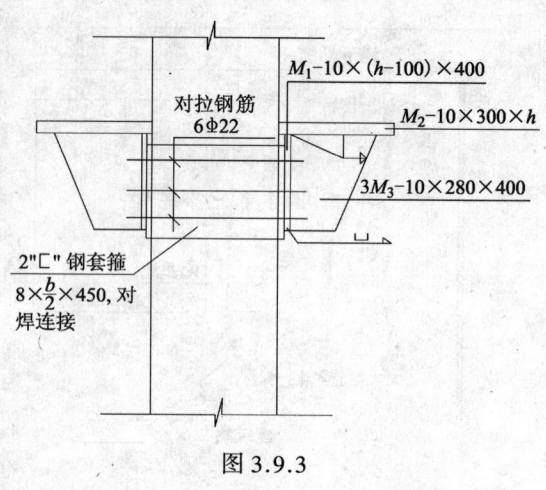

图3.9.3

第二步,在⑤轴承台上钻应力解除孔。孔直径为8~12cm,每个承台上布孔2~4个,孔深6~10m。同时拆除原有临时支撑,在②轴和③轴上利用建筑物的荷载设置钢构压桩梁系,做静压钢管桩以快速控制建筑物的进一步倾斜。为不扰动建筑物①轴基础土体,梁系的设置在±0.00上进行。梁系为型钢梁,待纠倾加固完成后拆除。如图3.9.4所示。

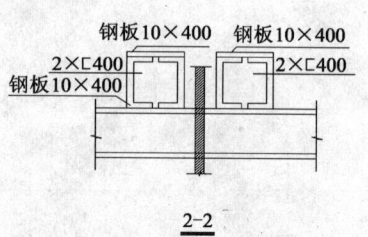

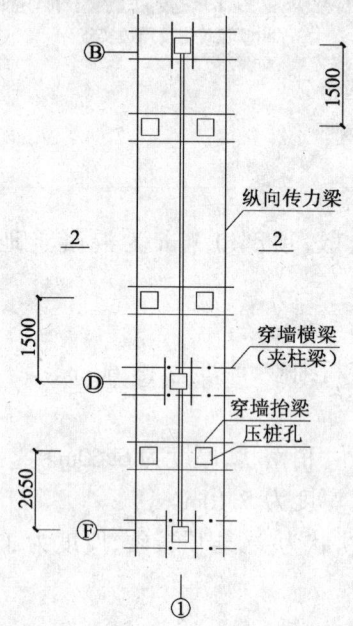

图3.9.4

第三步,将压好的钢管静压桩通过送桩垫块与梁进行承压铰接,以方便纠倾工程的实践。

3.9.4.2 结构调整与纠倾施工

(1)将①轴4、5、6、7层封闭式阳台拆除,减少偏心荷载。

(2)在⑤轴承台附近,根据回倾情况增加应力解除孔。应力解除孔深15~23m不等,根据回倾量及回倾速度调整孔的深度。

(3)清除回倾阻力,保护好各种管网线。

(4)采用上述措施后,该建筑物缓慢回倾。当倾斜量小于或等于4‰,满足规范要求后,即可进行下一步工作。

3.9.4.3 防复倾加固

为防止纠倾后再度复倾,需对偏心进行调整。除采用结构调整外,还通过提高地基基础承载能力，采用筏板下锚杆静压桩加固措施进行调整。

(1)做室内筏基，预留压桩孔洞。筏基向室外飘出，向②轴飘出150cm，向Ⓕ轴飘出150cm，局部外飘根据现场情况作调整。筏板厚为400mm，混凝土为C35，加速凝剂要求7d可压桩。筏板的钢筋伸入地梁底，遇柱或梁时采用植筋连接。筏板配筋双层双向φ16@180，压桩锚杆为4Φ25，压桩力为30t，按1.5倍系数施压。布桩20条，桩长暂定25m，混凝土为C30。桩长由压桩压力表读数确定。

(2)压桩施工完成后，进行封桩施工。拆除原抢险制安的首层型钢梁体系、配重体系，原抢险用钢管桩用作工程桩使用。

3.9.5 施工事项

(1)施工前必须对倾斜建筑物和相邻建筑物进行观测，观测结果应经相关单位确认。

(2)抢险中首层配重应严格与柱子有效连接，并确保配重压在承台上或柱上。经偏心验算，首层柱⑤轴配重不少于70t；经柱子承载力验算，配重不得超过60t，固配重仍取80t。施工中，在型钢梁牛腿处加钢支撑到基础承台上分担部分荷载。

图 3.9.5　完工后的全貌

(3)处理期间，每天必须对倾斜建筑物进行观测，包含：裂缝、沉降差、沉降速率以及回倾量、回倾速率等记录，做到信息化施工。

(4)纠倾过程中的应力解除孔量及深度应根据信息化施工进行调整，必要时，采用多孔或深孔应力解除。

(5)由于场地复杂，施工场地应严防闲杂人员进入，妨碍抢险、纠倾、加固工作。

(6)施工完成后，对调整的外立面重新装修。

3.9.6 结束语

(1)纠倾工程本身是一种高风险工程，特别是偏心较大且高宽比又严重失调的建筑物，一旦倾斜，其发展速度快，若纠倾方法不当，建筑物必然倒塌破坏。

(2)对于这种特殊的建筑物，应先抢险稳定；同时结构自身缺陷的调整也是纠倾能否实施的关键。

(3)本工程的抢险、结构调整、纠倾、加固的过程，采取了施工与计算相结合，以施工引导计算，以计算指导施工。特别对建筑物重心、形心的计算问题上，经多次计算发现由于建筑物严重偏心，当建筑物倾斜量达82cm时，建筑物将倒塌，工程抢险完成时，建筑物已倾斜达63cm，所以决定先调整上部结构减少荷载偏心，然后再纠倾加固使本工程顺利得到实现。

吴如军

（广州市胜特建筑科技开发有限公司）

3.10 某学校学生公寓纠倾加固

3.10.1 工程概况

某学校10号、11号、12号三幢学生公寓为5层砖混结构,长43.44m,宽9.12m,高度16.0m。天然地基,钢筋混凝土整板基础。在竣工验收前沉降观测时发现地基基础发生不均匀沉降,三幢楼全部向北倾斜,倾斜率分别为8.5‰、5‰、8.7‰,已超过规范要求,严重影响房屋的安全性及正常使用,必须进行纠倾加固。学校原计划安排新学生即将入住,为减少社会负面影响,要求施工期间二层以上学生宿舍保证正常使用,这给施工增加了难度。本文以10号楼为例。纠倾前倾斜状况如图3.10.1所示。

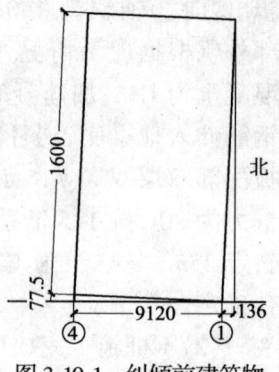

图3.10.1 纠倾前建筑物倾斜状况图

3.10.2 纠倾方案的设计

3.10.2.1 纠倾方法选择

目前,纠倾方法主要有两类,即迫降纠倾和顶升纠倾。迫降纠倾根据地质条件、工程对象及当地经验又可分为基底掏土纠倾法、井式纠倾法、钻孔取土纠倾法、堆载纠倾法、人工降水纠倾法、地基部分加固纠倾法和浸水纠倾法。根据现场情况该工程选择迫降纠倾法中的钻孔取土纠倾法。

3.10.2.2 纠倾方案设计

该工程采用北倾南纠、倾斜钻孔掏土法。该方法是在楼房南侧打倾斜掏土孔。经多轮反复掏土,地基以下部分土体被掏空,在上部建筑物自重作用下,土体产生一定侧向挤压变形,迫使建筑物下沉,利用不均匀沉降来调整建筑物的平衡,从而达到纠倾的目的。基础与上部结构属于刚性,当地基出现不均匀下沉后基础及上部结构不挠曲,基础底面在地基沉降以后仍为平面,地基所受的应力与变形成直线变化,基础随同地基一起下沉,通过在建筑物沉降少的一侧基底掏土,人为地使该侧地基土支承基础面积减少,在上部结构荷载的作用下,基底应力增加,同时利用土体自重应力和附加应力的作用,使地基产生塑性变形,强迫该侧基础下沉,保持建筑物沉降大的一侧标高基本不变,以达到调整基础的沉降差,恢复建筑物的垂直度,达到规定的允许值。

3.10.3 基础加固方案的设计

地基加固采用锚杆静压桩进行托换,按10%进行地基承载力的补偿。根据PKPM计算的竖向荷载值,在北侧布置13根200mm×200mm锚杆桩,南侧布置7根200mm×200mm锚杆桩。桩长12 000mm。压桩控制力为200kN,可根据压桩控制力调节桩长。桩节长2 000mm,配4Φ12主筋,φ6@200箍筋,桩两端各设3层焊接网片,网片间距80~100mm。桩尖配1Φ18主筋。桩段一端为φ40mm、长200mm预留孔,另一端为φ14mm、长250mm插筋。插筋外露200mm,C30混凝土浇筑,硫磺胶泥接桩。采用预应力封桩。具体桩位如图3.10.2所示。

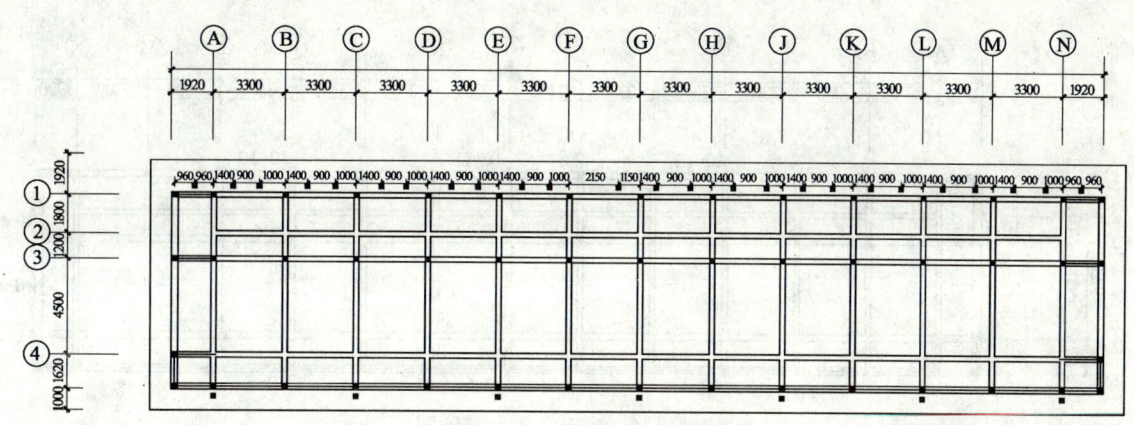

图 3.10.2　10号楼桩位布置图

3.10.4　施工控制指标及技术要求

3.10.4.1　施工控制指标

掏土孔倾角:30°~45°;

掏土孔深度:6.0~12.0m;

掏土孔直径:ϕ150mm;

掏土孔孔数:根据施工情况调整;

锚杆桩数:21幢;

锚杆桩规格:200mm×200mm预制混凝土方桩,桩身每节2.0m;

桩长:暂定为12m。

纠倾后建筑物的倾斜度小于2.5‰。掏土孔位置布置图如图3.10.3所示。

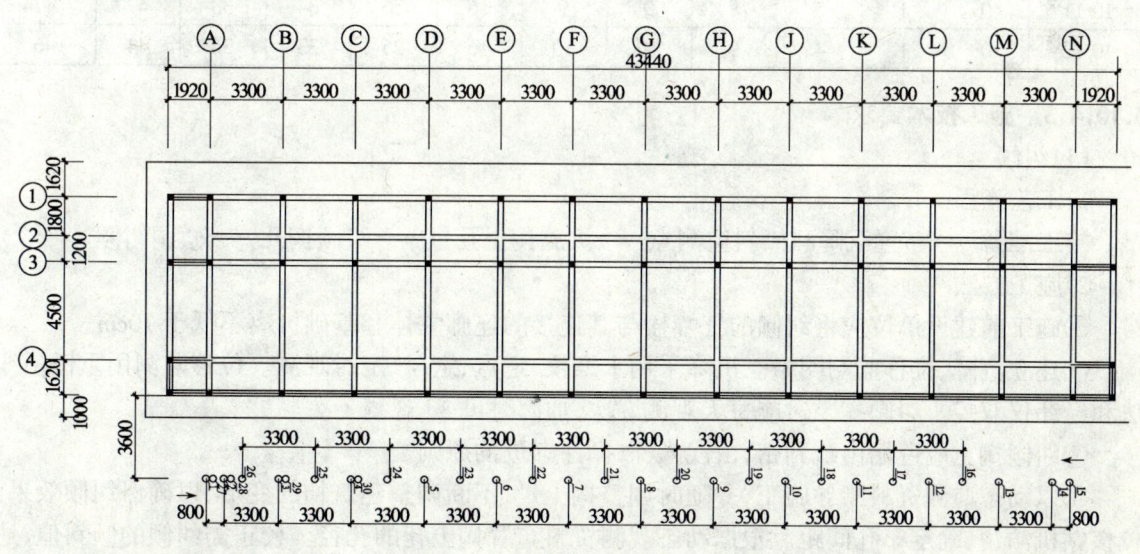

图 3.10.3　掏土孔位置布置图

3.10.4.2　沉降观测

根据情况,设置沉降观测点,如图3.10.4所示。沉降量观测结果如表3.10.1所示。

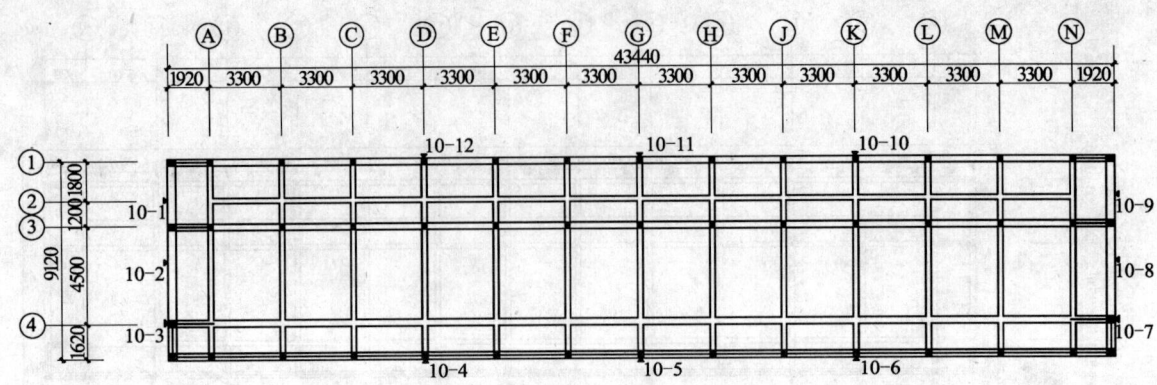

图 3.10.4 沉降观测点布置图

表 3.10.1 沉降量观测结果

日期 测点	9.29	10.4	10.8	10.12	10.16	10.20	10.24	10.28	11.2	11.6	11.12	11.18
10-1	0	2	6	13	16	16	20	27	33	37	45	47
10-2	0	2	13	24	30	30	34	40	44	49	59	63
10-3	0	4	27	44	51	52	54	58	62	68	81	86
10-4	0	5	33	51	57	57	60	65	69	75	87	94
10-5	0	4	36	51	54	54	58	66	71	76	90	96
10-6	0	3	38	51	54	55	58	64	70	75	86	92
10-7	0	3	34	44	50	50	52	57	67	70	78	81
10-8	0	1	24	30	33	33	35	39	54	57	64	67
10-9	0	2	9	11	14	14	17	22	36	38	41	44
10-10	0	1	5	7	8	8	14	23	34	37	42	44
10-11	0	1	5	8	9	9	16	26	34	38	47	47
10-12	0	1	4	9	10	10	16	25	33	36	44	46

3.10.4.3 施工技术要求

(1)纠倾

1)工艺流程

施工准备──→布置沉降和倾斜监测点──→测放掏土孔位──→纠倾掏孔──→微调纠倾。

2)施工方法

①施工前建设单位应将纠倾的三幢楼与其连接的连廊主体和基础拆离不低于10cm。

②建立沉降、位移监测网络。沉降采用水准仪,定点、定尺、定时观测。位移监测用重锤吊线法和经纬仪双控。纠倾掏土时应每天观测3次,加固时可3d观测1次。

③纠倾掏土应遵循由疏到密,由浅入深,循序渐进的原则。

④以动态监测资料指导施工,并随时调整掏土量,不断调整建筑物的变形,以确保纠倾效果。校核钻机倾角,确定布孔间距。根据动态观测资料布置掏土孔的孔径。校正需纠倾的倾斜值,达到设计要求。掏土孔角度为30°~45°,掏土孔径为φ150mm。

(2)静力锚杆压桩

1)工艺流程

定位放线──→开凿桩孔──→清理桩孔──→植入锚杆──→桩机就位──→吊桩插桩──→桩身对

中调直──→静压沉桩──→接桩──→再静压沉桩──→送桩──→封桩。

2)施工方法

①根据设计要求在原有基础上划定桩孔位置,用机械开凿桩孔。桩孔成型后上口为300mm×300mm,下口为350mm×350mm。

②清理压桩孔处的建筑垃圾,将原基础钢筋割断。

③用植筋方法植入锚杆,植入深度根据植筋胶的说明书确定,待植筋胶完全凝固后方可进行压桩。

④将压桩架组装到位。压桩架应保持竖直,锚固螺栓的螺帽应均衡紧固,压桩过程中应随时拧紧松动的螺帽。

⑤用人工将桩抬到指定位置,利用桩架作支点,用手动葫芦将桩吊起插入桩孔。

⑥调节千斤顶、桩节与压桩孔轴线重合,用100t油压千斤顶加压,加压达到一定值后再次调节,保证桩节的垂直度。一次沉桩量同千斤顶最大行程,一次行程结束后,移动横梁和插销,继续压桩。

⑦沉桩时,当桩顶至基础面300cm时停止压桩,用硫磺胶泥接桩。接桩时,首先将上节桩对准下节桩,使四根锚筋插入锚筋孔,然后将桩上升约200mm(以四根锚筋不脱离锚筋孔为度)。此时安设好施工夹箍,将熔化的硫磺胶泥注满锚筋孔内,并使之溢出桩面,然后上节桩下落,同时调节桩身,使上下节桩的轴线重合。当硫磺胶泥冷却并拆除夹箍后,即可继续加荷施压。

⑧多节桩重复上述压桩和接桩步骤,直到压桩力达到设计压桩力为止。

⑨拆除桩架后,清理压桩孔内杂物,用2Φ18钢筋交叉焊接于锚杆上,用C30微膨胀混凝土浇注压桩孔,在桩孔顶面以上浇注桩帽,厚度为150mm。

3.10.5 结束语

该工程竣工投入使用至今,未再发生不均匀沉降,满足正常使用要求。充分说明了其纠倾加固措施是合理的、切实可行的。

高 卫[1] 陈 东[2]

(1 淮安生物工程高等职业学校;2 盐城明盛建筑加固改造技术工程有限公司)

3.11 古建筑物的整体顶升及纠倾

3.11.1 工程概况

该金刚塔位于云南省昆明市东南部的官渡镇,建于1458年,是我国现存最古老、建筑规模最大的金刚塔之一,是国家一级文物保护单位。该塔由砂石砌成,重13 500kN,高17.1m,其塔座为正方形座式基台,边长10m,高4m,四面券洞相通,每个券洞宽2.8m,高3m。

该塔坐落在原昆明湖螺壳土层上,其地下螺壳土渗透系数高。基础为浅埋毛石基础,厚100~150mm。地基土用石灰、黏性土与碎螺壳等拌合物作浅层处理,厚1 000mm,长宽均为20m。其下有木桩,桩长1 500mm,桩径200mm,桩间距200mm。

顶升纠倾前,经勘察表明,该塔长期以来地基沉降量很大且基本均匀沉降,略有倾斜。加之所建民房在其周围不断填土,造成周围地面抬高,致使塔座顶面低于周围地面2.0m,并且低于地下水位线400mm,造成塔基长期浸泡在水中。经详细勘查,塔尖向东南方向倾斜240.5mm,倾斜率1.4‰。

3.11.2 顶升纠倾前准备

(1)对该塔现状、工程地质及地基基础进行详细勘察,弄清该塔存在的问题和工程条件。
(2)制定详细完善的设计图纸及施工组织设计。
(3)设置完善的监控系统,包括范围、设备、标准等。
(4)制定突发事件的应急措施。
(5)对附着在古塔表面的文物交由文物部门保管。

3.11.3 整体顶升纠倾施工过程

为保护该金刚塔不再继续沉降倾斜,经全国有关专家论证,决定对该塔实施整体顶升及纠倾。在实施过程中,采用多项新技术。

3.11.3.1 上部结构的整体加固

由于该塔由松散的砂石砌筑而成,为增强古塔上部结构的整体性,对上部结构进行了整体加固。具体措施有:

(1)塔体周围增加型钢箍,以增强整体性。
(2)塔基四角设钢靴并采取有效连接措施,以抵抗降水过程、土方开挖及顶升纠倾时塔体局部下沉。
(3)塔座券洞内部增设弧形方钢管券拱,并做好横向拉结,以抵抗券洞在顶升纠倾实施过程中的纵横向变形。

总之在塔座内部、外部和底部增设型钢加固,并有效地连接在一起,使之成为一个空间立体加固体系,确保古塔在施工中的安全。

3.11.3.2 周围止水和塔基降水

由于该塔整体均匀沉降且略有倾斜,且长期遭受地下水的浸泡,在顶升纠倾之前,首先应进行止水降水。而塔基下地基土透水性强,若采用单纯降水难度很大,且可能导致附加沉降,其结果难以控制,也可能对古塔造成进一步的损害。综合各种因素,采用深层搅拌桩作为竖向止水帷幕;采用离心泵分步降水,严格控制古塔沉降量。实践证明,本方案止水降水效果良好且经济易行,达到了预期目的。

3.11.3.3 基础托换

金刚塔原基础为四个独立砂石砌筑的小型基础,为确保该古塔顶升纠倾的顺利进行,必须将其托换成一个刚度很大的底盘托架。具体措施是引用桥涵工程顶管技术。将其顶管换成预制的钢筋混凝土箱梁。箱梁尺寸(长×宽×高)为 1 500mm×1 000mm×1 125mm,上下壁厚 140mm,两侧壁厚 200mm。共预制 48 个箱梁,按一定顺序在反力作用下采用千斤顶依次顶进。在顶进箱梁过程中可在箱梁内同时挖土,以便更有力地顶进。顶进时应严格对塔体进行沉降监测。

3.11.3.4 反力系统——静压桩

由于静压桩具有桩基质量易保证、施工振动小、速度快、无噪声、无污染等优点,综合古塔的各种因素,本工程采用了静压桩作为顶升纠倾的反力支撑体系。具体设置了 40 个 400mm×400mm 的方形静压桩,桩长 20m,设计单桩极限承载力 1 200~1 300kN。顶升纠倾施工完成后,经监测表明,静压桩均匀沉降 40mm,且承载力均满足设计要求。

3.11.3.5 顶升纠倾托盘(托架)施工

本工程顶升纠倾托盘(托架)由"田"字形托梁(主梁)及箱梁(次梁)组成,托梁截面尺寸为 1 200mm×1 500mm,主梁及次梁均为预应力钢筋混凝土梁。应用预应力技术确保了托盘(托架)

体系的整体刚度,保证古塔在顶升纠倾过程中上部结构不变形。

3.11.3.6 顶升纠倾机械设备

承台施工时,为防止土侧产生过大压力,挖土需分段进行。故分段浇筑钢筋混凝土承台及承台梁,在承台梁与托梁间安放千斤顶。放置千斤顶处,在托梁相应位置预埋钢板,千斤顶与承台梁(垫块)之间放置承托板,防止顶升时混凝土局部受压破坏。

金刚塔自身重约13 500kN,基础底盘(托架)重8 000kN,共计21 500kN。本次顶升纠倾时沿托梁共布置18组千斤顶承台,每个承台各放置2 000kN油压千斤顶1台,用于顶升纠倾施工;放置1台辅助手动千斤顶,用于油压千斤顶回油时起支撑作用。全部顶升力可达36 000kN,完全可以满足顶升纠倾要求。

3.11.3.7 整体顶升纠倾

顶升时,各千斤顶必须保持同步,其具体措施是:

(1)科学合理地分配千斤顶和油泵;

(2)千斤顶和油泵分别装配止流阀;

(3)油泵统一供油,由专人统一指挥。

为避免千斤顶同时回油使上部建筑物产生振动,每次顶满行程后,与油压千斤顶相邻的手动千斤顶同步加压,直至完全替代油压千斤顶承压。油压千斤顶在无压力时回油,加混凝土垫块,进行下一轮油压千斤顶加压顶升。这样反复进行,直至整体顶升到位。垫块采用高强度混凝土块,由垫块形成的支墩随着顶升高度的增加而升高。为提高支墩的受压承载力,采用角钢及钢筋箍对支墩进行加固,并现浇100mm厚高强度混凝土,以加强其整体性。

顶升的同时对塔身进行了纠倾。

3.11.3.8 监测措施

在止水降水、基础托换及整体顶升纠倾时,应随时注意塔身是否发生沉降、倾斜、平移等情况,若发现问题应及时解决,否则可能导致顶升失败。因此,在整个顶升工程施工中,对塔身进行了全程观测,采用人工、仪器、电脑相结合的做法,用直尺、经纬仪对顶升过程中的建筑物偏位进行监测,利用水准仪观测监控基础沉降,及时发现问题,及时进行解决,以确保塔身安全和工程的顺利进行。

本工程共设3个水准点,组成水准网。水准点距金刚塔20～30m,深度5m;4个沉降观测点分别布置在金刚塔的四角,倾斜观测点分别设在塔座的上部及底部,两点位于同一垂直视准面内。

沉降及倾斜观测时间:

(1)实施每一步止水降水后;

(2)箱梁顶进过程中及全部顶进之后,以及浇筑混凝土之前;

(3)承台梁托换过程中,每次开挖后;

(4)试顶及顶升过程中进行偏位(倾斜)观测。

3.11.4 整体顶升纠倾可靠度分析

(1)本工程采用顶管技术进行基础托换,对原基础不会造成削弱,不会影响塔身结构的安全。

(2)本工程基础底盘托架为1 500mm高预应力混凝土结构,可充分满足顶升时的刚度要求,确保金刚塔在顶升时塔身结构不会因变形而损坏。

(3)加大了顶升力。共设两组各18台2 000kN千斤顶,顶升过程可轮流替换千斤顶,防止千斤顶同时回油对上部结构产生振动,确保结构安全。

(4)做好油泵与千斤顶的合理配置,保证了各千斤顶顶升速度均匀、同步。

(5)本方案在实施过程中,对塔体进行全程监测,及时发现安全隐患,及时采取措施予以解决。

3.11.5 整体顶升纠倾效果及其重大意义

该金刚塔整体顶升总高2.6m,纠倾240.5mm,工程完成后,经严密测量,目前塔身已完全处在塔外地平线之上,塔身结构完好,无任何损坏。

该古塔顶升纠倾方案综合体现了建筑工程各项技术,包括既有建筑地基基础详勘、古塔结构检测鉴定、古塔文物保护、止水帷幕的设计和降水控制、反力支撑系统的选择、桥涵顶管技术的引用、基础托盘的置换、预应力技术以及顶升机械系统的同步控制等。该金刚塔成功整体顶升纠倾给我国古建筑保护提供了一个全新的方法。

李其廉

(河北科技大学建工学院)

3.12 射水排砂法在特殊地基建筑物纠倾中的应用

3.12.1 工程概况

处于珠海闹市区邻街的某4层倾斜住宅楼为筏板基础,埋深3.5m,筏板厚350mm。筏板下为约4~5m厚的回填粗砂和部分块石,其块石占回填粗砂量的10%~20%。该住宅楼东边及北边的相邻建筑物与其相距1.5~2m(图13.12.1)。北边的为毛石基础,埋深与该住宅楼一致;东边的基础不详。该住宅楼已建成使用近20年,自上世纪80年代发生向东倾斜至2005年,其倾斜值达40cm。其屋顶女儿墙已与东边4层建筑物相靠,并将东边建筑物顶层女儿墙压碎。为此,必须对该住宅楼实施纠倾,恢复该住宅楼的正常安全使用。

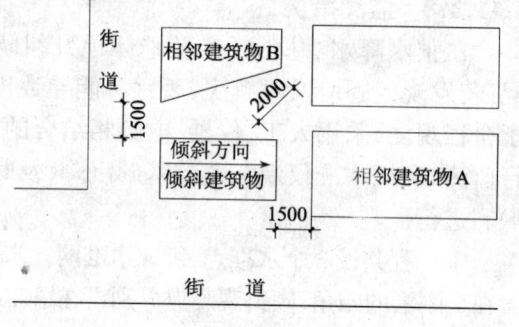

图3.12.1

3.12.2 建筑物的纠倾

(1)射水排砂纠倾

射水排砂是在建筑物的基础筏板上钻孔至回填砂层内,通过下管从管中压水,使砂从管口往上返,达到排砂的目的。在该住宅楼倾斜的反方向有序开孔,射水排砂,使基础下的砂按量排出,减少基础底的地基承载能力,在该住宅楼自重的作用下,利用砂的流动使基础下沉。这样重复抽排砂,从而达到纠偏目的。

(2)排砂孔的布置

本工程第一次排砂孔间距为3m,梅花形布置。排砂孔的位置以该住宅楼形心为界,在其倾斜的反方向布置。排砂孔施工前其周边的约束必须清除。第二次排砂孔间距仍为3m,正好与第一次排砂孔错开布置。采用多孔少排、深排的办法。

(3) 排砂孔的深度

由于该住宅楼砂垫层较厚,且含有块石,考虑块石对纠倾的影响,对排砂孔作适当加深。即第一次排砂孔为筏板底 1m,第二次排砂孔为筏板底 1.5～3m,越靠近中合轴的位置排砂孔越浅,越靠近该住宅楼倾斜反方向的边沿位置排砂孔的深度越深。

(4) 排砂量的估算

根据排砂孔的位置和该住宅楼倾斜量按相似三角形比例原则,计算出整排排砂孔需排出的砂量。排砂时各孔的排砂量应基本相等。

计算的排砂量可作为纠倾施工时的参考。施工排砂量一般不得大于计算排砂量,并应分批排砂。第一批排砂为计算量的 50%,第二批为剩余量的 50%。以此类推,直到回倾满足标准为止。

(5) 回倾的稳定控制

为避免射水排砂过程中该住宅楼回倾过旺或继续倾斜,当回倾完成原倾斜量的 80% 时,应暂时停止排砂,对该住宅楼基础采用桩式托换法进行加固处理。加固桩与该住宅楼暂不连接,在桩与住宅楼之间采用锁桩预留空隙,形成锁桩保险装置。通过进一步排砂,该住宅楼回倾扶正后,桩正好锁住。纠倾工程完成后,将建筑物与桩连接处理好。

3.12.3 相邻建筑物的保护

由于倾斜建筑物与相邻建筑物距离较近,且相邻建筑物基础为浅基础,为防止排砂时对相邻建筑物造成下沉影响,需对相邻建筑物基础进行有效的支护或加固处理。

考虑到加固相邻建筑物基础较为困难,为防止因排砂的侧向流动造成相邻建筑物 B 图(3.12.1)的倾斜或破坏,采用隔离支护措施,即在两栋楼之间打钢板桩,形成隔离支护体系。隔离支护体系应伸入排砂孔底标高以下,以达到控制相邻建筑物地基土体不能流动的目的。如图 3.12.2 所示。

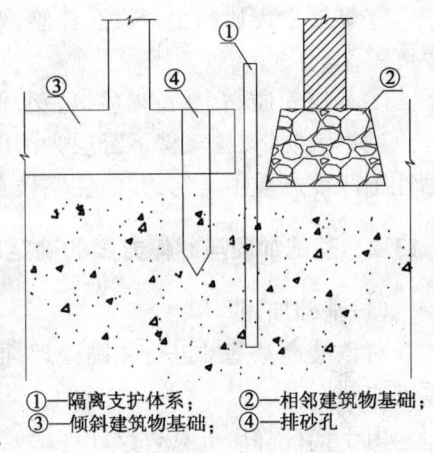

①—隔离支护体系; ②—相邻建筑物基础;
③—倾斜建筑物基础; ④—排砂孔

图 3.12.2

3.12.4 结束语

(1) 射水排砂法对有较厚砂垫层浅基础的建筑物纠倾工程很有效,不需要成孔设备即可完成,是应力解除法纠倾中砂层成孔较为方便的一种方法。

(2) 根据实验,射水排砂法排砂深度可达 7m,其排砂量可按需要进行,排砂孔径一般可为 $\phi 100～200mm$。排砂纠倾施工是较为方便的一种方法。

(3) 排砂法是利用水的作用使砂塌方及流动,降低建筑物基础底土应力。采取多孔少排的手段,不但使建筑物纠倾能够很好地得以实施,且提高了施工的安全度。

(4) 该方法在类似工程中可借鉴使用。

何 茂 吴如军

(广州市胜特建筑科技开发有限公司)

3.13 某住宅楼顶升纠偏工程实践

3.13.1 工程概况

该住宅楼为5层砖混结构,南北朝向,建于1989年。长44.4m,宽9.2m,总建筑面积2 200m²。各层楼面采用预制空心板,所有外墙、楼梯间砖墙均为实砌,C20钢筋混凝土条形基础。该楼建成后便出现不均匀沉降。1992年以前曾作过迫降纠偏处理,但未对地基基础进行有效地加固。差异沉降继续发展,至2005年3月该楼向西倾斜15‰,东西向差异沉降约60cm。西侧一楼室内地坪已低于室外地坪约40cm,已失去居住功能。由于该楼的倾斜属承重墙平面外侧向倾斜,使承重墙处于严重大偏心受压状态,承重墙体在纠偏前已出现了局部水平裂缝,不均匀沉降引起的纵向墙体斜裂缝也有多处。严重影响了该楼的安全使用,该楼处于十分危险状态。这也大大增加了顶升纠偏的难度。

纠偏前,对该楼地基进行了勘察,浅地基土可划分为:

① 1-1层为杂填土,由黏性土、碎石及生活垃圾组成,成分杂,结构散松,层厚约1m;

② 1-2层为粉质黏土,黄绿色,软可塑,黏塑性较好,物理力学性质尚可,厚约1m;

③ 2层淤泥质黏土,灰色,流塑,厚层状,高压缩性,物理力学性质极差,层厚8~15m,东西向厚度差7m;

④ 3层粉质黏土,黄褐色,可塑,低压缩性,物理力学性质较好,层厚较大,钻孔未揭穿。

勘察表明,该住宅楼下卧层为两层高压缩性淤泥质黏土层,导致房屋沉降较大,且两层高压缩性土厚度严重不均匀,致使住宅楼东西向沉降差异大。这是该楼倾斜的主要原因。

3.13.2 基础加固与纠偏方案的确定

(1)基础加固

对该楼地基基础进行加固处理,彻底消除不均匀沉降产生的原因,是对该住宅楼病害治理的关键之一。

由于锚杆静压桩具有设计理论成熟,施工机具轻便、灵活,作业面小,对周围环境影响小,施工技术成熟可靠,质量可以充分保证,且工期短、费用低等优点,决定采用锚杆静压桩加固地基基础。

(2)纠偏方案

由于该住宅一楼室内地坪已低于室外地坪40cm,若采用迫降纠编,一楼将失去居住功能,由此给业主造成100多万元的损失,不宜采用。采用顶升法纠偏是该项目最合理的选择。

3.13.3 基础加固及顶升纠偏方案设计

(1)设计目标

①加固纠偏期间,确保结构安全。

②加固纠偏后,住宅楼差异沉降得到有效控制。

③最西侧①轴横墙顶升86cm,最东侧⑭轴横墙顶升27cm。顶升后该楼倾斜率控制在4‰以内,可以安全使用。

(2)基础加固设计技术参数

本工程共布置锚杆静压桩27根,如图3.13.1所示。

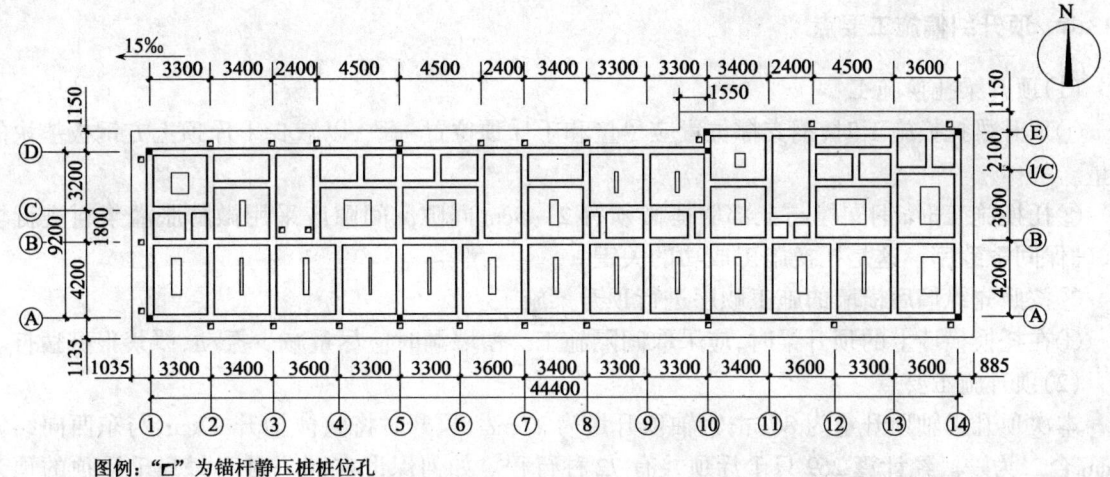

图3.13.1 锚杆静压桩平面布置图

桩径250mm×250mm,桩身混凝土强度为C30。采用角钢接桩,桩端持力层为③层粉质黏土,单桩设计承载力①~⑤轴为300kN,⑥~⑭轴为250kN。压桩力取单桩承载力的1.5倍,桩长通过最终压桩力及地质变化情况进行双控调节。

(3)顶升纠偏设计参数

①在原地梁上部距梁顶0.4m处采用托换工艺浇注顶升圈梁。

②地梁与顶升梁之间,设置269只额定顶升力为32t的螺旋式千斤顶,平均每只千斤顶承受荷载约141kN。如图3.13.2所示。

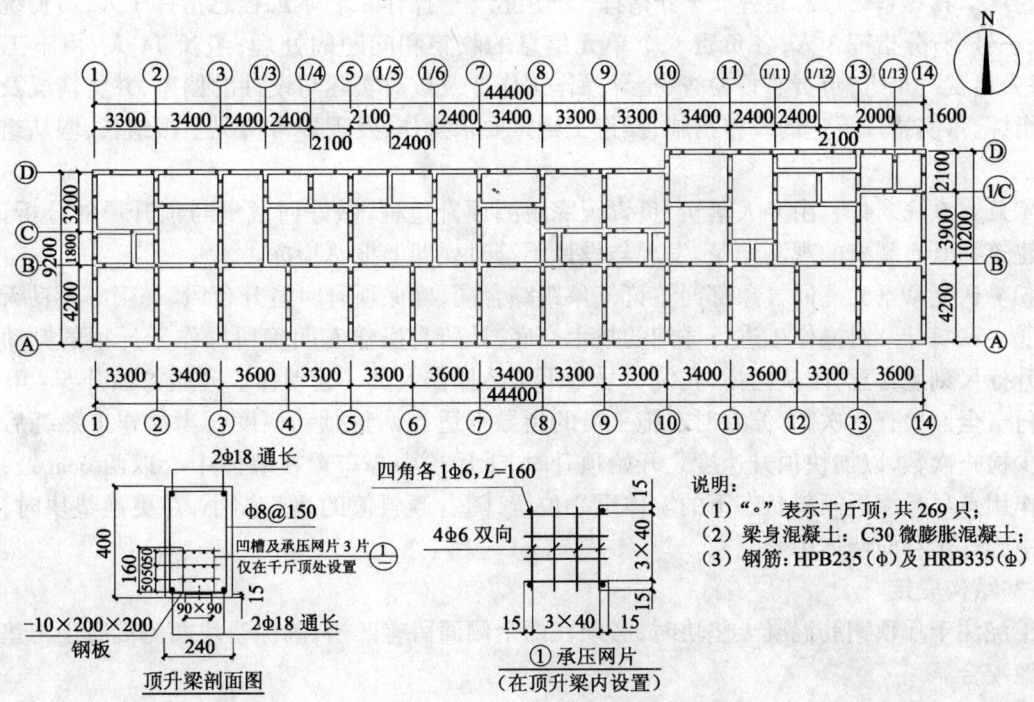

图3.13.2 顶升梁及千斤顶平面布置图

③对1层的门窗及墙上壁洞,所有房屋装修时被破坏的墙体,通过砌墩加固处理,以提高墙体强度和刚度。

3.13.4 顶升纠偏施工要点

(1)顶升梁托换施工

①顶升梁托换施工时,钢支撑位置应尽量和千斤顶位置一致,以减少千斤顶上方钢板垫块的数量。

②托换施工时,钢支撑与上部墙体必须有 2~5cm 间隙。间隙应采用微膨胀灌浆料进行填充,确保间隙致密。这是托换施工成功的关键。

③按照先纵墙后横墙的施工顺序进行顶升梁施工。

④在托换横墙上的顶升梁时,应采取间隔施工。凿墙洞时应尽量减少振动,严禁狠敲猛打。

(2)顶升施工要点

本次顶升①轴顶升量为 86cm,⑭轴顶升量为 27cm。顶升时将整体抬升 27cm,与东西向纠偏 59cm 合二为一。经计算 269 只千斤顶共有 72 种行程。如何保证在同一时间每只千斤顶的顶升量与总顶升量的比值相等是顶升成功的关键,为此必须采取相应措施:

①确定每只千斤顶的顶升量　会同有关部门实测建筑物倾斜现状,设置测量标志,根据实测结果商定验收办法。顶升回倾量及整体抬升量,根据商定值计算每只千斤顶的顶升量并列出详表。

②设计顶升标尺　根据顶升量计算出千斤顶的掀动次数(本工程千斤顶共计掀动 1 000 次),将每 5 次掀动千斤顶上升量作为一个刻度线。本工程共设刻度线 200 条,以此设计顶升标尺,并将顶升标尺贴于相应千斤顶的旁侧。每只千斤顶的掀动次数相同,但掀动幅度不同,不同的幅度产生不同的顶升量。

③建立指挥系统　总指挥──→分指挥──→组长──→操作工。本工程总指挥 1 人,负责统一协调,统一号令;分指挥 3 人,各负责一个单元信息的收集和问题的处理;组长 14 人,由施工员担任,每人负责一个组,负责监督检查、指导操作工作业及核对实际与设计的偏差,并将情况及时上报分指挥,落实指挥下达的调整措施;操作工则按要求操作,发现异常情况上报组长,服从组长指挥。

④监测系统到位　由专人落实,负责跟踪观测顶升过程,做好回倾量与顶升量的分析记录,做好建筑物既有裂缝的观测记录,发现与设计不符时立即上报总指挥。

⑤确认气象事宜　同气象部门签订气象跟踪合同,确保顶升时避开台风、暴雨等不良天气。

⑥实施顶升　对操作工进行详细的技术交底,让所有操作工明确所操作千斤顶的掀动幅度和顶升标尺刻度含意,服从指挥,在统一号令下全体操作人员一起动作。开始每顶升 5~10 个刻度,停止,全面检查一次,有偏差时在施工员的指导下适当调整掀动幅度。当操作工熟练后可逐步减少检查次数,以加快顶升速度。开始顶升时,千斤顶中心布置在墙体中心以西 6cm 处,使顶升力作用点尽量靠近倾斜状态下的墙体重心位置,随着倾斜值的逐步缩小,在更换垫块时,将千斤顶中心逐步移向墙体中心。

(3)结构联接

①浇注千斤顶钢筋混凝土垫块时,必须在两个侧面留有凹槽,确保垫块两侧混凝土与垫块间良好地咬合。

②截断的构造柱按规范进行联接。

③顶升产生的间隙全部采用 C20 混凝土进行填充联接。

④恢复底层楼梯原状及底层原有通道,回填开挖面。

3.13.5 效　果

顶升完成后,所有千斤顶的顶升量完全与设计吻合,住宅楼向西最大倾斜率为2‰。顶升期间及顶升后该楼结构完好无损,实现了预定目标。

顶升施工期间,2层以上居民可以正常居住。顶升纠偏结束后重新修建了1层室内地面及室外排污管线,现该楼1层也恢复了居住功能。

地基基础加固后,经半年沉降跟踪观测,该楼沉降已经稳定,且比较均匀,实现了预想的地基基础加固目标。

纠偏前,基础上部一部分砖墙长年浸泡在地下水中,已经出现了不同程度的风化,给房屋安全留下了隐患。纠偏后地下水位以下部分均是C20混凝土,原风化的砖块也已凿除,房屋安全性得到了提高。

江　伟[1]　蒋汉荣[2]　邓俊军[1]　曹继锋[3]
(1 浙江省岩土基础公司;2 嘉兴市危房鉴定办;3 宁波市工业建筑设计研究院)

3.14　掏土和锚杆静压桩相结合在纠偏工程中的应用

3.14.1　工程概况

上海市某建筑物为1986年建造的砖混结构6层住宅,长53m,宽9m。采用天然地基,钢筋混凝土条形基础,埋深1.5m。

2000年6月苏州河综合治理合流污水工程的顶管从本住宅楼基础下7m深处由东南向西北施工穿过。6月10日顶管进入基础平面投影范围,6月17日顶管完全出基础平面投影范围,历时8d。顶管直径2.4m,顶管顶埋深8m。建筑物基础及顶管平面位置关系如图3.14.1所示。

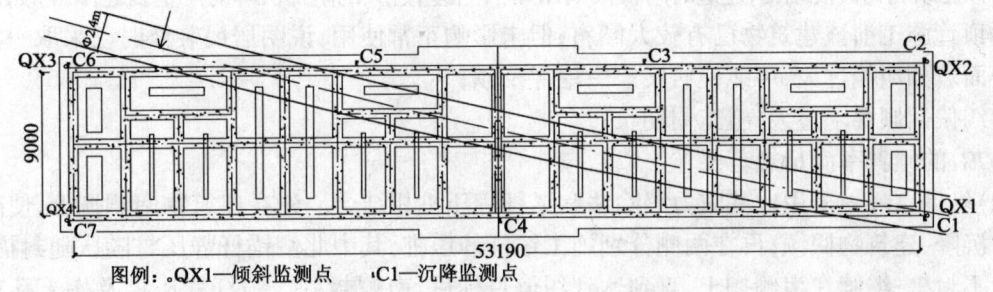

图3.14.1　建筑物基础及顶管平面图

顶管穿越建筑物前,对该建筑物进行了监测布点并测得沉降及倾斜初值。施工后也进行沉降、倾斜监测。监测点布置如图3.14.1所示。监测结果如表3.14.1及图3.14.2所示。

表3.14.1　顶管施工前后建筑物倾斜监测资料

测斜点号	倾斜方向	6月1日	7月4日	7月20日
QX1	向北	12.09‰	12.67‰	12.21‰
QX2	向北	10.92‰	11.61‰	11.07‰
QX3	向北	12.31‰	13.23‰	14.21‰
QX4	向北	13.60‰	14.19‰	14.78‰

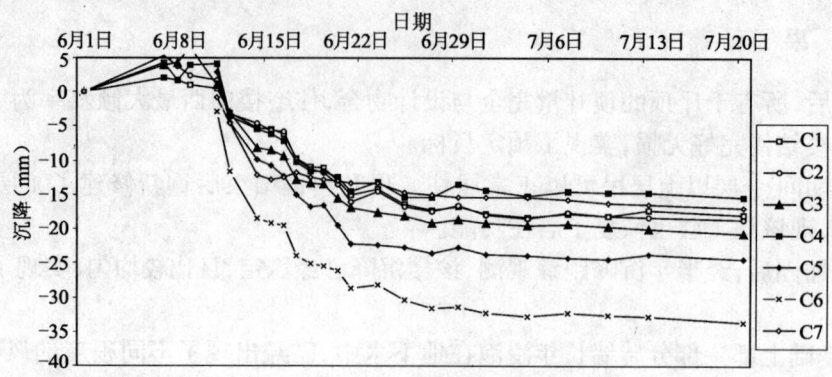

图 3.14.2 顶管施工前后建筑物沉降曲线

3.14.2 倾斜原因分析

表 3.14.1 表明,该建筑物在顶管施工前(6月1日)就存在严重倾斜,倾斜率达 10.92‰~13.60‰(向北)。根据地质报告,地层均匀,无不良地质现象。通过分析有关资料,认为建筑物荷载重心与基础形心不一致,存在偏心现象,是建筑物产生倾斜的主要原因。

图 3.14.1 表明,6月10日前,建筑物各点有一定上抬。顶管施工过程中,南侧各点(C1、C4、C7)沉降小于北侧各点(C2、C3、C5、C6);对同一侧,顶管经过点的沉降比其他点沉降大。这些现象说明,由南向北施工过程不合理。当顶管从南侧接近建筑物时,顶管前端存在一定范围的挤压区,使建筑物南侧首先发生上抬,加大了倾斜程度。顶管施工扰动了地基土,顶管从北侧出建筑物平面后,北侧地基土恢复时间短,附加沉降大,同样也加大了倾斜程度。因此顶管施工使倾斜率增大,达到 11.07‰~14.78‰(向北)。而顶管施工出建筑物平面1个月后(7月20日),各点沉降速率趋于一致,约 0.1mm/d。

3.14.3 纠偏方案

(1)纠偏目标的确定　该建筑物倾斜率为 11‰~15‰,纠偏目标定为 7‰较为合理。因为:
① 该建筑物为砖混结构,建造时间较长,结构整体性差,过大的附加沉降易产生裂缝,影响使用安全;
② 顶管施工前该建筑物已有较大倾斜,但未影响正常使用,说明居民装修时已采取一定措施找平楼面。如纠偏过大,可能使居民家中地坪反倾;
③ 纠偏回倾要求过大,施工周期长;
④ 7‰的倾斜率满足规范要求。

(2)纠偏方法　采用地基应力解除法和锚杆静压桩相结合。先在建筑物南侧掏土,使南侧发生较大沉降,建筑物回倾;再在两侧分别施工锚杆静压桩,其中北侧锚杆静压桩随压随封桩,南侧压桩后不封桩;继续在南侧掏土,直到达到纠偏目标后,南侧封桩。锚杆静压桩及掏土孔布置如图 3.14.3、图 3.14.4 所示。

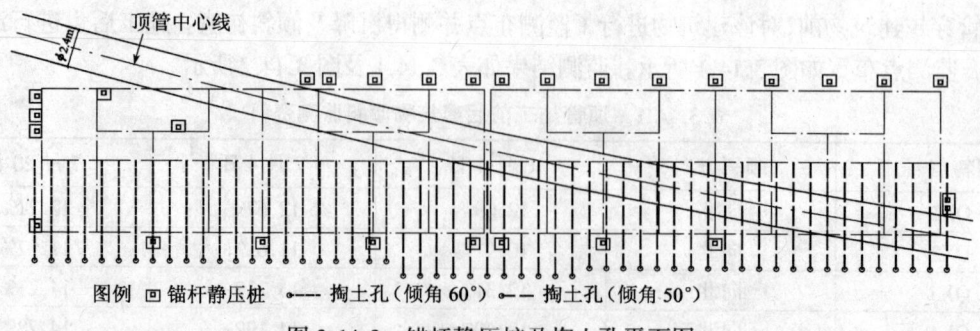

图 3.14.3 锚杆静压桩及掏土孔平面图

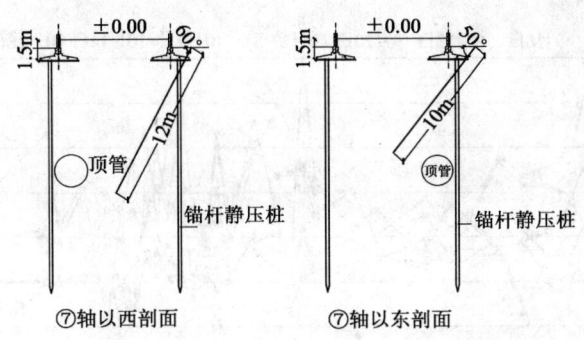

图3.14.4 锚杆静压桩及掏土孔剖面图

(3) 掏土孔布置原则　掏土是纠偏的主要手段。由于建筑物基本向北倾斜，各点倾斜程度基本接近，东西向各点要求同步回倾，因此应在建筑物南侧均匀布置掏土孔。但由于顶管与建筑物斜向相交，东部顶管偏南，西部顶管偏北。因此通过掏土孔的长度、角度调整，避让顶管。⑦轴以东，掏土孔深度10m，倾角50°；⑦轴以西，掏土孔深度12m，倾角60°。

(4) 锚杆静压桩布置原则　由于建筑物本身竣工时间长，沉降已稳定，只是由于顶管扰动地基引起进一步沉降，因此可采用较少数量的锚杆静压桩。本工程锚杆静压桩单桩承载力设计值250kN，北侧以锚杆静压桩承担15%建筑物荷载的原则来确定桩数，南侧为控制掏土后期沉降而构造布桩。

3.14.4 纠偏施工及效果

(1) 8月23日开始掏土施工。为防止建筑物出现裂缝，应控制掏土速度，使建筑物沉降速率小于3mm/d。第一遍至第三遍掏土按设计掏土孔深度进行。第四至第八遍清孔深度减浅到4.5~6.5m。10月17日南侧封桩后，掏土孔采用注浆封孔，以防止后期土体蠕变产生较大沉降。

(2) 由于原基础为C20混凝土条基，不能提供足够的锚杆抗拔力，故首先对基础进行了加固，增加条基翼板厚度。锚杆静压桩250×250×23 000，桩身混凝土强度等级C30。单桩承载力设计值250kN，平均最终压桩力295kN。

(3) 对纠偏过程进行了全过程的沉降和倾斜跟踪监测。沉降监测资料如图3.14.5、图3.14.6所示，倾斜监测资料如表3.14.2所示。

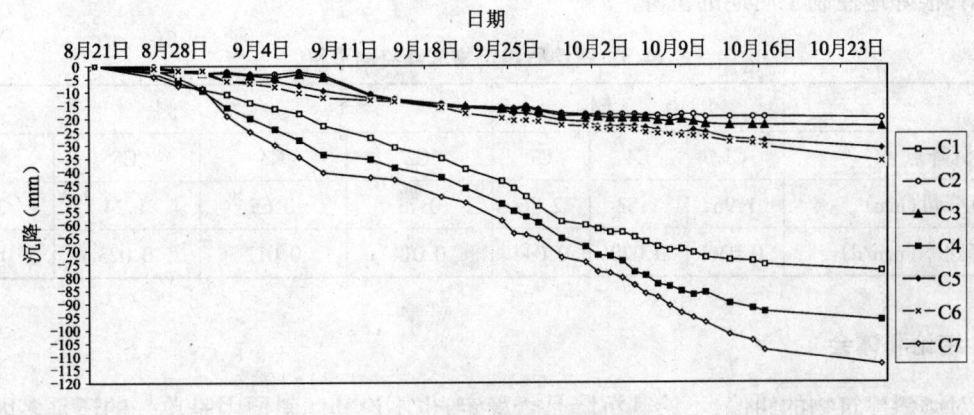

图3.14.5 纠偏过程沉降曲线

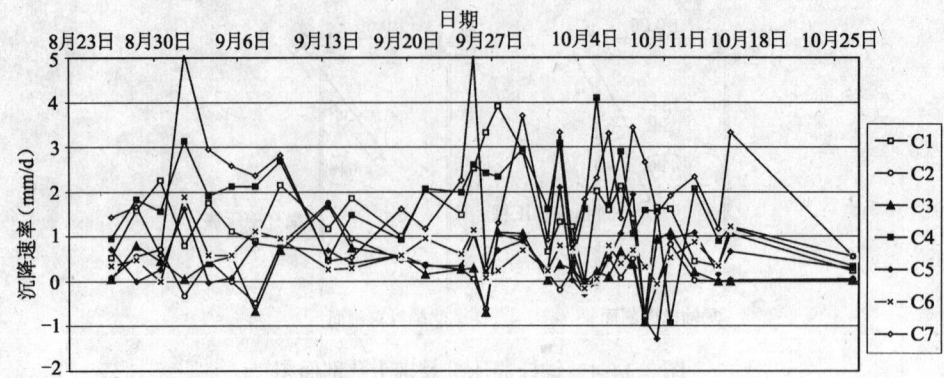

图 3.14.6 纠偏过程沉降速率曲线

表 3.14.2 纠偏过程建筑物倾斜监测资料

测斜点号	QX1	QX2	QX3	QX4
倾斜方向	向北	向北	向北	向北
7月20日	12.21‰	11.07‰	14.21‰	14.78‰
8月19日	12.02‰	11.33‰	15.09‰	14.80‰
9月16日	9.83‰	9.71‰	11.91‰	11.21‰
9月26日	8.15‰	7.05‰	9.60‰	10.29‰
10月8日	6.47‰	5.55‰	7.28‰	7.86‰
10月16日	5.72‰	4.91‰	6.13‰	6.71‰
10月26日	5.72‰	4.91‰	6.01‰	6.65‰
回倾程度	6.30‰	6.42‰	9.08‰	8.15‰

施工中,坚持以监测数据指导施工,真正做到信息化施工。从图3.14.6可见,纠偏全过程,只有2个点次沉降速率达到5mm/d,9个点次沉降速率大于3mm/d,其余均小于3mm/d。根据监测资料,调整掏土频率与深度,调整压桩速度,控制封桩时间,从而保证了纠偏效果,同时防止建筑物产生裂缝,取得了理想的结果。

(4)纠偏结束后3个月(12月19日),对建筑物进行了沉降观测,结果如表3.14.3,沉降速率由竣工时的0.5~0.6mm/d迅速收敛为0.03mm/d,说明持力层附近土体未受破坏,锚杆桩能迅速发挥作用,很好地控制了后期的沉降。

3.14.3 纠偏后建筑物沉降监测资料

沉降点号	南 侧			北 侧			
	C1	C4	C7	C2	C3	C5	C6
沉降量(mm)	1.96	1.52	2.36	0.73	0.65	1.24	2.13
沉降速率(mm/d)	0.036	0.028	0.044	0.014	0.012	0.023	0.039

3.14.5 结论和体会

(1)对倾斜建筑物的纠偏,不论其沉降是否稳定,也不论其倾斜原因是单一的还是多因素的,地基应力解除和锚杆静压桩相结合的方法均非常有效且比较安全。

(2) 地基应力解除法(掏土)是纠偏的主要手段。

(3) 锚杆静压桩的作用主要在于控制后期沉降。因此对原沉降已稳定建筑物,锚杆静压桩数量可较少。本工程锚杆静压桩承担15%的建筑物质量。

(4) 信息化施工是纠偏工程的关键,因此必须进行全过程监测。根据监测资料,随时调整纠偏方案,包括掏土速度、掏土孔深度、锚杆桩施工速度、封桩时间等。

(5) 后期沉降速率收敛的快慢,与原建筑物沉降稳定与否关系较大。如果原建筑物沉降未稳定,纠偏结束半年后,沉降速率才达到 0.1~0.2mm/d;本工程,由于原建筑物沉降已稳定,因此纠偏结束后3个月,沉降速率即减小为 0.03mm/d。

徐文华　陈卫东
(上海岩土工程勘察设计研究院有限公司)

3.15 锚杆静压桩的基础纠偏实例分析

3.15.1 前　言

锚杆静压桩是20世纪80年代开发的一项地基加固新技术,是锚杆和压桩两项技术的有机结合。基于该技术的特点:施工时,无振动、无噪声、无污染;便于狭窄场地施工;可与上部结构同步施工;基础托换时,可实现车间不停产、居民不搬迁。该技术近年来得到了广泛的应用,尤其是对于软土地区(如上海、天津),该技术的应用更是取得了显著的技术经济效果。本文以基础咨询中所接触到的基础工程偏心事故处理来讨论锚杆静压的应用和设计,以期总结经验和提高认识。

3.15.2 工程概况

上海某厂房地层特性如表3.15.1所示。该工程基础采用柱下独立承台,承台下布有PHC600静压预应力管桩,桩长30m,单桩承载力特征值为1 000kN,以⑤-2层砂质粉土为桩基持力层。施工中,由于轴线定位不准确以及基坑的开挖对工程桩的挤压,致使该厂房的4个承台下的管桩沉桩发生严重偏位(如图3.15.1所示),使承台下群桩形心和承台上柱的形心无法重合。

表3.15.1　上海某厂房地层特性

土层层号	土层名称	厚度(m)	湿度	状态	密实度	压缩性
①	填土	1.5				
②-1	黏土	0.9	湿	可塑		中等
②-2	黏土	1	很湿	可塑		高等
③	淤泥质粉质黏土	7.9	很湿	流塑		高等
④	淤泥质黏土	5.2	饱和	流塑		高等
⑤-1	粉质黏土	10.7	很湿	软塑		高等
⑤-2	砂质粉土夹粉质黏土	8.2	很湿		稍密~中密	中等
⑦-1	砂质粉土	5.9	很湿		中密	中等
⑦-2	粉砂	未钻穿	饱和		密实	中等

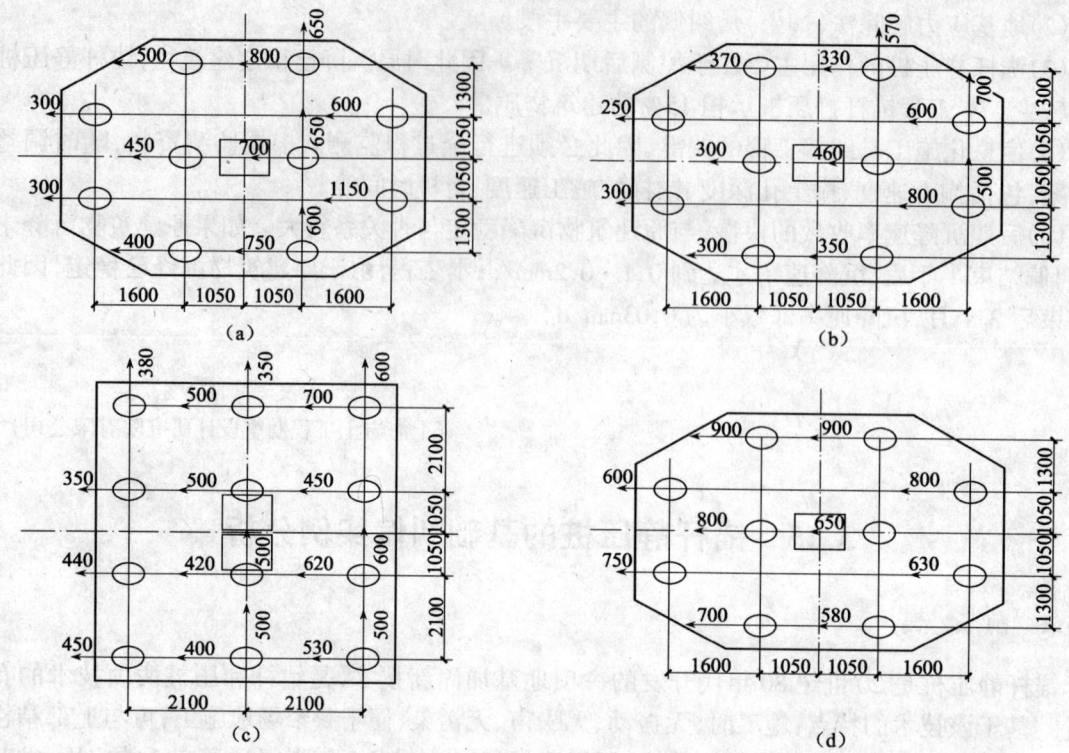

图 3.15.1　桩位偏移示意图
（箭头所指方向为管桩偏移方向，数值为偏移量）

原桩基设计中，群桩形心与承台上柱的中心重合，桩位偏移后，A、B、C、D 四承台下的群桩形心偏移量如表 3.15.2 所示（承台 A、B、D 偏移量以柱中心为原点，承台 C 偏移量以两柱中心中点为原点，向上 Y 为正向，向右 X 为正向）。从表 3.15.2 数据可知，承台下群桩形心偏心比较严重，需进行纠偏处理。

表 3.15.2　偏移量

承台	X 向偏移量(mm)	Y 向偏移量(mm)
A	−595	190
B	−406	177
C	−539	343
D	−731	0

3.15.3　情况分析

由于承台上柱的集中荷载较大，当群桩形心偏位较大时，基础将产生倾斜变形，从而威胁厂房的正常使用。为了纠正形心偏位需采取补桩的方式，但本工程工期较紧，若补桩采用预制管桩及方桩其沉桩及养护时间较长。基于此原因，本次纠偏采用锚杆静压桩，桩型为 250mm×250mm，为避免不均匀沉降，取与原 PHC 管桩同长 30m。根据勘察报告，锚杆静压桩单桩承载力特征值为 500kN，以⑤-2 层砂质粉土为桩基持力层。由于部分桩偏至原设计的承台外侧，因此承台应适当加大。

3.15.4 纠偏设计与施工

3.15.4.1 设计

针对 A、B、C、D 承台下桩的不同偏位情况，进行补桩。补桩后承台（已加大）下的群桩如图 3.15.2 所示。通过群桩形心验算，均满足规范要求，其计算结果如表 3.15.3 所示（承台 A、B、D 以柱中心为原点，承台 C 以两柱中心中点为原点，向上 Y 为正向，向右 X 为正向）。

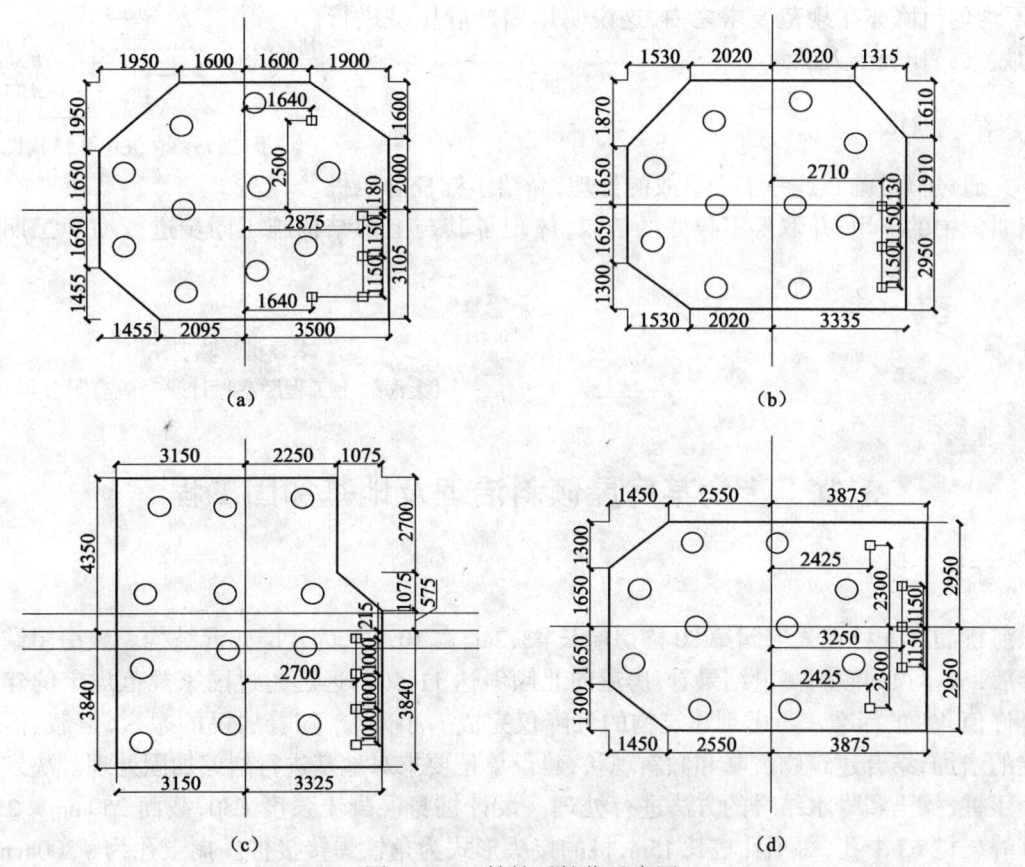

图 3.15.2 补桩后桩位示意图

表 3.15.2 计算结果

承台	X 向偏移量（mm）	Y 向偏移量（mm）
A	0.20	-6.8
B	0.43	0
C	0.83	0
D	-0.80	0

3.15.4.2 施 工

为了不影响工期，本工程采取先进行基础施工，预留压桩孔。压桩孔上口 300mm×300mm，下口 350mm×350mm。基础主筋在洞口边尽量绕行，如有截断钢筋，应在洞口补加强筋。

在锚杆静压桩设计中，应注意解决压桩反力问题。经计算，承台施工完毕后，可以采用 PHC 管桩提供抗拔力，在承台上为每根锚杆静压桩埋植 6 根锚杆（图 3.15.3）。为保证安全施工,压桩施工应间隔进行,同一承台不连续施工。沉桩时,采取压桩力与桩尖标高双重控制,当连续50cm压桩力大于700kN时,可截桩;当桩尖达到指定标高,压桩力小于550kN时,桩应加长。

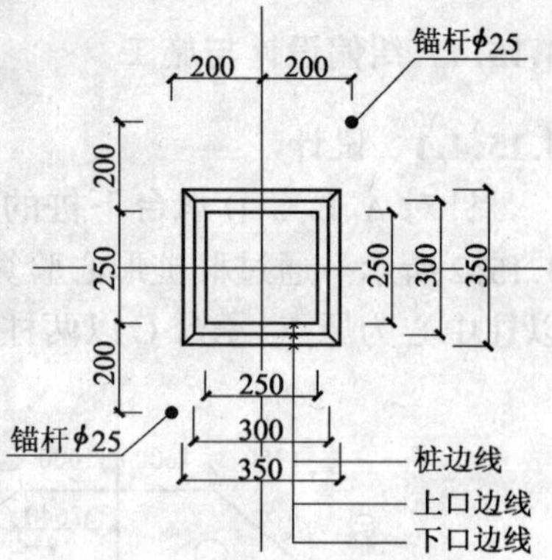

3.15.4.3 沉降情况

该工程竣工投入使用后,据观测反映,倾斜沉降均小于设计要求,不均匀沉降亦在规范要求之内,这说明用锚杆静压桩进行纠偏的效果是比较令人满意的。

3.15.5 结　　论

本文通过群桩偏心这一工程事故的处理,介绍了锚杆静压桩在基础纠偏中的应用,并取得了很好的效果,体现了其与上部结构施工同步进行缩短工期的特点。

图3.15.3　桩位孔结构图

李晓勇　陈卫东

(上海岩土工程勘察设计研究院有限公司)

3.16　上海某房屋倾斜治理及地基加固工程

3.16.1　工程概况

上海桃浦春光村春光家园第80幢房屋长43.2m、宽10.3m,为4层砖混结构。该房屋结构竣工1年后,从屋顶的倾斜测量结果看,房屋向北倾斜达11.5‰,远远超过国家规范规定的建筑物倾斜允许值4‰的标准。考虑到建筑物的沉降仅完成一小部分,随着居民的搬入,恒载、活载均有一定的增加,结合建筑物沉降和倾斜现状,建设单位要求对地基进行纠偏加固处理。决定采用锚杆静压桩、掏土和降水结合的方法进行处理。设计桩身混凝土强度C30,截面250mm×250mm的锚杆静压桩63个孔,每个孔桩长15m,桩的接头形式为角铁焊接接桩。掏土孔为φ300mm。桩位布置与掏土孔布置如图3.16.1所示。

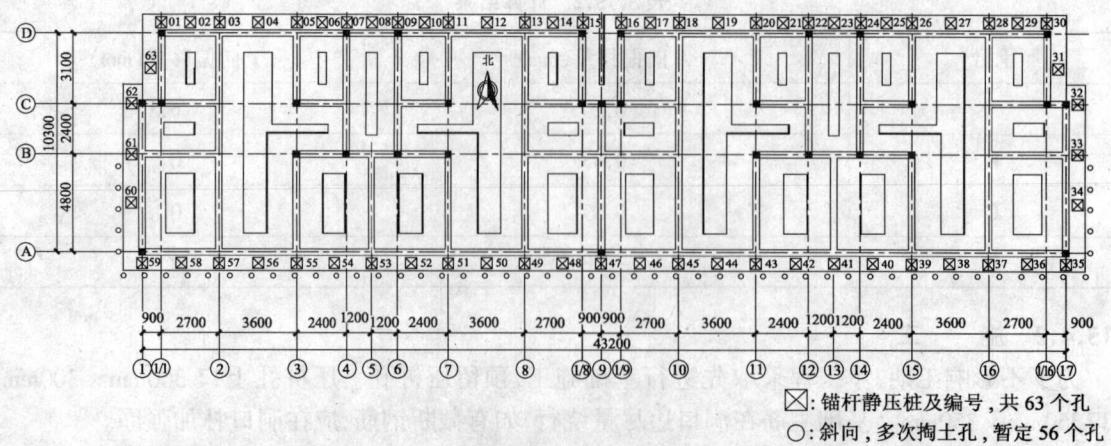

图3.16.1　春光家园第80幢房屋(武威路1019弄)纠偏及地基加固施工布置图

3.16.2 施工工艺

锚杆静压桩是锚杆和静力压桩结合形成的一种桩基础施工工艺,它是通过在基础上埋设锚杆固定压桩架,以建筑物所能发挥的自重荷载作为压桩反力,用千斤顶将桩段从基础上凿出的压桩孔内逐段压入土中,当桩体达到设计桩长或设计最终压桩力后,将桩与基础连结在一起,从而达到地基加固的目的。

锚杆静压桩具有施工机械轻便灵活,施工方便,作业面小,施工质量容易控制,可在室内施工,且具有能耗低、无振动、无噪声、无污染等优点,广泛用于新老建筑物的地基处理。

锚杆静压桩施工首先开凿压桩孔和埋设锚杆,再安装压桩架,然后重复操作吊桩、压桩、接桩,直到压桩到设计长度或设计最终压桩力,最后进行封桩。

3.16.3 压桩及纠偏施工

(1)放样及挖土。根据设计桩位平面图,用钢卷尺进行放样,定出桩位,用红油漆做出标记,并编上孔号。

(2)在基础底板上成孔,呈"八"字形,上口≥300mm×300mm,下口≥350mm×350mm。

(3)埋设锚杆及安装压桩架。锚杆底部要求墩粗,压桩架要安装牢固、垂直。

(4)压桩及接桩。压桩时桩体保持垂直,接桩时采用角铁焊接。用水平尺或垂线进行桩体垂直度的校正,接桩时角铁要进行除锈、满焊,压桩到设计长度或最终压桩力时,桩顶焊好插筋,即可送桩到设计标高。

(5)封桩施工。封桩是压桩技术中要求最高的一道工序,必须精心管理和施工。在封桩期间,首先要保证孔壁干净,排除地下水,再焊好交叉钢筋,经检查合格后浇捣混凝土。

全面施工于2003年11月22日开始,2004年1月8日全部结束。施工共分以下几个阶段:

(1)北侧压桩阶段:2003年11月22日开始在北侧压桩,11月27日北侧桩全部压完。此阶段的主要目的是控制楼房北侧的沉降,为南侧的纠偏施工做必要的技术准备。

(2)南侧纠偏阶段:2003年11月28日,南侧从东南角开始掏土与降水,向西进行纠偏施工,2004年1月8日纠偏达到建设单位要求的范围。

(3)本次施工共完成锚杆静压桩孔63个,合计压桩混凝土方量为59.062 5m^3。

(4)跟踪监测:根据监测结果,该楼房的纠偏加固效果十分明显。

3.16.4 技术要求

(1)按设计和规程要求对工程质量各项指标进行控制和检查,准确测量定位;凿孔为八字形;压桩垂直偏差小于1.5%桩段长;千斤顶与桩身应在同一中心线上,防止偏压;接桩时角铁应除锈、满焊;封桩是压桩技术中要求最高的一道关键工序,应精心管理和施工,封桩孔内要求无积水,孔壁要干净,并经检查合格后再浇灌微膨胀超早强混凝土。

(2)为减少建筑物的附加沉降,封桩采用超早强水泥。

(3)做好每道工序的施工记录,取准、取全其他各种原始资料;对原始资料的收集应作到及时、准确、完整,不漏记、不补记,确保准确实时控制。

(4)施工过程中同时对建筑物进行沉降监测与倾斜测量(沉降观测点如图3.16.2所示),并及时反馈。建立科学的信息系统,使施工处于受控状态。监测采用闭合导线的水准测量,倾斜测量采用外观直接投影法;沉降监测采用苏光DSZ2,倾斜测量采用北光J6经纬仪。施工时应每天测量一次,使施工处于信息化控制中,确保施工工程质量。倾斜测量结果如表3.16.1所示。

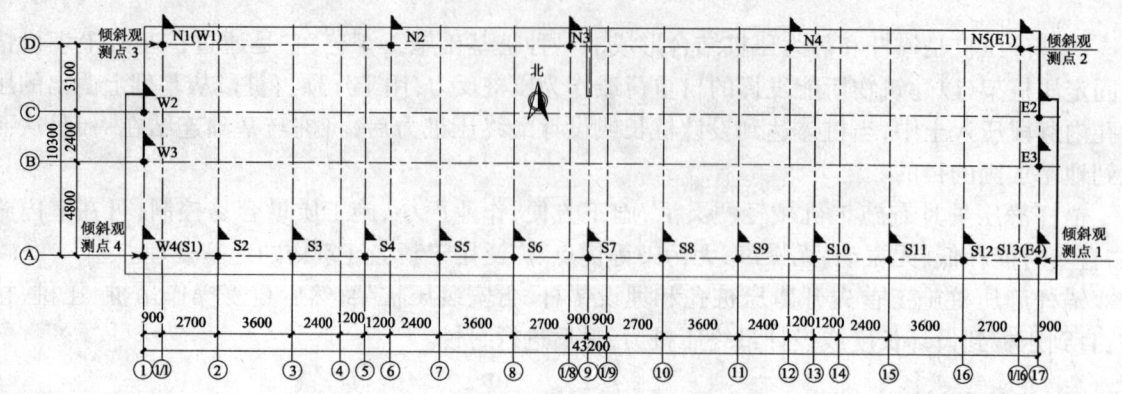

图 3.16.2 沉降及倾斜观测点平面布置图

表 3.16.1 春光家园第 80 幢纠偏工程倾斜测量成果表

测量位置	日期	2003.11.22		2003.12.14		2003.12.26		2004.01.05		2004.01.08	
		倾斜值(mm)	倾斜率(‰)	倾斜值(mm)	倾斜率(‰)	倾斜值(mm)	倾斜率(‰)	倾斜值(mm)	倾斜率(‰)	倾斜值(mm)	倾斜率(‰)
倾斜1(东南角)	向北	111	9.9	93	8.3	59	5.3	40	3.6	36	3.2
倾斜2(东北角)	向北	103	9.2	81	7.2	49	4.4	28	2.5	21	1.9
倾斜3(西北角)	向北	129	11.5	114	10.2	79	7.1	59	5.3	52	4.6
倾斜4(西南角)	向北	106	9.5	87	7.8	53	4.7	35	3.1	31	2.8

3.16.5 结 语

通过锚杆静压桩对建筑物北侧进行加固处理,对南侧进行掏土、降水等措施进行迫降施工,并进行补强加固。对施工过程监测资料进行整理,同时在施工完成后 1 个月进行跟踪测量。其分析结果为,南侧由于掏土迫降,最大沉降量 124mm,最小沉降量 117.5mm,沉降稳定,沿东西向比较均匀;北侧沉降量为 35～39.5mm;东西两侧沉降量为 44.5～122mm。加固前倾斜率为 9.2‰～11.5‰,经过处理,倾斜率降为 1.9‰～4.6‰,满足了设计及使用要求。

李建新
(上海恒昱特种结构工程有限公司)

参 考 文 献

1 抽土纠倾"扶正"比萨斜塔. 科学时报,2002(3)
2 史佩栋,张美珍. 拯救比萨斜塔. 岩土工程界,2000,13(11):16～17
3 刘祖德. 地基应力解除法纠倾处理. 土工基础,1990,4(4):1～6
4 唐业清. 建筑物纠倾新技术. 建筑技术,1995,4(6):323～327
5 焦五一. 地基变形计算的新参数——弦线模量的原理和应用. 水文地质工程地质,1982(1)
6 徐向东,贾留东,孙剑平等. 建筑物基底掏土灌水法纠倾——设计方法与工程实例. 建筑结构学报,1999,20(5):61～65

7 解家毕. 带桩多高层建筑共同作用分析方法及其在纠倾中的应用. 武汉大学博士学位论文, 2004
8 吴旭君, 杨晓夏, 胡远鹏. 水平钻孔掏土纠倾技术. 建筑技术开发, 1999, 26(4)
9 陈家琪. 圆形高耸构筑物纠倾. 有色金属矿产与勘查, 1997(3):185~190
10 孙剑平, 陈启辉, 柏宏宇等. 某住宅楼倾斜原因分析与处理措施. 工业建筑, 2005, 35(381):97~99
11 张永钧, 叶书麟. 既有建筑地基基础加固工程实例应用手册. 北京:中国建筑工业出版社, 1999
12 魏焕卫, 孙剑平, 陈启辉等. 120米烟囱倾斜原因及纠倾处理. 建筑技术, 2005(6):48~50
13 鲁冬来. 湿陷性黄土地区地基浸水湿陷纠倾施工. 建筑技术, Vol.22,332;
14 靳艳丽, 鲍建军. 软弱地基上建筑物纠倾加固的综合治理. 土工基础, 2001, 15(2):15~16
15 李小坡, 李国雄. 建筑物倾斜的断桩纠倾方法. 刘逸威. 施工技术, 1996, 32~34
16 郭应桐, 毛源, 赵文生等. 减桩法在建筑物纠倾中的应用. 岩土力学, 2000, 121(4):416~420
17 刘丽萍, 李向阳, 王德伟等. 预压托换桩加固及顶升纠倾工程实践. 岩石力学与工程学报, 2005, 24(15):2795~2801
18 魏焕卫, 孙剑平, 贾留东等. 某建筑物纠倾设计和施工. 建筑技术
19 冯旭海. 压密注浆作用机理与顶升效应关系的研究. 煤炭科学研究总院硕士论文, 2003
20 朱彦鹏, 王秀丽, 周勇. 湿陷性黄土地区倾斜建筑物的膨胀法纠倾加固理论分析与实践. 岩石力学与工程学报. 2005, 24(15):2786~2795
21 方有珍, 李强年, 朱彦鹏. 石灰桩与土力学理论结合在工程纠倾中的应用. 兰州理工大学学报, 2005, 31(5):111~114
22 唐业清. 100m高烟囱的纠倾扶正. 施工技术, 1995.8, 24~26
23 徐至钧. 高层建筑基础纠倾实例分析. 建筑技术, 1998, 29(6):388~389
24 徐学燕等. 高层建筑的纠倾与加固. 土木工程学报, 1999(4)
25 全国第四届建筑物增层改造与病害诊治学术研讨会. 济南:建筑物增层改造与病害诊治论文集, 1996
26 楼晓明, 刘建航, 汪大龙. 多层建筑沉降缝纠倾及纠偏分析. 土木工程学报, 2004, 2:87~91
27 Petros P.X. Ground and Improvement. New York: John Wiley & Sons, 1994
28 蔡美峰, 何满潮, 刘东燕编著. 岩石力学与工程. 北京:科学出版社, 2002
29 唐业清主编. 建筑物改造与病害处理. 北京:中国建筑工业出版社, 2000
30 唐业清主编. 简明地基基础设计施工手册. 北京:中国建筑工业出版社, 2003
31 唐业清, 李启民, 崔江余编著. 基坑工程事故分析与处理. 北京:中国建筑工业出版社, 1999
32 唐业清. 建筑物的改造及病害处理. 岩土工程界, 2005年增刊
33 蓝戊己等. 上海音乐厅平移与顶升施工技术. 岩土工程界, 2005年增刊
34 张鑫. 国内外建筑物整体平移技术的发展. 岩土工程界, 2005年增刊
35 卢明全, 杨军春. 建(构)筑物移位技术研究. 岩土工程界, 2005年增刊
36 覃辉光. 植筋在加固工程中的应用. 广西大学学报, 2005, 7:164~166
37 万墨林, 韩继云著. 混凝土结构加固技术. 北京:中国建筑工业出版社, 1995
38 唐业清. 建筑物纠偏允许倾斜值的分析与建议. 地基基础工程, 1993(3)

第4章 增层工程

4.1 房屋增层改造建筑设计的浅探

4.1.1 前言

房屋增层改造工程的建筑设计,在建筑界一向不视为热门课题,建筑师对此没有进行深入的研究,专论也较少见,但房屋增层改造的建筑设计是房屋增层改造工程中的重要组成部分。目前全国各地在房屋增层建筑设计中存在着强调结构抗震安全性和使用功能性,而忽视了建筑物立面造型设计与自身的协调性。比较常见有原建筑物的挑檐、檐口不做任何处理,直接在其上进行增层,形成了截然分开的双层建筑,新旧墙体也不作统一装饰。或者结合抗震加固采用外加圈梁、构造柱方案,造成整栋建筑"五花大绑",严重破坏了建筑立面造型,影响到景观与市容协调。

房屋增层改造建筑设计不同于新建工程建筑设计,它受到原房屋众多因素的制约。我们应该充分利用建筑物增层改造的机会,在增层改造的同时,既要顾及结构的安全,又要照顾建筑立面造型和协调,使之整旧如新,最大限度地满足规划市容和环境的要求。本文根据房屋增层改造建筑设计的实践对其设计依据、基本要求、型式和方法诸问题进行粗浅分析和探讨。

4.1.2 房屋增层改造建筑设计的依据

房屋增层改造的立面造型是其整个结构造型的重要组成部分。俗说"七分打扮三分人",房屋外型的视觉冲击力是勿庸置疑的,它能借此树起整栋建筑的形象,吸引住人们第一视线,对周围环境起着一定的影响。房屋增层改造的建筑设计应考虑以下几个方面:

(1)建筑造型基调

房屋增层改造建筑设计均是以旧楼为基础。因此对于直接增层的建筑,旧楼的建筑造型基调是房屋增层改造建筑设计的主要依据。这类建筑往往是外立面造型的改变,采用新型的建筑材料装饰或者用现代建筑设计手法对立面造型进行改造更新处理。而对于外套结构增层的房屋,完全可以按新建工程进行建筑设计,应着重考虑规划要求与周围建筑环境相协调,进行建筑造型再创作。

(2)使用功能

每栋建筑均有明确的使用功能,并将这种要求体现在平面建筑设计中。如住宅楼、办公楼等,都因其使用功能不同,在建筑设计中而有所区别。办公楼强调通风采光及整齐划一,立面要端庄。而住宅楼则着重考虑使用功能,平面布局分户要合理,分区要明确,互不干扰。进行房屋增层改造建筑设计时,首先应考虑增层建筑改造后的用途,以其使用功能作为增层改造建筑设计的主要依据。如果原有建筑是办公楼要改造成商业楼,就可能会增加门面、电梯,立面装饰可尝试在窗、墙的改造上采用新型的材料,建筑造型风格上也趋向于醒目吸引人,强调均衡中的变化。有些增层改造建筑并未改变使用功能,但原有建筑造型风格已与周围环境显得不谐调,这时增层建筑就必须按城市规划要求,按新的环境要求进行建筑设计,以达到相对地、尽可能地和谐统一。

(3) 形象及精神内涵

房屋建筑始终均以实用功能为第一特征,长期以来都没有发生根本改变。然而,随着社会发展进程、人们对审美意识的提高、社会多元化需求的增加和对精神内涵的追求,在我们今天进行增层改造建筑设计时,就不能忽视这方面的因素。实际上人们在长期的审美实践中,已对建筑造型艺术赋予了一定的审美标准,并以感情的语言去评价它。有些建筑还有其特定标记,这些标记是和其设计者、使用者以及其历史相连而成为一种特定形象,在对这些建筑进行增层改造时,一定要顾及其形象特征,保留其审美价值,使得原有建筑增层改造后在满足现有功能要求的基础上依然具有原有的建筑风貌,像哈尔滨秋林公司大厦增层改造时,就保留着俄罗斯建筑风格。

(4) 自然环境和人工环境

每栋建筑物,都置身于某种特定的环境中,这些环境有自然形成,也有人工造成,而且人工环境正在大量不断地产生。如住宅小区兴建、街心公园、霓虹灯装饰和广告牌大量涌现形成装饰环境,这些都影响着建筑设计。建筑物与环境的相互依存关系仍是我们进行房屋增层改造建筑设计的重要依据,而这种相互依存关系会有一定的稳定期。建筑环境是我们房屋增层改造今天面临的问题,只有尊重环境,在这个基础上进行增层改造与创新才可能是成功之路。

4.1.3 房屋增层改造建筑设计的基本要求

一般来说,房屋增层改造工程可以节省大量资金的投入,通过增层鼓造最大限度地满足使用功能要求,加快工程建设进度,尽早产生明显的经济效益。能充分发挥其建筑特征,能改善建筑物内部和周围环境的通风散热和采光。这也是对增层改造建筑设计的基本要求。

4.1.4 房屋增层改造建筑设计的原则和方法

房屋增层改造建筑设计的原则和方法是和新建建筑一样,都应遵循建筑结构学和形式美学的基本法则,不同的是增层改造建筑外型建筑设计的依据和基础是从原有建筑出发,充分考虑原有建筑物的特点和功能的需求。此外外型建筑设计中更强调主体立面、外轮廓线和面块结构的更新与变化。同时,选择新型的建筑材料替换旧材料,也是营造新效果的一种手法。

房屋增层改造建筑设计采取何种方式来达到何种程度与效果,还得根据建设单位的要求和能投入的资金多少来决定。而房屋增层改造包含着增层建筑内部与外型两个部分,其实这是一个相关连的问题,这里,要很好地把握好建筑整体与局部增层的统一关系,并懂得妥善处理好改造过程中产生的新矛盾。

我们常碰到增层改造时,原有建筑设置疏散楼梯不符合现行防火规范的要求,在做增层改造建筑设计时,就要在整栋楼中增设新楼梯,这既是建筑设计的要求又是结构改造的需要;联排式住宅采用直接增层时,往往会影响到房屋的卫生标准和日照的要求,可采用威卢克斯式斜坡屋顶来解决上述问题,达到跟主体建筑完美结合互相协调。从增层建筑设计的风格来说,既可设计成具有中国民族传统特色的风格,亦可设计成具有现代建筑的风格,或者是两者合一。而现代建筑艺术在近代处于领先地位,诸如一些新形式的造型和结构,如雕塑式建筑造型、装饰类建筑造型和结构类建筑造型等。目前国内新建大量楼宇都带有这种现代建筑的明显特征。

从房屋增层改造方法来说,建筑设计除了满足功能要求外,还应在外立面上下功夫,让原建筑面貌更新。要达到这一效果可采用对比法、重点突出法和改变立面质感与色彩处理的方法。

(1) 对比法　加大建筑增层改造前后的立面造型反差,给人一种强烈的印象。对于建筑物的轮廓线、面块结构、门、窗、阳台等外露部位,均可进行改变从而产生对比。设计中只有很好地体现新与旧的对比,才能真正把握住现代与传统,才能让我们真正体会我们所保留的建筑的文化底蕴与意义。增层后建筑应符合和谐与平衡的原则。

(2) 重点突出法　在房屋增层改造中,难以做到面面俱到,应根据增层立面的需要有重点地突出某些部位,并使其成为视觉中心和形体主导。一般常用手法是选择主立面和门厅部分作为处理重点,着重考虑其形体,视点位置,使它来统领全局,使建筑立面活起来。

(3) 改变立面质感与色彩的处理法　如果能大面积地改变原有楼表面质感与色彩,将会给人一种焕然一新的感觉,再加上造型的改变,就是一种全新的感觉了。这种方法设计简单,施工易行。特别是目前市场上大量涌现的新建材,如铝型材、不锈钢、瓷砖、玻璃、涂料等,可以使建筑物外立面造型得到充分的改观。不过在选择质感与色彩时,应根据建筑增层改造后的体型与功能来进行选择。

林道宏
(福建华泰工程建设监理有限公司)

4.2　既有建筑物增层的岩土工程评价

4.2.1　前　言

随着经济的发展,基础建设也在各大城市大规模开展。城市中心区域往往建筑物、人口和地下管线密集,进行新的工程建设项目面临更多的环境问题,建设成本也将大量增加。为此,许多投资者为节约成本,避免可能产生的不良环境影响,选择在既有建筑物上进行改建,其中便包括在原有建筑物上增层的情况。

随着对既有建筑增层加固工程的日益增多,人们开始关注此问题。如文献1曾报道了一个增层后进行地基加固的实例,并提出了加固质量的检测方法。较多报道倾向于关注增层后的加固质量,但对增层前对地基土的评价则相对较少。

通常,新建建筑物的地基土条件评价,是根据拟建建筑物的性质参数和不同要求在岩土工程勘察阶段实现的,其中往往包括以下几个重点部分:场地水土条件说明、场地天然地基承载力与沉降评价、桩基工程条件评价、地基加固评价和基坑工程评价等等。而在对既有建筑物增层的工程中,就需要针对不同的情况进行适当的评价,为增层设计与施工提供合理建议。本文尝试就这一问题提出系统的岩土工程评价方法,并结合一个工程实例详细介绍评价方法的应用。

4.2.2　既有建筑物增层的地基土评价方法

对既有建筑物增层的岩土工程评价,可以包括以下几个部分:

(1) 收集既有建筑物或邻近建筑物的岩土工程勘察资料

收集既有建筑物的岩土工程勘察资料可以获得对场地地基土的一般性认识,是有针对性的就原勘察报告不能满足现行规范要求的地方进行补充勘察的基本依据。但一般而言进行增层的建筑物往往历史较长,有的甚至有上百年历史,无法获得原有勘察报告。为此,就要考虑收集邻近建筑物的岩土工程勘察资料,对拟增层的建筑物地基土条件进行分析,并据以针对性的提出补充勘察方案。

(2) 根据增层的需要确定补充勘察方案进行补勘

增层将引起地基土内附加荷载的增加，并引起新的附加沉降量。通常需要在评价时考虑进行天然地基承载力与沉降评价、桩基条件的评价和地基加固评价等方面，以考察原有基础是否能够满足增层后的要求，如不满足，可采用怎样的加固方法加以处理等。拟定补充勘察方案后就可以进行相关的室内外岩土工程勘察工作。

由于原建筑物作用下地基土产生一定程度的固结，与原天然地面相比土体内的附加荷载增加，是一种相对的超固结状态，其强度、变形特性等均有所变化，故在补充勘察时宜包括以下几种室内外测试、试验工作：

(1)对关键土层取样进行强度试验和压缩试验，获取室内外场地的土体强度变形特性参数，并进行对比；

(2)对关键土层，尤其对原本为超固结的土层取样进行高压固结试验，以获取在不同附加荷载作用下土体的变形计算参数；

(3)为满足桩基础设计的要求，在室内外进行原位静力触探测试，并进行对比，分析原有建筑物附加荷载场地作用下土体固结导致的有效强度增长。

(3)进行既有建筑增层的岩土工程评价

增层的岩土工程评价可主要包括：

(1)场地稳定性和适宜性评价；

(2)原有天然地基或桩基承载力、沉降评价；

(3)地基加固方案评价；

(4)建筑物增层后引起的附加荷载和附加沉降评价；

(5)原建筑物附加荷载对地基土强度的影响评价；

(6)综合提出增层的岩土工程评价及相关建议。

4.2.3 工程实例

4.2.3.1 工程概况

某建筑物为一幢6层围合型建筑(中间天井内围2~6层)，建造于1934年，钢筋混凝土框架结构，柱间距8m；基础埋深约2.0m，下设木桩，桩长40~48英尺(约合12.2~14.6m)，木桩尺寸为桩顶12英寸×9英寸、桩尖12英寸×3英寸，相当于305×228mm和305×76mm；采用柱下独立承台和条形承台，柱下独立承台尺寸一般为4m×4m~5m×5m，每个独立承台下设桩8~12根不等，桩距一般1.2~2.0m。拟增加一层(钢结构)，内部天井内的建筑拟增加到7层；建筑物性质如表4.2.1所示。

表4.2.1 拟改建和新建建筑物性质一览表

层　数	结构类型	基础形式	基础底面压力(kPa)	容许沉降(mm)
7层	框架	桩基础	120	150~200

4.2.3.2 补充勘察

由于建筑物年代久远，无法获得原勘察资料，经过调查研究，收集了该建筑物周边场地的岩土工程勘察报告，并拟定了补充勘察方案。补充勘察拟解决的主要技术问题有：

(1)查明拟建场地在勘察深度范围内各土层的分布规律及工程地质特征，对拟建场地的工程地质条件作出评价；

(2)分析地基土的实际受荷程度，根据场地地基土特点，结合拟建建筑物性质，估算天然地基承载力设计值、特征值，预测加层后可能的附加沉降和差异沉降，提出关于地基基础设计或加固方案、施工措施和变形监测的建议；

(3)分析地基土主要压缩层范围内各土层的前期固结压力、压缩指数、回弹指数；

(4)根据工程性质，评价原有基础是否能够适应增加的荷载，若否，则分析评价适宜的基础形式或地基处理方案，并提供相应的设计参数。

4.2.3.3 地基土固结状态评价

相关资料和补充勘察揭示建筑物所在场地土层条件如表4.2.2所示。

表4.2.2 建筑物所在场地地层条件

土层层号	土层名称	层 厚 (m)	层底标高 (m)
①	填土	1.06~-0.41(0.49)	1.90~2.90(2.19)
②-3	砂质粉土	-3.43~-7.49(-5.37)	3.90~8.00(5.86)
④	淤泥质黏土	-14.04~-14.93(-14.64)	7.30~11.50(9.27)
⑤-1	粉质黏土	-23.49~-26.24(-25.01)	8.70~11.90(10.37)
⑤-3	粉质黏土	-37.74~-39.30(-38.57)	12.00~15.50(13.48)
⑤-4	粉质黏土	-40.04~-41.49(-40.68)	1.20~2.50(2.00)
⑦	黏质粉土	未钻穿	未钻穿

建筑物下和其邻近的地基土体在原有建筑荷载作用下，历史上承担的最大上覆压力已经超过其自重压力，使得地基土体处于超固结状态。对④、⑤层中取样进行了高压固结试验。试验结果显示第④层淤泥质黏土土体超固结比略大于1.0，为正常固结土，这与原有桩基础的桩端埋深在14m左右的情况基本吻合；第⑤-1和⑤-3层的超固结比均为1.3左右，这表明若以该层作为加固原有基础所采用桩基的持力层，就需要按照超固结土体的变形分析方法预测加层后可能产生的附加沉降量。

4.2.3.4 原有建筑改造基础加固方案

根据所收集到的原6层建筑桩位图，该建筑物采用桩基础，桩长在12.2~14.6m，桩端置于第④层灰色淤泥质黏土。

原建筑物加层可能引起两方面的问题：一是原有建筑物桩基承载力能否满足加层荷载的要求；二是土体内将产生一定的附加压力，引起建筑物产生附加沉降。

因该建筑已有70年历史，桩身质量尚未检测，原基础（桩基）能否满足增加的荷载尚不能确定。故假定原有建筑荷载在原有基础条件下是安全的，而加层产生的荷载则可通过地基加固，如增加新的桩承担。

(1)地基加固方案

改建建筑物加固目的是在满足变形要求的基础上对原有桩基础进行补强，又要尽可能地减少加固对基础的不利影响，并具施工可操作性，同时还要保证一定的施工进度和效率。原有建筑物周围场地情况复杂，原有基础情况不明，将给桩基施工带来较大难度。根据经验，一般可用锚杆静压桩或树根桩等进行地基加固。

(2)桩基持力层选择

经勘察，拟建场地埋深约17.0~17.8m为第⑤-1层黏土层，呈软塑状，静探P_s平均值为0.84MPa；第⑤-3层粉质黏土层埋深约26.70~28.6m，呈软塑状，静探P_s平均值约为1.27MPa。这两层土状态较好，埋深适中，均可作为本工程锚杆桩或树根桩的桩基持力层。

设计单位提供的相关资料表明，原有建筑物加层均将采用钢结构框架结构形式，柱距约8m。加层产生的每根立柱分担的荷载增量标准值约768kN。可在原建筑立柱下独立承台和周围条形承台下压入锚杆静压桩或设树根桩，对原有地基进行补强加固。桩端持力层可采用⑤-1层或采用⑤-3层。若采用锚杆静压桩,则桩身断面尺寸可选择250mm×250mm或300mm×300mm,每段锚杆桩长度可取2.0~2.5m;若采用树根桩,则桩径可取ϕ300mm或ϕ350mm。

4.2.3.5 桩基沉降量估算

(1)压缩模量的确定

通过采取原状土样进行室内压缩试验,对各土层室内试验的压缩性指标进行分层统计,按桩基条件选择各土层自重压力至自重压力加附加压力段的范围内的压缩模量E_s值,同时结合静力触探P_s成果,综合确定沉降计算土层压缩模量E_s,如表4.2.3所示。

表4.2.3 各土层的压缩模量E_s建议值

层 号	土 名	E_s建议值	层 号	土 名	E_s建议值
④	淤泥质黏土	4.0	⑤-4	粉质黏土	12.0
⑤-1	粉质黏土	5.0	⑦	黏质粉土	25
⑤-3	粉质黏土	8.0			

(2)原有建筑物基础加层后的附加沉降

①实体基础分层总和法计算加层引起的附加沉降

若保持拟改建建筑物原有桩基不变,可以估算加层后可能产生的最终沉降量。对比原桩基条件下6层钢筋混凝土框架结构荷载(荷载1)下的沉降量和6层钢筋混凝土框架结构加一层钢结构荷载(荷载2)下的沉降量。为保守起见,取原有桩基桩端埋深14m,独立承台宽度分别取3m×3m和4m×4m,已知原建筑柱距8m。则两种荷载产生的最终沉降量对比如表4.2.4所示。

表4.2.4 桩基沉降量估算结果一览表

承台尺寸(m×m)	桩端埋深(m)	荷载1沉降量(cm)	荷载2沉降量(cm)	加层后附加沉降量(cm)
3×3	14	37.3	42.6	5.3
4×4	14	26.2	29.7	3.5

注:(1)每层钢筋混凝土框架结构荷载标准值16kPa,钢结构荷载标准值取12kPa;
(2)沉降计算时未考虑独立承台之间的相互影响。

②考虑土的应力历史计算加层引起的附加沉降量

原有建筑物荷载使地基土体处于超固结状态,各层土体的先期固结压力即为建筑物引起的附加压力与自重压力之和。加层后土体内部应力必然使土体压缩状态处于原始压缩曲线段内,故应按照压缩指数和回弹估算加层后改建建筑物最终附加沉降量。

最终附加沉降量应用分层总和法,将地基压缩层分成足够薄的均质土层来计算。假定共分成n层,其中第i层的压缩量为

$$\left. \begin{array}{l} \Delta S_i = \dfrac{\Delta e_i}{1 + e_{0i}} H_i \\ S_c = \sum_{i=1}^{n} \Delta S_i \end{array} \right\}$$

其中,Δe_i按下式计算

$$\Delta e_i = C_{ci} \lg\left(\dfrac{p_c + \Delta p}{p_c}\right) + C_{si} \lg\left(\dfrac{p_c}{p_0}\right)$$

式中 p_c——各层土体的先期固结压力;
p_0——各层土的自重压力;
Δp——各层土的附加压力增量。

室内压缩试验得到的各土层先期固结压力和加层后的附加压力如表 4.2.5 所示。

表 4.2.5　不同承台尺寸土体沉降估算表

承台尺寸 （m×m）	桩端入土深度 (m)	压缩指数 C_c	回弹指数 C_s	OCR	加层产生的附加压力 (kPa)	附加沉降量 (cm)
3×3	14	0.452	0.085	1.02	85	11.7
4×4	14	0.452	0.085	1.02	48	8.3

由地基土体内部附加压力随深度的非线性折减变化规律，及随着自重压力与总应力的逐渐接近，可以认为，随着深度的增加地基土的超固结程度也将逐渐减小。换言之，随着深度的增大，前期土体固结压力越来越接近地基土的自重压力。鉴于此，在本部分的沉降预测中，对前期固结压力接近于自重压力的深部土体则采用压缩模量分层计算其沉降量。同时考虑压缩层厚度自桩端全断面算起，到附加压力等于自重压力的20%处。

根据上述公式和表中所示各层土参数计算得到了加层后土体最终附加沉降量，并在表4.2.5中给出。计算表明，加层后桩端下压缩层内产生的最终附加沉降量小于容许值，不会对建筑物的正常使用产生影响。

4.2.3.6　原建筑物附加荷载对地基土体强度的影响

本工程的拟改建部分建筑物已有70多年历史。在其自重荷载作用下，基础下的土体会产生一定程度的固结，引起土体压密，强度提高。可以从两个方面对地基土强度增长加以评价：一是地基土的超固结比；二是建筑物底板下与距离建筑物较远处的勘探孔静探曲线的对比。

（1）本次对在原有建筑荷载影响范围内的软黏性土第④、⑤-1层进行了高压固结。试验结果：第④层超固结比 OCR≈1.0，第⑤-1层超固结比 OCR≈1.3；故第④层土为正常固结土，而第⑤-1层处于超固结状态，地基土强度有所提高。

（2）本次 C4 静探孔位于原有建筑物内部，另两个静探孔位于场地东侧的空地上。静力触探比贯入阻力随深度变化曲线对比如图4.2.1所示。拟改建建筑物基础范围内外以及场地土体的静力触探比贯入阻力平均值如表4.2.6所示。

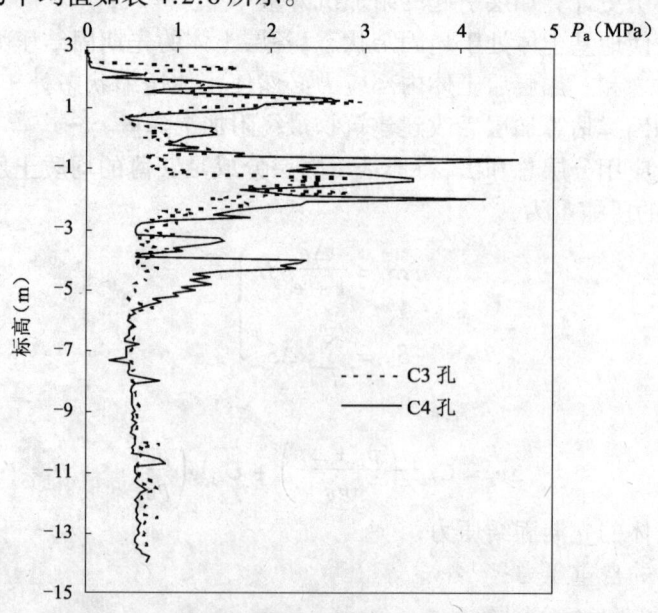

图 4.2.1　建筑物内外静力触探比贯入阻力对比

表4.2.6 拟改建建筑物基础范围内外和场地地基土的静力触探平均比贯入阻力结果

层号	土名	一般层底标高（绝对标高）(m)	建筑物下平均比贯入阻力 P_s(MPa)	原有建筑物外平均比贯入阻力 P_s(MPa)	场地平均比贯入阻力 P_s(MPa)
②-3	砂质粉土	-4.5	1.57	1.15	1.28
④	淤泥质黏土	-14.6	0.54	0.59	0.57
⑤-1	粉质黏土	-24.8	0.87	0.86	0.86
⑤-3	粉质黏土	-37.7	1.38	1.30	1.30
⑤-4	粉质黏土	-40.04		2.62	2.62

从其对比可见，建筑物内部第②-3层 P_s 值明显较位于建筑物外的大，而第④层土 P_s 值变化不大，说明原有建筑打桩挤密以及原有建筑荷载对第②-3层砂质粉土层影响明显，强度有所增长，而第④层强度变化小。

4.2.3.7 综合评价

原有建筑物荷载在原有基础条件安全的前提下，原有建筑物加层可采用锚杆静压桩或树根桩等方法对原有桩基进行补强，并保证补强后荷载偏心控制在规范要求范围内。考虑到加桩对原有基础的扰动，对原有基础的承载能力应进行适当折减，并根据设计选取的桩型确定加桩的数量。

原有建筑物附加荷载对桩端持力层以下土体的影响较小，加层产生的荷载则通过增加新的桩加以承担的前提下，地基土体产生的附加沉降量较小，在具备足够承载力安全度基础上不会影响建筑物的正常使用功能。

4.2.4 结论与建议

既有建筑物增层工程日趋增多，在这类工程中，对原地基土的岩土工程评价是一个关键问题，而目前有关报道和文献中对此涉及较少。本文提出了对既有建筑物增层进行地基土岩土工程评价的一般思路和主要内容。这些内容主要包括：

(1) 场地稳定性和适宜性评价；
(2) 原有天然地基或桩基承载力、沉降评价；
(3) 地基加固方案评价；
(4) 建筑物增层后引起的附加荷载和附加沉降评价；
(5) 原建筑物附加荷载对地基土强度的影响评价；
(6) 综合提出增层的岩土工程评价及相关建议。

针对某建筑物增层进行的岩土工程评价表明，按照上述思路和评价内容展开岩土工程评价，完全可以清楚地描述地基土状态并采取相应的合理措施加固地基，以满足增层需要。

李 韬 孙 莉 杨石飞 陈 晖
（上海岩土工程勘察设计研究院有限公司设计咨询中心）

4.3 地下加层对既有建筑物上部结构内力的影响

4.3.1 建筑物地下加层工程的数值模拟

本文考虑施工过程中托换基础与上部结构、地基共同工作时不同工况下结构内力的分布情况。以2层框架结构为例建立有限元实体模型进行数值模拟，来研究考虑共同工作时地下加层工程对上部结构的影响。模拟中混凝土材料视为线弹性体，土体为非线性弹性材料。采用八节点六面体单元进行分析。加层地下室层高4.5m,基础连梁高800mm,取土深度最大为地下5.3m。结构材料属性及尺寸如表4.3.1及图4.3.1、图4.3.2所示。

表4.3.1 体系构件尺寸、材料表

类别	边跨梁 $b \times h$	中跨梁 $b \times h$	边柱 $a \times a$	中柱 $a \times a$	托换桩	
					边柱下 D	中柱下 D
尺寸	400×800	300×600	500×500	450×450	800(mm)	1 000(mm)
材料	C30	C30	C30	C30	C30	C30

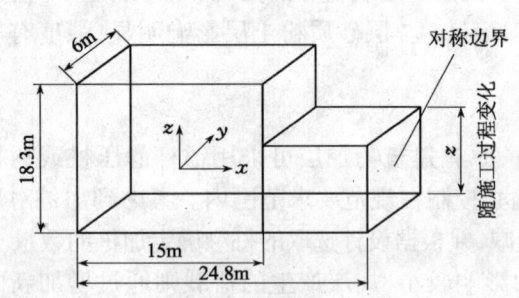

图4.3.1 土体计算区域简图

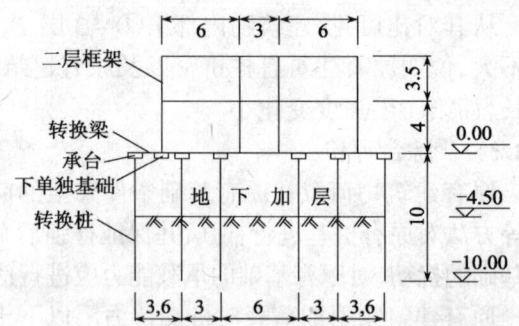

图4.3.2 上部结构与托换基础简图

根据地下加层施工顺序,将整个工程分为四个工况,工况1为基础托换完成,原结构独立基础退出工作时的受力状况;工况2取土深度地下3m时的状况;工况3取土深度地下4m时的状况;工况4取土深度地下5.3m时的状况。按照不考虑共同工作计算得出的框架结构内力作为初始工况,对整个施工过程,对比分析不同工况下上部结构与初始工况之间的内力、变形的变化规律。

4.3.2 框架柱脚沉降规律分析

地基土体在基底压力作用下产生附加应力,并发生压缩变形,使基础发生沉降。一般设计方法是把柱端看作是嵌固端,然后进行上部结构的内力计算。既有建筑物地下加层是一项复杂的工程,由于取土和基础托换使基础持力层下移,原基础下方土体严重卸载,土体发生反弹,桩体侧摩阻力得以充分发挥,桩端阻力与侧摩阻力比值减小,地基附加应力减小,基础沉降减小,导致上部结构的内力发生重分布。同时,随着原建筑物下方的土体的取出,结构所承受的侧向土压力逐渐增大,原结构的内力及变形也将发生较大的变化。图4.3.3给出了不同工况下底层柱柱脚沉降分布曲线。

从图4.3.3中可以看出,边柱与中柱的沉降差在进行基础托换前为0.3mm,进行基础托换后,两柱脚都产生向下的附加位移,并随着逐步向下取土,两柱柱脚差异沉降逐渐减小。工况1两柱差异为1.78mm,工况2减至0.9mm,工况3减至0.5mm,工况4增大为1.0mm,但是边柱柱脚沉降比中柱柱脚增大,底层柱脚处附加沉降呈现先减小后增大的趋势。

当原建筑物柱下独立基础采用桩基托换时,由于应力扩散原因,原基础对深层土的影响较小,基础托换完成以后,托换桩直接将荷载传至新的持力层,桩端地基附加应力增大,基础发生附加沉降。转换梁在框架柱竖向荷载作用下产生挠曲变形,使框架柱柱脚发生竖向附加位移。在侧向荷载作用下转换梁发生弯曲变形,对框架柱产生了抬

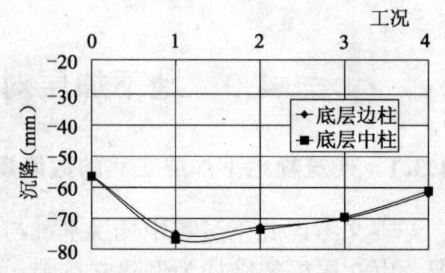

图4.3.3 底层柱脚处沉降

升作用,当地基土卸载时,桩侧土回弹变形,桩侧摩阻力得以充分发挥,桩端阻力减小,基础沉降变形减小。中柱下桩端部地基附加应力受卸载影响最明显,因此中柱竖向变形减小较大。

4.3.3 地下加层对上部结构内力的影响

图4.3.4为不考虑共同作用时的计算内力图,图4.3.5为考虑结构与土体相互作用时结构的内力图,图4.3.6~图4.3.9为不同工况时上部结构内力图。

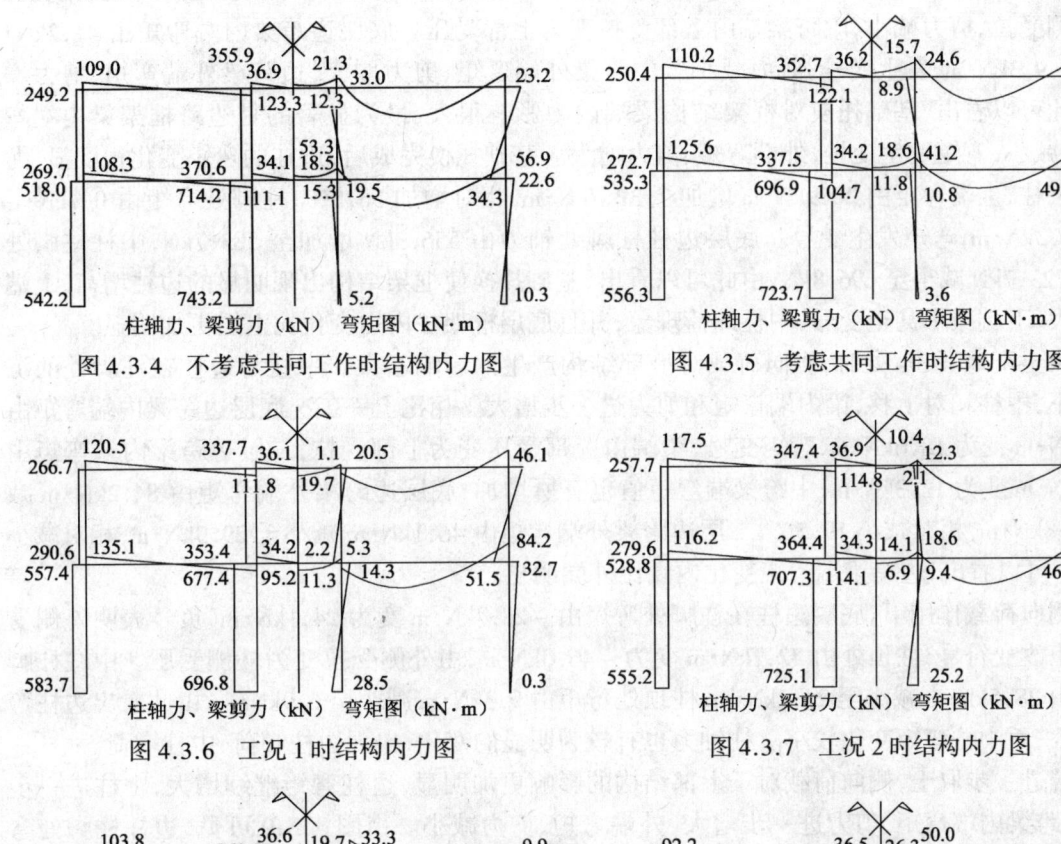

图4.3.4 不考虑共同工作时结构内力图　　　图4.3.5 考虑共同工作时结构内力图

图4.3.6 工况1时结构内力图　　　图4.3.7 工况2时结构内力图

图4.3.8 工况3时结构内力图　　　图4.3.9 工况4时结构内力图

由图4.3.4、图4.3.5中可以看到,考虑共同作用时与不考虑共同作用时相比,底层边柱柱脚处轴力由542.2kN增至556.3kN,相对增加2.6%,中柱柱脚处轴力由743.2kN减少至723.7kN,相对减小2.6%;二层边柱柱脚处轴力由269.7kN增至272.7kN,相对增加1.1%,中柱柱脚处轴力由370.6kN减小至367.6kN,相对减小0.8%。可以看出,考虑共同作用时,出现中柱卸载,边柱加载。不考虑共同作用时,在竖向荷载作用下,除边柱承受较大弯矩作用外,中柱所承受弯矩作用较小。说明按常规分离式方法设计时,边柱偏于不安全,中柱却过于浪费,并给结构带来安全隐患。

不考虑共同作用时底层边跨梁外端弯矩为56.9kN·m,剪力108.3kN;考虑共同作用时弯矩增大为 69.9kN·m,剪力增大为 125.6kN。内端弯矩、剪力减小。如果按照常规方法计算结果进行配筋计算,在弯矩变号截面,特别是在梁柱节点处,易发生破坏,进而影响整个建筑物的安全。

当原结构基础进行桩基托换以后,边柱与中柱在柱脚处均发生附加沉降,但中柱柱脚处的附加沉降变形大于边柱柱脚,增大了边柱与中柱在柱脚处的沉降差,上部结构的受力状况发生很大变化。由图 4.3.5、图 4.3.6 可以看出,由于边柱相对抬升,使边跨梁内端弯矩、剪力减小。二层边跨梁内端弯矩由 24.6kN·m 变为 −19.7kN·m(负号表示梁上侧受压),弯矩变号,梁由上侧受拉变为下侧受拉,剪力减小,中跨梁端由上部受拉变为上部受压。底层边跨梁内端弯矩由 41.2kN·m 变为 −9.3kN·m,发生变号,剪力减小。中跨梁外端弯矩、剪力增大,边跨梁外端弯矩、剪力增加。由此可以看出,基础托换对框架结构梁端内力影响很大,最为显著的是边跨框架梁内端弯矩、剪力减小,弯矩发生变号,外端弯矩、剪力增大。基础托换完成后,边柱的弯矩变化很明显,尤其是底层柱,上端弯矩由 20.9kN·m 增加至 32.7kN·m,相对增加 56.5%,柱脚处弯矩由 0.7kN·m 变为 −0.3kN·m,弯矩发生变号。底层边柱柱脚处轴力由 556.3kN 增加至 583.7kN,中柱柱脚处轴力由 723.7kN 减小至 696.8kN,由此可以看出,基础托换使框架结构出现明显的边柱增荷,上端弯矩增大,下端减小甚至变号,中柱卸荷现象,并且底层框架柱内力变化比上层更加明显。

当取土至地下 3m 处时,侧向荷载对上部结构产生的影响增大。中柱与边柱在柱脚处的沉降差减小,中柱相对上移,梁内端弯矩和剪力进一步增大。相比上一工况底层边跨梁内端弯矩由 −14.3kN·m 变为 18.6kN·m,梁端由上部受压变为上部受拉,二层边跨梁内端弯矩由 −20.5kN·m 变为 12.3kN·m,中跨梁端弯矩值也有所增加;底层边跨梁外端弯矩由 84.2kN·m 减小至 67.8kN·m,相对减小 19.5%,二层边跨梁外端弯矩由 46.1kN·m 减小至 29.3kN·m,相对减小 36.4%。可以看出,边跨梁端弯矩变化内端比外端明显。

在侧向荷载作用下,底层边柱在柱脚处弯矩由 −28.7kN·m 变为 24.1kN·m(负号表明外侧受压),弯矩改变符号,柱顶处由 32.7kN·m 变为 −46.0kN·m,由外侧受拉变为外侧受压。中柱柱脚处弯矩由 28.5kN·m 减小至 25.2kN·m,柱顶处弯矩由 9.3kN·m 减小至 6.9kN·m,由此看出边柱弯矩变化大,而中柱弯矩变化较小。柱轴力也有较为明显的变化,出现边柱卸荷、中柱增荷。

随着进一步取土,侧向荷载对于上部结构的影响更加明显,边柱弯矩继续增大,中柱进一步上抬,边跨梁内端弯矩、剪力进一步增大,外端弯矩、剪力减小。由图 4.3.9 可见,边柱柱脚处弯矩增加最为明显,最大值为 130kN·m,中柱柱脚弯矩虽有变化,但变化较小,即取土对中柱的影响较小,对称配筋柱可以满足整个施工过程的承载力要求。

整个施工过程中边柱柱脚最大轴力为 583.7kN,最小为 506.2kN;中柱柱脚最大轴力为 773.0kN,最小为 696.8kN,变化较大,在实施地下加层前首先要对原结构柱进行检测、加固,提高中柱竖向承载力、边柱的抗弯承载力。对结构梁,提高边跨外端节点处下部抗拉承载力、内端节点上部抗拉承载力。

4.3.4 结 论

通过对地下加层工程的数值模拟计算,分析了工程中上部结构内力变化和在底层柱脚处的沉降变形规律,得出了以下主要结论:

(1)对既有建筑物单独柱基进行整体桩基托换使建筑物柱脚产生附加沉降变形,上部结构产生附加应力。即:边柱柱脚附加沉降小于中柱柱脚附加沉降,使结构在柱脚处沉降差异增大;边跨梁外端弯矩、剪力增大,内端弯矩、剪力减小;出现边柱加荷,中柱卸荷现象。

(2)在逐层向下取土过程中,由于卸载桩基础出现上抬,其中中部桩远离侧向挡墙,地基土体卸载明显,上抬严重,框架结构内力重分布,边跨梁外端弯矩、剪力减小,内端增大;边柱卸荷、中柱增荷。由于托换梁与上部结构、托换桩的整体性,随着侧向荷载的增加,结构柱受弯状态改变,底层边柱变化最为明显。这种现象是由于形成地下通透空间过程中侧向荷载的逐渐施加引起,它对梁端弯矩、剪力引起的变化规律与基础托换引起的变化是一个相逆的过程,对结构柱的影响主要表现为弯矩增大,甚至变号。

李 勇[1] 徐学燕[1] 林 虎[2]
(1 哈尔滨工业大学土木工程学院;2 中科院北京建筑设计院)

4.4 植筋锚固技术在内增层改造中的应用

植筋锚固技术是因建筑结构胶的发明而产生的新技术。随着我国经济的快速增长,建筑业也迅猛发展,植筋锚固技术以其锚固力大、工艺简单、操作方便、施工速度快、效率高、工期短、相对成本低等优点,已广泛应用于建筑物的改造及补强加固工程中,成为梁、板、柱和墙等构件后加、连接、重置的有效手段。

4.4.1 植筋锚固的特点及要求

植筋,即将后增加部分结构的钢筋(或用于受力的螺栓)伸入到原有结构内,使之可靠地锚固,从而将新旧结构完美地结合起来,是使后增结构钢筋得到可靠锚固的一种专项施工技术。

植筋施工首先采用专用钻孔机械按设计位置、孔径、深度钻孔,然后灌入专用高强度胶粘剂,再插入钢筋,作适当养护使胶粘剂达到设计强度,从而使后增钢筋与原有混凝土结构可靠地连接。

4.4.1.1 植筋技术的优点

(1)所植入钢筋锚固可靠,可以达到规范要求的锚固性能要求。
(2)施工工艺简单,操作简便,施工工期短,施工质量易得到保证。
(3)经济性好,可以节省费用。

4.4.1.2 植筋技术的适用范围及要求

(1)用于工程改建、扩建中新增钢筋混凝土结构构件钢筋的锚固。
(2)由于使用功能、施工、设计等原因需要在结构的某些部位增加钢筋时。
(3)基层混凝土的强度等级高于C20。

4.4.2 植筋设计理论

4.4.2.1 破坏模式

根据实验分析,在钢筋混凝土构件上植入的螺纹钢筋的受力破坏形式主要有三种:
(1)钢筋受拉破坏 这种破坏形式发生在混凝土和粘结强度都较高,而且锚固长度较长时。
(2)混凝土锥体破坏 这种破坏发生在锚固长度较小的情况下,破坏时钢筋周围的混凝土呈锥状拉裂,形成锥体。
(3)粘结破坏 由于植筋大多采用螺纹钢筋,粘结破坏多产生于凝固胶体和混凝土的界面,破坏时胶体包围在钢筋周围随钢筋一起被拔出。

混凝土锥体破坏一般是由于植入深度不足引起的,胶体-混凝土界面的粘结破坏一般是由于施工不当(植筋前未有效清孔)引起的。这两种破坏可以由必要的构造措施和施工措施来避免。设计中通常用第一种破坏模式来确定植筋的抗拉承载力。

4.4.2.2 设计计算

(1)植筋锚固抗拉计算

植筋锚固抗拉承载力和普通植筋抗拔实验测得的抗拉强度不同。一般做植筋抗拔实验时,拉拔装置的夹具和钢筋之间有足够的嵌固力,使得钢筋能充分发挥其抗拉强度而被拉断。而植筋锚固的拉力由螺栓承受,螺栓受拉破坏是其主要破坏形式。所以锚固钢筋的抗拉强度按植筋螺栓的抗拉强度计算

$$N_t^b = \frac{\pi d_e^2}{4} f_t^b \tag{4.4.1}$$

(2)钻孔直径的确定

钻孔直径 D 由选定的钢筋直径 d 及钢筋表面状态等决定。钻孔直径过大,易造成两个问题:①使植筋偏位或者偏向,影响施工精度,造成锚固不紧,降低节点安全性;②使接触界面胶层出现气泡影响胶结质量。若钻孔直径过小,又会造成钢筋周围胶层过薄,边肋位置出现无胶,甚至不能达到预定深度,从而影响植筋质量。参照多数植筋胶的产品使用要求,采用如下的经验公式

$$D = d + (4 \sim 8\text{mm})$$

当 $d \leqslant 12\text{mm}$ 时取 $D = d + 4\text{mm}$;

当 $12\text{mm} < d < 20\text{mm}$ 时取 $D = d + 6\text{mm}$;

当 $d > 20\text{mm}$ 时取 $D = d + 8\text{mm}$。

(3)锚固深度的确定

设计人员可以采用植筋胶生产厂家提供的推荐深度钻孔,一般情况下可以满足要求,使所锚固的钢筋达到设计要求甚至钢筋能够拉断。但植筋胶生产厂家提供的这种深度通常是指钢筋在C30混凝土中的埋深。实际设计中考虑到混凝土构件本身的钢筋影响及不同混凝土强度等级的影响,采用分析计算和试验结果验证的方法确定植筋深度。

植筋设计时应采用植筋三种破坏模式得到的抗拉荷载的最小值作为植筋抗拉承载力。为使钢筋被充分利用,一般以胶体与混凝土之间的粘结力大于钢筋设计拉力时的锚固长度作为最小锚固长度 L,按下式计算

$$L = \max\{L_1, L_2\} \tag{4.4.2}$$

$$L_1 = \frac{d^2 f_{yk}}{3.5D(\sqrt{f_{ck}} + 0.64)}$$

$$L_2 = 0.3\left(\sqrt{D^2 + 1.3\frac{d^2 f_{yk}}{f_{tk}}} - D\right)$$

式中 f_{yk}——钢筋屈服强度的标准值(MPa);

f_{tk}——混凝土抗拉强度标准值(MPa);

f_{ck}——混凝土压拉强度标准值(MPa)。

4.4.3 植筋用结构胶的种类及特点

4.4.3.1 专用植筋结构胶

这类植筋胶有瑞士 HILTI(喜利得)公司的 HIT-HY150 植筋胶,美国 ITW 公司的 Epcon C6 植筋胶,德国慧鱼 hy-150 植筋胶,国产的美亚 MY-360 植筋胶等。其特点是:双组分包装,用专用胶枪通过混合嘴充分混合后注出,使用方便,固化时间短,阻燃性能好。

4.4.3.2 既能植筋又能粘贴钢板等材料的结构胶

有辽宁建筑科学研究院的 JGN 结构胶,冶金部建筑研究总院的 YJS-1 结构胶,煤炭科学研究院的 JCT 结构胶等等。其特点是易流动,能充分浸润填没凹凸不平的部位,粘结范围广。

4.4.4 施工技术措施

植筋施工质量是关系工程安全的重要因素。在施工时要按以下步骤进行：

(1) 按设计要求的位置、宽度和高度，对植筋部位进行混凝土凿面。要求轻锤凿面，凿毛。凿面后要去掉松散颗粒，用钢丝刷净，高压水冲洗干净，以利于新旧混凝土连接，保证新旧结构的整体性。

(2) 植筋锚固的关键是清孔。钻孔后用刷子将孔壁上的尘屑清刷，然后用高压风彻底清洁孔壁，将孔内粉尘及灰渣吹净，用烤棒烤干，然后用丙酮清洗孔壁。

(3) 胶体配制时计量必须准确，否则胶体凝结的时间不易控制，甚至会造成胶体凝结固化后收缩，使粘结强度降低。胶体配制好后应迅速用专用挤胶喷嘴将胶注入孔内，注胶量要掌握准确，实际注胶量应控制为钻孔容积的一半。

(4) 植筋时用手将备好的螺栓杆旋转着缓缓插入孔底，使得锚固剂均匀地附着在螺栓杆表面及缝隙中。植筋 24h 后，方可进行混凝土浇注或螺栓安装紧固。

(5) 在施工前要先进行植筋抗拔试验，根据试验结果对植筋方案进行验证或调整。

4.4.5 工程应用

某高校动力实验楼始建于 1998 年，3 层框架结构，全长 50m，宽约 27m，建筑面积 2 306m²，房屋层高 3.6 m，总高 11.6m。在本建筑室内，原设计有一个跨三层高的大空间水泵实验大厅。由于使用功能改变，要求在高 10.8m 的大厅增加两层楼面，把原水泵实验室改造为三层层高为 3.6m 的实验室。改造前的平面图和改造前后的剖面图如图 4.4.1 所示。

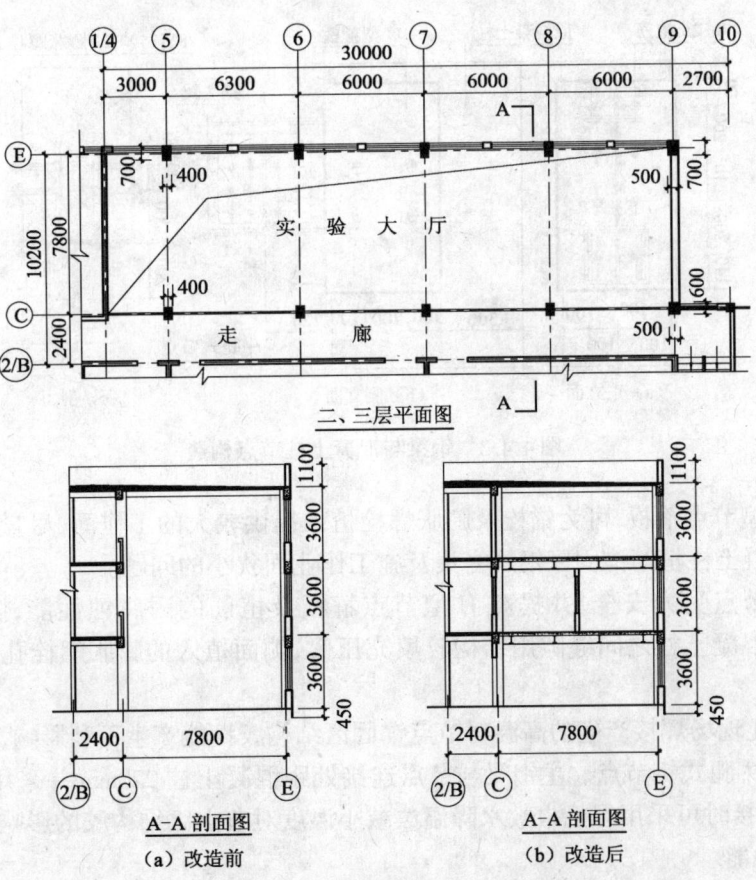

图 4.4.1 增层改造部分平、剖面图

4.4.5.1 增层方案

改造方案利用钢结构轻质高强、施工方便的优点,通过混凝土植筋锚固技术,在跨度为7.8m的原结构柱子之间架设钢梁,然后布置钢次梁,采用压型钢板-混凝土组合楼板。结构体系布置如图4.4.2所示。

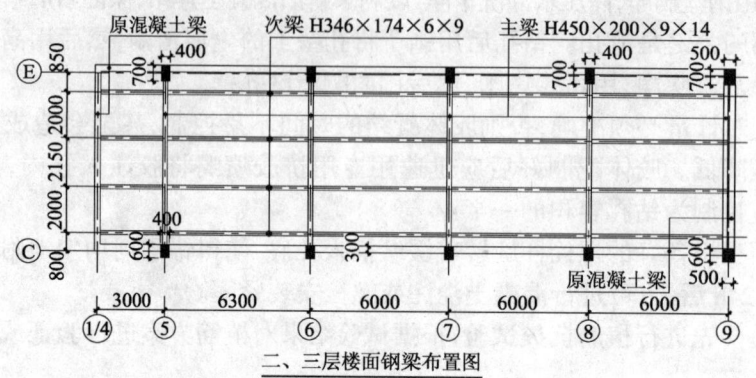

二、三层楼面钢梁布置图

图4.4.2 平面结构布置图

4.4.5.2 节点构造

本工程采用的钢主梁与原混凝土柱节点构造如图4.4.3所示。为确保增层改造结构安全和施工方便,节点构造设计采取了以下措施:

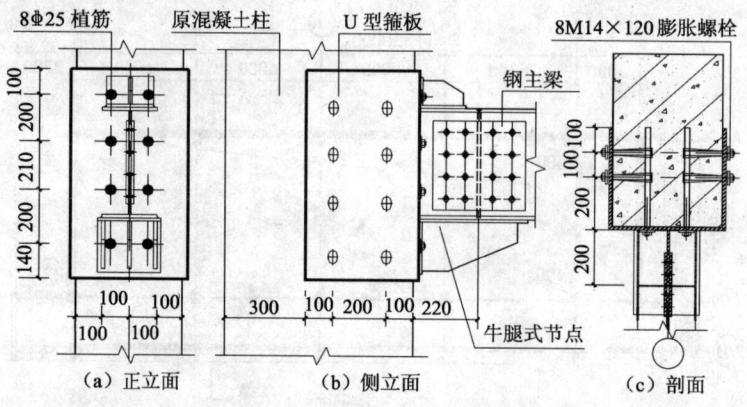

图4.4.3 钢梁与混凝土柱节点构造

(1)采用U型节点箍板,可为锚栓及膨胀螺栓植入提供较大的工作面,尽量减少对原结构的损伤,解决了混凝土柱植筋锚固区钢筋密集及施工作业面狭小的问题。

(2)为确保节点受力安全,并提高U型节点箍板及植筋的耐腐蚀性能,除采用螺栓连接外,U型箍板与混凝土柱之间缝隙用结构胶填充压紧,侧面植入的膨胀螺栓孔也同时填充结构胶。

(3)为了防止现场焊接产生的高温对节点锚固区结构胶性能产生不利影响,本工程采用了如图4.4.3所示的牛腿式钢节点。主钢梁与节点连接处距混凝土柱220mm并采用螺栓连接,上下翼缘局部现场焊接时可采用湿毛巾敷水降温法减小温度对节点区结构胶的影响。

4.4.5.3 胶体性能

选用HY150植筋胶进行植筋,U形箍板和混凝土柱之间填充易流动的JGN-I型结构胶。植筋胶的基本性能如表4.4.1所示。

表4.4.1 化学锚固剂性能

项 目	指 标
工艺参数	黏度(25℃) $(0.5 \sim 3) \times 10^4$ MPa·s 施工在 $-5 \sim 40$ ℃ 时正常固化
胶体自身强度	压缩强度$\geqslant$60MPa，拉伸强度$\geqslant$60MPa，弹性模量$\geqslant$$5.2 \times 10^3$ MPa 极限变形$\geqslant$0.004
钢-混凝土粘结强度	剪切、拉伸强度，均应在混凝土中破坏，不应在胶层
耐温性能	$-45 \sim 80$ ℃瞬态及$-35 \sim 60$ ℃稳定温度下粘结强度$\geqslant$16MPa
冻融性能	在$-25 \sim 25$ ℃内，经过50次冻融循环后粘结强度$\geqslant$16MPa
耐老化性能	人工老化$\geqslant$1500h，剪切强度不降低

4.4.5.4 植筋施工

本工程中植筋锚固节点是影响结构安全和质量的关键部位，植筋施工时除按照正常施工措施施工外，还需要事先按施工图对植筋孔放线定位，然后使用钢筋探测仪对孔位进行探测，若孔位与柱内钢筋冲突，应调整孔位，避免钻孔对原结构受力钢筋造成损伤。若因钻到钢筋造成无法成孔，须调整孔位并用结构胶填充废孔。

4.4.5.5 U形箍板安装施工措施

(1)施工工艺流程

U形箍板竖向安装在混凝土柱上，施工工艺不同于一般的粘钢加固，应按照图4.4.4所示工艺流程进行。

(2)钢板施工措施

①对原混凝土构件的粘合面可用硬毛刷沾高效洗涤剂清洁，然后对粘合面进行打磨并除去1~2mm表层，直至完全露出新面，并用无油压缩空气吹去粉粒。

②钢板粘接面须进行除锈和粗糙处理。如钢板未生锈或轻微锈蚀可用喷砂砂布或平砂轮打磨直至出现金属光泽，打磨粗糙度越大越好，打磨纹路应与钢板受力方向垂直，然后用脱脂棉沾丙酮擦拭干净。

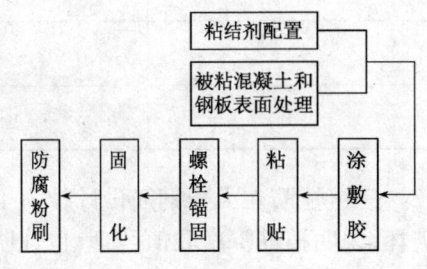

图4.4.4 U形箍板安装工艺流程图

③粘结剂配制好后用抹刀同时涂抹在已处理好的混凝土表面和钢板面上，厚度中间厚、边缘薄，然后将钢板贴于预定位置。为防止流淌可加一层脱蜡玻璃丝布。粘好钢板后用手锤沿粘贴面轻轻敲击钢板，如无空洞声表示已粘贴密实。

④钢板粘贴好后立即用螺栓锚固，螺栓施力以使胶液刚刚从钢板边缝挤出为度。养护阶段，应保持温度在20℃以上，若低于15℃应采取人工增温，一般用红外线灯加热。

⑤养护3d后即可进行下一步的施工。节点钢板与钢主梁连接处局部需要焊接，焊接时要在植筋锚固区敷湿毛巾降温，待焊接完成后对U形箍板及钢梁表面做防锈防火处理。

施工阶段的节点如图4.4.5所示。

4.4.5.6 植筋锚固效果检测

植筋质量是影响本工程结构安全和质量的关键环节。因此新植钢筋验收按照《混凝土结构

工程施工质量验收规范》(GB 50204—2002)和《建筑工程施工质量验收统一标准》(GBJ 50300—2001)及设计要求,对所植钢筋按规格和工程部位进行分组测试。

设计采用HRB-400螺纹钢筋,直径25mm,基材为C30的混凝土柱,植入深度400mm,现场试验三组。检测采用静拉拔试验装置,它是用穿心千斤顶加测力传感系统,随加载,随测读,试验加载如图4.4.6所示。

图4.4.5 施工中的U形箍板节点

图4.4.6 现场抗拔试验

试验属于验证性试验,加载方式采用一次性加载,按加载速度将植筋分三组进行测试,加载到设计拉力后持续5min,结果如表4.4.2所示。

表4.4.2 三组植筋抗拔试验结果

组　别	拉力(kN)	备　注
1	179.0	一次性加载(3min)
2	177.6	一次性加载(2min)
3	178.9	一次性加载

三组植筋在大于钢筋设计拉力177.6kN的拉拔力作用下,均未出现混凝土锥体破坏和粘结破坏,说明植筋深度取值合理,也证明了本次植筋施工质量可靠,完全符合设计要求。

4.4.6 结　语

本工程将植筋锚固技术用于混凝土柱和钢梁连接,具有一定的特殊性。采用植筋锚固技术进行内增层改造,既增加了建筑面积,又对原结构无损伤。工期短,节约资金,经济效益与社会效益显著。现场对几组样筋拉拔试验的结果显示,植筋抗拉承载力满足设计要求。增加的实验室已交付使用,使用状况良好。

张宗敏[1]　张新中[1,2]　李雨阁[1]
(1 华北水利水电学院;2 西北工业大学)

4.5 摩擦阻尼器在沈阳市政府大楼增层抗震加固中的应用

4.5.1 工程概况

沈阳市政府大楼建于 21 世纪 30 年代末期,现浇钢筋混凝土框架结构体系,半地下室 1 层,地上 3 层,中央设塔楼相当于 3 层高度,室外地面以上总高度 27.8m。由于建造年代久远,原设计图纸等技术资料已无从查找。经现场实测基本柱网尺寸为 (2.4m+7.4m)×5.5m 和 (6.9m+2.8m+6.9m)×5.5m,柱截面尺寸为 0.55m×0.55m,梁截面尺寸为 0.25m×0.6m 和 0.25m×0.4m,现浇楼板厚度为 0.12m。所有构件的混凝土等级实测为 C18。基础形式为独立柱基础。大楼建筑面积约为 15 000m²,难以满足现有办公需要,因此,市政府决定对大楼增层,拟增加 8 000 m²。为搞好增层工程,市政府对增层设计工作提出了几项具体要求:第一,增层设计、施工总工期为 100d,增层工程必须在 1997 年 7 月 1 日竣工。第二,增层方案要确保施工速度,且对办公环境干扰较小,在施工中基本保证正常办公。第三,增层后的市政府大楼的建筑风格与增层前保持一致。第四,增层后的市政府大楼要有较好的抗震能力。沈阳市政府大楼使用年限已超过半个世纪且当初的设计又没有抗震设防的概念,因此增层设计的难度非常大。经过对几种不同增层设计方案的论证,最后决定采用摩擦阻尼器对沈阳市政府大楼进行抗震加固方案。成功地完成了市政府大楼的增层工程。增层前的市政府大楼如图 4.5.1 所示,增层后的市政府大楼如图 4.5.2 所示。

图 4.5.1 增层前市政府大楼　　　　　　图 4.5.2 增层后市政府大楼

4.5.2 增层方案的比较

4.5.2.1 在原结构上直接增加两层的方案

该方案的优点是充分挖掘原建筑结构的潜力,从而降低造价、压缩工期,但是对于像沈阳市政府大楼这样的建筑,不但使用时间已长达半个多世纪,而且当初的设计根本没有考虑抗震,如果不采取抗震加固措施直接在原结构上增加两层该建筑很难做到大震不倒,显然该方案是不可取的。

4.5.2.2 利用剪力墙进行抗震加固后增加两层的方案

该方案的具体措施是在原结构的某些部位上增设现浇钢筋混凝土剪力墙,以解决原结构抗震能力较差的问题。该方案在理论上和实际操作上都有一些不足之处。第一点是原结构的柱子作为新增剪力墙的端柱,该柱的配筋在构造上无法满足现行抗震规范对端柱的最低要求,端柱对剪力墙的约束作用有限,剪力墙的抗震作用并不能充分发挥;第二点是新增剪力墙的数量较多,涉及面广将带来新的问题,尤其是新增剪力墙的基础很难处理;第三点是新增剪力墙的钢筋生根施工难度大、周期长,质量难以保证,新增剪力墙的混凝土灌注也很困难。该方案也未被采用。

4.5.2.3 利用外套框架增加两层的方案

该方案从结构设计角度来看是可行的,其优点是新的结构与原结构彻底分开,其缺点是外套框架形成后,新建筑与原建筑在风格上难以保持一致,而且用于跨跃原建筑的外套框架柱需设基础,外套框架梁柱也较难处理,存在造价较高、工期较长的问题。利用外套框架增加两层的方案也存在改变市政府大楼的建筑风格的问题。该方案不能满足市政府的要求,因此未被采用。

4.5.2.4 采用摩擦阻尼器进行抗震加固后增加两层的方案

对旧有建筑结构进行抗震加固的常规方案,用于本工程都存在较大的问题,无法满足市政府的要求,增层设计工作遇到了很大的困难。为了解决这一难题林立岩教授提出对于旧有建筑进行抗震加固时应从耗能减震上作文章的设计思想:通过控制大震作用下结构的层间位移角以实现大震不倒的设防目标这一结构创新方案。具体措施是,在原结构的某些部位安装摩擦阻尼器,通过钢斜撑将摩擦阻尼器与主体结构联系在一起,在地震发生时,当楼层层间位移角达到设计控制值时,摩擦阻尼器开始滑动耗散地震能量,从而减小地震对主体结构的作用。该方案还有施工速度快、造价较低、对市政府办公环境干扰小的优点。经过反复分析和比较后采用了该方案。

4.5.3 摩擦阻尼器抗震加固设计

本工程摩擦阻尼器的设置位置受到了原建筑各个房间业已形成的使用格局的限制,经过与市政府多次研究协商,最后确定了摩擦阻尼器的设置位置。1~3层的典型平面布置如图4.5.3所示(图中粗虚线代表摩擦阻尼器)。通过时程分析对加固后的结构作弹塑性变形验算,基于对7度抗震设防对应的大震作用下楼层层间位移角限值的控制,确定摩擦阻尼器的数量。本工程共使用138套摩擦阻尼器。每套摩擦阻尼器主要由横板、竖板、十字型板和摩擦片按一定的方式由高强螺栓、普通螺栓紧固在一起。摩擦阻尼器的主视图、俯视图和侧视图以及摩擦阻尼器与主体结构的连结如图4.5.4所示。横板、竖板和十字型板均为Q235钢;摩擦片由钢纤维、石墨和胶等材料组成。加工时,摩擦片通过高温直接固化到横板上。安装时,摩擦阻尼器通过连结板和斜撑与结构连结。

国内外研究结果表明,斜撑刚度与所在层层间刚度之比等于2~5时,摩擦阻尼器对结构的控制效果较好。根据本工程摩擦阻尼器的实际安装数量,选择两根型号20的槽钢(背对背,中间间隔20mm)作为实际斜撑。通过计算可得结构某层某一方向所有斜撑的水平刚度与该层该方向层间刚度之比,如表4.5.1所示。

表 4.5.1 刚度之比

楼 层	东 南 楼		西 楼	
	东西方向	南北方向	东西方向	南北方向
1层	3.83	3.43	4.41	3.43
2层	4.06	3.21	4.41	3.43
3层	2.74	2.95	3.87	3.43

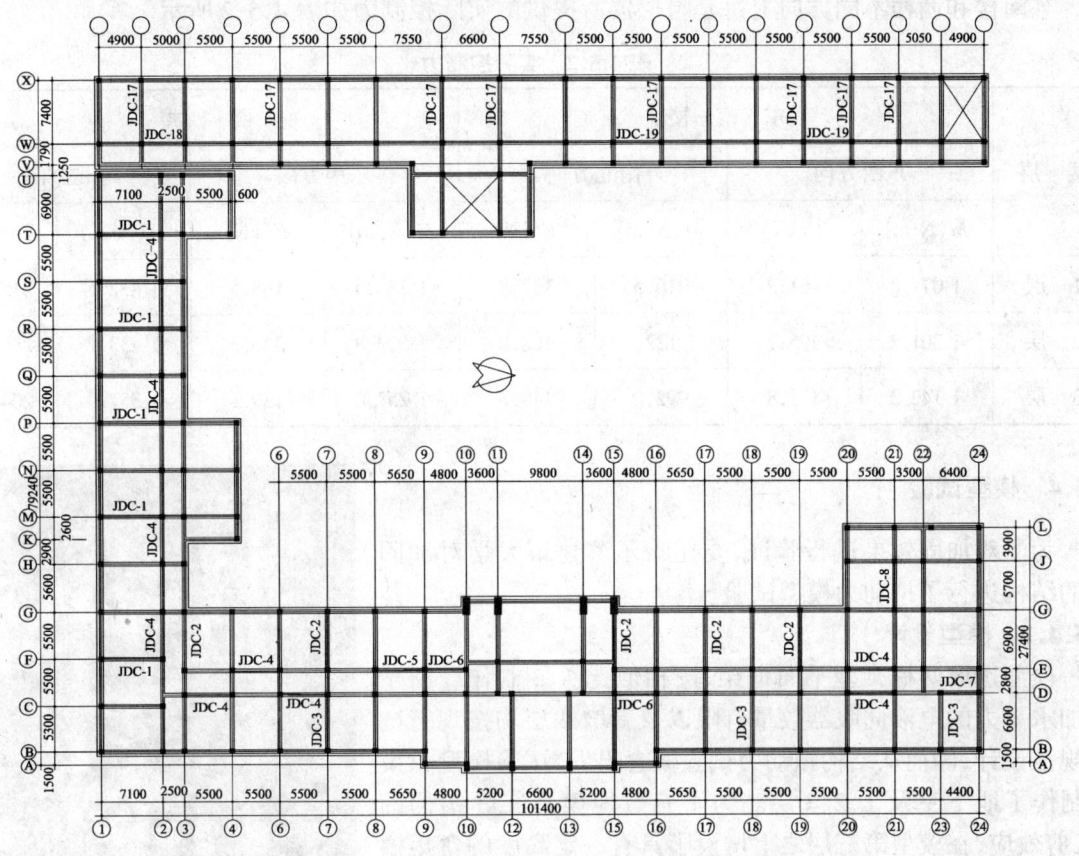

图 4.5.3 平面布置

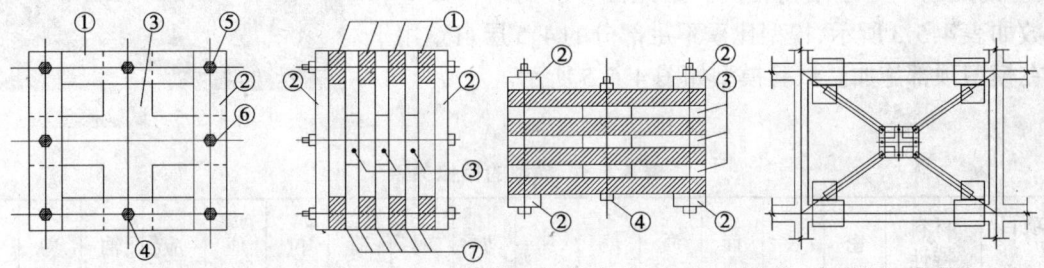

①横板；②竖板；③十字型板；④M30 高强螺栓；⑤M33 普通螺栓；⑥M30 普通螺栓；⑦摩擦片；⑧斜撑

图 4.5.4

摩擦阻尼器中高强螺栓上施加的扭矩 M 与该阻尼器对结构的控制力 F 之间存在如下关系

$$M = \Phi \cdot D \cdot \frac{F}{n\mu} = \frac{\Phi}{\mu} \cdot D \cdot \frac{F}{n} \tag{4.5.1}$$

式中 Φ——扭矩系数；

D——螺栓直径；

μ——摩擦片与钢板之间的摩擦系数；

n——每套阻尼器中摩擦面的个数。

为了确定式(4.5.1)中参数 Φ/μ 的取值，对所用摩擦阻尼器进行了性能试验。试验时摩擦面个数 $n=2$，高强螺栓直径 $D=12\text{mm}$。通过对试验结果的整理得 $\Phi/\mu=1.33$。

东南楼和西楼不同方向上每套阻尼器所提供的实际控制力如表4.5.2所示。

表4.5.2 实际控制力

楼层	东南楼				西楼			
	东西方向		南北方向		东西方向		南北方向	
	M(N·m)	F(kN)	M(N·m)	F(kN)	M(N·m)	F(kN)	M(N·m)	F(kN)
1层	1 071.8	161.2	916.5	137.8	1 253.5	188.5	1 432.5	215.4
2层	1 301.2	195.7	1 122.7	168.8	1 504.8	226.3	1 433.2	215.5
3层	1 142.3	171.8	992.0	149.2	1 257.2	189.1	1 357.9	204.2

4.5.4 模型试验

为了对加固效果进行验证，委托哈尔滨建筑大学对加固后的结构进行了拟动力模型试验。

4.5.4.1 模型设计

模型选取两榀典型平面框架，按相似比1:3制作。由于施加水平力的电液伺服器数量有限以及新增两层均按现行抗震规范设计，因而从结构拟动力试验概念出发，试验模型只设计制作了地下室及1、2、3层。为了有效地模拟实际结构的弯、剪效应，在模型第三层之上增设了具有一定高度的弯矩模拟层。模型框架柱应力与原结构相同，混凝土强度接近原结构，模型的配筋率与原结构相同。据此推导出的结构效应相似系数如表4.5.3所示，模型比重不足部分的4、5层自重用千斤顶在模型顶部施加。试验模型如图4.5.5所示。

图4.5.5 试验模型

表4.5.3 模型的相似关系

项目 结构	材料特性 E.G. μ	密度	长度	面积	质量	频率	速度	加速度	时间	荷载	位移	应力	应变	轴力	剪力	弯矩
原型	1	1	1	1	1	1	1	1	1	1	1	1	1	1	1	1
模型	1	3	1/3	1/9	1/9	$\sqrt{3}$	$1/\sqrt{3}$	1	$1/\sqrt{3}$	1/9	1/3	1	1	1/9	1/9	1/27

4.5.4.2 试验结果及分析

模型试验采用子结构拟动力试验方法，地震波采用Elcentro波。地震波输入时间间隔为$0.01/\sqrt{3}$s，输入的峰值加速度为220gal（7度大震作用下的加速度峰值），试验共进行1.98s，Elcentro波的最大峰值及主要峰值均在该时间范围内。

(1) 模型的时程反应

模型在Elcentro波作用下，各层反应的峰值及计算结果如表4.5.4所示。

表4.5.4 各层反应的峰值及计算结果

楼层	试验结果		计算结果			
			安装耗能器		未安装耗能器	
	绝对位移峰值	层间位移峰值	绝对位移峰值	层间位移峰值	绝对位移峰值	层间位移峰值
地下室	2.00mm	2.00	1.31	1.31	1.25	1.25
1 层	6.14 mm	5.32	5.78	4.61	14.49	13.90
2 层	6.87 mm	4.34	9.49	3.94	17.03	5.91
3 层	9.03 mm	6.01	13.50	5.07	18.81	5.14

从表4.5.4可知,模型层间位移较大值发生在1、2、3层,地下室层间位移较小,因此,不在地下室安装摩擦阻尼器是可行的。另外,从表4.5.4还可知位移计算值与试验值稳合程度较好。在柱子屈服以前,各层摩擦阻尼器均起滑耗能,第一层、第二层阻尼器的最大滑动位移为 $\Delta_1 = 4.43$mm, $\Delta_2 = 4.38$mm。阻尼器工作情况良好。

(2)模型的破坏形态

根据在柱子中钢筋上粘贴的应变片的测量结果可知,在结构的反应较大时,某些柱子的钢筋进入了屈服阶段,但是直至试验全部结束,混凝土无压碎现象,层间位移角的最大值 $\theta_3 = 6.01/1434 = 1/239$,表明在7度罕遇地震(Elcentro波)作用下,模型虽然产生破坏,但框架柱尚未超过极限承载力阶段,层间位移角也较小。

试验过程中,梁柱节点区产生了较严重的破坏,裂缝数量较多,裂缝为交叉斜裂缝。产生此类破坏的主要原因是梁柱节点区箍筋数量少(与原结构节点区具有相同的配筋率),抗剪能力差所致。

4.5.4.3 试验结论

通过对沈阳市政府大楼的两榀框架模型(1:3)模拟地震动力试验,证明了安装摩擦阻尼器后,在较大地震作用下,虽然某些柱子将进入屈服阶段,节点区和梁端产生较多裂缝,但是柱子的竖向承载力未达到其极限值,楼层层间位移角较小,结构仍然具有一定的整体性,未发生倒塌,抗震加固效果良好。

4.5.5 结 论

计算分析和拟动力试验结果表明,采用摩擦阻尼器抗震加固后的沈阳市政府大楼在7度抗震设防相应的罕遇地震作用下,可以做到大震不倒。采用摩擦阻尼器耗能减震的设计思想为旧有建筑物的增层抗震加固开创了一条新的途径。

单 明 林立岩
(辽宁省建筑设计研究院)

4.6 框架结构旧楼改扩建几项技术问题论述

一栋闲置三年的钢筋混凝土框架主体工程,建筑面积6 735m²,仅凭一张由台湾建筑师绘制的"彩色效果图",将其改、扩建并增层为一幢集餐饮、休闲、洗浴、商住为一体的四星级"惠丰大酒店",如图4.6.1所示。

下面对改建、扩建、增层设计中的几项技术问题加以论述。

图 4.6.1 惠丰大酒店

4.6.1 工程概况

该工程原为铁岭市经济开发区综合楼,轴线平面尺寸和各部层数如图 4.6.2 所示。系钢筋混凝土框架结构,柱下独立基础,地基持力层为粉质黏土,$f_{ak}=220$kPa,$E_s=5.8$MPa,持力层厚度 15~18m,其下为风化岩石。经现场勘察及查阅当时施工记录,又对原施工图设计用 PKPM 系列软件进行结构验算,确认该工程质量良好。地基承载力由于设计时采用 $f_{ak}=180$kPa(按初步地质资料给值),基础底面积偏大。

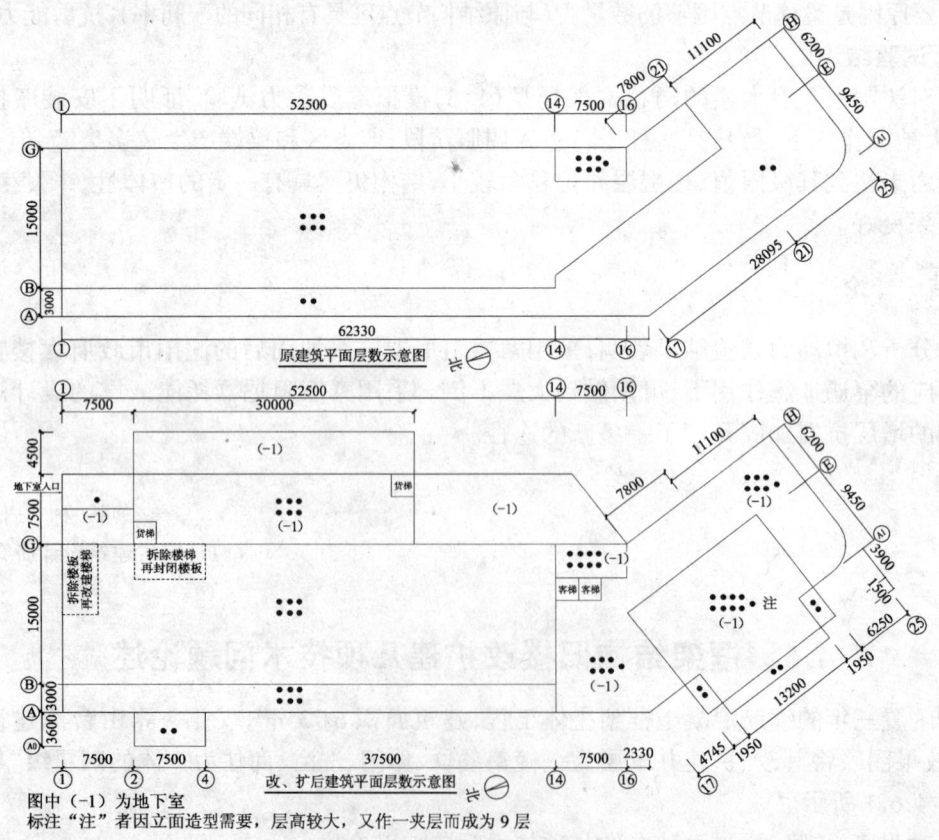

图中 (-1) 为地下室
标注"注"者因立面造型需要,层高较大,又作一夹层而成为9层

图 4.6.2

按业主提供的"效果图"绘制各层平面并征得同意后,改、扩建及增层后的轴线平面和各部层数如图4.6.3所示。其中原2层部分,增为6、7层,局部8层(后加夹层为9层)。G轴向东扩建到K轴。在基础加固时,业主看到14轴以南基础埋深达4.2m,按其临时动意,又增设了地下室作为设备间;为解决设备入口问题,又在扩建部分加设了地下通道和物资储备间。为营业需要,增设四部电梯(客货梯各两部),一部扶梯;为造型需要,西侧南、北各扩建一个入口门厅,建成后的建筑面积共14 000m²(其中地下室1 277m²)。

4.6.2 几项技术问题的处理

本工程的改、扩建及增层设计,采用PKPM系列软件完成。基础加固和偏心值计算及基础沉降计算,由手算完成。

(1)基础加固。原2层部分增建为6、7层,局部8层,其基础需按增层后荷载,加大基础底面积,并对加大面积后的基础抗弯、抗冲切进行验算,原6、7层与原2层相邻的柱下基础,也需按增层部分传给这部分基础的荷载增值,加大基础底面积,同时经计算使总荷载重心与加大后基础的平面形心尽量相重合。基础加固及构造等如图4.6.3(a)、(b)所示。

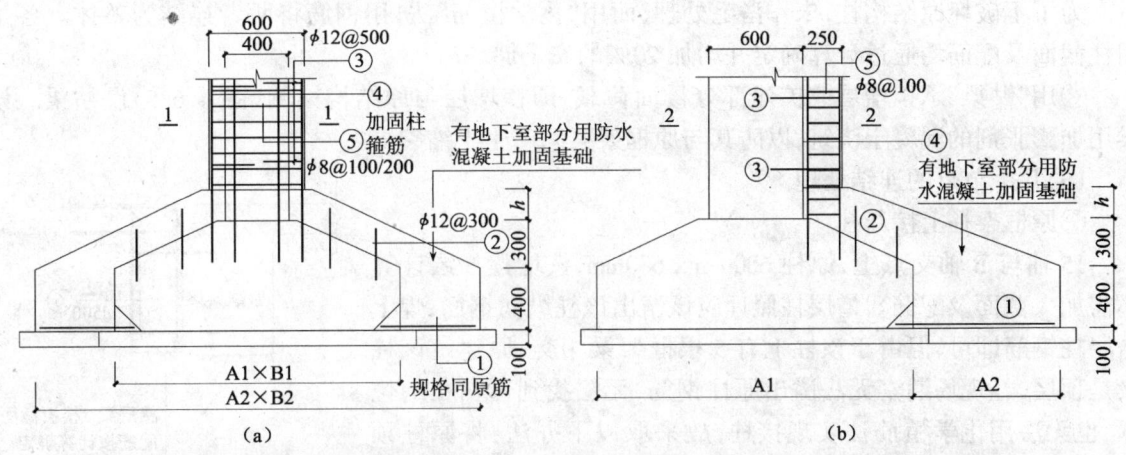

注:①加固基础受力钢筋与原基础钢筋焊接;②加固基础与原基础锚固筋(化学植入15d);
③加固柱与原柱锚固筋(化学植入15d);④加固柱受力钢筋,下端植入原基础内(按计算确定)
h 加固基础厚度(按计算确定);A1×B1原基础底板尺寸;A2×B2加固后基础底板尺寸(计算确定)

图4.6.3

(2)扩建部分采用柱下独立基础,按其上部分荷载确定基础底面积。由于扩建、增层部分的基础与原6层而与扩建、增层无关的C轴基础,在同一个建筑物中,需按《建筑地基基础设计规范》验算各自的基础沉降值。经反复验算,调整加固基础的加大面积和重心,使相邻基础的沉降斜率不大于0.001,相当于规范规定0.002的50%。假设原有建筑物基础在主体完成3年后预估已完成最终沉降值的30%。虽经反复验算调整,但因计算的假设、规范给的沉降计算公式计算值与建筑物的实际沉降值会有出入(尤其压缩层厚度较大)。为防止因基础沉降差异引起上部框架结构梁的裂缝,故在扩建、增层部分的框架梁端负弯矩筋另加20%,以增加抵抗裂缝的能力。

(3)地下室底板与该部分地基底板的连结,开始设计时,将地下室底板与基础连为一体,用PKPM中JCCAD软件计算,不尽合理,且也无法按计算结果进行施工图设计。故先按改、扩建及增层后实际情况加固设计各自基础,并按此作施工图设计及指导施工。在基础施工时,预埋钢筋与地下室底板构造钢筋相搭接,最后用加膨胀剂的防水混凝土补齐至设计标高。该部分之上的框架梁也采取了上述(2)的加筋措施,以增强其整体性。

(4)框架结构的加固

①框架柱加固。原有2层增为6~8层后,按结构计算结果原400mm×400mm柱需加固处理,对此采用《混凝土结构加固技术规范》中"加大截面加固法"进行加固。增层与原6层相连部分采取了"贴柱法"进行加固,如图4.6.4(a)、(b)所示。

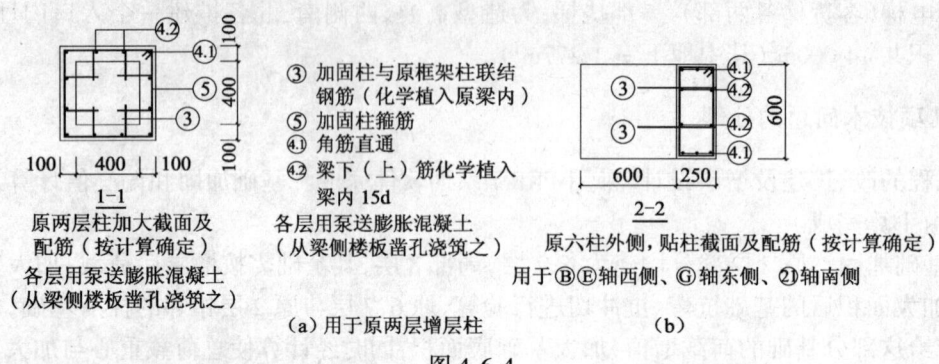

图 4.6.4

为了不破坏原结构柱,未作凿毛处理,而用"化学植筋"法,用钢筋将两者连结为整体。各加固柱截面及配筋均通过计算确定并增加20%的安全储备。

②用"贴梁"承担增层或扩建部分楼面荷载,即在增层与原结构梁侧(图4.6.5)设贴梁。该梁用加膨胀剂的混凝土浇筑,以防其与原框架梁间产生干缩裂缝。

(5)几个节点的连结处理

①原框架柱上接新柱

15轴与B轴交点上,原柱600mm×600mm,按增建5层计算不需加大截面及配筋。增层柱照理应该凿出该柱纵向钢筋,焊上增层柱钢筋即可,但由于该柱上有5根框架梁相交,原建筑该柱又是顶层,经现场勘察无法凿出原柱钢筋,无法找到可钻孔的位置,也无法用化学植筋法实现接柱,故采取以下办法:将原柱顶1 000mm×1 100mm范围内磨光,放一块钢板,该钢板下以扁钢与二层框架梁连结;上部将增层柱主筋采用栓塞焊接,以达到接柱的目的。各杆件规格和焊缝尺寸均按接层柱下计算结果(弯矩、轴力、剪力)确定,如图4.6.6所示。

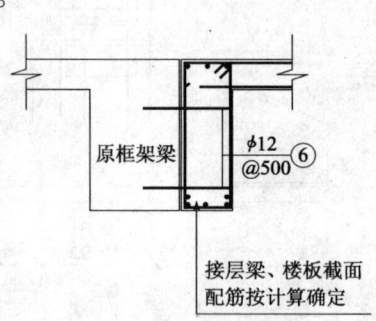

图 4.6.5

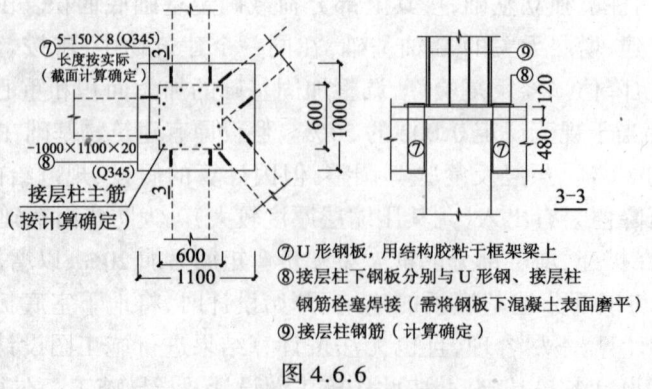

图 4.6.6

②增设电梯间的处理

考虑到本工程最高8层,经按纯框架结构计算已满足承载力和变形要求,决定在原楼内新增客梯井壁采用砖砌体加构造柱及圈梁的结构形式,这样既方便施工又可降低工程造价。其平面如图 4.6.7 所示,具体做法如图 4.6.7 中 4-4 剖面及文字说明。地坑及基础在加固中采用钢筋混凝土结构一起施工。因有新增客梯井壁作楼板支撑,故拆除洞口后剩余的楼板,经核算不需加固处理。

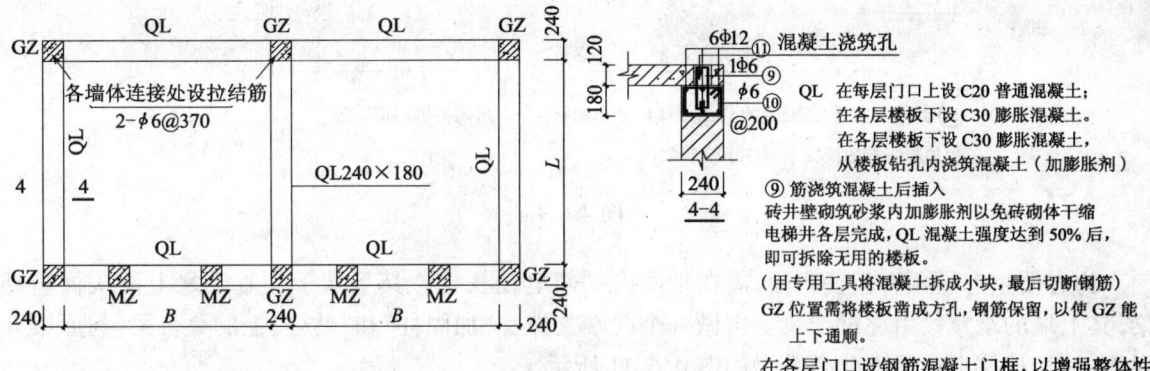

图 4.6.7　客梯井壁平面示意图(砖砌井壁)

③拆、改楼梯

原设计 1、2 层为门市房,每个开间为一户,设有各自楼梯洞口(钢梯未施工)。这次改建需取消该楼梯,故在原楼梯洞口两侧梁上钻孔,化学植入钢筋,然后用膨胀混凝土补浇(如图 4.6.8 所示)。

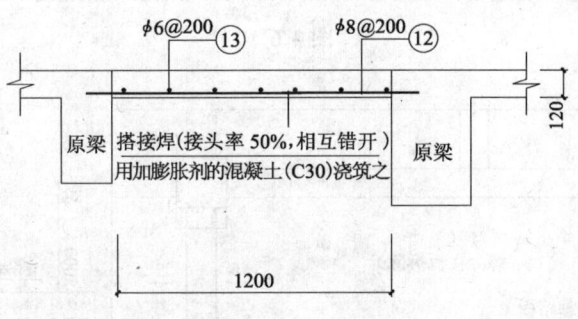

⑫ 封闭楼板受力钢筋（化学植入两侧梁内 15d）
⑬ 封闭楼板分布钢筋

图 4.6.8

还有一双跑楼梯,因 1 层改做"生态园"餐厅,2~6 层改做餐厅包房和宾馆包房,则需拆除这部楼梯,再用楼板补齐。因洞口较大,如用上述方法补浇楼板,理论上讲因楼板无支座,仅靠植入钢筋,平时不会出现问题(因用膨胀混凝土),但遇地震作用,此处势必出现裂缝。故采用图 4.6.9 所示办法处理,效果良好。

两种办法,楼板均按单向简支板设计,长向配有构造钢筋,这样是安全的。

为使用方便和安全疏散需要,还要在北端开间内新增一部钢筋混凝土双跑楼梯。具体做法是:在原柱下基础之间设该楼梯的基础梁,其上设缓台梁、柱,缓台板设计成悬跳板,以免在半层标高处再设梁和柱。在每层框架梁上开凿 120mm×120mm 的槽,用于承担底层的上跑及上层的下跑梯段,原楼板的钢筋保留适当长度,与新浇楼梯钢筋连接以加强其整体性,如图 4.6.10 所示。楼梯段配筋按两端简支设计偏于安全。

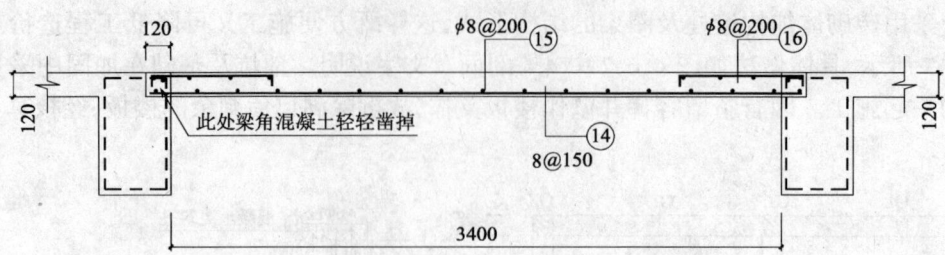

⑭封闭楼板受力钢筋；⑮封闭楼板分布钢筋；⑯封闭楼板构造钢筋
用加膨胀剂的混凝土（C30）浇筑之

图 4.6.9

为方便生态园顾客就餐方便,需在轴间设一部电动扶梯。其下端于柱基础之上设扶梯基础梁,其上端的承重梁由原框架梁下再做一个两端支撑在"加固柱"和"贴柱"上的叠合梁(与原梁共同组成)。扶梯上口平面和叠合梁如图 4.6.11 所示。

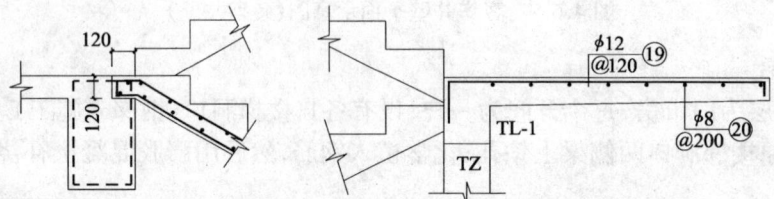

TZ 下端起自原柱基础,其主筋植入基础内（上部起自各层框架梁经验算不需加固）

图 4.6.10

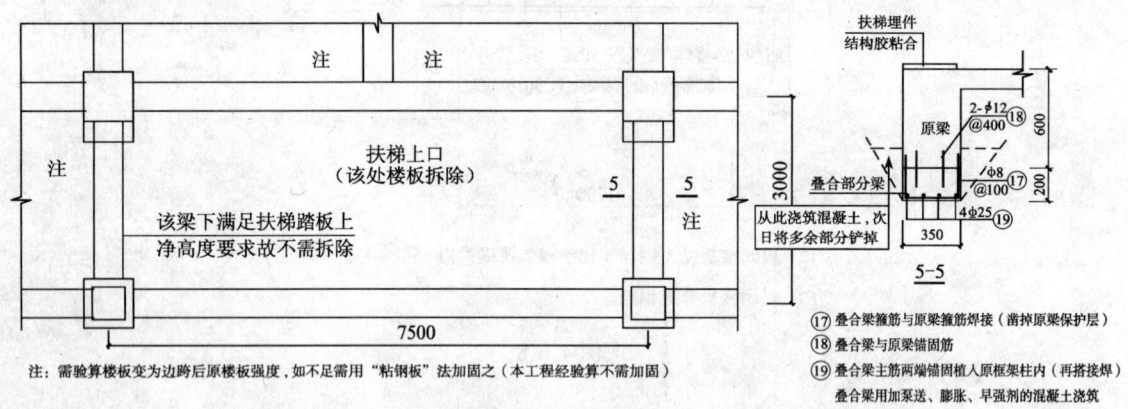

⑰叠合梁箍筋与原梁箍筋焊接（凿掉原梁保护层）
⑱叠合梁与原梁锚固筋
⑲叠合梁主筋两端锚固植入原框架柱内（再搭接焊）
叠合梁用加泵送、膨胀、早强剂的混凝土浇筑

图 4.6.11 扶梯上口平面图

4.6.3 几点体会

该改、扩建,增层工程建成使用一年来,未发现问题,证明其设计和施工是成功的。

(1)框架结构的扩建部分与原有结构不必设变形缝,基础也不必分开,设计成整体。为不破坏原有结构,两者互相接触面不用"凿毛",而是用化学植筋将其连为一体。同时采用加泵送剂（易于浇筑）、膨胀剂（易于密实且无干缩裂缝）的混凝土,则更为有效。

当有地下室且地基承载力较大时,靠柱下独立基础承载,而后另作构造底板,这比按"筏板基础"设计更趋合理且降低了工程造价。

(2) 在进行原有楼扩建设计时,既要将其两部分采用一个结构模型输入,以便作整体分析,用 SATWE 计算并按平面画法出图;又要建立各自的轴线网格,布置各自的框架柱、梁,以便分开绘制施工图,便于施工;再用"化学植筋"将其连为一体作为安全储备,是简单易行的设计方法。

(3) 对改、扩建工程而言,在熟知国家现行建筑结构规范(规程)、全面了解原有结构及理解业主改、扩建要求后,方能做出经济适用且又便于施工的设计方案。设计者密切配合专业施工队伍,编制好施工组织设计,是完成改、扩建工程的组织保证;选用适当的建筑材料及掺加剂是完成改、扩建工程的物质保证。

张国祥　李秀万
(铁岭市北方抗震加固工程处)

4.7 锚杆静压桩和压力注浆法在增层加固中的综合应用

4.7.1 工程概况

某学院教学主楼原设计为 7 层(局部 8 层),两侧 4 层,为现浇混凝土框架结构,柱下独立基础,埋深 2.50m 左右。基础及地上部分已经施工完毕。现需要将两侧 4 层增加至 5 层。由于荷载的增加,原地基承载力不能满足上部荷载要求,需要对地基及基础进行加固处理。

4.7.2 场地工程地质概况

该场地位于第四纪冲积平原,地形平坦,无液化土,无不良地质现象。该场地钻探期间未见地下水。各土层主要物理力学指标如表 4.7.1 所示。

表 4.7.1　各土层主要物理力学指标

土层	层底埋深(m)	土层厚度(m)	W	e	I_L	C	φ	N	a_{1-2}	E_{s1-2}	f_{ak}(kPa)
①	1.4~2.0	1.4~2.0									
②	4.1~5.3	2.4~3.5	27.9	0.805	0.37	39	16.5	8	0.33	5.6	200
③	6.0~7.0	1.2~2.2	26.4	0.845	0.42	33	16.0	6.3	0.35	5.2	165
④	6.4~8.0	0.4~2.0	31.2	0.942	0.41	35	15.0	5.8	0.35	5.3	150
⑤	8.8~9.6	1.1~3.2	25.3	0.750	0.45	43	16.9	8.9	0.29	6.6	215
⑥	10.2~10.7	1.5~1.9	27.0	0.846	0.43	38	19.4	7.2	0.30	6.2	185
⑦	12.1~12.8	1.6~2.3	28.9	0.813	0.70	35	17.1	6.6	0.33	5.6	175
⑧			27.8	0.859	0.34	36	19.8	7.8	0.36	5.2	190

4.7.3 加固原理

4.7.3.1 压力注浆法

压力注浆是将水泥浆通过注浆设备用较高的压力压入需要加固的土层当中。通过浆液在土体中劈裂、渗透、挤压等作用,使土体与浆液充分混合,将土体的孔隙压缩、充填,形成一个固结体,提高地基承载力,达到加固的目的。

4.7.3.2 锚杆静压桩法

锚杆静压桩是利用压力设备将预制的混凝土桩或钢管桩压入到持力层,桩对土体有挤压作用;桩顶与承台连接,形成基础托换。两者共同作用,提高地基承载力。

单独使用压力注浆法,注浆时容易产生附加沉降,而压力注浆与锚杆静压桩同时施工,则可以减轻或者避免附加沉降。

4.7.4 方案选择

后接的顶层为大跨度阶梯教室,荷载增加较大,可以采用扩大基础的方法进行基础处理。由于基础工程已经完成,外墙已经砌筑,机械和运输车辆都没有作业空间及运输通道,且挖出回填土并拆除挡土墙需要很大的堆放空间。另外拆除挡土墙经济损失极大,所以不能采用扩大基础的方法。

压力注浆法和锚杆静压桩法对于空间的要求则小很多,只需开挖出独立基础,且开挖出来的土可以堆积在室内,避免了二次运输,节约大量人力。

由于两侧增层,其两侧柱下独立基础荷载增加244~2 478kN,根据荷载差异及工程地质条件,决定采用锚杆静压桩联合压力注浆法对地基进行处理。

根据以往经验,压力注浆法能提高地基承载力30%~40%,而静压桩通过调整桩长、桩径,也可大幅度提高承载能力。

两种方法结合应用,安全、经济、合理,还可保证工期。

4.7.5 方案设计

根据场地工程地质条件及增加荷载分布情况,经过计算,以下承台下地基土用注浆法加固可以满足要求。即①轴的J-7、J-8、J-9、J-10,②轴的J-9、J-10,③、④轴的J-5、J-9、J-10,⑥轴的J-7、J-11、J-14,㉝、㉞轴的J-14,㊱、㊲轴的J-5、J-9、㊴轴的J-7、J-9、J-10,㊲~㊴轴的J-11。其余基础承台采用锚杆静压桩进行托换加固处理。

(1)注浆加固参数

注浆加固部位为基底下1.5~3.0m范围内;

注浆点间距为1.0~2.0m;

浆液采用普通硅酸盐水泥,水灰比为0.8~1.0;

注浆压力为0.2~0.3MPa;

注浆量$Q = KVn1\,000$,K取0.3~0.59(黏性土)。经计算,单孔注浆量Q为300~400kg。

(2)锚杆静压桩参数

桩型为200mm×200mm预制钢筋混凝土方桩;

根据承台大小,单个承台可以布置4~6个锚杆静压桩。根据增加荷载分布情况,确定单桩承载力。用公式

$$p_a = u_p \sum \sum_{i=1}^{n} q_{si} l_i + q_p A_p \tag{4.7.1}$$

进行估算,计算桩长。

通过计算,桩长为8m,单桩承载力为280kN。

根据《锚杆静压桩技术规程》,设计最终压桩力按下式计算

$$p_p(L) = K_p \cdot P_a \tag{4.7.2}$$

式中 K_p——压桩系数,当桩长小于20m时,取1.5;

P_a——设计单桩垂直容许承载力;

$p_p(L)$——设计最终压桩力。

$$p_p(L) = 420\text{kN}$$

依据上述计算结果,共布置注浆孔162个,锚杆静压桩55根。

4.7.6 施工难点及解决方法

(1) 桩孔成孔

基础为混凝土独立基础,厚度最大处达1.10m。采用大直径钻头,由于其扭矩大,小型钻孔机械无法提供足够的动力。静压桩孔要求下部大、上部小,若采用大直径钻头成孔,成孔后的桩孔直径上下大小一致,不能满足要求。采用小直径钻头,利用钻孔重叠的方法在基础上形成方形桩孔,并且在边孔钻进时给予一定的角度,这样形成的钻孔可以达到下部大、上部小的要求。如图4.7.1所示。

(2) 锚杆成孔

独立基础的顶面为斜面,按照对角施工的原理,每个桩孔所在的平面都有两个斜面,在设置锚杆时既要保证锚固深度,又要保证锚固螺栓顶面在同一水平面上。对此采用不同长度的锚固螺栓,经过计算,在基础上钻锚固孔。如图4.7.2所示。

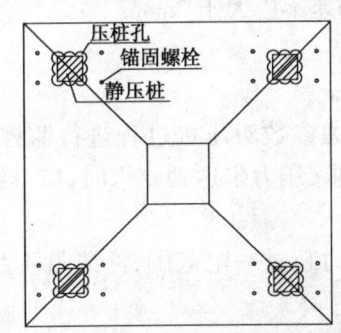
图4.7.1 静压桩桩孔成孔示意图

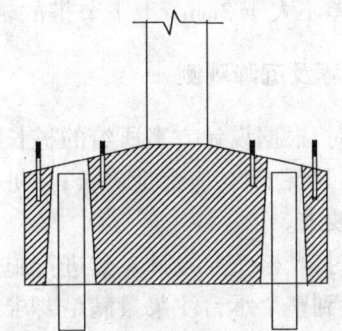
图4.7.2 锚杆成杆及植筋示意图

(3) 静压桩的导向

由于混凝土桩是2.0m长,而设计的桩长为8.0m左右,故需要接桩。桩的连接采用植筋胶,待其达到一定强度后才能进行压桩。在胶没有达到强度时,其连接是软性连接,在压力作用下,上部桩身容易产生侧移,使连接处受到破坏。需要对混凝土桩进行导向。采用夹板的形式对混凝土桩进行导向,既可保证桩的垂直度,又能保证桩间的连接不被破坏。

(4) 桩头的保护

压桩时,混凝土桩头受到很大压力,容易破碎。为了解决这一问题,采用钢板制作一组钢箍和桩帽。压桩时在桩帽内垫橡胶板(较厚),避免桩头与液压设备硬碰硬,使桩头得到有效保护。

(5) 注浆孔的封孔

由于施工期间正值雨季,雨水通过回填土渗入到基底处。基坑开挖后,发现建筑物基础外围地基土已受浸泡;室内由于现浇混凝土楼板的养护,也有很多积水。地基土经过浸泡,强度已经很低。若沿着基础外边缘布置注浆孔,注浆孔的封孔工作很难达到理想效果。采用金刚石钻机在基础上开孔,用洛阳铲人工成孔,下管后在原有基础上进行封孔,解决了封孔难的问题。

(6)附加沉降的处理

因注浆过程中容易产生附加沉降,采取大间隔多次少量注浆的方法,并配合锚杆静压桩同时施工,以减少产生附加沉降。

4.7.7 现场施工关键点控制

(1)注浆顺序应按照对角注浆方式进行,压桩也应如此。

(2)浆液应搅拌均匀后才能开始压注,且在注浆过程中缓慢搅拌。浆液泵送应经过筛网过滤。

(3)采用分段注浆时每提升高度宜为0.5m。

(4)静压桩桩尖应到达设计持力层、压桩力应达到规范规定的单桩承载力标准值的1.5倍,且持续时间不应小于5min。

(5)锚杆的锚固深度可采用10~12倍锚栓直径,并不应小于300mm。

(6)压桩架应保持竖直,锚固螺栓的螺帽或锚具应均衡紧固,压桩过程中应随时拧紧松动的螺帽。

(7)就位的桩节应保持竖直,使千斤顶、桩节及压桩孔轴线重合,不得偏心加压。桩位平面偏差不得超过20cm,桩节垂直度偏差不得大于1%的桩节长。

(8)第一根桩压入的垂直度允许偏差必须控制在5mm内,上下节桩用植筋胶接桩时,其桩身垂直度允许偏差不大于3mm,上下节桩的轴线位移偏差不应大于3mm。

4.7.8 施工过程及沉降观测

压桩施工时,根据设计方案所给的桩长参数和压力参数对压桩过程进行监控。当压力满足要求,桩长未达到要求时,应保证桩长;当桩长满足要求,压力未达到要求时,应继续压桩,直到压力参数也满足要求。

注浆施工时,严格按照设计参数进行施工。当压力超过一定范围,注浆量不足时,应在邻近注浆孔补浆,直到整个承台注浆量满足要求。

由于注浆过程中容易产生附加沉降,故施工前在需要增层的两侧建立了20个沉降观测点,施工时及施工后对增层的部位进行了长时间的沉降观测。结果表明,施工中未产生附加沉降。

4.7.9 结 语

通过方案对比,应用锚杆静压桩联合压力注浆法对地基进行处理,可节约投资20余万元。而且通过加固处理,使接层工作顺利进行,提高了教学楼的使用面积。

混凝土桩和钢桩比较,一是大大减少了钢材的消耗,节省了大量资金。二是钢管桩经过若干年的氧化腐蚀后,强度会有很大的折减;而混凝土桩因有混凝土保护层,钢筋几乎没有腐蚀,其强度不会随时间的增长而减弱。

该工程于2005年初投入使用,经过1年,未发现异常情况。

使用混凝土桩做锚杆静压桩,取得了很好的社会效益和经济效益,具有推广价值。

陈立龙 何新东 李万有

(黑龙江省四维岩土工程有限责任公司)

参 考 文 献

1 汪恒在. 住宅抗震加固建筑立面设计的改进. 住宅科技,1984(6)
2 汪恒在. 房屋增层建筑立面美观设计的新方法. 全国第三届建筑物增层改造学术研讨会论文集,1994.5
3 陈昌彦,钟和. 某建筑物增层改造工程地基加固处理及其加固质量的综合检测和评价. 建筑技术,2001 增刊
4 钱家欢,殷宗泽主编. 土工原理与计算(第2版). 北京:中国水利水电出版社,1994
5 黄和平. 共同作用条件下的基础与上部结构的相互影响. 武汉工业大学学报.1996,21(3):53~55
6 陈晓平,贾成,刘祖德. 水平荷载下高层框架结构与地基基础相互作用的性状分析. 工业建筑,1998,28(8): 37~42
7 Ronald A. Behavior of chemically bonded anchor[J] Joumal of Structural Engineering, 1996,119(9)
8 高天宝,史文利. 混凝土无机料植筋拉拔试验研究. 河北建筑科技学院学报,2005.3
9 混凝土结构加固技术规范(CECS 25—90). 四川建筑科学研究院
10 阎锋,张惠英. 在钢筋混凝土基材上植筋的拉拔试验研究,建筑技术,2003,34(6)
11 吴波,李惠. 建筑结构被动控制的理论与应用. 哈尔滨:哈尔滨工业大学出版社,1997
12 吴波,李洪泉,欧进萍. 地震后有损伤结构的耗能减震加固设计. 世界地震工程,1995(2)
13 天津大学,西安冶金建筑学院,哈尔滨建筑工程学院,重庆建筑工程学院合编. 地基基础.

第5章

改造加固工程

5.1 上海优秀历史建筑的检测评定与加固

5.1.1 优秀历史建筑的检测评定与加固工作的重要性和意义

上海成陆已有六千年历史,自1843年开埠以来,建造了不少近代建筑,风格各异,代表着不同时期的建筑风格和形式,反映出上海这个国际大都市的文化底蕴。岁月流逝,建筑犹在,它无疑已成为上海近代发展的历史见证。上海在1986年被国务院命名为中国历史文化名城,上海市优秀近代建筑保护已列入《上海市历史文化名城保护规划》。继承优秀的历史文化遗产,做好优秀近代建筑的保护工作,是历史赋予我们的重任。

上海市政府对此极为重视,制定了一系列法规和管理制度,如:1991年市长8号令专门颁布了《上海市优秀近代建筑保护管理办法》,明确优秀近代建筑是指:①在近代中国城市建设史上有一定地位、具有建筑史料价值的建筑物和中国著名建筑师的代表作品;②在建筑类型、空间、形式上有特点,或具有较高建筑艺术价值的建筑物;③在我国建筑科学技术发展上有重要意义的建筑物、构筑物;④反映上海市传统风貌、地方特色的标志性建筑物、构筑物和街区。2002年上海市人大常委会颁布了《上海市历史文化风貌区和优秀历史建筑保护条例》,同时上海市人民政府下发了《关于进一步加强本市历史文化风貌区和优秀历史建筑保护的通知》。这些法规为优秀历史建筑的确定及规划管理、质量检测、改造利用、保护管理提出了具体方针和操作程序,为优秀历史建筑保护提供了法律保障。市政府已决定成立上海市优秀历史文化风貌区和优秀历史建筑保护委员会,加强统一领导。

由于这些建筑物建造年代较久,大部分缺乏完整的房屋档案,如房屋建筑结构图纸、竣工文件、历次大修记录等。为此,上海市房屋管理部门规定,凡涉及优秀历史建筑的改建、扩建、拆除、置换改变用途、迁移和变动建筑原有结构体系、平面布置、内外装修时,均需有专门资质的房屋质量检测机构,按照确定的保护等级、保护范围和具体要求,检测这些建筑质量的现状、房屋完损程度,验算其结构承载力和抗震能力,对其完损状况作出评价,并对需加固的提出加固措施和建议。

笔者曾参与不少优秀历史建筑的房屋质量检测评估和加固工作,本文结合工作经验,拟扼要举例介绍优秀历史建筑检测工作的特色和加固的技术难点。

5.1.2 优秀历史建筑检测评定的要求

根据市优秀历史建筑保护管理有关规定,优秀历史建筑保护要求划分为四类:
(1)不得变动建筑原有的外貌、结构体系、平面布局和内部装修。

(2) 不得变动建筑原有的外貌、结构体系、基本平面布局和有特色的室内装修;建筑内部其他部分允许作适当的变动。

(3) 不得改动建筑原有的外貌;建筑内部在保持原结构体系的前提下,允许作适当的变动。

(4) 在保持原有建筑整体性和风格特点的前提下,允许对建筑外部作局部适当的变动,允许对建筑内部作适当的变动。

具体要求由上海市规划局会同上海市房屋土地资源管理局根据保护级别和实际使用情况确定。凡被确定为优秀历史建筑的上海市建筑保护单位,在需要改造、扩建、装饰、置换和大修立项之前,必须由具有相应资质的房屋质量检测站进行房屋质量检测,对房屋的质量作出鉴定。1995年上海市房屋土地资源管理局制定了《上海市优秀近代建筑房屋质量检测管理暂行规定》,明确了对优秀近代建筑检测鉴定的具体要求、内容和管理程序,统一了报告格式,并指定上海市房屋检测中心负责检测业务的技术行政管理工作。房屋质量检测评定工作程序如图 5.1.1 所示。

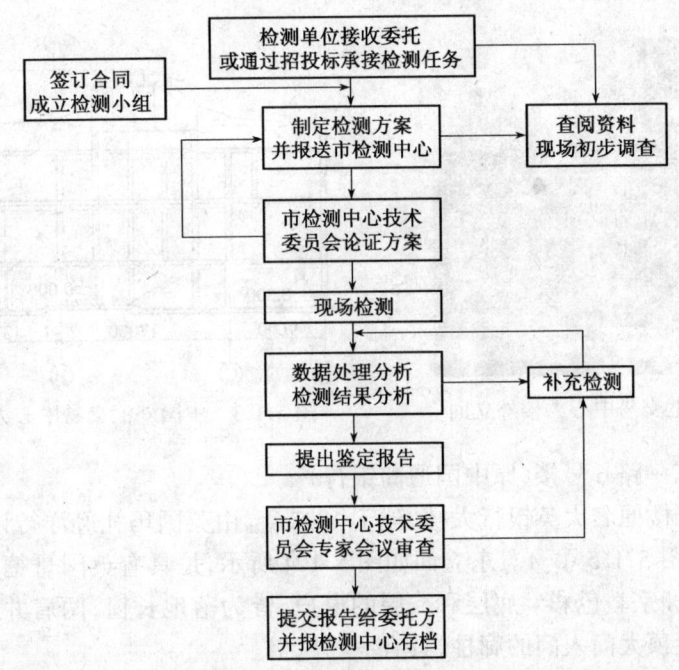

图 5.1.1　优秀历史建筑房屋质量检测评定工程程序

5.1.3　优秀历史建筑检测评定的难点和特色

5.1.3.1　基本信息的获取

优秀历史建筑的检测评定,首先需要查清拟检测的优秀历史建筑原始建筑风貌及其建筑历史沿革,改建、扩建、使用情况和结构承重体系。

由于很多优秀历史建筑建造年代较久,且历经时代变迁,原始房屋设计图纸和房屋档案材料已缺损不全甚至无法查找。因此,有时必须通过现场实地测绘和调查,绘出建筑平面图和主要立面图及有保护价值建筑的装饰图案;通过调研查清建筑物增建、改建的状况,去伪存真,保护原貌。下面举二例说明。

实例一　中国外汇交易中心大楼

检测入场时,大楼门外有标志牌注明为 1910 年建造的钢筋混凝土框架结构,委托方无法提供原始资料;大楼房屋管理部门也再三表明系钢筋混凝土结构。经调研查证,该建筑原为华俄道胜银行,建于1901年,由德国倍高洋行设计,1928年曾为南京国民政府的中央银行。

该建筑平面规整,内部当中是贯通三层的中厅式中央大厅,顶盖为玻璃天棚,白色汉白玉扶梯对称布置,通向二层,入口门廊两侧为塔司干式双柱。外墙底层为石砌,二、三层为黄色面砖,二层以上正立面中部贯以仿爱奥尼式石柱和壁柱。立面构图具有法国古典主义建筑风格,是外滩建筑群中建造较早的一幢(图5.1.2)。

该建筑装饰精致豪华,很多梁柱由装饰制成,从表面难以判断结构承重体系。经采用Profometer 3型无损探测仪和局部凿洞检测查明,该建筑系纵横砖墙承重,中厅由型钢外包砖柱、石柱、砖柱承重,楼盖由钢梁、木格栅上铺木地板承重,屋盖为木屋架(图5.1.3)。底层大厅楼梯为条石砌成,电梯间旁为木楼梯。整幢建筑无混凝土材料,这与廿世纪初上海尚未广泛采用混凝土的状况相符。

图5.1.2 中国外汇交易中心大楼外立面

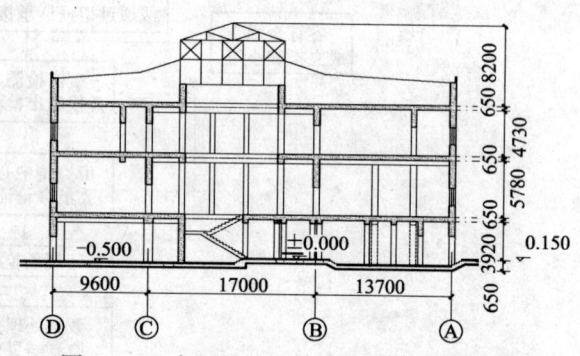

图5.1.3 中国外汇交易中心大楼结构剖面图

实例二 中山东一路6号楼(原中国通商银行)

中山东一路6号楼原名大英银行大楼,建于1897年,由英国玛礼逊洋行设计,建成时为四层砖木结构,其平面如图5.1.5中A。东立面如图5.1.4所示,是具有英国哥德式风格的市政厅式建筑,其装饰具有欧洲宗教色彩。底层和二层的窗户,皆为落地长窗,两肩并列对称,窗框券状;顶层中间为哥德式尖顶大门入门的廊柱,具有罗马风格。

图5.1.4 中山东一路6号楼东立面

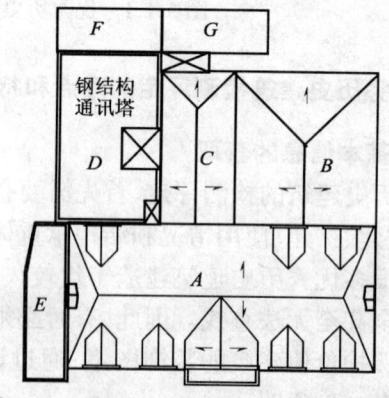

图5.1.5 几经改建、增建后的屋顶平面图

该建筑保护等级为三级。接收委托检测后,经现场勘测发现,内部布局非常零乱,各部结构形式各异,承重体系不一。经过现场测绘和调研,了解到该大楼先后于1919年和1937年曾两次

进行了大规模的改造和增建;1949 年、上世纪 70 年代末及 1989 年该大楼又进行过多次改造。从建成至今,几易其主,使用功能发生多次变化。

1898 年,作为中国第一家银行的中国通商银行置地产在此开业。这家银行系官商合办,盛宣怀和李鸿章等均有投资。因该建筑不符合银行使用要求,1919 年改建并增建图 5.1.5 中 B、C 部分,结构仍为砖木结构;1937 年进行改造和增建 D、E、F 三部分,改建后更名为中国信托中心大楼。

此次改建在 A 块西侧中间部位增设了一个三跑木楼梯,并在此楼梯的南侧安装一部电梯;在 D 块增建了一两跨四层的钢筋混凝土梁板柱结构及西北角一室外钢筋混凝土楼梯。E 块为增建的三层混凝土、砖、木混合结构,屋面为钢筋混凝土平屋面,作为 A 块房屋的晒台,可容纳百余人,是观光黄浦潮的胜处。F 块为增建的一层开水房。1937 年的改建特点是较多地采用了钢筋混凝土构件,但所用的混凝土强度较低。抗战期间该楼被汪伪政府占领。新中国成立后,政府将通商银行中的官僚资本没收,作为公股,成为最早一家公私合营银行;1952 年这幢大楼则交由上海市长江轮船公司使用。该公司利用原建筑层高较高的特点,陆续在内部搭建阁楼,并在 D 块部分屋顶增设一钢结构通讯塔。20 世纪 70 年代末,在原一层开水房上面又增建二层,并在开水房的北侧搭建一两层房屋(G 块)。1989 年,在原有房屋的西侧又建造一变电所,并在变电所上面建有一小办公室。同年,在 C 块的二层房屋上面用轻型钢屋架、木板屋面增建一层作为会议室。

检测结果表明,房屋各部分建造年代不同,结构类型不协调,除大楼东外立面和门厅有保护意义外,内部结构和布局可根据置换使用单位需求改造并报市有关部门审批。

5.1.3.2 结构分析与评定

需要对优秀历史建筑的可靠性作出充分论证。现以大世界游艺场为例说明。大世界游艺场始建于 1917 年,最初为一座三层砖木结构,1925 年改建为一座平面呈扇型的四层平屋顶钢筋混凝土梁、柱、密肋板结构体系建筑,由三部分组成。最早建造的是右翼(沿延安路部分),再建左翼(沿西藏路部分),最后建造的是有塔楼的中间部分。其中间大厅屋顶上矗立一座塔形建筑,平面呈六角形,有八层,下部四层与四层主楼相连,上部四层突出屋面向上逐层面积缩小,由 48 根圆柱斜交井式梁组成,第七层设有钢筋混凝土水箱。主楼上尖状塔楼是大世界游艺场建筑风格的重要标志。

对塔楼的抗震验算是整幢建筑检测与评定的一个关键和难点,将整个塔楼作为一个多质点杆系结构。塔楼每层楼面沿楼板四周设有环梁,环梁内有斜向交叉直梁与柱顶相连,楼板厚 120mm,可将楼面结构平面刚度视作无穷大,每层荷载凝聚在楼板上作为一个质点,按剪切模型考虑。有水箱一层作为有刚域的质点,其计算简图如图 5.1.7 所示。塔楼立柱布置不对称,按 X、Y 两个方向分别验算,X 方向下部与主楼三个矩形截面柱相连,对塔楼有加强作用。采用 Householder 法求出八阶自振频率和振型。

计算结果表明,Y 方向因无矩形柱对塔下部四层的支撑作用,其基频略低于 X 方向,塔楼第七层(水箱层)柱底正好处于第二阶振型节点上及第三、四、五阶振型的波峰处,因此,高阶振型对第七层柱影响较大。塔楼下部柱的配筋有图纸参考,上部四层无图纸。经实测截面尺寸、混凝土强度和钢筋根数及强度,按上海 IV 类场地土,根据现行建筑抗震设计规范,采用振型分解法,计算出在柱的轴压比为 0.02~0.35 条件下横向和纵向各柱所受到最大弯矩及抗弯承载力、最大剪力和斜截面抗剪承载力。计算表明,在 7 度多遇地震作用下,各层柱正截面抗弯承载力和柱斜截面抗剪承载力尚能满足要求;而在 8 度多遇地震作用下,塔楼第一和第五至第七层柱正截面承载力不满足计算要求,第六、第七层柱斜截面承载力显得不足(图 5.1.8、图 5.1.9)。

图 5.1.6 大世界游艺场外立面

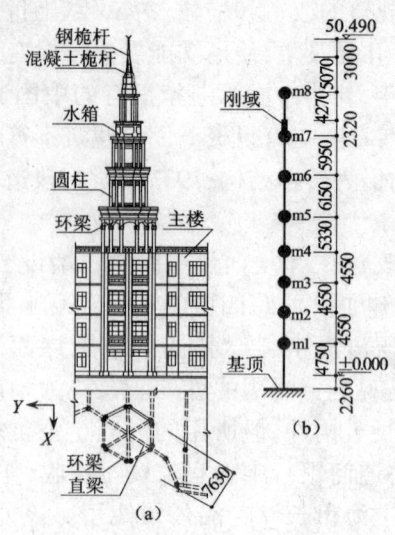

图 5.1.7 塔楼的计算单元及计算简图

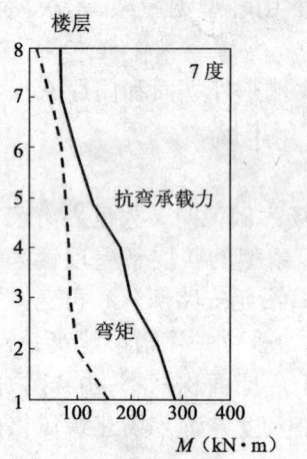
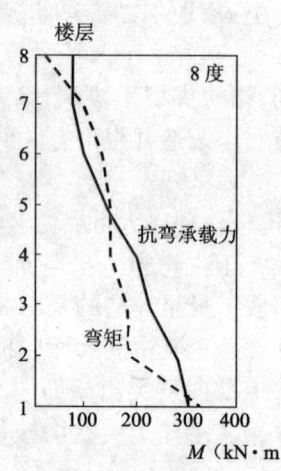
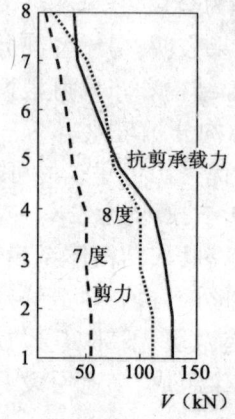

图 5.1.8 在给定轴力下 X 方向受地震作用时各层柱截面所受到最大弯矩值及抗弯承载力

图 5.1.9 在给定轴力下 X 方向受地震作用时各层柱截面所受到最大剪力值及抗剪承载力

同时,对塔楼的位移作了分析,第七层屈服强度系数最小,塔楼的薄弱层位移第七层水箱下面的一层。在 7 度罕遇地震作用下,薄弱层的弹塑性位移转角约为 1/70,满足现行规范要求;而在 8 度罕遇地震作用下,其弹塑性位移转角超过现行规范要求。

从塔楼整体抗震性能来看,按 7 度抗震设防考虑时,塔楼的柱可按抗震构造要求适当加固,而对梁除按构造要求加固外,尚需按抗震计算要求加固;按 8 度抗震设防考虑时,梁和部分柱要同时按计算要求和构造要求进行加固。此外,环梁系弯剪扭复合受力构件,但采用单向配筋,对环梁和直梁应分别按计算设计和概念设计要求进行抗震加固。

5.1.4 优秀历史建筑加固改造的特殊要求和技术难点

优秀历史建筑保护要遵循原真性原则,做到修旧如故,不拆除、不破坏,既要整体保护,还要积极利用。随着城市经济快速发展,很多优秀历史建筑的使用功能远不能适应当前生活和工作的需求,必然要做技术改造和加固,但又不能违背保护的基本要求。因此,优秀历史建筑的改造加固工作有相当的难度，下面举例说明。

5.1.4.1 上海邮政大楼的加固改造

上海邮政大楼属于国家级保护文物建筑，总建筑面积 38 304m²，为现浇混凝土框架剪力墙结构。建于 1924 年，迄今已有 80 余年历史，当年英国曾在世界各地建造 8 幢同样建筑，现仅存印度孟买和上海各一幢，上海是保存最好的一幢。该建筑的邮政大厅当时号称远东第一厅。上海邮政大楼一直作为邮政业务使用，但使用功能已不适应当前需要，需要改造加固。

(1) 地下室改为地下车库，拆除部分剪力墙，采用钢结构托换为局部框支剪力墙结构，如图 5.1.10 所示。

(2) 新南楼五楼改建为电影院，原楼板为预制混凝土楼板，经现场载荷试验确认预制楼板承载力尚能满足要求，不予加固。但框架主梁、次梁承载力不足，采用碳纤维布、碳纤维板加固，如图 5.1.11 所示。

(3) 新南楼五楼改建为电影院，屋面增加钢结构屋架，框架柱承载力不足，采用混凝土加大截面法加固，如图 5.1.12 所示。

图 5.1.10 地下室剪力墙拆除后的加固

图 5.1.11 框架梁的碳纤维布加固

图 5.1.12 框架柱混凝土加大截面加固

5.1.4.2 新世界综合消费娱乐圈的加固改造

新世界综合消费娱乐圈位于上海市人民广场，包括新世界商厦、扬州饭店、远东娱乐城、立体停车库等建筑物，总建筑面积 80 000 多平方米，其中扬州饭店改造加固工作难度大。该饭店拟提升为五星级宾馆，将大厅二层楼板开洞拆除 2/3 楼面面积，使底层大厅空间扩大，并将原大厅内的电梯井混凝土剪力墙拆除。经验算，需增加 1 根框架柱承载，如图 5.1.13～图 5.1.15 所示。扬州饭店结构整体改变较大，经抗震验算部分梁柱承载力不足，采用碳纤维加固，如图 5.1.16 所示。

图 5.1.13 二层楼板开椭圆形洞口

图 5.1.14 拆除电梯井剪力墙井筒

5.1.4.3 中国银行大厦的加固

中国银行大厦为国家级保护文物建筑，位于上海市外滩，为钢框架结构，总建筑面积 42 000 m²。为提升银行大楼智能化使用功能，目前正在投入巨资进行加固装修。大楼各层楼板多为多空黏土砖混凝土密肋楼板,其钢筋锈蚀损伤严重,如何评价其承载力尚无规范可以依据计算。为此,进行了现场载荷试验(图5.1.17、图5.1.18),经确认可以满足承载力要求。大楼承重结构系钢框架外包素混凝土,为避免大量凿除钢梁表面外包素混凝土,节约费用,做了外包素混凝土钢梁粘钢加固试验(图5.1.19),并提出相应的设计方法和施工要求。

图5.1.15 电梯井拆除后增设框架柱

图5.1.16 碳纤维布加固柱

图5.1.17 空心砖密肋楼板损伤状况

图5.1.18 空心砖密肋楼板现场载荷试验

图5.1.19 外包素混凝土钢梁粘钢加固试验

5.1.5 结 语

优秀历史建筑一般均经历了较长的使用期,原始资料不全,结构形式复杂,结构性能退化。为在使用中保护好这些人类文明财富,应通过科学的检测方法获得建筑物的基本信息,弄清结构体系;建立合理的计算模型对结构进行分析和评定,认识结构的受力性能;根据使用要求,制定实用的加固改造方案。针对结构状况进行试验研究是优化加固改造的重要途径之一。

张 誉[1] 顾祥林[1] 张伟平[1] 欧阳煜[2]
(1 同济大学建筑工程系;2 上海同瑞土木工程技术有限公司)

5.2 北京五大奥运场馆及配套工程的改造加固

新中国成立以来,我国建筑行业绝大多数是从事新建工程的建设,工程技术人员已积累了丰富的经验。改革开放以来,我国建筑业除了继续以每年超过2~5亿m^2的速度建设外,工程技术人员也开始关注越来越多的既有建筑物改造与病害治理工程上来。

为满足2008年奥运会各项赛事的顺利进行,国家奥组委对各项赛事场馆和配套工程的建设提出了详细的规划。赛事场馆的建设可分为三大类,即新建场馆、改建场馆和临时场馆,如表

5.2.1所示。从表中可以看出新建和改建场馆各占11项,改建项目占总建设项目的一半。目前各新建、改建项目正在紧张进行中,各项配套工程如酒店、市政道路、地铁等也在建设中。

表 5.2.1 2008 年奥运会场馆建设项目

序号	新 建 场 馆	改 建 场 馆	临 时 场 馆
1	国家体育场	奥体中心体育场	国家会议中心击剑馆
2	国家游泳中心	奥体中心体育馆	奥林匹克森林公园曲棍球场
3	国家体育馆	工人体育场	奥林匹克森林公园射箭场
4	北京射击馆	工人体育馆	奥林匹克森林公园网球场
5	五棵松体育馆	首都体育馆	五棵松棒球场
6	老山自行车馆	丰台垒球场	沙滩排球场
7	奥林匹克水上公园	英东游泳馆	小轮车赛场
8	中国农业大学体育馆	老山自行车场	铁人三项赛场
9	北京大学体育馆	北京射击场飞碟靶场	城区公路自行车赛场
10	北京科技大学体育馆	北京理工大学体育馆	
11	北京工业大学体育馆	北京航空航天大学体育馆	

本文主要围绕2008年奥运会场馆及配套工程建设中的改造加固项目进行了调研分析,文中不涉及新建场馆项目的建设。选取其中五个具有代表性改扩建工程项目,对其设计特点、采用的新技术及注意的问题等进行汇总分析,从中可以看出既有建筑物改造加固在建筑行业中的重要性。

5.2.1 北京饭店改造加固工程

5.2.1.1 工程概况

北京饭店建于1900年,位于北京市中心,向西步行5分钟即可到达天安门,毗邻皇宫紫禁城,与繁华的王府井商业街只有咫尺之遥。北京饭店是一家历史较悠久的五星级饭店,为适应时代的发展,北京饭店已于1999~2001年进行了全面的改造。2005年6月,在经过国际奥委会全面严格的考察后,北京饭店及贵宾楼饭店被确定为奥运会期间的国际奥委会总部饭店。两年来,北京饭店先后接待了国际奥委会主席罗格、国际奥委会协调委员会主席维尔布鲁根等多名国际奥委会高官,为北京市筹办2008年奥运会作出了重要贡献。

5.2.1.2 北京饭店西楼(1999~2001年)改造加固

北京饭店西楼建于1954年,建筑面积约19 500m²,地下1层,地上8层(含一个夹层),局部9层,总高度约41.2m。结构型式为现浇钢筋混凝土框架结构,基础为满堂筏板基础。结构分为东、西两部分,中间由伸缩缝分开。首层至二层之间除入口大厅外,其余部分均设有一层夹层。由伸缩缝分开的两个结构段均为比较规则的矩形平面,平面上组成L形状。其中在对饭店西楼的抗震加固设计中采用了在钢支撑中加装黏滞型耗能器的"消能减振"抗震加固技术,成为在北京采用该项技术建成的第一例工程,也是国内最先采用黏滞型耗能器进行抗震加固的工程,如图5.2.1(a)、(b)所示。详细改造加固另有专文介绍。

本工程抗震加固设计,通过增设耗能支撑的方法,给结构以附加刚度和附加阻尼,在增加结构刚度减小结构变形的同时,也控制和消减了地震作用,使原结构的变形和抗震承载力不满足8

度抗震设防要求的问题在现有的施工条件下,依靠新技术,以较佳的方案得到解决。加固后的北京饭店西楼照片如图5.2.2所示。

(a) 人字支撑形式

(b) 交叉支撑形式

图5.2.1 施工完的耗能支撑

图5.2.2 加固后的北京饭店西楼(1999~2001年)

图5.2.3 北京饭店二期工程竣工后全景

5.2.1.3 北京饭店二期改扩建工程

2006年4月20日,北京饭店二期改扩建工程正式开工建设,改扩建工程项目用地位于北京饭店北侧,北京饭店二期工程不仅要承担饭店功能,还将以一个大型综合物业项目的面貌,成为王府井大街上的新成员。项目总用地面积4.41万 m^2,总建筑面积约为27万 m^2,是一个集商业、酒店式服务公寓、会议、停车于一体的大型综合物业项目。北京饭店二期工程效果图如图5.2.3所示,该项目东侧紧邻王府井大街,建成后的北京饭店二期还将成为具有国际一流品牌的购物中心,强化王府井南口的商业氛围,进一步提升"金街"品位;除购物中心外位于中段的酒店服务式公寓和会议设施将与北京饭店配套,形成优势互补。如图5.2.4和图5.2.5所示。另外,该项目还设有1300个停车位,除了满足自身和北京饭店停车位的需求,还可以为游客来王府井购物提供足够的停车空间。北京饭店二期工程将于2008年5月竣工投入使用。

图5.2.4 二期商业区部分

图5.2.5 二期服务式公寓及会议中心

5.2.2 北京五洲大酒店改扩建工程

5.2.2.1 工程概况

北京五洲大酒店原为亚运会工程,于1987年由北京市建筑设计院设计,1989年投入使用。本次改扩建工程包括:新建地下停车库、裙房部分扩建及主楼改造三个部分。详细改造加固另有专文介绍。

主楼部分原设计为地下2层,地上18层,采用局部框支剪力墙结构体系。此次改造是由于业主及建筑使用功能改变的要求,需拆除原结构中首层、2层8根框支中柱,形成2层高的新门厅大堂,从而提高五洲大酒店形象及服务空间的环境质量。加固后的五洲大酒店照片全貌如图5.2.6所示。

5.2.2.2 结构改造设计方案

在确定结构改造总设计方案时,有两种选择,一是"先拆除后加固";二是"先加固后拆除"。两种方案中都考虑利用上部设备层做预应力框支梁进行转换,并将边柱截面加大。

经分析以上两种方案的优缺点后,结合本工程的施工条件等情况,确定本次结构加固改造设计方案,决定采用"先加固后拆除"的总体设计方案。为能有效地将上部荷载传递给新加固结构,在设计构造上采取措施确保新老结构的共同工作。

由于工程复杂,施工难度大,为保证结构加固及拆柱施工的安全,在加固和拆柱的全部施工过程中,本工程对后加固结构及原有结构进行了钢筋和混凝土的应变及构件变形的实时现场测试。现场测试的内容包括加固梁的变形、扰度、倾角变形、钢筋的应变、混凝土的应变及柱钢筋的应变等,目的之一是为中柱拆除进度及决策提供帮助,同时为准确掌握中柱拆除以后,新加固框支梁、柱结构的受力情况,从而确保建筑物施工和使用的安全。图5.2.7为加固现场照片。

图5.2.6 五洲大酒店

图5.2.7 加固现场

5.2.2.3 结 论

北京五洲大酒店主楼改造工程难度很大,在没有可借鉴经验的条件下,拆除原结构首层、2层8根框支中柱,用预应力框支梁进行托换,而梁上还有15层建筑的情况下进行结构改造,到目前为止在国内尚属首次。

利用预应力技术不但有效地解决柱的拆除问题,同时也可解决框支梁的变形问题,为今后此类工程的改造设计提供了可参考的经验。

本工程进行现场测试不但为利用预应力技术拆除柱提供帮助,同时又能准确掌握柱拆除后,加固结构和原有结构的受力情况。

根据冶建研究总院结构试验室提供的检验报告,加固梁变形、扰度、混凝土应变及柱应变等满足现行国家规范及规程要求。北京五洲大酒店主楼改造达到了预期目的,结构改造取得了圆满成功。

5.2.3 北京工人体育馆

5.2.3.1 工程概况

北京工人体育馆为北京市政府为迎接1961年世乒赛而建,能容纳观众15 000~20 000人,可进行篮球、排球、羽毛球、乒乓球、举重、拳击、体操等多项比赛或大型表演活动。该工程圆形平面,底层直径为120m,上层直径为110m,檐高27m,最高点为38m,比赛场地尺寸为39.3m(圆形直径)或29m×37m(矩形)。该工程比赛厅结构净跨度94m,采用双层悬索结构,是我国第一个采用悬索结构大跨度建筑物。如图5.2.8所示。

该结构地上5层,地下1层。考虑到墙体很少且厚度较薄,以及看台梁的斜撑作用,该结构为钢筋混凝土支撑框架结构。屋盖采用双层悬索结构。结构外形良好,框架柱、框架梁混凝土等级能够达到原设计要求,但有少部分的混凝土破损和钢筋外露现象,北京市建委于2004年8月1日组织专家对工人体育馆进行了安全论证,通过梁板、柱的适当加固处理,能满足在非地震状态下正常使用。但由于受历史条件限制,原结构设计时没有考虑抗震,不能满足地震作用下的承载力要求,需对结构进行抗震加固。

5.2.3.2 加固方案

(1)该工程混凝土主体结构部分构件存在如钢筋锈蚀、裂缝、混凝土外观质量缺陷等,影响正常使用,应进一步检查并采取相应技术措施。结合检测结果进行结构验算,该工程混凝土结构部分不能满足《建筑抗震设计规范》(GBJ 11—89)7度抗震设防要求,更不能满足现行规范要求(注:北京地区抗震基本烈度为8度)。加固结构计算模型如图5.2.9所示。

图5.2.8 北京工人体育馆全貌

图5.2.9 加固结构计算模型

(2)考虑该建筑物已使用40多年,加固后使用年限有限,因此可对其按7度抗震设防要求进行抗震加固。由于原设计已按当时要求考虑了7度抗震,计算结果表明柱纵筋与7度抗震设防要求差距不大,箍筋差距较大;对于梁纵筋、箍筋均差距较大。为此建议对该结构采取如下加固措施:

①对钢筋混凝土部分的加固可采用沿看台径向设置8道柱间钢支撑,提高体系的抗侧刚度,减小一般框架柱、梁的地震力;采用碳纤维或粘钢法加固提高柱梁的抗剪能力,对不满足竖向荷载承载力的梁采用碳纤维或粘钢法加固。经计算增加8道柱间钢支撑后,结构层间位移已能满足要求,表明该加固方案是可行的。

②对于屋盖悬索结构由于已满足7度抗震要求,不进行加固。

(3)采用耗能结构。经计算对比耗能结构具有如下优点:

①耗能结构方案能减小结构主体在大震下的地震效应,能保证主体结构在7度大震下不屈服。因此,可以显著降低结构延性要求,即可放松结构抗震构造措施。

②将结构体系从框架结构体系改变为双重抗侧力体系,阻尼器构件在大震下不会退出工作。因此,结构在大震下仍然是一个完整的双重抗侧力体系,抗震性能大大提高。

③减小加固量。结构主体中,可以只加固阻尼器下的柱和强度不足构件,基础部分可只加固阻尼器下的柱基础。

④能较明显地降低屋盖及屋盖支座的地震效应。

⑤软钢阻尼器在小震下作用与钢支撑相同,在大震下耗能;油阻尼器在各阶段都耗能。本工程中,油阻尼器整体减震效果稍优于软钢阻尼器,但可靠性比软钢阻尼器稍差。

5.2.4 国家奥林匹克体育中心体育场

5.2.4.1 工程概况

本工程原建筑始建于1989年,结构设计主要依据我国1974~1978年的老规范。原结构体系采用钢筋混凝土框架结构,分东西看台、东西高架平台和南北高架平台几部分。其中西看台地上3层,东看台地上2层,东西看台一层层高均为5.0m,2层均为斜池座看台,层高为13.65~16.10m,西看台于看台中部池座看台上设置局部3层房屋,层高为3.4m,房屋上部设置平板网架钢罩棚;东西南北高架平台均为1层,层高为5.0m,南平台中部设置6层混凝土框架结构做计分牌使用。

原建筑基础形式均为独立基础,基础间通过300mm×600mm和300mm×800mm的地梁连接,基础底标高-2.6~-3.5m。地面以上结构,东西看台用变形缝分为10个区段,南北高架平台分为5个区段。原设计混凝土梁、板混凝土强度等级为C20,柱混凝土强度等级为C30,罩棚采用钢结构,由钢管和球形节点组成,钢材材质为A3钢。

5.2.4.2 工程主要改造和新建内容

为了满足奥运会新的功能使用要求,本次体育场的改扩建工作量很大,主要内容如下:

(1) 东西看台 拆除原结构东西看台C、D轴间一层外挑部分及走廊,进行此平面的结构封堵,新建混凝土梁、楼板;拆除东西看台二层C轴外挑看台及西看台全部三层和屋面钢罩棚;拆除东西看台和南北高架平台交接处四个体育场入口处的高架平台梁、板和柱,扩建入口处的高架平台板。

在池座看台上,新增三、四两层用房,层高均为3.9m,四层屋面标高为20.65m;新增楼座看台和钢罩棚,罩棚最高点标高为42.26m。

(2) 南北高架平台 仅保留原高架平台外圈的混凝土柱及其基础和地梁,其余结构构件(含基础)全部拆除。在内侧新增两排混凝土柱,改建为两层看台,一层层高为5.0m,二层为池座看台,看台最高点标高13.4m;南看台中部新建钢结构永久计分牌。

(3) 圆形坡道 在体育场的四个角点部位,新增四个圆形坡道。坡道由5.0m标高螺旋上升至20.65m标高,坡道筒体顶标高26.7m。

(4) 附属用房 新建两层附属用房,层高分别为4.7m和3.6m,屋面檐口标高为10.43m。

本工程体育场及四个圆形坡道±0.000=45.50m;附属用房±0.000=45.95m。

5.2.4.3 主要加固方法

(1) 混凝土柱加固 计算结果表明,原混凝土柱主要存在抗剪截面不足和配筋不足的问题,本次设计采用加大截面的方法加固原混凝土柱(图5.2.10)。

(2) 混凝土梁加固 计算结果表明,原混凝土梁主要存在抗剪截面不足的问题。局部混凝土梁存在配筋不足的问题。本次加固设计对抗剪截面不足的混凝土梁采用加大截面的方法进行加固(图5.2.11),对配筋不足的混凝土梁采用粘碳纤维的方法加固。

根据检测鉴定报告,原结构出现较多耐久性问题,进行如下处理:

①对环形高架的梁板进行全面的防渗处理,对破坏较严重区域重新做防水层。

②对原结构构件柱、梁及板上出现的裂缝采用下面方法进行处理：当裂缝宽度小于0.3mm时，采用环氧树脂浆液进行表面封闭；当裂缝宽度大于0.3mm，小于0.7mm时，采用环氧树脂浆液压力灌注；当裂缝宽度大于1.0mm时，应报设计人员另行处理。

③对外露于室外的未加固的柱梁，由于钢筋锈蚀导致保护层胀裂脱落的构件，剔除开裂部位混凝土，将锈蚀钢筋除锈后刷钢筋阻锈剂，抹一层修补砂浆。

④对室内未加固的柱梁，由于钢筋锈蚀导致保护层胀裂脱落的构件，剔除开裂部位混凝土，将锈蚀钢筋除锈，抹一层修补砂浆。

⑤对原高架平台外露结构在修复后整体涂刷混凝土保护液，防止外界水分侵入混凝土。

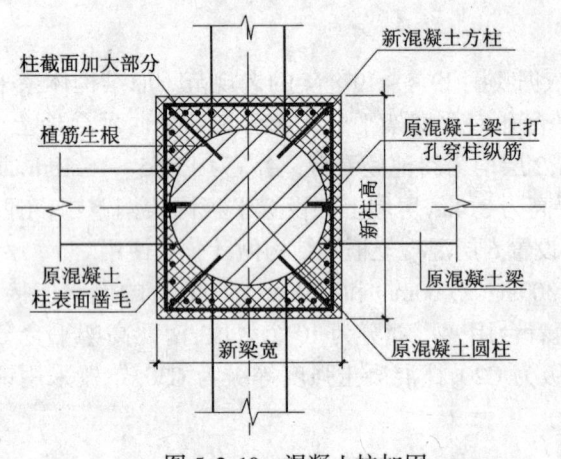

图5.2.10 混凝土柱加固

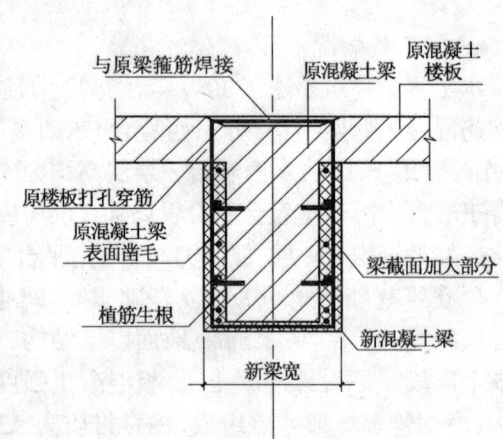

图5.2.11 混凝土梁加固

5.2.4.4 新增竖向构件及增加钢筋截面的竖向及水平钢筋，均采用植筋的方法生根。

5.2.4.5 加固工程的施工，即拆除、植筋、粘钢、粘碳纤维及喷射混凝土等必须由具有相关资质的高水平、高素质专业施工单位进行。

5.2.4.6 梁、板、柱加固过程中，应首先设置临时支撑卸载（卸梁、板自重）。拆除过程中，应采用合理的施工方法和措施来避免或减少损伤原结构。

国家奥林匹克体育中心体育场改扩建工程效果图如图5.2.12、图5.2.13所示。

图5.2.12 体育场改扩建工程总效果图

图5.2.13 体育场改扩建工程效果图

5.2.5 首都体育馆改扩建工程

5.2.5.1 工程概况

首都体育馆建于1968年，建筑面积39 797m²，檐高28m，东西长112m，南北长107m，观众席数为 17 127 个。该馆为综合性体育馆,可进行球类、冰上比赛和大型文体活动等。

比赛馆主体结构为混凝土框架结构,框架柱混凝土强度为 300 号,梁混凝土强度为 200 号,梁、柱主筋抗拉强度设计值为 2 400kg/cm^2,箍筋抗拉强度设计值为 2 100kg/cm^2。屋盖为双向正交斜放钢桁架结构,钢桁架水平投影面积约 11 108m^2,主要的桁架杆件由双角钢组成,上、下弦及长腹杆钢材牌号为 16Mn,屈服强度 360MPa。

原基础为矩形混凝土预制桩基础,预制桩尺寸均为 250mm×250mm,桩长 5~7m,桩端砂卵石持力层承载力为 450t/m^2。

该比赛馆使用至今已有三十多年,其间经过了几次改造,并涉及结构局部加层和建筑装修。但与现行规范的设计要求有一定的差距,抗震承载力和构造要求难以满足现行规范的要求。

5.2.5.2 改造基本原则

(1)改造后的首都体育馆将主要承办 2008 年奥运会排球比赛的预赛及决赛,赛后将作为国家冰上项目训练比赛场馆,同时还将承办国内外相应级别的排球、篮球、羽毛球、体操等比赛,并全面向社会开放,为全民健身提供活动场所。

(2)首都体育馆改扩建,是在充分利用现有结构、功能布局的基础上,对现状进行的补充和完善,使其在改造后能够满足奥运会及赛后运营的需要。

(3)充分考虑赛后运营的需要,功能设计在满足奥运会使用要求的同时,尽量采用灵活分隔的形式,为赛后多功能使用创造条件。结合场地自身特点,形成特色鲜明的运营模式,增加多种经营的可能性。

(4)整合改造周边环境,调整步行、绿化系统、景观设计,提升整体景观品质,形成良好的比赛和休闲健身环境。

(5)量体裁衣。通过恰当的材料和手法,经济有效地保留原有建筑风格,提升整体建筑环境。

5.2.5.3 主要加固改造内容

(1)结构整体抗震加固采用增加剪力墙的方式将原来的框架结构体系变成框架剪力墙结构体系。对于看台以上楼层部分,由于建筑功能的要求无法增设剪力墙,因此,看台以上楼层无法设置剪力墙的部位增设软钢阻尼器,作为没有进行结构抗震构造措施加固的补偿方法,以提高结构抗震安全性。

(2)对改变结构体系后仍然不能达到抗震要求的个别混凝土框架梁、柱进行加固。其中,对于截面不足或者配筋不足的柱,采用增大截面的方法进行加固;对于纵筋、箍筋不足的梁,采用梁下及两侧粘钢方法进行加固。

(3)对基础进行加固。增加剪力墙后需要增加相应的基础,由于施工场地的限制,新增基础采用大直径人工挖孔灌注桩基础,并增加承台将新旧基础连为一体。

(4)对构件缺陷采用不同的方法进行加固。其中,对混凝土梁支座附近的斜裂缝采取粘钢的方法进行加固,对混凝土梁中部的裂缝采取灌胶封闭的方法进行处理,对钢桁架支座处混凝土柱顶裂缝采用包钢的方法进行加固。

(5)对残疾人坡道平台部分局部加宽改造,以满足建筑功能要求。

(6)对比赛馆至综合训练馆通道入口处的梁进行上反改造,以满足通道净高要求。

(7)新增楼电梯、楼梯均采用钢结构,梁柱均为型钢。

(8)坐席、首层南入口等新增梁板部位构件采用钢梁和压型钢板组合楼板结构。

(9)综合训练馆地下一层顶板部分的楼板局部采用粘碳纤维布方法进行加固,地上一层顶板部分的楼板局部采用粘钢方法进行加固。

(10)首都体育馆新建部分总建筑面积约 1 700m^2,包括一个售票处、四个存包房。

首都体育馆改扩建工程,是将一栋上世纪60年代的建筑物,改造成能为2008年北京奥运会服务的现代化体育场馆,其间的困难可想而知!大规模的整体结构加固,又将其原有的形态消磨殆尽,其间将有一系列不确定的因素:结构的改造、大面积外墙及首层墙体的拆改、整体门窗的更换、施工中对保留部分的破坏等,都将影响改造工程的进程。

图 5.2.14　首都体育馆现状　　　　图 5.2.15　改造后首都体育馆比赛场效果图

5.2.6　结　　语

(1)建筑物改造加固工程是与国家建设、人民生活息息相关的重大课题,是一个保护社会财富、繁荣人民生活的重要行业。随着社会财富的增加和人民生活水平的不断提高,必将对其提出更多、更高的要求。为了推进这个学科的发展,还需要广大工程技术人员进一步齐心协力共同参与既有建筑物的改造加固工程。对工程技术人员来说,不能只重视新建建筑物,也应对既有建筑物改造加以特别关注。

(2)从大量调研收集的改造加固工程可看出,既有建筑物改造加固的目的是:恢复建筑物的安全性;改善和提高建筑物的使用质量;改变建筑物的使用用途;改善建筑物的外在形象,增加其美观;延长建筑物的使用寿命;提高建筑物的抗震性能等。

(3)既有建筑物改造的内容涉及方方面面,首先要评价既有建筑物,然后根据业主的要求改建、扩建,需要纠偏的纠偏,需要移位的移位,最后使经过改造后的既有建筑物能达到恢复安全、改善和提高使用质量、增加使用数量、增加美观、延长建筑物使用寿命和提高抗震性能的要求。这就是既有建筑物改造与新建建筑物的差别所在。

(4)主管部门应重视既有建筑物改造加固工作,要能像对待新建工程那样对待既有建筑物的改造工程;要认识到既有建筑物改造比新建建筑物困难得多,既有建筑物要受到各方面条件的限制,必须在原有条件的基础上通过改造以适应新时期的要求。

崔江余[1]　丁志娟[2]

(1 北京交通大学;2 北京市建筑设计研究院)

5.3　五洲大酒店东楼改扩建工程结构加固改造施工技术

5.3.1　概　　述

五洲大酒店建于20世纪80年代,是亚运村地区的标志性建筑。由于从配套设施到使用功能上均已无法满足现有要求,故业主对该楼进行改造扩建。此次改造除结构不动,其他隔墙及设备管线全部更新。为满足新的使用功能,该工程采用了大量的新技术对原有结构进行加固处理,并通过钻孔、植筋等方法进行结构扩建。扩建完成后要求基本保留原貌。

该工程的结构加固改造主要有以下内容:

①主楼由设备层至17层外弧采用钻孔、植筋的方法增加悬挑梁、板,使原有结构向外延伸2.05m,增大客房面积;

②主楼及裙房由于楼内格局完全变化及管线重做,需开大量新的门洞及设备孔洞,并根据净空及装饰要求对不同部位分别采用钢板及碳纤维等对原有结构进行加固;

③由于工期紧张,原有部分的新增梁、加固梁及原有洞口的封堵等采用灌浆料施工,以达到快速拆模的要求。

5.3.2 粘钢加固

粘钢加固即在混凝土构件外部通过化学结构胶,将钢板与混凝土粘结在一起,起到对结构加固的作用。本工程中粘钢工艺主要应用于新开洞口的加固,以及楼板板底的粘钢加固。

5.3.2.1 粘钢加固的一般方法

由于本工程主楼各客房间内的设备通风管线重新确定走向,根据专业要求在混凝土结构上新开洞口,原板、墙(梁)洞口作废(封堵做法见灌浆料)。在混凝土结构上开洞后,需对其进行补强处理。板洞粘钢加固形式如图5.3.1所示,即在洞口两侧,沿板受力方向粘通长钢板,钢板两端顶至结构梁或墙,使钢板所承受荷载有效地传递至支座,并根据实际情况确定钢板厚度和宽度。墙洞或梁洞的加固形式如图5.3.2所示,即在墙(梁)两侧,洞口四周粘"井"字形钢板进行加固。

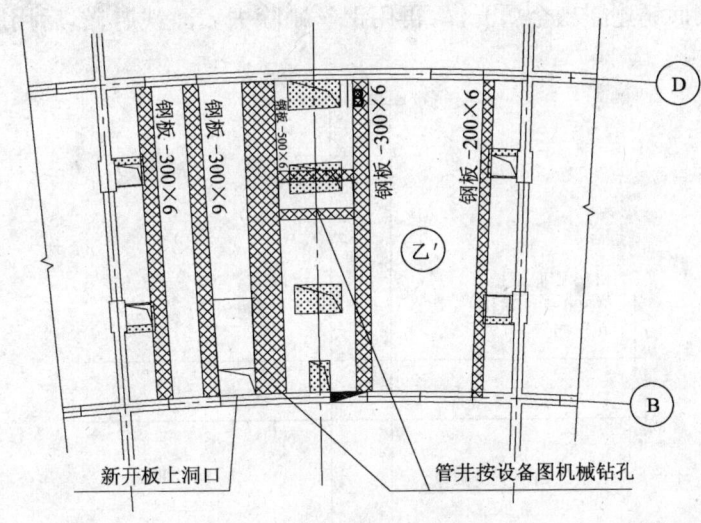

图 5.3.1 板洞粘钢加固形式

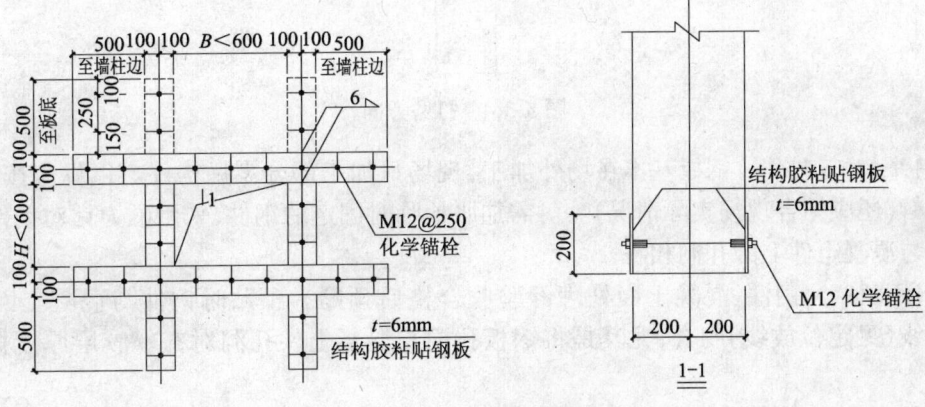

图 5.3.2 墙洞或梁洞加固形式

5.3.2.2 工艺流程

定位放线──→混凝土面层处理──→混凝土件钻孔──→钢件处理──→钢件加工、制作──→钢件预贴──→钢板固定──→配制结构胶──→抹胶粘钢──→固化养护──→检验和验收。

(1) 定位放线 在构件上弹线,标出粘钢位置的轮廓线,并在此基础上四周各加宽不小于 20mm 的加宽打磨区。由于实际结构和现场洞口的偏差,根据现场实际情况粘钢钢板边线和洞口边线之间间距有 4~5cm 可调节余量。

(2) 混凝土面层处理 对混凝土构件粘合面清洗干净,用胶泥修补缺陷,再用钢丝刷配合金刚石角磨机进行打磨,除去 2~3mm 厚混凝土表层,直至混凝土表面打磨平整,500mm 范围内平整度偏差不能超过 8mm。梁角处应打磨成小圆角。用无油压缩空气吹去粉尘,再用脱脂棉擦拭 2~3 遍。混凝土表面打磨范围如图 5.3.3 所示。

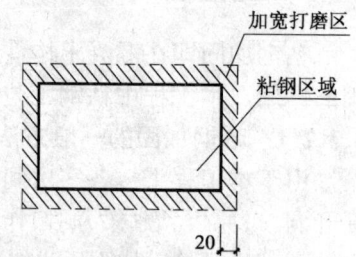

图 5.3.3 打磨范围

(3) 混凝土结构钻孔 混凝土构件上用规格为 $\phi 12mm$ 的电锤钻孔,以便安装膨胀螺栓。如遇见混凝土内主筋应避让。成孔后用无油压缩空气吹去粉尘。

(4) 钢件处理 用金刚石角磨机将钢板粘贴面打磨。打磨粗糙度越大越好,打磨纹路尽量与钢件受力方向垂直(视情况一般沿长向打磨,打磨方向如图 5.3.4 所示),磨去表面锈迹露出金属光泽,再用钢丝刷除去表面铁屑,然后用脱脂棉沾丙酮擦拭 2~3 遍。

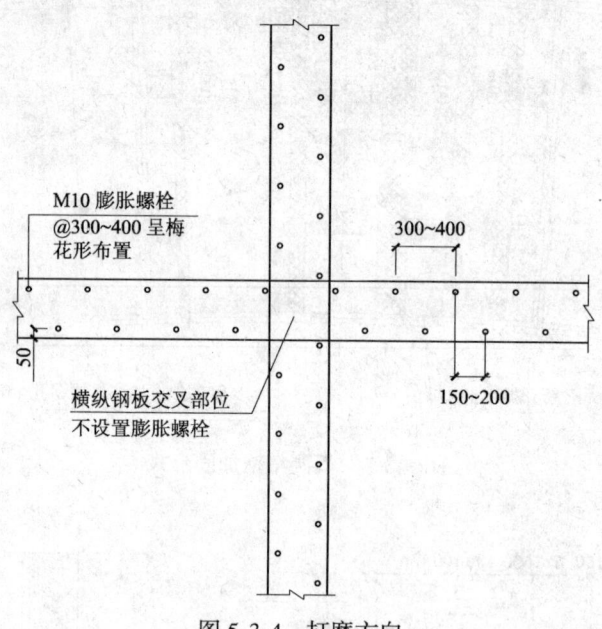

图 5.3.4 打磨方向

(5) 钢件加工、制作 钢板基本在场外加工,现场只加工部分零星构件。钢件应按照设计尺寸准确下料(还应结合现场实际情况)。对需加胀栓临时固定的钢件,采用磁力钻对钢件成孔,成孔位置要与混凝土件上的孔洞相符。

(6) 钢件预贴 钢件、混凝土面处理经验收合格后预贴。预贴时钢件与混凝土面应吻合,并与粘贴线(见定位放线)吻合,尤其是将钢板孔洞与混凝土件孔洞对齐。胶层厚度按 3mm 考虑。

(7) 钢板固定 钢板直接粘贴在处理好的混凝土面上。钢板上 M10 膨胀螺栓的间距为 300~

400mm（根据原结构钢筋调节），膨胀螺栓为梅花形布置，膨胀螺栓距钢板边为50mm，横纵钢板交叉部位不设置膨胀螺栓，如图5.3.5所示。

(8) 配制结构胶　本工程采用汽巴精化粘钢胶，使用前应对产品合格证和质量检验报告进行检查，符合要求后方能使用。按产品使用说明书规定及试验配比规定配制。其具体调制如下：首先要测定粘贴面积，并计算出各组分的用量（要求每次配胶重不超过10kg）。如需要更多胶，需分开配制，以保证搅拌均匀。结构胶使用前必须先把各组分分别在包装桶内搅拌至均匀（因为结构胶经一段时间停放及运输过程中容易出现分层离析现象，所以事先必须各自搅拌均匀），然后另取一个容器把用量较多的组分（主要成分）按比例称量，倒入容器后，再把另组分分别称量，混合在一起。搅拌时应同一方向搅拌，防止气泡的产生。搅拌后的胶内要无硬块且颜色均匀，呈现粘稠状即可。

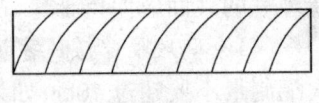

图5.3.5

(9) 抹胶粘钢　抹胶粘钢的方法是，将配好的胶液用小刮刀均匀涂抹于钢板上，胶液饱满，不得有空缺处。胶层在中间略厚（4mm），钢板四周边10~20mm范围内较薄（1mm）。同时用抹刀在预贴的混凝土表面用力薄薄抹一层胶，然后将钢板粘于预定位置，拧紧膨胀螺栓进行挤压，再用小锤进行敲打，如无空声或胶液沿钢件四周溢出，表示已粘贴密实。

(10) 固化养护　不同建筑胶粘剂在不同环境温度下固化，一般保持在20℃左右，24h后即可固化，3d后方可受力使用。因此，在固化期不得对钢件有任何扰动，严禁对型钢进行锤击、移动和焊接。

(11) 检验和验收　用小锤轻轻敲击钢板，从响声判断粘接密度。如锚固区粘结面积少于90%，非锚固区粘结面积少于70%，则此粘结件无效，应拆除重新粘结。

5.3.2.3　粘钢加固应用的部位

结构粘钢加固不仅应用于对后开洞口的加固，通过粘钢还可提高梁、板的承载能力，以满足更多不同的要求。

本工程四季厅内，由于改造后荷载增大，此处的地下室顶板采用粘钢加固。-6×300钢板间距500mm，沿板受力方向进行单向粘钢加固（钢板在交叉处的过桥处理较复杂）。在无法增大梁截面的情况下，如设备管线、周围结构影响或支座处无法生根，可采用粘钢加固。在梁底粘一根通常钢板-6，宽度随梁宽。钢板外侧用U型卡箍，使其紧贴梁底；U型卡箍的间距为200mm，两侧及底面用ϕ10mm胀栓锚固。

最后，在粘钢加固后，可在钢板表面抹环氧树脂砂浆，与墙面顺平。明露的钢板还应作防腐和防火处理。

5.3.3　碳纤维加固

5.3.3.1　应用部位

碳纤维加固相对于粘钢加固是一种新材料、新工艺。它具有强度高、韧性好、厚度薄的特点。本工程客房内的楼板加固，采用的就是碳纤维加固。

5.3.3.2　工艺流程

定位放线→混凝土表面抹灰剔凿→基层处理→涂刷底胶→找平处理→涂刷浸渍胶→粘贴碳纤维→涂刷浸渍胶→粘贴第二层碳纤维→最外层碳纤维刷胶→检验验收。

(1) 基层弹线　按设计要求，在需粘贴碳纤维的部位放线。

(2) 混凝土表面修补　将混凝土表面的抹灰层剔除，剔凿产生的疏松和剥落等劣化混凝土应剔除干净，露出混凝土结构层。梁底保护层按设计要求剔掉梁箍筋下表面保护层，露出箍筋，然后采用YJ结构胶泥找平至要求标高。

(3)基层打磨 用金刚石角磨机对混凝土表面进行打磨处理,除去表层浮浆、油污等杂质。清理完的表面应保持干燥。

(4)涂刷底胶 按厂家说明书要求将底胶的甲乙组分混合配制,要求搅拌均匀,随配随用,一次配制量不要超过10kg;如果在产品规定使用时间内未用完,则不可再使用。用滚筒刷将配好的底胶均匀涂抹于混凝土表面。在底胶指触干燥后立即进行下一道工序。一般常温下指触干燥时间为4~6h。阴、阳角转角处底胶应涂成1~2cm圆弧。

(5)找平处理 找平为粘贴之前的缺陷处再修补工作。将主剂与硬化剂按要求配比搅拌混合,待底胶指触干燥后,将混合料涂于混凝土表面加以修整,使修补面平整光滑。

(6)粘贴碳纤维 按设计要求的尺寸用壁纸刀裁剪碳纤维布──→按产品说明书要求配制浸渍树脂胶(甲乙组分),超过规定时间内未用完的胶不得再使用──→将配好的浸渍树脂胶胶液均匀涂抹于所要粘贴部位──→把裁剪好的碳纤维布平铺在涂好的胶粘剂基层上──→用滚筒刷顺纤维方向多次挤压使其平整,挤除气泡,使浸渍树脂胶充分浸透纤维布──→多层粘贴时重复上述步骤,应在纤维表面浸渍树脂胶指触干燥后立即进行──→在最后一层碳纤维布的表面均匀涂抹浸渍树脂胶液──→涂完浸渍树脂胶液后,养护7d后即可进入下一道工序

碳纤维养护1周后,其表面还应按设计要求喷涂防火涂料。施工过程中应注意,为避免应力集中产生碳纤维丝折断,转角处一定要进行导角处理并修补成圆弧状,圆弧半径不小于20mm,如图5.3.6所示。

纤维布沿纤维受力方向的搭接长度不小于100mm,如图5.3.7所示。当采用多条或多层碳纤维布加固时,各条或各层碳纤维布之间的搭接位置应相互错开。

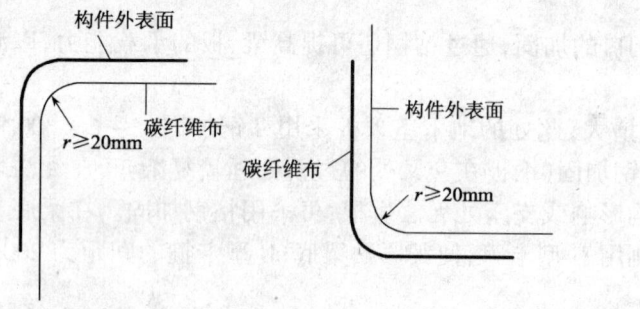

图5.3.6 构件转角处粘贴示意图

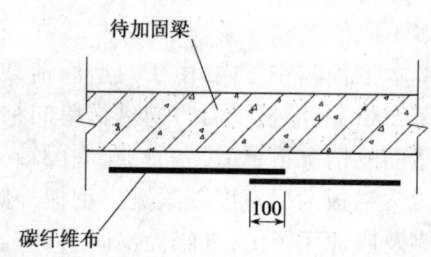

图5.3.7 沿纤维受力方向搭接长度要求

5.3.4 植筋技术

5.3.4.1 应用部位

本工程中的植筋工艺,主要应用于两个方面,一是新结构的接建。新建结构钢筋在原混凝土结构中生根,使新老结构形成整体,共同受力。如主楼3~17层,为了增大客房面积,在原结构各轴线的墙柱上植筋,做牛腿及挑板。另一个是对原结构进行加固。增大梁柱截面的尺寸、在新开板洞边增加混凝土梁,使各个混凝土构件的承载力满足新要求。如裙房地下一层顶板,由于按摩池新加荷载较大,在混凝土楼板跨中破板,在混凝土柱上植筋,新增一道混凝土梁,满足新的承载力要求。

5.3.4.2 植筋工艺

放孔位置线──→(水钻)电锤成孔──→清孔──→钢筋处理──→锚筋。

(1)剔除保护层避开钢筋,根据图纸和控制线进行放线,经过验线,合格后才可进行下道工序。

(2)清除孔内积水和渣土,用棉丝擦拭干净,并用棉丝堵住孔口,防止灰尘等杂物进入孔内。电锤所成的孔再用丙酮擦拭一遍,以清除孔内油污。

(3)用角磨机配钢丝刷除去钢筋锚入部分的铁锈及氧化层、油污等,并用丙酮擦拭干净。

(4)填写"隐检表",并报请验收。还应查验胶的合格证及批号,经核准验收合格后方可进行灌胶作业。

(5)用胶枪将结构胶注入孔内(孔内的体积扣除锚入钢筋的体积),并将胶涂于钢筋锚固端(宜20~30mm)。然后缓慢将钢筋插入孔内,同时要求钢筋旋转,使结构胶从孔中溢出,排除孔内空气。

(6)插入钢筋时需边插入边转动,并保证孔中心位置。

(7)锚固完钢筋后,由于钢筋过长,应搭设脚手架控制钢筋水平,且在24h内不得扰动。植筋后应有专人看护,以保证锚筋的质量。

5.3.4.3 植筋钻孔的要求

在原混凝土结构中打孔,采用机械成孔,直径≥20mm钢筋用金刚石水钻钻孔;直径<20mm钢筋均用电锤钻孔。成孔大小及深度可根据植筋胶的品种和设计要求确定。表5.3.1所列钢筋直径与成孔孔径、深度的关系为本工程实际参数。

表5.3.1 钢筋直径与成孔孔径、深度的关系

植筋直径(mm)	钻孔深度(mm)	钻孔孔径(mm)	植筋直径(mm)	钻孔深度(mm)	钻孔孔径(mm)
25	500	32	14	210	18
20	300	28	12	150	18

5.3.4.4 植筋过程中遇到问题的处理措施

(1)直径较大的钢筋采用水钻成孔,原则上应避开原结构钢筋,成孔时不得损伤原结构主筋。但在实际情况中,由于原结构钢筋较密、施工误差等原因,无法按正常位置成孔。这时应在植筋面上先剔除原混凝土保护层,露出原结构主筋,再采取一些避让原则,使水钻成孔对结构的影响降至最低。水钻钻孔避让原筋原则:

①剔除柱、梁钢筋保护层后,以外侧钢筋为准避让内侧钢筋;遇到内侧第一排钢筋时,如果擦边,可以切过去,如再遇到内侧第二排钢筋时必须避让。

②必须保证挑梁的高度,宁大勿小。

避让钢筋时可以水平错也可以上下错,适当的时候还可以打斜孔避让原钢筋。

(2)注意水平度的控制。因本工程结构改造加固后受力状态改变,钢筋锚固的质量尤为重要,因此,必须保证锚固钢筋位置的正确性以及水平度的控制有可靠措施。将金刚石钻机机身用水平尺调至水平,且使机身与同方向控制线等距,以保证机身与柱面垂直;钻孔不得伤及原结构主筋。将直角钢板尺的一肢靠紧被钻部位的混凝土面,另一肢靠紧钻头或水钻刀杆(保证钻孔的水平度)。

5.3.5 灌浆料的应用

5.3.5.1 材料特点及应用范围

CGM高强无收缩灌浆料,是以高强度材料作为骨料,以水泥作为结合剂,辅以高流态、微膨

胀、防离析等物质配制而成。在施工现场加入一定量的水,搅拌均匀后即可使用,简称 CGM 灌浆料。本工程采用 CGM-2(普通型)、CGM-2(加固型)两种灌浆料。普通型用于对原结构洞口的封堵,加固型用于原结构梁柱的加固。

由于灌浆料有微膨胀性,用它封堵洞口不但可以达到补强加固的目的,而且可以避免因普通混凝土硬化收缩而产生的裂纹。原结构中小于 300mm 的墙梁板洞口,可直接用 CGM-2(普通型)进行封堵;大于 300mm 的墙梁板洞口,需剔出原结构钢筋,焊接钢筋网片后再灌浆。本工程有些梁柱需增加截面,柱截面由原 500mm×500mm 加大到 800mm×800mm,梁宽由 300mm 加大到 500mm。由于灌浆料具有较好的流动性,它可以在较窄的新建截面内,通过简单振捣达到密实的效果。CGM 灌浆料还具有早强的特性,其抗压强度 1d 可达到 22~27MPa,2d 即可达到 55~65MPa。在温度大于 15℃时,24h 即可拆除模板,大大加快了施工速度,提高了模板的使用率。

5.3.5.2 主要施工工艺及施工方法

(1)CGM 灌浆料的配制

①CGM 灌浆料拌合时,加水量应按随货提供的产品合格证上的推荐用水量加入,搅拌均匀后即可使用。对于地脚螺栓锚固和栽埋钢筋,用水量可根据工程实际情况适当减少。拌合用水应采用饮用水。

②CGM 灌浆料的拌合可采用机械搅拌或人工搅拌。推荐采用机械搅拌方式。搅拌时间一般为 1~2min(严禁使用手电钻式搅拌器)。采用人工搅拌时,应先加入 2/3 的用水量拌合 2min,其后加入剩余水量搅拌至均匀。

③搅拌地点应尽量靠近灌浆施工地点,距离不宜过长。

④每次搅拌量应视使用量多少而定,以保证 40min 以内将料用完。

⑤现场使用时,严禁在 CGM 灌浆料中掺入任何外加剂、外掺料。

(2)对混凝土结构加固和修补

采用 CGM 灌浆料(加固型)加固混凝土结构时,应符合下列要求:

①将拌合好的 CGM 灌浆料灌入已支设好的模板中。

②灌浆过程中允许适当振捣或适当敲击模板。

(3)CGM 灌浆料的养护

①灌浆完毕后 30min 内应立即加盖湿草袋或岩棉被,并保持湿润。

②CGM 灌浆料达到拆模时间后,可进行设备安装,具体时间如表 5.3.2 所示。

表 5.3.2 拆模时间

日最低气温(℃)	拆模时间(h)	养护时间(d)	日最低气温(℃)	拆模时间(h)	养护时间(d)
-10~0	96	14	5~15	48	7
0~5	72	10	≥15	24	7

5.3.5.3 施工效果

实践证明,采用 CGM-2 灌浆料进行较大体积混凝土结构施工(截面尺寸 500mm×1 000mm,跨度为 8m 的梁),48h 即可拆模,大大加快了施工速度。但在施工中应注意做好养护工作,控制其水化热,避免由于硬结过快材料本身收缩而产生裂缝。

此外,CGM-2 灌浆料还有一些其他方面的特性,它可以在潮湿环境中施工作业,这给地下室或水池的结构改造带来了便利条件;它和混凝土的连接性非常好,不用过多地处理混凝土表面或涂刷界面剂,简化了工艺,提高了施工速度。但灌浆料的价格大约是普通混凝土的 20 倍。因此,对灌浆料的使用,还应考虑其经济性。

5.3.6 结束语

该工程于2002年3月开工,2002年6月被市建委指定为北京市"重点工程",要求2002年9月结构全面完工,楼内开始精装修,工期十分紧张。由于该工程为改造工程,新旧结构关系比较复杂,在施工过程中,与设计、监理及业主单位通力配合,针对不同的施工部位采用不同的加固方法,既保证了施工质量、满足了装饰要求,又大大提高了施工进度,至2002年9月底结构工程按期全部完工。通过结构加固改造施工,五洲大酒店东楼在保持原有外观基本不变的前提下,室内达到了开间加大、净空提高及机电设施符合现代化酒店要求的改造目的。该酒店通过改造扩建,由原来的三星级提升为准五星级,创造了很好的社会和经济效益。

邢海兰　张永福　赵连峰
(北京市第五建筑工程有限公司)

5.4　结构改造加固综合技术选择与应用
——北京饭店改建工程

随着时间的推移,时代的进程,摆在建筑施工企业面前的课题不断出新,尤其是在新中国成立半个多世纪的特定历史条件下,对于原有结构改造加固技术的问题更引起建筑业的关注。

原有建筑改造加固既包括古建筑,也包括20世纪初的建筑,包含了以建国初期十大建筑为代表的公建工程,也包含了七八十年代的大型公用建筑。这些建筑中一些是由于文物保护的要求需进行加固,一些是属于标志性建筑需要加固予以保护,更多的是出于使用功能和结构安全的需要而进行的加固改造。

北京建工集团一建公司自1993年以来参加了人民大会堂、历史博物馆、北京广播学院、北京饭店等多个工程的加固改造,对这一领域的施工技术进行了不断的探索和尝试,总结出一些有借鉴意义的施工经验。本论文就此进行简要描述。

5.4.1　工程概况

北京饭店改扩建工程位于东长安街北侧、王府井大街南口,由中楼、西楼、宴会厅等几部分组成,是北京迎接建国50周年67项重点工程之一。

中楼是法式建筑,始建于1917年,属市级保护文物。中楼呈一字形,地上7层、地下1层,建筑面积15 000m²,高度38.5m。室外地坪标高-2.05m。首层为内框架、穹顶拱形结构。2层以上为实心砖墙,内墙空心砖加组合柱承重。

西楼建于1954年,呈L形,内部和中楼层层相连。地上7层(局部机房8层)、地下1层,建筑面积21 700m²,高度40.24m。室外地坪标高-2.46m。西楼为框架结构,筏板基础。

宴会厅位于西楼北侧,大厅与西楼首层相连。建筑面积5 100m²,高度17.28m。宴会厅地下1层为机房和车库,地上1层。宴会厅高跨原为钢木结构屋架,屋面改造后为网球场和屋顶花园,标高14.88m。四周低跨标高分别为7.99m和11.89m。宴会厅为框架结构,独立基础。如图5.4.1、图5.4.2、图5.4.3所示。

各建筑物概况如表5.4.1、表5.4.2所示。

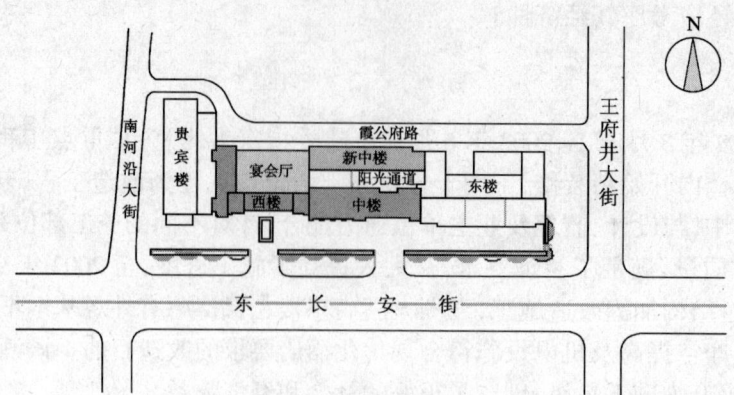

图 5.4.1　北京饭店位置图

图 5.4.2　中西楼外檐修饰后南立面

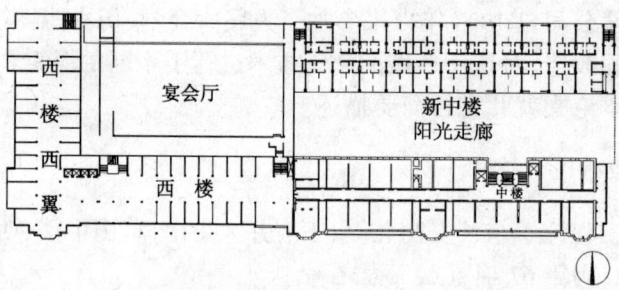

图 5.4.3　平面图

表 5.4.1　原建筑物设计概况

项　目	中　楼	西　楼	宴会厅
建设年代	1917 年	1954 年	1954 年
建筑面积	约 15 000m²	约 21 700m²	约 5 100m²
层　数	地下 1 层 地上 7 层（局部机房 8 层）	地下 1 层 地上 7 层（局部机房 8 层）	地下 1 层 地上 1 层（局部机房 2 层）
层　高	地下 2.7m 首层 6.85m 其他各层 3.9~4.2m	地下 4.2m 首层 7.5m 其他各层 3.9~4.2m	地下 4.2m 首层 7.5m
檐口高度	33.80m	36.40m	17.28m

表 5.4.2 原结构概况

项 目	中 楼	西 楼	宴 会 厅
结构类型	砖混结构	框架结构	框架结构（局部钢屋架）
基础类型	条形基础	筏板基础	独立基础
抗震设计概况	未作抗震设计	未作抗震设计	未作抗震设计
结构概况	地下室墙体为640mm厚实心砖墙，首层为内框架，主要靠钢筋混凝土框架、大跨度穹顶和砖拱梁支托上部结构。2层以上为小开间砖混结构，开间从5.96~6.98m不等，2~3层外墙为520mm厚实心砖墙，4~7层380mm厚。承重内纵墙和横墙为250mm厚，内纵墙和横墙上每2m有一混凝土组合柱。楼板为300mm厚双层密肋板，肋间距400mm×400mm。历史上还进行过多次改造，结构比较复杂	框架结构，梁、板、柱均为现浇，填充墙为黏土空心砖墙。主体结构分为四个段，基础段间设有沉降缝，结构段间设牛腿加简支梁板作连接。柱网开间4m，进深方向三跨，跨度6~8m。首层以下柱截面尺寸600mm×600mm，梁截面尺寸300mm×550mm，板厚80~100mm。2~3层柱截面尺寸550mm×550mm，梁截面尺寸250mm×500mm，板厚80mm。4~6层柱截面尺寸500mm×500mm，梁截面尺寸250mm×450mm，板厚80mm。7层柱截面尺寸450mm×450mm，梁截面尺寸250×450，板厚80mm	框架结构，梁、板、柱均为现浇，填充墙为黏土空心砖墙。地下室柱截面尺寸500mm×500mm，板厚80~100mm，梁截面尺寸300mm×550mm、300mm×700mm，首层柱截面尺寸650mm×650mm，板厚80~100mm，钢屋架跨度26m

5.4.1.1 施工内容

北京饭店自西向东由西楼、宴会厅、中楼、东楼四部分组成。一期改扩建工程包括中楼、西楼、宴会厅改造加固以及新建"新中楼"等项目。本文涉及到西楼、中楼及宴会厅的改造加固，具体内容如下：

(1)中楼、西楼、宴会厅改造与加固，包括结构加固、抗震加固；
(2)中楼、西楼、宴会厅室内高级装饰；
(3)中楼、西楼、宴会厅外檐翻新并保持原貌；
(4)室内原有给排水、电气、热力、暖卫、通风空调、楼宇自控、通讯等系统的拆除，并按新设计的现代化智能标准重新安装；
(5)室外管线改造；
(6)室外庭院改造翻新。

5.4.1.2 工程特点及难点

北京饭店改扩建工程是北京市迎接建国50周年67项重点工程之一。时间紧、任务重、场地狭小、施工难度大。

(1)工程特点
①从建筑物使用年限看，西楼、宴会厅近50年，中楼近80余年，建造年代久远；
②各楼由于建造年代不同，结构形式多样；
③限于当时的设计观念和材料水平，各楼的现状不能满足现行设计施工规范要求；
④由于使用时间过长，缺少必备的原始建设资料；
⑤中楼始建于1917年，属市级文物，翻新后必须保持建筑物原貌。
(2)工程难点

此次改造除对室内外重新装饰外,更主要的是对原有建筑物采取一系列加固措施,以增强原有结构的承载力和抗震性能。因此,该工程存在以下显著难点:

①结构多样化,对加固手段要求高。

②结构裂缝严重,混凝土平均强度偏低;表面碳化严重,混凝土构件加固量大。

③西楼为无剪力墙框架结构,其抗震加固尤为关键。

④因智能化要求而带来的功能变化,增加了楼层荷载,地基加固和结构补强难度大。

⑤由于使用条件的限制,墙体加固厚度限制在25~30mm以内,常用的喷射混凝土的方法无法达到要求。

⑥由于施工图设计时,结构未全部外露,结构实际情况无法预见,需在施工过程中不断完善设计。

5.4.1.3 结构加固重点项目分析

根据以上工程特点和施工难点,中西楼和宴会厅结构有三个重点项目,一是结构抗震加固;二是结构、地基补强加固;三是结构破损修复。

(1)结构抗震加固

①中楼抗震加固——砖混结构。关键是加强结构的整体性和墙体刚度,同时兼顾使用面积的要求,以达到抗震加固的目的。重点是墙、柱、穹顶。

②西楼抗震加固——无剪力墙框架结构。为减少结构荷载,采用加柱间钢支撑的方法,增加结构纵、横向刚度,同时采取有效措施消减地震波造成的损坏。重点是钢支撑、耗能器。

(2)结构及地基补强加固

①局部楼层荷载加大的结构加固,重点是梁、板、柱粘钢。

②宴会厅屋面荷载加大的地基加固,重点是独立柱基和提高地基承载力。

③楼板开洞加固,重点是洞边粘钢加固。

(3)结构破损修复

①结构裂缝,重点是裂缝灌浆、封闭。

②结构损坏,针对个别楼板下垂,重点是板底加固。

5.4.1.4 加固方法的选择与应用

根据上述分析,将加固技术的选择与应用按四个方面小结如下:中楼墙体加固技术的选择与应用;西楼抗震加固技术的选择与应用;宴会厅地基基础加固技术的选择与应用;中西楼部分结构构件加固技术的选择与应用。

(1)中楼墙体加固技术的应用

①结构概况

中楼为法式建筑,市级保护文物。结构形式属于混合结构,地下1层,地上7层(局部8层),建筑面积15 000m²,高度38.50m。基础为条形基础,地下室墙体为640mm厚实心砖墙。首层为内框架,大跨穹顶和砖拱形结构;2层以上为小开间砖混结构,外墙为实心砖墙,2~3层为520mm、4~7层为380mm,承重内纵墙和横墙为250mm,内纵墙和横墙上每2m左右有一混凝土组合柱,楼板为双层密肋板。

②结构加固方法

中楼结构形式为砖混结构,考虑到原有基础不宜增重太大,故主要从构造上对结构进行加强,通过提高墙体的抗剪强度、整体性和延性来增强结构承载力和抗倒塌能力,从而提高房屋抗震减灾能力。中楼首层为实心砖墙与钢筋混凝土柱组成的大跨穹顶框支层(图5.4.4),是重点加固层。在大堂空间允许的情况下,按设计计算设置混凝土夹板墙内加钢筋网喷射混凝土的方法加强墙体(图5.4.5),同时加大框架柱截面以提高承载力,满足规范对轴压比的要求。外墙内侧钢筋网双向 $\phi10\sim150$mm,拉接筋 $\phi12\sim600$mm,呈梅花状布置,喷射100mm厚C30细石混凝土。内墙双侧钢筋网双向 $\phi10\sim150$mm,拉接筋 $\phi10\sim600$mm,喷射80mm厚度C30细石混凝土。

 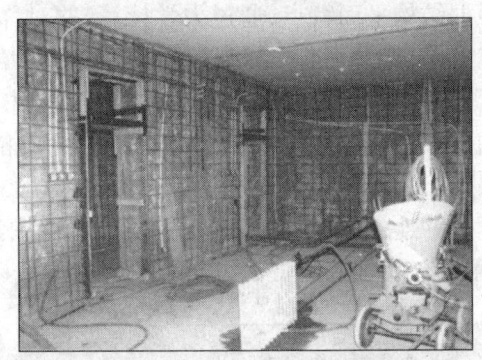

图5.4.4　大跨度穹顶　　　　　　　　图5.4.5　砖墙钢筋网喷射混凝土加固

首层穹顶和砖拱也采取了类似的加固方法,锚筋绑钢筋网、喷射30mm厚M15的水泥砂浆,按原有曲线、弧度修补抹平压光,达到初装修抹灰要求,减少二次抹灰。内框架柱采用包L100×6角钢和100×6扁铁的方法进行加固。

中楼2层以上结构:外墙和部分电梯井、楼梯间墙为实心砖墙,其他内隔墙由黏土空心砖墙和250mm×250mm混凝土组合柱组成,楼板为300mm厚上下封闭、中间为密肋空腔的钢筋混凝土楼板,密肋间距为400mm×400mm,少部分走道楼板为100mm厚钢筋混凝土楼板。从旧材料的情况和强度看,实心砖墙和混凝土板基本满足强度要求,但内隔墙由于使用过程中多次拆改已经破损严重,部分钢筋混凝土独立柱轴压比不合理,故2层以上的加固重点为外墙、内隔墙和独立混凝土柱。外墙内侧绑扎钢筋网 $\phi10\sim150$mm(2~3层)和 $\phi8\sim150$mm(4~6层),拉接锚筋 $\phi12\sim600$mm,喷抹40mm厚C20细石混凝土。内隔墙破坏严重的采用黏土空心砖砌筑修补,内隔墙两侧锚筋绑扎钢筋网,喷抹M15高强度砂浆,厚度25~35mm。钢筋网为双向 $\phi10\sim600$mm呈梅花状布置,上下层墙体钢筋网与楼板密肋暗梁钢筋锚固: $\phi12\sim450$mm,长1 000~1 100mm。墙体新开门洞均做钢筋混凝土抱框和过梁。钢筋网与门洞的混凝土抱框和过梁拉接锚固,并做三面套箍封闭。2~7层部分独立混凝土柱采用锚筋上下贯通,混凝土柱外圈绑扎钢筋 $\phi20\sim22$mm,浇注C30混凝土。楼板原管洞由于功能变化、布局改变后,均要封堵。新开洞口利用密肋空腔,尽量避开密肋。控制加固后增加的荷载也是加固的措施之一,设计要求加固喷抹M15砂浆后达到初装修抹灰要求。

(2)西楼抗震加固技术的应用

①结构概况

西楼为框架结构,建于1954年,地下1层,地上7层(局部8层),建筑面积21 700m²,高度40.24m。

②结构加固方法

因该楼为框架结构,无剪力墙,重点是通过加强结构纵向和横向刚度来提高抗震能力。经与设计、甲方、监理多次研究,采用了框架柱梁间嵌入钢框普通钢支撑方法进行加固,以增加结构刚度,达到抗震目的。为更好地达到抗震效果,在国内首次使用了法国生产的能够吸收地震能量的装置——耗能器。

图5.4.6　钢支撑耗能器

带耗能器钢支撑(图5.4.6)为斜向支撑端部安装耗能器,能够吸收地震力,使结构具有一定的弹性,以达到减震的目的。此次西楼加固采用钢框支撑加钢框耗能器组合形式,其中钢支撑可提高结构刚度,加耗能器支撑可吸收地震作用下的结构的能量。

根据结构平面特点,通过力学计算,并对称分布以减轻地震作用。东部结构每层在纵横向布置7道支撑,其中4道支撑为耗能支撑,3道为纯钢结构支撑。西部结构每层纵向布置6道支撑,其中4道为耗能支撑,2道为纯钢结构支撑。横向布置7道支撑,其中4道为耗能支撑,3道为纯钢结构支撑。全部共设118道耗能支撑,用耗能器131个,设121道钢结构支撑。

根据门窗洞口的位置,采用不同的支撑形式,如单向斜撑、交叉支撑或人字形支撑等。支撑与原框架的连接,采用嵌入钢框的方法,即将钢框嵌入原混凝土框架中(图5.4.7)。与支撑有关的柱,采用包钢加固的方法,以提高柱的延性。

图5.4.7 钢支撑联结

图5.4.8 宴会厅内景

(3)宴会厅结构及地基基础加固方法

①结构概况

宴会厅为框架结构,独立基础,屋面结构是实腹焊接工字钢梁加檩条,压型钢板上浇注混凝土。该厅位于西楼北侧(图5.4.8),大厅与西楼首层连接,建筑面积5 100m²,高度17.28m。地下1层(机房和车库)。

②结构加固方法

宴会厅由于屋面增加网球场,原钢桁架改为实腹工字形钢梁,建筑设计要求结构加高500cm,宴会厅四周裙房屋面增加屋顶花园及局部加层。根据结构荷载变化及宴会厅原有结构特点,主要从增加荷载部位的结构梁、板、柱、地基、基础进行针对性加固处理。

首层宴会大厅,建筑装饰设计要求大厅内混凝土柱截面尺寸不允许增大,因此采用结构柱外包钢加固,其中首层标高7.99m以下圆形柱子采用整包钢板加固方法(图5.4.9),0.79m以下的方柱采用包角钢和扁钢的方法,7.99m以上半圆半方柱采用角钢、扁钢箍加固方法。舞台内对空间要求不大部分,7棵柱子采用加大截面的方法。顶板、梁均为包钢加固。顶板梁14道,顶板约260m²,地下室柱子加固43棵,首层柱加固32棵。

③宴会厅地基基础加固

地基、基础的加固处理,考虑到加固周期较长、耗资太大,工程条件不允许,土方开挖后,经勘察院设计实际钻探、勘测,并与结构设计共同商定,除局部地基较差的进行地基灌浆处理外,其他采用基础扩大处理(图5.4.10)。原有独立柱基67个,其中扩大基础15个,地基处理同时扩大基础6个。结构柱包钢加固29个,同时将其上结构柱进行粘钢结构加固处理。

图 5.4.9　圆柱包钢加固　　　　　　　　图 5.4.10　基础扩大处理

(4) 中西楼部分结构构件加固方法

①原有结构构件现状

中西楼原装修做法及部分非承重墙体除后,部分梁、板、柱有钢筋锈胀、露筋,混凝土脱落或裂缝等现象;顶板结构裂缝较多,局部结构受地震破坏,梁柱节点碎裂严重。

②混凝土结构梁、柱、顶板粘钢加固方法(图 5.4.11)

对粘钢板部位进行检查,若有空鼓、酥松剥落及其他缺陷者,应事先将此部分混凝土凿除,直至露出坚硬的新茬,且不准有裂纹存在。若粘贴面较完好,应用硬毛刷蘸高效洗涤剂刷除表面油污垢物,再对粘合面进行打磨,除去 2~3mm 厚表层,直至完全露出新面,之后用压缩空气清除表面浮尘,刷环氧树脂一薄层。粘贴表面若有裸露钢筋,并有锈蚀者,应用钢刷对钢筋进行除锈,并用压缩空气清除表面浮尘,直至露出金属光泽。若粘贴钢板部位有"狗洞"等凹陷,可用新旧混凝土界面处理剂对表面进行界面处理,趁其未干(一般不超过 20min),即压抹事先配制好的快硬早强灌浆料,使其表面平整。

钢板、角钢粘贴面进行除锈和粗糙处理。如钢材表面未生锈或轻微生锈,可用喷砂、砂布或平砂轮打磨,直至出现金属光泽,打磨越粗糙越好。打磨纹路应与钢板受力方向垂直。粘贴柱阴角的角钢,应用砂轮倒角,其后用脱脂棉沾高效洗涤剂擦拭干净。如钢板锈蚀严重,须先用适度酸液浸泡 20min,待锈层脱落,再用石灰水冲洗以中和酸离子,最后用平砂轮打磨出纹路。

灌缝前先用环氧胶泥将型钢和钢板周围封严,留出排气孔,并在有利灌浆处(一般在较低处)粘贴灌浆嘴,间距 2~3m。待灌浆嘴粘牢后,将环氧树脂从灌浆嘴灌入,用锤轻击型钢。当排气孔出现浆液后,用环氧胶泥堵孔,再持续 10min 后方可停止灌浆。灌浆后不可再对型钢进行锤击、焊接。

③混凝土楼板裂缝修补加固方法(图 5.4.12)

图 5.4.11　梁、板粘钢加固　　　　　　　　图 5.4.12　板底裂缝处理

各层楼板及中楼首层穹顶,原抹灰层剔除后,发现多处裂缝。根据设计要求,对裂缝的修补分三种情况:

①裂缝宽度大于 2mm;

②裂缝宽度介于 2mm 与 0.2mm 之间;

③裂缝宽度小于 0.2mm。

由于工期紧,裂缝位置不固定、移动性强,因此在选择施工机具、施工材料时,均以操作方便、质量可靠为前提。

YJ-自动压力灌浆器是一种袖珍式、可对混凝土微细裂缝进行自动灌浆注入的新型工具。它无须使用空压机、手压泵等配套设备,可在水平、垂直等任何方向和高空安设使用,它可无限制地同时注入树脂并可用肉眼直接观察和确认注入情况,因而简单方便、干净利索,任何人均可操作。如果配以相应树脂和措施,本灌浆器也可用于潮湿及有水部位。

由收缩、温度应力或外界荷载、腐蚀等诸因素造成裂缝缺陷的混凝土可采用化学灌浆法修复。AB 树脂即为灌浆专用胶,有溶剂型和水乳型两个类型的数种系列产品。对于微细裂缝(>0.05mm)、较宽裂缝(>1.0mm)以及砂浆、混凝土、砖板空鼓缝隙等各种状况均可进行灌浆处理。

AB 树脂采用低黏度环氧、聚氨酯等树脂为主剂,配以各种添加剂、活性助剂研制而成,灌浆树脂可在干燥或潮湿环境下固化,并且具有树脂本体收缩小、强度高、韧性好、适应能力强等特点。

AB-灌浆树脂是 YJ-自动灌浆器的配套材料。

YJ-封缝胶是自动压力灌浆器配套用的裂缝表面封闭胶和底座胶,有通用型和快干型两种型号。快干型封缝胶快捷简便、粘接牢固。

对于裂缝宽度大于 2mm 的裂缝,采用灌注结构胶的方法进行修补。具体步骤如下:先用刻度放大镜或尺子测出各裂缝宽度、深度及开展情况,绘成资料交设计,征得设计意见。用高压空气对准裂缝,将缝内浮尘吹净。裂缝清理的顺序为,从裂缝较窄的部位向较宽的部位吹,由分支裂缝向主裂缝吹。清理干净后用棉丝沾高效洗涤剂,将裂缝周围 10cm 处擦拭干净,不得有浮渣、灰尘、油污,用调制好的 YJ-封缝胶将裂缝表面封闭;封闭裂缝时,每间隔 200mm 安装一个注缝底座。安装底座时注意不要将裂缝注胶口堵住,以免影响注胶。注浆座周围的封缝胶一定要保证密实,保证高压注胶时不会使胶外溢。待封缝胶完全固化后开始注 AB-灌浆树脂胶,注胶顺序同清理顺序。注胶以注胶处两侧底座有胶溢出为准,并保持 2min 压力,然后用锚钉封堵。注完 3~4 个之后,再对前面的底座进行补注。如遇封缝不严,胶液外溢较多的,则应立即进行修补封缝。待全部底座完成注浆后,应全面检查一遍,如有漏胶的进行补注。

对于裂缝宽度小于 2mm,大于 0.2mm 的裂缝,施工方法同上,但灌缝材料则用 TK 型注缝胶修补。

对于裂缝宽度小于 0.2mm 的裂缝,属规范允许范围内,进行表面封闭。

经以上处理后,楼板整体性加强,强度及防渗漏能力提高,达到了设计要求。

④楼板开洞后,洞口四周结构的加固方法

由于中西楼为改建工程,增加大量设备,因此楼板洞口也大量增加。为防止楼板强度削弱,采用洞边加梁或粘贴钢板的方法进行加强。施工时,应先加强后开洞。

加固梁:先在楼板沿梁长方向开洞(灌注混凝土用),直径 100mm,间距 300~400mm;然后打眼锚筋(与原结构连接),进行洞边梁的钢筋绑扎、支模、混凝土施工。

⑤中楼首层地面,即地下室顶板结构的加固方法

中楼首层地面原装修面拆除后发现,局部楼板跨中下毛垂严重,因此设计决定采取楼板下部增加钢梁的加固措施。具体做法为:

按设计图纸位置在楼板及梁侧支座墙上放线;清理楼板(清理方法及程度同梁柱粘钢加固),两侧墙上剔洞,施工至工字钢梁;地面铺设 20mm×20mm 枕木并加钢支托,千斤顶就位。千斤顶加压之前,在钢梁与楼板之间加 JGN 建筑结构胶;千斤顶加压,顶升约 2cm 后,持续压力不变;换可调性支座顶紧,保证其压力达到千斤顶压力后,撤除千斤顶。C20 细石混凝土封堵两侧墙上支座洞,待结构胶凝固、混凝土达到 28d 强度后,撤除支撑。

经以上加固处理后,楼板强度明显加强,达到了设计要求。

5.4.5 结　　论

北京饭店改造加固工程采用了较为实用的结构加固技术,包括粘钢、植筋、灌浆、加大截面等方法,在抗震加固方面有所创新。在国内首次使用了钢支撑耗能器,达到了设计指标和使用功能的要求,在同类型工程中其加固方法和新技术应用较为全面。本工程通过了北京市科技示范工程评审,获得北京市科技进步二等奖,并荣获国家优质工程奖。

杨崇俭
(北京建工集团一建公司)

5.5　既有建筑鉴定加固改造中存在的若干结构抗震问题

5.5.1 引　　言

我国属于地震多发国家,需要抗震设防的城镇多且分布广。早在 20 世纪 70 年代,国家已经制定了既有建筑的抗震规范和标准。三十年来在科研、工程实践等方面取得了诸多成果。随着我国经济的快速发展,国家建筑行业方面的规范和标准不断更新和提高,人们对建筑的使用功能不断提出新的要求,结构鉴定、加固和改造项目日渐增多,其中存在的结构抗震问题不容忽视。

我国解放初期以及 20 世纪 50 年代建成的建筑,现存的已经达到或即将达到设计使用年限,有的建筑甚至处于超期服役。由于建造年代较早,这些建筑在设计之初绝大多数没有考虑抗震设防,但目前还有不少需要利旧改建。因此在进行结构鉴定与加固改造时,如何协调处理好新、老部分的结构抗震方面的问题,显得尤为突出。

60 年代到 70 年代中期投入使用的建筑,基本上都存在结构老化、设施陈旧、功能落后的问题,并且这个时期的建筑在建造之初绝大多数也没有考虑抗震设防,不符合国家现行标准和规范的要求,不能满足业主日益提高的使用要求。

70 年代末期到 80 年代建造的建筑,甚至 90 年代初期建造的一部分建筑,虽然有抗震设防,但也面临着设施日渐陈旧、功能不满足现代要求的问题。尤其是近几年来,不少规模巨大、意义深远的国内、国际盛会在全国各地频繁举办,即将到来的如 2008 年北京奥运会以及 2010 年上海世博会,都是世界顶尖级的体育盛会和博览会,举办效应辐射全国,对我国不少地区和城市的规划、公共建筑、体育场馆等提出了新的更高的要求。

随着我国现有建筑鉴定与加固改造的发展,结构抗震问题越来越突出,在目前的市场经济形势下,呈现出新的发展态势。本文旨在总结、提出该领域内遇到的几个典型问题,对如何解决这些问题进行有益的思考和探讨,促进实践工作的顺利进行。

5.5.2 问题的提出

笔者结合多年从事既有建筑鉴定与加固改造的经验,总结了工作中遇到的具有代表性的结构抗震问题,主要包括以下几个方面。

5.5.2.1 结构鉴定与加固改造中房屋抗震能力如何定位的问题

现行《建筑抗震设计规范》的抗震设防目标是"三水准",也就是"小震不坏,中震可修,大震不倒",具体而言是:"按本规范进行抗震设计的建筑,其抗震设防目标是:当遭受到低于本地区抗震设防烈度的多遇地震影响时,一般不受损伤或不需修理可继续使用;当遭遇到相当于本地区抗震设防烈度的地震影响时,可能损坏,经一般修理或不需修理仍可继续使用;当遭受到高于本地区抗震设防烈度预估的罕遇地震影响时,不致倒塌伤人或发生危及生命的严重破坏"。

现行《建筑抗震鉴定标准》中抗震鉴定的目标是一个水准,即:"符合本标准要求的建筑,在遭遇到相当于抗震设防烈度的地震影响时,一般不致倒塌伤人或砸坏重要生产设备,经修理后仍可继续使用"。《建筑抗震加固技术规程》的抗震加固目标也是如此。

应该说,上述二者的差异是明显的,前者适用于新建建筑的设计,后者适用于既有建筑的抗震鉴定和加固。因此,"既不能按抗震设计规范的设防标准对既有建筑进行鉴定,也不能按既有建筑抗震鉴定的设防标准进行新建工程的抗震设计",二者不能混淆。

在既有建筑的鉴定、加固与改造中,还存在一个"静力"和"动力"处理上的不协调问题。这里的"静力",指不考虑地震作用时结构的鉴定、加固和设计等方面;"动力"指考虑地震作用时结构的抗震鉴定、抗震加固和设计等方面。"静力"和"动力"这两方面是密切相关的,结构既要满足"静力"方面的要求,也要满足"动力"方面的要求。结构在进行加固改造时,"静力"和"动力"往往结合在一起处理。因此,"静力"和"动力"是一个统一体。与"静力"方面相比,地震作用更具有偶然性和突发性的特点,结构抗震分析上存在更多的量的不确定性。因此,抗震设计偏重于"概念设计",抗震鉴定也偏重于"概念鉴定",抗震加固也更注重建筑结构整体抗震能力的提高。对结构抗震能力的要求在新、旧建筑上是有差异的。单纯不考虑地震作用的加固(即"静力"加固),常常是注重结构中构件承载能力的提高,要达到现行设计规范的要求,保证其安全性能,处理上是可行的;但考虑地震作用的加固(即"动力"加固),更注重结构整体抗震能力的提高,包括整个结构体系的抗震承载力和抗震措施等方面。结构要达到现行抗震设计规范的要求,经济上往往要付出代价,技术上的难度也相对很高,因而处理上常常是不可行的。

既有建筑的抗震鉴定和加固必须结合建筑的实际情况,遵循"经济、合理、有效、使用"的原则进行。既有建筑鉴定时,对结构抗震性能的要求应依照现行《建筑抗震鉴定标准》定位;在进行加固设计时,应依照《建筑抗震加固技术规程》的抗震加固目标定位。

对于加层、夹层改造的既有建筑,新增部分的结构抗震,与原有结构的要求有所不同;改造前后建筑物的用途、抗震设防分类、设防烈度的变化等,都对建筑物的抗震能力要求产生影响,特别是新增结构与原有结构的抗震性能在改造后如何保持整体协调,改造后建筑物整体的抗震性能要求和抗震加固目标如何定位,目前我国有关的规范、标准、规程或规定等并未给出明确的规定。

这个问题长期以来困扰着各方人员,尤其是鉴定方和设计方的技术人员,给改造工程的顺利进行带来障碍。问题解决得好坏,决定着改造方案的可行性和优劣,以及改造工程的造价高低、能否实施。

笔者在近几年的工作中,屡屡碰到地震区的房屋加层、夹层改造,房屋的结构类型涉及砖混结构、钢筋混凝土结构等多种结构类型。比如最近遇到的北京某政府部门的办公楼及北京某知名大医院门诊楼的加层改造,这两栋楼房的主体结构原来都是钢筋混凝土框架结构。其中原办公楼建造于1993年,地下1层,地上6层,改造后楼顶部加建二层,局部还设有夹层和大空间结构;原门诊楼建造于1953年,地下1层,地上4层,改造后楼顶部加建一层,原三层局部再增建一夹层。这两个项目的加层鉴定和改造中,都存在改造后整体的结构抗震性能和抗震加固目标如何定位的问题。

5.5.2.2 在提高既有建筑抗震性能方面,业主方、鉴定方、设计方可能存在的认识上的分歧

对于处于有抗震设防要求区域的既有建筑,比如北京、上海、天津等地,在进行鉴定与加固改造时,最为突出的分歧莫过于既有建筑的抗震性能问题。业主方往往只是对房屋的使用功能提出要求,关心的绝大多数是建筑的功能、设备、水、暖、电以及外观、装潢等方面。有的业主方还可能认为房屋使用多年了也没倒塌,地震何时到来或大或小无法预知,这个问题无关紧要。设计方接受业主方委托,在进行改造设计时,结构设计人员头脑里占优势的是用于新建建筑的现行国家设计规范,对设计规范与鉴定标准、加固规程的差别了解不够,可能会按照现行《建筑抗震设计规范》去对待既有建筑的抗震要求,并依此对待结构鉴定与加固改造。而鉴定方则是更注重根据建筑物的目标使用期,结合改造的实际情况,遵照现行《建筑抗震鉴定标准》和《建筑抗震加固技术规程》,参照其他国家规范的原则来执行。这种情况下,三方就会产生认识上分歧。

如果业主方的代表了解现有建筑的结构鉴定与加固改造,或者有专门的顾问组,那么分歧将减少许多。如果设计方的结构设计人员具备结构加固和改造设计经验,熟悉既有建筑的鉴定,那么分歧也将减少许多。事实上,以上这两种情况常常不能尽如人意。这些认识上的分歧问题,在前述的两个改造工程实例及其他项目中都碰到过。

5.5.2.3 既有建筑改造目标和要求的多样化带来的新问题

随着我国由计划经济向市场经济的转变,以及市场经济的全面、深入发展,现有建筑的业主不像以前那样单一了,企业改制、股份公司、私有企业等新事物的出现,带来建筑业主的多元化,也带来改造要求和目标的日趋多样化。对于这些建筑的鉴定与加固改造,尤其是抗震要求方面也不再像以前那样单一。在改造后建筑物的目标使用期方面、建筑改造后的使用功能方面、业主的经济投入方面,不同的业主、不同的建筑有不同的要求。

例如几年前遇到的建国初期"十大建筑"之一的北京某大型公共建筑,鉴定、改造的目标使用期是50年,如果从该建筑建成之时算起,将使用100年。某百货市场的轻钢结构楼房面临老城区的重新规划,改造后的目标使用期是5年。鉴定和改造这两栋不同的现有建筑,在结构抗震性能要求上是截然不同的。各个改造项目中,业主的经济条件不同,结构抗震加固和改造所占的预算比例也各不相同。不同的改造工程,要求也多种多样。

此外,大多数业主最初关心的只是改造后建筑物的安全和使用功能,以及改造的经费造价,而对以下影响改造目标和要求的因素,常常事先并不很了解。即:现行的有关国家标准、规范和规程、规定等,是既有建筑改造必须遵守的原则,也是最底线。建筑物自身的结构现状和改造的技术经济条件,也是必须事先考虑的因素。因此,业主最初提出的改造要求可能会超出上述因素允许的范围。由此产生了鉴定方和设计方要协助业主方进一步确认改造目标和要求的新问题。

5.5.2.4 现行国家规范、标准和规程在既有建筑鉴定与加固改造方面存在的某些缺憾

新中国成立以来,我国建筑行业的发展有目共睹,相关的国家规范、标准和规程等随之也不断发展、更新。从应用前苏联的规范,到制定出针对我国国情的"国产"规范,尤其是改革开放以来,关于建筑结构的规范更是快速发展,但在既有建筑的鉴定与加固改造方面,现有的规范标准和规程还存在某些缺憾。

比如，现有建筑的抗震鉴定方面存在一些"空白区"。现行的《民用建筑可靠性鉴定标准》和《工业建筑可靠性鉴定标准》都指明既有建筑在改造之前，要进行专门结构鉴定；对于地震区的建筑物，还应遵守国家现行有关抗震鉴定标准的要求和规定，结构鉴定与抗震鉴定结合进行，鉴定后的处理方案也应与抗震加固方案同时提出。对于房屋的增层改造，《砖混结构房屋加层技术规范》要求根据使用单位提出的需加几层的目标要求，依照有关的可靠性鉴定和抗震鉴定的标准，对房屋进行加层鉴定。但现行的《建筑抗震鉴定标准》却注明："现有建筑增层的抗震鉴定，情况复杂，本标准未做规定。"另外，该标准未涉及钢结构的抗震鉴定；虽有单层空旷房屋的鉴定内容，但却未涉及多层空旷房屋的鉴定要求。

此外，关于房屋的加层改造技术规范，目前除了《砖混结构房屋加层技术规范》(CECS 78:96)以外，对于其他结构类型的房屋，比如钢结构、钢筋混凝土结构等，还未见到正式颁布的针对结构加层改造技术的国家规范或标准、规程。

以上仅是笔者在工作中发现的一些问题。这些问题的存在已经给现有建筑的鉴定与加固改造工作带来困难和阻碍，在某种程度上也反映了我国既有建筑的鉴定与加固改造行业急待发展的现状。

5.5.3 解决问题的途径和思路

分析以上这些问题出现和存在的原因，主要是我国社会的转型和发展在建筑行业产生了深刻的影响，人们对建筑的功能要求日益提高，由此引发现有建筑改造的多样化和新要求。而业主方、鉴定方和设计方往往存在认识分歧但又未能有效沟通。另外，建筑行业内现行的国家规范、标准和规程等还不能全面配套，有待于进一步发展和完善。要解决这些问题，从实际的工作中归纳起来，可以从以下几方面入手：

(1)鉴定方和设计方要充分掌握并深刻理解国家有关建筑改造的规范、标准，以及我国关于抗震加固的政策、抗震设防的指导思想，并正确、灵活运用。

(2)各方充分沟通。首先是鉴定方、设计方和业主方之间要充分、及时沟通。应明确业主方的意愿和要求，在改造工程的各个阶段和环节都协调一致，达成共识。鉴定方和设计方要与业主方适当沟通，帮助其认识到考虑国家规范和标准、规程以及技术经济条件下，自属建筑改造达到的合适水准。其次是参与的各方内部也要充分沟通。由于业主方的意愿和要求还可能会有局部调整或较大变化，协调过程中各方必要时可能还需要做出让步或调整方案，因此各方内部也需要随时沟通协调，统一意见。

(3)掌握好既有建筑抗震加固的尺度。鉴定方和设计方应根据业主方的现实要求和既有建筑的实际情况，依照国家现行规范、标准和规程，综合各方面因素，为业主提供适合建筑物实际情况的加固改造方案。比如针对具体的改造对象，根据既有建筑的结构体系类型以及目标使用期，结合改造加固的多方面要求，采取相应的抗震对策，选取恰当的加固措施，注重提高建筑结构的整体性与结构延性，增强其整体抗震性能等。

前述所提及的几个具体的改造项目中，采取以上思路和原则，在结构抗震鉴定的目标和抗震加固的定位，以及加固方案的选择上，综合考虑各方面的因素，把握好尺度，尊重改造中各方提出的意见，和他们进行多次耐心细致的沟通，力求在改造工程的各个环节都协调一致，达成共识。

比如地震区某大城市办公楼的改造，原楼房已投入使用了15年，业主方最初曾打算作为该城市重要的某指挥中心使用。鉴定时，曾和设计方、业主方多次沟通，指明这种情况下原办公楼的抗震设防分类要提高一级，抗震设防的要求和抗震措施将有较大幅度的提高，因此加固量增大,工程预算费用也相应增加。业主方权衡之后,决定改变初衷,将另一栋新建建筑作为指挥中心的候选地点。

再如前面提及的北京某大医院门诊楼的加层改造,由于原楼房建造年代较早(1953年),抗震设防薄弱,现在楼房的抗震设防分类又有所提高。如果按照现行的设计规范来进行改造加固,完全达到现行《建筑抗震设计规范》的要求几乎是不可能的,不仅结构加固量大面广,工程造价极高,而且加固技术难度较大,加固后的效果也未必好。经与各方人员多次沟通,商讨合适的方案,最后达成一致,根据现行《建筑抗震鉴定标准》和《建筑抗震加固技术规程》的原则规定,考虑现在楼房抗震设防分类等级的提高,参照 GBJ 11—89《建筑抗震设计规范》的有关要求,重点改变原来的框架结构为框架-剪力墙结构体系,并对局部梁、板等构件考虑新增荷载的要求进行加固,加层部分采用轻钢结构等。该项目的加固改造方案结合建筑物的实际情况,各方反应都很好。

总结近年来处理过的诸多鉴定改造项目证明,现有结构的抗震问题按照"抗震合理定位、各方充分沟通、方案整体考虑"的原则和思路处理,不仅妥善解决了问题,而且反映良好,取得了很好的工程效果和社会效益。

5.5.4 结　　语

本文在多年工作实践的基础上,总结了既有建筑物鉴定与加固改造中存在的若干结构抗震问题。这些问题涉及加固改造中的多方面因素,具有典型性、普遍性以及时代特点。长期以来,该领域的很多技术人员和有关业主为其困扰,一定程度阻碍了既有建筑的结构鉴定与加固改造工作的顺利进行,成为亟待解决的关键问题之一。笔者对如何解决这些问题进行了思考、分析,并探讨了解决这些问题的出发点和途径,在实际工作中收到了很好的效果,为既有建筑物的鉴定加固改造提供了新的思路,为我国现在正进行或即将进行的鉴定加固改造项目提供了有益的尝试。

武慧芬　张家启　惠云玲
(国家工业建筑诊断与改造工程技术研究中心)

5.6　混凝土梁修复后新老材料平截面假定试验研究

5.6.1　混凝土梁修复后平截面假定证明的必要性

对于正常粘结完好的构件,已有研究表明钢筋和混凝土的平均应变基本符合平均应变的平截面假定。而对于受损构件,特别是由于钢筋锈蚀后钢筋与混凝土之间粘结力降低、保护层混凝土脱落、钢筋与混凝土之间发生相对滑移,都将使钢筋与混凝土的平均应变不能很好地满足平截面假定。

修复后的构件由于新老两种混凝土材料共同受力,平均应变的平截面假定是否继续适用,现有的研究在此方面资料较少。修复后构件的承载能力计算分析中,首先要保证材料的变形协调和材料间的粘结性能良好。粘结性能的状况可以通过构件加载过程和破坏后材料间的破坏形态来观察和分析,也可以通过仪器测试修复材料和老混凝土之间的粘结力。本次测试的构件根据试验过程的观察和修复材料试验结果,修复材料和老混凝土之间的粘结性能良好,在整个试验加载过程和最后破坏阶段均未出现新老材料脱离和粘结失效现象,保证了试验结果的可靠性和计算分析的基本假定。要保证材料间的变形协调性能,应该对新老材料加载后的变形进行必要的分析和研究,只有证明材料间的平均应变的平截面假定成立,才能使修复后构件的计算分析建立在上述基本假设之上。本次试验,结合采集到的修复材料和老混凝土在加载过程中的应变数据对此进行了分析,对这一假定进行试验证明。

5.6.2 修复混凝土梁平截面假定试验方法

为了更好的分析修复后构件的老混凝土和新材料在受力后的应力应变关系,特别是老混凝土在受力后的应变情况,在修复阶段,在老混凝土、新材料和钢筋的相应部位都贴有应变片(图5.6.1),用以测试在受力后构件各种材料的应力应变情况和变形协调性能。本次试验的混凝土应变片粘贴位置如图5.6.2所示。

图 5.6.1 老混凝土贴片

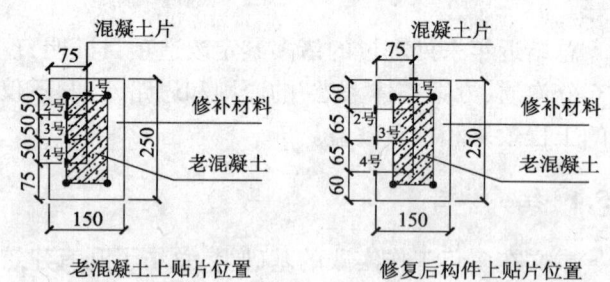

图 5.6.2 混凝土应变片贴片位置

5.6.3 应变测量结果及应变分布图

本次试验各构件的新材料和老混凝土的应变沿截面变化图如图5.6.3～图5.6.12所示。为了和贴片位置相对应,曲线图中的最上面的点为1号贴片的测试应变,依次向下排列,最下面的点为4号贴片的测试应变。

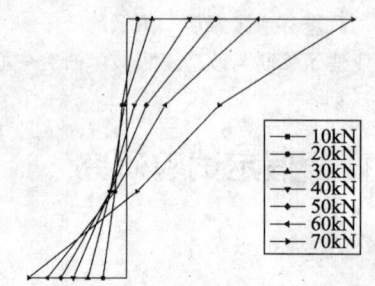

图 5.6.3 1号构件老混凝土应变沿截面变化图

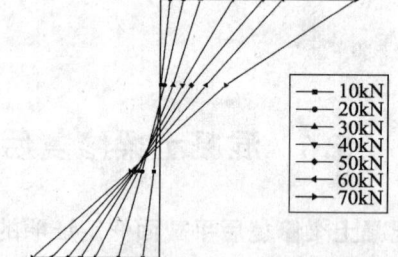

图 5.6.4 1号构件修复材料应变沿截面变化图

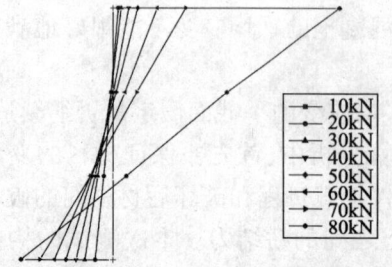

图 5.6.5 2号构件老混凝土应变沿截面变化图

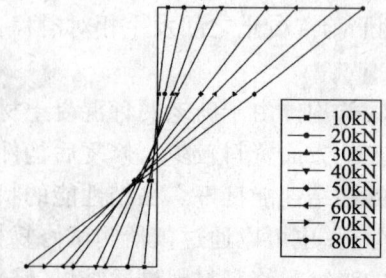

图 5.6.6 2号构件修复材料应变沿截面变化图

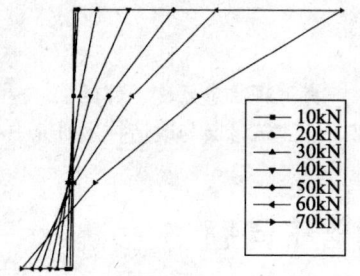
图 5.6.7　3 号构件老混凝土应变沿截面变化图

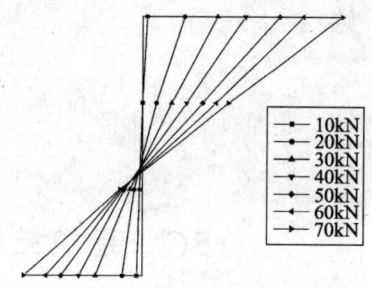
图 5.6.8　3 号构件修复材料应变沿截面变化图

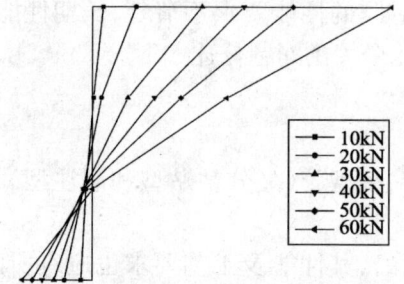
图 5.6.9　4 号构件老混凝土应变沿截面变化图

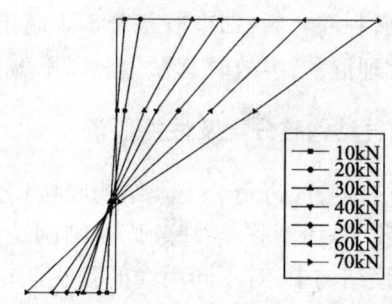
图 5.6.10　4 号构件修复材料应变沿截面变化图

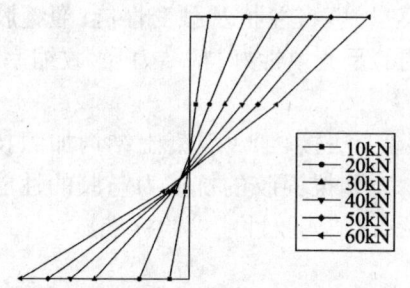
图 5.6.11　5 号构件老混凝土应变沿截面变化图

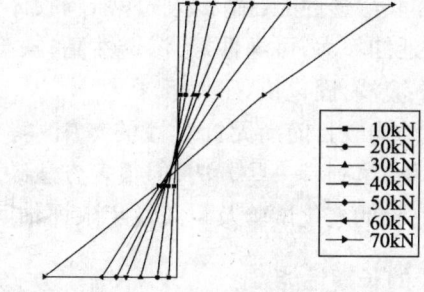
图 5.6.12　5 号构件修复材料应变沿截面变化图

5.6.4　测试结果分析及推论

从上面的图形可以看出,各构件修复材料应变沿截面变形图曲线效果良好,各位置的应变在加载后的变化比较有规律,应变基本符合平均应变的平截面假定;部分构件的老混凝土的应变变化规律有一定变异,其中 1 号和 3 号构件的老混凝土的中间位置的 2 号和 3 号应变片的应变不尽协调。在构件修复阶段,构件的老混凝土截面是由于钢筋锈蚀引起的保护层脱落,老混凝土表面状况比较复杂,其对贴片效果有一定影响。如果考虑表面影响因素,老混凝土变形状况也基本符合平均应变的平截面假定。

根据以上的分析和试验结果,可以得出如下结论:修复后的构件的老混凝土材料在受力后的变形仍然基本符合平均应变的平截面假定;修复材料受力后的变形基本符合平均应变的平截面假定;从构件整体上看,修复构件受力后的应变情况也基本符合平均应变的平截面假定。

对比同一构件的新老两种材料的应变图,可以看出构件的变形基本一致。一方面说明新老材料在受力后的变形保持协调;另一方面说明材料间的粘结性能很好,保证了材料间在受力后变形的协调一致。

肖 辉 惠云玲 郝挺宇
(国家工业建筑诊断与改造技术研究中心)

5.7 建筑结构胶应用中的若干问题

近年来,建筑结构胶研发及应用飞速发展。据不完全统计,2004年国产结构胶年销量已达5万余吨,并以12%的速度递增。有近200个生产厂家,约120个品种,累计大小加固工程近万个。在高效益高利润背后,却也潜藏着不少暗礁,主要表现在对胶的性能要求不清楚,长期性能无保证,市场管理混乱,事故时有发生。以下就工程应用中的几个关键问题分述如下。

5.7.1 建筑结构胶分类及性能要求

建筑结构胶应进行分类。结构胶按用途不同可分为粘接型胶(又分粘贴型和灌注型)、纤维织物浸渍胶、锚固型胶、灌缝胶以及结构缺陷修补胶等。

在工程结构中,对不同用途的胶所期望的作用是不同的,其性能及工艺要求也应有所区别。但目前市面上出售的基本是一种"万能胶",什么情况都能用,什么情况都用它。粘接型胶应强调粘结强度和韧性,其中粘贴型应附加长期性能,而外包钢灌注型应附加可灌性;纤维织物浸渍胶应强调浸润、渗透性能;锚固型胶应强调胶体强度、弹性模量、填料性状及触变性能;灌缝胶要求胶的极限延伸率大,可灌性好,渗透性高;缺陷修补胶强调的是充填性好,粘结力强,收缩率低,触变性好,不流淌,固化快。

我国结构胶目前尚无针对性的专用检验方法,与国际无法接轨。《混凝土结构加固技术规范》(送审稿)虽列有一些方法,但很多方法缺乏理论依据,比如锚固胶的抗拔力与胶的性能如何挂钩问题,胶的老化试验及耐久性年限评估问题。建议颁布《结构胶性能检验标准》。

5.7.2 胶的长期性能

5.7.2.1 胶的应力水平 β 与持荷时间 t 的关系

胶在长期荷载下存在徐变(蠕变)问题。试验研究表明,胶的应力水平值 $\beta = \tau/f_v$ (τ 为持荷剪应力,f_v 为胶的粘结剪切强度)越高,持荷的时间 t 就越短;反之,持荷时间就较长。如图5.7.1所示,就胶的钢-钢拉伸粘结剪切强度而言,当 $\beta \geq 0.8$ 时,仅能持荷 3~4h;当 $0.2 < \beta < 0.8$ 时,持荷时间 t 随 β 成反比;当 $\beta \leq 0.2$ 时,持荷时间相对较长,强度降低较为缓慢。胶的钢-混凝土粘结剪切强度与钢-钢情况相似,$\beta \geq 0.8$ 时,持荷时间为 10~18d;当 $0.4 < \beta < 0.8$ 时,t 与 β 成反比;当 $\beta \leq 0.4$ 时,强度降低趋缓。显然,目前的环氧基结构胶的安全应力 τ_{cr} 值或临界应力水平值 β_{cr} 一般都较低,钢-钢时,$\beta_{cr} \leq 0.2$,$\tau_{cr} \leq 3.2 \sim 4.8 \text{MPa}$;钢-混凝土时,$\beta_{cr} \leq 0.4$,$\tau_{cr} \leq 1.2 \sim 2.5 \text{MPa}$(C20~C50)。

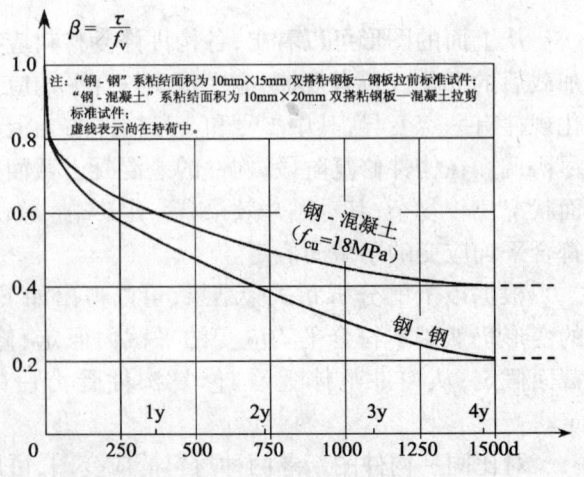

图 5.7.1 应力水平与持荷时间的关系(β-t)

5.7.2.2 胶的老化性能

由于环境因素(温度、湿度、水分、冻融、光辐射及有害介质等)的影响,胶会逐渐老化,即或低应力($0 < \beta < \beta_{cr}$)工作条件下,胶的强度仍会逐渐降低。图 5.7.2 示出了胶的钢-钢、钢-混凝土标准试件粘结剪切强度及粘钢加固小梁承载力的长期老化试验结果。纵轴代表长期强度 f_{vt} 或承载力 N_{ut} 与短期值的比值 $\alpha_t = f_{vt}/f_v$ 或 N_{ut}/N_u,横轴代表所经历的老化时间 t。由图示可知,胶的老化,即强度或承载力降低,室外条件的较室内条件的快,应力水平 β 高的较低的快,破坏发生在胶层的较破坏发生在混凝土层的快,室外未进行防水处理的较进行过处理的略快。室外条件不论防水否,钢-钢 $\beta=0.2$ 时,仅 1 年就自然破坏,$\beta=0$ 时,2 年虽未坏,但强度已经很低,$\alpha_t=0.3$;钢-混凝土 $\beta=0.4$ 时,约 1.5 年自然破坏,$\beta=0$ 时,约 2 年自然破坏;粘钢加固梁 $\beta=0.4$ 时,2 年自然破坏。从绝对值方面分析,胶粘加固,若无特殊措施,不适宜于室外环境。至于室内正常环境,不论是钢-钢、钢-混凝土标准试件或是粘钢加固小梁,长期强度或承载力与短期值的比值 α_t,虽均远大于 β_{cr},但所经历的老化时间太短,最多的仅 4 年,与设计要求的 50 年、100 年相比,尚待继续观察。

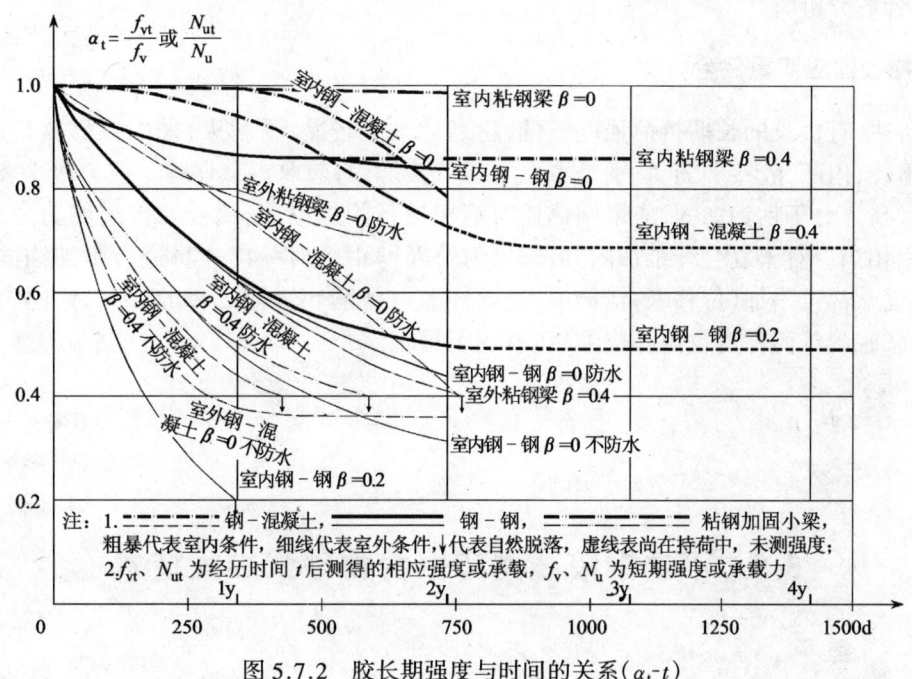

图 5.7.2 胶长期强度与时间的关系(α_t-t)

5.7.3 胶的防火和耐高温问题

目前的有机结构胶基本上都不耐火,若无保护措施,一烧就垮。因此,有机胶加固结构,必须采取有效的防火保护措施。

普通有机结构胶也不耐高温,只能在环境温度≤60℃的情况下工作。许多高温车间(如水泥厂、化工厂、炼钢厂),甚至于室外阳面结构,夏天结构表面温度很容易超过 60℃。因此,高温环境下的结构加固,不应采用普通有机结构胶,应采用耐高温胶。

5.7.4 无机胶的研究开发

目前有机胶存在长期持荷强度较低、耐老化性能差、使用年限较短、弹性模量低(与混凝土相比)及不耐火等缺点,因此,除应大力研究加以改进提高外,积极研究开发无机胶或无机有机复合胶可能是一个方向。

无机胶的抗压强度与有机胶差不多，弹性模量、耐久性、耐火及耐高温性能与混凝土一样，比有机胶高得多。目前无机胶的主要问题是粘结强度太低，这对粘结型胶的推广应用，可能存在一定困难，但对锚固型胶问题不大。从实用分析，无机胶钢-钢粘结抗剪强度标准值 $f_{v,k} \geqslant 6\text{MPa}$，钢-钢粘结抗拉强度标准值 $f_{t,k} \geqslant 8\text{MPa}$ 时，可满足工程应用要求。

5.7.5 粘结型锚栓的锚固机理及实用设计方法

粘结型锚栓在全球已有相当应用量，但锚固机理和实用设计方法至今未能彻底解决，加之在开裂混凝土基材上的锚固性能欠佳，我国《混凝土结构后锚固技术规程》(JGJ 145—2004)未能纳入。

粘结型锚栓的锚固力，直观上分析，来源于胶的粘结作用，但与粘钢加固情况却又完全不同，胶和混凝土界面、胶和钢筋界面的锁键作用或剪切摩擦作用，在一定情况下可能起主导作用。因此，应对胶的作用和性能（包括骨料、填料的组成）、基材性状、锚固参数及其相应的破坏形态等因素，进行综合的分析研究。

5.7.6 胶接加固应双重保险

如前所述，有机胶的长期持荷强度较低，耐老化性能较差，不耐火，加之在反复荷载、疲劳荷载下表现不佳，因此，胶接加固，特别是重要结构胶接加固，应取双重保险。应力水平和强度设计取值不能过高。对于粘钢加固，应采用锚栓对钢板进行附加锚固，锚栓所传递的剪力，大体上应与胶的作用相当。对于复合纤维加固，可采用射钉及薄钢片对纤维片材进行附加锚固。对于化学植筋，钢筋端部可附加（位移型）锚栓锚固，这样兼有植筋和锚栓二者的优点，锚固力和可靠性可大幅提高，临界锚固深度也可相应缩短，有利于施工。

万墨林
（中国建筑科学研究院）

5.8 不锈钢绞线网和聚合物砂浆加固技术

5.8.1 前　言

钢绞线网和聚合物砂浆加固钢筋混凝土结构和砌体结构，主要适用于受弯构件和受剪构件，如钢筋混凝土梁和板的加固，混凝土抗震墙或砌体抗震墙的加固等，不仅能显著提高抗弯承载力和抗剪承载力，而且构件刚度也能够得到明显的增加。该技术首先由韩国开始研究和应用，近几年引进我国，在立交桥和工业与民用建筑物加固改造中也得到广泛应用。韩国的钢材是由高强不锈钢丝制成的钢绞线，再由工厂加工成钢绞线网，强度高、不锈蚀，且方便运输及施工。我国钢绞线是采用镀锌钢丝绳，再加工成钢绞线网；聚合物砂浆为无机材料，强度高，与混凝土和砌体等粘结性能好，并具有良好的耐久性和耐高温性能。这些材料全部在工厂生产，然后运送到现场进行施工，可以机械化施工如喷射法，也可人工操作如分层抹，施工便捷。

不锈钢绞线网和镀锌钢丝绳网解决了钢筋锈蚀的问题，渗透性聚合物砂浆为无机材料，具有良好的粘结性能，与粘钢板和粘贴碳纤维片材等加固方法相比具有良好的耐久性能、耐火性能及耐高温性能，收缩变形小，提高构件强度的同时提高构件的刚度，非常适合于水工结构、港口工程、潮湿环境、腐蚀性环境下的工业与民用建筑以及桥梁等工程的加固。

5.8.2 材料性能

5.8.2.1 钢绞线力学性能

韩国不锈钢绞线有3种直径,钢绞线均为7×7钢丝组成,钢绞线网成品规格均为30m长、1m宽,如图5.8.1所示,力学性能试验等结果如表5.8.1所示。

表5.8.1 高强不锈钢绞线性能试验结果

型号	钢绞线直径(mm)	公称面积(mm^2)	最大抗拉强度(N/mm^2)	延伸率(%)	弹性模量(N/mm^2)	质量(kg/100m)
1	2.4	2.93	1 704.7	1.6	1.05×10^5	2.38
2	3.2	5.20	1 653.8	1.7	1.16×10^5	4.17
3	4.8	11.66	1 405.7	—	1.26×10^5	9.23

国产镀锌钢丝绳由6×7钢丝组成,其力学性能等指标如表5.8.2所示。

表5.8.2 镀锌钢丝绳力学性能及试验结果

钢绞线直径(mm)	公称面积(mm^2)	最大抗拉强度(N/mm^2)	延伸率(%)	弹性模量(N/mm^2)	质量(kg/100m)
3.05	4.68	1 641.0	—	1.34×10^5	3.83

5.8.2.2 聚合物砂浆性能

对渗透性聚合物砂浆的力学性能和耐久性进行了试验。力学性能试验内容包括:砂浆抗压强度、粘结强度、抗弯强度、热膨胀系数等;耐久性试验内容包括:透水性、氯离子的渗透、抗碳化能力及其他化学药品溶液的阻抗性试验等。渗透性聚合物砂浆力学性能试验结果如表5.8.3和表5.8.4所示,耐久性试验结果如表5.8.5所示。

图5.8.1 钢绞线网

表5.8.3 渗透性聚合物砂浆力学性能试验结果

力学特性 \ 时间(d)	1	3	7	28
抗压强度(N/mm^2)	9.8	24.3	37.3	43.4
粘贴强度(N/mm^2)	—	—	2.8	3.1
抗弯强度(N/mm^2)	—	—	8.0	13.6

表5.8.4 渗透性聚合物砂浆与普通砂浆力学性能比较

力学特性	砂浆划分	普通砂浆	聚合物砂浆(韩国)	MS-504(国产)
抗压强度(N/mm^2)		31.7	42.0	41.4
粘贴强度(N/mm^2)	混凝土面层	1.4	3.1	1.85
	钢绞线网加固后	1.1	2.7	—
热膨胀系数(℃)		9.8×10^{-6}	10.2×10^{-6}	—

表 5.8.5 渗透性聚合物砂浆耐久性实验结果

耐久性	砂浆划分	普通砂浆	聚合物砂浆
透水阻抗性（cm/s）	7d	2.64×10^{-6}	1.01×10^{-6}
	28d	4.23×10^{-6}	1.54×10^{-6}
氯离子渗透试验(coulombs)		4,100	340
碳化深度试验(mm)	28d	9	3
	60d	18	7
化学药品阻抗性（%）	5% H_2SO_4	63	86
	10% Na_2SO_4	97	100
	10% $CaCl_2$	96	99

渗透性聚合物砂浆在工厂生产、包装，在工地现场按比例混合、搅拌均匀。由上述各表可见聚合物砂浆的特点：

(1) 该材料强度比较高，并且早期强度增长快；
(2) 具有渗透性，即使不使用底漆，粘结性能也很好，如使用介面剂，粘结强度还会提高；
(3) 收缩性小，基本不会发生收缩裂缝；
(4) 密实度高，二氧化碳的透过性差，可以延缓混凝土的碳化；
(5) 抗氯化物的渗透性好，可以防止内部钢筋的腐蚀；
(6) 力学性质与混凝土相近，长期粘结性能很好，耐久性也很好；
(7) 耐其他化学药品的阻抗性很好；
(8) 该砂浆材料无毒，对人体无害。

5.8.3 加固设计

钢绞线网加聚合物砂浆加固受弯构件的承载力计算，类似于钢筋混凝土增大截面法加固，钢筋由高强钢绞线代替，混凝土由聚合物砂浆代替，考虑加固结构二次受力的特点，钢绞线的抗拉设计强度应取一个合理的值，构件的截面应变分布仍符合平截面假定，根据原有构件的材料强度和配筋及截面尺寸，根据构件的内力，首先确定聚合物砂浆的厚度，即可计算出所需要的钢绞线的用量。

抗弯刚度的计算可根据加大截面的尺寸、钢绞线的用量，以及原构件的材料强度、截面尺寸、配筋量等，参见《混凝土结构设计规范》进行计算。

5.8.4 施工工艺

钢绞线加聚合物砂浆加固结构剖面如图 5.8.2 所示，其施工工艺如下：

(1) 基面处理。清除要加固面的灰尘、污物等。
(2) 安装钢绞线网。用固定钉将高强不锈钢绞线网固定在加固面上，并用紧线器拉紧钢绞线网对其进行预紧。
(3) 用高压水枪清洗施工面，避免因灰尘存在而降低灰浆粘结力。
(4) 涂浆。首先喷涂一层约 2mm 厚的加强粘结的胶粘剂，然后采用喷射器进行渗透性聚合物砂浆施工。
(5) 养护。喷水养护。

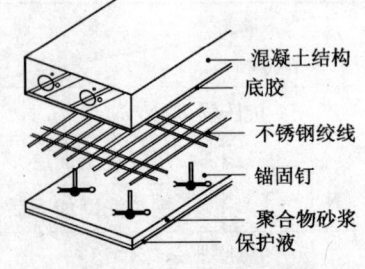

图 5.8.2 加固结构剖面图

(6)保护液。根据现场情况喷涂或手工抹一层乳液,也可不作这道工序。

5.8.5 工程应用

5.8.5.1 工程概况

北京某医院锅炉房为 2 层砖混结构,局部 1 层地下室。建于 1980 年 12 月,现已使用 20 多年,因锅炉房配电室设备更换,楼面活荷载超过设计荷载,楼板厚度增加,静荷载也增加较多,锅炉房地下室长期积水,环境湿度较大,温度较高,属于高温、高湿环境,混凝土梁、板出现裂缝,并存在露筋、钢筋锈蚀现象,混凝土保护层大量脱落,需要进行加固。

5.8.5.2 承载力验算

现场实测楼板厚度为 450mm,其中包括预制空心板厚 130mm,钢筋混凝土叠合层厚 260mm。活荷载为甲方提供楼面的配电箱的质量和楼面活荷载,计算得到梁的内力 $M = 279.4$ kN·m;$V = 196.1$ kN;根据现场实测的混凝土强度和梁的实测钢筋面积,计算得到梁的现有承载力 $M_u = 159.88$ kN·m,$V_u = 123.6$ kN。因此,梁的抗弯、抗剪承载力远远低于荷载作用效应,必须进行加固和补强。

5.8.5.3 加固设计

混凝土梁的抗弯、抗剪承载力采用加大截面法加固。加固材料选用韩国产高强不锈钢绞线网和配套的渗透性聚合物砂浆。高强不锈钢绞线直径为 3.2mm、强度 1 535MPa,渗透性聚合物砂浆抗压强度为 40MPa、厚度 40mm。如图 5.8.3 和图 5.8.4 所示。

图 5.8.3 梁底钢绞线布置

图 5.8.4 梁侧钢绞线布置

5.8.5.4 施工工艺

首先用钻头在预定位置钻孔,将套有垫圈的固定销固定在拉直的不锈钢绞线网的接合部位,并用紧线器拉紧钢绞线网对其进行预紧;然后清除构件施工面灰尘,避免因灰尘存在而降低灰浆粘结力;为增强渗透性聚合物砂浆的附着强度,在构件表面撒水;喷涂一层约 2mm 厚的加强粘结的胶粘剂,然后分两层人工抹渗透性聚合物砂浆,总厚度为 40mm。

5.8.6 钢绞线加聚合物砂浆加固法的特点

高强不锈钢绞线网加固技术有以下优点:

(1)耐老化性能好。由于渗透性聚合物砂浆为无机材料,它不存在如碳纤维加固、粘钢加固需要使用结构胶这样的有机加固材料的老化、耐高温性能差的问题,不锈钢绞线和镀锌钢丝绳也不存在粘钢加固中钢材会腐蚀问题;耐火、耐腐蚀性能好,渗透性聚合物砂浆密实度高,抗碳化和抗侵蚀性介质能力强。

(2)高强钢绞线强度高。其标准强度约为普通钢材的 5 倍,因此加固后对结构自重增加很小。聚合物砂浆强度比较高、密实度高,具有渗透性,粘结性能很好,收缩性变形小,不会产生收缩裂缝。

(3)易于大规模机械化施工。在结构加固的过程中不影响建筑物的使用,对被加固的母体表面没有平整要求,节点处理方便,可以加固有缺陷或强度低的混凝土结构。

(4)抗弯加固不仅可以显著地提高承载力,而且可以显著地提高刚度,这是碳纤维片材和粘钢板加固所不可比的。

韩继云　张小冬　费毕刚
(国家建筑工程质量监督检验中心,中国建筑科学研究院)

5.9 《砖混结构加固与修复构造图集》简介

《砖混结构加固与修复构造图集》是我国首次正式颁布的工程结构加固适用构造系列图集之一,统一编号为 GJBT—645,图集号为 03SG611。本图集内容主要是针对砖混结构工业与民用建筑及构筑物的静力加固及抗震加固,包括裂损结构补强加固、结构功能改造加固、单体构件加固、结构连接加固及结构总体布局加固等。本图集按地基基础、上部结构及围护结构三个组成部分分类编排。按单体构件、结构连接及总体布局示出。单体构件按柱、墙、砖过梁、混凝土大梁、楼板、阳台、围护墙及附属构件等绘制。本图集依据现行国家相关鉴定加固标准、规范、规程,参考吸收了国外先进经验。结构加固方法很多,构造十分复杂,本图集编制着重于可靠性和适用性。

结构加固前应进行可靠性鉴定,明确加固原因、加固内容和重点。同一个问题和对象,本图集有多种方案,应根据可靠性鉴定结果、加固原因、可靠性差异程度、结构特点以及施工条件等,按安全可靠、经济合理原则选择确定。单体构件加固,尤其是承载力不足的加固,根据鉴定和验算结果对症下药,一般都可以选择和制定出明确的加固方案。结构总体布局、结构构件之间的连接以及结构整体性加固,则要求对结构的总体受力状态和性能进行全面的分析和对比,制定出合理的加固方案。必须指出的是,静力加固应着重于承载能力提高和使用功能改善,而抗震加固应着重于结构延性提高和整体性加强。加固设计,首先是加固理念设计应清楚正确,计算简图应符合实际,承载力计算应考虑结构的二次受力。本图集所示加固尺寸和材料规格,为一般情况下的最小构造要求和控制尺寸,具体工程应取计算结果和本图集控制值的较大值。

砖混结构地基多为天然地基,基础主要是条形基础。针对砖砌条形基础裂损加固,本图集推荐补强注浆法;地基加固则有加大基础底面积法、条形基础改筏板基础、锚杆静压桩法及树根桩法等。

砖混结构的主要受力构件是墙体和柱子及附带砖砌过梁。墙体加固,本图集推荐砂浆面层法、钢筋网水泥砂浆面层法及钢筋混凝土板墙法;柱子加固,有混凝土围套法、外包钢法等。砖砌过梁是砖墙中的薄弱易裂损部分,加固方法有型钢托梁、钢筋混凝土托梁及钢板楔等。

砖混结构中的水平构件,主要是楼板、屋面板,少数情况设大梁。钢筋混凝土楼板和屋面板加固,本图集推荐粘钢法、粘贴纤维法;钢筋混凝土大梁加固有粘钢法、纤维法、加筋法、外包钢法及体外预应力法等。

砖混结构总体布局主要是抗震墙布置。当抗震墙布置不均匀、间距过大或不闭合而导致房屋抗震承载力不满足要求时,一般应采用新增抗震墙并使之闭合的方法进行加固。本图集有新增砌体抗震墙和新增混凝土抗震墙两种方案供选用。

砖混结构的弱点是结构整体性较差,增设构造柱和圈梁是提高砖混结构整体性和抗震能力的主要构造措施。本图集对新增构造柱、圈梁或替代拉杆的布置、截面尺寸、材料要求及与原结构的连接方法等,均有明确和典型的图示规定。

加强构件之间的连接是提高砖混结构整体性和抗震能力的重要保证。本图集对装配式楼(屋)盖的整体连接、外墙与楼(屋)盖连接、隔墙及填充墙与框架连接、山墙柱接长、长高墙增设抗风梁、装配式楼梯节点连接等,备有详细的图示规定。

阳台在既有砖混结构中问题最多,安全性普遍偏低。本图集有支柱法、支架法、拉杆法及增设型钢支座法等加固方案供选用。

由于鞭梢效应,出屋面小屋、烟囱及女儿墙,是砖混结构另一个薄弱部位。本图集编制有相应的加固方法和构造图示。

早期的既有砖烟囱和砖筒壁水塔未考虑抗震,抗震能力一般都达不到标准要求。本图集有扁钢构套法、钢筋网水泥砂浆面层法、混凝土板墙以及外加圈梁和构造柱等加固方案供选用。

万墨林

(中国建筑科学研究院)

5.10 水平旋喷桩超前加固技术进展

5.10.1 引言

改革开放促进了我国经济的飞速发展,土木工程建设规模日益扩大,难度不断提高,土木工程功能化、城市建设立体化、交通高速化和改善综合居住条件成为现代化土木工程的特征。

随着隧道建设的规模越来越大、建筑地域日益广阔,也自然经常要在软弱地层中修建铁路、公路隧道及城市地下铁道等工程。软弱松散地层的自稳性能非常差,在这样的地层中修建隧道,就必须先对工作面前方沿隧道轮廓线进行超前加固,然后再开挖,以保证施工安全。隧道超前加固问题处理不好,后果严重。据调查统计,世界各国发生的各种隧道工程建设中的工程事故,开挖隧道中的软弱松散地层问题常常是主要原因。隧道的超前加固问题处理好,不仅安全可靠而且具有较好的经济效益。需求促进发展,实践发展理论。近年来我国在隧道超前加固处理技术方面发展很快,队伍不断扩大,水平不断提高,隧道超前加固已经成为活跃的土木工程领域的热点。21世纪是土木工程大发展的世纪,也是隧道建设、地下空间充分利用大发展的世纪,隧道超前加固技术也必将拥有更为广阔的前景。

5.10.2 水平高压旋喷技术研究的目的

人们对隧道超前加固的新方法有一个逐渐认识和发展的过程。开始,人们采用静压注浆对开挖隧道前方地层进行处理,人们把注浆管静置于地层或岩石裂隙中,以较低的压力,把能凝固的浆液以填充、裂隙、渗透和挤压等方式注入其内,浆液产生凝胶,便把原来松散的土固结为有一定强度和防渗性能的整体或把岩石裂隙堵塞起来,从而起到加固地层或防渗堵水作用。但是静压注浆对颗粒细小的砂类土和含泥量大的黏性土等软弱地层,水泥浆难以注入,只能依靠较高的压力强制注入,但浆液不能均匀渗透,多呈脉状或片状扩散,浆液流失到预定范围外情况较严重,以至于固结体的整体性和均匀性都较差。在某些隧道工程中,采用静压注浆法处理的效果不是很好或者出现了事故。问题的出现促使土木工程工作人员从各种角度思索怎样解决遇到的工程问题,于是各种新的隧道超前加固方法随之出现并在随后的工程施工中不断完善和发展,如常用的工作面小导管注浆、管棚预支护等。但是,在土层颗粒较细时,采用小导管注浆加固效果难以保证,而采用管棚支护往往会使软土从管间滑落,导致坍塌。这时,采用水平旋喷注浆超前加固技术,经过国内外大量工程实践证明是很合适的,其加固范围和加固效果可以很好地得到人为控制。

旋喷注浆法是近十年来发展起来的一种地层加固新技术。它具有加固体强度高、加固质量均匀、加固体形状可以控制的特点,已经成为国内工程界普遍接受的、多用的、高效的地层加固方法。它是利用工程钻机,将旋喷注浆管置于预计的地层加固深度,在钻杆旋转退出时,将配制好的浆液,用一定的压力,从喷嘴中喷出,冲入地层,把土和浆液搅拌成混合体,随后凝聚固结,形成一种新的有一定强度的水泥土。这种地层加固方法,我们称之为旋转喷射注浆法,简称旋喷法。一般情况,钻机都为垂直钻孔,旋转喷射称为垂直旋喷注浆法。顾名思义,水平旋喷注浆法,就是在土层中水平(亦可作小角度的俯、仰和外斜)钻进成孔,注浆管呈水平状,喷嘴由里向外移动进行旋喷、注浆。它适用于砂类土、黏性土、黄土和人工填土等地层。

水平旋喷注浆法的应用同其他岩土工程新技术一样,有着"先实践,后理论"和"地区性"的特点,随着土力学理论、计算技术、测试仪器及施工机具和施工工艺的不断发展,水平旋喷注浆法的工程应用和技术正在不断发展和完善。但是由于水平旋喷注浆法有其特殊性,并且在一些地下工程施工中,水平旋喷注浆法的使用有其不可替代的优点,使人们深深感到,更好地了解水平旋喷注浆法的机理和效果将能大大改善地下工程的施工安全和进程。

国内外很多隧道工程实例已经证明,在软弱地层中应用水平旋喷注浆法能够很好地加固地层,保证施工的安全,具有施工时无公害、简单、比较安全以及浆材来源广、价格低等特点,并且还具有工程量少、工期短、造价低的效果。同时也可把水平旋喷的构筑物(拱体),当作地下工程结构的一部分,加强结构物的刚度和防水性能。这种方式对防止坑道坍塌,有效控制地面沉陷,使隧道顺利施工起到良好的作用,这一技术值得引用和推广。

水平旋喷注浆拱、预切槽和管棚支护都是超前加固方法的一种,三者各有其优缺点和适用条件。水平旋喷注浆拱并不能在一切条件下代替预切槽和管棚,但在一定条件(如预切槽深度不够,槽内混凝土不易密实等)下水平旋喷注浆拱棚较之其他方法能更好地解决问题。水平旋喷注浆和小导管静压注浆、管棚注浆都能起到加固地层的作用,各自的机理和加固范围不同。从控制固结范围和固结体强度角度看,水平旋喷注浆是隧道围岩加固的良好方法之一,能够更好地适应隧道工程。

5.10.3 水平旋喷注浆技术研究的意义

在很深的地层中修建地下铁道、隧道、涵洞、矿山巷道、人防和都市地道等不宜大开挖的地下建设工程施工中,如果遇到软弱地层,常用的工作面小导管注浆、管棚预支护等超前加固方法就显得力不从心了,在土层颗粒较细时,采用小导管注浆加固效果难以保证,而采用管棚支护往往会使软土从管间滑落,导致坍塌,而这类地质情况在隧道施工中是经常出现的。这时只能采用水平或者倾斜钻孔旋喷注浆才能满足地层加固的要求,保证施工安全。这样,由于隧道工程建设的需要,发展水平旋喷注浆法的要求自然而然地被提了出来。

意大利旋喷技术研究起步比我国晚七八年,但水平旋喷的试验和施工开展得很好,在欧洲处于领先地位。意大利已经把旋喷技术列为加固和保护隧道围岩的基本方法之一。德国也有较成功的实践。我国旋喷技术偏重于施工工艺方面,关于其机理方面研究很少,还处于初步阶段,急需赶上。

弄清楚水平旋喷注浆法的机理,能够更好地指导开挖隧道地层的加固和应付各种复杂的地质条件,并能进一步改进施工工艺,提高施工质量。随着我国生产建设事业的日益发展,原来的隧道超前加固方法已经不能完全满足要求，迫切需要拥有水平旋喷注浆超前加固技术。因此研究水平旋喷注浆法的机理和效果是适宜的，符合土木工程发展的需要，并且也能带来较大经济效益，能够更好的指导隧道超前加固。

5.10.4 国内外研究现状分析

5.10.4.1 问题的提出

竖直旋喷注浆技术已成功地用于多种地层条件（如黏土、砂土、淤泥、砂夹卵石、黄土、腐殖土、泥炭土等）下的加固及防渗止水，并显示其优越性。某些条件下，进行竖直钻孔不可能或不适宜，但又需要用高压喷射注浆，人们自然想到用水平或倾斜钻孔方式。日本和意大利是研究开发水平旋喷技术较早的国家，意大利 RODIO 公司于 1983 年首次将水平旋喷技术用于隧道超前加固。美国 20 世纪 80 年代开始使用此项技术，1987 年此项技术首次在南美应用。

水平钻孔旋喷注浆的应用和隧道施工技术的发展有密切联系。在覆盖较薄的松软地层中修建地下结构面临着地层不稳定，较易引起坍塌和地面沉陷等严重问题。高压喷射注浆的开发成功，使工程技术界想到利用它来提高隧道围岩的稳定性。从地面竖直钻孔在隧道周边进行旋喷存在钻孔深度过大，钻孔精度及各固结体之间搭接不易保证等缺点。另外，受固结体之间的粘结强度及抗剪强度控制，加固范围比较大。据此，人们自然想到用水平钻孔实现旋喷问题。

5.10.4.2 国外水平旋喷注浆加固技术的研究现状

高压喷射注浆（High Pressure Jet Grouting）技术是 20 世纪 60 年代后期起源于日本日产冻结有限公司的一种加固松软土体的应用技术，是化学注浆急速结合高压射流切割技术发展起来的。其实质是采用钻机先钻进至预定深度后，由钻杆一端安装的特别喷嘴，把水泥浆液高压喷出，以喷射流切割搅动土体。同时，钻杆边旋转边提升，使土粒与水泥浆混合凝固，从而造成一个均匀的圆柱状水泥-土固结体，以达到加固地基和止水防渗的目的。

5.10.4.3 日本的水平旋喷工法的研究和发展现状

CCP-H（Chemical Churning Pile or Pattern-Horizontality）工法。这是 20 世纪 80 年代初日本在单管旋喷的基础上开发的专用于水平钻孔旋喷的施工方法。它是在注浆管的下端位置设置一个特殊的扩径钻头，以加强对土的破坏。此扩径钻头在钻进时缩于钻杆的凹槽内，钻杆后退开始旋喷时，靠阻力自动打开，在旋喷前先搅动土层以确保并扩大水平旋喷柱体的直径。为了加速浆液和土粒的固结，在浆液中加适量的速凝剂和硬化剂。日本国铁用此方法进行过试验和施工，先沿坑道周边旋喷形成水平加固棚体，在此加固棚体的保护下进行坑道开挖。

RJFP（Rodin Jet Flow Pile）工法。RJFP 工法是日本隧道软弱围岩加固中普遍采用的旋喷加固方法，至 1995 年 6 月利用该方法加固隧道至少有几十座。它一般只加固隧道拱顶部分，使旋喷柱体相互搭接形成棚体，钻孔长 13m，旋喷 11m，每段拱棚搭接 1m，在其保护下继续开挖。该方法旋喷压力一般在 40~50MPa，形成的旋喷柱体直径一般在 60~70cm，旋喷固结的单轴抗压强度在 3.5~8MPa 之间。该加固方法还有专门的废浆液重利用设备，可以对从孔内漏出的浆液重新利用。RJFP 工法作业顺序如图 5.10.1 所示。

MJS 工法。MJS 工法是"全方位高压喷射技术"的简称。此法最大特点是具有排泥机构。这是针对一般旋喷工法的剩余泥浆大量从孔口涌出，污染作业环境，随着旋喷孔深度增加，排浆难度增大，喷射、搅拌效果降低等不足而开发的。在监控器上设 MJS 装置，该装置是在喷嘴后方装的排泥浆吸入口，由该吸入口吸入泥浆，还可调整排泥量及对地基的压力，使喷射压力充分运用。该装置不仅用在竖直大深度旋喷，在水平、倾斜方向也能运用。由于钻机内还装设有大小 7 根管线,所以又叫七管旋喷法。该工法优点是不污染现场,保持良好的施工环境,但设备过于复杂,占用空间较多,搬运不便。

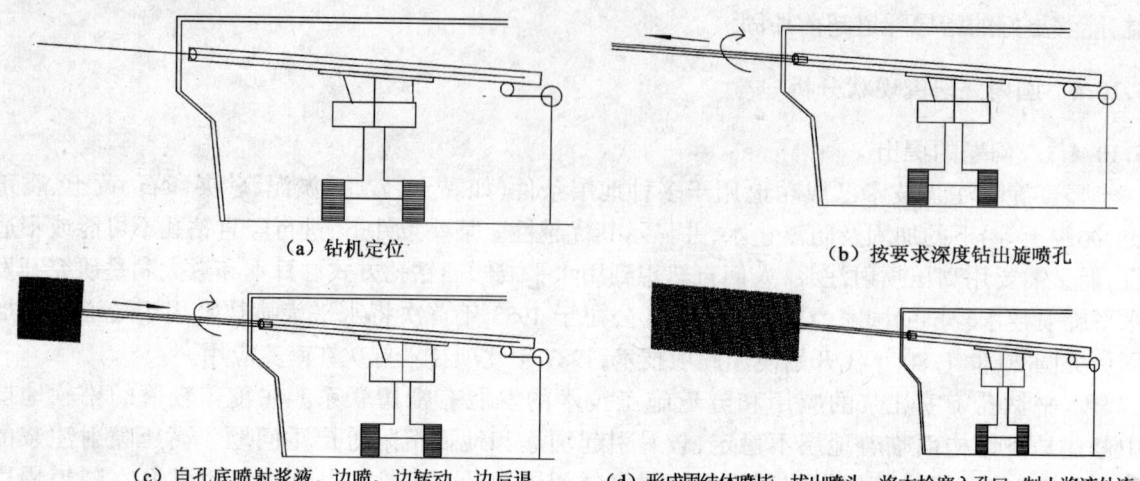

图 5.10.1 RJFP 工法作业顺序

(a) 钻机定位
(b) 按要求深度钻出旋喷孔
(c) 自孔底喷射浆液,边喷、边转动、边后退
(d) 形成固结体喷毕,拔出喷头,将木栓塞入孔口,制止浆液外流

5.10.4.4 意大利水平旋喷工法的研究和发展现状

意大利已把旋喷法列为加固和保护隧道围岩的基本方法之一。意大利是多山国家,其隧道及地下工程施工技术比较发达。意大利旋喷技术虽然起步比我国晚,但水平旋喷技术的开发应用在欧洲处于领先地位。1992 年在 Slovenia 召开的隧道和地下建筑施工国际会议上,该国代表系统总结了该国及世界各国隧道围岩的加固方法,把旋喷注浆法和静态注浆、冻结法及机械预切槽等一并列为隧道围岩加固基本方法。最典型作法是沿拱部外缘用水平旋喷柱体相互搭接形成拱棚,在它的保护下开往上部断面。用台阶法施工的时候,为提高拱脚地层的强度,在坑道内两侧倾斜打入钻孔,将旋喷柱体联结成墙体。图 5.10.2 所举的例子是一座双线公路隧道,断面尺寸为 120m²,旋喷柱长 13m,中心距 0.5m,柱体直径 0.6m,开挖进入 10m 后钻喷下一组,搭接 3m。

从意大利的工程实践中得知,在砂粒土和中细砂地层,水平旋喷质量较好,固结体平均抗压强度达到 18~19 MPa,接近 C20 等级混凝土。在水平旋喷体相搭接形成的旋喷拱棚的保护下,通过对开挖过程中设置的拱肋受力量测表明,其受力极少,说明旋喷拱棚的刚度很好,承受住山体的压力。

5.10.4.5 欧美国家水平旋喷工法的研究和应用现状

高压旋喷注浆加固隧道围岩在欧美各国得到广泛应用。德国波恩地铁一段区间隧道为松散未固结土层、渗透率平均为 0.008m/s 的莱茵河砾石及不均匀泥沙层,平均埋深为 3.5m,顶部还有一条污水管道通过。为控制地面沉陷并确保污水管的安全,采用旋喷法注浆结合新奥法施工(图 5.10.3),获得良好效果。本次旋喷柱长 12m,柱体直径为 0.6m,中心距为 0.47m,搭接 3m,柱体向外倾斜 10°。旋喷压力大于 40MPa 时,曾引起地面隆起达到 91mm,采取降压及钻卸压孔等措施后降低到 8mm。旋喷引起地面隆起问题引起工程界重视。

旋喷技术在 20 世纪 80 年代初期在美国首次应用并获得成功,由于此项技术价廉及对各种土壤的普遍适用性而在美国得到广泛应用。华盛顿地铁在海军工厂以东区间隧道修建过程中采用大范围水平旋喷,使土压平衡盾构得以从百年前修建的直径 18 英尺的砖和素混凝土结构的下水道下方通过。

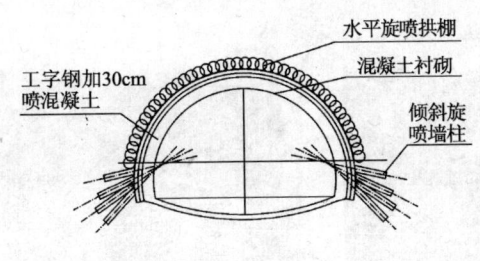 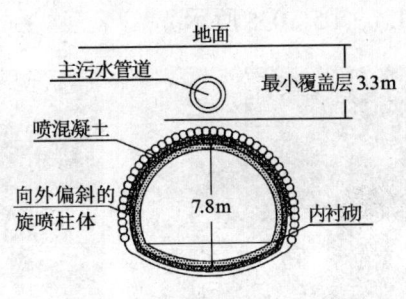

图 5.10.2　水平旋喷在隧道周边形成拱棚　　　　图 5.10.3　德国实例

挪威的隧道及地下工程的施工技术也比较发达,旋喷技术在挪威得到广泛应用。挪威国家土木技术研究所和挪威公路研究实验室联合,对处于冲积层中的蒙特奥利姆比诺浅埋铁路隧道的地面沉陷和洞内收敛位移进行现场量测,用数值分析手段评价了水平旋喷柱体相互搭接形成的拱棚的变形特性,认为旋喷拱棚与喷混凝土、钢拱衬砌一起作为一支护系统具有良好的支护效果,可以有效抑制地面沉陷。

在修建苏黎世地铁时,瑞士首次使用水平旋喷技术作超前加固。在 St. Antoniuskirch 车站到 Stadchofen 车站之间有一段松散破碎的冰碛石带,虽然覆盖层在整个工程中是最薄的,但因上部有铁路线而不能明挖施工。区间隧道采用机械掘进,遇到松散破碎的冰碛石层时,出现了最为严重的塌方事故,最后改为水平旋喷注浆对地层进行超前加固,成功地通过了松软破碎带。开挖前,隧道拱部设置了 23 根长 16m、直径 70cm 的水平旋喷柱体,在隧道拱部形成一个支护拱。其钻孔直径 10cm,旋喷压力为 40~80MPa。旋喷拱棚完成并待固结体充分固结后,用台阶法施工,上部台阶每进尺 1m,完成一个旋喷段的开挖要 7d 时间。相邻两旋喷段搭接 2m。本次旋喷柱体长 16m,这是迄今所查到资料中的最长记录。

在瑞士修建的楚格瓦尔德隧道,洞口段通过冰碛石和山体滑坡土石,都是松软岩层。开挖前用 28 根长 15m、直径为 60cm 的旋喷注浆柱体在隧道拱部形成一个支护拱,在其保护下用挖掘机以几米距离逐步开挖拱部,掘进速度为每月 12.5m。

5.10.4.6　我国水平旋喷注浆加固技术的研究和应用现状

为了推进旋喷技术的发展,我国铁道科学研究院于 1987 年在内蒙古乌兰浩特附近轻亚黏土层进行水平旋喷试验。先进行工艺试验确定旋喷参数,用 7 根水平旋喷柱组成拱棚。试验结果表明,在 12MPa 压力下平均柱径 387mm,压力 20MPa,柱径可达 580mm,固结体强度为 2.8 MPa,拱棚厚度在 200~250 mm 之间。浆液在高压射流作用下注入部分软土和土缝中,土体得到一定加固,取得了初步成果。

石家庄铁道学院从 1994 年起开始了水平旋喷机研制和水平旋喷技术的研究工作。先后在硬砂质黏土地层和松散细砂地层作过 4 次水平及倾斜旋喷工艺试验及一系列测试,取得大量研究成果。与徐州机械厂联合设计制造出的"TGD-50 型水平钻孔旋喷机",可作竖直至上仰 15°的钻孔并旋喷,它不仅可用于隧道超前加固,而且可用于路基、边坡加固,基坑壁施作土锚杆等。该机分别于 1998 年 12 月和 1999 年 10 月在神延线沙哈拉茆隧道洞口风积沙地层及宋家坪隧道洞内浅埋偏压段作超前加固,一举获得成功。开挖后的变形及压力量测结果表明,加固效果良好,初步显示了该工法的优越性。水平旋喷加固技术的应用成功,填补了我国该项技术空白。

北京交通大学从 2003 年以来结合北京热力管线工程,针对高压水平旋喷桩超前加固开展了一系列的研究工作,结合实际工程进行了实施,并针对施工中旋喷浆液流失问题进行特殊处理。

如图5.10.4、图5.10.5所示。

(a) 正在施作旋喷桩　　　(b) 旋喷止浆定位孔埋设　　　(c) 隧道中施作旋喷桩

图 5.10.4　水平旋喷桩照片

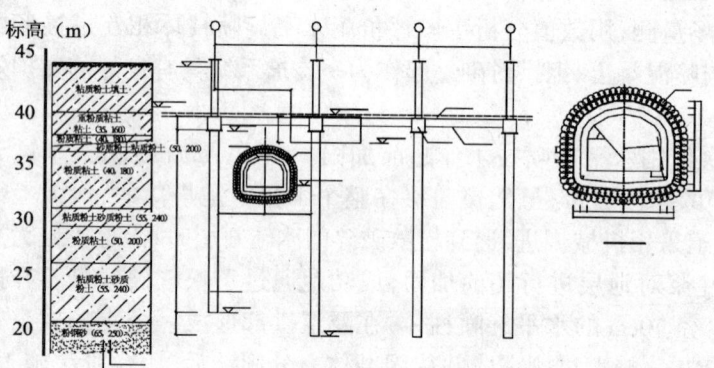

图 5.10.5　旋喷桩布置剖面

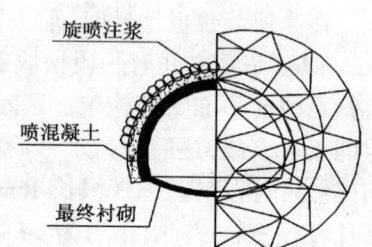

图 5.10.6　先进的奥地利施工方法的数值模型

5.10.5　水平旋喷拱的数值模型

预衬砌方法和数值模型的提出,为高压旋喷注浆与新奥法的结合提供了理论和实践基础。控制地面沉陷始终是松软地层中修建浅埋隧道的一项重要研究课题。根据日本研究人员横山等人的研究,浅埋隧道地面整个沉降量的30%~40%和地下地层的整个沉降量的50%~70%是在一般支护开始发生作用之前发生的,所以,加固工作面前方的地层对抑制地面沉陷非常重要。换言之,加固工作面前方的地层,同时采用初期支护以保持自然地层的原始状态,防止地面沉陷是根本的。

1989年在加拿大多伦多召开的国际隧道协会会议上,日本人根据本国及世界各国的工程实践,提出了"预衬砌方法",作为一项在浅埋地层中修建隧道时有效抑制地面沉陷的新方法。该方法主要是在工作面前方地层中预先铺设一个薄的拱壳衬砌,在其保护下进行开挖。此拱壳材料应该有素混凝土一样的刚性,还必须经济、适应性强、便于运输。预切槽和旋喷拱都能满足这一方法的要求,后者设备比前者简单,深度也比前者深。因而,旋喷拱属于预衬砌方法的一种。

1990年在成都召开的国际隧道协会16届年会上,奥地利学者C.Swoboda提出了"数值模型对新的隧道开挖方法发展的影响"的论文,文中用三维数值模型分析论证各种新的施工方法的力学机理,对旋喷注浆与新奥法的结合,他认为是"先进的奥地利施工方法"。三维的隧道数值模型(图5.10.6)分析表明,开挖期间的应力重分布只发生在开挖面前方非常有限的区域,而且发现发生坍塌的危险区也是在开挖面处的这个很短的区域内。这就意味着这一区域内早期支护措施特别重要,应采用先进的奥地利施工方法。旋喷注浆是用来在开挖面前方形成拱棚。文中还认为旋喷拱棚虽然未加钢筋,但其纵向支护效果是次要的,主要是粘结力太小的松散土壤和混凝土相连接。用三维有限元分析结果表明,在旋喷拱保护下,内层的喷混凝土和二次衬砌应力及变形都很小。

5.10.6 目前研究存在的问题

目前我国对水平旋喷超前加固技术的相关研究还是比较初步的,相关部门的主要研究仍然是围绕其施工方法和质检标准展开,而对其理论和数值模拟研究的比较少,同时也仍旧没有系统、全方位对其深入研究,岩土理论领域的一些新的进展也没有引入进来。总之,水平旋喷超前加固技术的研究仍然需要进一步深化。

崔江余　钱春香

(北京交通大学土木工程学院)

5.11 钢筋混凝土结构检测鉴定中的若干问题

5.11.1 前　　言

随着我国经济建设的发展和人民生活水平的提高,对既有建筑的检测和鉴定,已逐渐被提到议事日程。既有建筑不论是勘察、设计、施工、使用等方面存在缺陷,还是受到气候作用、化学侵蚀引起结构老化,均会造成工程隐患,降低结构的安全性和耐久性。为了确定结构的安全性和耐久性是否满足要求,需要对工程结构进行检测和鉴定,对其可靠性作出科学评价,然后进行维修和加固,以提高工程结构的安全性,延长其使用寿命。本文根据笔者近年来工程检测鉴定的实践,谈谈钢筋混凝土结构检测鉴定中的若干问题。

5.11.2 各种混凝土检测方法应注意其适用条件

结构混凝土强度检测方法可分为非破损法和局部破损法。常用的非破损测强方法有回弹法和超声-回弹综合法,局部破损测强方法有钻芯法和拔出法。各种方法都有各自的优、缺点,回弹法操作简单,使用方便,但测试精度相对较差;钻芯法操作复杂,又需水源、电源,但测试精度高。检测混凝土强度需根据工程具体情况和具体条件来选取一种或两种方法(表5.11.1)。

表 5.11.1　混凝土强度检测方法比较

检测方法	测强回归曲线	混凝土龄期(d)	强度范围(MPa)	重要条件
回弹法	$R \approx 0.02497 N^{2.0108} \times 10^{-0.0358L}$	14~1000	10~60	表层与内部基本一致
超声-回弹综合法	卵石:$f_{cu}^c = 0.0038 V^{1.23} \times R^{1.95}$ 碎石:$f_{cu}^c = 0.008 V^{1.72} \times R^{1.57}$	7~730	10~50	需有对测面
钻芯法	$f_{cu}^c = \alpha(4F)/(\pi d^2)$	—	>10	芯样直径不得小于2倍骨料直径
拔出法	圆环式:$f_{cu}^c = 1.59F - 5.8$		10~60	圆环式:骨料直径不大于40mm

对于长龄期的混凝土,不能单一用回弹法测强,而必须用钻芯法进行修正。

回弹法测强时,必须注意回弹仪的检定和混凝土碳化深度的测量。回弹仪必须是在标准状态下,按规定要求进行检定后,才能使用。另外,碳化深度直接影响构件强度的推定,当碳化深度为1mm时,强度降低5%~8%;当碳化深度为6mm时,强度降低32%~40%。可见,对混凝土碳化深度的测量需引起足够的重视。

5.11.3 混凝土小芯样问题

钻芯法中所规定的芯样直径为100mm或150mm,但在实际工程检测中,一方面因构件中钢筋间距过小,给钻芯取样带来困难;另一方面在柱上取芯,对柱截面削弱太多,往往用直径小于75mm的小芯样来作抗压试验。从国内多家科研单位的试验资料来看,对小芯样的看法不完全一致(表5.11.2)。从广东某工程不同直径混凝土芯样强度的比较看,小芯样强度偏低,标准差较大(表5.11.3)。

表5.11.2 各单位混凝土小芯样的试验研究

研究单位	中国建筑科学研究院	上海市建设工程质量检测中心	天津港湾工程研究所	同济大学	东南大学
芯样直径(mm)	$\phi 50$、$\phi 75$	$\phi 75$	$\phi 50$	$\phi 44$	$\phi 50$、$\phi 75$
芯样数量(个)	各30	178	26	—	各22
与标准芯样的强度关系	$f_{\phi 100} = f_{\phi 75}$ $f_{\phi 100} = f_{\phi 50}$	$f_{\phi 100} = f_{\phi 75}$	$f_{\phi 100} = 1.21 f_{\phi 50}$	$f_{\phi 100} = 1.20 f_{\phi 44}$	$f_{\phi 100} = 1.05 f_{\phi 75}$ $f_{\phi 100} = 1.25 f_{\phi 50}$
备注		看法一致:小芯样离散性较大,取芯数量应增加			

表5.11.3 广东某工程不同直径混凝土芯样强度的比较

混凝土强度等级	C30		C20	
芯样直径(mm)	$\phi 75$	$\phi 100$	$\phi 75$	$\phi 100$
芯样数量(个)	15	15	18	18
强度范围(MPa)	13.8~46.0	19.4~36.7	10.0~37.9	11.7~29.7
强度平均值(MPa)	24.6	28.5	19.4	22.3
强度标准差(MPa)	9.2	5.5	7.3	4.9

因此,对直径小于75mm的小芯样检验时,需慎重采用,以免引起对检测结果的更多争议。

5.11.4 工程鉴定时有关鉴定标准的引用问题

目前,我国已经正式颁布的房屋可靠性鉴定的主要标准有《建筑抗震鉴定标准》(GB 50023—95)、《民用建筑可靠性鉴定标准》(GB 50292—1999)、《工业厂房可靠性鉴定标准》(GBJ 144—90)和《危险房屋鉴定标准》(JGJ 125—99)等。这些鉴定标准所对应的鉴定对象、鉴定目的是各不相同的。

危险房屋鉴定的侧重点是判断房屋是否已构成危险房屋,而对未达到危险状态的结构构件并不加以区分和判定,鉴定结果主要为房产管理部门提供依据。

抗震鉴定是对那些未抗震设防或设防烈度低于规定的建筑进行抗震性能评价。它的侧重点是结构是否满足抗震构造和地震作用下的承载力要求。由于绝大多数需鉴定的房屋未遭受过地震,所以无法根据现状直接判别结构的抗震能力,因而抗震鉴定更注重依据长期工程经验和实验研究得出的构造要求和概念,结合定量计算来综合评定。特别需要指出的是,按已颁布的《建筑抗震鉴定标准》(GB 50023—95)对既有建筑进行抗震鉴定的目标,保持与原《工业与民用建筑抗震鉴定标准》(TJ 23—77)基本一致。对既有建筑规定的抗震鉴定目标,比抗震设计规范对新建工程规定的设防标准降低较多。因此,不能按抗震设计规范的设防标准对现有建筑进行鉴定,也不能按现有建筑抗震鉴定的设防标准进行新建工程的抗震设计。

结构可靠性鉴定是对已投入使用的建筑,在正常使用条件下结构可靠性状态进行评价。目前,已颁布的《民用建筑可靠性鉴定标准》(GB 50292—1999)和《工业厂房可靠性鉴定标准》(GBJ 144—90)均未包括抗震鉴定要求的内容,对于地震区的结构可靠性鉴定尚需依据有关抗震鉴定的要求进行。

而这几本鉴定标准间的层次关系容易被忽视,甚至出现鉴定标准引用不当的问题(表5.11.4)。

表 5.11.4　各鉴定标准的层次关系

层次	第一层次	第二层次	第三层次	第四层次
标准规范	现行设计规范:《建筑抗震设计规范》、《混凝土结构设计规范》等	《民用建筑可靠性鉴定标准》、《工业厂房可靠性鉴定标准》	《建筑抗震鉴定标准》	《危险房屋鉴定标准》
适用范围	拟建、新建工程	已建成且投入使用的既有建筑	主要对1977年以前未考虑抗震设防的建筑	既有房屋的危险性鉴定
下一个目标使用期	普通房屋设计使用年限50年	一般为50年减去已使用的年限	少于25年	危房应拆除或采取相应的措施

5.11.5　钢筋混凝土结构检测鉴定时易被忽视的几个问题

对于钢筋混凝土结构,一般着重检验混凝土强度、裂缝分布和梁、板、柱构件钢筋配置。通过笔者在南方地区的工程检测情况看,钢筋的力学性能和梁、柱节点区的配筋存在质量问题的工程时有发生,例如深圳某厂房从柱中抽取的Ⅱ级钢进行拉力试验,其屈服强度只有规定值的70%,梁柱节点未设置箍筋,已引起部分节点斜向裂缝。

混凝土结构中挑出阳台、走道部分,应是结构鉴定时不可忽视的部位。一方面,悬挑部分多为静定结构,一旦构件承载力不足,就容易发生事故;另一方面,悬挑部分其顶端往往设有边梁,悬挑部分在计算时很容易作为均匀荷载考虑,而忽视实际上顶端集中荷载的存在。

对于较大跨度的厂房,顶层边柱的大偏压问题应引起足够重视。一般情况下,顶层边柱随着楼层往上其截面变小,柱中配筋变少,在考虑地震荷载组合的情况下,顶层边柱在主弯矩平面内配筋容易存在欠缺。

另外,由于厂房的活荷载较大,对楼板承载力的计算必须考虑活荷载的不利分布。主梁在集中荷载作用的部位需验算其受剪承载力是否满足要求。

5.11.6　用结构分析与设计软件 TAT 进行结构验算时应注意的几个问题

利用结构分析与设计软件进行结构验算,由于软件本身所提供的数据开关较多,对同一工程的结构验算,因技术人员所选设计参数的不同,计算结果会有所不同。但所选结构模型与设计参数,应尽可能接近结构的实际情况。

(1)底层层高　计算高度应从基础顶面算起,而不从室内地面算起。

(2)周期折减系数　需根据结构型式与填充墙的情况选取合适值。

(3) 抗震等级的调整　TAT软件不会根据结构设防烈度和结构总高度来确定其相应的抗震等级,需要在参数修正时进行调整。

(4) 梁、柱箍筋间距的调整　TAT软件所默认的箍筋间距为100mm(加密区),但在实际工程中有设计间距为150mm或因施工时达不到设计要求的情况,箍筋间距的调整应需根据实际情况作调整。

(5) 梁、柱构件承载力的评定　一般情况下柱基本为构造配筋,混凝土的强度对柱的轴压比影响较大;梁的配筋计算,会因其支座弯矩的调幅不同而有所不同。因此,对梁构件的承载力不宜单一根据支座或跨中配筋情况来判断梁的承载力,而要考虑梁调幅的跨中弯矩(M'_0)与支座的平均弯矩$[1/2(M'_1+M'_2)]$之和是否大于按简支计算所得的跨中弯矩(M_0),来进行综合判断;TAT软件对梁的配筋计算时,是不考虑板的作用的,即不能按T形梁进行计算。如果按T形梁计算,其跨中配筋会有所减少。

(6) 钢筋强度设计值的调整　当所检测结构混凝土强度过低时,需对相应构件内钢筋的强度作一调整。

(7) 梁上荷载问题　从笔者所做钢筋混凝土结构工程的鉴定来看,如果某一工程设计有问题,很多情况下是由于设计人员在荷载输入时,少算或漏算隔墙质量(梁上荷载),引起梁的配筋不足。导致这种情况产生的另一原因是由于结构计算软件在未输入梁上荷载的情况下,计算软件在进行数据检查时不会出错,得出错误的计算结果(而不像楼面荷载,必须有荷载定义,如果缺少这一步,就会提示出错信息,而使计算工作无法进行)。因此,在利用TAT软件进行结构验算,隔墙质量不能少算或漏算。

以上是笔者在工程检测鉴定中的一点肤浅体会,不妥之处望批评指正。

袁海军
(国家建筑工程质量监督检验中心)

5.12　建筑物裂缝病害的分析与处理

5.12.1　建筑物裂缝的主要表现形态

建筑物裂缝问题是建筑工程中普遍存在的问题,已引起了建筑工程界的广泛注视。尤其是建筑物混凝土结构发生裂缝的原因很复杂,混凝土的裂缝成因与裂缝控制问题简述如下:

5.12.1.1　裂缝的基本类型

(1) 混凝土裂缝基本类型　塑性收缩裂缝、沉降收缩裂缝、温差裂缝、干燥收缩裂缝、碳化收缩裂缝、化学反应裂缝、沉陷裂缝、冻胀裂缝、膨胀裂缝、徐变裂缝、凝缩裂缝。

(2) 砌体裂缝基本类型　地基不均匀沉降裂缝、承载力不足引起的砌体裂缝、温差收缩裂缝、材料质量及施工问题引起的砌体裂缝、建筑物结构不良造成的砌体裂缝、地震引起的裂缝。

5.12.1.2　常见裂缝的形态特征

(1) 混凝土裂缝的形态特征

①塑性收缩裂缝　混凝土塑性收缩裂缝(又称龟裂),属于干缩裂缝。一般出现在新浇结构件表面,形状很不规则,类似干燥的泥浆面,裂缝较浅,多为中间宽两端细,长短不一,互不连贯。大多在混凝土初凝后,当外界风速加大,气温高的情况下,或本身温度长时间过高(40℃以上),而气候很干燥的情况下出现。

②沉降收缩裂缝　沉降收缩裂缝多沿结构上表面钢筋通长方向或箍筋上断断续续出现,或在埋设件的附近周围出现。裂缝中部较宽,两端较窄,呈梭形,宽度 1~4mm,深度不大,一般到钢筋上表面为止。

③温差裂缝　裂缝走向无一定规律性,梁、板式结构或长度较长的结构,裂缝多平行于短边;大面积结构的裂缝通常纵横交错;裂缝沿长度分段出现,一般也与短边平行或相似平行,裂缝宽度大小不一,有时出现中间宽两端窄的梭形裂缝,一般在 0.5mm 以下。

④沉陷裂缝　属于深进或贯穿性裂缝,其走向与沉陷情况有关。有的裂缝在上部,有的裂缝在下部,一般与地面垂直或呈 30°~45°方向发展。较大的贯穿性沉陷裂缝,往往上下左右有一定的错距,裂缝宽度与荷载大小、不均匀沉降成正比。

(2)砌体裂缝的形态特征

①地基不均匀沉降裂缝　当建筑物中部的下沉值较两端大时,建筑物形成正向弯曲呈正八字裂缝;当建筑物中部的下沉值较两端小时,建筑物形成反向弯曲呈倒八字裂缝。以上两种裂缝大多发生在窗口,斜裂缝走向由沉降小的一边向沉降大的一边逐渐向上发展。

②承载力不足引起的裂缝　轴心受压或小偏心受压的墙、柱裂缝方向一般是垂直的,在大偏心受压时,也可能出现水平裂缝。裂缝常在墙、柱下部 1/3 位置,缝宽为 0.1~3mm 不等,形状为中间宽两端细。

③温差收缩裂缝　温差收缩裂缝产生在砖石砌体中,其裂缝形式有斜裂缝(即正八字形、倒八字形、X 形,其中正八字形裂缝最常见)、水平裂缝(即屋顶下的水平缝、外窗口处的水平缝、房屋间连接处的水平缝)、竖向裂缝、女儿墙裂缝等。

④材料施工质量问题的裂缝　砂浆体积不稳定、砖块之间咬合差、伸缩缝设置不当,均容易出现竖向裂缝;沉降缝设置不当、宽度不够等容易出现斜向裂缝;圈梁、地圈梁设置不交圈等缺陷,容易造成竖向或斜向裂缝。

5.12.2　建筑物裂缝产生的主要原因

建筑物裂缝产生的原因很多,要根本解决建筑物的裂缝问题,需要从裂缝的形成原因入手。正确判断和分析建筑物裂缝的成因,是有效控制和减少裂缝产生的最有效途径。

(1)设计与材料产生的裂缝

①设计结构中　对构件施加预应力不当,断面突变产生应力集中的构件裂缝(偏心、应力过大等)。对构造钢筋配置过少或过粗等引起构件裂缝(如墙板、楼板)。对构件的收缩变形未充分考虑,采用的混凝土等级过高,造成用灰量过大的构件裂缝。

②材料选用中　粗细骨料含泥量过大、颗粒级配不良(骨料粒径越细,针片含量越大;用灰量和用水量增多,收缩量增大),造成混凝土收缩增大产生的裂缝。外加剂、掺合料选择不当或掺量不当,水泥等级或品种选用不当,水灰比(水胶比)过大等,严重增加混凝土收缩产生的裂缝。

(2)施工与温差产生的裂缝

使用荷载超负,野蛮装修,随意拆除承重墙或凿洞等,引起的裂缝。周围环境影响,酸、碱、盐等对建筑物的侵蚀引起的裂缝。混凝土降温及保温工作不到位,引起混凝土内部温度过高或内外温差过大产生的温度裂缝。意外事件,火灾、轻度地震,施工工艺不合理、振捣不好、养护不当、拆模过早等,均易诱导裂缝的产生。

5.12.3 建筑物裂缝与建筑物倾斜

地基基础不均匀沉降产生的建筑物倾斜,导致墙体裂缝在我国的一些沿海城市较为普遍。随着地面沉降的加剧,可能产生较大的水平位移,导致管线及建筑物倾斜、裂缝、损坏。如果沉降量过大将会导致基坑周围或隧道上面的建筑物和地下构筑物的损坏。

(1)地面沉降与建筑物倾斜

地下水开采会引起地面沉降、塌陷,建筑物倾斜、墙体裂缝等工程质量问题,尤其是我国一些沿海城市的建筑,大多在软土地基上建造,这些地区广泛分布着软土层(淤泥及淤泥质土层),在使用这类地区的地下水时,由于淤泥质土层直接覆盖在取水含水层之上,无论地下水开采过量与否,只要抽水就会产生区域水位下降,孔隙含水层中的压力平衡即遭到破坏。含水层中的孔隙水压力减小,附加应力增加,淤泥质土层受自重或上覆地层的压力影响,就会产生压缩、排水、固结,从而引起地面沉降,导致建筑物倾斜产生墙体裂缝。

(2)深基坑开挖与工程降水

由于高层建筑地基基坑的特殊性和软土地区地基土体的地质条件的复杂性,在软土地区进行基坑开挖时,尤其是大面积挖土卸载时,基坑坑底和四周土体应力状态发生变化,特别容易使坑内外土体发生位移。随着土的孔隙不断扩大,渗透速度不断增加,较粗的颗粒也相继被水流逐渐带走,最终导致土体内形成贯通的渗流管道,造成土体塌陷即管涌。当深基坑下部有承压含水层时,易出现突涌现象。若要防止以上问题的产生,就要作好围护结构的设计和保证施工质量。为保证基坑顺利开挖,在坑内降水时,应建竖向防渗帷幕,深度应不小于基坑开挖深度的1.6倍,最好能嵌入不透水层(黏土或基岩)或进行水平隔渗封底,使坑周围的地下水不降或虽降但不致引起环境问题。此外还可采取坑内降水、坑外人工回灌的方法来保持坑外水位不降或少降来避免产生以上的环境问题,从而防止建筑物的倾斜与开裂。

5.12.4 建筑物裂缝的处理方法

国际发展趋势表明,建筑物病害处理业已成为当今建筑业的热门课题,而混凝土裂缝又是无处不在,无法避免的。建筑物的破坏往往是从裂缝开始。

(1)砖砌体裂缝的处理

砖砌体建筑物裂缝产生的原因是多方面的,不仅与砌体含水量的多少有关,而且与设计、施工质量有关,还与地基沉降、温差应力、干缩和收缩等因素有关。因此,对裂缝的控制和处理可采取以下措施。

①填缝处理 先沿裂缝凿开(宽10mm,深50mm左右),冲洗干净并湿润,用1:2水泥砂浆或树脂砂浆分层填嵌密实。

②水泥灌浆 主要用于砌体裂缝的补强加固和外墙防渗漏处理。先清理裂缝,在表面用1:2水泥砂浆封闭裂缝,形成灌浆通路,并灌水冲洗裂缝,然后再由上而下灌入纯水泥浆液。

③胶泥嵌补 主要用于墙面防渗处理。表面沿墙体裂缝凿出一条小凹槽并清扫干净,表面刷一层环氧浆液之后再用树脂胶泥沿缝压实。

④加筋锚固 主要用于结构补强。沿裂缝位置在墙体两侧每隔5皮砖凿一条水平砖缝长1m,深50mm,两面凿缝应错开。冲洗干净后,埋入 $\phi6mm$ 钢筋,两端弯直角嵌入砖缝,并及时用M10水泥砂浆嵌实。

(2)混凝土裂缝的处理

混凝土中产生裂缝有多种原因,主要是温度和湿度的变化、混凝土的脆性和不均匀性,以及结构不合理、原材料不合格(如碱骨料反应)、模板变形和基础不均匀沉降等。

①表面处理法　包括表面涂抹和表面贴补法。涂抹适用于浆材难以灌入的细而浅的裂缝，深度未达到钢筋表面的发丝裂缝，不漏水的缝，不伸缩的裂缝以及不再活动的裂缝。表面贴补(土工膜或其他防水片)法适用于大面积漏水(蜂窝麻面等或不易确定具体漏水位置、变形缝)的防渗堵漏。

②填充法　用修补材料直接填充裂缝。一般用来修补较宽的裂缝，作业简单，费用低。宽度小于 0.3mm、深度较浅的裂缝；或是裂缝中有充填物，用灌浆法很难达到效果的裂缝，以及小规模裂缝的简易处理；可采取开 V 型槽，然后作填充处理。

③灌浆法　此法应用范围广，从细微裂缝到大裂缝均可适用，处理效果好。

④结构补强法　因超荷载产生的裂缝、裂缝长时间不处理导致的混凝土耐久性降低以及火灾造成的裂缝等影响结构强度的可采取结构补强法。包括断面补强法、锚固补强法、预应力法等。

⑤自动低压灌浆法　该技术是混凝土裂缝灌浆领域研制的袖珍式新型机具，可对混凝土微细裂缝进行自动低压灌浆(包括材料、机具、施工的一项综合技术)。适用于各种形态裂缝的修复(包括在建、已有建筑物的维修改造)。该技术填补了国内空白，达到国际先进水平。

(3)裂缝的控制措施

①设计方面　在建筑设计中应处理好构件中"抗"与"放"的关系。所谓"抗"就是处于约束状态下的结构，没有足够的变形余地时，为防止裂缝所采取的有力措施；而所谓"放"就是结构完全处于自由变形无约束状态下，有足够变形余地时所采取的措施。设计中应尽量避免结构断面突变带来的应力集中，并做好加强措施。在结构设计中，应重视构造钢筋的配置，特别是楼面、墙板等薄壁构件更应注意构造钢筋的直径和数量的选择。施工大体积混凝土应采用 60d 龄期强度值作为设计值，从而控制裂缝，确保工程质量。

②选材方面　根据结构要求选择合适的混凝土强度等级及水泥品种、等级，尽量避免采用早强高的水泥。选用级配优良的砂、石原材料，含泥量应符合规范要求。积极采用掺合料和混凝土外加剂。掺合料和外加剂可以明显地起到降低水泥用量、降低水化热的作用。正确掌握好混凝土补偿收缩技术的运用方法，应通过大量的试验确定膨胀剂的最佳掺量。并依据施工现场的浇捣工艺、操作水平、构件截面等情况，选择好混凝土的设计坍落度，针对现场的砂、石原材料质量情况及时调整施工配合比，搞好构件的养护工作。

以上对建筑物裂缝病害的分析与处理进行了理论和实践上的初步探讨，虽然学术界对于建筑物裂缝的成因和处理方法有许多探索的理论，但对于建筑物倾斜导致墙体结构裂缝的具体预防措施还需进一步研讨。同时在具体的施工实践中，还要多观察、多比较、多分析、多总结，采取多种预防处理措施，建筑物的裂缝是完全可以避免的。

谢锡庆

(上海市闸北区经济委员会)

5.13　某体育馆主框架梁裂缝原因分析

5.13.1　工程概况

华东地区某体育馆系钢筋混凝土框架结构，主体部分为 5 层，体育馆外围为 1 层室外平台

（外围直径为110m），于2000年上半年开始兴建。整个体育馆的主体结构由32榀框架组成，主框架外围直径为95.6m。1层、4层径向框架梁和5层C轴环向梁（直径为80m）施加预应力，2层、3层径向框架梁未施加预应力。屋盖采用空间网架结构，整个网架通过32个支撑点与直径70m的环形钢梁相连，钢梁与32个柱顶间有橡胶垫相连。

2001年下半年发现2层顶框架梁有不同程度的竖向裂缝。为弄清裂缝原因，以便对其进行处理，体育馆筹建办委托国家建筑工程质量监督检验中心对该体育馆2层顶框架梁的裂缝进行鉴定。体育馆2层结构平面和框架立面如图5.13.1和图5.13.2所示。

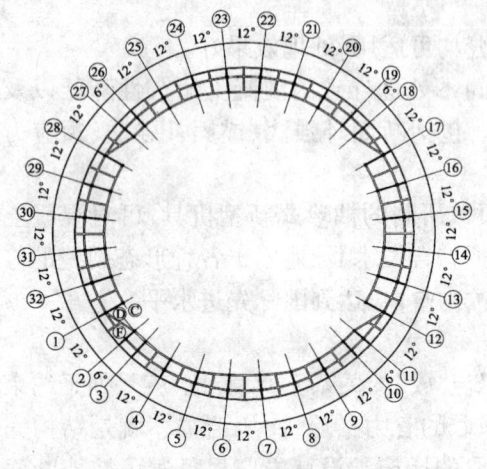

图5.13.1 体育馆2层结构平面图

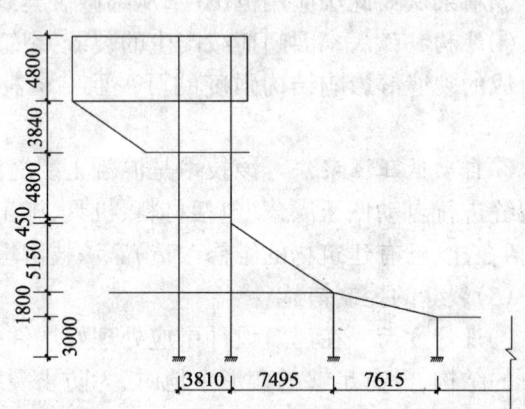

图5.13.2 体育馆框架立面图（南北向）

5.13.2 2层框架梁裂缝分布情况

2层框架梁的截面尺寸为350mm×700mm，梁的跨度为3.0～5.0m。2001年9月发现2层框架梁有裂缝，当时最大裂缝宽度约为0.3mm。2002年1月中旬再次观测裂缝时，发现2层32榀框架梁普遍有裂缝，裂缝集中分布于C轴梁支座附近的区域内（C轴直径为80m）。裂缝的数量不等，多者有6条，最大裂缝宽度约为0.55mm，且裂缝处的石膏饼已裂开，说明裂缝尚未趋于稳定。同一榀框架梁上，裂缝条数愈多，其相应的裂缝宽度就愈小。裂缝的走向主要呈竖向，部分裂缝略呈斜向，从梁底逐渐向结构板底延伸。

5.13.3 2层框架梁裂缝产生的原因

结构出现裂缝，往往由多种因素造成。但在这些因素中，一般来说有一项或几项起着主要作用，特别是在裂缝分布极有规律的情况下更是如此。

该体育馆2层框架梁的混凝土强度及钢筋配置，经当地检测部门检测，均满足设计要求。工程有关各方认为，工程施工质量能达到合格要求。因此，我们采用结构分析通用程序SAP2000和高层建筑结构空间有限元分析软件SATWE（考虑楼板的弹性变形影响），对该体育馆工程进行结构承载力验算，以分析2层框架梁裂缝产生的原因。

5.13.3.1 2层梁在竖向恒荷载作用下的承载力计算

结构分析通用程序SAP2000的计算结果表明，在竖向恒荷载作用下（不考虑活荷载）2层32榀主框架梁在C轴内支座处承载力只有作用效应的48%～77%（表5.13.1），此时受拉区的钢筋已屈服。用高层建筑结构空间有限元分析软件SATWE计算也表明2层32榀主框架梁不能满足构件承载力的要求。

表 5.13.1 框架梁承担弯矩与作用效应

轴线编号	支座位置	梁能承担的弯矩(kN·m)	SAP2000 计算出的弯矩(kN·m)
1	C 支座	124.4	176.0
2	C 支座	161.6	210.0
3	C 支座	124.4	201.4
4	C 支座	124.4	260.7
5	C 支座	161.6	271.3
6	C 支座	124.4	217.8
7	C 支座	124.4	217.8
8	C 支座	161.6	271.3

注：由于该体育馆主体结构呈双向对称，因此仅列出 1/4 轴线的计算结构。

5.13.3.2 2 层框架梁裂缝产生的原因

从 2 层框架梁裂缝的部位和走向看，裂缝集中在 C 轴支座附近，裂缝走向主要呈竖向，部分裂缝略呈斜向，从梁底逐渐向结构板底延伸。这些裂缝具有因支座处的正截面受弯承载力不足引起的受力裂缝之特性(梁底为受拉区)。

2 层梁在竖向恒荷载作用下的承载力验算，进一步证实了梁裂缝是支座处的正截面受弯承载力不足引起的。2 层梁在竖向恒荷载作用下 C 轴内支座处为正弯矩（即梁底为受拉区）；而 2 层梁 C 轴内支座处梁底所配钢筋为 4Φ14 或 4Φ16，梁顶通长所配钢筋为 4Φ22 或 4Φ25，原设计配筋所考虑的是 C 轴内支座处为负弯矩（即梁顶为受拉区），由于弯矩变号引起 2 层梁的承载力严重不足，导致 2 层 32 榀主框架梁普遍开裂。

由于体育馆主体结构中央部分无楼板，属于空间框架的空旷结构，不符合一般多层及高层建筑结构空间分析软件中所规定的独立楼层的楼板为刚性的假设要求；该体育馆 5 层挑出长度有 7.8m，在竖向恒荷载作用下 2 层梁(楼板)的径向位移为 3~5mm，即在竖向恒荷载作用下体育馆存在侧向外掰的趋势。设计单位在对工程进行结构内力分析时未考虑楼板的弹性变形影响，使计算的力学模型与工程的实际情况不符，导致 2 层梁支座处的正截面受弯承载力不足，是 2 层梁产生裂缝的根本原因。

5.13.4 处理建议

将 5 层原空心砖内隔墙改为轻钢龙骨隔墙或泰柏板，以进一步减低 5 层挑出部分的荷重；对 2 层 32 榀主框架梁采用加大截面法进行加固处理；对宽度大于 0.2mm 的裂缝进行灌浆处理。由于构件截面改变后，会引起结构内力重分布，因此，原设计单位在对结构进行加固设计时，需考虑构件截面改变后对结构进行进一步整体计算，并在结构内力分析时考虑楼板的弹性变形影响，使计算的力学模型符合工程的实际情况。

5.13.5 从中汲取的教训

(1)在进行结构分析时，所选用的结构计算软件其力学计算模型应符合结构的实际受力状况。不同的结构计算软件其基本假定不尽相同，所能适用的结构形式也不尽相同。例如由中国建筑科学研究院开发的 TBSA 和 TAT 是三维空间分析程序，柱梁采用空间杆系，剪力墙采用薄壁柱，假定楼板在平面内是无限刚性的，平面外刚度为零。适用于每层均有楼板，或楼板开洞不大的多、高层结构。

SATWE 是以壳元理论为基础,构造了一种通用墙元来模拟剪力墙。墙元不仅具有平面内刚度,也具有平面外刚度。需要注意的是:SATWE 分多层版和高层版。多层版限 8 层以下且不具有考虑楼板弹性变形功能。因此,对体育馆、影剧院等空旷结构则不宜用 TBSA 和 TAT 软件进行结构计算,而应选用 SATWE(高层版)和 TBSA 技术开发部新开发的 TB-SAP 软件。

(2)对不规则的结构或较新型的结构应选两个以上的计算软件来相互校核,经分析判断确认其合理、有效后方可用于工程设计。

该体育馆 5 层挑出长度有 7.8m,结构竖向刚度变化大,采用不同的力学模型进行计算,其计算结果相差甚大。工程设计时,所选用软件的力学模型与工程的实际情况不符,是产生本工程质量事故的根本原因。

袁海军　费毕刚　邱　平　肖从真　潘　立
(中国建筑科学研究院)

5.14 某民族学院大礼堂墙体裂缝分析与加固处理

5.14.1 工程概况

某民族学院大礼堂外观雄宏巍峨,内部华贵典雅,是一栋具有鲜明民族特性和独特建筑风格的建筑。建于 1953 年,总建筑面积约 4 000m²。整个建筑由前厅、观众厅、舞台三部分组成。前厅是 3 层钢筋混凝土框架结构,左右各带一个耳房,耳房底层的地下室为砖混结构,与前厅连成一体。屋面尺寸为 36.5m×14.1m,屋面外挂琉璃瓦。观众厅平面尺寸为 31.9m×28.5m,排架结构,柱距 4.5m。屋盖采用梯形钢屋架,跨度为 28.5m。舞台平面尺寸为 24m×13.5m(矩形),4 层框架结构(底层设有地下室)。屋盖采用木屋架,屋架的一端支撑在舞台台口的大梁上,另一端支撑于设置了构造柱的砖砌山墙上。基础为钢筋混凝土独立基础,埋深 3.5~4.5m。基础垫层为 300mm 厚碎石三合土。礼堂平面图如图 5.14.1 所示。

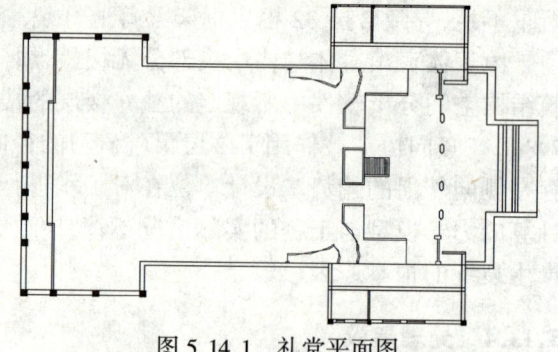

图 5.14.1 礼堂平面图

5.14.2 工程地质条件

为了解地基土的工程特性,在建筑物周围布置了 4 个探井,钻孔 4 个。该场地地基土构成及主要物理力学性质如下:

5.14.2.1 地基土构成

根据探井勘查和实地调查可知,该场地露出的底层主要有黄土及角砾、卵石。

①黄土(Q_4^{dl+pl}),分布于整个场地,厚 14.5~28.7m,褐黄色,底部呈褐红色,稍密~中密,稍湿,土质均匀,具大孔。为新近堆积的黄土,由粉粒组成。

②角砾(Q_4^{pl}),分布于黄土状粉土之下,揭露最大厚度 3.6m,该层厚度最大达 12.4m。

③卵石层,一般粒径 2~30mm,混碎石及砂,偶见大石,含褐红色黏性土,夹粉土透镜体,为密实洪积而成。

5.14.2.2 湿陷性评价

将土层的湿陷量计算后,可以确定该场地土为自重湿陷性黄土,湿陷等级为Ⅳ级。

5.14.3 建筑物现状调查

该建筑物墙体普遍开裂,形状主要为斜裂缝和垂直裂缝。从正立面裂缝分布图(图5.14.2)看,裂缝最大宽度为6mm,裂缝整体呈"八"字形,主要分布在耳房两侧。从侧立面裂缝分布图(图5.14.3、图5.14.4)可以看出,前厅与观众厅连接处的墙体裂缝分布比较密集,裂缝最大宽度为5mm,主要为斜裂缝。

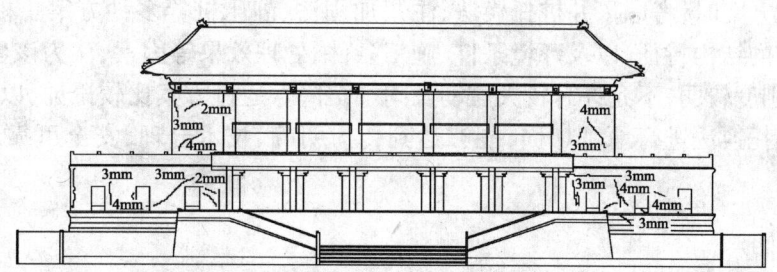

图5.14.2 正立面裂缝图

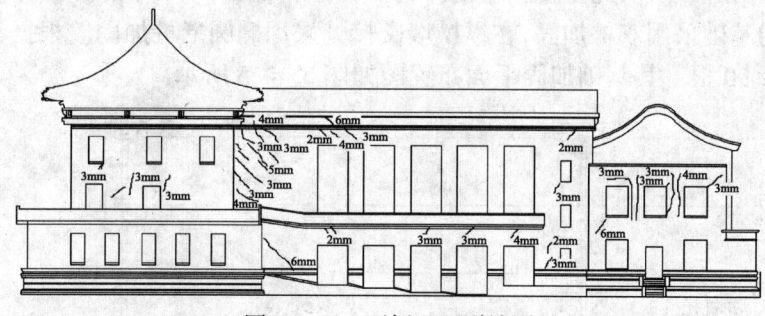

图5.14.3 西侧立面裂缝图

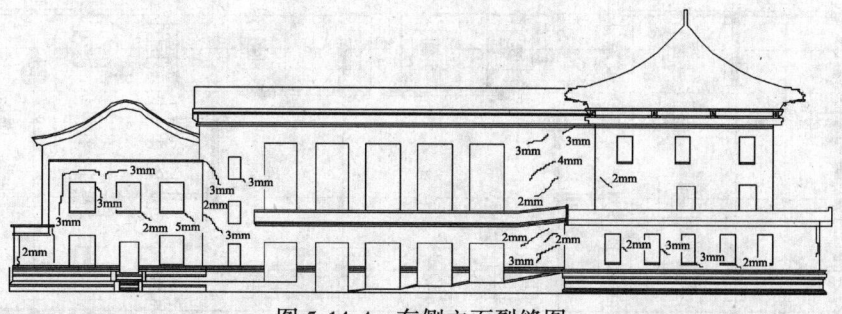

图5.14.4 东侧立面裂缝图

5.14.3.1 裂缝原因分析

根据对建筑物开裂情况的调查,结合勘察、设计资料进行分析,墙体开裂的主要原因是由于地基不均匀沉降产生的,具体为:

(1)地基土浸水。从沉降观测结果看,地基沉降较大处是前厅。该基础采用独立基础,下设300mm碎石三合垫层,埋深3.5~4.5m。开挖探井的含水量为7.5%~15.8%,1~3m含水量为20%以上,此处正处于厕所排水井旁。可以看出,墙体裂缝的主要原因是厕所管道年久失修,破裂漏水,水浸入地基后,使地基土产生湿陷变形和压缩变形,导致地基产生不均匀沉降,从而使墙体产生裂缝。

(2)堆载影响。门厅下的地下室内堆有大量钢材增加了附加荷载,使建筑物沉降加剧。

(3)由于建筑物整体刚度差,又年久失修,抗外界干扰能力差。

5.14.4 加固思路及方案选择

从该建筑物的现状分析可知,存在的主要安全隐患为地基土浸水后造成基础不均匀沉降,使墙体产生裂缝,从而影响结构的安全。为了确保建筑物的正常使用,首先应对建筑物基础进行加固处理,基础稳定后再进行上部墙体的加固处理。

在确定加固方案时,考虑了井桩托换法、注浆加固法、静压桩等多种方案。根据该场地的地质条件和建筑物的结构特征,以及环境条件、施工条件、处理效果等因素,认为该建筑物墙体已经严重开裂,整体刚度较弱,不允许有较大震动及附加沉降。通过方案比较论证,以及经济分析,最终确定采用井桩托换法进行地基加固,能够达到传力明确、技术合理、安全可靠、经久耐用的目的。

5.14.5 方案设计

5.14.5.1 平面布置

由于主要沉降在前厅,因此主要应对前厅的基础进行加固。对荷载较小的基础采用单桩加固,对荷载较大的基础采用双桩加固,在纵横墙交接处采用椭圆形桩加固。根据基础形式的大小均匀布置桩,共计90根。其基础加固平面布置图如图5.14.5所示。

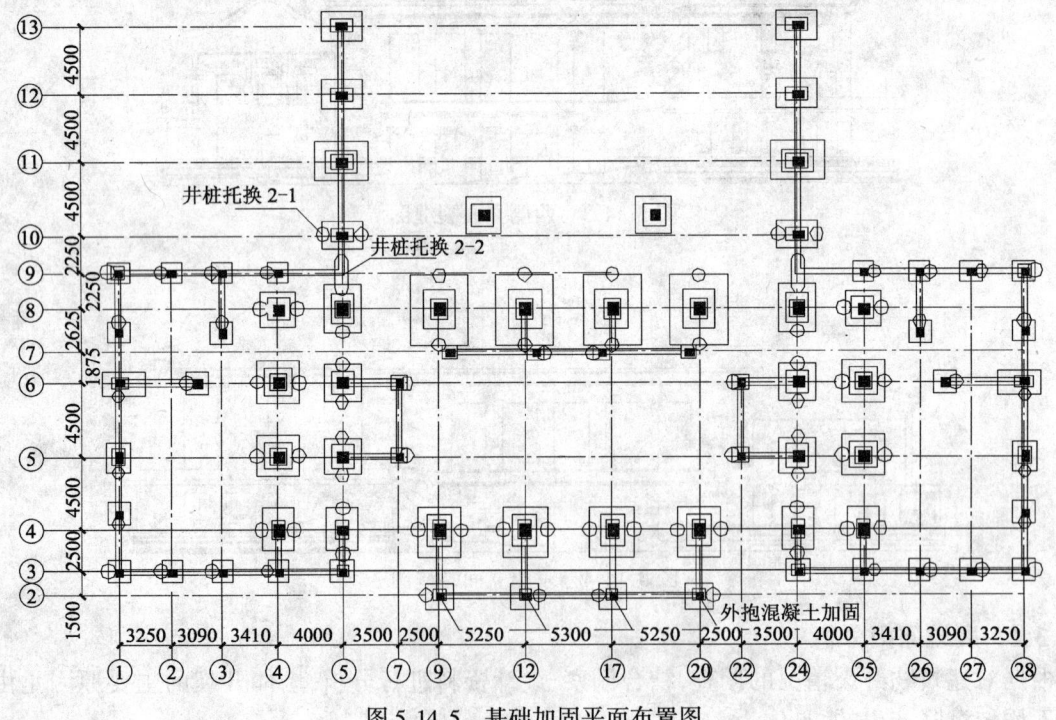

图5.14.5 基础加固平面布置图

5.14.5.2 桩长及配筋

桩身配筋长度为8m,桩底伸入卵石层不小于500mm,采用C20混凝土,配筋如表5.14.1所示。

表 5.14.1 配筋

桩径(mm)	桩数	箍筋	内箍	纵筋
800	60	φ8@200	φ16@2 000	13φ16
1200	28	φ8@200	φ16@2 000	16φ16
椭圆	2	φ8@200	φ16@2 000	24φ16

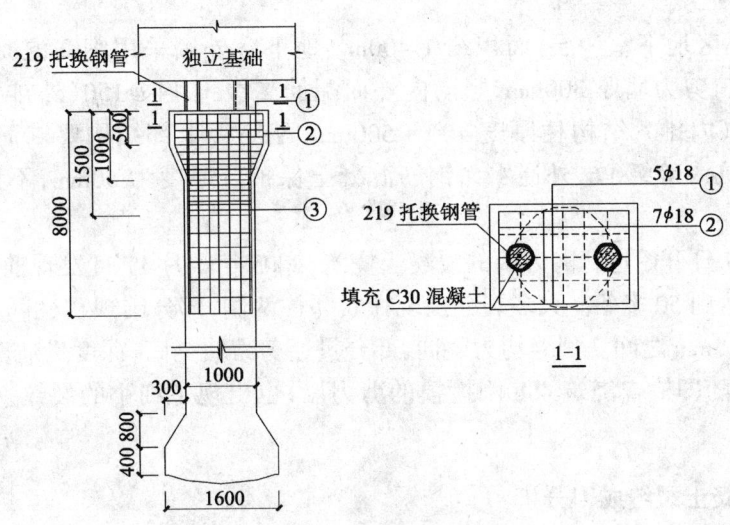

图 5.14.6 井桩托换图

5.14.6 加固施工

(1)井桩施工时,采用间隔开挖,确保挖孔施工过程的安全。

(2)井桩开挖后,在浇灌混凝土之前,应将基底浮土、碎石清理干净,使桩能够牢固地嵌入角砾层。

(3)绑扎钢筋笼并固定,浇到托换位置。

(4)桩顶采用219mm无缝钢管进行托换,托换力400~500kN,使之承受上部对应的基础荷载,然后浇灌连接部位的混凝土,并保证混凝土的浇筑质量。

(5)托换后进行回填夯实。

(6)在基础加固稳定的基础上,采用钢丝网片对墙体进行加固。钢筋网片为φ6@200,穿墙筋采用φ6间距600mm,梅花形布置。采用M15砂浆抹灰,厚25mm。

5.14.7 加固效果

自加固完工后,建筑物已经使用近五年。经沉降观测,未发现沉降变形,说明加固效果良好。

从本加固成功之例可以说明,建筑物的加固应根据场地地质条件和建筑物的结构特征,以及环境条件、经济条件等综合因素采取相应的加固方法,可以达到事半功倍的效果。

郑建军　张国澍

(甘肃土木工程科学研究院)

5.15 地下室现浇混凝土外墙柱裂缝原因分析

混凝土是由水泥、掺合料、外加剂与水配制的胶结材浆体将分散的砂、石子搅拌粘结在一起的工程材料,是一种多元、多相、非均匀的水泥基复合材料,弹性模量较高而抗拉强度较低,在受约束条件下只要发生少许收缩,产生的拉应力往往会大于该龄期混凝土的抗拉强度,导致混凝土发生裂缝。下面以具体的工程实例对裂缝产生的原因进行探讨。

5.15.1 工程概况

中山某商住小区地下室一层,面积约 1 400m²,地下室外墙采用钢筋混凝土剪力墙,间隔 5~9m 设有结构柱,剪力墙厚 300mm,竖向内外面配筋二级钢 14@150(外排),水平内外面配筋二级钢 12@150(内排),结构柱厚度 400~500mm,配筋视上部结构要求而不同,混凝土强度等级均为 C30,抗渗等级 P6,外迎水面钢筋混凝土保护层厚度为 50mm,不设后浇带及伸缩缝。

2005 年 1 月 19 日开始进行剪力墙的混凝土浇筑,2005 年 2 月 17 日发现前期剪力墙出现了大量的裂缝,总数达到 50 多条。大多裂缝出现在紧邻柱两侧,部分出现在柱间 1/3 处,间距 2~3m,缝宽在 0.1~0.3mm 之间。裂缝均为竖向,部分贯通剪力墙全高,深度贯通剪力墙全截面,少量已经出现渗水。随即检查浇筑 48h 刚拆模的剪力墙,也出现了细小的裂纹,引起了各方的担心。

5.15.2 剪力墙混凝土裂缝成因分析

混凝土的开裂主要是由于混凝土体积收缩变形所引起的,如干燥收缩、碳化收缩、温度收缩等。其影响因素多种多样:

5.15.2.1 设计方面

本工程剪力墙厚度 300mm,内外均采用竖筋二级钢 14@150、水平二级钢 12@150 布筋,混凝土强度等级 C30,抗渗等级 P6。从荷载受力情况看可满足强度计算要求,但从裂缝控制的观点来看,水平分布筋配筋率单面只有 0.25%,不足以抵抗因混凝土收缩和温度变化较大而产生的拉应力。根据裂缝控制要求,外墙剪力墙要求墙体中水平分筋配筋率不宜小于 0.5%,钢筋间距不宜大于 100mm,最好能设在外排以发挥其最大抗裂作用。

5.15.2.2 材料性质和混凝土配比方面

本工程采用 P·Ⅱ42.5R 水泥,细度模量 2.7,级配Ⅱ区河砂,10~20mm 和 16~31.5mm 规格花岗岩碎石,混合材 AEA 膨胀剂 9% 等量取代,外加剂 FDN-5 减水剂掺量 1.2%。具体配合比如表 5.15.1 所示。

表 5.15.1 混凝土配合比材料用量(C30 P6 坍落度 140~160mm)

材料 (kg/m³)	P·Ⅱ42.5R 水泥	AEA 膨胀剂	砂	石 子		水	外加剂
	325	30.5	769	425	637	186	3.9

从材料性质看 P·Ⅱ42.5R 水泥具有早强性质,混凝土水化凝结硬化过程加快,必然会造成早期水化热量大,塑性收缩变形大,容易产生裂缝。从理论上讲掺膨胀剂混凝土经过一定的保温养护后,产生限制膨胀率 e,依靠已产生的限制膨胀补偿各种收缩(自缩、干缩、冷缩和徐变)之和

D，若 $e-D\geqslant 0$ 则结构不会出现收缩裂缝。AEA膨胀剂的主要化学成分为 SO_3、Al_2O_3、CaO，在水化凝结硬化过程中，水泥浆体发生膨胀变形，会产生较高的水化热量。故从材料选用上可见其忽视了水化热问题，而这恰是裂缝控制的关键。

根据表5.15.1混凝土配合比材料用量，混凝土的最高绝热温升采用公式计算

$$T_h = (W_c + K \cdot F)Q/(C \cdot P) \tag{5.15.1}$$

式中　W_c——混凝土水泥用量（kg/m^3）；

　　　K——掺合料系数，AEA膨胀剂取1.5；

　　　F——混凝土中活性掺合料用量（kg/m^3）；

　　　Q——水泥28d水化热值，P·Ⅱ42.5R水泥取380kg/kg；

　　　C——混凝土比热，取0.97kJ/(kg·K)；

　　　P——混凝土的密度，取2 400kg/m³。

$$T_h = (325 + 1.5 \times 30.5) \times 380/(0.97 \times 2\,400) = 60.52\ \text{℃}$$

由于剪力墙柱板薄，由内至外的温度梯度急剧变化，混凝土体积随着温度的下降逐渐收缩，由于收缩率不同而产生相应的拉应力，当这种应力和其他应力叠加超过混凝土的抗拉极限强度时，混凝土中就会产生收缩裂缝。本工程大量裂缝的产生，显然是该配比存在缺陷（低估了水化热对混凝土的影响）。采用早强水泥，掺加AEA膨胀剂，增加了水化热量，加速了收缩，作用恰得其反。混凝土裂缝主要产生于墙柱交接处，这是由于内外温差及应力集中所造成的。一般来说，在混凝土中掺加粉煤灰可使混凝土具有较好的和易性、可泵性、抗渗性。实践证明，每掺加10kg粉煤灰替代等量的水泥，混凝土的温升可降低1℃，适量掺加等量粉煤灰，能有效减少水化热，对减少混凝土浇筑后的塑性收缩和温度收缩有重要意义。该配合比没有采用粉煤灰掺料也是其一大缺憾。没有进行混凝土配合比优化设计，一味强调混凝土强度而忽视其他性能，很容易产生质量问题（如出现裂缝）。

5.15.2.3　施工工艺方面

根据施工单位的施工日志记录，施工期间日平均温度在10～15℃之间，天气干燥。混凝土入模后48h拆模，然后定时淋水养护。这说明施工单位对微膨胀混凝土性能不熟悉，采取了错误的施工工艺。其养护应保温保湿。首先，微膨胀混凝土48h拆模，其膨胀变形还在进行中，混凝土失去模板的约束后，由于沿墙面纵向受表面淋水，再有钢筋的约束，只能垂直于墙面横向发展，补偿混凝土收缩就完全失去了作用；同时，过早拆模，混凝土水硬化还在进行，不利于保温保湿。第二，仅仅定时对混凝土冬季寒冷干燥气候条件下，使墙体表面急剧降温，加大了温度应力，增加了收缩，同时，48h后才开始养护，有可能裂缝早已出现，再养护也不可能愈合了（如拆模后发现的混凝土裂纹）。因此，这种混凝土凝结后即须进行妥善的保温、保湿养护，不拆除模板保持14d；对模板浇水养护，使内外模板始终处于湿润状态。这样，模板对墙柱混凝土处于夹紧状态，可以充分发挥其微膨胀的性能。同时，水分也不易散发，有利水泥的充分水化，提高混凝土强度，可有效减少甚至避免产生裂缝。

5.15.3　处理方案及效果

5.15.3.1　裂缝性质

通过以上分析可知，混凝土的裂缝与材料、配合比、施工技术、使用环境、荷载及结构设计等

众多因素有关,一般情况下裂缝是由多方面原因引起,并且在其他因素影响下开展。就本工程剪力墙柱裂缝来说主要是由于混凝土早期收缩所造成,对结构安全性能暂时无影响,但由于渗水,引起钢筋锈蚀,对建筑物的耐久性和使用功能有一定的影响。由于混凝土早期收缩经过一定时间(大约60d)后逐渐趋于稳定,此时,对裂缝进行处理即可。

5.15.3.2 裂缝处理

本工程剪力墙柱竖向裂缝按深度可分为表面裂缝、深度裂缝和贯穿裂缝。

(1)表面裂缝的处理

表面裂缝是深度小于保护层厚度的微细浅裂缝(宽度在0.2mm以内),对其采用表面封闭法进行处理,其目的是达到封闭裂缝和防水作用。

施工工序:

①裂缝基层打磨处理。用砂轮机沿裂缝走向打50~60mm宽,露出基层坚实表面。

②涂刷底剂。在打磨处均匀涂刷专用底剂。

③批刮封闭树脂胶泥。在涂刷底剂的地方批刮封闭树脂胶泥。

(2)深度裂缝和贯穿裂缝的处理

深度裂缝的深度超过保护层但不贯穿墙的截面,宽度大于0.2mm,对其采取低压注浆修补技术,确保浆材(改性环氧树脂)注入裂缝的细微部位,将其封闭后满足使用功能。

施工工序:

①在现场确认需要进行处理的裂缝部位。

②用钢刷或手提砂轮机打磨裂缝部位,露出坚实基面。

③用封缝胶对裂缝进行密封处理,并选择裂缝较宽处埋设底座。两底座间需保持适当的间距,一般为250~350mm。对贯穿裂缝另一侧也需要密封处理,方法同上,但不埋设底座。

④密封材固化养护,并检查封缝的密封性。

⑤将按比例配制好的注浆材加入注浆泵内,然后加压,使浆液注入裂缝。随时观察,随时补充注浆液。

⑥注浆材固化后,检查注浆情况,看注浆是否饱满,否则应重新埋设底座注浆。

剔除封缝材料,表面恢复原状。

对贯穿裂缝,由于裂缝较深,出现渗漏,可采用高压注浆修补裂缝技术。其施工工序同上,只是压力增大。经过处理,目前工程使用情况良好,地下室未发生异常情况。

5.15.4 结　语

混凝土裂缝控制是一个综合性问题。为了防止裂缝,必须从原材料选择、结构设计、温度控制、配合比优化、施工顺序安排、施工质量、混凝土的表面保护以及先进的技术手段等方面采取综合措施。

刘　军

(广东省中山市建设工程质量监督站)

5.16 某教学楼检测鉴定及加固设计

5.16.1 工程概况

某中学一栋5层教学楼,采用现浇钢筋混凝土框架体系,使用功能为教室、办公及配套用房。建筑面积5 600m²。采用天然地基上的钢筋混凝土独立柱基,设计混凝土强度等级为C20,工程按7度抗震设防,框架抗震等级为三级,于1990年交付使用。近年来使用过程中发现了较为严重的质量问题:部分教室楼板四角产生45°贯通斜裂缝;沿梁产生水平贯通裂缝。为了解结构的实际质量状况,校方委托专业检测单位对该工程进行了质量检验鉴定,并要求加固处理。

5.16.2 检测鉴定

5.16.2.1 检测鉴定内容和方法
(1)采用回弹法检测梁、柱的混凝土强度等级,同时对板、柱钻取混凝土芯样,用混凝土芯样的抗压强度对回弹法测试结果进行修正。
(2)采用磁感仪检测梁、柱、板的钢筋配置情况。
(3)检测钢筋混凝土梁、柱的几何尺寸及楼板厚度。
(4)根据检测结果及国家规范对其作出结构安全性鉴定。

5.16.2.2 检测鉴定结论
(1)通过检测数据,对每层混凝土梁、柱强度分别评定。柱的混凝土平均强度为C15.9~21.2,梁的混凝土平均强度为C18.0~20.1,部分结构构件低于原设计强度。
(2)结构楼板存在多处裂缝,主要有板角45°贯通斜裂缝和沿梁长度方向产生通长裂缝。这类裂缝是由于楼板板面钢筋保护层过大,造成承载力不足而引起的。
(3)部分楼板板底钢筋保护层偏薄、钢筋锈蚀,外墙和顶板渗水,对结构耐久性造成影响。
(4)建筑物安全性等级评定为Dsu级。

5.16.3 结构计算分析

为了对本工程的安全性进一步核算,准确地确定出需要加固的范围,根据目前工程实际情况,重新进行了整体计算分析。结构验算所用软件为中国建筑科学研究院PKPM系列结构计算软件。

5.16.3.1 荷载取值
楼板恒荷载考虑以下荷载:
(1)楼板自重(按实际厚度取值)和板底抹灰层荷载(20mm厚);
(2)活荷载按《建筑结构荷载规范》规定取值,风荷载按基本风压0.7kN/m²取值。

5.16.3.2 混凝土强度取值
柱的混凝土强度取值为C15,梁的混凝土强度取值为C18。

5.16.3.3 抗震设防烈度
7度,Ⅱ类场地;设计地震基本加速度值0.10g;设计地震分组为第一组。

5.16.3.4 核算结果
(1)部分柱承载力不满足设计要求;
(2)梁的正截面抗弯强度不足,而斜截面强度能满足要求;
(3)楼板承载力不足。

5.16.4 加固补强处理

5.16.4.1 柱的加固

经重新核算,部分柱承载力不满足设计要求。为了提高柱的承载力,同时尽量不减少使用面积,本工程采用湿式外包钢加固法对柱进行加固(如图5.16.1所示)。在原混凝土四角包∟100mm×10mm角钢,并用乳胶水泥浆将角钢与混凝土柱粘贴牢固,再沿柱高用缀板与角钢焊接连接。缀板采用宽100mm、厚5mm的钢板,间距400mm。

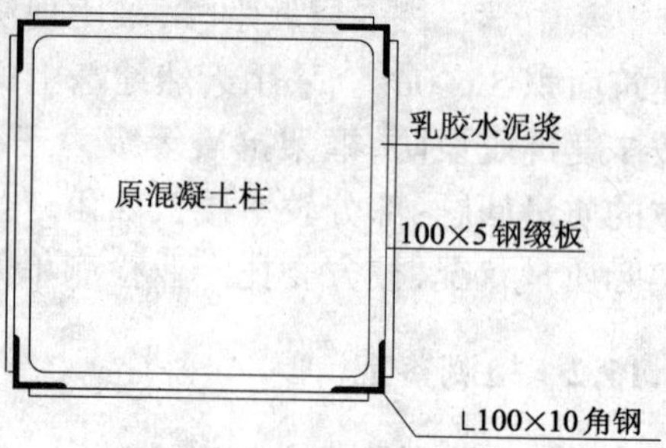

施工顺序及技术要求如下:

(1)配置乳胶水泥。要求乳胶含量为水泥质量的5%~10%,加水适量,呈膏状体。

图5.16.1 湿式外包钢加固柱

(2)采用乳胶水泥浆粘贴外包钢时,应先在处理好的角钢、柱角抹上厚约5mm的乳胶水泥浆,然后立即粘贴角钢,并用夹具在两个方向将四角角钢夹紧、校准,夹具间距不宜大于500mm。

(3)将缀板与角钢焊接。施焊时应分段、交错,防止过热。焊接应在乳胶水泥初凝前完成。

(4)外包钢施工完毕后,应在型钢表面抹厚25mm的1:3水泥砂浆保护层。

(5)柱与楼板连接处根据柱受力要求设置角钢套箍,加强柱受力性能。

5.16.4.2 梁的加固

根据计算结果,梁的正截面抗弯强度不足,而斜截面强度能满足要求,最终确定选择外部粘钢板法进行加固。该加固方法的优点是,梁的截面面积和荷载均增加不大,而梁的承载力可大幅度提高,且施工周期较短。加固设计时,应重点注意以下两方面的问题:

(1)加固后梁的受弯承载力不仅与所加钢板的数量有关,而且与外粘钢板和梁内原有受拉钢筋是否真正共同受力有密切关系。要保证钢板与梁内原有钢筋协同工作,要求采用的结构胶能承受梁与钢板间的剪切应力,不发生以下三方面的破坏:钢板与结构胶粘结面的破坏;钢筋混凝土与结构胶粘结面的破坏;结构胶内部发生破坏或产生较大的剪切变形。

(2)为了防止由于钢板锚固粘结长度不足导致梁发生早期破坏,必须对钢板锚固粘结长度进行验算。要求钢板在锚固区的粘结受剪承载力 V_u 必须大于钢板的受拉承载力 T_u。锚固粘结长度 L_1 按下式计算

$$L_1 \geq 2f_{ay}t_a/f_{cv}$$

式中 f_{ay}——加固钢板的抗拉强度设计值;

t_a——加固钢板厚度;

f_{cv}——被粘结混凝土抗剪强度设计值。

在确定粘钢加固面积后,选择钢板规格,并计算出钢板所需的最小锚固长度。根据梁弯矩包络图,确定粘钢在梁长度方向的实际加固范围。若钢板达不到 L_1 的长度,可在钢板的端部锚固U形箍板。如图5.16.2所示。

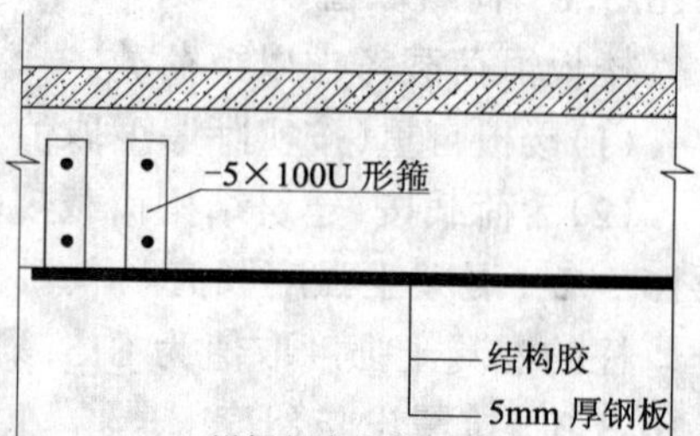

图5.16.2 外部粘钢加固梁

5.16.4.3 楼板加固

楼板的主要问题是由于楼板板面钢筋保护层过大,造成承载力不足。最初加固设计考虑在原有楼板上再浇注一层混凝土楼板。这种做法,设计和施工虽较为简单,但自重加大,进而加大

梁、柱承载力。综合考虑，最后选择在楼板板底通长粘贴CFRP布和在板顶粘贴钢板条的混合加固法。在板面贴钢板条不仅可以提高楼板支座处抗负弯矩的能力，而且可以提高楼板的刚度；在底部粘贴CFRP布可以提高楼板跨中抗弯能力。材料选用100mm宽的CFRP布和100mm宽、6mm厚的钢板条。如图5.16.3所示。

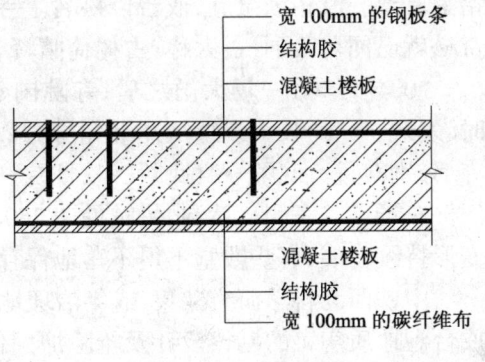

图5.16.3 楼板加固

5.16.4.4 楼板裂缝处理

根据楼板裂缝的不同形态，采取对应措施。对混凝土收缩和温差变化而产生的非结构性裂缝，进行封闭修补处理；对结构性裂缝（由于受力引起），修补后需对楼板进行加固处理。宽度小于0.2mm的裂缝，采取表面封闭措施，即在楼板上沿裂缝用钢钎凿成"V"形槽，槽宽与槽深约2cm。凿完后用钢丝刷将混凝土碎屑清除干净，涂刷一层环氧浆液后用环氧胶泥填充"V"形槽。宽度大于0.2mm的裂缝，先用环氧浆液压力灌浆封闭后，再用碳纤维布跨缝补强，即沿垂直裂缝方向以裂缝为中轴跨缝粘贴宽100mm，长300mm碳纤维布，净距200mm。修补后需对楼板进行加固处理。

5.16.5 加固技术要求

(1) 对于具体工程应根据加固部位的实际情况及要求，选择合理的加固方案，满足安全性、经济性及施工方便等各方面的要求。

(2) 采用外粘钢板加固时，应将原混凝土结构面上的油垢污物刷洗干净，然后再对结合面进行打磨，除去2~3mm厚的混凝土表层浮皮、粉尘后再涂刷粘合剂。钢板粘结面应经除锈和粗糙处理。粘钢板加固后，外露的钢板应根据装修要求，用水泥砂浆（或环氧砂浆）做保护层（厚度不小于20mm）。

(3) 施工时视具体情况应加设临时支撑，以确保施工安全。粘钢、湿式包钢、贴碳纤维布等的加固效果主要取决于粘接材料和施工质量。加固时应选择质量合格的粘接材料，由具有资质的专业队伍施工。

(4) 需粘钢加固的构件，加固前应进行卸荷。锚固粘钢板的型钢套箍与钢板焊接时，要做到先焊后粘。也可采用结构胶钢-钢粘接锚固法，锚固长度根据所用结构胶的粘接抗剪强度计算确定。

(5) 施工前应注意当地的温度和湿度是否在结构胶施工的允许范围内；施工中应注意结构胶的初凝时间，边配边施工。应确保钢板与结构构件之间胶的饱满度，以保证工程质量。

任 旭
(华森建筑与工程设计顾问有限公司)

5.17 北京戒台寺抢险加固

5.17.1 滑坡概况及滑坡变形特征

5.17.1.1 工程概况

北京戒台寺为全国重点文物保护单位，位于北京市门头沟区马鞍山北麓，距京城35km。始建于隋开元年间（距今有1400多年），历史悠久，规模宏大，殿宇巍峨，风景秀丽。寺内建有全国最大的戒坛,可授佛门最高戒律菩萨戒,故有"天下第一坛"之美誉。寺内殿堂随山势高低而建,错落有致。潭柘因泉胜,戒台以松名。寺内有国家级保护古树88棵,早在明清时期,戒台寺十大奇松就已闻名天下,古人称"古树倚睛峰,鳞老作虬龙,神州第一坛,律人海意禅"。

2004年7月一场大雨之后,寺院内建筑物和地坪开始出现裂缝,当年9月复建千佛阁挖基时,发现了一道长大裂缝从东北角穿过,为慎重起见复建工程不得不暂停。此裂缝从西围墙进寺,分别穿过大悲殿→真武殿→牡丹院→千佛阁遗址→大雄宝殿→加蓝殿→鼓楼→出山门殿后,经停车场进入东侧自然沟,最宽处达250mm,地裂缝所经之处,建筑物出现局部下沉或拉裂,而且变形持续发展,有些殿堂不得不落地保存。

中铁西北科学研究院集45年治理地质灾害、文物保护加固之经验和实力,一举中标承担了戒台寺地质病害的勘察设计及抢险加固任务。经勘察确认造成寺内大量建筑物变形的主因是山体滑坡所为。戒台寺滑坡依附南北走向的山梁,寺院坐落在山梁的后部(南部),它南倚六国岭,北对石门沟,山梁南北向长约1 200m,东西向平均宽约350m,滑坡后缘横跨寺院,戒台寺主要建筑物位于滑坡体上,滑坡前后缘高差约230m,滑体厚度约46m,滑坡体积约900万 m^3。

5.17.1.2 滑坡区地质概况

滑坡东、西两侧为自然冲沟及洼地,地貌上一面靠山,三面临空,滑坡所在的山梁与后部东西向马鞍山呈圈椅状接触。南北向山梁上陡下缓,其上发育有四级缓坡台地,由南向北依次降落,寺院处在最后一级台地上。横贯山梁的108国道处在第三级台地上;108国道以北100m处的大平台则为第四级台地。滑坡自上而下出现了8道横切山梁贯通的变形带,108国道以北台地间的裂缝变形以塌陷为主;进寺路口至戒台寺院间的变形带有的呈塌陷性质,有的呈牵引拉张性质。

组成戒台寺斜坡及其周围的主要地层有石炭系(C)、二迭系(P)及第四系(Q)地层。第四系(Q)残坡积层及人工杂填土,一般厚0.5~6m,主要分布于斜坡的表层和寺院平台。二迭系地层下部主要为微~中风化灰色、深灰色细砂岩、粉砂岩、含砾砂岩和砾岩,夹煤线;上部以灰色、灰绿色厚层状砂岩与薄层状粉砂岩互层,长石石英砂岩夹泥质粉砂岩。砾岩为灰色、灰白(风化呈黄色),一般厚3~10m,较稳定,其砾石成分主要为燧石和石英岩。该套地层一般厚130m,主要分布于108国道以北坡体。滑坡体主要由上石炭(C3)系岩层组成,上部为灰色、深灰色细砂岩、粉砂岩及页岩,夹2~3层黏土矿和煤层或煤线,下部为灰色、浅灰色含砾粗石英砂岩,风化重复,呈褐黄色。滑动带为褐黄色砂岩底下的一层黏土矿,饱水软弱,砂岩含水,黏土矿形成相对隔水层。滑床以下为中石炭(C2)砂岩,黑色,含黄铁矿及石英较多,致密坚硬。

滑坡区地质构造发育,马鞍山为东西向背斜,戒台寺位于马鞍山背斜之北翼,岩层倾向北,与山体自然斜坡倾向一致。东西向构造共有9条,南北向构造有3条,故将山梁切割得支离破碎。

5.17.1.3 滑坡变形情况

(1)地表位移观测情况

2005年初春以来,随着地勘工作的深入及春融季节的到来,滑坡区变形逐渐增大并由南向北在山梁上新产生了几道贯通的裂缝,致使108国道多处被剪断并下陷,最大错台达70cm;寺内上水管道经常被拉断。为了掌握滑坡的位移情况,在戒台寺裂缝带上及寺外滑坡体上共建立了4个裂缝观测伸缩仪(如图5.17.1所示),17个地面位移简易观测桩,每天观测一次滑坡的位移,并利用地质钻孔在滑坡体上设立了7个深孔位移监测孔,定期观测。结果表明:从3月23日~5月7日之间,滑坡位移持续增大,有逐渐加剧的趋势,最严重时每天位移达7mm。5月7日之后,滑坡位移明显减缓,趋于收敛。但随着抗滑桩开挖的深入,滑坡有效支撑逐渐降低,8月以后,寺院西北部位移又开始加剧。17个简易观测桩建立时间参差不齐,累计位移不等,最早从1月4日起开始观测,其变化规律与伸缩仪基本相同。

第5章 改造加固工程

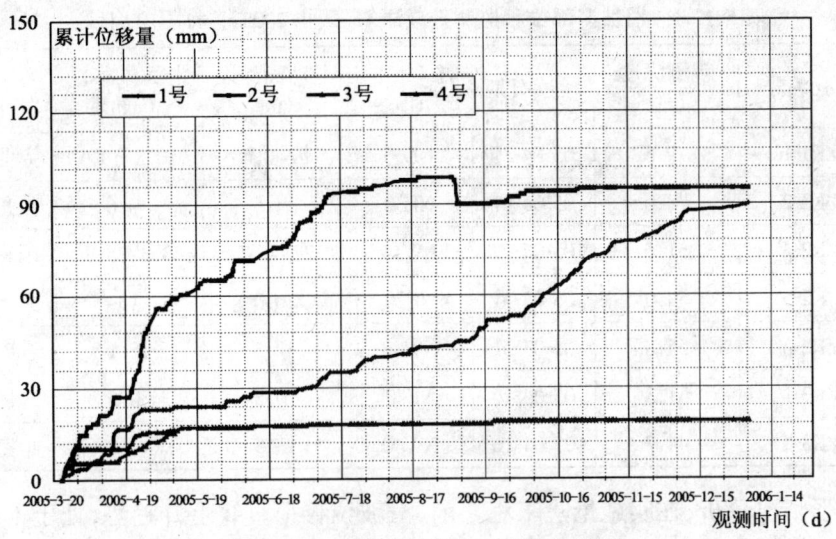

图 5.17.1 滑坡区地表位移监测情况

(2) 滑坡深部位移观测情况

考虑到滑动面呈多层出现,为了解究竟有几层在动？哪一层最活跃？埋深多少？利用地质钻孔在滑坡体上安设了7个深部位移监测仪,其观测数据如表5.17.1所示。从表中可以看出,有的测孔揭示了一层滑带,有的揭示了两层滑带；各孔位移量、滑面深度及滑动方向不尽相同,这表明滑坡具有多块、多级及多层滑面的特征。滑坡深孔监测为滑动面的确定和分析提供了可靠翔实的证据。图5.17.2给出了ZK2-4号及ZK3-4号测孔位移曲线,曲线的不连续处正是滑动面的位置所在。

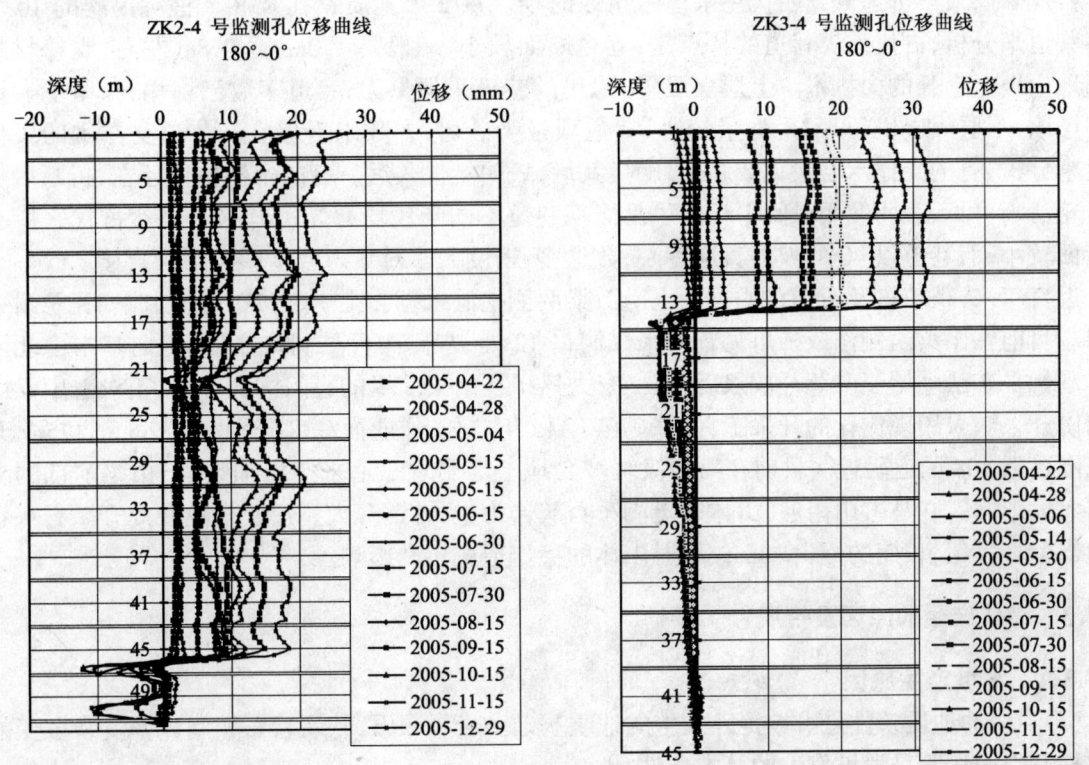

图 5.17.2 ZK2-4 号及 ZK3-4 号孔位移 $S\text{-}T$ 曲线

265

表 5.17.1　滑坡深部位移监测孔成果表（截止 2005 年 11 月 29 日）

序号	测孔编号	观测深度(m)	初读日期	方向(°)	滑动面深度(m)	滑面位移量(mm)	备注
1	ZK1-1	79.5	05-04-30	NE40	7/40.5	10.8/19.3	寺北围墙外
2	ZK2-2	40.0	05-04-07	NE30	14.5	30.6	牡丹园
3	ZK2-4	51.5	05-04-07	NW15	22/46.5	8.3/28.2	画家门前
4	ZK2-5	59.0	05-03-31	NE20	26.0	13	央视绿化地
5	ZK2-6	55.8	05-03-31	NW80	32.5	15.1	进寺路口
6	ZK3-1	31.3	05-04-16	NE40	20.5	30.5	选佛场西面
7	ZK3-4	44.7	05-04-16	NW40	13.5	44.8	画家院子西

从滑坡变形情况分析，在实施抢险工程之前，滑坡位移呈直线上升趋势，处于不稳定状态，随着抢险工程的进行，转入时动时停的极限平衡状态，2005 年雨季未发生明显变化，基本趋于平稳。但雨季后期，随着抗滑桩开挖的增多及桩的深入，滑坡变形有所加剧，可见抗滑桩施工对滑坡有一定的影响。

5.17.2　采矿与滑坡的关系

组成山梁的山体矿产丰富，有煤矿、黏土矿和石灰石矿。几百年来居住在山梁附近的居民，借助地域优势，向山梁掘洞开采矿层，形成合围之势，尤其是采煤最为盛行。据调查，采煤有古代采煤和现代采煤两种活动迹象。

古代采煤最早可追溯到明代宪宗皇帝执政时期。从 2 个地质钻孔及 8 个桩坑揭露的 10 个煤窑巷道来分析，古代采煤巷道的特点是：巷道断面较小，一般高 1.0m、宽 0.8m 左右，支撑材料为当地山坡上生长的山桃木。上层煤层（38m）里的巷道采掘量大，巷道多数已坍塌，只留下大量的支撑木；下层煤层里（43m）采掘量较小，巷道顶板为砂岩，多数未坍塌。从巷道支撑木的风化程度来分析，有的支撑木已炭化或腐朽，触摸就烂，表明年代久远。有的木棒树皮还在，折断后生长年轮清晰可见，表明使用时间不长。可见同一巷道不同年代均有先民开采。虽然古代采煤巷道断面较小，但巷道以 40°的坡度直通寺院，数量多、密度大。对寺内殿堂影响最为直接。

近百年来，秋坡村及石佛村的村民也沿山梁两侧挖洞采掘黏土矿（青灰），烧制琉璃瓦及耐火材料。目前在山梁西侧沟依稀可见昔日采煤洞口 12 处，东侧沟可见洞口 3 处，走向基本由北向南。现代采矿活动始于改革开放以后，有 2 家大煤矿在山梁前缘的石门沟底开洞，正对着山梁由北向南开采。采用现代化的开采工具，采矿已有 15 年之久，作业面深度分别为 122m 和 175m，开采范围接近 108 国道附近。目前在第四级缓坡台地上已出现三道采空塌陷裂缝，山梁前部的支撑被大大削弱。在马鞍山南麓，山体以奥陶系石灰岩为主，首钢等大型厂矿企业在此开采石灰石已达半个多世纪，长期的炸山取石放炮对山体的稳定造成不利影响。

5.17.3　滑坡产生的原因及性质

5.17.3.1　滑坡产生原因

(1) 当地的地质条件是滑坡得以发生的地质基础。岩层顺倾，软硬岩石相间以及复杂多变的地质构造裂面切割是滑坡发生的基本条件。

(2) 山梁周边及底下的采矿是最重要的诱发因素。尤其是近年来在山梁前部的大规模现代化开采。采空塌陷在地层中形成新的临空面,使坡体松弛而最终可发展沿着某一软弱带蠕滑,并前赴后继依次向后贯通;此类由采空塌陷诱发的滑坡在全国许多矿区时有发生,戒台寺院内外的多处地裂变形与山梁四周的采矿活动是密切相关的。

(3)马鞍山南坡长期的炸山取石,尤其是大剂量装药放炮所产生的强烈震动,使本来就已松弛的坡体更加松动,为表水的下渗提供了便利条件,削弱了坡体的稳定性。

(4)大气降雨也是当前滑坡滑动的重要诱发因素。通过对戒台寺30年来气象资料的分析,最大降雨发生在1977年及1994年,达到970mm,年平均降雨量为592mm。2004年降雨为678mm,高于年平均降雨量,对2005年初的变形增大不无关系。降雨大多集中在6～8月份。塌陷会导致岩体的松动,有利于表水下渗,下渗的表水遇到软弱地层,则会将其软化,使其强度降低,促使坡体蠕滑;在戒台寺的坡体中恰恰存在多层软弱地层,所以坡体松弛后表水下渗助长变形。

(5)山梁两侧自然沟经多年塌坍削弱了坡体支撑。两沟在108国道以北下切较深,使山梁变窄而孤立。西沟108国道下方的秋坡村中有大量的房屋因塌陷和滑动而严重开裂,导致山梁西侧的岩体松动,对山梁的稳定带来不利影响。东沟在进寺路口附近有两个东西向的支沟,对山梁形成横向切割亦不利于梁子的稳定。

(6)坡体松弛后寺院内大量生活用水因地面开裂或下水管道断裂产生渗漏,也加速了坡体的软化和变形,形成恶性循环。

5.17.3.2 滑坡性质及特征

由上可知,戒台寺滑坡由多条、多级和多层滑带组成,系一产生在地质构造发育、地层岩性软弱和地质环境恶劣条件下的大型破碎岩石滑坡群。

与一般的典型滑坡不同,戒台寺滑坡具有显著的特殊性及其复杂性。特殊性体现在滑坡具有多条、多级和多层滑动带,前后级滑体滑动面不连通,非单一滑坡,是一个滑坡群,而且滑坡群之间有相互依赖关系。复杂性表现在以下几个方面:①构造发育褶曲多,岩层多次揉皱,致使岩体相当破碎;②岩层顺倾不利于稳定,属易滑结构的坡体;③含煤系地层,具有岩性差的易滑地层为不良地质区;④变形复杂零乱,其采空区塌陷与滑坡变形交织在一起,且各滑块之间由于蠕动、滑动方向不同也产生一些交叉变形,给分析判断造成困难;⑤地下水丰富,1～6号抗滑桩均发现有大量地下水;⑥诱因多,采煤、采矿、放炮、生活污水下灌及集中降雨等均构成诱发因素;⑦滑体厚,滑带强度低,滑坡推力大,治理工程费用昂贵。

5.17.4 滑坡治理方案

寺院坐落在山梁上,要保护戒台寺,必须治理山体滑坡。治理滑坡是保护戒台寺的先决条件。根据以往国内外治理大型复杂滑坡的经验,对戒台寺这种大型破碎岩石滑坡群采用单一的支挡措施不易凑效,在采取支挡、锚固、灌浆与排水等综合治理措施下方能解决问题。

5.17.4.1 应急抢险方案(一期工程)

在春融期间(2005年4月初),滑坡活动剧烈,平均每天以2mm的速度发展,严重时一天位移达7mm,且变形有加速趋势,随时都有产生大滑动的可能,对寺内管理人员、僧侣、游客及文物造成致命威胁。为防患于未然,北京市政府及文物部门当机立断,实施应急抢险工程,并制定紧急预案。

该工程是在戒台寺外围4个重点部位设置了预应力锚索地梁及锚索墩群,快速控制滑坡变形,共设计109孔锚索。锚索工程施工速度较快,对地层及滑坡扰动少,特别适合于抢险。该工程历时1个月,于2005年5月10日完成。从监测结果看,已发挥了很好的作用。需要说明的是,应急抢险工程并非根治工程,它只是保寺工程的前期工程。

5.17.4.2 保寺方案(二期工程)

保寺方案以保护戒台寺为宗旨。根据地质勘察结论,戒台寺所在的山梁已产生严重松弛,地层条件越往南越好,越往北越差,故支挡锚固工程均布置在戒台寺北围墙以外斜坡坡脚一线。对工程结构物以北的坡体暂不治理,故进寺路及 108 国道以北的坡体还会继续变形和滑移。在计算桩的受力时,未考虑桩前岩土的抗力。如图 5.17.3 所示。

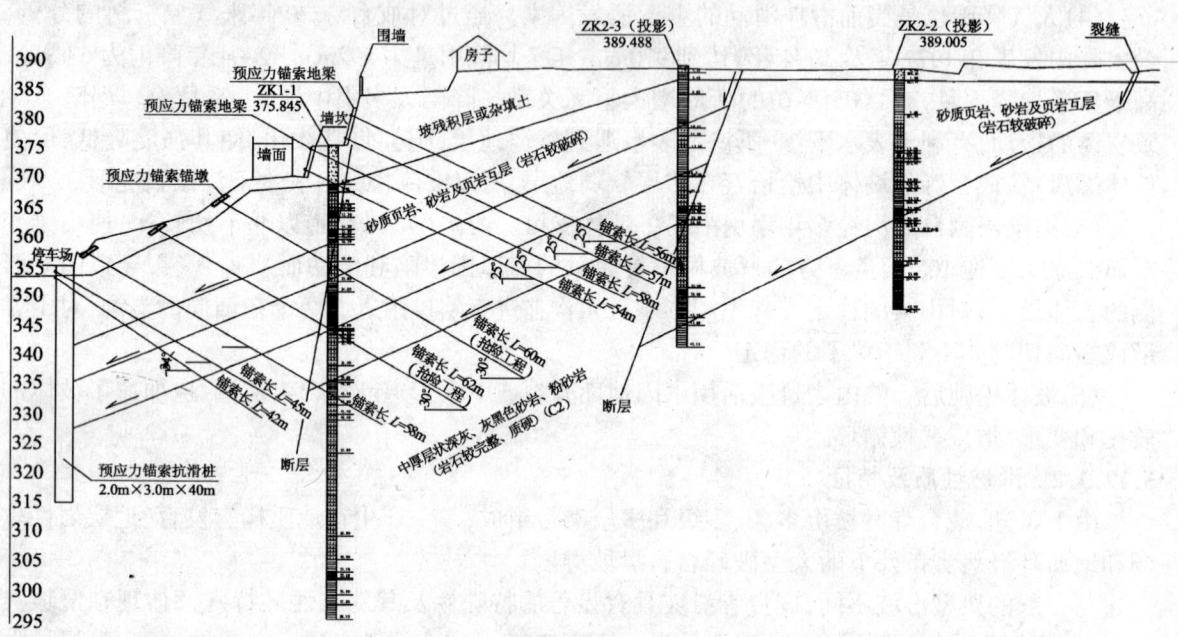

图 5.17.3 滑坡治理工程布置 1-1 断面

(1)固脚 在寺院北围墙外的斜坡坡脚一线及大停车场南侧挡墙部位,布置一排预应力锚索抗滑桩,共计 35 根。根据三个断面推力及滑带深浅情况将抗滑桩分成三种类型,设计时未计桩前抗力,换言之即使桩前山体滑走,也能保证戒台寺稳定。

考虑滑动面的多层性,为防止桩顶浅层剪出,并为抗滑桩分担一部分滑坡推力,根据各断面产生的下滑力大小,在桩顶以上斜坡上布置 3~5 排预应力锚索墩群,力图稳住坡脚。在画家院西北侧边坡锚固区布置 3 排锚索墩,共 36 个,主要控制画家院滑块 NW30°~35°方向的滑动。自上而下,锚索长度为:62m,60m,57m,倾角 30°,间距 4m。锚墩截面尺寸为 1.5m×1.5m,厚 0.6m,用 C25 钢筋混凝土浇注而成。锚墩锚索均由 8 根 ϕ15 钢绞线组成,孔径 ϕ130mm,内注 M30 水泥砂浆。

(2)治水 截排寺院西围墙以外山体洪水,防止山洪进入寺院内漫流;修复和完善寺内、外地表排水系统;改造寺内上水、下水及供暖管道,修筑一道钢筋混凝土地下暗沟,将管道置在其中,即使将来下水管道破裂,还有暗沟可以排泄,防止生活污水渗入地下;在抗滑桩开挖中,对地下水发育的抗滑桩在桩底做储水洞,桩中预留抽水管道,抽排地下水。

(3)裂缝注浆 对寺院内四道下陷裂缝带及建筑物局部变形过大的沉降带,进行注浆充填,防止其自然挤密过程中,建筑物产生过量变形而破坏。戒台寺滑坡不仅坡体严重松弛,而且还具有深层软岩的蠕动特征,支挡锚拉工程完成以后,如不采取充填措施,坡体间的空隙及裂缝带挤密还需一个相当长的历史过程。而建筑物的变形不会立刻终止,为缩短这一过程减少建筑物的变形,因此对裂缝进行反复注浆充填是必要的。

(4)寺内挡墙局部加固 这是针对寺内建筑物的保护加固措施,对电工房、关公殿、观音殿、真武殿及方丈院等建筑物临空侧的挡墙进行锚拉加固,这些挡墙大多是用块石干砌而成,年代久远,侧向承压力有限。目前挡墙外倾,墙顶建筑物出现不同程度的变形。为保护这些建筑物,有必要在挡墙处设置预应力锚索框架、锚索地梁或锚索墩进行局部锚拉加固,控制外闪变形。

5.17.5 治理效果

一期抢险加固工程从2005年4月9日~5月10日实施了1个月,很快控制了滑坡变形,使戒台寺渡过了危险期,对保护戒台寺起到了关键性作用,也为滑坡勘察、设计赢得了时间。为了保证滑坡能安全渡过汛期,紧接着实施二期保寺工程。二期工程主体是35根预应力锚索抗滑桩,在挖桩过程中由于对地层的扰动滑坡变形有所加剧,随着抗滑桩施工的临近完成,滑坡变形有所收敛,时间位移曲线趋于平缓。如图5.17.4所示。

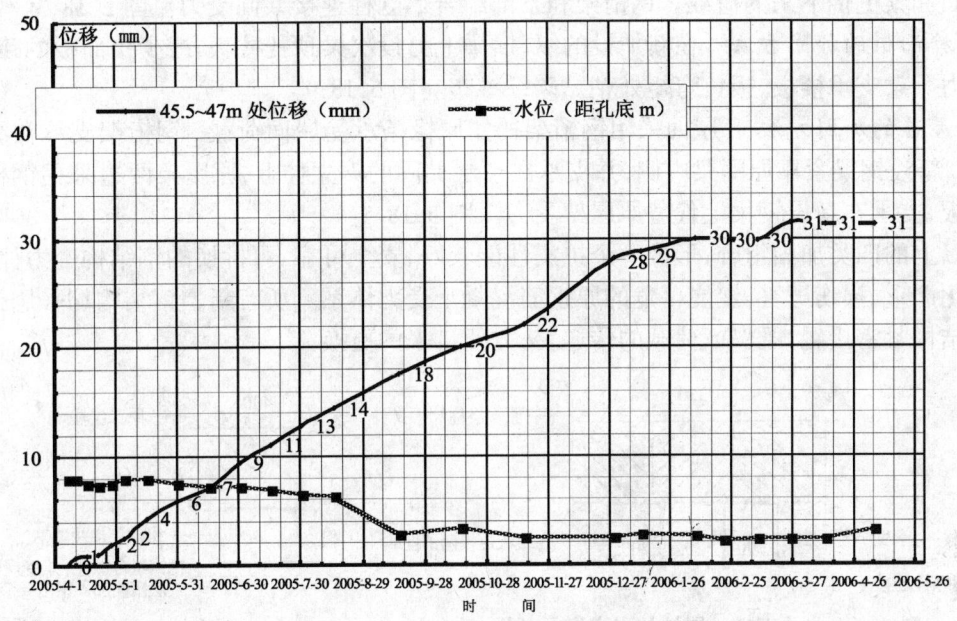

图 5.17.4 2~4号深孔位移监测曲线

王 桢

(中铁西北科学研究院)

5.18 钢结构整体顶托在古建筑加固中的应用

5.18.1 工程概况

武汉大学老理学院是武汉大学早期建筑的组成部分,1936年建成,距今已有60多年。该建筑于1993年被武汉市公布为"武汉市历史优秀建筑",2001年被国务院公布为"第五批全国重点文物保护单位"。由于该建筑建造年代久远,建造至今尚未进行大的修缮。今发现在其两侧的东南楼(三层)和西南楼(二层)破损、老化严重,主要结构受力构件均出现严重破损。两楼建筑面积共约2 500m²,结构型式均为钢筋混凝土内框架。考虑到老理学院建筑是国家重点保护文物,必须遵照《中华人民共和国文物保护法》和文化部颁布的《纪念建筑、古建筑、石窟寺等修缮工程管理办法》之规定,并充分考虑到原结构的受力特点,结合目前该楼受损的实际现状,按照文物保护的特殊要求,采用钢结构对原主体结构进行整体顶托加固。通过此方法加固,一方面完全保留了原建筑外观和传统的建筑艺术风格,另一方面结构安全及抗震性能得到保障;并且由于该钢结构是一个可拆换的体系,方便将来的更换,实现了保护文物建筑的可逆性思想。

5.18.2 加固方法及要点说明

(1)混凝土柱的加固方法　用组合钢立柱靠在原混凝土立柱旁,支承在原混凝土独立柱扩大基础上,直接承受上部结构传下的荷载,减少原混凝土柱的受力。所有加固组合的杆件完全考虑自重、承载以及稳定性的要求,与原立柱不连接,以方便将来的维修和更换。图5.18.1和图5.18.2。

(2)梁的加固方法　梁全部采用型钢组合桁架,靠在原有大梁两边,托住原混凝土梁底,承受上部楼面和梁上传下来的荷载。钢桁架和下部组合钢立柱连接共同受力。图5.18.3。

(3)楼面板的加固方法　在新加设的纵、横梁上另设次梁顶托楼板,减少楼面板的跨度,减少结构应力。梁支承楼板,板负弯矩处粘贴碳纤维布。图5.18.4。

(4)屋盖的加固方法　屋面采用钢桁架托住原椽条承受屋面荷载,钢桁架支承在纵向新设钢梁上,新设钢梁紧靠原圈梁内侧,并支承在二层加固的钢立柱上,原屋架两边采用钢桁架顶住原屋面板,支承在新设钢梁上代替原屋架受力。图5.18.5。

由以上的四类加固组合,形成一个抗震性能较好、安全可靠、可拆换的钢结构受力体系,顶托住原老化严重、损伤厉害、岌岌可危的原钢筋混凝土受力体系。所有新增钢结构均采用钢楔的方法与原结构紧密接触,既保证荷载的传递,又方便将来的更换。

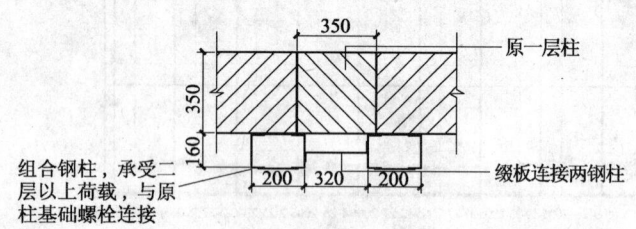

图5.18.1 西南楼一层柱加固大样示意图

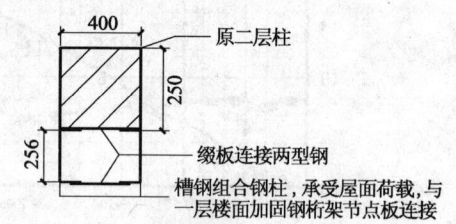

图5.18.2 西南楼二层立柱加固大样示意图

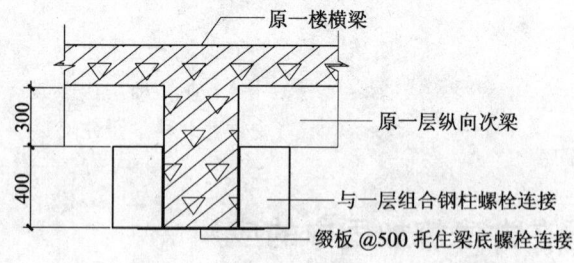

图5.18.3 西南楼一层横向梁加固示意图

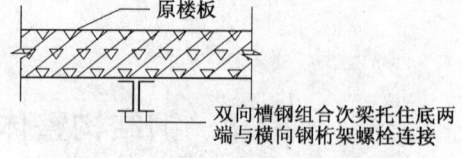

图5.18.4 楼板次梁加固示意图

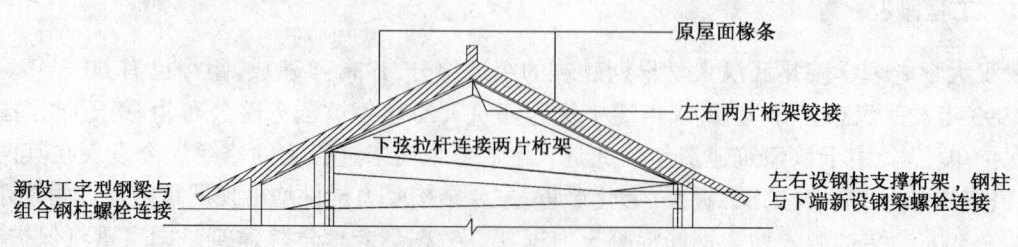

图5.18.5 层架加固示意图

对于原混凝土框架及楼板按以下方法修补：

(1) 板　对混凝土保护层剥落、钢筋锈蚀部位，应先剔除剥落混凝土，对钢筋进行除锈、防锈处理，局部锈蚀严重的钢筋进行更换，并用聚合物砂浆修补。

(2) 梁、屋架、檩条　先剔除剥落混凝土，对钢筋进行除锈、防锈处理，更换部分锈蚀严重的钢筋，用聚合物砂浆修补。对出现裂缝的地方进行表面封闭，隔断空气和水分的进出通道，以免大梁继续恶化。

(3) 柱　对破损部位，应先剔除剥落混凝土，对钢筋进行除锈、防锈和补焊处理，并用聚合物砂浆修补，以恢复其原有的几何尺寸和外观。

5.18.3　加固检测及受力分析

为了检测新建钢结构框架梁在承受楼面荷载作用的情况下，其实际所承受荷载占所加总荷载的比例，为后续文物保护建筑加固工程提供检测数据，使方案更加合理，对梁进行了加固检测。

(1) 试验依据　《建筑结构荷载规范》(GB 50009—2001)；中国工程建设标准化协会标准《钢结构加固技术规范》(CECS 77:96)；《钢结构工程质量验收标准》(GB 50205—95)；《建筑结构试验检测技术与鉴定加固修复实用手册》。

(2) 加载情况　荷载等级根据《建筑结构荷载规范》第 4.1.1 条规定，确定所加荷载值为 $2.5kN/m^2$。采用分级均布加载的方式，加载重物为砂袋，检测时按标准荷载的 20%、40%、60%、80%、100% 逐级加载。加载过程中根据各级荷载下的挠度值决定加载的程度，每级加载时间间隔为 30min。

(3) 检测仪器　台式计算机 1 台；YE-2539 型高速静态应变仪 1 套；位移传感器 1 台(含磁性表座)。

(4) 测点布置　测应变：对于梁，测点布置在跨中和两端，跨中布置两个受拉应变片；新增钢箱梁连接板上布置受拉应变片；梁两端侧面分别布置一个受剪应变片。测挠度：只在梁的跨中底部设测点，用位移传感器检测。

加载示意图如图 5.18.6 所示。

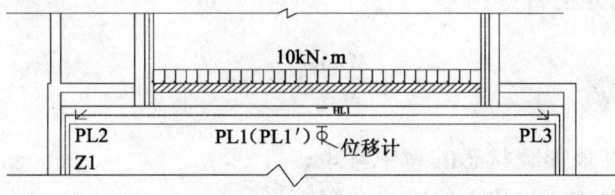

图 5.18.6　加载示意图

一层框架梁现场加载应变值如表 5.18.1 所示。钢梁采用箱形梁。

表 5.18.1　加载应变

应变测点 \ 描述	平　均　加　载					
	0%	20%	40%	60%	80%	100%
PL1	2	32	44	46	63	78
PL1′	1	26	38	39	54	69
HL1	1	11	14	14	18	23
PL2(0°)	1	32	48	49	55	64

续表

应变测点\描述	平均加载					
	0%	20%	40%	60%	80%	100%
PL2(45°)	0	25	45	47	51	62
PL2(90°)	1	24	38	39	44	53
PL3(0°)	1	34	46	47	59	68
PL3(45°)	1	34	43	45	56	70
PL3(90°)	3	32	43	44	55	67
PL4	2	28	38	39	51	65
钢梁位移	0	1	2	7	13	17

(5)试验分析 该混凝土梁为加腋梁,端部刚度较大,而混凝土柱截面的刚度与其相比较小,可近似认为其为铰接,并取其跨度为9m,钢梁长度近似取混凝土梁长度,钢梁端部为铰接。以此可算出各个不同加载时期由外荷载引起的跨中弯矩。

后加钢梁的基本特征

$$I = (bh^3/12) - (b'h'^3/12) = 343\,238\,507 \text{ mm}^4$$

$$W = I/y = 1\,716\,192 \text{ mm}^3$$

式中 I——钢梁的截面惯性矩;
W——钢梁的抗弯截面模量。

$$\sigma_{钢梁} = \varepsilon E$$

$$M_{钢梁} = \sigma W$$

于是

$$M_{钢梁} = \varepsilon E W$$

则钢梁所受弯矩占总弯矩的百分比为

$$\frac{M_{钢梁}}{M_{总}}(\%)$$

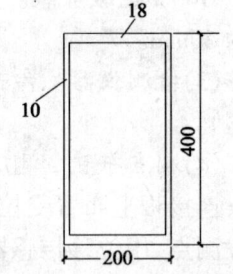

图 5.18.7 钢梁截面参数图

式中 $M_{钢梁}$——钢梁在该加载状态的跨中弯矩;
$M_{总}$——钢梁在该加载状态的跨中总弯矩;
ε——钢梁在该加载状态下的应变;
E——钢梁的弹性模量。

计算所得 $M_{钢梁}$,$M_{总}$ 以及 $M_{钢梁}/M_{总}(\%)$ 的结果如表5.18.2所示。

表 5.18.2 计算结果

项目\描述	平均加载				
	20%	40%	60%	80%	100%
$M_{钢梁}$(kN·m)	19.3	27.9	28.9	40.2	50.8
$M_{总}$(kN·m)	19.3	38.5	57.8	77.0	96.25
$M_{钢梁}/M_{总}(\%)$	100	72.5	50	52.2	52.8

钢梁挠度计算：$17/9\,000 = 1/529 < 1/300$，满足规范要求。

由加载过程可知，钢梁所承受弯矩占总弯矩的百分比趋近于 53%。在加载初期，由于荷载较小，钢梁刚度较大，因此后加钢梁变形较小（由钢梁位移可知），后加钢梁承受绝大部分荷载，而原混凝土梁只起传递荷载的作用，随着荷载增加，后加钢梁变形增大，原混凝土梁与后加钢梁共同承受外加荷载所产生的弯矩。

对于钢梁端部的应变，通过计算可得

PL2：$\sigma_1 = 17.75\text{MPa}$；$\sigma_2 = 15.65\text{MPa}$；$\tau_{max} = 1.05\text{MPa}$；$\tan2\theta_x = 0.636$，$\theta_x = 16.23°$。

根据材料力学第三强度理论（$[\sigma]$为钢材容许应力）

$$\sigma_1 - \sigma_2 = 2.10\text{MPa} < [\sigma]$$

PL3：$\sigma_1 = 19.71\text{MPa}$；$\sigma_2 = 18.89\text{MPa}$；$\tau_{max} = 1.05\text{MPa}$；$\tan2\theta_x = 0.2$；$\theta_x = 5.65°$。

根据材料力学第三强度理论

$$\sigma_1 - \sigma_2 = 0.82\text{MPa} < [\sigma]$$

式中　σ_1, σ_2——主应力；

　　　θ_x——主应力方向（与 x 轴夹角）；

　　　τ_{max}——最大剪应力。

钢箱梁连接板上受拉应变片，PL4：$\sigma = 13.4\text{MPa} < [\sigma]$。

由上可知，新加钢框架梁在承受上述外荷载后还有足够的安全储备。

5.18.4　结　论

由以上分析可知，采用钢结构对原主体结构进行整体顶托加固效果是比较明显的。对于新加荷载，后加钢梁可承受由新加荷载所产生的 50% 以上的弯矩。钢框架在空间上形成一个完整的联系紧密的空间体系，其结构的整体性以及抗震性能均得到了充分的保证。通过此方法加固也完全保留了原建筑外观和传统的建筑艺术风格，并且由于该钢结构是一个可拆换的体系，方便将来的更换，这是保护文物建筑的可逆性思想。

陈　寅[1]　陈尚建[1,2]　周　勇[3]　侯发亮[2]

（1 武汉大学土木建筑工程学院；2 武汉长江加固技术有限公司；3 湖北省建筑科学研究设计院）

5.19　某商场室内改造加固工程实例

5.19.1　工程概况

某大型商场位于市中心地区，两面临街，另两面与相邻建筑物较近。该建筑物建于 1996 年，原为 7 层框架结构，总建筑面积 13 238m²，1~3 层为商业用房，4~7 层为办公用房，后改为简易仓库，层高只有 3m。因扩大经营需要，业主需对大厦内部进行改造，拆除原 5、6 两层结构，在 4 层和原 7 层之间新浇筑一层结构板，这样原 4 层和新 5 层层高均为 4.5m，满足商场使用要求。

整个改造工程要求在商场不停业的情况下进行，对整个施工的要求比较高，施工难度比较大。

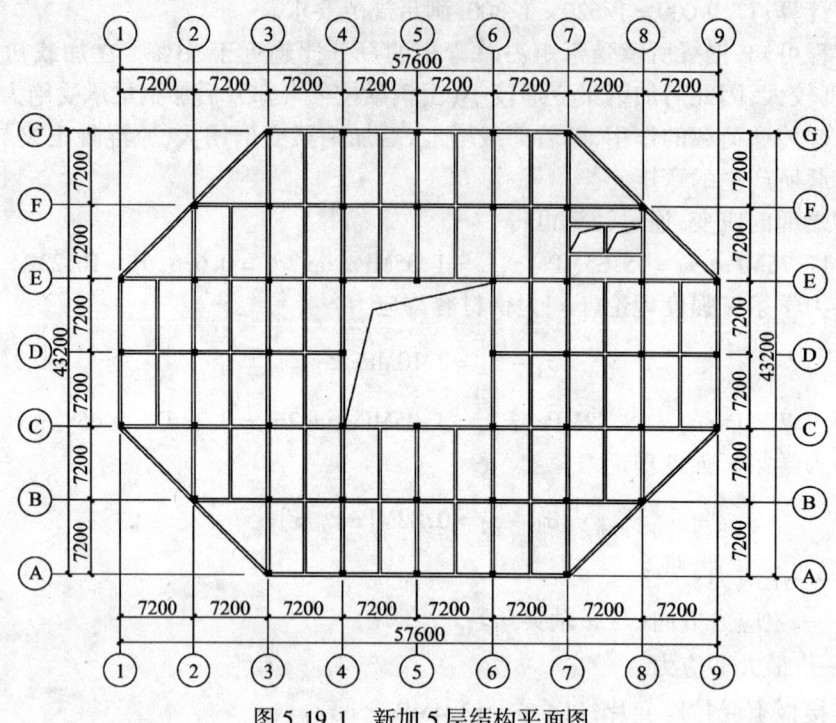

图 5.19.1 新加 5 层结构平面图

5.19.2 方案设计

(1)对该建筑物进行全面鉴定。结果：地基基础未发生不均匀沉降，上部结构基本完好，未出现结构损坏现象，表明原设计满足使用要求。

(2)本次改造要求拆除两层结构，每层结构原设计使用荷载为 $2.0 kN/m^2$，现新增一层营业楼面使用荷载为 $3.5 kN/m^2$。拆除后新加楼面减少了总荷载，改造不增加原来地基基础的负荷，基础不需要进行处理。

(3)重新建模对原结构进行复算。增层后底层框架柱最大轴压比约为 0.7，柱基本不需要加固，但需根据现行抗震规范要求对柱节点粘贴环形钢板加固。

(4)拆除。用静力机械拆除原 5、6 层结构楼地面、次梁，保留原有主梁，待新浇混凝土板强度达到设计强度的 75% 后拆除。

(5)新老结构采用植筋方法连接，节点部位采用加大截面法加固。梁主筋采用挤压套筒连接，新加结构采用 C30 商品混凝土浇筑。

5.19.3 加固施工

5.19.3.1 拆除

(1)隔墙直接用人工拆除，拆除垃圾及时清运，不得发生超负荷堆载现象。

(2)预制板拆除时沿孔长方向逐孔拆除，拆除时严禁楼板整体下落。

(3)次梁拆除时在梁下搭设脚手架，脚手架立柱下垫 400mm×400mm 木板，最上一层钢管双扣件，脚手架与梁之间用木楔塞紧。用静力切割机械将梁两端切断，梁整体放在脚手架上，用静力拆除机械将混凝土破碎后外运。

(4)主梁拆除时，除需按次梁拆除方法进行外，还要保护需保留的结构，不得产生对保留结构的破坏。

(5)拆除时要保留部分框架梁时,需保留的梁按照包络图反向施加预应力后再拆除,对梁采取机械锚固措施和加固处理后撤销预应力。梁被截断后,根据规范要求,梁的上部钢筋锚固长度不满足抗震要求,需进行机械锚固处理。工程中在梁端加节点钢板后塞焊,钢板与原结构之间灌注结构胶。梁加固计算时,原梁按连续梁中间跨考虑;梁相邻跨被截断后,梁按连续梁边跨进行计算。

5.19.3.2 植筋施工

(1)植筋钻孔 新加结构与原柱连接时,在柱上开凿4道等腰梯形槽,槽深35mm,槽宽100mm,槽净距100mm。在新加5层框架梁植筋时,需在柱同一截面上四个方向钻孔,造成框架柱有效截面面积削弱,不满足柱的受力要求。如果植筋、钻孔同时施工,将导致施工过程中的不安全。为确保施工安全,每根柱在同一截面的钻孔数量每次每天不得超过4根,并应及时将植筋胶注入孔内,将钢筋植入柱内。在胶完全凝固前不得进行下一个方向的施工。

(2)植筋注浆 如按常规植筋要求,本工程大部分采用$\phi 25$mm钢筋,植入深度为$35d$,植筋深度为375mm。柱截面500mm×500mm,如植筋两个方向按双排钢筋进行施工,则无法进行。本次选用对穿孔植筋,在钻孔前用钢筋探测仪测定钢筋的准确位置,根据计算确定钻孔的角度,保证不损伤原有柱的钢筋。钻孔后清孔3次以上,确保无浮尘。对需要植入的钢筋进行除尘、除油污处理。钢筋先穿入孔内,然后将钢筋与孔之间缝隙用结构胶封死,并埋入注浆管和出气管。注浆管埋在孔的下方,出气孔埋在另一端孔的上方。植筋胶从一端用压力注入,直到胶从出气孔溢出,并溢出一定量为止。注胶结束后将出气孔和注胶孔封堵。待胶完全固化后,根据要求对植筋进行抽样检测。检查结果完全满足要求。

5.19.3.3 抗震加固

(1)新加梁柱节点部分柱箍筋没有加密区,不满足抗震规范要求。在新加框架柱节点处采用柱加大截面法进行加固。柱四周各加大75mm,内配$\phi 10@150$箍筋。梁上下柱净高1/6内采用粘贴$-4\times 60@150$环箍钢板进行加固,环箍封闭焊接。

(2)底层柱底部原设计箍筋不满足现行规范要求,在柱底1/3处采用粘贴$-4\times 60@150$环箍钢板进行加固。

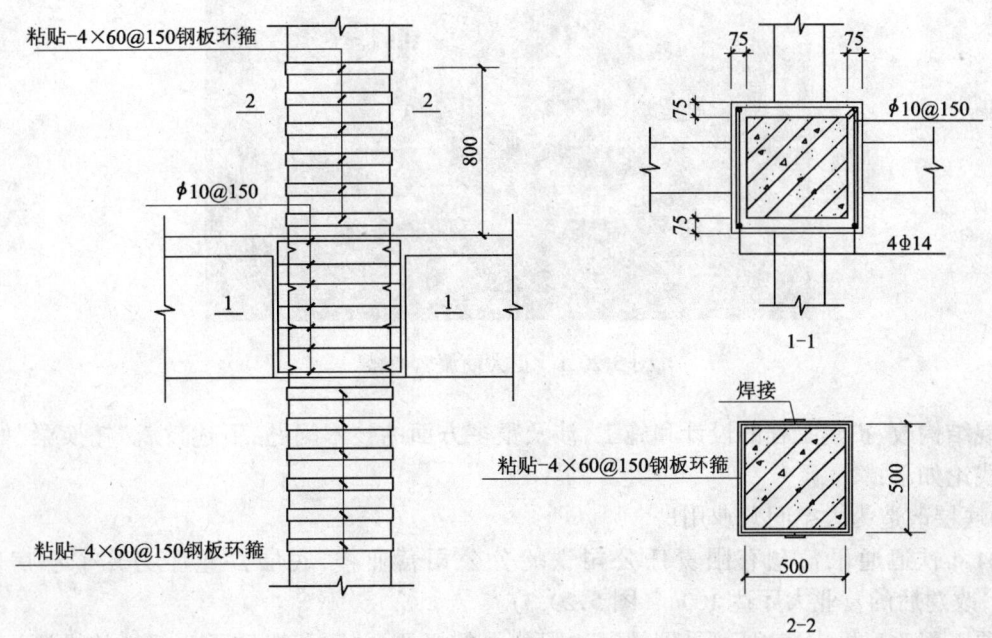

图 5.19.2 柱节点加固

5.19.4 现场监测

(1) 由于工期紧,采用多台拆除机械同时施工。本工程采用无震动切割机械提高了施工速度,消除了共振对柱结构的影响。

(2) 监测柱在施工过程中的位移。

5.19.5 结 束 语

该工程是将原有 7 层改造为 6 层,施工是在一个大型购物商场内进行,且在不停业的情况下,难度非常大。严格按既定的施工组织设计施工。目前该商场已投入使用,取得良好的社会效益。

李今保[1]   潘留顺[1]   王瑞扣[1]   钱 伟[2]
(1 江苏东南特种技术工程有限公司;2 江阴市城镇建设综合开发有限公司)

5.20 砖混结构房屋"托换"技术灵活运用浅论

"正大商厦"是笔者近年完成的几项砖混结构楼房有代表性的改、扩建工程。"正大商厦"原是一个"留之无用,弃之可惜",建筑面积 3 164m^2,有 118 个小房间的老式办公楼,现改、扩建成建筑面积达 4 237m^2 的营业楼(图 5.20.1),为业主赢得了 700 多万元的利润(曾以《PKPM 系列软件在旧楼改建中的应用》为题,发表在《PKPM》新天地杂志 2004 年第 3 期上,有兴趣者可查阅)。

图 5.20.1 正大商厦营业楼

砖混结构改、扩建工程的设计和施工,涉及很多方面的技术问题,下述仅就"托换梁"如何灵活运用浅论如下:

(1) 底层改造为大空间营业用房。

2004 年铁道通讯信息有限责任公司铁岭分公司营业楼,底层营业厅为几个小房间(图 5.20.2),改建后的营业大厅达 100m^2(图 5.20.3)。

此项工程改建投入使用后,受到铁通沈阳公司的好评,并顺利拨付了改建楼的投资。改建、增层后的营业楼如图 5.20.3 所示。

第5章 改造加固工程

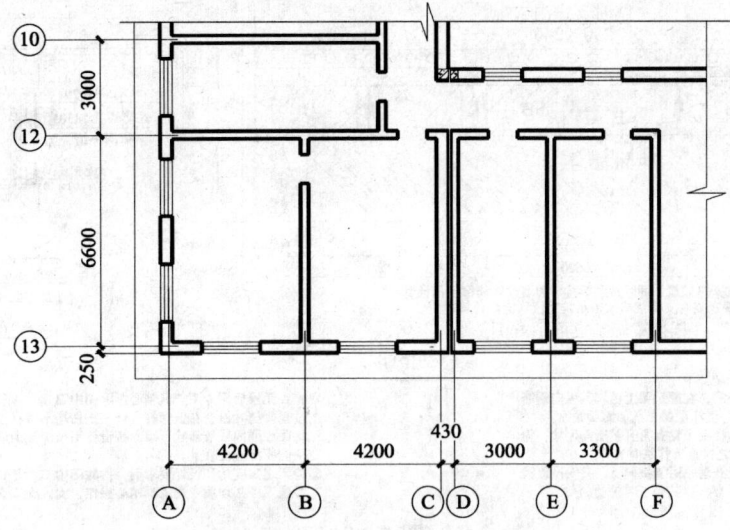

图 5.20.2 原 1 层局部平面图

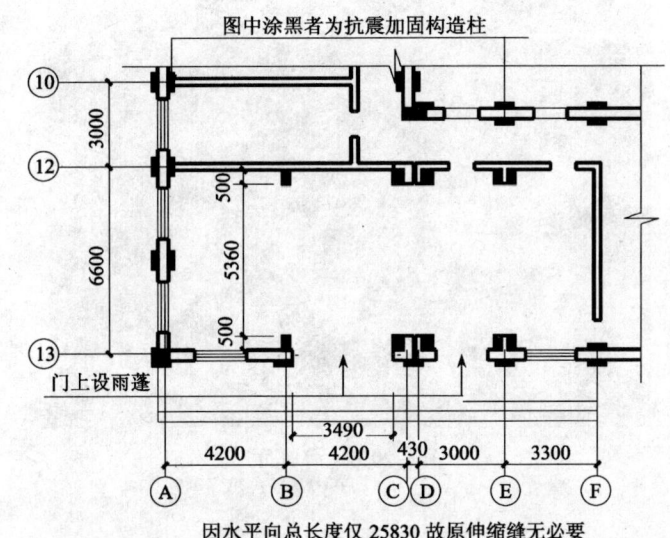

图 5.20.3 改建后局部平面图

图 5.20.3 中，针对Ⓑ、Ⓒ—Ⓓ、Ⓔ轴三种情况，采取了三种不同的托换梁方法。

1)Ⓑ轴承重墙仅为本层支撑楼板所用，且预制板下设有圈梁，经结构计算，该梁 240mm×420mm 即可。采用如图 5.20.4 所示的"托墙梁"办法，达到了预期效果。本办法适用于上部荷载较小，有圈梁或虽无圈梁但为现浇楼板（此时需从二层楼板钻孔中浇注混凝土）的情况。铁岭北京烤鸭店海鲜点菜厅（图 5.20.5）也是采用这种方法，取得了理想的效果。

2)Ⓔ轴承重墙要承担上面（含增层）的全部荷载，如果仍采用上述办法，则会因托换梁截面高度较大而导致梁下净高较小，影响营业厅的使用。故采用图 5.20.6 所示的"夹墙梁"方法。该方法的优点是先施工梁，待其达到设计强度后，再拆除原承重墙，既安全又可靠；缺点是拆墙后托换梁宽度达 720mm，需作装修处理。"夹墙梁"截面及配筋，按上部荷载经结构计算确定；施工注意事项在施工组织设计中作出规定。

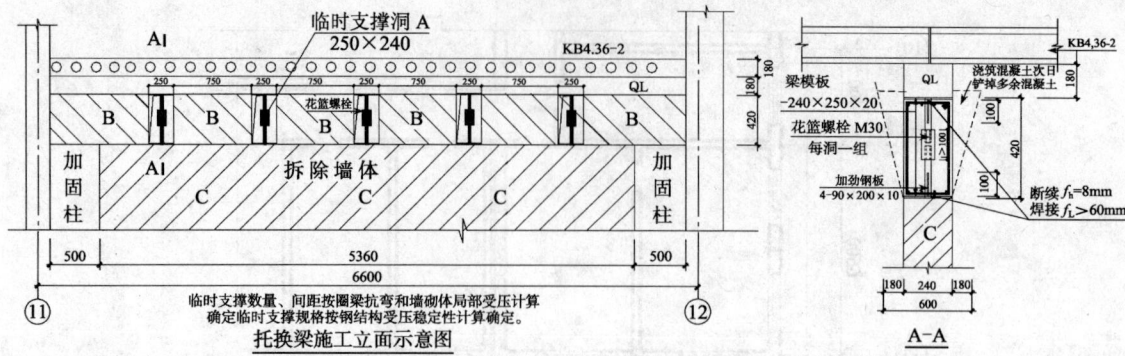

设计说明

施工顺序及应注意的问题如下：

1. 首先开出加固柱的竖洞，在原地梁上植埋其纵向钢筋。绑扎箍筋，安装模板，浇注混凝土至加固梁底面。
2. 按图示位置在对应的楼板上钻孔再开扩所需尺寸；为保证安全，须对开洞之楼板下作临时支撑。
3. 按图示位置的墙体上开凿临时支撑洞 A，并安设顶紧花篮螺杆。而后将其焊牢，以防施工时松动。
4. 检查无误后用专用工具精心拆除图中 B 部位墙体。该施工过程要随时检查花篮螺杆，任一螺杆均不得有松动。
5. 将梁范围内残渣清除干净。按设计图纸绑安钢筋和模板。从侧面浇注混凝土。
6. 待梁之强度达到设计要求后，拆除图中 C 的墙体。
7. 各道工序必须用专用工具精心操作，确保施工安全。

图 5.20.4

图 5.20.5 海鲜厅

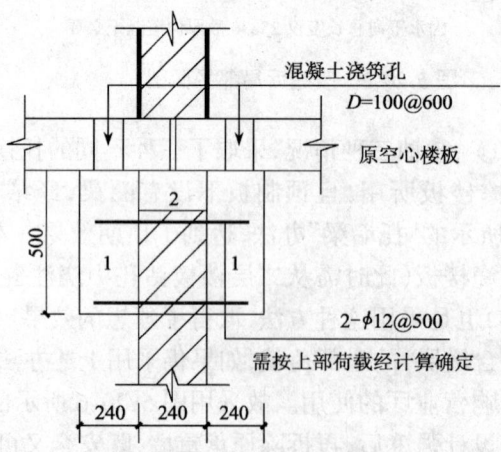

1—KJ-E 梁；2—圈梁

需将与梁接触面的楼板、墙抹灰层铲掉，并浇水湿润，而后浇筑泵送、膨胀早强混凝土，待梁强度达到要求后，拆除梁下墙体

图 5.20.6 夹墙梁示意图

3) ⓒ—ⓓ轴间原建筑有伸缩缝,采用"托换梁"。因有"支撑洞"内花篮螺丝,梁的钢筋无法放入,同时梁因上部荷载大而会较高,影响营业厅的使用;采用"夹墙梁",因伸缩缝两侧均有墙也无法实现。故采用"抬墙梁"的办法。即在ⓒ轴墙的左侧和ⓓ轴墙的右侧各设一个托换梁(KL-C、KL-D),再在两梁之间设工字钢作"扁担",抬着伸缩缝两边的上部承重墙。具体构造如图5.20.7所示。

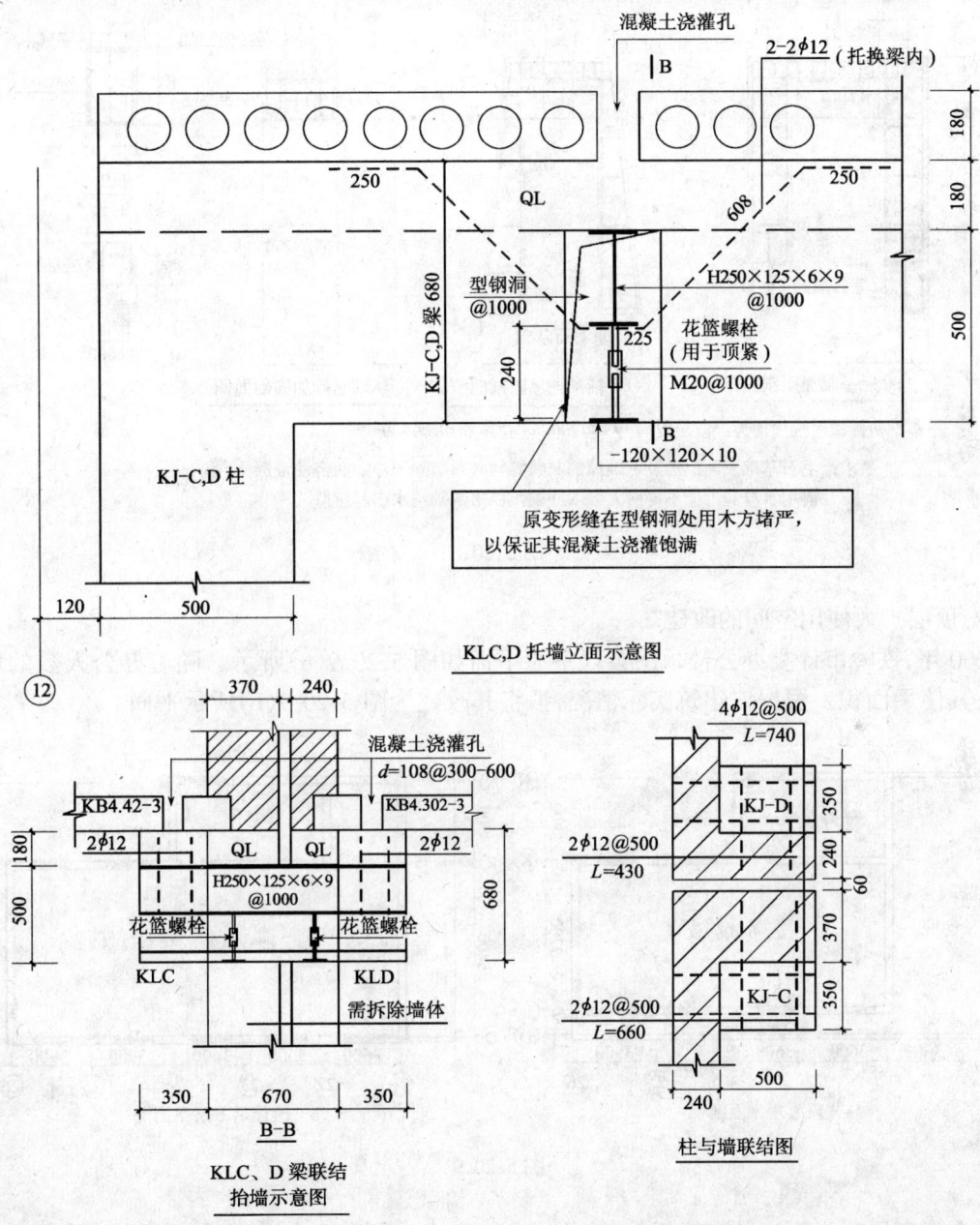

图 5.20.7

这里还应注意两个问题:

①底层改建为大空间后,砖混结构房屋就成为底框-砖混结构,为弥补因砖墙被减少抗震作用减弱的不足,各种托墙梁均应做成框架梁形式,且其框架柱还需与原墙体连接为整体(图

5.20.7中柱与墙联结图)。如经抗震验算不足,还需对其他部位采取加强措施(如将砖墙作成"夹板墙"、增设构造柱等)。这里恕不论述。

②由于改建部分墙体被拆除,原"墙下条形基础"变成了"柱下条形基础"。为适应承载需要,还应根据计算对原基础进行加固处理(图5.20.8)。

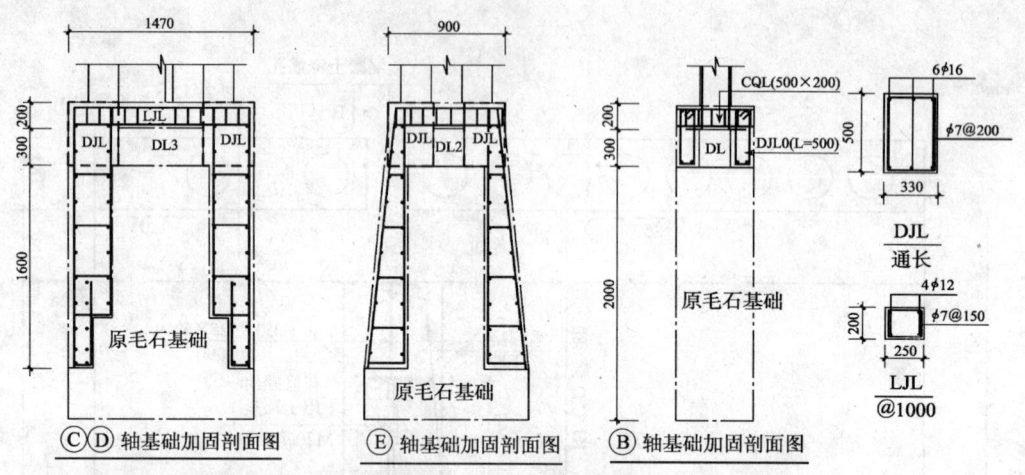

图5.20.8

(2)顶层扩大使用空间的改建。

2000年,铁岭市计委办公楼顶层会议室原平面如图5.20.9(a)所示。随着办公人数的增加,需扩大其使用面积。根据该建筑实际情况,拟将其改建为图5.20.9(b)所示平面。

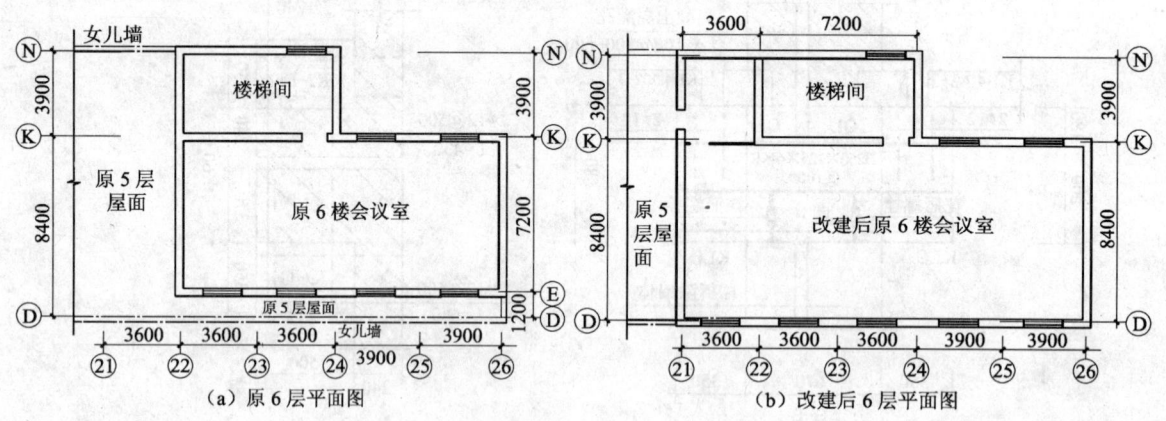

图5.20.9

原会议室屋顶为现浇井字梁板结构(图5.20.10虚线部分),如将其全部拆除,既废工废料,又会有损于原结构。根据原楼6层设有女儿墙的具体情况,设计了"上反悬挂梁",用于"挂住"原有井字梁板结构。具体做法如图5.20.10所示。其他扩建部分用现浇板补齐(需做顶棚装修)。顺利完成任务,受到用户好评。

(3)2005年,铁岭市检察院两栋办公楼之间要设一个连接通道,因所开洞口宽度仅1800mm,又是在两个370mm厚的外墙上开设通口,根据各自过梁上部的荷载,按主要是抗剪作用设计成

"塞墙梁"。具体做法如图 5.20.11 所示。

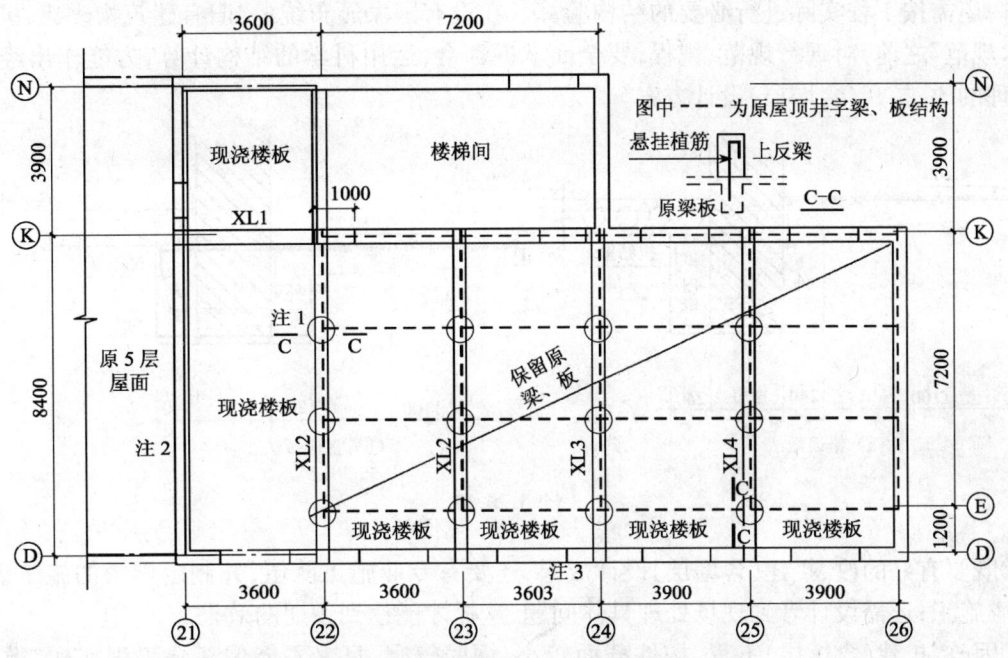

注：1. 改建后 6 层上反悬挂梁的悬挂点(经计算确定每点,化学植入之)
2. 清除 5 层屋面构造层后,在楼板上设现浇圈梁再砌承重墙。
3. 拆除女儿墙、清除 5 层屋面构造层后,在楼板上设现浇圈梁再砌承重墙

图 5.20.10 改建后 6 层结构平面及悬挂示意图

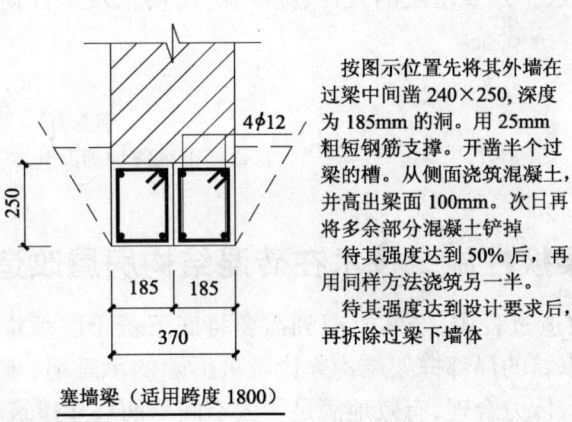

图 5.20.11

(4)外墙开门洞并设有雨篷,在其节点构造上,应注意防止雨篷前端下沉引起雨篷梁扭转导致与墙体间出现裂缝事故。图 5.20.12 为铁通公司 13 轴旋转门上雨篷的两种做法示意。图 5.20.12(a)是错误做法:内外梁上层的拉结筋,在雨篷产生下沉导致其梁扭转一个角度后,该拉结筋方能起到抗倾覆作用。则会产生外侧梁与轴墙之间和过梁下与外墙体间的裂缝。铁岭某办公楼就有类似裂缝。而图 5.20.12(b)将雨篷标高降到与室内楼板下皮相平,则内外梁之拉结筋与雨篷受力筋在一个标高上,雨篷就不会因下沉而导致上述裂缝。

(5)随着社会的不断进步与发展,因使用功能的改变需对原有建筑进行改建、扩建及增层。这类工程的设计和施工大有前途。工程实践体会:

①在接受此类工程任务后,首先对既有建筑结构的设计、施工记录、原有结构现状要有详细的了解,还需按工程实际进行必要的结构验算。在没有国家颁布统一"旧有建筑物改建、扩建、增层技术规范"之前,对现行规范、规程,要全面掌握领会,运用科学的结构计算,方能作出经济、适用、合理的改、扩建(含增层)设计方案。

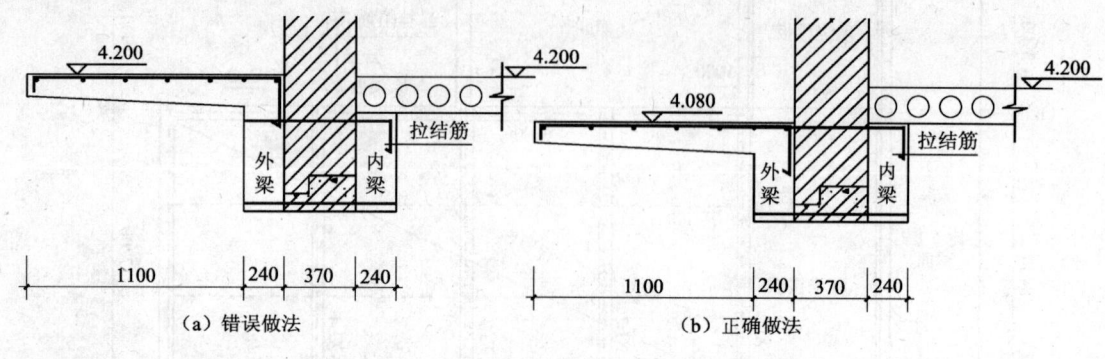

图 5.20.12

②既要有好的改、扩建(含增层)设计成果,还要有专业施工队伍,并制定周密的施工组织设计,精心施工;还需设计者到现场处理具体问题,这样才能达到预期的效果。

③因改、扩建(含增层)工程,构件截面较小、钢筋较密,且又不能像新建工程那样"敞口"施工,多数情况要从开凿洞口中浇注混凝土,并要防止与原结构间的干缩裂缝。对此必须使用正式厂家生产的泵送剂和膨胀剂,为提前拆除无用的墙体,还应使用早强剂。化学植筋使用建筑结构胶,价格便宜、使用方便。

几年来完成的多项改、扩建及增层的设计、施工任务,均未发生任何问题,得到用户的认可,收到良好的社会效益和经济效益。

李秀万[1] 张国祥[2]
(1 铁岭市抗震加固办公室;2 铁岭市建筑设计院)

5.21 托梁换柱施工技术在砖混结构房屋改造中的运用

目前,在我国旧房改造过程中,经常会遇到需要将底下若干层承重墙打通形成大空间的情况。托梁换柱指的就是以新的局部框架结构来代替被拆除的承重墙,承受上部墙体的重量和各层楼面荷载,它受力明确,传力合理,有效地满足了大空间平面尺寸建筑功能的需求。

5.21.1 工程概况

湖北省荆州市某宾馆建于20世纪80年代,因其原设计对消防通道考虑欠妥,导致底层空间过小,对消防车辆的进出造成很大的困难。决定对其进行结构改造,以满足消防要求。该建筑为4层砖混结构,Ⓐ到Ⓓ轴和⑦到⑩轴线从底层至顶层均为承重墙。⑦到⑩轴底层层高3.9m,第2层层高3.4m,第3层3.3m,第4层3.6m。此次改造主要是将原建筑Ⓐ到Ⓓ轴和⑦到⑩轴间底层和第2层的承重墙及隔墙等其他构件拆除,通过在⑦到⑩轴间设置局部框架形成一个高近6m、净宽5.4m的车道,方便突发火灾时消防车辆的进出。改造后⑦到⑩轴间的结构情况如图5.21.1和图5.21.2所示。

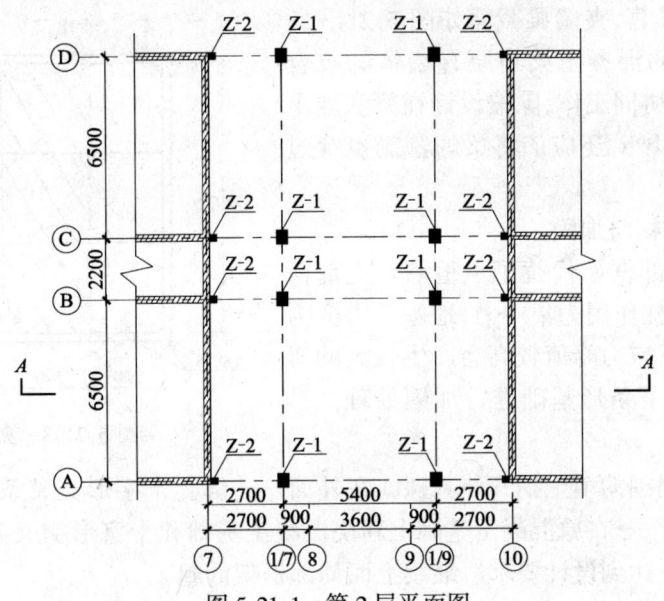

图 5.21.1 第 2 层平面图

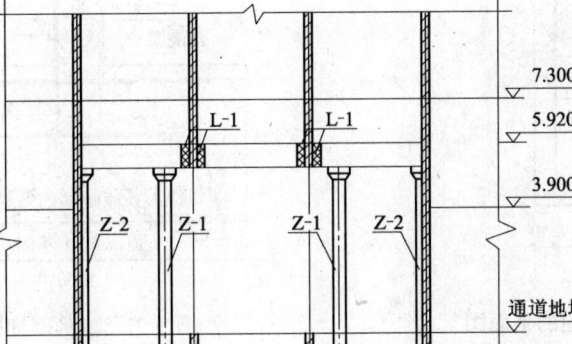

图 5.21.2 局部框架布置图（A-A）

5.21.2 施工处理办法

5.21.2.1 施工顺序

挖凿新设柱位置处的砖墙和楼板并加一定的支撑——→对所有新设柱位置处原墙下条形基础进行加固，在原基础上浇注新基础——→绑扎柱钢筋——→浇注柱混凝土——→拆除底层和第2层房间隔墙——→挖凿Ⓐ到Ⓓ轴墙上新设梁位置处砖墙并加入支撑——→绑扎梁板钢筋——→浇注梁板混凝土——→混凝土养护——→待混凝土达到设计要求后拆除局部框架下所有的承重墙和楼板。

5.21.2.2 框架上梁的处理办法

在框架上⑧和⑨轴线上墙采用夹墙梁的做法，即利用原承重墙的墙头，在墙两侧外贴钢筋混凝土梁，其承载力按照托墙梁计算。为安全起见，利用简化计算方法，跨中弯矩按照简支计算，支座弯矩按照连续梁计算,夹墙梁截面如图 5.21.3 所示。为了提高新贴的混凝土梁与原有墙体的咬合力,改善新旧构件的协同工作,除按设计在梁和墙上设置横向拉结钢筋以外,还应该将梁的箍筋也穿过墙体将夹墙梁箍紧。

5.21.2.3 地基的复核与加固

房屋改造后,局部框架代替了承重墙。上部荷载由局部框架承担,柱作用为集中力,地基反力变为非均匀分布。因柱下应力峰值较高会产生较大的弯矩,所以必须对原墙下条形基础进行加固处理。具体的施工顺序如下:

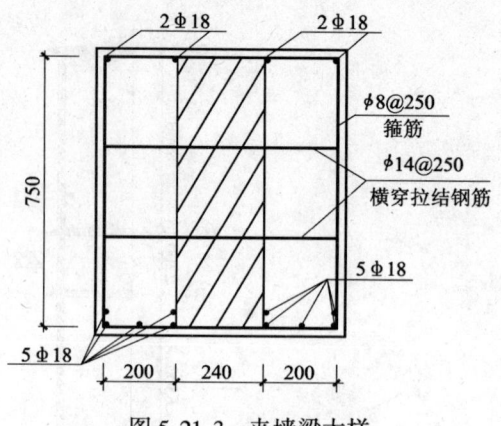

图 5.21.3 夹墙梁大样

将原条形基础周围的填土挖开使其裸露在外面──→绑扎十字形交叉条形基础梁钢筋(即图 5.21.5 中的新浇梁)──→在原混凝土基础上新浇混凝土基础和十字形交叉条形基础梁──→混凝土养护──→待混凝土达到设计要求后继续上面局部框架的施工

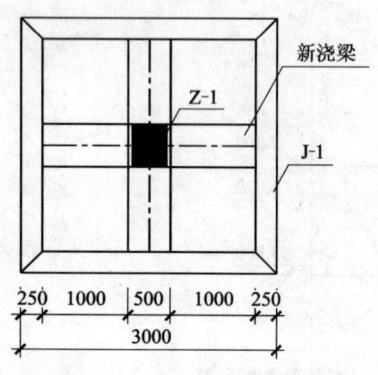

图 5.21.4 基础加固的平面图

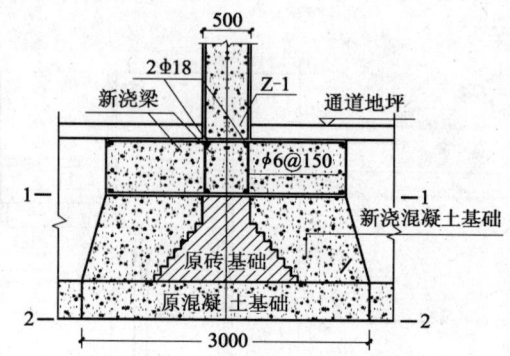

图 5.21.5 基础加固后的大样

经计算后,采用在原基础上增加十字形交叉条形基础梁来承担柱子传来的荷载,新浇注混凝土基础如图 5.21.4 所示。总之,通过新设十字形交叉梁条形基础提高了基础的抗冲切能力,增大了底部承压面面积,经核算满足设计要求。

5.21.3 施工中应注意的问题

用钢筋混凝土局部框架取代承重墙承担上层结构荷载时,除在设计时要满足要求外,成功的关键还在于施工是否规范,质量是否过关,其具体要求如下:

(1)夹墙梁施工时,所有的旧墙墙面都必须铲掉墙面抹灰,必要时将砖缝清理勾出,以增大新旧构件表面的结合力。

(2)在Ⓐ到Ⓛ轴线承重墙上新设梁位置凿出与新设梁高度相等的槽时最好使用电锯,并应布置一定的支撑。

(3)混凝土浇注完毕后,应指派专人浇水养护,以保证混凝土在潮湿环境中的水化硬结,减少混凝土的收缩。

(4)当局部框架承载力经检验达到设计要求后,再拆除下部砖墙。

(5)施工时应该注意观测墙体和楼板的变化,发现情况及时报告相关部门,及时解决问题。

5.21.4 结 束 语

采用托梁换柱方法改造旧房时,准确的设计分析是基础,合理的构造和连接等施工处理是关键。实践表明,钢筋混凝土托梁换柱施工法能够很好地建立一个新的安全可靠的受力体系,造价低,质量好,值得在处理同类工程时参考。

黄 聪[1]　陈尚建[1,2]　赵晶晶[1]　李莉媛[1]
(1 武汉大学土木建筑工程学院;2 武汉长江加固技术有限公司)

5.22 砖混结构无支承墙体托换技术设计

5.22.1 工程概况

湖北省荆州市某宾馆为砖混纵横墙混合承重结构。因原设计没有考虑消防通道,不能满足消防要求,需将原建筑⑦~⑩轴间一、二层改造成消防通道。改造后宾馆平面图和立面图如图5.22.1、图5.22.2所示。

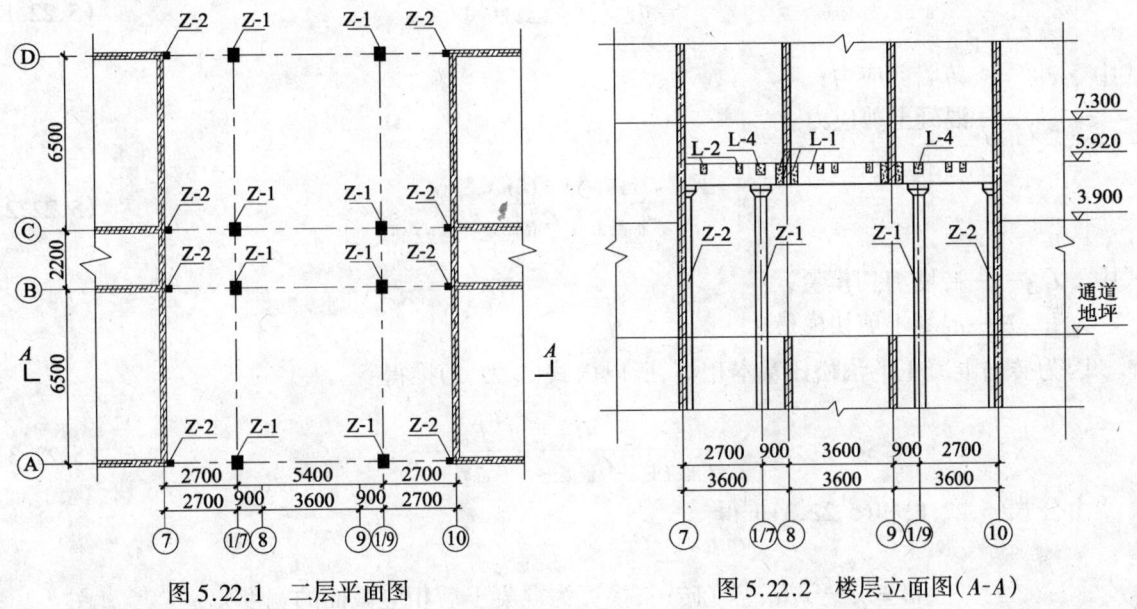

图 5.22.1　二层平面图　　　　图 5.22.2　楼层立面图(A-A)

5.22.2 改造内容和计算要求

本次改造拟将⑦~⑩和Ⓐ~Ⓓ轴间的一、二层之间的楼板及承重纵横墙拆除,形成一个层高不低于5.00m,净宽5400mm的车道,原建筑三层以上仍保留纵横墙承重的受力状态,结构受力托换在5.92m处。

根据本次改造的特点,提出以下计算要求:

(1)首先要将原墙下采用的刚性砖基础所承受的线荷载改为集中荷载,基础处理要满足强度和冲切承载力的要求。

(2)本次改造在进行墙体整体托换后,新形成的局部框架承重结构的承重能力不应低于原纵横墙的承载能力。

依据本工程改造设计要点的分析,参考类似工程改造的实践经验,在二层标高 5.92m 有墙体的部位采取浇注混凝土梁。如图 5.22.2 所示,L-1、L-2、L-4 为新增混凝土梁,通过增加柱 Z-1、Z-2,形成一个局部框架结构。用柱子替代一、二层的承重内墙,获取了较大空间。

5.22.3 穿墙拉结筋设计方案

根据改造内容和计算要求,本设计采取增设穿墙拉结筋与短梁 L-3 的方式予以实现。这一设计是本托换设计的关键。如图 5.22.3 所示,新增梁 L-1 和砖墙形成了夹墙梁结构,砖墙宽 b_1 = 240mm,高 h = 750mm,梁 L-1 宽 b = 200mm,高 h = 750mm。经过设计,梁 L-2 宽 b = 200mm,高 h = 350mm;梁 L-3 宽 b = 250mm,高 h = 600mm;梁 L-4 宽 b = 300mm,高 h = 400mm。图 5.22.4 所示为砖墙所受荷载。

对夹墙梁的设计可以采用两种方法:

第一种是将夹墙梁与砖墙看成一个整体进行计算,设混凝土的弹性模量为 E_0,砖为 E_1;设所有截面中所受剪力的最大值为 V_{max}。此墙与夹墙梁截面上受剪力作用,在两种不同材料的截面需满足连续条件,即剪应变是相等的、连续的,类似于平截面假定。设长度为 l,宽度为 b_1,b' 为代换相应截面的宽度。然后根据两种材料的等强代换得

$$\tau_{砖} \cdot b_1 \cdot l = \tau_{混凝土} \cdot b' \cdot l \tag{5.22.1}$$

式中 $\tau_{砖}$——砖墙剪应力;

$\tau_{混凝土}$——混凝土剪应力。

$$\frac{\tau_{砖}}{\tau_{混凝土}} = \frac{G_{砖}}{G_{混凝土}} \tag{5.22.2}$$

式中 $G_{砖}$——砖墙剪切模量;

$G_{混凝土}$——混凝土剪切模量。

因为砖与混凝土的泊松比基本相等,所以由式(5.22.2)推得

$$\frac{\tau_{砖}}{\tau_{混凝土}} = \frac{G_{砖}}{G_{混凝土}} = \frac{E_{砖}}{E_{混凝土}} \tag{5.22.3}$$

由公式(5.22.1)和(5.22.3)推得

$$b' = \frac{E_{砖}}{E_{混凝土}} b_1 \quad (砖\cdots,换算为混凝土后相应截面的宽度)$$

最终该构件经过折算可以看成由三个材料相同的梁粘合而成的一个整体梁,如图 5.22.5 所示。

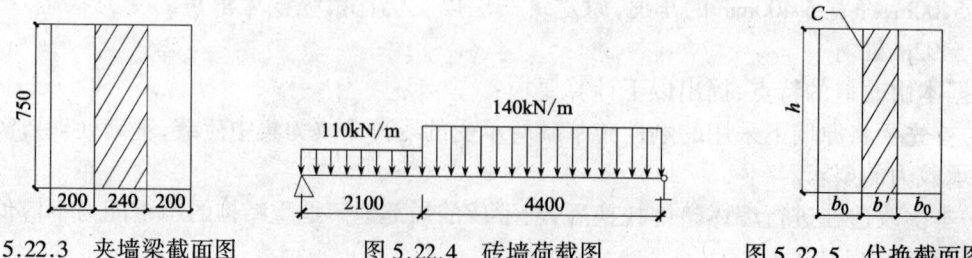

图 5.22.3 夹墙梁截面图　　图 5.22.4 砖墙荷载图　　图 5.22.5 代换截面图

$$I = \frac{h^3}{12}(2b_0 + b')$$

最终推得 C 截面的剪切力为

$$\tau = \frac{VS}{It} = \frac{Vb_0 \cdot \frac{h}{2} \cdot \frac{h}{4}}{\frac{h^3}{12}(2b_0 + b') \cdot h} = \frac{3Vb_0}{2h^2(2b_0 + b')} \quad (5.22.4)$$

具体计算如下：

如图 5.22.3、图 5.22.4 所示，夹墙梁截面上所受剪力 $V = 248.5\text{kN}$，由公式(5.22.4)计算得

$$\tau = \frac{3Vb_0}{2h^2(2b_0 + b')} = \frac{3 \times 248.5 \times 10^3 \times 200}{2 \times 750^2 \times (2 \times 200 + 121)^2} = 0.254 \quad \text{MPa}$$

将 τ 代入公式(5.22.2)得

$$\tau' = \tau \times \frac{E_{\text{砖}}}{E_{\text{混凝土}}} = 0.254 \times \frac{1.416}{2.8} = 0.185 \quad \text{MPa}$$

选用 HRB335 钢筋 $f_v = 160\text{MPa}$，单位长度配筋得

$$A_s = 0.129 \times 1\,000 \times 750/160 = 604.7 \quad \text{mm}^2$$

穿墙拉结筋需每米长度配 4 根直径为 14mm 的 HRB335 钢筋（$A_s = 615\text{mm}^2$）。

第二种是将墙所受荷载按 1/2 导给两边夹墙的梁，近似地设计两边夹墙梁。不考虑夹墙梁组合共同作用，由支座处抗剪来配置每米穿墙的拉结筋。计算如下：

长度为 2 100mm 段剪应力为

$$\tau = 55\text{N/mm} \div 750\text{mm} = 0.073\,3\text{MPa}$$

长度为 4 400mm 段剪应力为

$$\tau = 70\text{N/mm} \div 750\text{mm} = 0.093\,3\text{MPa}$$

取最大剪应力 $\tau = 0.093\,3\text{MPa}$，单位长度配筋得

$$A_s = 0.093\,3 \times 750 \times 1\,000/160 = 437.5 \quad \text{mm}^2$$

穿墙拉结筋需每米长度配 4 根直径为 12mm 的 HRB335 钢筋（$A_s = 452\text{mm}^2$）。

经过综合比较，认为第一种方法更符合实际受力情况，决定采用第一种。

5.22.4 基础改造加强计算分析

在对本建筑进行墙体无支承整体托换之前，需对基础进行加固。原基础为砖基础，其埋深为 -1.9m，本身具有一定的刚度，但完全利用原有基础刚度和强度还是不够的。为此，需要扩大基础面积，经验算后，采用在原基础上增加十字交叉条形基础梁来承受柱子传来的荷载，并开挖原砖基础的两边，浇注混凝土如图 5.22.6 所示。基础设计分以下两个方面：

(1)新增基础梁根据柔性基础的冲切计算、斜截面抗剪计算等对基础梁进行了配筋及验算，计算表明基础梁的设计充分满足要求。

(2)对原地基持力层的承载力重新计算，得出基础扩建尺寸，满足了基础改造要求。基础扩建平面布置如图 5.22.7 所示。

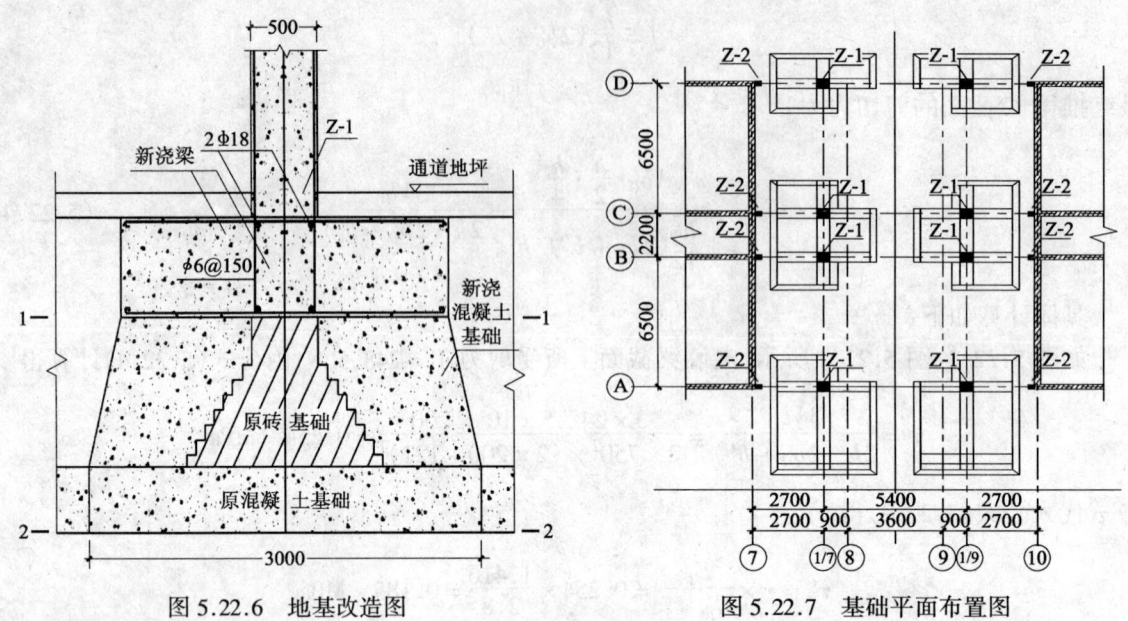

图 5.22.6 地基改造图　　　　图 5.22.7 基础平面布置图

5.22.5 结束语

本次砖混结构体系改造工程涉及到结构体系托换、地基基础传力方式改变等设计问题。在解决上述设计问题中，尤其夹墙梁的拉结筋计算和基础改造计算，为类似工程提供了有益的经验。

赵晶晶[1]　陈尚建[1,2]　黄 聪[1]　李莉媛[1]
（1 武汉大学土木建筑工程学院；2 武汉长江加固技术有限公司）

5.23　某砖混结构改造扩建中的难点分析

5.23.1 前　言

在砖混结构的改造过程中，由于功能要求的改变、国家规范的更新、技术要求的提高、周围环境条件的复杂及局限等原因，一般会要求对原建筑结构重新进行设计、处理，以满足技术和改造要求。砖混结构由于其本身的特性，在改造时会存在一定的设计、施工困难。本文通过对一幢砖混结构办公楼改造扩建中的难点的分析，提出了处理新老基础交界、多孔板防水、钢梁加固等方面的设计、施工方案。

5.23.2 工程概况

原建筑物为一幢砖混结构4层办公楼，位于工业用铁路边，1992年设计建造并投入使用。目前，随着公司的发展，需要将其改造并扩建为生活楼。改建要求是使其转变为适合1 000名员工淋浴、更衣用的生活楼。在紧邻其北墙的位置新建一幢单层洗衣房。

原建筑为砖混结构，4层，建筑面积2 300 m²，墙体240 mm，砖壁柱，空心楼板。轴线尺寸为43.2 m×13.0 m。拟在该建筑西端扩建门厅，轴线尺寸为8.0 m×4.5 m。洗衣房选址为该建筑东北面,需要提供1 000人工作服洗涤能力。根据洗衣机及工艺的要求,其轴线尺寸确定为24m×6.6m。扩建洗衣房和门厅均为单层钢筋混凝土框架结构。该区域北边及南边有一条工业铁路穿过,北边铁路外轨距离洗衣房北外墙最近为3m,南边铁路外轨距离原建筑南墙8m。紧邻建筑南墙为一条3m宽的道路。本工程建筑结构按抗震设防烈度7度设防,抗震等级三级,扩建部分采用钢筋混凝土框架结构。梁、柱、板为C30混凝土,基础为C25混凝土,垫层为C15混凝土。具体平面布置如图5.23.1所示。

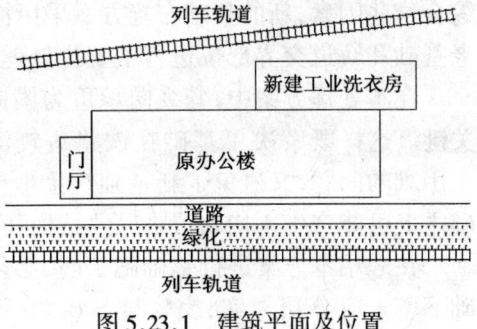

图5.23.1　建筑平面及位置

5.23.3　改造难点

5.23.3.1　建筑平面布置

旧建筑翻新改造,首先碰到的问题就是建筑平面位置问题。由于区域环境的限制与新增功能要求之间的矛盾,往往造成难以布置或者布置之后施工存在一定的难度。在本建筑改造过程中,门厅和洗衣房的建筑确定就受到这两个因素的制约。

由于该区域东、西两面的长度都不满足洗衣房工艺的要求,所以洗衣房在该区域的布置只有两个选择:北面和南面。但是,南面作为建筑物的主要立面,有建筑外观的要求,洗衣房大量的配管(水、电、蒸汽)不适合该立面;同时道路将完全被破坏,该建筑的使用会受到限制。因此,洗衣房选址在建筑北面。

该建筑建造时间较早,当时建造时是作为车间现场办公室使用,在建筑及功能上要求并不高,只是在东、西两端留有门洞,采用内走廊。现改造为生活楼,门厅的最佳位置应该是在南面,但该部位的道路和铁路难以处理,所留空间位置太小。建筑北面环境较差,又布置了洗衣房,所以也不可行。最终,门厅只能考虑在西端扩建。

5.23.3.2　砖混结构特性

砖混结构的房屋砌体本身存在一些缺点,砌块强度低、实心砌块自重大、砂浆和砌块之间的粘结力较弱。因此砌体结构的抗拉、抗弯、抗剪强度很低,整体性、刚度及抗震性能都较差。对外部荷载的作用和自身的变化都非常敏感,极容易产生开裂。

钢筋混凝土预制空心楼板虽然有施工便捷、自重轻、构件受力合理的特性,但是其整体刚度、防水性能、抗震性能差,结构变化后易导致开裂,并且不适合作为浴室等有水建筑的楼地面。

因此,在砖混结构的改造中,只要涉及到结构和功能的变化,基本上都会涉及结构受力改变、墙体开裂、渗漏等问题。下面对这些问题分别进行了探讨。

5.23.3.3　基础交界

本工程洗衣房由于工艺及环境的双重限制,只能以目前的尺寸、位置布置在原砖混建筑北面与铁路之间。在这里,就存在着两种基础交界问题。一是洗衣房基础与原建筑基础交界,二是洗衣房与铁路轨道交界。

在开始确定方案时,考虑到工程投资问题,基础处理拟采用纵向承重方案,基础底面宽度为2.2m,埋置深度1.8m。这一方案存在的问题是:由于铁路轨道是生产所必须的,不能停运。这样,在基础施工开挖时所需要的放坡宽度不够,虽然可以通过打钢板桩作支护等手段来解决,但是费用过高。同时施工操作面比较紧张不利于施工。

重新考虑基础的布置方案,要兼顾到两个方面。首先,必须保证基础施工,与铁路基础之间的距离不能缩小；其次，新建建筑必须与原建筑基础之间合理搭接，防止新建筑对原建筑的影响。综合这些因素，新的基础布置方案采用横向承重，基础底面宽度为2.0m，埋置深度1.4m，在其与老基础和轨道交界部位进行了上挑处理，如图5.23.2所示。

在本处理方案中，变纵向承重为横向承重是关键。这样既解决了基础在铁路边较深开挖施工困难的问题，又避免了新基础直接坐落在老基础之上可能产生不均匀沉降以致结构开裂问题。

在采用本方案进行基础施工时，必须注意基础下填土应分层夯实，密实度＞0.94；新基础与原有基础之间以及新柱与原柱和墙体之间要用50mm厚泡沫板填塞。

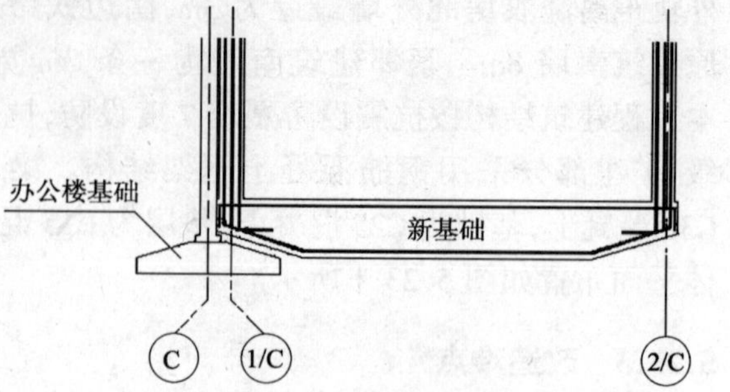

图5.23.2 基础交界处理

5.23.3.4 预制空心楼板防水

原建筑的一、二层，要改建为淋浴用房。经分析，受力没有问题。但是，原建筑采用的钢筋混凝土预制空心楼板是否适合作为浴室楼地面使用却是一个不容回避的问题。所担心的问题主要有两个方面：第一，作为浴室地面，空心楼板如何防水，处理不好，则必然会渗漏；第二，渗漏和水蒸气对楼板的损坏，主要表现在混凝土酥松老化、内部钢筋锈蚀、楼板强度下降。

在对现状进行经济和技术分析之后，决定对空心楼板进行防水处理。主要方案如下：原多孔板地面凿毛，清扫干净，洒水润湿，上做至少20mm厚1:3水泥砂浆找坡层抹平，1.5mm厚聚氨酯防水层（两道），40mm厚C20细石混凝土（内配$\phi 4@200$双向钢筋），10mm厚防滑地砖干水泥擦缝，楼板与墙、柱连接处涂刷1.5mm厚聚氨酯防水层（两道），翻起高度不小于250mm，门口增设200mm高水泥门槛。

为防止板底被水蒸气侵蚀，对其进行纤维聚合物水泥砂浆抹面防水处理。方案如下：清理、补平板底、保持湿润、清洁、坚固、平整，聚合物水泥素浆一道，25mm厚聚合物水泥砂浆（两道）。

5.23.3.5 钢梁加固

在改建过程中，四楼需要两间面积超过60m²的房间作为职工活动室之用，原建筑四楼房间轴线尺寸为6.0m×3.6m，因此，必须拆除中间承重墙以扩大面积，满足功能要求。考虑到屋面水箱比较大，必须避开。因此，选择南北各三个房间作为改造为大空间所用。

原结构是采用一砖墙承重、屋面为钢筋混凝土预制空心楼板。在拆除承重砖墙后，采用钢梁、钢柱进行结构加固，具体方案如图5.23.3所示。钢梁为HM350×250×9×14，钢柱为每梁两根HW250×250×9×14。为加强新增钢柱同砖垛的连接，用10mm厚钢板三面包裹砖壁柱，M10膨胀螺栓@500连接，钢柱与钢板之间通长焊接。钢梁与屋面圈梁顶紧之后其间空隙用膨胀水泥嵌实。在钢柱钢梁外焊接钢丝网片后，再进行墙体粉刷。

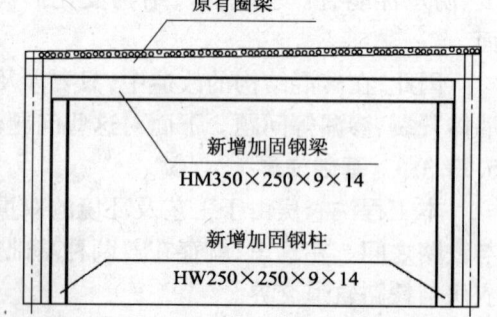

图5.23.3 屋顶横梁钢结构加固

具体施工方案为：托板→设置临时支撑→拆墙→顶升钢梁→钢柱就位→焊接→嵌缝→钢丝网片焊接→粉刷。

施工时需要注意：①施工支撑托梁采用12号工字钢；②施工支撑立柱为108×4钢管，每边4根；③施工支撑底座采用14号槽钢；④设置施工支撑时考虑便于钢梁就位吊装，在支撑设置完毕后才可以拆除砖墙；⑤钢梁采用千斤顶顶升到位，顶升时为保证安全，使用2副剪刀撑托住钢梁与千斤顶同步上升。

5.23.4 结束语

砖混结构在改建过程中,必然会存在许多问题,只有在充分考虑功能需要、建筑环境、结构状况等要约条件之后,进行全面地分析,才可能找到比较合理的方案。

罗国权
(上海宝山钢铁股份有限公司不锈钢分公司)

5.24 高效体外预应力技术在加固和改造工程中的应用

5.24.1 我国传统的低效体外预应力加固技术

钢筋混凝土构件由于设计或施工不当,材质不符要求,使用功能改变,温差过大,遭受灾害损坏以及耐久性等原因,会出现超出设计规范允许值的结构裂缝,或造成承载能力不足,对此应采取加固措施进行补强处理。

加固方法有两种:一种为非预应力加固方法,另一种为体外预应力加固方法。常用的非预应力加固法在我国现行混凝土结构加固技术规范(CECS 25:90)中共介绍了以下几种:加大截面法、外包钢加固法、改变结构传力途径加固法、构件外部粘钢加固法等。近几年又发展了构件外部粘贴碳纤维布加固法。体外预应力加固法在我国现行加固技术规范里也有介绍,主要是20世纪50年代从前苏联传过来的传统加固方法,分为水平拉杆法、下撑式拉杆法和组合式拉杆法三种。这几种方法均是以Ⅰ级钢或Ⅱ级钢作为补强拉杆,采用手工横向张拉施加预应力,两端采用电焊的方法与固定在大梁两端的钢板托套相连。传统的预应力下撑式拉杆加固法如图5.24.1所示。

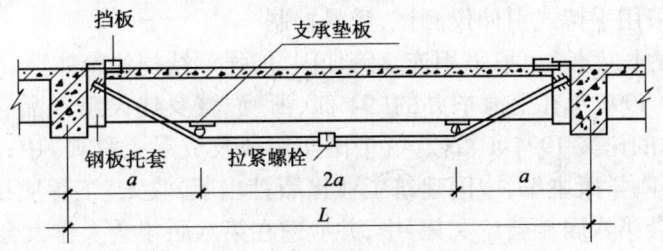

图 5.24.1 传统的预应力下撑式拉杆加固法

预应力加固法的主要优点是见效快,随着预应力的施加,裂缝宽度随即变小,大梁产生反拱,原有钢筋的应力随即变小,属主动加固法。对于下撑式预应力补强拉杆法,还可同时加固正截面强度和斜截面强度。它还有一个明显的优点是,可以用于超筋截面的加固。而非预应力加固法为被动加固法,要待大梁的变形继续增加以后才能逐渐起作用,所以加固以后裂缝宽度和挠度仍会继续增加,而且正截面强度和斜截面强度一般不能同时得到加强。对于近几年广泛采用的外部粘贴碳纤维布法,更具有一个致命的弱点:当充分发挥碳纤维布的高强度时,混凝土的裂缝宽度将达到不能容忍的程度。但是,钢筋混凝土大梁传统的体外预应力加固法由于采用强度低、柔性差、长度短的Ⅰ级钢筋或Ⅱ级钢筋作为补强拉杆,也存在下述缺点:

(1)需要拉杆承担较大的内力时,材料面积很大使施工很困难;

(2)预应力数值不高,预应力损失所占的比例比较大,长期预应力效果不好;

(3)大梁端部固定需要焊接,对于不允许有明火的场所不适宜采用;
(4)要弯成三折线形状,并进行横向张拉,比较困难,弯折处的摩阻力很大;
(5)拉杆应力不容易控制;
(6)不能搞连续跨加固。

5.24.2 高效体外预应力加固技术在我国的发展历程

由于传统的体外预应力加固技术采用低强度的钢材作为补强拉杆,是一种低效体外预应力加固技术,存在一系列缺点。为了克服这些缺点,笔者自1988年开始,在传统的下撑式预应力补强拉杆法的基础上发展了一种用光面高强钢绞线作为补强拉杆的"高强钢绞线体外预应力加固法"。其设计和施工方法可参考文献34。其做法如图5.24.2、图5.24.3所示。

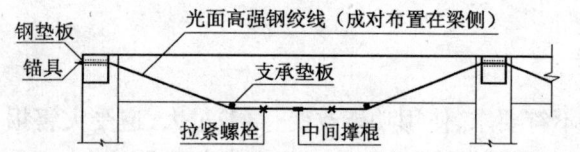
图5.24.2 光面高强钢绞线体外预应力加固法

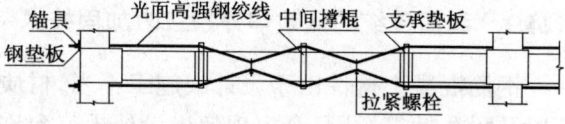
图5.24.3 钢绞线张拉后大梁仰视图

由于当时我国还没有生产无粘结钢绞线,所以只能采用光面高强钢绞线作为补强拉杆。这是一种高效体外预应力加固技术,与传统的低效体外预应力加固技术比较具有下述优点:

(1)由于钢绞线的强度高,当需要拉杆承受较大内力时,材料面积也不需要很大,施工起来比较方便;
(2)由于张拉应力高,预应力损失所占比例小,所以长期预应力效果好;
(3)端部锚固有现成的锚具可以利用,安全可靠,不需现场烧电焊,适用范围广;
(4)钢绞线的柔性好,很容易形成设计形状,施工起来方便;
(5)拉杆应力可采用手持式引伸仪测试,容易控制;
(6)由于钢绞线的长度长,可以采用连续跨加固,加强了结构的整体性。

这种加固方法于1994年在上海举办的"94'江、浙、沪城乡建设新产品、新技术展示会"上荣获金奖。介绍该技术的论文1994年被收入《中国实用科技成果大辞典》中;1996年被《后张预应力混凝土设计手册》(陶学康主编,中国建筑工业出版社出版)收入"工程应用篇"中;1998年被收入《中国土木工程学会第八届年会论文集》中,并应邀在第八届年会上作大会交流。

由于这种方法是采用光面高强钢绞线作为补强拉杆,张拉时在转折点处会产生很大的摩擦力,一般只能采用横向手工张拉,使得这种加固法存在以下缺点:

(1)由于转折点处摩擦力的影响,斜向段钢绞线的应力要比梁底水平段的应力低很多;
(2)由于采用横向手工张拉,钢绞线的张拉应力是靠手持式引伸仪量测单位长度钢绞线的伸长值,乘以钢绞线的弹性模量求得。为了避免产生过大的塑性变形而影响应力测试精度,钢绞线的张拉应力较低,一般将应力控制在$0.6f_{ptk}$以内;
(3)由于是靠手持式引伸仪量测钢绞线的伸长量来控制钢绞线的张拉应力,而初始读数时钢绞线的拉紧程度比较难控制,所以张拉应力的测试精度比较低;
(4)由于采用手工张拉,张拉工作量比较大,劳动强度也比较高;
(5)由于要采用横向张拉,当钢绞线无法布置在梁底时便不能采用;
(6)采用横向张拉铁件的用量比较多;
(7)光面钢绞线直接暴露在空气中容易锈蚀,为了保证耐久性,所采取的防腐措施要求比较高；

(8)光面钢绞线在露天要生锈，储存不方便。

当市场上出现无粘结高强钢绞线以后，又发展了一种以无粘结高强钢绞线作为补强拉杆，采用千斤顶纵向张拉或手工横向张拉，或二者结合的方法施加预应力的体外预应力加固技术。这种加固技术克服了以光面高强钢绞线作为补强拉杆的加固法的缺点。

无粘结钢绞线体外预应力加固法与光面钢绞线体外预应力加固法相比，具有下述优点：

(1)由于无粘结钢绞线在转折点处的摩擦力较小，钢绞线的应力比较均匀；

(2)钢绞线的张拉应力可以加大，一般可采用 $0.7f_{ptk}$；

(3)由于采用千斤顶张拉，张拉力可从油压表上直接读取，所以张拉应力容易控制；

(4)采用千斤顶张拉，张拉工作量少，张拉速度快；

(5)钢绞线的布置比较灵活，跨中水平段的钢绞线不一定设在梁底；

(6)所需铁件的用量较少；

(7)由于无粘结钢绞线的防腐性能较好，在外观要求不高的情况下，可采取简单的防腐措施，施工比较方便；

(8)钢绞线储存方便，不会锈蚀。

钢筋混凝土大梁无粘结钢绞线体外预应力加固法至今已用在近百个工程、数千跨大梁中，均取得令人满意的效果。其设计和施工方法可参考文献35。

上述方法开始应用时，只是用于钢筋混凝土大梁的加固，后来又用于加固楼面板。当用于楼面板加固时，也是基于下撑式预应力拉杆法的做法。

无粘结高强钢绞线体外预应力加固法后来又用于拔柱和拆墙时的加固。当柱子和承重墙所受荷载不是很大时，可采用"无粘结高强钢绞线体外预应力加固法"对大梁或圈梁进行加固，加固后将柱子或承重墙拆除。

近几年来又将无粘结高强钢绞线体外预应力技术用于减小大梁截面高度时的加固。在改造工程中经常遇到要将大梁截面减小的情况，此时可先用无粘结高强钢绞线体外预应力加固法对大梁进行加固，然后将下部截面去掉。

5.24.3 高效体外预应力技术在加固和改造工程中的应用

高效体外预应力技术已应用于下述八种情况的加固和改造工程中：

5.24.3.1 用于加固混凝土强度严重不足的钢筋混凝土大梁

当混凝土强度等级低于C15时，目前加固工程中常用的外部粘贴钢板法和外部粘贴碳纤维布法已不适用。预应力技术由于给构件提供了一个反向弯矩，使大梁截面受拉边缘的最大拉应力和受压边缘的最大压应力都同时减小，有效地调整了截面应力的分布，降低了对大梁混凝土强度的要求，只要端部支承垫板处的混凝土局部承压力能满足要求即可。所以高强钢绞线体外预应力加固法很适宜用于加固混凝土强度严重不足的钢筋混凝土大梁。应用该法已加固了18个工程，其中，有的钢筋混凝土大梁的混凝土强度等级仅C10左右。

5.24.3.2 用于加固火灾受损的大梁

钢筋混凝土大梁经火灾受损以后，表面混凝土的强度很低，而且往往已出现许多裂缝，不能采用外部粘钢和外部粘贴碳纤维布的方法进行加固，而采用加大截面法施工很麻烦，这种情况采用"高强钢绞线体外预应力加固法"最为理想。与混凝土强度严重不足的大梁一样，由于预应力提供了一个反向弯矩，有效地调整了大梁截面的应力分布，使对大梁混凝土强度的要求降低，同时也可以减小大梁裂缝宽度，并有效控制裂缝的进一步开展。用高强钢绞线体外预应力技术已加固了近十个火烧工程的受损大梁,均取得了满意的结果。

5.24.3.3 用于加固楼面使用荷载增加幅度较大的楼面梁

当楼面使用荷载增加幅度较大时,为了提高大梁的刚度和强度,一般采用加大截面法对大梁进行加固。由于加大截面法施工很麻烦,施工工期长,加固费用高,气温低时也不适宜施工;而采用"高强钢绞线体外预应力加固法"很容易同时满足大梁刚度和承载力的要求,施工方便、工期短,加固费用低,气温低时也可施工。所以对于使用荷载增加幅度较大的楼面梁,可采用体外预应力加固法进行加固。应用该法已加固了 33 个工程。

5.24.3.4 用于加固已严重开裂的楼、屋面大梁

钢筋混凝土楼、屋面大梁在混凝土收缩及室内外温差和荷载的共同作用之下,往往要在跨中产生竖向裂缝,在两端产生斜向裂缝。当混凝土质量较差时,裂缝情况更加严重,裂缝宽度经常超过国家设计规范的要求,需要进行加固处理。对于已严重开裂的楼、屋面大梁,最理想的加固方法是采用"高强钢绞线体外预应力加固法"。用该法加固以后,大梁的裂缝宽度变小,而且大梁上始终作用有轴向压力,可以有效地抵抗混凝土收缩和室内外温差引起的轴向拉应力,使裂缝得到有效地控制,一般将裂缝封闭以后将不再出现。应用该法已加固了 22 个工程。

5.24.3.5 用于减小大梁截面高度时的加固

在房屋改造工程中,有时要将大梁截面高度减小。例如,要将 8m 跨度大梁的截面高度由 800mm 改为 400mm。这种情况,只能采用预应力技术。因为预应力可以平衡掉一部分外荷载,使大梁截面高度减小以后仍能满足刚度的要求。这时可采用体外预应力技术,也可采用体内后张无粘结预应力技术,在预应力施加以后再去掉下部的梁截面。采用无粘结高强钢绞线体外预应力加固技术,施工更加简单,且工期短,造价低。应用该法已加固了 3 个工程。

5.24.3.6 用于拔柱、拆墙时的加固

当柱子和承重墙所受荷载不是很大时,可采用"高强钢绞线体外预应力加固法"对大梁或圈梁进行加固,加固后将柱子或承重墙拆除。由于预应力提供了一个反向弯矩,产生反拱,在柱子或承重墙拆除后不会产生过大挠度而使上部楼板或墙体出现裂缝,也可以做到使柱子或承重墙拆除后上部结构不产生挠度。应用该法已加固了 6 个工程。

5.24.3.7 用于加固楼面使用荷载增加幅度较大的楼面板

当加固楼面使用荷载增加幅度较大的楼面板时,可在板底设置钢支托。为了保证刚度,钢支托要有较高的截面,有时两端还没有地方可以支承。如果采用"钢支托无粘结钢绞线下撑式预应力拉杆法"进行加固,则可以大大减小钢支托的截面尺寸和省去两端支座。这时可在钢支托的下部相隔一段距离设置一根预应力钢绞线,钢绞线采用折线形,张拉以后便将钢支托变成多跨连续梁,而且产生了向上的反力,主动地平衡掉一部分外荷载。近几年来在老房子楼面上建密集型档案库和桑拿浴池,在老房子屋面上放水箱的情况越来越多。这种情况均可采用"钢支托无粘结钢绞线下撑式预应力拉杆法"进行加固,均取得了很好的效果。至今已加固了 15 个工程。

5.24.3.8 用于加固水池池壁

当水池抗浮能力不足时,由于水池四周的悬挑板上有回填土压着,中间水池池壁在浮力作用下上部会开裂,加上混凝土收缩和温差影响,裂缝有时会很严重。在中间水池池壁的上部设置通长的预应力钢绞线,可以产生反向弯矩平衡掉一部分浮力,而且可以有效地控制裂缝的开展。实践中,我们曾用高效预应力技术加固了两个抗浮力不足、池壁上部已严重开裂的水池。

项剑锋
(浙江省建筑科学设计研究院,杭州剑锋加固工程有限公司)

5.25 某特大桥箱梁中横隔梁加固

5.25.1 工程概况

某特大桥箱梁于浇筑完成后40d,对墩端横梁开始张拉,张拉至13号墩中钢绞线时,钢绞线突然弹出。为了保证质量查找原因,暂停张拉。后经业主、监理、施工单位共同商讨决定继续张拉,同时查找原因。13号墩中横隔梁共张拉18束342根钢绞线,共有29根钢绞线滑丝。滑丝位置如图5.25.1所示。

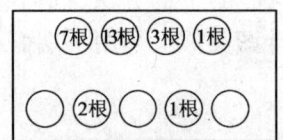
13号中横隔梁左侧钢绞线弹出示意图

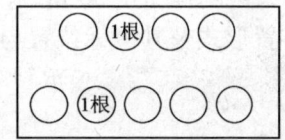
13号中横隔梁右侧钢绞线弹出示意图

图5.25.1 滑丝位置

5.25.2 原因分析

根据弹出钢绞线外观检查和P锚挤压成型过程分析,原因如下:
(1)工人操作不规范,存在偶然性操作误差。
(2)由于P型挤压套和钢绞线都存在公差,造成P型锚具与钢绞线存在局部不配套现象。

5.25.3 加固原则

由于13号中隔梁钢绞线张拉时,部分钢绞线滑丝,造成中隔梁刚度下降。根据混凝土结构加固技术规范要求,对13号中隔梁施加体外预应力补强。

5.25.3.1 加固要点

(1)采用植筋方法与原结构连接,解决新加结构与原结构的工作协调问题。
(2)采用碳纤维加固方法,解决在纵向梁上开孔问题。
(3)钢绞线波纹管按设计要求进行布置,在新浇混凝土强度达到设计要求后进行张拉。钢绞线的布置位置及数量详见计算书。

5.25.3.2 钢绞线设置计算书

失效的钢绞线为29根,每根控制张拉吨位为19.53t。在跨中位置,后加预应力钢筋N1比原设计钢绞线位置上抬了23cm,N2比原设计钢绞线位置上抬了26cm。设预应力钢筋N1每束x根钢绞线,N2每束y根钢绞线,同时考虑0.9的折减系数,根据失效钢绞线和新加钢绞线在横隔梁跨中处产生的竖向分力应相等的原则,可以得到x、y的值。

$$25 \times 195.3 \times \left(\frac{77}{804} + \frac{117}{809}\right) + 4 \times 195.3 \times \left(\frac{62}{690} + \frac{27}{461}\right)$$
$$= \left[2x \times 195.3 \times \left(\frac{54}{802} + \frac{94}{806}\right) + 2y \times 195.3 \times \left(\frac{36}{688} + \frac{1}{460}\right)\right] \times 0.9$$

化简得

$$0.36x + 0.11y = 7.33$$

取满足。
$$x = 19, y = 5, 0.36 \times 19 + 0.11 \times 5 = 7.39 > 7.33$$

5.25.4 加固施工方案

考虑到中横隔梁已处于受力状态,为尽量减少对老混凝土的扰动,保证原已张拉钢束的良好受力,布置钢束时,在跨中位置的平行钢束与原图纸的布置形式做了适当调整:下层上调 26cm,上层上调 23cm。

根据现场查看、分析、研究、论证,13 号墩中横隔梁钢绞线滑丝情况主要集中在左侧上面的一排,因此考虑按下述方案进行处理。

在 13 号墩中横隔梁两侧各加宽 50cm,采用浇筑混凝土的方法,同时在这 50cm 混凝土中布置钢绞线,钢束具体布置形式及其坐标位置与原设计图类似。采用一端 P 型锚固,另一端张拉的方式。

5.25.5 加固施工

5.25.5.1 植筋施工

(1)主要材料

植筋胶主要性能指标:

钢-钢粘结剪切强度:大于 $18N/mm^2$;

钢-混凝土粘结剪切强度:混凝土层破坏;

抗压强度大于 $60N/mm^2$,内聚强度(胶固化体抗拉强度)大于 $30N/mm^2$;

耐温性能: $-30 \sim 80℃$ 强度不降低;

耐湿性能:相对湿度 90% 以内;

耐久性能:50 年在 $-20 \sim 50℃$ 环境中进行冻融试验,其力学性能没有明显降低;

耐酸碱性:在酸碱溶液中,浸泡 1 个月,其力学性能基本没有降低或降低甚少;

初凝时间:$40min \sim 1h(20℃)$。

(2)主要施工机械

①钢筋探测仪,用于探测钢筋位置;

②电锤,用于混凝土打孔;

③空压机,用于清孔;

④各种配套钻头。

(3)工艺流程

工艺流程:钻孔→清孔→孔干燥→孔清尘→钢筋处理→灌胶→插筋→固定养护。

①根据锚筋规格准备好钢筋;

②将钻孔位置混凝土表面清除干净;

③按图纸要求在施工面划定钻孔锚固位置;

④选定孔径:根据所需植的钢筋规格选定孔径 $d + 4 - 6mm$(d 为钢筋直径);

⑤确定孔深:确定钻孔深度为 $15d$(d 为钢筋直径);

⑥清孔:清除孔内集水、异物等,可采用风机加导管伸入孔内吹净;

⑦灌胶:将胶注入孔中,以插入钢筋后有少量胶溢出孔外为最佳状态,灌胶一次完成;

⑧插筋:钢筋锚固部分应干净,孔内灌入结构胶同时放入处理好的钢筋,放入钢筋时需用手转动,上下动作时要防止气泡发生,让胶与钢筋全面粘合;

⑨养护:在常温下自然养护,养护期间不应扰动,一般24h可以使用。

(4)质量验收

①每个品种钢筋抽取一组(3根钢筋)进行抗拔性能检验;

②抗拔性能检验值取 $0.9A_s f_{yk}$。

5.25.5.2 粘贴碳纤维

(1)主要材料

碳纤维布及其粘贴用配套树脂材料及性能指标如表5.25.1~表5.25.5所示。缺陷修补所用材料为建筑结构胶,其材料及性能指标如表5.25.6所示。

表5.25.1 结构加固修补用碳纤维材料主要性能指标

设计抗拉强度(MPa)	弹性模量(MPa)	延伸率(%)	单位面积质量(g/m²)	耐腐蚀性	浸透性	均匀性
3 000	≥2.2×10⁵	1.8	300	优	良好	良好

表5.25.2 碳纤维布的物理力学性能

碳纤维布材料名称	纤维质量(g/m²)	设计厚度(mm)	抗拉强度(MPa)	弹性模量(MPa)
CFC2-2	300	0.167	3 000	2.2×10⁵

表5.25.3 配套树脂主要技术性能指标

抗拉强度(MPa)	抗剪强度(MPa)	粘贴强度(MPa)	施工时适用温度(℃)	可使用时间(min)
30	18	5.0	5~40	20~120

表5.25.4 配套树脂的物理力学指标

项目指标类型	黏度(MPa·s)	拉伸强度(MPa)	压缩强度(MPa)	拉伸剪切强度(MPa)	正拉粘接强度(MPa)
底胶	0.8~1.6				≥5
找平胶			≥50		≥5
面胶	3.0~5.0	≥40	≥70	≥18	≥30

表5.25.5 胶的施工工艺指标

项目指标类型	适用期(min)	干燥时间(h)	硬化时间(h)
底胶	≥45	≤12	
找平胶	≥40		≤12
面胶	≥40		≤12

表5.25.6 JGN型建筑结构胶的物理力学指标

项目名称	剪切强度(MPa)	轴心抗拉强度(MPa)
技术指标	≥18	≥33

(2)施工机械

碳纤维加固的机具设备,视现场情况及施工面积和工期要求合理配置。一个台班所需主要机具设备如表5.25.7所示。

表5.25.7 施工机具统计表

序号	名称	数量
1	混凝土打磨机	4台
2	吹风机	2台
3	混凝土裂缝电子测宽仪	1台
4	滚筒	6把
5	毛刷及料桶	10套
6	金刚石砂轮切割机	2台
7	金刚石砂轮片	10只
8	强力排风机	2台
9	200m配套电线盘	1套
10	50L空压机	1台
11	碳纤维加固成品验收工具	1套

(3)工艺流程

工艺流程：基层处理──→封闭修复──→涂底胶──→找平──→粘贴碳纤维。

1)基层处理

①混凝土表层出现剥落、空鼓、蜂窝、腐蚀等劣化现象的部位应予以凿除。对于较大面积的劣质层在凿除后应用JGN型建筑结构胶进行修复。

②用混凝土打磨机、砂纸等工具除去混凝土表面的浮浆、油污等杂质。构件基面的混凝土要打磨平整，尤其是表面的凸起部位。

③用吹风机将混凝土表面清理干净并保持干燥。

2)涂底胶

①按主剂:固化剂＝2:1的比例将主剂与固化剂先后置于容器中，使用电动搅拌器搅拌均匀。根据环境温度决定用量并严格控制使用时间，一般情况下1h内用完。

②用滚筒刷均匀涂抹于混凝土表面，等胶固化后(以指触干燥为准)，再进行下一步施工。一般情况下固化时间为2~3h。

3)用整平材料找平

①混凝土表面凹陷部位填平，尽量减少高度差。

②转角的处理也应将其修补为光滑的圆弧。

4)粘贴碳纤维布

①碳纤维布长度为1.6m，按要求的尺寸裁剪碳纤维布。

②调配粘贴材料浸渍树脂，然后均匀涂抹于要粘贴的部位。在搭接、混凝土拐角等部位要多涂抹一些。

③粘贴碳纤维布。应确定所贴部位无误，用特制的滚子反复沿纤维方向滚压，去除气泡，并使浸渍树脂充分浸透碳纤维布。

5.25.5.3 预应力工程

预应力工程参照原桥梁施工方案。

5.25.6 结 束 语

该桥梁通过加固处理已安全通车,使用1年未发现质量问题,证明加固措施得当。

李今保 王瑞扣 潘留顺
(江苏东南特种技术工程有限公司)

5.26 某电动扶梯改造加固工程

5.26.1 工程概况

某商场建于1992年,为全现浇钢筋混凝土框架-剪力墙结构。横向采用部分预应力钢筋混凝土框架,纵向为普通钢筋混凝土框架,整个建筑按抗震烈度7级进行设计。建筑物地下1层,地上6层,地下室为钢筋混凝土结构,局部为6级人防区域。因经营需要,将作仓库使用的地下室改为超市,在1层与地下室之间增设一部电动扶梯(图5.26.1),需在地下室底板(标高-4.500m)开凿一个长4.6m、宽4.2m、深1.55m的电动扶梯井。由于该地区地下水位较高,该商场新建时曾出现管涌流砂等现象,分析电动扶梯井开挖时可能有流砂、管涌等情况。

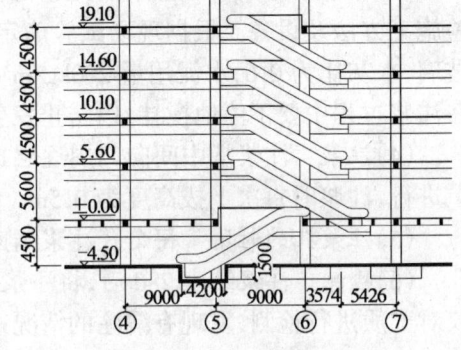

图5.26.1 新加电动扶梯图

5.26.2 方案设计

经查阅当时的地质勘测资料:
①-1层杂填土,灰色,稍密~中密度,厚0.6~1.6m;
①-2层素填土,褐灰色,软塑,厚2~3.3m,土质较差;
②层黏土,灰褐色,可塑土质尚可,厚0.5~1.4m;
③层淤泥质粉质黏土,灰色,流塑土质甚差,为高压缩性软土,厚7.7~9.4m;
④层黏土,灰色,可塑土质较好,厚1.4~2.3m;
⑤层黏土,黄色,可塑$^+$~硬塑土质良好,厚2.1~3.9m;
⑥层粉砂,灰黄~灰色,饱和,稍密~中密,土质尚可。

现需开挖电梯坑在③层淤泥质粉质黏土层,流塑性很大。初步拟定开挖方案如下:

(1)沉井施工 沉井施工经济简易,四周防护较好,但无法控制底面出现的管涌、流砂。

(2)井点降水 通过一级或二级,甚至四级、五级井点降水,可满足降水深度要求,但同样无法控制沉井施工中可能出现的问题。

(3)地基压密注浆 注浆加固可提高地基土的强度和变形模量以及控制地层沉降。选用水泥和水玻璃双液型混合浆液能使加固土体在平面和深度范围内连成一个整体。通过对需开挖地基的注浆加固,在开挖坑的四周和底面形成一个整体拱的防护,可有效防止水的渗漏。

经反复比较,选用第三种方案。

5.26.3 加固施工

(1)注浆孔的布置 注浆孔按开挖电梯坑向外扩大4m,注浆孔按800mm×800mm布置。如

图 5.26.2 所示。

(2) 注浆深度　坑内注浆深度为板底向下 6.0m,坑四周为地下室底板向下 8.0m。如图 5.26.3 所示。

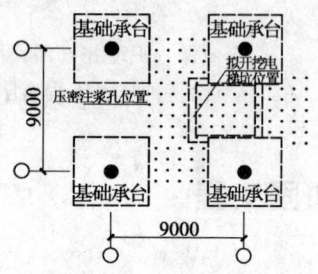

图 5.26.2　注浆平面布置图

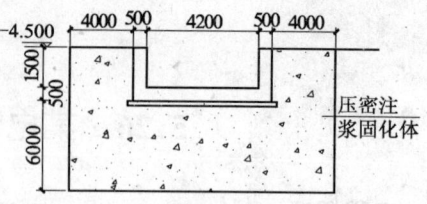

图 5.26.3　注浆固结范围剖面图

(3) 注浆液的配制　注浆前先进行室内浆液配比试验和现场注浆试验,以确定设计参数和检验施工方法及设备。根据现场试验确定采用水泥砂浆浆液,配比为 P·O32.5 级水泥内掺 3% 水玻璃,水灰比为 0.6,水泥用量 $200kg/m^3$。浆体应经过搅拌机械充分搅拌均匀后才能开始压注。在注浆过程中要不停地搅拌,以防止发生沉淀。

(4) 注浆　注浆从中间向四周逐层扩散,注浆压力为 7MPa,流量为 7~9L/min。注浆由下向上进行,注浆时每次上拔高度为 0.5m。

(5) 注浆孔的封堵　每个孔注浆结束时用木塞将注浆孔进行临时封堵。

(6) 检测　注浆结束 28d 后,将注浆孔逐个打开,用钢钎检查注浆液的凝固情况,用静力触探仪对土质进行检测,发现有漏注的情况进行补注。

(7) 打入钢管　在坑四周注浆孔内打入 $\phi45 \times 3.5$、$L = 6\,500$ 的钢管。

(8) 开凿　首先对地下室的底板进行凿除,剪断板内上层钢筋网片,保留板下层钢筋网片,并对其变形情况进行观察。待变形趋于零时,切除底层钢筋网片,开挖土方。

(9) 土方开挖　土方开挖后无渗水现象,开始进行电梯机坑的施工。在坑底留集水坑,放一真空泵用于混凝土凝固期间排水,以减小水压。混凝土凝固后用快硬水泥胶浆封堵。

5.26.4　结束语

本工程共压密注浆 $112m^3$,用水泥 55t,造价低廉。现电动扶梯已安装成功,使用 3 年无渗漏现象。

钱　伟[1]　陈　东[2]

(1 江阴市城镇建设综合开发有限公司;2 盐城明盛建筑加固改造技术工程有限公司)

5.27　用新技术改建钢楼梯及加固混凝土工程

5.27.1　工程概况及改造缘由

中国京剧院综合业务楼位于北京市西城区平安里大街南侧,2003 年 5 月设计,2004 年底土建主体工程竣工,2005 年进入装修期。该楼共 12 层,其中地下 3 层,采用 C40 混凝土;地上 9 层为框架剪力墙结构,采用 C35 混凝土。圆钢型号为 ϕ-HPB235,螺纹钢型号为 ϕ-HRB335。电梯设在中央大楼主楼最东端的第 1~2 轴与Ⓓ~Ⓔ轴之间。第 1~2 层和第 2~3 层层高均为 4.2 m,

原设计第1、2层为酒店,第3层为宾馆套房。业主要求将第3层楼的宾馆套房全部改为与第1、2层楼完全相同的酒店,改造部位是与电梯井相邻的第2~3轴与ⓒ~ⓓ轴之间的4号钢筋混凝土楼梯井(简称4号楼梯井)内的第1~2层的楼梯井井顶,要求将其楼梯延至第3层。

5.27.2 新技术方案

改造前,针对为什么要加固、用什么方案加固、怎样加固才能确保钢楼梯的稳定和安全进行了探索,对其系列难点进行了分析论证。在多个加固改造方案比较选择的基础之上,挑选并施实了"综合利用加固新技术建造钢楼梯方案"(以下简称"新技术方案")。

5.27.2.1 为什么要加固

要想将图5.27.1中阴影部分的钢筋混凝土楼板拆除,在此处设置钢楼梯,就必须要在图5.27.2中的JGL-1梁的位置(钢筋混凝土楼板切割边缘)增设JGL-1次梁。设计按图5.27.2增设钢楼梯,则在高程为8.35m、板厚为120mm第3层楼地面板切割边(⑤、⑥节点处)上,其力的传递路径,如本文5.27.3.7节所述。在图5.27.2中,钢楼梯的钢梁、柱在①、②、③、④节点未植螺丝杆粘接钢板之前,没有预埋金属钢板,无法与钢楼梯钢梁、柱连接。如果不设JGL-1次梁,钢楼梯的钢梁第⑤、⑥钢节点就无法与图5.27.1中拟切除120mm厚的3层楼地面的C35钢筋混凝土楼板切割边连接。加之业主要求在20d(施工期气温为-8~0℃,正是北京的冬天)以前必须完成改建楼梯的任务并交付使用。用普通混凝土在露天为-8~0℃气温下施工,养护时间20d,混凝土的抗压强度是达不到设计轴心抗压强度的,即用普通混凝土在20d内建造钢楼梯方案是行不通的,必须寻找新方案。

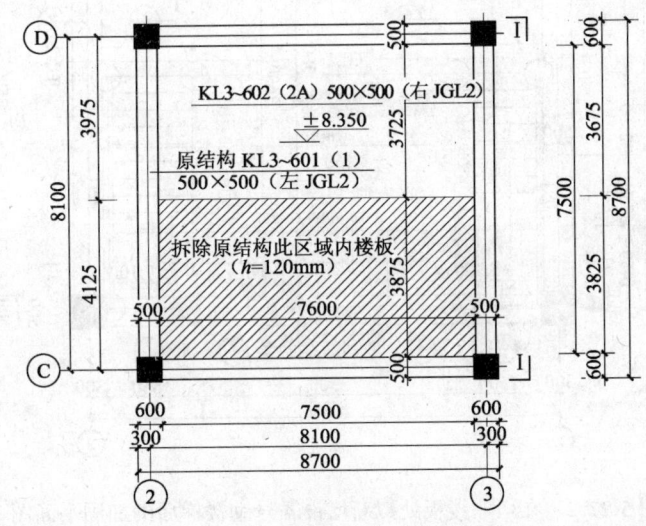

图5.27.1 拟新增4号楼梯原结构第3层钢筋混凝土楼板拆除平面图
(注:原结构3~6层顶框架梁配筋平面图均相同)

由分析可知,要在图5.27.1阴影部分拆除原钢筋混凝土楼板尽快建造钢楼梯,就必须要对原结构进行加固改造、探索新技术方案,进行方案优选。

5.27.2.2 加固方案选择

经内力分析计算与加固改造方案筛选,决定拟采用"新技术方案"(图5.27.2)。挑选HGM-2材料代替普通混凝土现浇JGL-1次梁,在JGL-1次梁两端与左右2根JGL-2梁交汇处植筋,在JGL-1次梁底部受拉区配置5根φ25mm螺纹钢筋,梁顶面(板顶)另设抵抗负弯矩的薄钢板(用粘钢胶粘贴钢板)一层;在左右2根JGL-2梁梁底粘贴两层碳纤维布加固;设想将连接钢混凝土结构的钢楼梯第⑤~⑥节点的钢板预埋在JGL-1次梁里,再用灌浆料质量的12%~15%的加水量拌制HGM-2高强无收缩微膨胀灌浆料(以下简称"HGM")现浇JGL-1次梁,使钢梯⑤、⑥钢混凝土节点的预埋钢板外露,便于与钢楼梯交汇处的钢梁焊接。在第①、②、③、④节点处,原钢筋混凝土梁(或柱)所对应的混凝土部位每处各钻4个孔,用建筑结构植筋胶在每处各植4根M20丝杆,在每块钢板上按图纸尺寸放线各钻4个孔(下料钢板尺寸分别为250mm×300mm×12mm、300mm×300mm×12mm、250mm×300mm×12mm、400mm×400mm×12mm),将钢板上的孔与丝杆对准后把钢板套在丝杆上,用螺丝帽压丝杆夹紧钢板;再将钢楼梯的钢梁与①、②、③、④、⑤、⑥各钢节点焊接牢固;最后,在钢板各节点处与原结构梁(或柱)钢筋混凝土表面孔隙内灌建筑结构粘钢胶。具体做法,详见本文5.27.3.10节。确保混凝土表面与各节点钢板之间的空隙填充密实,使混凝土表面与钢板可靠地连接成一个整体,可大幅提高梁、柱的承载力。现场各项试验检测结果证明,拟定方案可以达到稳定、安全、可靠的效果。经实践检验,该"新技术方案"是成功的。

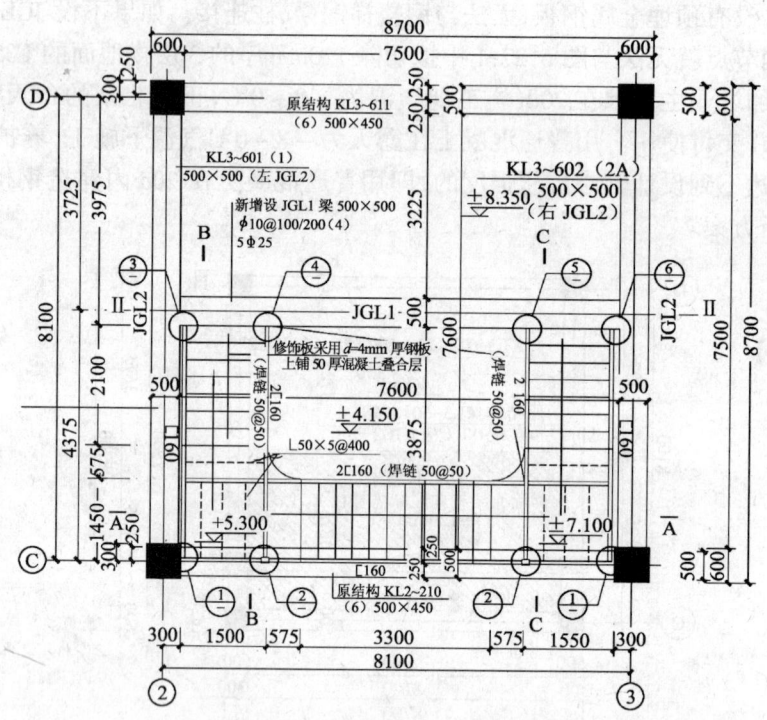

图5.27.2 在切除楼板处拟新增设4号钢楼梯后的加固平面图
(注:原结构3~6层顶框架配筋平面图均相同)

5.27.3 具体措施及做法

具体措施的主要内容包括:切除原结构框架梁格内的钢筋混凝土楼板;内力分析计算与复核;增设JGL-1梁;填充HGM高强无收缩微膨胀灌浆料;植筋;预埋钢板;碳纤维布加固原钢筋混凝土框架结构中的部分主梁(JGL-2);膨胀螺栓锚固梁顶面抵抗负弯矩的胶粘薄钢板;用建筑结构胶种植螺丝杆;在钢板上钻孔,并将钻孔钢板套在丝杆上拧紧螺帽,压紧钢板与钢楼梯梁焊接;向钢板节点与混凝土表面空隙内灌注粘钢胶粘贴钢板等。综合利用这些新技术,按照"中国京剧院结构改造工程施工图"施工,提前5d(业主计划20d)完成了增建钢楼梯的设计与施工及竣工验

收和交付使用的全部工作。现将其做法分述如下:

5.27.3.1 拆除原框架梁格内钢筋混凝土旧楼板

切除图 5.27.1 中 7 600mm×3 875mm 阴影面积,形成新的孔洞(即"天窗"),利用"天窗"洞口空间把新设计的钢楼梯从二楼楼地面 4.15m 高程升至第 3 层楼地面 8.35m 高程,进入第 3 层(如图 5.27.3a 所示)。

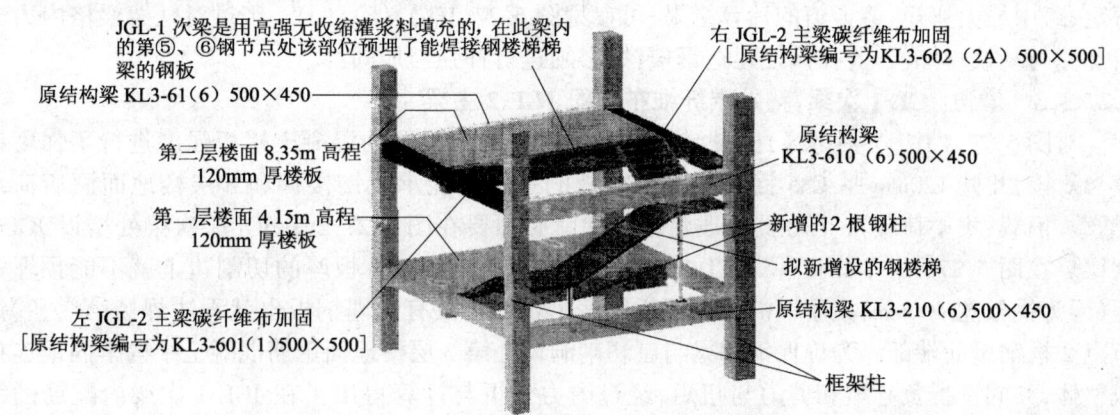

(a)拟定增设 4 号钢楼梯第 2~3 层局部框架结构三维立体模型梁、板、柱位置示意图

(注:由原结构图知 3~6 层顶的框架梁配筋平面图均相同)

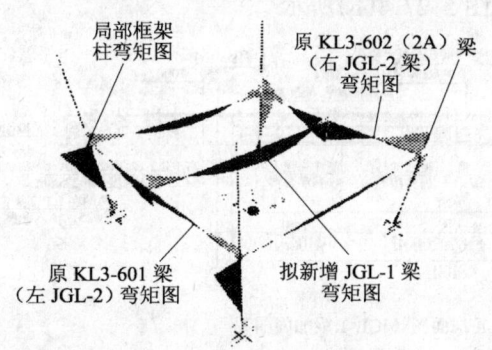

(b)拟定增设 4 号钢楼梯第 2~3 层局部框架结构三维立体模型梁、板、柱中的 JGL-1,左右各 1 根 JGL-2 梁弯矩示意图

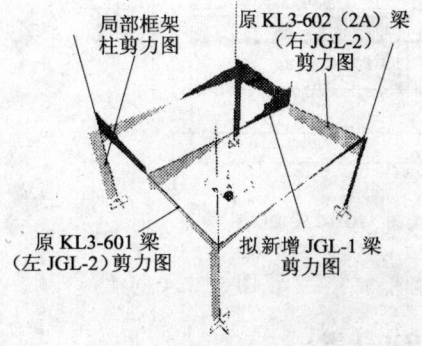

(c)拟定增设 4 号钢楼梯第 2~3 层局部框架结构三维立体模型梁、板、柱中的 JGL-1,左右各 1 根 JGL-2 梁的剪力示意图

图 5.27.3 示意图

5.27.3.2 框架结构受力分析计算

根据原中国京剧院综合业务楼结构施工图总说明和相关技术参数，用PKPM软件对原框架结构改造前框架梁的内力进行了分析计算；再用PKPM软件对原框架结构改造后（切除楼面板之后）梁的内力又进行了分析计算与复核；最后，用通用有限元软件进行了核校。用计算机求出4号楼梯井第3层框架梁格内（已拆除混凝土楼板形成钢楼梯的）楼梯洞口处框架梁局部支座正负弯矩、跨中最大弯矩、剪力值的计算结果，可参见图5.27.3(a)、(b)、(c)。经过对框架梁格内力分析计算与复核得知：若要在该处建造钢楼梯，必须进行补强与加固。

5.27.3.3 增设JGL-1次梁，粘贴碳纤维布加固JGL-2主梁

对图5.27.1中（切割边缘）拟设500mm宽、JGL-1梁的位置的混凝土楼板强度进行了强度计算与复核，此处120mm厚C35钢筋混凝土楼板的强度不能承受钢楼梯和3层楼地面酒店荷载（活载、恒载、集中荷载），若在此处改建钢楼梯就必须要在图5.27.2中JGL-1次梁处增设JGL-1次梁。在图5.27.1中，如果不设JGL-1次梁，那么在只有120mm板厚的切割边上就不能预埋钢板（因为钢板宽400mm，大于旧混凝土楼板厚度120mm），没有预埋钢板也就无法焊接第⑤、⑥钢节点2根钢梁的端部。为确保钢梯梁与已切割洞口处第3层楼地面钢筋混凝土结构牢固地连接成整体，共同抵抗负弯矩和剪力与扭矩，经过内力分析与计算得出了在JGL-1次梁内配筋的结论，如图5.27.3(a)、5.27.4(a)所示。经设计计算得知：在JGL-2左右2根主梁的梁底设计粘贴两层碳纤维布[即原结构左KL3-601(1)500×500和右KL3-602(2A)500×500，简称"JGL-2梁"]加固JGL-2主梁是偏于安全的，如图5.27.4(b)所示。

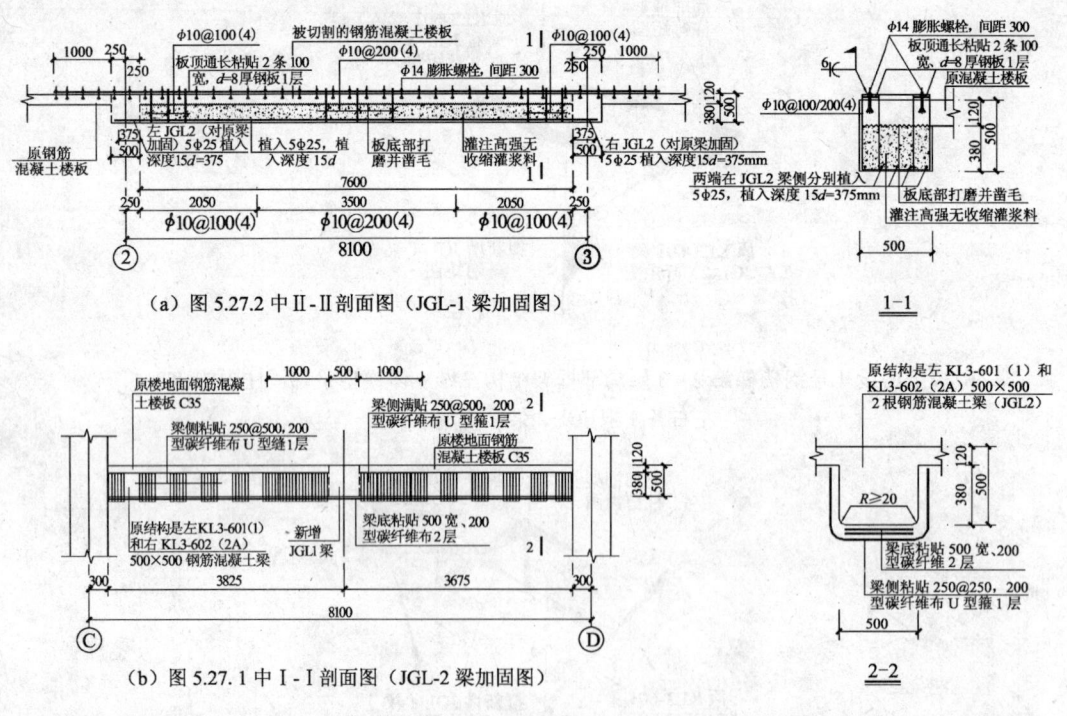

(a) 图5.27.2中Ⅱ-Ⅱ剖面图（JGL-1梁加固图）

(b) 图5.27.1中Ⅰ-Ⅰ剖面图（JGL-2梁加固图）

图5.27.4

5.27.3.4 用HGM材料速成JGL-1梁

根据HGM材料的性能和特点，选用HGM材料填充JGL-1梁。图5.27.4(a)1-1剖面中120mm厚旧混凝土楼板板底以下至梁底之上（其灌浆层厚度$\sigma \geq 150mm$）均选用HGM-2填充，并在其填充的上表面与旧楼板板底之间的缝隙用HGM-1填充，如图5.27.4(a)1-1剖面图所示。这

是因为这个缝隙的灌浆层厚度 $\sigma < 30\text{mm}$，故选用 HGM-1 自流平自密实早强高强无收缩微膨胀灌浆料填充。试验证明，HGM 材料 3d、7d、28d 的抗压强度分别大于 30MPa、50MPa、60MPa。利用材料早强的特性速成了 JGL-1 次梁。

5.27.3.5 种植钢筋及工艺流程

根据现场植筋试验结论：植筋 12h 后钢筋锚固抗拔承载力现场非破坏性检验合格。其工艺流程为：

(1) 现场植筋

从图 5.27.4(a) 中可知，JGL-1 次梁的底部受拉区配 5Φ25 螺纹钢筋承担抵抗弯矩，JGL-1 次梁两端的 5Φ25 螺纹钢筋分别种植在 2 轴和 3 轴左右各一根 JGL-2 梁身内侧（JGL-1 次梁与 JGL-2 主梁的交汇处）。植筋养护期后（3d 左右），按图 5.27.4(a) 所示再向（图 5.27.1 中保留的板的切割边边缘 500mm 宽的拟现浇的 JGL-1 梁与之对应的旧楼板的位置）已钻穿的钢筋混凝土旧楼板的孔内安插 4 肢箍筋，即 4ϕ10@100(4)。箍筋安装后再与 5Φ25 螺纹钢纵筋绑扎及焊接，做成 JGL-1 次梁钢筋骨架笼，如图 5.27.4(a) 中 1-1 剖面所示。

(2) 工艺流程

基面清理→划定位线→钻孔→清孔→孔径孔深验证→干燥清孔→清洗钢筋→配胶→向孔内灌胶→向孔内旋转插筋→固定养护。

5.27.3.6 在 JGL-1 次梁中预埋焊接钢楼梯梁第⑤、⑥钢节点钢板

从图 5.27.2 中 C-C 剖面（从略）可知，在第 3 层楼面 8.35m 高程处，JGL-1 梁按第⑤、⑥钢节点详图将连接钢楼梯钢梁的预留竖直钢板（垂直钢板焊接多根锚固钢筋）埋在用高强灌浆料掺水拌制高强混凝土现浇填充的 JGL-1 次梁的外侧，以便于与钢梁焊接。

5.27.3.7 用碳纤维布加固 C35 钢筋混凝土原结构［KL3-611(6)、KL3-602(2A)］左右各 1 根 JGL-2 主梁

(1) JGL-2 梁底粘贴 2 层碳纤维布

JGL-1 梁承受第 3 层楼楼面静、活荷载和钢楼梯的部分集中荷载，这些荷载均由 JGL-1 次梁传递给 JGL-2 主梁，再由 JGL-2 主梁传递给框架柱。经过分析比较，拟采用碳纤维布补强加固 JGL-2 主梁。根据《碳纤维片材加固混凝土结构技术规程》中第 4.1.1～4.5.2 条规定，经计算确定 JGL-2 主梁梁底设计粘贴两层碳纤维布，即可满足强度和刚度的要求，如图 5.27.4(b) 所示。

(2) 按图 5.27.4(b) 施工，按规范验收

根据《碳纤维片材加固混凝土结构技术规程》第 5 章规定，用碳纤维布加固了 2 根 JGL-2 主梁（图 5.27.2）；并根据该规程第 6 章规定，通过了检验与验收。

5.27.3.8 用粘胶薄钢板抵抗膨胀螺栓锚固梁顶面的负弯矩

图 5.27.4(a) 中 JGL-1 次梁的上部受拉区（板顶）另设有 2 条通长 100mm 宽，$d = 8\text{mm}$ 厚抵抗负弯矩的钢板（用粘钢胶粘贴钢板）一层。为了保证钢板与混凝土共同工作，提高粘接质量，在钢板和原钢筋混凝土楼板上钻孔预埋间距为 300mm 膨胀螺栓 M14。在该钢板上涂一层粘钢胶，待涂好粘钢胶后，再将已钻孔的钢板套在相应的膨胀螺栓上，拧紧螺帽，使钢板紧贴在原钢筋混凝土楼板上，并用 4 肢箍筋（即 4ϕ10@100(4)）套牢 2 条通长 100mm 宽，$d = 8\text{mm}$ 厚薄钢板。为防治钢板生锈，在钢板表面先用建筑结构胶粘结一层粗砂，再在楼板（JGL-1 梁上部的旧楼板）上面抹 1:3 水泥砂浆 20mm 厚，使用 HGM 材料填充 JGL-1 梁（该梁上部的旧楼板下面需填充部分），使之形成一个整体。

5.27.3.9 对焊接节点处厚钢板穿孔，并套在种植的丝杆上，用螺帽夹紧钢板后与钢楼梯梁焊接

图 5.27.2 中各节点新种植的胶粘钢板均为 12mm 厚钢板。图 5.27.2 中原钢筋混凝土结构

梁和柱①、②、③、④节点处(⑤、⑥节点除外,因为⑤、⑥节点的连接钢板背面,焊接锚筋群后放入 JGL-1 内与 HGM 材料生成为一个整体),均按每个钢节点大样详图种植了 4M20 丝杆,按各节点详图中的尺寸在大块钢板上划出切割小块钢板的边线,在小块钢板上按图纸尺寸放线,确定钻孔位置,再沿钢板边线切割下料钻孔,把钻好孔的钢板孔位对准后套穿在丝杆上用螺帽压紧钢板并固定,再把钢楼梯中的钢梯梁、钢梯柱与钢混凝土结构①、②、③、④、⑤、⑥节点连接的钢板焊接。按图 5.27.2 中新增钢楼梯各部位尺寸和 A-A、B-B、C-C 剖面(从略)图尺寸,将钢楼梯梁、柱与新增①、②、③、④各节点钢板焊接,钢楼梯就基本上做成了。

5.27.3.10 注入灌缝胶粘贴钢板

首先,将图 5.27.2 中 A-A、B-B、C-C 剖面(从略)①、②、③、④节点处钢板与钢梯梁焊接,然后将螺帽拧入丝杆上用螺帽压紧节点钢板后,节点钢板与混凝土表面结合处均有空腔缝隙,可用 901 快速堵漏剂将每个节点上的每块钢板边的(左、右、底)三边与混凝土表面之间形成的缝隙堵死,再用注胶器从钢板顶边向钢板与混凝土之间的缝隙空腔内灌粘钢胶粘贴钢板。

钢楼梯做成后,按《钢结构焊接规范》验收,验收合格即可交付使用。

5.27.4 结　论

采用综合新技术加固改造措施,在对原旧工程进行加固改造的同时,同步建造钢楼梯,实施拟定"新技术方案"是可行的。试验证明,其钢混凝土结构偏于安全,是坚固可靠的。其主要佐证内容包括:

(1)《混凝土结构技术规范》(CECS 25:90)第 2.2.4 条规定:混凝土结构加固所用的混凝土强度等级,设计时宜比原结构构件的设计混凝土强度提高一个等级,且不低于 C20。该工程原结构混凝土强度等级为 C35,大于 C20;用 HGM 材料现浇 JGL-1 次梁,3d 龄期标养试块抗压强度,较普通 C35 混凝土标养试块的抗压强度至少提高了 2 个等级(C35 小于 C45、C55)。

(2)JGL-1 次梁用 HGM 材料代替普通混凝土现浇可缩短 7 倍工期。建造该钢楼梯的起止时间是 2005 年 11 月 16 日~12 月 1 日,正是北京的冬季,施工气温为 -8~0℃。结合试块试压结果和本文拆模时间参数,实际只用了 4d(96h)就拆除了梁长 8 100mm、截面尺寸为 500mm×500mm 的 JGL-1 次梁梁底底模,缩短了抢建钢楼梯的工期。实际完成时间只用了半个月,较普通混凝土标养 28d 龄期缩短 13d,与业主要求的 20d 提前 5d 完成;

(3)HGM 材料与打毛后的普通混凝土表面粘结强度更高。

(4)将 JGL-1 梁底部受拉区配制的 5 根 ϕ25mm 螺纹钢筋两端均植入 JGL-2 梁内。用建筑结构植筋胶植此钢筋。12h 锚固抗拔承载力现场非破坏性检验结论:"三层 JGL-2 主梁梁侧节点化学植筋锚固抗拔承载力现场非破坏性检验,A 组试件现场抗拔承载力实测平均值为 150.0kN,超过非破坏性检验荷载值($0.9A_s f_{yk}$)147.9kN,在非破坏性检验荷载下混凝土基材无裂缝、植筋无滑移等宏观裂损现象,所检项目合格",如表 5.27.1 所示。

(5)对图 5.27.2 中①~④各个节点种植的丝杆进行钢筋锚固抗拔承载力现场非破坏性检验,其结果与表 5.27.1 中的结论相同(检测结果表从略)。

(6)将螺帽拧入①、②、③、④各节点种植的丝杆上,与预设的已钻好孔的钢板固定压紧后再和钢楼梯的钢梁焊接,钢梯梁、柱与连接钢板焊好后,再用 901 快速堵漏剂堵死①、②、③、④各节点钢板三边缝。由表 5.27.1 可知,采用按规定比例配制的粘钢胶灌空隙,建筑结构粘钢胶粘结钢与混凝土两种材料的粘接强度试验值均大于设计值和标准值,粘钢胶粘接钢板与混凝土的粘接强度更高。

表 5.27.1　12h 锚固抗拔承载力现场非破坏性检验

试件材质	植筋直径：螺纹钢 φ25mm		粘接材料：ZHG-1 型植筋胶		试件数量：1×3	
	混凝土基材：C35					
检测项目	锚固抗拔承载力现场非破坏性检验			环境温度：13℃	湿度：15%RH	
检测依据	《混凝土结构锚固技术规程》(JGJ 145—2004)		加载方式：连续加载		检测设备：建科院生产的 LB-500kN 型拉拔器	
现场试样检测数据及结果						
植筋位置	植筋方向	试件编号	植螺纹筋直径(mm)	混凝土基材等级	胶浆外观固化情况	锚固深度(mm)	抗拔承载力(kN)	锚固端状态
第3层2根 JGL-2 梁侧边节点	水平	A1 A2 A3	φ25	C35	牢固	375	150.0	混凝土基材无裂缝，植筋无滑移

（7）在 JGL-1 次梁（靠楼梯井）外侧混凝土表面预埋了⑤、⑥节点的钢板，已与钢楼梯梁连接。将 6 根 φ20mm、长 350mm 锚筋一端弯成半圆形弯钩，另一端与⑤、⑥节点的钢板背面焊接成一个整体，将其放入 JGL-1 次梁⑤、⑥节点处的钢筋笼骨架中，用 HGM 材料填充 JGL-1 次梁，检测试验结果表明：钢筋在 HGM 材料中的握裹力强度值（不低于 6MPa）大于设计值和标准值。由本文 5.27.3.7 节知，碳纤维布加固钢筋混凝土梁正截面承载力按《碳纤维片材加固混凝土结构技术规程》中的计算公式，计算确定粘贴两层碳纤维布，其设计值与试验值吻合较好，且有一定的安全储备，可以满足工程设计要求。

龚金京　赵启明
（清华大学土建工程承包总公司）

5.28　某商场地下室底板开设电梯井施工

5.28.1　工程概况

某商场建于 1992 年，为全现浇钢筋混凝土框架-剪力墙结构，横向框架采用部分预应力钢筋混凝土框架，纵向为普通钢筋混凝土框架，整个建筑按抗震烈度 7 级进行设防。建筑物地下 1 层，地上 6 层，地下室为钢筋混凝土结构，局部为六级人防区域。根据经营需要，在一层与地下室之间增设一部电动扶梯，需在地下室底板（标高 －4.500m）开凿一个长 4.6m、宽 4.2m、深 1.55m 的电动扶梯井。因地下水位较高，商场新建时出现管涌现象，电动扶梯井开挖时可能有流砂、管涌等情况发生。

5.28.2　方案设计

经查阅地质勘测资料，拟开挖部分及以下 7～9m 为淤泥质粉质黏土，初步拟定方案如下：

（1）沉井施工　沉井施工经济简易，四周防护较好，但无法控制底面出现的管涌、流砂。

（2）井点降水　通过一级或二级，甚至四级、五级井点降水，可满足降水深度要求，但同样无法控制沉井施工中可能出现的问题。

（3）地基压密注浆　通过对需要开挖的地基注浆加固，在开挖坑的四周和底面形成一个整体拱的防护,可有效防止水的渗漏。

经反复比较,选用第三种方案。

5.28.3 加固施工原理

5.28.3.1 灌浆材料

用于工程的灌浆技术,是在灌浆压力作用下,浆液克服各种阻力而渗入孔隙和裂隙,压力越大,吸浆量及浆液扩散距离就大,因此又称渗入性灌浆。这种灌浆是在地层结构不被破坏的条件下渗入地层,因而浆液的颗粒尺寸必须小于土的孔隙尺寸,即浆液必须满足地层的可灌性条件,因此浆材的选用尤为重要。

适合于灌浆的材料主要有以下几种:

(1)水泥浆　水泥浆是由水泥和水混合经搅拌而制成的浆液,为了改进浆液性能,有时需要在浆中加入少量的添加剂。

水泥浆液具有来源丰富,价格便宜,浆液结石体抗压强度高、抗渗性能好、工艺设备简单、操作方便等优点,但是水泥浆液是一种颗粒状的悬浮材料,受到水泥颗粒粒径的限制,通常用于粗砂层的加固。

(2)黏土浆　黏土浆是黏土的微小颗粒在水中分散,并与水混合形成的半胶体悬浮液。选择灌浆用的黏土,一般有如下几个要求:

塑性指数 17;

黏粒(粒径小于 0.005mm)含量不小于 40%~50%;

粉粒(粒径 0.005~0.05mm)含量一般不多于 45%~50%;

含砂量(0.05~0.25mm)不大于 5%。

黏土浆的结石强度和粘结力都比较低,抗渗压和冲蚀的能力很弱,故仅在低水位的防渗工程上才考虑采用纯黏土浆灌浆。

在黏土浆液中,加入水玻璃溶液,可配制成黏土水玻璃浆液。水玻璃加量为黏土浆的10%~15%,浆液的凝结时间可缩短为几十秒至几十分,固结体渗透系数为 10.5~10.6cm/s。

(3)水泥黏土浆　水泥黏土浆是由水泥和黏土两种基本材料相混合所构成的浆液。水泥和黏土混合可以互相弥补缺点,构成性能较好的灌浆浆液。

水泥黏土浆液较单液水泥类浆液成本低,流动性、抗渗性好,结石率高,目前大坝的砂砾石基础的防渗灌浆帷幕,几乎都是采用水泥黏土浆灌注的。

(4)水泥-水玻璃浆液　水泥-水玻璃浆液是以水泥和水玻璃溶液组成的一种灌浆材料。它克服了水泥浆液凝结时间过长的缺点,水泥-水玻璃浆液的胶凝时间可以缩短到几十分钟,甚至数秒钟。可灌性比纯水泥浆也有所提高,尤其适合在动水状态下粗砂层地基的防渗加固处理。

(5)水泥砂浆　在对有较大缺陷的部位灌浆时,可采用水泥砂浆灌浆。一般要求砂的粒径不大于 1.0mm,砂的细度模数不大于 2。

在水泥砂浆中加入黏土,组成水泥黏土砂浆。水泥起固结强度作用,黏土起促进浆液稳定的作用,砂起填充空洞的作用。水泥黏土砂浆适用于静水头压力较大情况下的较大缺陷,大洞穴的充填灌浆。

(6)水玻璃类浆液　水玻璃类浆液是由水玻璃溶液和相应的胶凝剂组成。灌入地层后,经过化学反应生成硅酸凝胶,充填在土(砂)的孔隙中,达到固结和防渗堵漏的目的。

水玻璃浆液的黏度小,流动性好,在用水泥浆或黏土水泥浆难以处理的细砂层和粉砂层地基,可使用水玻璃浆液。

在堤防基础加固及防渗处理施工中,浆液的可灌性是决定灌浆效果的最重要参数。堤基灌浆可用下式评价其可灌性

$$M = D_{15}/d_{85}$$

式中　M——灌入比;

　　　D_{15}——受灌地层中15%的颗粒小于该粒径(mm);

　　　d_{85}——灌注材料中85%的颗粒小于该粒径(mm)。

M15可灌注水泥浆;M10可灌注水泥黏土浆。如可灌性不好,可采用水玻璃类浆液灌浆。几种灌浆材料的主要特点如表5.28.1所示。

表5.28.1　几种灌浆材料的主要特点

名　称	主　要　特　点	适　用　范　围	备　注
水泥浆	施工简单、方便,浆液凝结时间较长	粗砂地基防渗加固	可灌性差
黏土浆	材料来源广,价廉;强度低	防渗加固	
水泥黏土浆	价格低,使用方便	粗砂地基防渗加固	可灌性比水泥浆好
水泥-水玻璃浆液	施工要求高;浆液凝结时间短,且容易调节	各类土防渗加固	在正常情况下使用
水泥砂浆	强度高,价格便宜;但施工要求较高	较大缺陷的充填加固和防渗处理	易沉淀,可灌性差;在特殊情况下使用
水玻璃浆液	浆液黏度与水接近,可灌性好;但价格较高	细砂层和粉砂层地基防渗加固	在水泥等颗粒状浆液满足不了可灌性要求时采用

上述几种材料中,除水玻璃浆液外,价格都比较低。因水玻璃浆液的价格比较高,工程中多采用水泥浆和水泥黏土浆。对一些非均质的粉砂土地基还可以采用水泥和水玻璃浆液分别灌注的方法,达到复合加固的目的。

水泥浆液只能灌入粗砂层,而对颗粒细、孔隙小、工程特征欠佳的粉砂土地基,水泥灌浆只能进入地基土体结构受到破坏而形成的空洞或裂缝中,起不到防渗灌浆的作用,难以提高地基的抗渗性能。而水玻璃浆液可以进入细砂层和细砂层的孔隙。

采用复合灌浆方法,可取长补短。先用水泥灌浆处理,使水泥浆液先行填充地基土体中大小不一的孔洞和裂隙,经48h的沉淀和固化,然后对同一孔进行清孔,再灌注水玻璃浆液(如酸性水玻璃浆液)。这样既可以充分发挥水泥浆液强度高的特点,又可以充分利用水玻璃浆液的优点,提高注浆的效果。这种复合灌浆的方法,粉砂土的渗透系数由$(2.7 \sim 4.7) \times 10^{-4}$cm/s降至$1.3 \times 10^{-7}$cm/s以下。

经查阅当时的地质勘测资料,本工程的地质情况如下:

①-1层杂填土,灰色,稍密～中密度,厚0.6～1.6m;

①-2层素填土,褐灰色,软塑,厚2～3.3m,土质较差;

②层黏土,灰褐色,可塑土质尚可,厚0.5～1.4m;

③层淤泥质粉质黏土,灰色,流塑土质甚差,为高压缩性软土,厚7.7～9.4m;

④层黏土,灰色,可塑土质较好,厚1.4～2.3m;

⑤层黏土,黄色,可塑～硬塑土质良好,厚2.1～3.9m;

⑥层粉砂,灰黄～灰色,饱和,稍～中密土质尚可。

本工程经技术及经济分析,为确保安全决定采用水泥-水玻璃浆液。

5.28.3.2 灌浆工艺

灌浆加固工艺流程如下：

(1) 灌浆孔的布设　加固灌浆孔的布设常用方格形、梅花形。方格形的主要优点是便于补加灌浆孔，在复杂的地区宜采用这种方法，而梅花形布孔的主要缺点是不便于补加灌浆孔，预计灌浆后不需补加孔的地基多采用这种形式。本工程采用方格形，如图5.28.1所示。

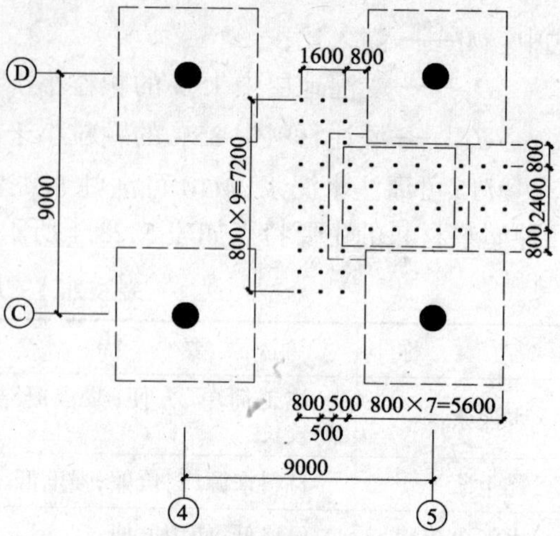

(2) 钻孔　钻孔可采用机钻、锥钻、打管等各种成孔方法。

(3) 灌浆施工技术要点　①采用"围、挤、压"原则。就是先将灌浆区圈围住，再在中间插孔灌浆挤密，最后逐序压实。这样易于保证灌浆质量。最好采用分序灌浆的办法。②在可能的情况下，以采用较大的压力为好。③灌浆开始时，以稀浆开始，采用逐步加稠的方法。

(4) 注浆深度　坑内注浆深度为板底向下4.0m，坑四周为地下室底板向下5.5m。

(5) 注浆液的配制　P·O32.5级水泥内掺3%水玻璃，水灰比为0.6，注浆量为200kg/m³水泥用量。

(6) 注浆　从中间向四周逐层扩散。

(7) 注浆孔的封堵　用木塞将注浆孔进行临时封堵。

(8) 检测　将注浆孔逐个打开，用钢钎检查注浆液的凝固情况，发现有渗漏的情况进行补注。

图5.28.1　注浆孔布置图

5.28.3.3 机坑开挖

开挖前准备工作如下：

(1) 在坑四周注浆孔内打入 $\phi 45mm \times 3.5mm$、$L = 4\,500mm$ 的钢管。

(2) 首先对地下室的底板进行凿除，保留底板下层钢筋网片，并对其进行变形观察，待变形变量为零时，切除底层钢筋网片，开挖土方。

(3) 浇筑混凝土前在坑底留集水坑，放一真空泵用于混凝土凝固期间排水，减小水压。混凝土凝固后用快硬水泥胶浆封堵。

5.28.4　结　束　语

本工程造价低廉，电动扶梯已成功安装。商场增大营业面积后，取得了良好的经济效益。

李今保[1]　潘留顺[1]　朱盐民[2]　王海祥[2]
(1 江苏东南特种技术工程有限公司；2 盐城商业大厦)

5.29　混凝土梁、柱、板底腐蚀加固处理办法

5.29.1　工程概况

某5层框架结构建筑物长100m、宽21.5m，建于20世纪90年代。由于此厂房为生产车间，长期生产腐蚀性强的化学材料，造成混凝土板底大面积钢筋被锈蚀，随着锈蚀钢筋的发展，锈蚀

从表面向内逐渐引入到梁、柱、板内,致使梁、柱、板内钢筋锈蚀膨胀,混凝土被胀压破坏。经打凿发现,由于钢筋已腐蚀,梁体已处于少筋或无筋的受弯剪构件,大部分板底钢筋裸露,混凝土松散脱落,需要进行加固处理。

本工程对梁、柱、板进行加固,其特点为:加固后的防腐和抗老化性能要求比一般建筑物梁、柱、板加固的防腐和抗老化性能要高。该厂房为易腐蚀的生产车间,加固工程中所用的粘接胶的抗老化性能也是加固工作的重点,不能只看眼前,忽视未来,以免再次加固造成不必要的浪费。因此,根据厂房的使用特点和加固工程的材料选用原则,采用钢筋混凝土围套法进行加固。采用喷射混凝土,使新旧混凝土连接紧密,形成混凝土保护钢筋的简单受力构件。

5.29.2 施工方法及施工工艺

5.29.2.1 施工方法

根据该厂房的特点,为保证将来加固后原已腐蚀的钢筋不再继续腐蚀,先采用钢筋表面涂刷阻锈剂处理,再根据梁、柱、板腐蚀的部位进行清理、打凿处理,并进行钢筋铺设,喷射新混凝土,最后进行养护完成后续工作。

5.29.2.2 施工工艺

(1)梁加固施工

该腐蚀厂房主梁、次梁采用钢筋混凝土围套法进行施工(图 5.29.1)。

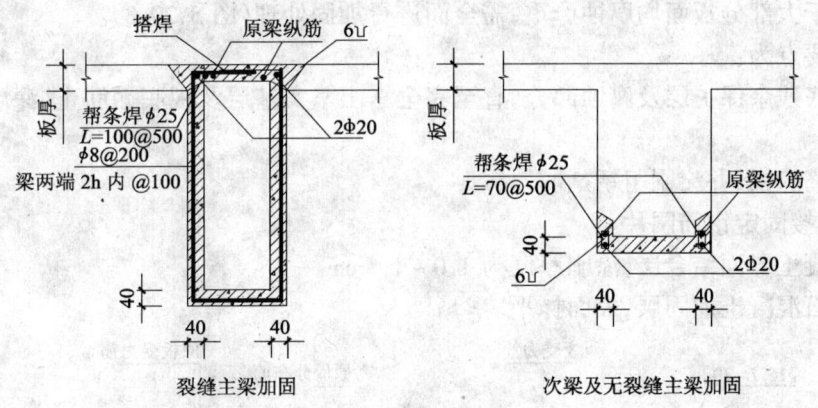

图 5.29.1 梁加固示意图

施工操作要点为:

①凿除梁表面批荡层,直至完全露出坚实基层止。表面凿平打毛,洗净浮灰残渣。

②浆锚和焊接加固主筋,绑扎钢筋骨架。

③涂刷混凝土界面结合剂一层,涂刷厚度 1.0~1.5mm。

④喷射细石混凝土加固层,表面抹平。

(2)柱加固施工

根据该厂房部分柱腐蚀情况,加固施工前全部凿除批荡层,逐根详细检查,凡腐蚀严重的均要求加固。

柱的加固采用设置钢筋混凝土围套法进行施工(图 5.29.2)。

施工操作要点为:

①凿除柱批荡层及腐蚀层,直至完全露出坚实基层止。

②浆锚和绑扎柱加固钢筋(浆锚采用 JGN 胶锚固)。

③涂刷混凝土界面结合剂一层,涂刷厚度 1.0~1.5mm。

④喷射细石混凝土加固层，表面抹平。

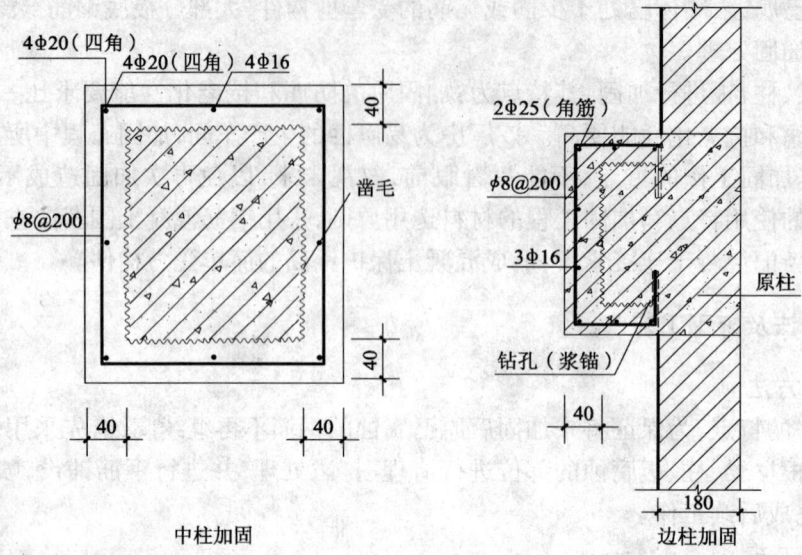

图 5.29.2　柱加固示意图

（3）板加固施工

该车间由于大部分板面均腐蚀严重，需全面进行加固处理（图5.29.3）。

施工操作要点为：

①凿除板底残余保护层及腐蚀部分，直至完全露出坚实基层及板底钢筋止，深层裂缝压力灌浆处理。

②锈蚀钢筋除锈，并涂刷阻锈剂。

③绑扎、焊接固定钢筋网片。

④涂刷混凝土界面结合层，涂刷厚度为 1.0～1.5mm。

⑤喷射细石混凝土加固层，表面抹平。

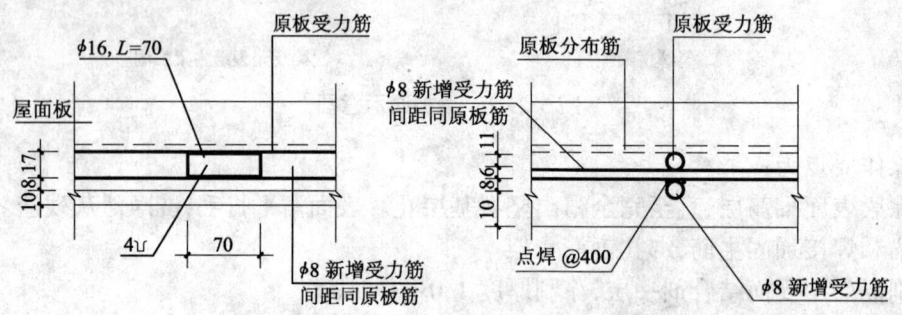

图 5.29.3　板加固示意图

5.29.3　结 束 语

（1）采用喷射细石混凝土对板底进行加固补强，其优点在于加固厚度可为 4.0cm 或以下，与现浇混凝土加固相比（一般最小厚 6.0cm），在满足承载力条件下，可大大降低加固厚度，减少因加固给结构增加不必要的荷载。而且通过高压喷射，新旧混凝土结合紧密，现场打凿观察，一般现浇混凝土和旧混凝土界面连接，与本方法的新旧混凝土界面连接是无法比拟的。

（2）该方法作为结构加固补强亦存在不足之处：①其水灰比难以控制，喷射混凝土的水灰比是由喷射手在喷头处控制的,故成型的混凝土强度精度并不高。②由于采用高压分层喷射作业,喷射反弹率高,材料浪费。③加固有棱角的结构,施工不太方便。④大面积的板面喷射平整度需分层人工修整。

(3)钢筋混凝土围套法加固混凝土梁、柱、板构件,一般做法是将被加固构件凿毛后,再通过绑扎钢筋支模现浇混凝土来实现。由于工艺原因造成较特殊构件无法加固,采用喷射机做细石混凝土加固,使特殊构件加固顺利实现,同时,能根据不同厚度的要求进行必要的加固处理。此方法作为钢筋混凝土围套法加固的特种办法,特别对于腐蚀车间楼板底面的加固是值得推广的。在一般的混凝土构件加固中,亦可根据其工艺特点取舍使用。

唐 颖
(广州市胜特建筑科技开发有限公司)

5.30 某中学图书馆加固方案的设计与施工

5.30.1 工程概况

广东省中山市某中学图书馆(以下简称图书馆),建筑面积约 768m²,结构 2 层,平面呈矩形,原设计图纸与建筑资料全部遗失。经考证,该图书馆为两层外砖墙-内框架结构,屋盖为钢结构桁架及现浇混凝土组合屋盖,基础采用混凝土条形基础。首层层高 3.5m,二层层高 6.7m,其中夹层层高 2.9m,坡屋面起拱高 3.8m,建筑总高度 14.0m。据史料记载和相关人员介绍,该图书馆于 1934 年建成并使用至今,没有进行大规模修缮或加固。由于图书馆个别房间需增加荷载,整个建筑年久失修,部分结构、材料老化,承载力降低等原因,给图书馆的安全使用带来隐患。通过对图书馆结构质量状况进行全面的检测、分析和鉴定,认为图书馆部分构件存在使用安全隐患,必须要采取补强加固措施。

由于该图书馆不仅具有使用功能,而且具有历史纪念、建筑风格欣赏意义,因此,补强加固方案必须保持原有的结构和布局,补强加固修缮后的图书馆必须保持原有的风格和外貌。

5.30.2 加固设计

5.30.2.1 设计依据

(1)甲方提供的有关设计部分图纸及相关资料;
(2)结构质量检测及鉴定报告;
(3)《混凝土结构设计规范》(GB 50010—2002);
(4)《混凝土结构加固技术规范》(CECS25:90)。
(5)《碳纤维片材加固混凝土结构技术规范》(CECS146:2003)。

5.30.2.2 主要加固工艺

(1)裂缝处理 采用化学压力灌浆法进行裂缝修补和闭合;
(2)板加固 采用粘贴碳纤维布进行加固;
(3)梁加固 采用加大截面法;
(4)柱加固 采用外包钢。

5.30.3 施工方法与步骤

5.30.3.1 裂缝处理

采用化学压力灌浆法。

(1)化学灌浆法

是用压送设备,将用化学材料配制的浆液灌入混凝土构件内部的空隙中。该化学材料具有较好的粘接性能,注入后可提高被加固构件的完整性和密实性,提高材料的强度。该方法在混凝土或砌体结构的裂缝等内部缺陷的修复加固以及地基加固中已被广泛应用。本工程中使用的具体材料如下:

①改性环氧树指 改性环氧树脂具有可灌性,固结后强度高,同时能与混凝土有较强的粘结力,清除应力集中现象,保证结构的整体连续性。施工时应将固化剂按严格比例与之调配均匀,才能灌入裂缝中。固化时间为3d,固化后混凝土强度可达到C35以上。

②I型快硬水泥 该水泥初凝30s,其抗压强度可达7MPa左右,是较好的裂缝处理材料。一般8h就能达到总强度的90%以上。施工时应进行必要的养护。

③灌浆嘴 采用铝制小管,长10~20cm,端头有一铝片做加强固定板(经特殊加工制作)。埋嘴时将灌浆嘴放入适宜的裂缝中间,用I型水泥先将其固定,然后将裂缝封闭。

(2)施工步骤及方法

1)凿槽 将裂缝中松动的混凝土凿去,打凿成"U"型坑槽。槽的宽度、深度应视裂缝的大小和深度而定。根据本工程的特殊性,用冲击钻打孔1m深,间距30cm。

2)清槽 用水清洗"U"型槽。

3)埋嘴 封闭裂缝用I型快硬膨胀水泥埋"U"型坑槽,并设置灌浆嘴。灌浆嘴间距10~40cm。对整个裂缝进行全封闭处理。

4)灌浆 具体如下:

①试压或试槽 确定埋嘴是否漏水漏浆,灌注"丙酮"检查裂缝部位,对渗漏处应重新处理。

②浆液配制 用天平秤量准确无误,将甲料、乙料按所规定的比例配好并搅拌均匀。根据一次性所需量配制,配制好的浆液应在3h内用完。

③灌注 根据裂缝的大小,采用不同压力灌注。压力为0.2~0.6MPa,并恒压5min为收压标准。

5.30.3.2 板 加 固

板加固采用粘贴碳纤维布进行加固。

(1)主要施工工艺

其工艺流程图如图5.30.1所示。

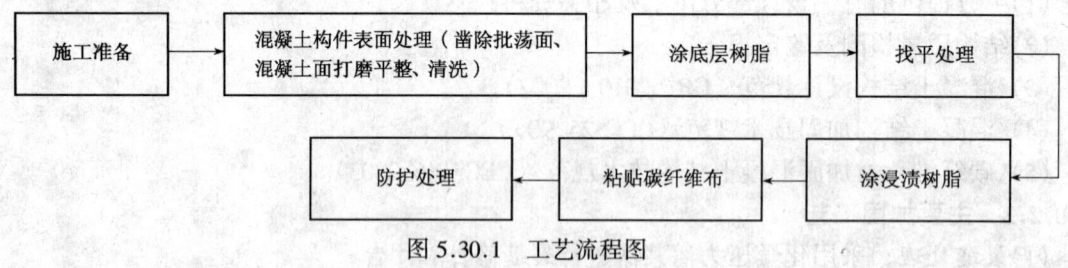

图 5.30.1 工艺流程图

1)清除被加固构件表面剥落、疏松、蜂窝、腐蚀等劣化混凝土,露出混凝土结构层,并用修复材料将表面修复平整。

2)混凝土表面凹下部位使用修补胶找平,不应有棱角。有段差和转角部位要用修补胶抹成平滑表面,半径不应小于20mm,防止混凝土表面凹凸不平、台阶高差等因素造成纤维布粘接不良。

3)混凝土表面应清理干净并保持干燥。

4)用吹风机除尽混凝土表面灰尘,将底胶甲、乙组分按比例混合均匀(至颜色完全均匀),使用滚刷或毛刷均匀的涂抹至粘接面。调好的底胶要在规定的时间内用完。

5)贴碳纤维布。具体步骤：

①按设计要求的尺寸裁剪碳纤维布。

②在混凝土基面涂刷胶粘剂。要求全表面满布，不得遗漏。

③碳纤维布粘贴就位后，采用刮刀刮压碳纤维布表面，使胶粘剂渗出碳纤维布，然后在碳纤维布外表面再涂刷补充胶粘剂，粘贴胶按比例混合均匀，并采用刮刀进行充分的刮压，排出气泡，使碳纤维布平直并被胶粘剂浸透。滚压时不得损伤碳纤维布。

④将碳纤维布贴上，纤维长方向上接头搭接长度应不小于 10~20cm。底层胶充分渗透后刮涂上层胶。往复刮涂，使胶粘剂渗入碳纤维布。

⑤常温下 1~2h 后，再使用硬橡胶辊或塑料刮板往复碾压，以消除可能出现的浮起和错动。碳纤维表面应至少进行一遍面胶涂刷，粘碳纤维后的表面不得有布纹等缺陷。

6)养护固化 施工完成后，应做好保护工作，不得拉扯碰伤碳纤维布。待胶粘剂已经基本凝固后，进入下一工序的施工。

5.30.3.3 梁加固

梁加固采用加大截面法。主要采用植筋法，其植筋施工工艺为：植筋定位──→钻孔──→清孔──→注胶──→插筋──→养护──→检测。

①植筋定位。根据设计要求，将需要植筋的位置标注于原构件上（定位、凿毛由发包方完成）。用冲击钻钻孔时，钻孔技术参数应符合设计及植筋的有关要求。施工中为尽量减小对原结构的损伤，钻孔时应避开原构件的钢筋。在植筋部位的原构件钢筋位置不确定的情况下，应先用小钻试钻，尽量明确原有钢筋与需要钻孔的位置的关系。

②用硬塑毛刷或硬质尼龙刷清刷孔壁，然后用压缩空气将孔内灰尘吹出，如此反复清孔，直至把孔内松动混凝土块和尘土清除干净。

③采用专用注射器注胶。注射时注射管应伸入孔底，边注射边提升。注胶量应以插入钢筋后有少许溢出为准，一般为孔深的 2/3。

④将植筋的插入部分用钢刷清刷干净。

⑤植筋。将清刷干净的钢筋慢慢地旋转插入孔内，应一次插入。

⑥固化。插入钢筋后，保持钢筋静止至植筋胶固化为止。

⑦养护。插入钢筋位置校准后，应有专人看护，防止人员、机械等碰撞钢筋，影响植筋的锚固效果。

⑧自检。待植筋施工全部完成、固化后，按植筋总数的 1%~2% 做随机抽取抗拔自检试验。

5.30.3.4 柱加固

柱加固采用外包钢法。

(1)主要施工工艺

表面处理──→配制乳胶水泥──→型钢制安（角钢粘贴、扁钢箍与角钢的焊接、柱端加强及锚固处理）──→挂钢网（粘豆石）──→表面批 1:2 水泥砂浆。

1)表面处理

①钢板粘结面处理 型钢粘结表面须事先用砂轮打磨，以除去钢板表面的油污和锈斑，露出金属光泽为准。

②混凝土柱粘结面处理 表面平整度较好的混凝土表面，用钢丝刷刷除表面油污、垢物，去掉表层粉刷层及疏松层。应清除至坚实基层。对于表面凸凹较大的混凝土表面，凸面用手锤打平，凹处用高等级水泥砂浆抹平，角部磨出圆角，并除去表面粉尘。

2)乳胶水泥配制

①乳胶采用聚醋酸乳液（108 建筑胶）；

②水泥采用52.5级硅酸盐水泥。
③按规定要求进行配制,乳胶含量大于5%。
3)型钢制安
①在处理好的柱角抹上配制好的乳胶水泥,约厚5mm。立即将角钢粘贴上去并夹紧固定。
②将扁钢箍焊接到角钢外面,扁钢箍与柱表面的间隙应用乳胶水泥填塞密实。同时应注意分段施焊,整个焊接应在胶浆初凝前完成。
③按施工图要求进行柱端加强及锚固处理。
4)保护层施工
在型钢表面挂钢网,面批25mm厚1:3水泥砂浆保护层。

5.30.4 加固效果

该图书馆经过专业施工单位按照设计要求进行加固处理后,使用至今效果很好。所有构件均未发现新裂缝。本次加固,既保持了原有建筑的风格和外貌,又确保了该图书馆的正常安全使用。

该图书馆加固工程说明,由于种种原因建筑物有安全使用隐患时,通过全面检测、分析和鉴定,即使原始资料不够详尽,也可根据具体情况采取相应加固措施,确保建筑物的正常安全使用。尤其是对有历史意义和文物价值的古建筑,采取合适的加固措施,保证原有建筑风格和外貌不变的前提下正常使用,将会有更大的社会价值和经济价值。

梁坚源[1] 李同群[2]
(1 广东省中山市建筑设计院;2 广州市胜特建筑科技开发有限公司)

5.31 某高层酒店的补强加固

某高层酒店为框架剪力墙结构,主体22层(含设备层),地下1层,群房6层,建筑物总高76.8m,总面积21 870m^2,于1992年主体封顶。由于当时设计不够规范,管理混乱,施工质量差,剪力墙、框架梁、柱、现浇板均存在较多、较严重的质量问题,以至于主体完工后无法继续装修施工。业主处于弃之可惜,留用无方的两难境地。作为烂尾楼耸立在闹市街头,这一搁置就是12年。经过对主体补强、加固、维修,现已进入设备安装阶段,取得较好的经济效益。

5.31.1 原建筑物主体基本状况

(1)绝大多数框架柱外观平整,观感较好,但局部有破损、露筋现象,需维护修补。

(2)剪力墙下部几层观感较好,上部各层剪力墙与暗梁交接处跑模现象严重,楼、电梯间所有剪力墙误差过大,还有个别部位有严重的错位现象。

(3)梁问题较多,截面尺寸控制误差较大,四周边的梁下檐风化锈蚀严重,另外有较多数量的梁有蜂窝麻面甚至有较大孔洞现象;1~5层主楼边梁破损较多;群房1~6层主梁、挑梁端与大部分边梁及楼梯平台梁钢筋外露,生锈严重,表皮风化脱落,钢筋锈损较深。

(4)现浇板是本工程施工质量问题最多的构件,大量的板保护层厚度不够,支模错位,致使板普遍露筋,且锈蚀严重。群房游泳池侧壁和楼梯踏步板下侧也多处漏筋,表皮脱落。

另外,非结构构件部分问题也不少,该建筑物位于8度抗震设防区,填充墙与主体间应有可靠拉结,而本楼的外填充墙均无与主体的拉结钢筋和墙体超长应设置的构造柱;内填充墙有少数拉结筋,但门洞口无过梁;部分填充墙顶部无与梁连紧的斜砖。水箱间的顶盖、侧墙、底板均露筋,约有 1/3 锈蚀。

5.31.2 加固补强措施

通过对原建筑物认真、仔细的检测,并对原设计的构件截面、配筋及加固后所需增加的荷载全面进行复核,针对构件破损的程度分别采取不同的维修措施

5.31.2.1 破损严重的维修

(1)在群房与主楼沉降缝处,群房边梁主筋锈蚀相当严重,且范围较大。将此边梁彻底凿除,则需新增挑梁、边梁及构造柱,与新增挑梁相连的框架柱需加大截面与配筋,此处柱截面加大正好符合装修需要。做法是将原混凝土柱面用剁斧剁毛,采用植筋胶将钢筋植入柱内。待植筋胶完全牢固后再用 C30 细石混凝土浇捣(图 5.31.1)。

(2)将梁孔洞四周的松动混凝土剔除,冲洗后用环氧树脂在新旧混凝土接合面涂抹,再用环氧砂浆灌浆补强。对主楼北立面的弧形梁由于偏差较大,采用通过植筋加大梁截面(图 5.31.2)。

(3)对纵筋锈蚀严重的梁,凿去与钢筋衔接部分的混凝土,清除混凝土深度至少超过钢筋 20mm。用丙酮清洗混凝土上的油污,将混凝土清洗范围加大为钢筋锈蚀长度加上两端钢筋搭接长度,在锈蚀钢筋上增焊相应面积的钢筋进行补强。在对钢筋相应处理完成后,用压力水冲洗旧混凝土表面,且使旧混凝土水分饱和,但不能有积水,再用比原混凝土高一级的细石混凝土浇筑,并进行良好养护。

(4)箍筋锈蚀严重者加钢板套箍进行补强,视梁截面大小和原箍筋大小决定扁钢箍的大小。

(5)对剪力墙错位者,先清除上下两部分墙体中间的一切杂物,将需修补的原混凝土面凿毛,再按(图 5.31.3)以钢筋混凝土补齐。

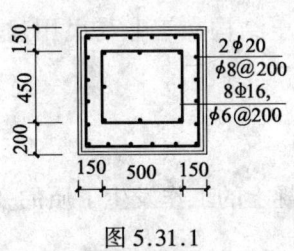
图 5.31.1

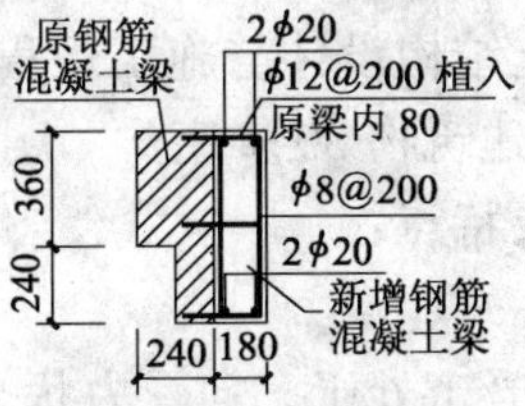

图 5.31.2

图 5.31.3

5.31.2.2 板的加固

(1)对有孔洞的楼板,剔除所有松动的混凝土,将变形弯曲的钢筋剪断或拉直,再通过植筋增加或焊接补足相应的钢筋量,而后用比原构件高一级强度的混凝土支模重新浇筑。

(2)对于钢筋锈蚀严重而与混凝土脱离的楼板,先将锈蚀钢筋截断,再重新用相应截面的钢筋焊接,将板内松动的混凝土剔除并冲洗干净,再用比原结构件高一级强度的混凝土支模浇筑,对于面积小的破损处也可用环氧砂浆灌浆补强。

5.31.2.3 破损轻微和非结构构件的维修

(1)凡与主体无可靠拉结的填充墙,均通过膨胀螺栓或增设构造柱的方式增加拉结筋。超长的填充墙均增补墙内构造柱。构造柱的纵筋应锚于上下梁内。其做法如图 5.31.4 所示。

(2)凡蜂窝、麻面、缺棱掉角、钢筋外露锈蚀不严重者,可将松

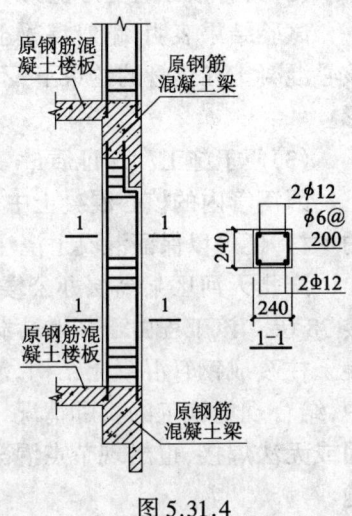
图 5.31.4

动部分的混凝土全部剔除,把接槎处的混凝土凿成毛面,用钢刷或加压水洗刷表面,将钢筋外锈全部清除,再将接槎面充分湿润,用比原强度高一级的细骨料混凝土填塞捣实,并认真养护;对露筋不严重者,先将外露钢筋上的混凝土残渣和铁锈清理干净,用清水冲洗,再用1:2水泥砂浆抹压平整。

5.31.3 经济效益及启示

根据对原设计图纸的预算,该建筑物仅主体结构(不含内填充墙)按当地市场价约为2 400万元人民币,而本次为该大楼主体补强加固最后决算为150万元,以150万元救活了闲置12年且影响市容的价值2 400万元的烂尾楼。大楼改造后经过装饰成为具有现代气息的四星级大型综合性酒店,为城市增添了一道美丽的风景线,其经济效益显而易见。目前全国类似这样的质量残缺的烂尾楼及半拉子工程不在少数,若能采取适当的方式起死回生,将是花较小的代价为人民拣回一笔可观的财富。

郭 平[1] 张新华[2] 侯巧玲[2] 房学礼[3]
(1 新乡市建筑设计研究院;2 新乡市天誉建筑设计有限公司;3 新乡市第四建筑安装公司)

5.32 浅谈在建筑加固工程中采用钢管混凝土柱施工问题

5.32.1 工程概况

在我国钢管混凝土结构的研究日趋完善和深入,1991年底先后由建设部、能源部和国家建材总局分别颁发了有关钢管混凝土结构设计与施工规程,钢管混凝土结构在工业与民用建筑中应用越来越多,目前国内已有这类建筑物30多座。

钢管混凝土结构具有以下主要特点:

(1)承载能力大大提高

由于钢管的约束作用,管内混凝土处于三向受力状态。这使混凝土的工作发生了质的变化,不但提高了承载力,而且增大了混凝土的极限压应变。

(2)具有很好的变形能力

试验结果表明,钢管混凝土柱破坏时可以压缩到原长的2/3,完全没有脆性破坏的特征。即核心混凝土在钢管的约束下,不但使用阶段改善了它的弹性性质,而且破坏时产生很大的塑性变形。

(3)便于施工和保证质量

因钢管内的核心混凝土中没有钢筋,浇注很方便,而且钢管可以作为混凝土的模板,不但节约木材,还可以保证混凝土浇注质量。

广州天河区某高层办公楼,地下4层、裙楼6层。裙楼以上为A、B两座塔楼,A楼54层,B楼38层。该工程由于新增荷载较大,且柱截面受限,不容许柱截面加大。加固设计中将原混凝土柱改成钢管混凝土结构,A座采用$\phi 1 700 \times 28$,B座采用$\phi 1 100 \times 25$钢管柱。在施工实践中,结合现场施工的实际情况,发现钢管混凝土结构节点存在一些问题,如节点内钢筋无法锚固或无法焊接,也出现节点混凝土难以浇注等问题。通过与技术人员探讨,解决了一些实际问题。

5.32.2 问题和处理方案

(1) 节点下加强环翼缘板混凝土保护层易脱落

问题 原设计图节点下翼缘钢板混凝土保护层为25mm，由于混凝土厚度过薄，与钢板无法粘结牢固，拆模时混凝土保护层跟着脱落。

处理方案 在下翼缘钢板下挂钢丝网（网眼30×30，铁丝14号），钢丝网与板通过短钢筋点焊固定。浇筑节点混凝土时要小心振捣，同时在节点底用铁锤敲击，确保下翼缘钢板底充满混凝土。如图5.32.1所示

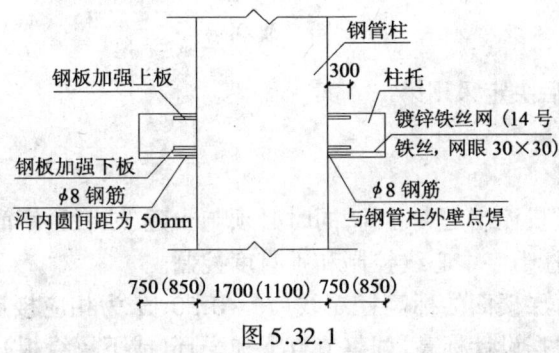

图 5.32.1

(2) 节点内梁面二排、梁底一排钢筋焊接质量无法保证

问题 本工程框梁纵向钢筋与节点的连接均采用搭接焊型式，梁面一排和梁底二纵筋直接焊在上下翼缘板（单面焊200mm，焊角 $h_f = 10mm$），但梁面二排和梁底一排需焊在上（下）翼缘板下面，如果在现场施焊需要仰焊，施工质量无法保证。

处理方案：

① 在钢管柱吊装前，预焊带直螺纹接头的短钢筋（与梁相应纵筋同规格同直径）。该方案实际操作中存在如下问题：钢管柱预焊短钢筋操作困难，由于钢管柱自重大（每层一个驳接口，即一层一吊施工），在预焊短钢筋时要求根据外伸翼缘板方向不断翻转钢管柱，操作相当麻烦，且需要采用立焊方法。

② 焊好短钢筋后，钢管柱像个"刺猬"，给吊装运输带来困难。同时吊装运输过程中容易将外伸短钢筋压歪变形，失去了预置钢筋的作用。

③ 钢管柱吊装后，将与外伸翼缘板等宽等厚同号的预焊短钢筋的钢板，与节点外伸翼缘板对焊（图5.32.2、图5.32.3）。该方案具有如下优点：操作简单，不存在立焊和仰焊，易于控制和保证施工质量；对吊装无影响。

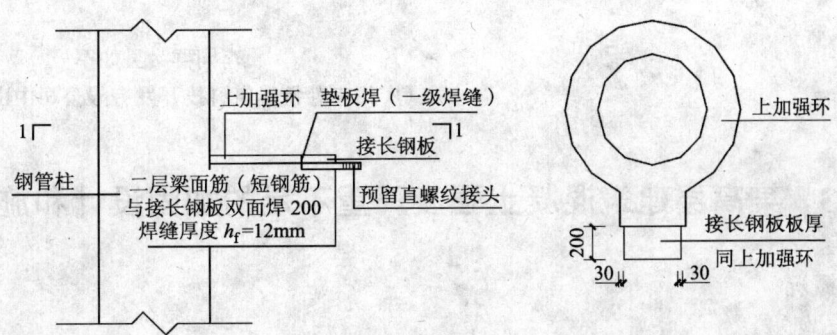

图 5.32.2

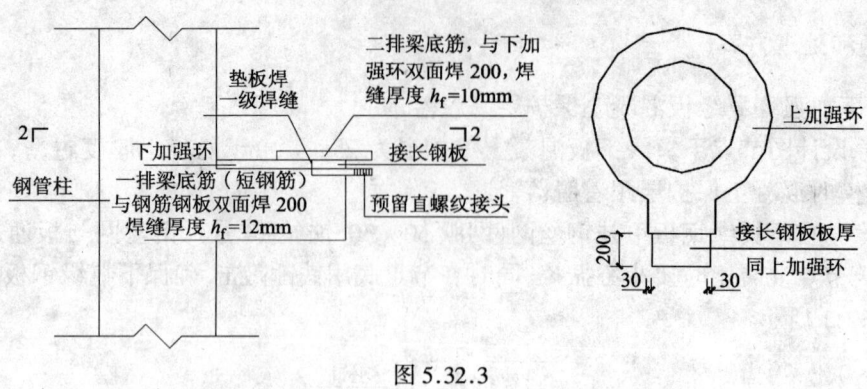

图 5.32.3

通过比较和研究,最后决定采用第二方案。

5.32.3 施工控制

除钢结构本身施工质量控制是关键外,同时必须与土建(或者称钢筋混凝土)工程紧密配合,主要包括标高控制、钢管柱十字中心线控制和垂直度控制。

标高控制主要通过每层楼面的标高控制线($H+0.50$,H为相应楼层结构标高)。在吊装上一节钢管柱后,焊接前,根据设计标高,调整节点下加强环(或下翼缘板)至标高控制线的高度,并复核无误后,对称焊接定位,正确定位后才能正式进入施焊工作。

正确控制钢管柱的标高、钢管柱十字中心线和垂直度才能保证节点上下加强环(或上下翼缘板)标高、方向(即X、Y、Z三个方向)的正确位置,保证水平受力构件与其节点正确连接,保证节点混凝土保护层厚度,这是保证钢管柱混凝土结构施工质量的关键。

实践证明,施工稍有疏忽,就会造成钢管柱垂直度偏差过大、钢管柱节点标高偏差过大,直接影响到节点混凝土保护层厚度,甚至造成钢筋混凝土梁的模板无法安装,不得不加大钢筋混凝土梁的截面尺寸和增加楼板混凝土的厚度。

5.32.4 结 论

(1)钢管柱节点下加强环(或下翼缘板)挂钢丝网,可以保证其混凝土保护层不脱落,钢丝网在节点模板安装前施工。

(2)钢管柱节点与梁纵向钢筋的焊接连接,为避免仰焊施工操作,保证施工质量,可采用与外伸翼缘板等宽等厚同号的预焊短钢筋(间距、大小同相应纵向钢筋)的钢板和外伸翼缘板对焊的施工方法。

李同群 吴如军
(广州市胜特建筑科技开发有限公司中山分公司)

5.33 某高层建筑混凝土强度严重不足的加固设计和施工

5.33.1 工程概况

某高层住宅楼,地下1层,地上共5幢高层住宅,28层加1层,建筑物高度93.700m。上部结构体系采用现浇钢筋混凝土框架剪力墙结构,因施工操作原因,造成1号楼22层局部柱、23层局部梁板混凝土强度等级严重偏低,柱混凝土强度最低只有C6(原设计混凝土强度等级C25)。通过三家有资质的检测单位钻芯检测,检测平面图如图5.33.1所示。加固前主体结构已完成。

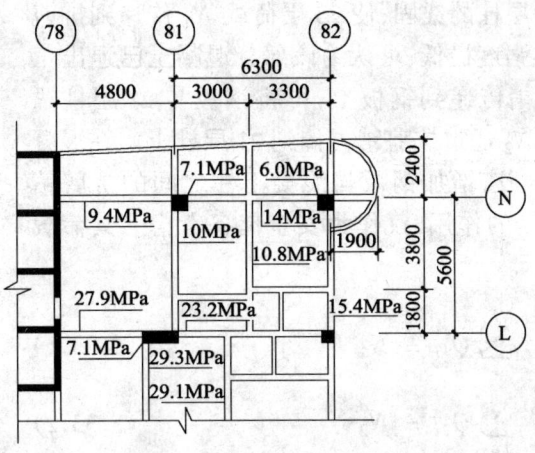

图5.33.1 检测平面图

5.33.2 加固方案选择

因梁采用常规加固方法,板凿除重浇,故本文主要介绍柱的加固方案。

本工程为混凝土强度严重偏低,柱的轴压比不能满足抗震要求。通常采用的方法是加大截面加固法。

业主委托有关设计单位对该部位进行加固设计,选择的方法如下:

①22层81/N柱、82/N柱采用加大截面加固法,要求凿除柱四周50mm厚混凝土,重新配筋后,每侧比原设计尺寸大25mm;

②22层81/L柱采用局部置换加固法,周边60mm厚混凝土凿除重浇;

③78轴以东、L轴以北范围内所有梁板打掉后用C30混凝土重新浇捣。

该加固方法存在以下不足:

①当22层柱截面每边凿去50mm(置换法60mm)后,钢筋及箍筋全部与混凝土脱离,22层柱成为素混凝土柱,而混凝土强度不足C10,根本无法承受加固工况下1 826kN的轴力(扁柱2 179kN)。加固时,上部6层荷载通过柱周边支撑的立杆传到22层楼面梁,显然抗弯、抗剪不能满足,加上每根支撑的紧固程度不同,受力不均匀,传递到各梁的荷载也不均匀,分配大的梁将不堪重负。

②新增部分混凝土厚度只有75mm,施工难度大。密实度不能满足要求,必然会影响到强度等级。

③从施工方面考虑,支撑必须考虑侧向稳定问题,一旦侧向失稳便会导致整体坍塌,后果不堪设想。

④23层梁板凿除后柱长细比增加,很难满足稳定性要求。

根据以往工程经验,加固时不能过多地损坏原结构,否则风险很大。

由此可见,上述加固方案是不可取的。在尽量不影响使用的前提下,提出:柱采用外包箱形钢板加固法。

5.33.3 加固设计

由于22层柱混凝土强度严重不足,而上、下层柱混凝土强度等级满足设计要求,所以加固设计的原则是不考虑22层柱混凝土的作用,采用外包箱形钢板取代原22层柱,钢柱分别向上、下两层各延伸半层,作为传递荷载的过渡段。具体做法如下:

(1)通过将钢板与23层柱的锚固,使23层荷载 N_1 传递到抗剪销上,因22层原混凝土柱强度极低,可认为该部分混凝土已退出工作,则上部荷载通过抗剪销传递到钢板上;再将钢板与21层柱锚固,将钢板上的竖向荷载 N_2 通过抗剪销再传到21层柱上。在混凝土柱与钢板之间灌注结构胶,增加钢板与混凝土柱之间的抗剪粘结。设计时,不考虑其粘结的作用,仅作为安全储备考虑。其荷载传递路径如图5.33.2所示。

$$\sum_{i=1}^{n} Q_{1i} = N_1 \quad (5.33.1)$$

$$\sum_{i=1}^{n} Q_{2i} = N_2 \quad (5.33.2)$$

式中 Q_{1i}, Q_{2i}——钢板对抗剪销的剪力;
N_1, N_2——柱轴力设计值。

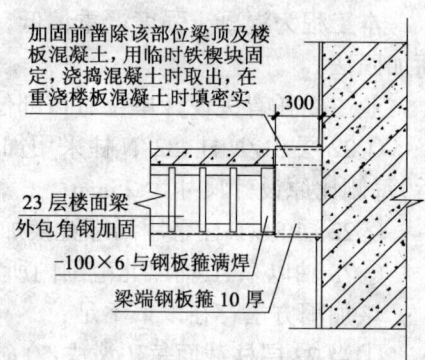

图5.33.2 荷载传递路径

(2)因楼层梁的存在,钢板不能全断面贯通,因此需做好梁柱节点部位的处理,使23层楼面荷载及柱荷载在23层楼面梁部位得到有效地传递。通过在梁端部设置钢板箍,将传递到梁断面上的钢板竖向荷载传递到钢板箍上,钢板箍在梁底将竖向荷载传递到柱竖向钢板上。节点处理如图5.33.3所示。

(3)在22层设置一定的对拉螺杆,将钢板固定在原混凝土柱上。对于扁柱,因腹板高度过大,对稳定性不利,因此需在中间(两方柱中间填补混凝土范围内)设置两道对拉螺杆,以提高腹板的稳定性,如图5.33.4所示。

该方法的优点是:①加固时基本不破坏原有结构;②在截面增加很小的情况下,钢板柱承载力能达到设计承载力要求;③外包钢板上伸至23层、下伸至21层,通过抗剪销的设置,传力路径明确。

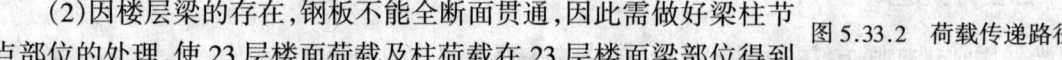

图5.33.3 节点处理

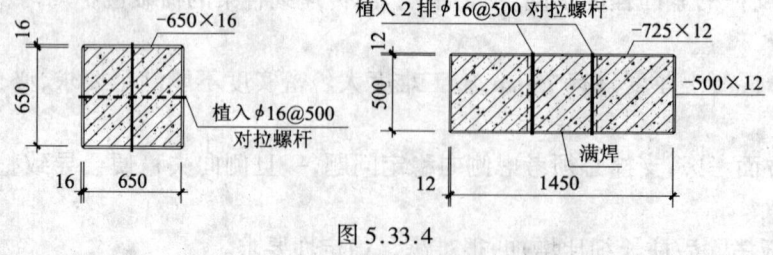

图5.33.4

5.33.4 设计计算

(1)根据《钢结构设计规范》(GB 50017—2003),分别按轴心受压构件和偏心受压构件计算,确定腹板的厚度为16mm(扁柱为12mm),钢板柱的强度和稳定性均能满足要求。

(2)抗剪销的确定。柱抗剪销抗剪力之和 $V = nV_i \geq N_i$,抗剪销个数 $n \geq N_i/V_i$。

5.33.5 加固施工

主要考虑如下几方面问题：

(1)该加固工程成功与否的关键就是抗剪螺栓的设置,因此必须保证原材料的性能(抗剪强度)满足设计要求。

(2)抗剪销与钢板之间的孔洞焊接必须饱满,若抗剪销与钢板之间不能达到紧密接触,则抗剪销发挥不了作用,形同虚设。

(3)钢板与混凝土之间采用结构胶进行充填。其一是能更好的固定抗剪销;其二起到原混凝土柱与钢板之间传递剪力的作用;其三使钢板与原混凝土柱之间形成整体,增强钢板柱的整体稳定性。加固前,在钢板上预留注浆孔,除排气孔外,需做好钢板与混凝土梁柱之间的封缝处理。结构胶必须在焊接工序全部结束后进行灌注。

(4)梁柱加固需由下而上施工,21层柱节点──→22层楼面梁节点──→22层柱──→23层楼面梁节点──→23层柱节点。

(5)必须保证各钢板连接部位的焊接质量,保证焊接部位强度不削弱。

(6)楼板凿除前应对梁进行加固处理,以避免梁凿除造成失稳。

5.33.6 加固效果分析

加固前通过专家组评审通过,认为该加固方案合理有效。设计中将原混凝土柱的承载力作为安全储备,同时把钢板与混凝土柱之间结构胶粘结强度也作为安全储备,这将进一步增加加固后的结构安全度。加固完成后,经过专家组验收,一致通过。

丁小琴[1] 曹继锋[2] 方 伟[3]

(1 浙江省岩土基础公司;2 宁波市工业建筑设计研究院;3 浙江省二建建设集团有限公司杭州分公司)

5.34 新建高层建筑物的病害处理

该建筑物由于施工、管理等多方面原因,导致在施工阶段出现了许多问题。为了减少损失,避免浪费资源,决定进行加固补强处理。喷射混凝土技术在我国混凝土结构和砌体结构强度加固方面有着广泛的应用,在技术上由许多新发展,也取得了良好的技术经济效果。

5.34.1 工程概况

某商服公寓楼为高层框剪结构,地下1层,地上16层,A、B、C三个区,建筑面积27 406 m^2。哈尔滨建筑设计院设计。2004年5月开工,于同年11月,A区施工至地上3层,B区施工至地上1层,C区施工至±0.000停止施工(冬期)。2005年4月复工时发现已浇筑的混凝土构件(柱、剪力墙、梁、板)存在不同程度缺陷。依据现行检测规范进行检测,由于检测涉及面积大,采用混凝土回弹法和取芯法进行检测。这样既保证了检测值的准确性,也缩短了时间,降低了费用。根据检测结果,进行加固补强设计和施工。加固补强处理时还应满足上部土建继续施工的要求,保证原定工期。

5.34.2 原因分析

(1)由于施工测量放线有误,模板支撑不牢固、刚度不够,过多振捣等原因,导致断面尺寸偏差,钢筋错位、少筋。

(2)由于模板拼缝不严漏浆,振捣不密实、漏振,混凝土入模时自由倾落高度大产生离析等原因,导致麻面、蜂窝、漏筋、孔洞、内部不实。

(3)施工缝的位置留置不当,不易振捣及接槎处未清理、接缝处模板接缝不严等原因,导致混凝土施工缝明显,柱烂脖。

(4)由于混凝土运送时间过长产生离析,振捣不密实,混凝土养护不好以及冬期保护措施不利等原因,导致混凝土强度偏低,最低不足 C15(原设计要求混凝土强度等级为 C35)。

(5)由于混凝土养护不好、拆除不当等原因,导致局部墙体、梁有微小裂缝。

5.34.3 加固补强设计

(1)采用喷射混凝土进行结构构件加固时,其计算应符合现行国家标准《混凝土结构设计规范》(GB 50010)和《建筑抗震设计规范》(GB 50011)的基本要求。根据计算机综合评价分析,对混凝土强度等级达不到原设计强度等级 C35 的钢筋混凝土剪力墙,采用在剪力墙四周植筋,绑钢筋网(钢筋网间距为 200mm×200mm),再在墙上植梅花型钢筋(间距 800mm×800mm)与钢筋网点焊,以保证钢筋网的牢固,避免空鼓。对混凝土强度等级在 C20 以下的墙体按原结构设计布筋。最后喷射 C40 混凝土,如图 5.34.1 所示。

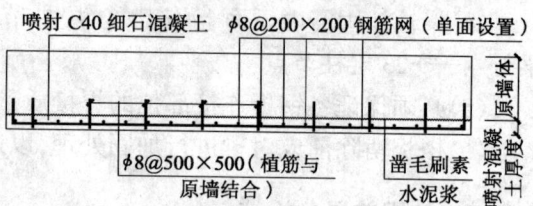

图 5.34.1 剪力墙喷射混凝土示意图

轴心受压构件正截面承载力计算公式

$$N \leqslant \varphi[f_{co}A_{co} + f'_{yo}A'_{so} + \alpha(f_c A_c + f'_y A'_s)]$$

式中 N——构件的轴向力设计值;

φ——构件的稳定系数;

f_{co}——原构件混凝土的轴心抗压强度设计值;

A_{co}——原构件的截面面积;

f'_{co}——原构件纵向钢筋的抗压强度设计值;

A'_{so}——原构件纵向钢筋的截面面积;

α——加固用喷射混凝土和纵向钢筋的强度利用系数;

f_c——喷射混凝土的轴心抗压强度设计值;

A_c——喷射混凝土的截面面积;

f'_y——构件加固用纵向钢筋的抗压强度设计值;

A'_s——构件加固用纵向钢筋的截面面积。

表 5.34.1 喷射混凝土厚度

序 号	检测实际强度值	喷 射 厚 度	备 注
1	C30～C25	双面喷 40mm	单面喷 50mm
2	C25～C20	双面喷 50mm	单面喷 60mm
3	C20 以下	双面喷 60mm	单面喷 70mm

(2)对混凝土表面有缺陷的构件,大面积空洞的采用喷射混凝土补强,小面积的局部缺陷采用填充 C40 混凝土和注高等级水泥浆,露筋部位抹高等级水泥砂浆补强。

(3)对钢筋移位、少筋等部位,采用植筋的方法纠正。

(4)对 A、B 区之间伸缩缝施工中胀模,严重偏移,采用将一层伸缩缝取消,B 区伸缩缝部分凿除,按原结构设计重新布筋。可将用于支撑卸载的钢管混凝土埋于其中,然后喷射 C40 混凝土,在一、二层连接处再设一道 400mm×700mm 加强梁,以保证与上部伸缩缝的连接。

5.34.4 施工关键控制点

施工中的关键点:一是拆除 B 区伸缩缝时上部在继续施工;二是需要处理好新旧混凝土的界面;三是植筋部位多样,如何保证钻孔;四是如何保证喷射混凝土的水灰比、阴阳角处的外观平直。

5.34.4.1 喷射混凝土

喷射混凝土是一个施工技术要求较高的项目,但因其施工的方便、快捷、有效而成为修补混凝土构件的首选。喷射混凝土是整个加固补强过程的关键,前期的植筋、凿毛、布筋是喷射混凝土的基础。

(1)要根据喷射前的试验,确定配合比。确定好所使用的外加剂及其掺量,保证搅拌均匀。

(2)为保证喷射混凝土的厚度,可在喷射前支设边框模板,设置喷射厚度的标志。标志的间距宜为 1.0~1.5m。

(3)每次喷射前要试喷。试喷时喷射手需控制好水灰比,保持混凝土表面湿润、光泽,无干块滑移、流淌现象。

(4)喷头与受喷面应基本垂直,当喷射单个墙面时,由于该构件四周有相连构件,喷头无法按要求与受喷面垂直。通过现场多次调试,在阴阳角等部位,喷头与受喷面成 45°~60°的斜角时,能达到要求。为控制喷射混凝土作业的回弹率小于 20%,喷射距离应在 1.0m 左右。

(5)喷射厚度达到设计要求后,应刮抹修平。修平应在混凝土初凝后进行。修平时不得扰动新鲜混凝土的内部结构及其与基层的粘结。喷射混凝土的厚度大于 70mm 时,应采用分层喷射。

(6)在喷射较厚的构件时易在下部出现"烂根"。这是由于上部喷射时回弹的骨料在下部堆积,加上部分水泥浆液的流淌形成的。可采用在喷射时调节水灰比、及时清理下落的混凝土、采用特殊材料防护等措施避免。

(7)喷射后要及时将散落的混凝土清走,以免散落混凝土结块。对符合要求的骨料可经过处理再利用。

5.34.4.2 高压注浆

对水泥浆的配方进行试配,并检验其强度。先清理表面的灰尘、浮渣,用水泥砂浆将缺陷部位形成一个封闭性的空腔,在封闭过程中下注浆管,间距为 300~500mm,端部、转角处需设注浆管。封闭后进行压气试漏,检查密闭效果。浆液按试配值配制,应注意控制浆液的凝固时间。灌浆压力为 0.4~0.8MPa,压力应逐渐升高,禁止骤然加压。注浆停止的标志为吸浆率小于 0.1 L/min,再继续加压几分钟即可停止注浆。待注浆液达到初凝而不外流时,可拆下注浆管,用水泥砂浆将注浆嘴处抹平封口。

5.34.4.3 植 筋

其施工工序:钻孔——→孔洞、钢筋处理——→配胶——→植筋——→固化。

(1)在正式植筋前,由检测部门对植筋进行拉拔试验检测。检测结构满足设计要求后,严格按植筋施工工序进行施工。

(2)植筋钻孔应注意钻孔深度。钻孔深度不得小于 15 倍钢筋直径,孔径应比钢筋直径大 4~6mm,以保证胶能由底部从空隙处挤出,有效地填充在钢筋与孔侧混凝土壁的空隙中,保证植筋效果。

(3) 植筋前应对钻孔进行清洗。清洗方法为：先用强风从孔底将钻孔时留下的粉尘、混凝土颗粒吹出，用毛刷将孔壁中的粉尘带出，再蘸丙酮进行清洗。必要时可用强风再次吹孔，使丙酮快速蒸发。

(4) 注胶。将植筋胶与固化剂按比例混合，待混合均匀后将其放入孔内。注胶量以填入孔深 2/3 为宜。将检测合格的钢筋用丙酮擦拭干净后旋入或打入孔内，钢筋应打入到孔底，使胶由孔底挤至孔口。

(5) 植筋胶未固化前禁止扰动钢筋，以免影响锚固效果。当钢筋需焊接时焊接点应与胶面保持一定距离。

(6) 由于原构件轴线偏差、钢筋错位，无法钻孔，局部孔洞被钻透。下部有钢筋，无法钻孔的部位，根据情况分别采用短筋绑焊和"Z"型焊接，如图 5.34.2 所示。

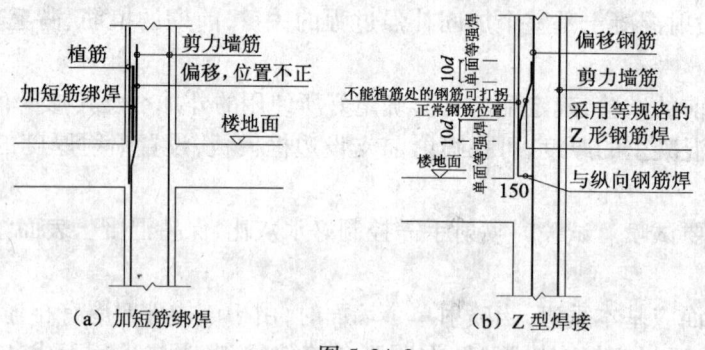

图 5.34.2

(7) 对植筋孔洞被钻穿的部位，将钢筋穿过孔洞，生根于基础上，露于下层墙面上的钢筋采用喷射混凝土补强（图 5.34.3），保证了上部构件的正确位置。

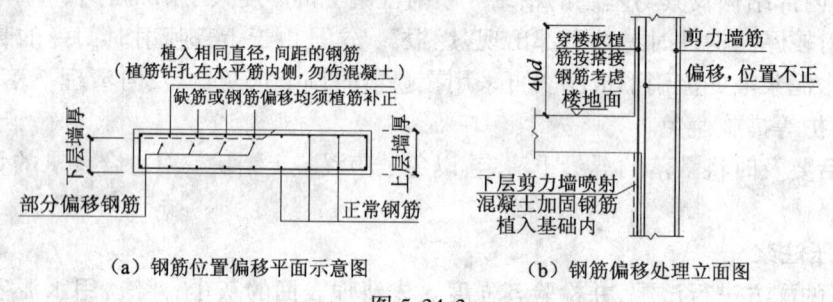

图 5.34.3

5.34.5 结束语

本工程是新建建筑物病害综合处理的典型实例，存在的问题比较全面。在整个处理过程中，植筋、喷射混凝土是重点。在喷射混凝土厚度的选择上既要考虑结构受力要求，还要考虑是否满足刚度、抗震要求。在喷射过程中，试喷、喷射手对水灰比的控制是保证质量的关键。通过该工程喷射混凝土技术得到了新的实践和推广，填补了黑龙江省采用喷射混凝土技术加固混凝土构件的空白。通过加固补强处理后，该工程在无法继续施工的情况下按期完成。不但减少了投资方的损失，经济效益也得到了保证。其工程质量和进度也得到相关部门的认可。

孙立鹏[1]　孙永利[2]　张寿利[3]
（黑龙江省四维岩土工程有限责任公司）

5.35 某炼钢厂吊车梁应力测试及分析评估

5.35.1 工程概况

某炼钢厂始建于1958年，最初装备有3台13t转炉。1991年拆除原有转炉，新建了3台25t转炉，2004年又增加了1台转炉。后建转炉不断扩容，现实际炉容已接近50t。年产量从20世纪60年代的数万吨增加到现在的数百万吨，增加了近百倍。2004年产量达到335万t，目前累计产量达到3255万t。

随着生产的发展，厂房主副跨内的吊车也不断加大。原主跨内的吊车最大为50t，副跨内的吊车最大为30t，现在分别增加到75t和50t，吊车运行的频繁程度也大幅度增加。

主跨和副跨的跨度均为18.42m，长度方向从03线到36线共228m，其中03线到1线和30线到36线为1970年扩建部分。柱距主要有6m和12m两种，仅F/1~4为18m，如图5.35.1所示。吊车梁系统均采用钢结构。1958年建造的吊车梁为铆接钢结构，有实腹式和桁架式两种；以后扩建、改建的吊车梁均为焊接实腹梁，如图5.35.2所示。目前这些吊车梁已出现多种损伤，包括裂缝、制动结构断裂、螺栓松动脱落等。

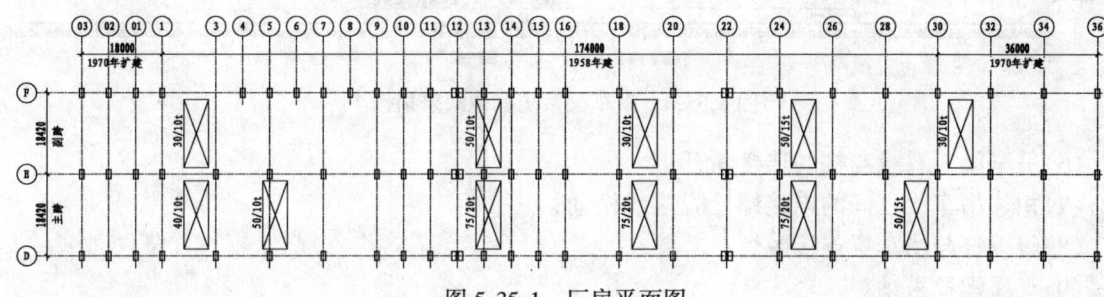

图 5.35.1　厂房平面图

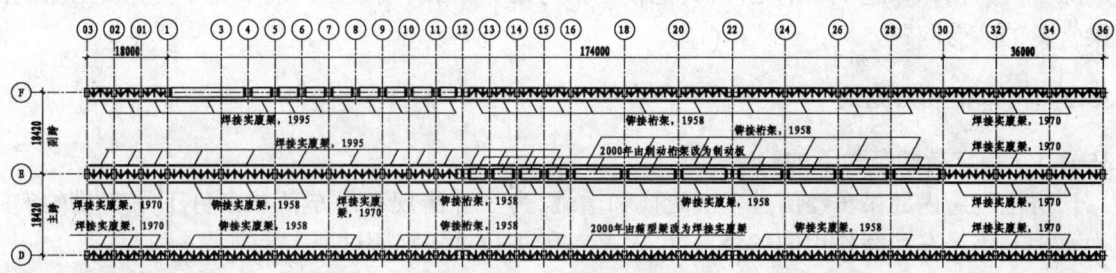

图 5.35.2　吊车梁布置图

为了弄清现有吊车荷载条件下吊车梁的实际应力水平和受吊车荷载作用的频繁程度，进而对吊车梁系统的可靠性进行评估，需要进行吊车梁实际应力测试。

5.35.2 吊车梁系统损伤情况

吊车梁系统缺陷损伤情况如图5.35.3和图5.35.4所示。主要问题有：
(1) 吊车梁腹板和吊车桁架支座节点板被人为切割开洞；
(2) 吊车桁架下弦和腹杆局部变形；
(3) 副跨E列1~4线制动板未拼接；
(4) 制动结构边梁与柱的连接断开；
(5) 制动桁架杆件断，连接螺栓松动；

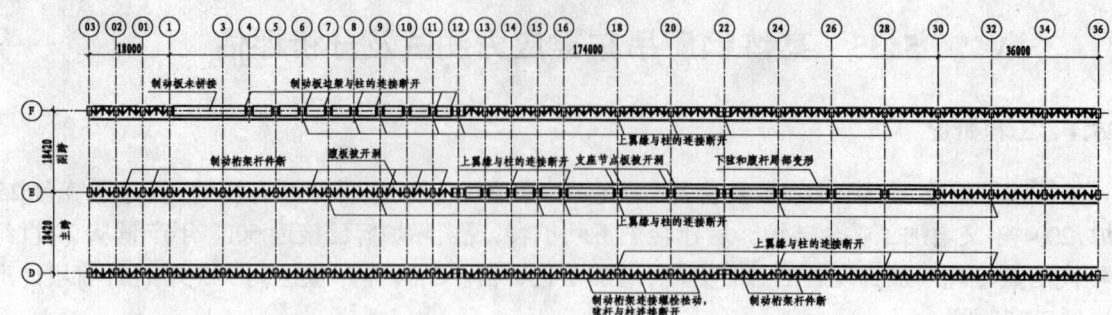

图 5.35.3 吊车梁及制动结构缺陷损伤

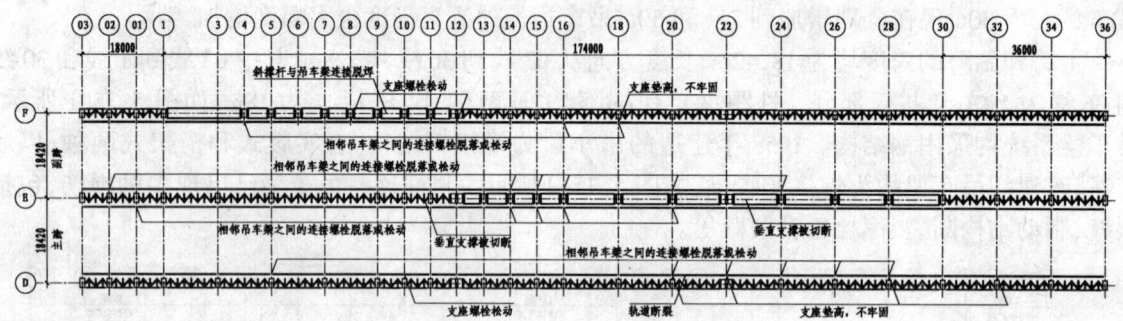

图 5.35.4 吊车梁系统其他缺陷损伤

(6)吊车梁上翼缘与柱的连接断开;

(7)相邻吊车梁之间的连接螺栓脱落或松动;

(8)斜撑杆与吊车梁连接脱焊;

(9)支座螺栓松动。

除了人为损坏和施工缺陷之外,其他损伤都与吊车增载、频繁运行有关,属于重级工作制吊车梁常见的疲劳问题。

5.35.3 吊车梁应力测试

5.35.3.1 指定荷载条件下的测试

厂房主副跨内的吊车经历过多次更换和增载,为了弄清现有吊车荷载条件下吊车梁的实际应力水平和受吊车荷载作用的频繁程度,对吊车梁进行了实际测试。

测试梁为主跨 E 列 14~15 线 6m 跨度的吊车桁架和副跨 E 列 20~22 线 12m 跨度的吊车桁架。在受力较大的端斜杆和下弦杆上布置测点。

测试时,利用跨内一台吊车加载,主跨为 75/20t 吊车,吊重为一满罐钢水;副跨为 50/10t 吊车,吊重为一空罐,里面没有钢水。吊车吊起吊重紧靠测试梁,在测试梁上通过,对测试梁进行测试。

实测应力与计算应力的对比如表 5.35.1 所示。相同荷载作用下计算应力与实测应力接近,说明可以按照现有的吊车资料验算吊车桁架的承载能力。

验算吊车桁架的承载能力时,实际应考虑多台吊车的作用、吊车最不利位置、吊车梁系统自重、荷载分项系数、动力系数、稳定系数、净截面和毛截面抵抗矩的差别等,验算应力要比表中的应力值大很多。

表 5.35.1　吊车桁架杆件实测应力与计算应力比较

跨别 吊车 吊重	测试部位		实测应力（MPa）	计算应力（MPa）
主跨 75/20t 73.7t	端斜杆	里侧	61.2	77.5
		外侧	61.5	
	下弦杆	里侧	66.2	70.3
		外侧	56.7	
副跨 50/10t 27.5t	端斜杆	里侧	35.2	44.5
		外侧	35.0	
	下弦杆	里侧	34.1	39.9
		外侧	32.2	

注：靠近吊车一侧为外侧，另一侧为里侧。

参考实测结果，对主跨 6m 吊车桁架和副跨 12m 吊车桁架按增载后的吊车荷载进行静力承载能力验算，设计控制应力分别为 193MPa 和 223MPa，而材料强度设计值为 215MPa，说明主跨 6m 吊车桁架静力承载能力能够满足要求，而副跨 12m 吊车桁架不满足要求。

5.35.3.2　正常生产条件下的测试

正常生产条件下的测试可不特别指定吊车起重运行方式，完全是按正常生产情况，连续测试 8h 左右。根据实测的应力-时间历程，用雨流法统计应力幅值和应力幅循环次数，以此推算用于疲劳验算的欠载效应等效系数。

根据吊车桁架实测的应变-时间历程得到最大应力幅和应力幅循环次数的统计结果如表 5.35.2 所示。主跨吊车桁架下弦实测最大应力幅为 59.0MPa，50 年应力幅循环次数达到 1 675 万次。副跨吊车桁架下弦实测最大应力幅为 45.8MPa，50 年应力幅循环次数达到 1 120 万次。

表 5.35.2 中列出了欠载效应等效系数的实测结果和《钢结构设计规范》（GB 50017—2003）的规定值，可以看出，副跨的实测结果与规范值基本吻合，而主跨的实测结果则超出了规范值近 20%，说明主跨吊车运行非常繁重，是不安全因素。吊车梁疲劳性能应按实测结果评估。

表 5.35.2　主副跨吊车桁架应力幅实测统计结果

跨别	测试部位	最大应力幅 （MPa）	测试时间 （h）	应力幅循环次数		欠载效应等效系数	
				测试期间	50 年（万次）	实测	规范
主跨	端斜杆	50.6	7.52	292	1 699	0.906	0.8
	下弦杆	59.0	8.15	312	1 675	0.951	
副跨	端斜杆	44.4	9.92	247	1 088	0.744	0.8
	下弦杆	45.8	9.95	255	1 120	0.786	

5.35.4　吊车梁静力与疲劳性能评估

在对主副跨吊车桁架应力实测的基础上，对吊车梁进行静力和疲劳强度验算。结果表明，在对上述缺陷损伤进行处理后，主跨吊车梁本体满足要求；副跨吊车梁本体在目前生产条件不超过 30t 的吊重情况下也满足要求，但在吊车额定起重量 50t 的情况下，不满足要求。

评价吊车梁或吊车桁架的疲劳性能,应从疲劳验算和实际疲劳损伤两方面考虑。疲劳验算主要针对几个受拉的部位;对受压部位以及制动结构,虽然经常出现疲劳破坏,但现在还没有合适的验算方法,要从实际的疲劳损伤来考虑疲劳性能。

厂房内最早的吊车梁和吊车桁架建于1958年,如今已经接近其50年设计基准期。吊车梁系统的制动结构、与柱子的连接等已经出现比较普遍的疲劳损伤。因此,吊车梁系统需要进行全面的治理,包括加固、改造、更换等。

通过本次测试,准确了解了主副跨吊车梁和吊车桁架的受力状况。几个关键受拉部位的疲劳强度目前尚能满足要求。因此,吊车梁系统的治理可安排在适当时间进行。

5.35.5 结论及处理意见

该炼钢厂吊车梁系统经多次改造,目前仍存在比较严重的缺陷损伤,包括裂缝、开洞、杆件变形、构件断裂、与柱子连接断开、螺栓脱落等,直接影响吊车梁的正常受力,降低结构的安全和寿命。是整个厂房结构中最容易出现安全问题的薄弱环节。

吊车桁架动态测试结果表明,主副跨的吊车目前运行十分频繁,规范规定的欠载效应系数为0.8,主跨实测结果接近1.0,超出了规范值近20%。副跨12m吊车桁架在吊车额定起重量50t的情况下,按照2003年新规范验算,静力强度不满足要求。

鉴于以上结论,提出处理意见:对吊车梁系统首先应控制吊重,严禁超载;对吊车梁(桁架)上的裂缝、开洞,应予以修补加固;变形的杆件修复或更换;建议将主副跨吊车桁架更换为实腹梁;对主副跨的制动结构进行改造,将所有制动桁架改换成制动梁;改造制动结构与柱的连接方式,使之传力可靠;更换松动、脱落的连接螺栓及修复其他缺陷损伤。

杨建平[1]　常好诵[1]　弓俊青[1]　刁鲁明[2]
(1 国家工业建筑诊断与改造工程技术研究中心;2 济南钢铁股份有限公司第一炼钢厂)

5.36 锚杆静压桩技术在上海地区住宅楼改造工程中的应用

5.36.1 前　言

锚杆静压桩地基加固新技术,自20世纪80年代初研究至今已有20多年之久,由于该项新技术有强大生命力,在工程界受到普遍称赞。特别对于既有建筑物的加固、加层、止倾、止沉有着立竿见影的效果;另外其在施工过程中无振动、无噪声、无污染,属于环保型工法,且具有施工简便,设备简单,受力性能好,施工场地小等优点。与此同时,在积累以往经验的基础上,上世纪90年代初相继制定了《锚杆静压桩技术规范》,为该项新技术大面积推广应用奠定了坚实的基础。

上海华冶建筑危难工程技术开发公司和上海华铸地基技术有限公司自1993年成立以来已相继完成了近500项危难工程。锚杆静压桩技术在基础托换加固、建(构)筑物逆作法施工等领域内得到成功应用。最近,结合住宅楼的改造工程,在这方面又有了新的拓宽。近年又成功地应用于上海地区加层平改坡改造工程、简易住宅楼改造工程等工程中。如上海音乐学院6层教师住宅楼的成套改造工程;上海市宝山区月浦镇马经桥17号、18号住宅楼成套改造工程;上海浦东群星职业技术学校教学楼增层改造工程;上海普陀区甘泉新村96号楼加层(6层+1层),再加平改坡和新设电梯的改造工程。

下面详细介绍(宝山友谊路)某住宅楼改造工程实例。

5.36.1 工程概况

宝山区友谊路某公房建于1974年,为混合结构房屋,墙体为大型硅酸盐砌块,楼面为预制空心板。该房屋共5层(檐口高度15.38m),底层为商业用房,上面4层为居住用房。建筑物长74.1m,宽8.5m,共3个单元。改造前内部设施较差,居民6户或8户用一个简易卫生间,厨房窄小。为改变此现状,经有关部门批准,决定对该房屋实施"成套改造",即每户都有独立的卫生间和厨房。

该住宅楼改造要求十分苛刻,底层商业店铺不能停业,上部住宅楼居民不搬迁,不能停水、停电,保持上下楼交通畅通,为此给设计和施工带来困难。

5.36.2 副楼设计中的几个技术问题

(1)副楼宽度的确定 副楼设计曾提出过4套方案,在征求有关部门及居民意见的基础上,采取在北侧扩建宽3.0m(局部为4.5m)的副楼,作为每户的卫生间和厨房,并对原平面作适当调整,使每户独立成套。

(2)结构抗震问题 副楼结构与原房屋结构如按刚性连接,根据上海地区的规范规定,应按整体房屋进行抗震加固,这样必然增加费用,同时居民需要搬迁才能进行加固施工。经研究,上述整体抗震设计方案无法实施。为此,应将副楼与原房屋结构分离考虑,副楼按7度抗震,原房屋维持原状。

(3)差异沉降的控制 原有建筑建成至今已近30年,建筑物沉降已经稳定,然而新建的副楼为钢筋混凝土框架结构,荷重较大。如采用天然地基,必然会引起地基变形,预估沉降量约250mm,产生新旧建筑物之间的差异沉降。如果沉降过大,新旧楼之间将会出现台阶,给使用带来不便。根据以往工程经验,新旧楼之间的差异沉降不大于50mm,能满足使用要求。为控制副楼沉降必须采取桩基才能满足设计要求。

(4)地基加固方案的选择——锚杆静压桩地基加固新技术 该住宅楼改造新建副楼所处位置有以下特点:①副楼与原建筑贴得很近,新老基础叠合在一起,如何加以区分。②打桩拟建场地狭窄,北侧地下管线多。③无法选择常规打桩机械进行打桩施工。因为机械无法靠近墙边,同时也不允许打桩有震动,否则影响原有建筑物沉降。④下卧层土质较差,不能用浅层加固方法进行加固,如注浆法、旋喷桩法等。此两种加固方法都会造成施工过程中的拖带沉降,无法解决下卧层的沉降问题。

经过多方案比较决定采用锚杆静压桩地基加固新技术和桩基逆作新技术。

桩基逆作施工新技术的工作原理:该技术是通过在基础板上预留压桩孔,并在孔口附近埋设好锚杆,将压桩架固定在锚杆上,利用建筑物的自重作为反力,用千斤顶将桩段从基础预留或开凿的压桩孔内逐段压入土,再将桩与基础连接在一起,从而达到提高基础承载力和控制副楼沉降的目的。由于施工时需要房屋的自重来平衡压桩力,因此在上部结构完成2层并拆除底层支撑后再进行压桩,由于是先施工上部结构,再施工桩基,故称之为桩基逆作法。此方法施工时无振动、无噪声、无污染,不占用场地。

(5)新老基础的联系 为防止新老结构由于沉降差而引发危害,新老基础应完全脱离。脱开的缝隙为150mm,中间填充泡沫塑料板(如图5.36.1所示)。

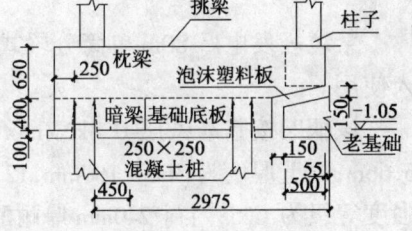

图5.36.1 基础剖面

5.36.3 锚杆静压桩设计

(1)设计参数 桩数81根,桩长22.5m,桩尖进入⑤-1黏土层,桩截面为250mm×250mm,桩段长为2.5m。接桩形式为:上部4节为焊接桩,其余为胶泥接桩。采用C30微膨胀混凝土封桩。

(2)桩位布置 桩位布置如图5.36.2所示。

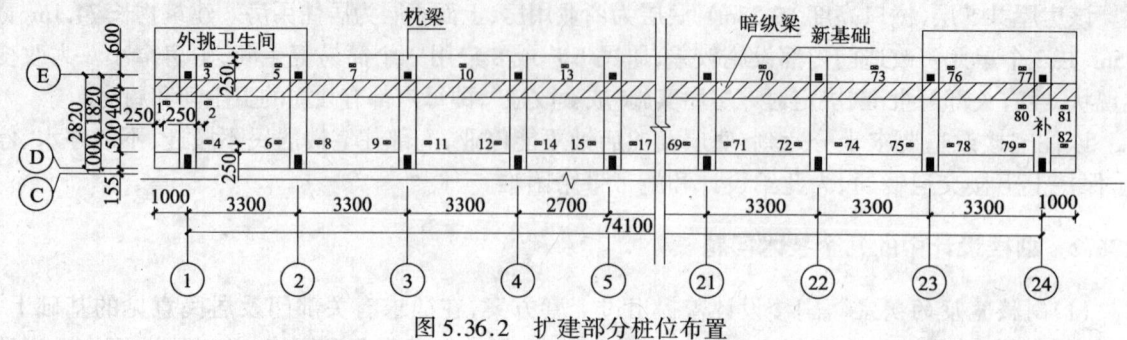

图5.36.2 扩建部分桩位布置

5.36.4 压桩施工

(1)压桩施工工艺流程 基础底板上预留压桩孔──→预埋锚杆──→安装压桩架──→桩段就位──→压桩──→接桩──→记录压桩力和桩长──→桩长或压桩力达到设计要求即可停止压桩──→焊接锚筋──→焊接交叉钢筋──→浇捣C30微膨胀混凝土。

(2)压桩措施 为减少压桩施工时引起的拖带沉降和进一步引起的锅底形变形,采取从中间向两侧间隔压桩,并要求当天压桩当天封桩,使桩基能尽快承受上部荷载,减少基础的沉降量。

5.36.5 加固效果

(1)补桩加固工程于2001年4月完成,为检测压桩的效果,施工期间对压入的桩休止5d后,任意抽取2根桩进行复压试验。试压结果表明,桩的承载力(250kN)有明显恢复,已超过设计承载力2.2倍。当延长休止时间,桩的承载力将会进一步提高,说明压入桩可完全满足设计承载力和变形的要求。

(2)本工程在扩建部分的北侧设置沉降观测点共7处,经1年多观测,最大沉降量为46mm,最小沉降量20mm,完全满足设计要求。目前沉降已趋于稳定。改造后的住宅楼使用情况良好。

周志道[1] 周 寅[1] 倪诗阁[2]
(1 上海华铸地基技术有限公司;2 上海宝房(集团)有限公司)

5.37 某80m混凝土烟囱裂缝及盐酸腐蚀鉴定与分析

5.37.1 工程概况

某垃圾发电厂80m单筒分段式混凝土烟囱采用单滑内砌施工,于1998年11月20日建成投入使用。

该烟囱按基本风压0.8kN/m^2、抗震设防烈度7度设计,上口外直径2.9m,±0.00外直径6.66m;筒壁厚度为360~160mm,12.0m以下采用双层配筋,12.0m以上为单层钢筋,混凝土设计强度等级为C25;内衬240mm厚耐酸砖(12m以下)、120mm厚耐酸砖(12m以上),±0.00~30.0m隔热层为100mm厚高炉水渣,30.0m以上采用50mm空气隔热层;烟囱入口温度215℃,烟气中含有 HCl、SO_2、NO_x 及 CO 等有害气体。该烟囱全景如图 5.37.1 所示。

该厂在 2005 年 9 月初对烟囱避雷针作例行检修时,发现筒壁中上部出现较大裂缝与严重腐蚀,且有粗骨料从高空掉下,故对其进行鉴定。

5.37.2 检测

5.37.2.1 现场检查

经多次现场调查,发现该烟囱筒壁中上部(约 40~80m)出现多条过宽、过长的纵向裂缝、环向裂缝,纵向裂缝尤为严重,如图 5.37.2、图 5.37.3 所示;裂缝部位混凝土结构疏松,甚至可用手剥离,表面呈黄褐色,存在严重腐蚀,钢筋锈蚀严重,如图 5.37.4~图 3.37.8 所示。

图 5.37.1 烟囱全景

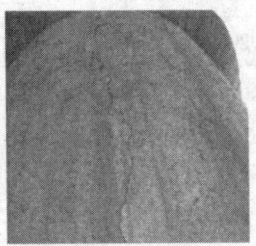
图 5.37.2 烟囱约 72~77m 处裂缝状况

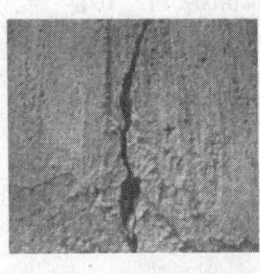
图 5.37.3 65~70m 筒壁局部裂损状况

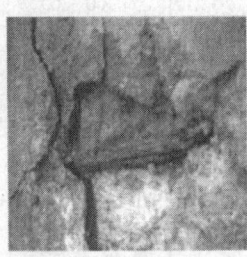
图 5.37.4 75m 筒壁腐蚀状况(1)

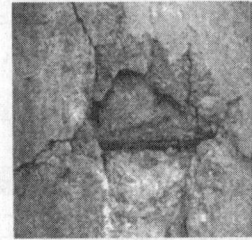
图 5.37.5 75m 筒壁腐蚀状况(2)

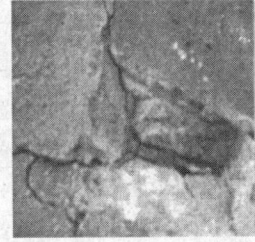
图 5.37.6 75m 筒壁腐蚀状况(3)

图 5.37.7 75m 筒壁腐蚀状况(4)

图 5.37.8 75m 筒壁腐蚀状况(5)

5.37.2.2 检 测

检测结果显示,其倾斜值为 0.002 2,远小于规定的高耸结构倾斜限值 0.005,故其裂缝可排除地基基础因素的影响;所检测的 1.5m 筒壁混凝土芯样强度 $f_{cor}=30.5$~39.6MPa,75m 筒壁 $f_{cor}=45.5$MPa、47.5MPa,均超过设计要求的 C25;抽检的筒壁外侧纵筋及环筋的间距偏差满足规范的要求或偏密,保护层厚度的正偏差较大;其 40~75m 筒壁裂缝开展宽度为 20.0~55.0mm,远大于最大裂缝宽度限值 0.15mm(筒壁顶部 20m 范围内)、0.3mm 或 0.2mm(其余部位)。

在筒壁上选取了若干混凝土样品进行化学分析,如表 5.37.1 所示;同时实测了筒壁 10~75m 外表面的温度,其值为 44.8~73.5℃,烟囱顶面内部的烟气温度为 98.7℃。

表 5.37.1 混凝土试样化学分析及评价

序号	试样部位 (m)	NO_3^- 含量 (g/kg)	SO_4^{2-} 含量 (g/kg)	Cl^- 含量 (g/kg)	pH 值	评 定
1	±0.00~10.0	0.007	0.04	0.02	12.25	Cl^-、SO_4^{2-}、NO_3^- 含量很低,Cl^- 含量符合规范规定;pH>11.5,表明钢筋钝化膜稳定

续表

序号	试样部位 (m)	NO_3^- 含量 (g/kg)	SO_4^{2-} 含量 (g/kg)	Cl^- 含量 (g/kg)	pH 值	评定
2	±0.00~10.0	0.008	0.12	0.12	12.52	同序号1
3	±0.00~10.0	0.007	0.34	0.02	12.20	同上
4	40~50	0.071	0.37	0.58	8.17	Cl^-、SO_4^{2-}、NO_3^- 含量很低，Cl^- 含量符合规范规定；pH>9，表明钢筋钝化膜已破坏
5	50~60	0.022	0.28	0.14	8.04	同序号4
6	60~65	0.009	0.17	0.05	8.08	同上
7	65~75	0.024	0.16	0.29	7.94	同上
8	72.5	0.024	0.22	0.63	7.86	同上
9	75~76	0.030	0.27	1.83	10.0	SO_4^{2-}、NO_3^- 含量很低，Cl^- 含量远超过规范规定；9<pH<11.5，表明钢筋钝化膜不稳定
10	75~76	0.092	0.54	4.00	7.63	SO_4^{2-}、NO_3^- 含量很低，Cl^- 含量远超过规范规定；9<pH<11.5，表明钢筋钝化膜已破坏
11	75~76	0.017	0.22	0.72	7.93	同序号4
12	75~76	0.008	0.19	0.14	8.06	同上
13	77~79	0.032	0.06	0.53	7.92	同上
14	77~79	0.048	0.12	1.25	7.77	同序号10
15	78~79	0.053	0.23	2.27	8.16	同上
16	70~80	0.028	0.10	0.04	10.27	Cl^-、SO_4^{2-}、NO_3^- 含量很低；9<pH<11.5，表明钢筋钝化膜不稳定
17	70~80	0.057	0.22	0.39	9.57	同上
18	70~80	0.021	0.05	0.08	11.55	Cl^-、SO_4^{2-}、NO_3^- 含量很低，pH>11.5，表明钢筋钝化膜稳定
19	70~80	0.019	0.08	0.15	9.95	同序号16

注：(1)氯离子(Cl^-)含量按 GB 50164—92，处于潮湿并含有氯离子环境中的钢筋混凝土不得超过水泥含量的 0.1% 的限值评定。
(2)因我国目前尚无硫酸根 SO_4^{2-} 及硝酸根 NO_3^- 含量的控制标准；参照国外有关资料(文献35)，硫酸根 SO_4^{2-} 含量超过水泥质量的 0.45% 时，确认对钢筋有腐蚀破坏作用。上述样品的硫酸根 SO_4^{2-} 含量均小于此值(最大值为 0.037%)。
(3) ±0.00~10.0m 的 3 个样品所含有的氯离子(Cl^-)主要系水泥中含有少量氯离子所致。
(4)序号 1~3、16~19 样品取自未裂缝部位，其余均取自裂缝处。

5.37.3 裂缝原因

发电厂单筒混凝土烟囱出现裂缝是普遍现象。

发电厂及其他行业设计的烟囱在投产后不久(约1年左右)混凝土筒壁就出现纵向裂缝，结合该烟囱实际情况，可以认为其纵向裂缝主要与下列因素有关：

5.37.3.1 规范因素——温度应力的设计安全度偏低

(1)温度应力值比规范计算值高

由于在烟囱投运初期,混凝土的收缩及徐变较小,以致因规范规定的混凝土弹塑性模量由于考虑收缩及徐变影响取值较低,导致实际温度应力比规范计算值要高。

(2)计算筒壁内外自由温度变形时考虑稳定和不稳定传热方式差别的1.25调整系数偏小甚多。

(3)封闭空气层失效

封闭空气层有隔热作用,故许多发电厂烟囱采用了这种经济实用的隔热方法。该烟囱30m以上亦采用。然而调查发现,这种做法实际效果很不理想。因为该烟囱此部位的内衬仅半砖厚,灰缝难以密实,通缝和泄气现象严重,所以封闭空气层并不密封,保温作用很有限。

按《烟囱设计规范》GBJ 51—83和GB 50051—2002计算的该烟囱顶部外表面冬季温度约为23.4℃,而实测值为73.3℃,亦佐证封闭空气隔热层失效。

(4)内衬、隔热材料的隔热效果差

该烟囱采用耐酸砖作为内衬,高炉水渣作为0.00~30.0m的隔热材料。调查表明,烟囱内衬及隔热层的实际受热温度都低于烟气的露点温度。故当该烟囱采用吸水率高达14.29%的内衬(耐酸砖),以及吸水率较高的高炉水渣作为隔热层时,材料的保温作用会大大降低,而设计往往忽略这一因素,从而导致筒壁外部的内外温差和温度应力计算值偏小。

5.37.3.2 原材料及施工因素

该烟囱混凝土采用52.5R普通硅酸盐水泥,其3d抗压强度为32.8~39.9MPa,不仅超过《烟囱设计规范》(GBJ 51—83)的限值26.0MPa,亦大于62.5R硅酸盐水泥的3d抗压强度限值32.0MPa;其80μm方孔筛的筛余为2.8%~3.5%,远小于《烟囱设计规范》(GBJ 51—83)的限值10%。可见,所采用水泥的早期强度和细度极高。以致在±0.00~8.4m筒壁混凝土脱模后出现了明显的蜂窝与麻面。施工时为解决此问题,在8.4m以上混凝土中添加了缓凝剂PVZ/R。

《烟囱工程施工及验收规范》规定,"混凝土脱模后,……并浇水养护,保持经常湿润,其延续时间不应小于7昼夜。";《混凝土结构工程施工质量验收规范》(GB 50204—2002)要求,"混凝土浇水养护的时间,……对掺缓凝型外加剂……的混凝土,不得少于14d。"该工程所采用的材料特性要求筒壁混凝土浇水养护时间应比14d延长较多。然而,该烟囱施工时对此并未予以注意,以致其浇水养护时间不足,从而因混凝土收缩过大导致筒壁出现早期裂缝。

混凝土烟囱筒壁浇水养护困难,且随高度增加其难度亦相应增加。烟囱中上部的风速、风压都很大,这些早期收缩裂缝在筒壁中上部更加显著,甚至会贯穿筒壁。

5.37.4 腐蚀原因

5.37.4.1 环境因素

该烟囱的烟气中含有大量HCl、SO_2及NO_x等有害的侵蚀性气体。按《混凝土结构设计规范》(GB 50010—2002)规范,其环境类别为五类,系环境条件最恶劣的一类。

气态氯化氢主要来自城市生活垃圾中的大量废塑料。据统计,我国南方城市生活垃圾中塑料的平均含量为9.79%。

聚氯乙烯对光和热的稳定性差,在100℃以上或经过长时间阳光暴晒就会分解产生气体氯化氢,并进一步自动催化分解;所以垃圾在锅炉里高温焚烧时会立即分解成气态氯化氢。

据当地气象资料,该厂所在地从投产至今的年平均相对湿度为77%~80%,皆超过75%。

因《烟囱设计规范》(GBJ 51—83)对烟囱的防腐蚀未作具体规定,而《烟囱设计规范》(GB 50051—2002)只是按照燃煤的含硫量对烟囱的腐蚀等级作了规定,故参照《工业建筑防腐蚀设计规范》对该烟囱的腐蚀等级进行判别。在一般情况下,环境相对湿度采用年平均相对湿度较为符合实际。因此,按规范及其有害烟气实测排放浓度可以判定,烟气中的 HCl、NO_x 及 SO_2 对其混凝土筒壁均具有强腐蚀性。

试验表明,水蒸气的冷凝温度一般在 25～75℃。但含有少量 SO_2 后,其露点迅速提高。普通含有 SO_2 的烟气,起露点在 106～180℃。烟囱设有内衬和隔热层,由于温度梯度的影响,即使烟气温度高达 300℃,渗入内衬的烟气仍有可能在筒壁上冷凝成硫酸。何况,该烟囱顶部内的烟气温度为 98.7℃,故渗入内衬的烟气必然会生成酸的冷凝液。

这样,在有裂缝的内衬上,含有 HCl、SO_2 及 NO_x 的烟气所形成的盐酸、硫酸和硝酸冷凝液就会在烟囱内部静压的作用下通过内衬裂缝渗入到隔热层和筒壁,从而使混凝土筒壁产生侵蚀。

5.37.4.2 设计因素

主要是所采用的单筒式烟囱结构型式不合理,内衬紧贴筒壁,使烟气腐蚀有可乘之机。

烟囱设置内衬的目的是保护烟囱筒壁免受烟气的腐蚀,并钝化烟气温度对筒壁的影响。然而,大量调查发现,要把内衬结构作得密不透气,使烟气无法向内衬外部渗透,侵蚀烟囱混凝土筒壁,几乎无法办到,几乎所有砖内衬的砖缝都有裂缝,其中半砖内衬的竖缝开裂更为严重,主要因为砖内衬薄且曲率较大,又由瓦工操作,并非筑炉工人砌筑,该烟囱的砖砌内衬的表面积约 1 995m^2,又是高空作业,自然难以使所有灰缝都饱满与密实,尤其是在筒壁中上部。

这就给 HCl、NO_x 及 SO_2 烟气腐蚀混凝土筒壁中上部提供了通道。

5.37.4.3 规范因素

该工程设计时施行的规范《烟囱设计规范》(GBJ 51—83)对混凝土强度等级、钢筋保护层厚度及筒壁内表面的防腐蚀的要求均较《工业建筑防腐蚀设计规范》(GB 50046—92)和《烟囱设计规范》(GB 50051—2002)偏低。

5.37.5 腐蚀机理及危害性分析

已有研究表明,pH＜11.5 时,混凝土中钢筋的钝化膜已不稳定;pH＜9.88 时,钢筋的钝化膜已逐渐破坏;而 pH＜9 时,钢筋的钝化膜已被破坏。

表 5.37.1 显示,筒壁裂缝部位及未裂缝部位混凝土样品的 pH 值分别为 7.63～10.0 和 9.57～12.52,Cl^-、SO_4^{2-}、NO_3^- 的含量分别为 0.05～4.0g/kg 和 0.02～0.39g/kg、0.06～0.37g/kg 和 0.04～0.34g/kg、0.008～0.092g/kg 和 0.007～0.057g/kg;75～79m 筒壁裂缝部位 6 个混凝土试样中有 4 个的氯离子 Cl^- 含量超过规范的限值 0.1%(最大值达到 0.4%)。这表明 40～80m 筒壁裂缝部位已不同程度受到盐酸、硫酸及硝酸冷凝液的侵蚀,筒首 10m 范围内盐酸腐蚀已较为显著;40～80m 未裂缝部位 Cl^-、SO_4^{2-}、NO_3^- 含量较低,但 pH 大多小于 11.5,表明其混凝土中钢筋的钝化膜已不稳定,表明亦已开始受到酸侵蚀;40m 以下混凝土筒壁 Cl^-、SO_4^{2-}、NO_3^- 含量很低,pH = 12.2～12.52(＞11.5),表明该部位混凝土的碱性和钢筋的钝化膜基本稳定,未受到侵蚀。

烟气中的氯化氢日积月累所形成的盐酸冷凝液介质从筒壁内表面的裂缝逐渐渗入到构件之中后,就会与混凝土水泥石中的氢氧化钙等水化物产生下列化学反应:

$Ca(OH)_2 + 2HCl \rightarrow CaCl_2 + 2H_2O$

$3CaO \cdot 2SiO_2 \cdot 3H_2O + HCl \rightarrow CaCl_2 + SiO_2 \cdot nH_2O$

$3CaO \cdot Al_2O_3 \cdot 6H_2O + HCl \rightarrow CaCl_2 + Al_2O_3 \cdot nH_2O$

$CaO \cdot Fe_2O_3 \cdot H_2O + HCl \rightarrow CaCl_2 + Fe_2O_3 \cdot nH_2O$

$\searrow Fe(Cl)_3 + mH_2O$

$3CaO \cdot Al_2O_3 \cdot CaSO_4 \cdot 6H_2O + HCl \rightarrow CaCl_2 + Al_2O_3 + nH_2O + CaSO_4$

其所生成的硫酸钙还会与混凝土中的铝酸四钙起反应,产生更多结晶水的大分子产物——

水化三硫铝酸钙(钙矾石),体积将增加1.5倍以上:

$3CaSO_4 \cdot 2H_2O + 4CaO \cdot Al_2O_3 \cdot 19H_2O \rightarrow 3CaO \cdot Al_2O_3 \cdot 3CaSO_4 \cdot 31H_2O + Ca(OH)_2$

上述反应所生成的易溶于水和易潮的氯化钙可随水渗入混凝土内部的毛细孔内,当水分蒸发时,钙就可能会结晶,使钙离子Ca^{2+}流失,混凝土水化物的稳定性就会下降;钙结晶生长过程中体积还会膨胀,从而使混凝土保护层胀裂、粉化、剥落。这是一个极其复杂的多相物理化学作用。

在75~79m筒壁混凝土试样氯离子Cl^-含量超过《混凝土质量控制标准》(GB 50164—92)的限值0.1%的裂缝部位,Cl^-已进入并达到钢筋表面,开始破坏钝化膜,使钢筋锈蚀发生、发展,锈蚀产物膨胀2~6倍,导致混凝土顺筋开裂;钝化膜遭到破坏后使钢筋表面的这些部位露出了铁基体,与尚完好的钝化膜区域之间构成电位差而形成腐蚀电池,其腐蚀往往由局部开始,逐渐在钢筋表面扩展。

同时,氯离子Cl^-还起到极化作用(加速阳极过程),其反应为:

$(Cl^- + Fe^{2-}) + H_2O + 2e \rightarrow Fe(OH)_2 + 2H^+ + 2Cl^-$

从上式可以看出,Cl^-只是参与了反应而未被消耗,故只会强化离子通路,降低阴、阳板之间的欧姆电阻,起到加速电化学腐蚀进程的作用。因此,钢筋腐蚀会逐渐加剧,裂纹逐渐扩展,使混凝土与钢筋之间的粘结力下降。随着混凝土的强度降低,导致结构的力学性能劣化,延性大大降低,出现脆性破坏的可能性增加。

由于Cl^-是极强的去极化剂,且在钢筋腐蚀过程中会周而复始起作用,因此氯化物侵蚀一旦发生就难以补救。

以上分析亦证实,盐酸对混凝土结构的腐蚀既有酸化腐蚀多重化学反应之物理膨胀侵蚀和化学溶蚀导致的混凝土开裂、剥落、损失强度的特点;同时又具有氯盐腐蚀之破坏钢筋钝化膜、形成"腐蚀电池"、去极化作用和导电作用的特征。

5.37.6 结 论

(1)该烟囱中上部混凝土筒壁已出现的多条规范不允许的纵向裂缝、环向裂缝;裂缝部位的混凝土和钢筋受到不同程度的酸腐蚀,烟囱顶部10m范围内裂缝处的盐酸腐蚀尤为明显,混凝土及钢筋的材料劣化严重、力学性能大幅下降,其安全耐久性隐患十分明显,随时存在诱发脆性破坏的可能,应尽快对筒壁、内衬及隔热层进行修复、加固处理。

(2)垃圾发电厂排放的烟气含有HCl、SO_2、NO_x等强腐蚀性气体,宜采用套筒式烟囱,不宜采用单筒结构;若采用单筒结构,应采用有效的防腐蚀措施,以确保足够的耐久性。

刁学优 许 锴
(珠海市房屋安全鉴定所)

参 考 文 献

1 X L Gu, Y Zhang. Anti-seismic Behavior of Tip-shaped Shanghai Great World Amusement Center Tower Building[C]. The Third International KERENSKY Conference on Global Trends in Structural Engineering, Singapore, 1994: 191~196
2 唐业清等. 建筑物改造与病害处理. 北京:中国建筑工业出版社,2000
3 张永钧,叶书麟. 既有建筑基础加固工程实例应用手册. 北京:中国建筑工业出版社,2002
4 R. Park and T. Paulay. Reinforced Concrete Structures(中译本《钢筋混凝土结构》). 重庆:重庆大学出版社,1986
5 滕智明,朱金铨. 混凝土结构及砌体结构. 北京:中国建筑工业出版社,2003

6 卢玉符,韩晔. 混凝土结构粘钢加固长期性能试验研究报告. 辽宁省建设科学研究院,1993
7 Robert D. Adams, William C. Wake. 工程结构中的胶接技术,1984
8 贺曼罗. 建筑结构胶粘剂与施工应用技术. 北京:化学工业出版社,2001
9 北京粘接学会. 胶粘剂技术与应用手册. 北京:宇航出版社,1991
10 中国环氧树脂应用技术学会华中分会. 全国环氧树脂建筑结构胶应用技术研讨会资料集. 2005年7月,江西宜春
11 铁道部旋喷注浆科研协作组. 旋喷注浆加固地基技术. 北京:中国铁道出版社,1984
12 孙星亮,刘勇,王朝建. 国内外水平旋喷注浆加固技术的应用发展. 探矿工程(岩土钻掘工程),2001.1
13 高成雷,朱永全. 两种超前预支护技术控制地层沉降效果对比研究. 隧道地下工程,2003.4
14 张建华,梁杰忠. 水平旋喷桩工艺在广州地铁2号线工程施工中的应用. 水运工程,2002.8
15 朱庆林. 水平旋喷. 地基处理,1990.10
16 王昌林. 水平旋喷注浆法机理与效果研究(硕士论文). 北京交通大学,1998.2
17 王圣涛,邓敦毅. 水平旋喷桩在深圳地铁超前预加固中的应用. 铁道建筑,2003.6
18 况成明,刘定初,翟金书. 水平旋喷预支护技术在某隧道施工中的应用. 西部探矿工程,2001.2
19 华盛顿地铁海军工厂以东工程成功的关键——水平旋喷注浆,隧道译丛,1993.10
20 孙星亮,王海珍. 水平旋喷固结体力学性能试验及分析. 岩石力学与工程学报,2003.10
21 张云星. 水平旋喷桩在长安街复线热力管道中的应用. 西部探矿工程,2004,6(10)
22 罗红杰,崔江余. 各种超前预加固方法引起地表变形的有限元分析. 岩土工程界,2004.3
23 王赫. 建筑工程事故处理手册. 北京:中国建筑工业出版社
24 卓尚木,季直仓,卓昌志等. 钢筋混凝土结构事故分析与加固. 北京:中国建筑工业出版社,1997
25 建筑结构试验检测技术与鉴定加固修复实用手册
26 侯发亮. 建筑结构粘结加固的理论与实践. 武汉:武汉大学出版社,2003
27 万墨林,韩继云. 混凝土结构加固技术. 北京:中国建筑工业出版社,1995
28 王晓梅,邵界立. 旧房改造中托梁换柱技术的应用. 住宅科技,2001(10)
29 刘跃华. 砖混结构无支撑托换技术. 建筑技术,2000(6)
30 王庆霖. 砌体结构(第一版). 北京:地震出版社,1993
31 建筑施工手册编写组. 建筑施工手册(第四版). 北京:中国建筑工业出版社,2003
32 项剑锋. 高强钢绞线预应力加固法. 建筑技术,1990,6
33 项剑锋. 钢筋混凝土大梁无粘结钢绞线体外预应力加固法. 结构工程师增刊(预应力结构基本理论及工程应用),2000
34 洪乃丰. 基础设施腐蚀防护和耐久性问与答. 北京:化学工业出版社,2003
35 马光,胡仁禄. 城市生态工程学. 北京:化学工业出版社,2003
36 张开. 聚氯乙烯. 北京:中国大百科出版社,1987
37 洪乃丰. 氯盐引起的钢筋锈蚀及耐久性设计考虑. 见:中国工程院水利建筑学部混凝土及耐久性设计与施工(论文汇编). 北京:中国建筑工业出版社,2004
38 金伟良. 混凝土结构耐久性. 北京:科学出版社,2002

第6章 地基基础加固

6.1 地基沉降引发工程质量事故的原因分析

6.1.1 前言

目前我国工程规模越来越大,相应的工程质量事故也连年不断,建(构)筑物产生过量沉降或不均匀沉降,导致建筑结构上部损坏、整体倾斜、丧失使用功能,造成了许多不应有的损失,是造成建筑物裂缝损坏或倾斜等工程事故的重要原因。因此,有必要探讨此类质量事故发生与发展的规律。本文分析了建(构)筑物产生过量或不均匀沉降的原因,并对大量的事故进行调查与分析,对发生事故的原因进行总结归纳,为预防事故的再次发生,同时也为排除事故提供依据。

6.1.2 建(构)筑物产生过量或不均匀沉降的原因

建(构)筑物过量沉降是指建(构)筑物基础发生的沉降量大于允许值,而导致建筑结构上部损坏、整体倾斜、丧失使用功能的现象。建(构)筑物不均匀沉降是指建(构)筑物同一相互传力的结构体基础之间出现不等量的沉降现象。这两种现象可以是由地基土质的不同构造特性和环境条件的变化而引起的,也可以是由基础压力超过地基的容许承载力或地基受力不均匀而产生的。

建筑物从建造开始便已经开始沉降积累,但建(构)筑物达到沉降稳定的时间与地基土的应力历史有关,短的可以是几个月,长的可以是几年甚至几十年。地基土质结构相对不稳定和地基受力不均匀是引起建(构)筑物过量沉降或不均匀沉降的主要原因。

6.1.2.1 地基土质结构相对不稳定造成基础沉降

土质结构相对不稳定可以是先天形成的,也可以是后天形成的。先天形成的有:软土、杂填土、冲填土、湿陷性黄土、膨胀土等欠固结的土,其土质成分(或分布)不均匀,土的压缩性高(即密度小、含水量高、强度低)。其中,湿陷性黄土,含有大量的碳酸盐类,孔隙比一般大于1,遇水浸湿之后,填充在土颗粒之间的碳酸盐类物质遇水溶解,同时水膜变厚,土的抗剪强度显著降低,在自重压力或自重压力和附加压力的作用下,土的结构迅速破坏而发生显著的附加下沉;膨胀土,具有显著的胀缩可逆特性,会造成建筑物的上下升降运动,从而导致建筑物破坏。后天形成的有:地下水涨落、渗透、冰冻、开挖扰动、化学介质侵蚀、设备震动及地震波的冲击等原因造成土的容许承载力的减小。

上述两种情况下的土质容易造成基础不均匀沉降和最终沉降量增大,所以在这类地基土上构造建(构)筑物前,用正确的地基处理方法对地基进行处理是非常必要的。

6.1.2.2 地基受力不均匀造成基础不均匀沉降

地基受力指基础基底下一定深度范围内各土层受到的压力,分为直接受力(通过基础传力)和间接受力(通过土层传力)。通过基底传力使地基受力不均匀的情况包括:建筑物外立面错落;工业厂房设备质量布置不均匀;因吊车荷载或风载作用,基础底部产生偏心压力等。通过土层传力使地基受力不均匀的情况包括:相邻建(构)筑物或基础压力;回填土自重、地面设备压力等。理论上,地基受力不均匀可以通过基础底面积调整来控制建筑物的不均匀沉降,但实际上土层的结构变化是相当复杂的。地基受力不均匀是造成基础不均匀沉降的主要原因,因此,在构造建(构)筑物时要尽量做到结构均衡、荷重分布均匀。

分析以上原因,除去沉降计算理论不完善,土体计算参数难确定外,建(构)筑物基础产生过量沉降或不均匀沉降是可以通过各种措施人为减少或避免的,而事实上由建(构)筑物产生过量沉降或不均匀沉降,导致建筑结构上部损坏、整体倾斜、丧失使用功能等工程事故却连年不断。

6.1.3 引发工程质量事故的因素

工程事故的发生总是与某种自然环境、施工条件、各级管理机构状况,以及各种社会因素紧密相关。而工程建设往往涉及到规划、勘察、设计、施工、建设、使用、监督、管理等许多单位或部门,针对影响沉降的主要因素,按照工程建设及使用的各个阶段,可以把构成事故的具体原因总结如下(表6.1.1)。

表6.1.1 工程建设中产生过量沉降或不均匀沉降的因素及措施

工程阶段	产生过量或不均匀沉降的因素	措 施
城市规划阶段	(1)场地选址不合理; (2)建筑物布置不合理; (3)未利用岩土工程勘察资料	(1)应进行项目的可行性研究; (2)根据岩土工程勘察资料合理选择建设地点; (3)避免将建筑物建在不良地质条件上; (4)对重大工程应进行地质环境与灾害的评估
岩土工程勘察阶段	(1)勘察不规范,地基评价不准确; (2)地质复杂地区勘察孔太少; (3)提供的土性参数不完整和不准确	(1)地基基础设计前必须认真进行岩土工程勘察,正确对地基进行评价; (2)勘察报告必须详细、准确; (3)对丘陵地区、地质复杂地区,应严格按岩土工程勘察规范加密布孔,必须查明地基深处的软弱层、墓穴、孔洞、基岩面起伏变化等; (4)岩土工程勘察报告必须对可供采用的地基基础设计方案进行论证分析,提出经济合理的设计方案建议; (5)提供与设计要求相对应的地基承载力及变形计算参数,并对设计和施工应注意的问题提出建议; (6)当工程需要时,尚应提供:深基坑开挖的边坡稳定计算和支护设计所需的岩土技术参数,论证其对周围既有建筑物和地下设施的影响;基坑施工降水的有关技术参数及施工降水方法的建议;提供用于计算地下水浮力的设计水位
设计阶段	(1)未按规范进行设计; (2)设计前不进行勘察,盲目估计荷载或承载力; (3)设计情况与实际状况不吻合; (4)未采用变形控制设计理念;	(1)所有工程必须严格按照国家标准、规范进行设计,必须符合国家和地区的有关法规和技术标准; (2)设计前必须进行调查与勘测,不得盲目估计荷载或承载力进行结构设计; (3)必须根据施工信息反馈进行动态设计; (4)软土地区的地基加固必须采用在满足强度条件下的变形控制设计理念;

续表

工程阶段	产生过量或不均匀沉降的因素	措　　施
设计阶段	(5)地基基础设计方案不合理； (6)变形计算不合理	(5)地基基础设计方案必须进行合理优化； (6)所有建筑物的地基计算均应满足承载力计算的有关规定；设计等级为甲级、乙级的建筑物，均应按地基变形设计； (7)建筑物的地基变形计算值，不应大于地基变形允许值。地基变形应考虑沉降量、沉降差、倾斜和局部倾斜； (8)对于砌体承重结构应由局部倾斜值控制；对于框架结构和单层排架结构应由相邻柱基的沉降差控制；对于多层或高层建筑和高耸结构应由倾斜值控制；必要时尚应控制平均沉降量； (9)在必要情况下，需要分别预估建筑物在施工期间和使用期间的地基变形值，以便预留建筑物有关部分之间的净空，选择连接方法和施工顺序； (10)在同一整体大面积基础上建有多栋高层和低层建筑，应按照上部结构、基础和地基的共同作用进行变形计算
施工阶段	(1)不按图施工，无完善的施工组织设计，技术措施不到位； (2)盲目抢工期； (3)施工顺序不合理； (4)野蛮施工； (5)施工与设计脱节	(1)未经具有相应资质的设计单位设计的工程，一律不准施工； (2)必须按图施工、遵守施工规范、完善施工方案和技术措施； (3)结构及地基基础加固未达到强度与稳定的，不得进行上部工程的施工； (4)在深浅不等、间距较小的基础群施工时，应采用合理的施工顺序或采取必要的技术措施； (5)施工中应避免大量土方堆积在既有建筑物附近； (6)基础开挖时，必须采用合理施工手段，避免对桩基及地基加固体的损伤； (7)地下工程施工时应严格按照设计工况进行； (8)必须严格按照信息化施工的原则进行； (9)对重大或复杂工程应成立由建设、设计、监理、施工和监测等单位人员组成的现场协调小组
使用阶段	(1)未经验收交付使用； (2)任意改变建筑物结构状况； (3)任意加层和改变使用功能； (4)地面随意堆载； (5)随意排放生活用水	(1)所有工程必须严格按照国家规范、标准施工和验收合格后才能交付使用； (2)不得任意改变建筑物结构状况； (3)不得任意加层和改变使用功能； (4)使用时应避免地面荷载过大或集中； (5)对填土、湿陷性黄土和膨胀土等特殊土地基必须采取有效的防水措施
其他	(1)建筑物下地下工程施工； (2)邻近工程施工； (3)基坑开挖； (4)既有建筑物地基基础加固	(1)在既有建筑物下或临近进行地下工程或地基基础施工时，必须采取有效的保护性措施，避免由于措施不当而造成的影响； (2)深基坑开挖时，应避免破坏既有建筑物的地基；深基坑开挖时应考虑时空效应并采用信息化施工，建立预警系统和紧急处理预案；基坑开挖和回填时应充分考虑基坑受力及变形的均衡性及对称性，保证基坑及邻近建筑物安全； (3)既有建筑地基基础加固中必须考虑各种地基基础加固方法引起的附加沉降；对灵敏度高的地基土不宜采用注浆法和高压喷射注浆法进行加固

(1) 城市规划阶段　①场地选址不合理;②建筑物布置不合理;③未利用岩土工程勘察资料。有些工程未进行项目的可行性研究,不根据岩土工程勘察资料合理选择建设地点,将建筑物建在不良地质条件上。如重庆市奉节县,在三峡移民搬迁新县城的建设过程中,就曾出现选址不当,造成几幢居民楼的沉降过大,上部结构产生裂缝损坏的事故。

(2) 岩土工程勘察阶段　①勘察不规范,地基评价不准确;②地质复杂地区勘察孔太少;③提供的土性参数不完整和不准确。实际施工中,有些工程不进行地质勘察盲目施工;有的勘察不按规定进行,如钻探中布孔不准确或孔深不到位;有的抄袭相邻建筑物的资料等,都会造成设计人员分析、判断或设计错误,使建筑物可能产生沉降或不均匀沉降,甚至发生结构破坏。如在进行公路建设时,由于地质资料不够完善,对存在暗沟或暗塘等影响路基长期稳定性的地质结构不清楚,导致路基施工中出现沉陷等问题。

(3) 设计阶段　①未按规范进行设计;②设计前不进行勘察,盲目估计荷载或承载力;③设计情况与实际状况不吻合;④未采用变形控制设计理念;⑤地基基础设计方案不合理;⑥变形计算不合理。例如,焦煤集团电冶分公司冶炼车间坐落在煤矸石山上,建筑面积约 $1\,000m^2$。因附近有一类似建筑,故没有进行地质勘测,直接设计矸石山的地基承载力为 90kPa。由于基础深部煤矸石赋存大量的煤和瓦斯,在通风条件下,含硫煤体、碳质矸石达到燃点发生氧化自燃,产生空洞、塌落,持力层抗压强度降低,当持力层承载力低于基础设计承载力时,基础下沉,墙体也下沉。

某中学体育馆由于设计者只重视主体建筑的沉降控制,地面地基设计的安全度偏低,导致在地下水位变异等周围地质环境变化时引起地面沉陷过大,影响建筑的使用功能。

某工程的三个独立柱基,因受地理位置的限制而修建在古河道上。设计时对地基未作详细勘察,在开挖基坑时,经检验发现地基的淤泥质黏土层承载力低,不能满足设计要求。决定采用砂垫层方案对此地基进行处理。该工程中有的砂垫层厚度达 3m 以上。施工时临近冬季,到春天即发现有三个柱基沉陷量很大,有时每天沉降达 1cm 之多。从沉降曲线的性状分析,沉降速度这样快,显然是由于砂垫层造成的。事故的主要原因是地基处理方案选择不当。从工程的重要性及长远观点考虑(虽然该工程施工早在 1978 年唐山地震之前),是不应该采用砂垫层方案的,而且柱基附近又有频繁的往复动荷载,对这些不利因素均未加以很好的考虑。设计砂垫层时,对其强度及其变形等也考虑不周,垫层厚度设计过大。

总之,不按照国家标准、规范进行设计,不在设计前进行调查与勘测,盲目进行结构设计,必将造成工程事故的发生。

(4) 施工阶段　①不按图施工,无完善的施工组织设计,技术措施不到位。②盲目抢工期。③施工顺序不合理,如地下工程未全部完成,即开始上部工程的施工;下部结构未达到强度与稳定的要求,即施工上部结构;相邻近的工程,施工先后顺序不当等。④野蛮施工。⑤施工与设计脱节。如在进行公路建设时,填土速度过快,对路基填土的临界高度认识不足,在接近路基填土的临界高度时没有加强路基沉降观测,导致软土地基强度接近临界状态,稍不注意,路基出现承载力不足,导致基层失稳,出现沉陷或纵向开裂;没有进行沉降观测或沉降观测控制不严,仅依赖沉降计算数据进行施工控制,因此,实际的沉降速度、沉降曲线、工后沉降的大小均没有严格的统计分析数据,导致施工结束后仍然有很大的沉降速度和沉降量;路基填土压实控制不严,导致路基施工完成以后,路基填土部分出现变形,尤其是填土高度较大的路基,由于塑性、黏弹性变形不断增加,导致路面出现外观沉陷。

(5) 使用阶段　①未经验收交付使用;②任意改变建筑物结构状况;③任意加层和改变使用功能;④地面随意堆载;⑤随意排放生活水。如宝鸡摩天院某住宅楼 6、7 单元长 22.64m,宽

9.44m，高6层。于1986年建成投入使用，10余年来一直安然无恙。2002年4月15日因上水管道老化破裂漏水，致使建筑物局部下沉，并造成裂缝。由于历史原因，当时未做工程勘察，仅做了一些普探。采用灰土井桩基础，桩径1.4～1.8m，桩底埋深7.0m左右，桩顶用450mm厚的3:7灰土垫层，条形基础。根据勘察资料及裂缝调查情况，建筑物产生裂缝的外因是管道大量渗水，而根本原因（内因）则是因为该场地属Ⅲ级自重湿陷性黄土地基，建筑物基础深度为-7m，而-7m以下仍有自重湿陷黄土存在。当大量浸水后，地基土软化，承载力降低，同时又发生自重湿陷现象。自重湿陷的负摩擦力促使灰土桩也下沉，并造成不均匀沉降，致使建筑物产生裂缝，并发生倾斜。

（6）其他 ①建筑物下地下工程施工；②邻近工程施工；③基坑开挖；④既有建筑物地基基础加固。如深圳地铁科—华区间隧道暗挖施工中，引起地层应力释放，造成周边围岩松弛、变形及位移，从浅埋地段影响到地表，出现地表沉降较大的情况。造成深南中路路面明显下沉；电子大厦门廊出现裂缝，大厦前花坛裂缝明显；上步过街天桥台阶及深南中路局部路段路缘石出现明显变形，人行道护栏内倾；道路两侧商铺台阶因不均匀下沉开裂，台阶不均匀下沉最大达100mm。

6.1.4 结束语

建筑物沉降随着土体的固结逐渐增大，是一个复杂开放的工程问题，沉降过大或不均匀会给建筑物带来很多的危害。地基土质结构相对不稳定和地基受力不均匀是引起建筑物过量沉降或不均匀沉降的主要原因。工程建设中产生过量沉降或不均匀沉降的因素可能发生在工程建设的每一阶段，必须给予充分重视。所有工程均应严格按照国家标准和规范进行设计，符合国家和地区的有关法规和技术标准，设计前进行调查与勘测，合理施工与使用，避免和减轻工程质量事故。

叶观宝[1,2]　徐超[1,2]　肖媛媛[1,2]
（1 同济大学岩土工程重点实验室；2 教育部城市环境与可持续发展联合研究中心）

6.2　工程建设中地基沉降控制措施综述

6.2.1 引　言

在我国沿江和沿海地区存在着大面积未经固结的淤泥质软弱地层，其岩性一般为新近回填土、淤泥层、中粗砂或细砂、砾砂层等，下部通常为黏土、粉土或残积土层。大面积软基的存在容易引起建筑设施下沉等质量问题。地面沉降所造成的破坏和影响表现为地面标高损失，继而造成雨季地表积水，防泄洪能力下降；沿海城市因海堤高度下降而引起海水倒灌，海港建筑物破坏，装卸能力降低；地面运输线和地下管线扭曲断裂；城市建筑物基础下沉脱空开裂；桥梁净空减小，桥墩不均匀下沉，影响通航；深井井管上升，井台破坏，城市供水及排水系统失效等。地面沉降强烈地区，伴生的水平位移有时也很大，不均匀水平位移造成的巨大剪切力使路面变形、铁轨扭曲、桥墩移动、墙壁错动倒塌、高楼支柱和桁架弯扭断裂、油井及其他管道遭到破坏等。因此采取合理有效的处理和预防措施来控制过量沉降和不均匀沉降，对软基地区工程建设具有重要意义。

6.2.2 建设前的地基加固

地基工程事故常发生于软土、湿陷性黄土、膨胀土及冻胀土等地区。软土地基沉降过大及不均匀沉降，历时较长。因此在建设前应该对其处理，以达到控制沉降的目的。常用的地基处理方法如表6.2.1所示。

表 6.2.1 地基处理方法分类表

分类	处理方法	原理及作用	适用条件
碾压、夯实法	机械碾压法、重锤夯实法、平板振动法	利用压实原理，把浅层地基土压实、夯实或振实。属于浅层处理	碎石、砂土、粉土、低饱和度的粉土与黏性土、湿陷性黄土、素填土、杂填土等地基
换土垫层法	砂（石）垫层、碎石垫层、粉煤灰垫层、干渣垫层、土或灰土垫层	挖除浅层软弱土或不良土，回填砂石、粉煤灰、干渣、粗颗粒土或灰土等强度较高的材料，并分层碾压或夯实，提高承载力并减小变形，改善特殊土的不良特性（如湿陷、冻胀、胀缩性等）。属浅层处理	淤泥、淤泥质土、湿陷性黄土、素填土、杂填土地基及暗沟、暗塘等的浅层处理
排水固结法	天然地基和砂井及塑料排水板地基的堆载预压、降水预压、电渗预压	通过在地基中设置竖向排水通道并对地基施以预压荷载，加速地基土的排水固结和强度增长，提高地基稳定性，提前完成基础沉降。属深层处理	深厚饱和软土和冲填土地基，对渗透性极低的泥炭土应慎用
深层密实法	碎石桩、砂桩、砂石桩、石灰桩、土桩、灰土桩、二灰桩、强夯（置换）法、爆破挤密法	采用一定技术方法，通过振动和挤密，使土体孔隙减小，强度提高。在振动挤密过程中，回填砂、碎石、灰土、素土等，形成相应的砂桩、碎石桩、灰土桩、土桩等，并与地基土组成复合地基，从而提高强度，减小变形；强夯（置换）即利用强大的夯实功能，在地基中产生强烈的冲击波和动应力，迫使土体动力固结密实（在强夯过程中，同时可填入碎石，置换地基土）；爆破则为引爆预先埋入地基中的炸药，通过爆破振动使土体液化和变形，从而获得较大的密实度，提高地基承载力，减小地基变形。属深层处理	松砂、粉土、杂填土、素填土、低饱和度黏性土及湿陷性黄土；强夯置换法适用于软黏土
胶结法	注浆、深层搅拌、高压旋喷	采用专门技术，在地基中注入水泥浆液或化学浆液，使土粒胶结，提高地基承载力、减小沉降量、防止渗漏等；或在部分软土地基中掺入水泥、石灰等形成加固体，与地基土组成复合地基，提高地基承载力、减小变形、防止渗漏；或高压冲切土体，在喷射浆液的同时旋转，提升喷浆管，形成水泥圆柱体（或墙状加固体），与地基土组成复合地基，提高地基承载力、减小沉降量、防止砂土液化、管涌和基坑隆起等	淤泥、淤泥质土、黏性土、粉土、黄土、砂土、人工填土地基；注浆法还可适用于岩石地基
加筋法	土工膜、土工织物、土工格栅、土工合成物、土锚、土钉、树根桩、碎石桩、砂桩等	土工聚合物铺设在人工填筑的堤坝或挡土墙内，起到排水、隔离、加固补强、反滤等作用；土锚、土钉等置于人工填筑的堤坝或挡土墙内，可提高土体自身的强度和自稳能力；在软弱土层上设置树根桩、碎石桩、砂桩等，形成人工复合土体，用以提高地基承载力、减小沉降量和增加地基的稳定性	软黏土、砂土地基、人工填土及陡坡填土
其他	热加固、冻结、托换技术、纠偏技术	通过独特的技术措施处理软弱地基	根据建筑物和地基基础情况确定

6.2.3 既有建筑物地基加固与基础托换技术

6.2.3.1 既有建筑物需要进行地基基础加固的情况

(1)既有建筑物的地基土由于勘察、设计、施工或使用不当,地基承载力和变形不满足要求,造成既有建筑物开裂、倾斜或损坏,影响正常使用,甚至危及建筑物的安全。

(2)因改变原建筑使用要求或使用功能,引起荷载的增加,造成原有结构和地基基础承载力的不足。如增层、增加荷载、改建、扩建等。

(3)在既有建筑物地基或相邻地基中修建地下工程,如修建地下铁道、修建地下车库,或邻近深基坑开挖等。

(4)古建筑的维修。

沉降控制标准如下:

(1)既有建筑物移位、增层改造工程的地基沉降值,必须满足国家现行规范或地方规范有关地基沉降允许值的规定。

(2)既有建筑物纠倾工程的地基沉降值,必须满足本规范或地方规范有关地基沉降允许值的规定。

(3)既有建筑物托换与加固工程的地基沉降值,必须满足正常使用要求和沉降稳定。

(4)地基沉降量的计算可按国家现行规范或地方规范的有关规定执行。

6.2.3.2 对既有建筑物进行地基基础加固的思路

既有建筑物地基加固与基础托换主要从三方面考虑:一是通过将原基础加宽,减小作用在地基土上的接触压力。虽然地基土强度和压缩性没有改变,但单位面积上荷载减小,地基土中附加应力水平减小,可使原地基满足建筑物对地基承载力和变形的要求。或者通过基础加深,虽未改变作用在地基土上的接触应力;但由于基础埋深加大,一者使基础置入较深的好土层,再者加大埋深,地基承载力通过深度修正也有所增加。二是通过地基处理改良地基土体或改良部分地基土体,提高地基土体抗剪强度、改善压缩性,以满足建筑物对地基承载力和变形的要求。常用高压喷射注浆、压力注浆以及化学加固、排水固结、压密、挤密等技术。三是在地基中设置墩基础或桩基础等竖向增强体,通过复合地基作用来满足建筑物对地基承载力和变形的要求。常用锚杆静压桩、树根桩或高压旋喷注浆桩等加固技术。有时可将上述几种技术综合应用。

6.2.3.3 托换加固前的准备工作

与新建工程相比,既有建筑地基基础的加固是一项技术较为复杂的工程。托换范围往往由小到大,逐步扩大。加固前,应先对地基和基础进行鉴定,方可进行加固设计和施工。既有建筑地基和基础的鉴定、加固设计和施工,应由具有相应资质的单位和有经验的专业技术人员承担。

在制定方案和进行地基加固与托换设计前,应搜集以下资料:

(1)现场的工程地质和水文地质资料;

(2)沉降和不均匀沉降观测资料;

(3)被托换建筑物的结构、构造和受力特性;

(4)周围建筑物资料;

(5)建筑物施工资料;

(6)使用期间和周围环境的实际情况。

6.2.3.4 对既有建筑物地基基础加固的主要方法

既有建筑物地基基础的加固方法如表6.2.2所示。

表 6.2.2 各种沉降控制方法的适用性及优缺点

方　　法	适　用　范　围	优　缺　点
基础补强注浆加固法	适用于基础因受不均匀沉降、冻胀或其他原因引起的基础裂损时的加固	(1)施工方便； (2)加强基础刚度与整体性
加大基础底面积法	适用于当既有建筑物地基承载力或基础底面积尺寸不满足设计要求时的加固。可采用混凝土套或钢筋混凝土套扩大基础底面积	(1)经济有效； (2)加强基础刚度与整体性； (3)减少自重； (4)减少基础不均匀沉降
加深基础法	适用于地基浅层有较好的土层可作为持力层且地下水位较低的情况。地下水位较高时，应采取相应的降水或排水措施	(1)经济有效； (2)有效减少基础沉降； (3)不得连续或集中施工； (4)可以是间断墩式也可以是连续墩式
锚杆静压桩法	适用于淤泥、淤泥质土、黏性土、稍密粉土、人工填土和黄土等地基土。可应用于新建或已建小高层、多层住宅建筑物，中小型工业厂房的地基处理或托换工程	(1)安全可靠； (2)有效控制沉降； (3)可作为新建工程桩基逆作法； (4)无预应力法将产生附加沉降
树根桩法	适用于淤泥、淤泥质土、黏性土、粉土、砂土、碎石土及人工填土等地基土上既有建筑物的修复和增层、古建筑的整修、地下铁道的穿越等加固工程	(1)直径小，灵活，施工场地小； (2)对原有结构的安全性影响小，特别适合用于古建筑保护； (3)在很软的地基土中桩身质量很难保证
坑式静压桩法	适用于淤泥、淤泥质土、黏性土、粉土和人工填土等，且地下水位较低的情况	(1)施工方便； (2)效果明显； (3)有地下障碍物时不适用； (4)无预应力法将产生附加沉降
高压喷射注浆法	适用于淤泥、淤泥质土、黏性土、粉土、黄土、砂土、人工填土和碎石土等地基。既有建筑物在施工期间对不均匀沉降控制要求高的工程不宜采用	(1)施工方便、适用范围广； (2)特别适合软弱夹层的加固； (3)对灵敏度大的土质不适用； (4)附加沉降较大
注浆加固法	适用于砂土、粉土、黏性土和人工填土等地基加固。一般用于防渗堵漏、提高地基土的强度和变形模量以及控制地层沉降等	(1)施工方便、适用范围广； (2)特别适合局部加固； (3)对灵敏度大的土质不适用； (4)应考虑附加沉降
石灰桩法	适用于处理地下水位以下的黏性土、粉土、松散粉细砂、淤泥、淤泥质土、杂填土或饱和黄土等地基及基础周围土体的加固。对重要工程或地质复杂而又缺乏经验的地区，施工前应通过现场试验确定其适用性	(1)造价低廉； (2)设备简单，可就地取材； (3)施工速度快； (4)生石灰吸水使土产生自重固结，对淤泥等超软土的加固效果独特
灰土(二灰)挤密桩法	适用于处理地下水位以上、含水量14%～23%的湿陷性黄土、新近堆积黄土、素填土、杂填土及其他非饱和黏性土、粉土等土层。当地基土的含水量大于23%、饱和度大于0.65以及土中碎(卵)石含量超过15%或有厚度40cm以上的砂土或碎土夹层时，不宜采用	
水泥土搅拌法	适用于处理正常固结的淤泥与淤泥质土、粉土、饱和黄土、素填土、黏性土以及无流动地下水的饱和松散砂土等地基	
硅化法	可分双液硅化法和单液硅化法。当地基土的渗透系数大于2.0m/d的粗颗粒土时，可采用双液硅化法(水玻璃和氯化钙)；当地基土的渗透系数为0.1～2.0m/d的湿陷性黄土时，可采用单液硅化法(水玻璃)；对自重湿陷性黄土，宜采用无压力单液硅化法	
碱液法	适用于处理非自重湿陷性黄土地基	

6.2.4 解决路基不均匀沉降的措施

除了进行地基加固处理外,对路基不均匀沉降可采用表6.2.3的方法进行控制与预防。

表6.2.3 解决路基不均匀沉降的措施

设计方法方面	施工要求方面
（1）采用低等级路面过渡,待沉降稳定后,再用罩面处理。它是一种比较被动的手段。 （2）桥梁跨越。架高架桥穿越软土地基地段可以根本解决工后不均匀沉降而带来的问题,而且占地少、毁田少,对沿线的地质环境、生态环境和社会环境影响小。缺点是一次性造价高。但从长远看,适宜桥梁跨越软土地段。 （3）采用桥头搭板处治桥头沉降。但是通过一些工地调查发现,根据目前桥头搭板设计方法进行处治的桥头均出现大量的搭板与路基分离,搭板在汽车荷载作用下出现后期的断裂、跳车等病害。 （4）应用土工合成材料（土工格栅、塑料网格等）进行加筋或制成柔性褥垫层。但对其设置方法、作用效果、设计计算方法等问题尚需深入研究试验。 （5）减轻路堤荷载。主要措施为采用轻质填料,如采用粉煤灰、EPS超轻质材料等填筑路堤	（1）路基施工采用水平分层填筑施工。 （2）延长预压时间。 （3）严格控制填料含水量,施工时要高于最佳含水量1%~2%;压实施工时,土方含水量应尽量接近最佳含水量。 （4）半幅路面施工时,应采用掺入减水剂、早强剂等方法来缩短两半幅路面施工的时间差,使得同一路基土质基本上能够同时固结。 （5）加强路基边缘压实,把小桥涵的施工安排提前,桥涵两侧填土要精心施工。 （6）避免不利季节施工,注意不良地质段的施工。 （7）注意挖方段、填挖交界处施工充分压实,在填挖交界处要逐步过渡,两侧边沟排水要保证畅通。 （8）通过刚性基础、半刚性基础、柔性基础的过渡来消除桥头不均匀沉降,但需要增加工程造价及工程量。这是事后处理方法,一般不优先采用

6.2.5 减少建筑地基不均匀沉降的措施

除上述地基处理方法之外,减少建筑地基不均匀沉降的措施如表6.2.4所示。

表6.2.4 减少建筑地基不均匀沉降的措施

增强多层住宅的基础刚度和整体刚度			基础设计方面	提高施工质量
建筑措施	结构措施	选择适当的基础		
（1）多层住宅的平面形状应力求简单,规则整齐; （2）减小建筑物的单元长度,可以提高建筑物的整体刚度对地基不均匀变形会起一定的调整作用; （3）在其转折处、层高高差处或荷载显著不同的部位设置沉降缝	（1）控制建筑物的长高比; （2）砖石承重结构的纵、横墙应尽量贯通,横隔墙的间距不宜过大; （3）设置圈梁; （4）多层住宅的楼面板、屋面板应一律采用现浇钢筋混凝土结构	（1）设计时,综合考虑上部结构类型、使用荷载大小、施工设备及技术力量等多种因素; （2）优先选择天然地基上浅基础; （3）若浅层有软弱土层则可考虑人工地基上浅基础或天然地基上深基础; （4）软土层较薄,基础可直接置于下面承载力较高的土层上; （5）软土层较厚,其下部为坚实土层时,可选用桩基础	（1）减少地基变形; （2）减小基底附加压力,如采用轻质材料、轻型结构,采用架空地板代替底层地坪的填土; （3）对于特别软弱地基,在基础设计方面,除满足强度条件外尤应以沉降验算为控制指标	（1）砂浆的品种、强度等级必须符合设计要求; （2）砖的品种、强度必须符合设计要求,一顺一丁,上下错缝,半砖分散,搭接1/4; （3）正确设置拉结筋。抗震时拉结筋自构造柱埋入墙内1m; （4）不准任意留直槎甚至阴槎; （5）加强多层住宅的沉降检测。降量控制在容许范围内

6.2.6 地基基础加固方法选择与应用

工程建设中不同阶段对地基基础加固方法的选择如表 6.2.5 所示。

表 6.2.5 地基基础加固方法选择与应用

原因与状况			处治方法选择
勘察、设计、施工、使用不当	软土地基	建筑体型复杂或荷载差异较大	局部卸荷、增加上部结构或基础刚度、加深基础、锚杆静压桩、树根桩或注浆
		局部软弱土层或暗塘、暗沟	锚杆静压桩、树根桩或高压喷射注浆
		基础承受荷载过大或加荷速率过快	卸除部分荷载、加大基础底面积或加深基础
		大面积地面荷载或大面积填土	锚杆静压桩或树根桩
		地质条件复杂或荷载分布不均	纠倾措施
	湿陷性黄土地基	非自重湿陷性 土层不厚、变形稳定	上部结构加固
		非自重湿陷性 土层较厚、变形较大	石灰桩、灰土桩、坑式静压桩、锚杆静压桩、树根桩、硅化法或碱液法
		自重湿陷性	灰土井、坑式静压桩、锚杆静压桩、树根桩或灌注桩
	人工填土地基	素填土	锚杆静压桩、树根桩、坑式静压桩、石灰桩或注浆
		杂填土	增加上部结构或基础刚度、树根桩、高压喷射注浆、石灰桩或注浆
		冲填土	按软土地基的处治方法选择
	膨胀土地基	损坏轻微,胀缩等级为Ⅰ级	设置宽散水及在周围种植草皮
		损坏中等,胀缩等级为Ⅰ、Ⅱ级	加强结构刚度和设置宽散水
		损坏严重,胀缩等级为Ⅲ级	锚杆静压桩、树根桩、坑式静压桩或加深基础
		坡地上的损坏建筑	地基基础加固及保湿措施
	土岩组合地基	土岩交界	加深基础、锚杆静压桩、树根桩、坑式静压桩或高压喷射注浆
		局部软弱地基	加深基础或桩基
		基底下局部基岩出露或存在大块孤石	局部基岩或孤石凿去、铺设褥垫或在土层部位加深基础或桩基
地下工程施工	既有建筑、地下管线或路	预防性措施	采用钢板桩、树根桩、水泥土搅拌桩、注浆或地下连续墙进行隔断
		补救性措施	锚杆静压桩、树根桩或注浆
邻近建筑施工	挤土效应桩基施工		设置砂井、塑料排水带、应力释放孔、开挖隔离沟
	振动效应桩基施工		开挖隔振沟、应力释放孔
	人工挖孔桩施工		回灌、截水措施或跳挖施工
	邻近迫降纠倾		地基基础局部加固

续表

原因与状况		处治方法选择
基坑开挖与降水	基坑开挖	基坑支护、树根桩或注浆
	基坑降水	水泥土搅拌桩、高压喷射注浆或注浆止水帷幕

6.2.7 结束语

软弱地基在我国不少地区特别是沿海地区分布较广，对上述地区的工程建设造成了许多不利影响。正确认识软基带来的危害，并认真分析软基沉降的产生原因，从而科学合理地解决软基造成的工程质量问题，在能够满足地基稳定性要求的前提下，控制较大的工后沉降和不均匀沉降。既可减少一次处理的困难和投资，又可保证工程的正常使用，对确保工程质量和提高施工效率具有重要意义。

叶观宝[1,2]　徐　超[1,2]　王　艳[1,2]　裔照洲[3]

（1 同济大学岩土工程重点实验室；2 教育部城市环境与可持续发展联合研究中心；
3 江苏省盐城市交通规划设计院）

6.3　地下大空间开挖引起的上覆岩层离层的基本机理

6.3.1 引　言

随着城市建设的飞速发展，城市人口的急剧增加，为了缓解城市地上空间开发的压力，地下大空间开挖势在必行。但是，地下大空间的开挖利用必将造成上覆岩层内部的原始力学平衡状态的破坏，从而使岩层内部的应力重分布；上覆岩层开挖顶板向上就会相继发生垮落、断裂、离层、移动和变形等，并发展到地表，使地表产生一个范围较大的下沉盆地——开挖沉陷，对地表建筑物带来诸多灾害性后果。这些后果成为制约地下大空间开发利用的瓶颈。因此，研究覆岩移动和地表下沉基本规律及其控制措施必将对我国地下大空间的开发、社会的稳定、生态环境的保护产生重大现实意义和深远社会意义。但是由于上覆岩层的强度、变形性质、刚度、载荷、正应力和剪应力值及其层接触面粘结力的比值等地质条件差别很大，解释各岩层的力学行为极富挑战性。对此，许多专家学者和工程技术人员进行了大量实验研究和深入研究，并发展为一系列的控制理论和技术。

本文基于地下大空间开挖引起的上覆岩层离层的基本机理，建立了叠合板理论模型，并进行了一系列的研究。

6.3.2 地下大空间开挖引起上覆岩层离层破坏的基本特征

在正常的地质条件下地下大空间开挖以后，从地下大空间开始，自下向上依次发生冒落、断裂、弯曲、离层，表现出明显的四域分布：冒落域、断裂域、离层域和同步弯曲域。这是一个随地下大空间开挖而动态发展的过程。当大空间开挖以后，受开挖影响的上覆岩体中各点最大主应力σ_1的方向将由开挖前的铅锤方向改变为向地下大空间两侧的偏斜。由于顶板上方有一部分原岩铅垂应力向地下大空间两侧转移，从而使两侧岩体承受的荷载比开挖前增加，形成地下大空间两侧的支撑压力带。支撑压力带呈"拱"状作用于上覆岩体中，称其为支承压力拱，两个拱脚分别位于工作面后方和工作面前方一段区域上,且随工作面的推进而向前移动;而位于支承压力拱下方的岩层,由于其上位岩层的压力被支承压力带引导至地下大空间两侧岩体中,使之铅垂应力比开采前降低,处于卸荷状态,称其为卸荷拱。处于卸荷拱内岩层本身,由于弹性恢复、自重以及水平地应力的作用使其向地下大空间临空面方向移动,产生弯曲变形。由于开挖初期卸荷拱各岩层在各层层面上的拉应力(实际上是层面的粘结力 C)小于面层间的单向抗拉强度$[\sigma_\tau]$,甚至可能各层层面间出现压力,所以各层岩层叠合在一起共同作用;但是随着工作面的不断向前推进,会产生更大的弯曲变形和层面相互作用力;当各层层面上的相互作用力为拉应力并且大于层面间的单向抗拉强度时,就发生离层。当工作面继续向前推进,其内部的离层发生一系列变化,原来的离层不断扩展、进而闭合,新的离层又在更高的位置上产生和扩展。原来的离层闭合后,原先发生离层的层面间又发生相互作用。此外,经研究表明:竖向非连续变形最大的离层一般发生在卸荷拱的顶部。然而,这只是极暂时的准静态平衡,实则是随着工作面的推进而不断由一种准平衡态过渡到另一种准平衡态,是一种由小到大、由低至高、由后向前的动态发展过程,当支承压力拱和卸荷拱达到极限阶段,结构达到最大时期,称为极限平衡结构,拱顶部的离层也发展到最高位置,称为离层极限高度。而后随着工作面的推进、极限平衡结构的空间范围不再扩大,而是整体向前平移;离层也不再向高处发展,而是向前扩展,到一定时期,离层后部闭合,闭合后离层层面间又发生相互作用。直到停采后期,由于上部岩体的不断下沉,致使离层不断闭合。

总之,离层从层间受拉孕育层裂开始,首先由渐变到突变发生离层,然后便随着工作面的推进而发生扩展、闭合。这个离层域由小到大、由下至上、由后向前分布发展的过程伴随着各岩层层面之间的相互作用。

6.3.3 离层力学模式的选择

一般来说,当覆岩岩层是沉积岩时,采场上覆岩层中的岩层弯曲量一般小于大空间开发的高度,且弯曲后,在强度范围内其挠度小于其厚度,符合板弯曲小挠度的理论。另一方面,地下大空间上覆岩层中的岩层厚度是有限的,而地下大空间开发的采空区尺寸则是相对无限的,因此可以岩板看作是薄板来考虑。又因为离层的过程伴随着各岩层层面之间的相互作用,所以可以用叠合板的力学模型来研究地下大空间覆岩离层。

当地下大空间为矩形时,叠合岩板在两个对边受地应力 σ_x,σ_y 的作用,σ_x,σ_y 有时是相等的,有时是不等的;在垂直方向,叠合岩板上下层分别受自重应力 q_1,q_2 作用,其值在各自板中是相等的。这里忽略了竖向荷载由于岩体支撑压力的作用,上覆荷载及其反力在沿叠合板的边缘外侧端部出现的增大。这是因为由圣维南原理可知,覆岩沉陷过程中,端部升高了的荷载和反力对叠合板挠曲形态及幅值影响甚微。另外,岩板之间还有相互作用力 $q_0(x,y)$。对于叠合岩板的边界约束条件,可以是固支,也可以是简支,由实际情况而定。本文在分析时,采用的是简支边界约束条件。

6.3.4 叠合岩板的力学机理及模型

根据柯克霍夫平板理论,在基本假设条件下和上覆荷载作用下,建立相应的薄板挠曲方程,并按第一类稳定问题,在已知受力状态下,用经典弹性力学的方法求解。

为了分析问题方便,本文只就两层板的叠合进行分析;并且在确定叠合岩板的挠曲临界荷载时,假定理想平板水平和竖向荷载分别都作用于上层和下层板的中性面。当荷载达临界荷载时,叠合岩板由平面的稳定状态转变为微挠曲的曲面稳定平衡状态,并且达到了层面间粘结力的最大值。

先考察上层板或下层板中边长为 dx 和 dy 而厚度都为 t 的矩形微分单元体的平面平衡,为了方便表示,将内力标在单元体中的四条边上,其中弯矩和扭矩按右手法则用矩矢表示,横剪力用力矢表示,如图 6.3.2 所示。

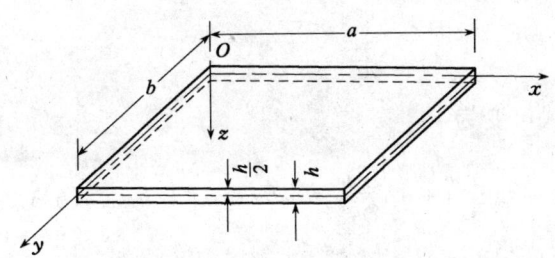

图 6.3.1 薄板计算坐标系

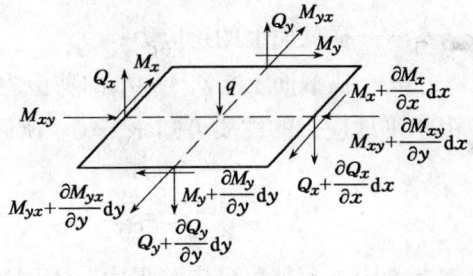

图 6.3.2 薄板受力图

当其中性面受有各种外力的作用而处于弯曲的临界状态时,诸力在 z 轴方向的投影(略去高阶微量的平衡方程)为

$$\frac{\partial^2 M_x}{\partial x^2} + 2\frac{\partial^2 M_{xy}}{\partial x \partial y} + \frac{\partial^2 M_y}{\partial y^2} = -\left[qt + N_x \frac{\partial^2 w}{\partial x^2} + 2N_{xy}\frac{\partial^2 w}{\partial x \partial y} + N_y \frac{\partial^2 w}{\partial y^2} - q_0(x,y)t\right]$$

式中　　　　　　　w——薄板在临界状态时的挠度;

$\frac{\partial^2 w}{\partial x^2}, \frac{\partial^2 w}{\partial y^2}, \frac{\partial^4 w}{\partial x^4}$ 和 $\frac{\partial^4 w}{\partial y^4}$——分别是 x,y 方向挠曲变形的微分项;

　　　　　　　q——薄板的自重;

　　　　　　　t——薄板的厚度;

　　　　　　$q_0(x,y)$——叠合板上下板之间的相互作用力;

　　　　　M_x, M_y——横截面上的弯矩;

　　　　　　M_{xy}——横截面上的扭矩;

　　　　　N_x, N_y——横截面上正应力的合力;

　　　　　　N_{xy}——相对于 M_{xy} 的剪力的合力。

由弹性力学中板的理论可知

$$\left. \begin{aligned} M_x &= -D\left(\frac{\partial^2 w}{\partial x^2} + \mu \frac{\partial^2 w}{\partial y^2}\right) \\ M_y &= -D\left(\frac{\partial^2 w}{\partial y^2} + \mu \frac{\partial^2 w}{\partial x^2}\right) \\ M_{xy} &= D(1-\mu)\frac{\partial^2 w}{\partial x \partial y} \end{aligned} \right\}$$

式中　D——薄板的弯曲刚度,它的因次是[力][长度],$D = \dfrac{Et^3}{12(1-\mu^2)}$;

　　　μ——泊松系数或泊松比。

代入上式可得

$$\frac{\partial^4 w}{\partial x^4} + 2\frac{\partial^4 w}{\partial x^2 \partial y^2} + \frac{\partial^4 w}{\partial y^4} = \frac{1}{D}\left[qt + N_x\frac{\partial^2 w}{\partial x^2} + N_y\frac{\partial^2 w}{\partial y^2} + 2N_{xy}\frac{\partial^2 w}{\partial x \partial y} - q_0(x,y)t\right]$$

或写成

$$D\nabla^2\nabla^2(w) = t\left[q + \sigma_x\frac{\partial^2 w}{\partial x^2} + \sigma_y\frac{\partial^2 w}{\partial y^2} + 2\tau_{xy}\frac{\partial^2 w}{\partial x \partial y} - q_0(x,y)\right] \tag{6.3.1}$$

式中 ∇^2——拉普拉斯算子，$\nabla^2\nabla^2(w) = \dfrac{\partial^4 w}{\partial x^4} + 2\dfrac{\partial^4 w}{\partial x^2 \partial y^2} + \dfrac{\partial^4 w}{\partial y^4}$；

σ_x, σ_y——横截面上的正应力；

τ_{xy}——横截面上相对于 M_{xy} 的剪应力。

由水平地应力的性质可知 $\tau_{xy} = 0$。所以，上式可变为

$$D\left(\frac{\partial^4 w}{\partial x^4} + 2\frac{\partial^4 w}{\partial x^2 \partial y^2} + \frac{\partial^4 w}{\partial y^4}\right) = t\left[q + \sigma_x \frac{\partial^2 w}{\partial x^2} + \sigma_y \frac{\partial^2 w}{\partial y^2} - q_0(x, y)\right] \tag{6.3.2}$$

解此微分方程就可确定临界力。不同情况下的边界条件为：

① 当 $x = 0$ 边为简支边时，$(w)_{x=0} = 0$ 及 $\left(\dfrac{\partial^2 w}{\partial x^2} + \mu \dfrac{\partial^2 w}{\partial y^2}\right)_{x=0} = 0$

② 当 $x = 0$ 边为固定边时，$(w)_{x=0} = 0$ 及 $\left(\dfrac{\partial w}{\partial x}\right)_{x=0} = 0$

③ 当 $x = a$ 边为自由边时，自由边弯矩为零，$\left(\dfrac{\partial^2 w}{\partial x^2} + \mu \dfrac{\partial^2 w}{\partial y^2}\right)_{x=a} = 0$ 及 $\left[\dfrac{\partial^3 w}{\partial x^3} + (2 - \mu)\dfrac{\partial^3 w}{\partial x \partial y^2}\right]_{x=a} = 0$

上层板的公式同理可得。

下面求解上覆岩层发生离层时的临界荷载。当叠合板由平面稳定平衡状态变为微弯曲的曲面稳定平衡状态，求解临界荷载时，采用下列假设：

① 叠合板是由四边简支的理想平板叠合而成的；

② 荷载分别作用在叠合板的上下两层板的中面上；

③ 当叠合板由平面稳定平衡状态变为微弯曲的曲面稳定平衡状态，由于叠合板的上下两层板还没产生离层，两层板的挠度相同，并假定截面保持平面；

④ 临界荷载之前，叠合板的上下两层的层间拉力（粘结力）和挠度成正比，并且假定最大值在板的中心点；

⑤ 材料为理想弹性体。

对于下层板：

$$D_2\left(\frac{\partial^4 w_2}{\partial x^4} + 2\frac{\partial^4 w_2}{\partial x^2 \partial y^2} + \frac{\partial^4 w_2}{\partial y^4}\right) = t\left[q_2 + \sigma_{x2} \frac{\partial^2 w_2}{\partial x^2} + \sigma_{y2} \frac{\partial^2 w_2}{\partial y^2} - q_0(x, y)\right]$$

上式两边同时除以 D_2 并令

$$\frac{tq_2}{D_2} = Q_2, \quad \frac{t\sigma_{x2}}{D_2} = \sigma'_{x2}, \quad \frac{t\sigma_{y2}}{D_2} = \sigma'_{y2}, \quad \frac{tq_0(x, y)}{D_2} = q_0(x, y)$$

则上式可以化简为

$$\frac{\partial^4 w_2}{\partial x^4} + 2\frac{\partial^4 w_2}{\partial x^2 \partial y^2} + \frac{\partial^4 w_2}{\partial y^4} = Q_2 + \sigma'_{x2} \frac{\partial^2 w_2}{\partial x^2} + \sigma'_{y2} \frac{\partial^2 w_2}{\partial y^2} - q_{20}(x, y) \tag{6.3.3}$$

同理对于上层板

$$\frac{\partial^4 w_1}{\partial x^4} + 2\frac{\partial^4 w_1}{\partial x^2 \partial y^2} + \frac{\partial^4 w_1}{\partial y^4} = Q_1 + \sigma'_{x1} \frac{\partial^2 w_1}{\partial x^2} + \sigma'_{y1} \frac{\partial^2 w_1}{\partial y^2} + q_{10}(x, y) \tag{6.3.4}$$

式(6.3.4)减去式(6.3.3)可得

$$\frac{\partial^4 w_2 - w_1}{\partial x^4} + 2\frac{\partial^4 w_2 - w_1}{\partial x^2 \partial y^2} + \frac{\partial^4 w_2 - w_1}{\partial y^4}$$

第6章 地基基础加固

$$= Q_2 - Q_1 + \sigma'_{x2}\frac{\partial^2 w_2}{\partial x^2} - \sigma'_{x1}\frac{\partial^2 w_1}{\partial x^2} + \sigma'_{y2}\frac{\partial^2 w_2}{\partial y^2} - \sigma'_{y1}\frac{\partial^2 w_1}{\partial y^2} - q_{20}(x,y) - q_{10}(x,y)$$

临界荷载之前,上下两层板在相互作用力的作用下,挠度相同,即 $w_2 = w_1$;并且 $q_{10}(x,y)$ 和 $q_{20}(x,y)$ 是作用力与反作用力的关系,其值相同。化简上式可得

$$q_{20}(x,y) = q_{10}(x,y) = \frac{1}{2}\left[Q_2 - Q_1 + (\sigma'_{x2} - \sigma'_{x1})\frac{\partial^2 w_2}{\partial x^2} + (\sigma'_{y2} - \sigma'_{y1})\frac{\partial^2 w_2}{\partial y^2}\right] \quad (6.3.5)$$

将式(6.3.5)代入式(6.3.3)或者式(6.3.4)可得

$$\frac{\partial^4 w_2}{\partial x^4} + 2\frac{\partial^4 w_2}{\partial x^2 \partial y^2} + \frac{\partial^4 w_2}{\partial y^4} = \frac{1}{2}\left[Q_2 + Q_1 + (\sigma'_{x2} + \sigma'_{x1})\frac{\partial^2 w_2}{\partial x^2} + (\sigma'_{y2} + \sigma'_{y1})\frac{\partial^2 w_2}{\partial y^2}\right] \quad (6.3.6)$$

取傅里叶级数为临界状态的曲面方程,它符合位移边界条件

$$w_2 = \sum_{m=1}^{\infty}\sum_{n=1}^{\infty} a_{mn}\sin\frac{m\pi x}{a}\sin\frac{n\pi y}{b} \quad (6.3.7)$$

其中 m 和 n 是正整数。

将式(6.3.7)代入式(6.3.6)可得

$$2\sum_{m=1}^{\infty}\sum_{n=1}^{\infty}\pi^4\left(\frac{m^2}{a^2} + \frac{n^2}{b^2}\right)^2 a_{mn}\sin\frac{m\pi x}{a}\sin\frac{n\pi y}{b}$$
$$= Q_2 + Q_1 + \sum_{m=1}^{\infty}\sum_{n=1}^{\infty}\left[\frac{m^2\pi^2}{a^2}(\sigma'_{x2} + \sigma'_{x1}) + \frac{n^2\pi^2}{b^2}(\sigma'_{y2} + \sigma'_{y1})\right]a_{mn}\sin\frac{m\pi x}{a}\sin\frac{n\pi y}{b}$$

经整理可得

$$\sum_{m=1}^{\infty}\sum_{n=1}^{\infty}\left[2\pi^4\left(\frac{m^2}{a^2} + \frac{n^2}{b^2}\right)^2 + \frac{(\sigma'_{x2} + \sigma'_{x1})m^2\pi^2}{a^2} + \frac{(\sigma'_{y2} + \sigma'_{y1})n^2\pi^2}{b^2}\right]a_{mn}\sin\frac{m\pi x}{a}\sin\frac{n\pi y}{b} = Q_2 + Q_1$$

又因为

$$Q_2 + Q_1 = \frac{4}{ab}\sum_{m=1}^{\infty}\sum_{n=1}^{\infty}\left[\int_0^a\int_0^b(Q_2 + Q_1)\sin\frac{m\pi x}{a}\sin\frac{n\pi y}{b}dxdy\right]\sin\frac{m\pi x}{a}\sin\frac{n\pi y}{b} \quad (6.3.8)$$

将式(6.3.8)代入上式可得

$$a_{mn} = \frac{\dfrac{4}{ab}\int_0^a\int_0^b(Q_2 + Q_1)\sin\dfrac{m\pi x}{a}\sin\dfrac{n\pi y}{b}dxdy}{2\pi^4\left(\dfrac{m^2}{a^2} + \dfrac{n^2}{b^2}\right)^2 + \dfrac{(\sigma'_{x2} + \sigma'_{x1})m^2\pi^2}{a^2} + \dfrac{(\sigma'_{y2} + \sigma'_{y1})n^2\pi^2}{b^2}}$$

$$= \frac{16(Q_2 + Q_1)}{mn\pi^2\left[2\pi^4\left(\dfrac{m^2}{a^2} + \dfrac{n^2}{b^2}\right)^2 + \dfrac{(\sigma'_{x2} + \sigma'_{x1})m^2\pi^2}{a^2} + \dfrac{(\sigma'_{y2} + \sigma'_{y1})n^2\pi^2}{b^2}\right]}$$

所以由下层板的平衡可得

$$w = \sum_{m=1}^{\infty}\sum_{n=1}^{\infty}\frac{16(Q_2 + Q_1)\sin\dfrac{m\pi x}{a}\sin\dfrac{n\pi y}{b}}{mn\pi^2\left[2\pi^4\left(\dfrac{m^2}{a^2} + \dfrac{n^2}{b^2}\right)^2 + \dfrac{(\sigma'_{x2} + \sigma'_{x1})m^2\pi^2}{a^2} + \dfrac{(\sigma'_{y2} + \sigma'_{y1})n^2\pi^2}{b^2}\right]} \quad (6.3.9)$$

由于 m,n 的物理意义分别是叠合板在 x,y 方向挠曲的半波数,而且实际上叠合板通常为单

一叠合,所以 m,n 取 1,则上式可以化简为

$$w = \frac{16(Q_2+Q_1)\sin\frac{\pi x}{a}\sin\frac{\pi y}{b}}{\pi^2\left[2\pi^4\left(\frac{1}{a^2}+\frac{1}{b^2}\right)^2 + \frac{(\sigma'_{x2}+\sigma'_{x1})\pi^2}{a^2} + \frac{(\sigma'_{y2}+\sigma'_{y1})\pi^2}{b^2}\right]}$$

$$= \frac{16(Q_2+Q_1)a^4b^4\sin\frac{\pi x}{a}\sin\frac{\pi y}{b}}{\pi^2[2\pi^4(a^2+b^2)^2 + a^2b^4(\sigma'_{x2}+\sigma'_{x1})\pi^2 + a^4b^2(\sigma'_{y2}+\sigma'_{y1})\pi^2]}$$

将上式代入式(6.3.5)可得

$$q_{20}(x,y) = q_{10}(x,y)$$

$$= \frac{1}{2}\left[Q_2 - Q_1 - \frac{16[(\sigma'_{x2}-\sigma'_{x1})\pi^2b^2 + (\sigma'_{y2}-\sigma'_{y1})\pi^2a^2](Q_2+Q_1)a^2b^2\sin\frac{\pi x}{a}\sin\frac{\pi y}{b}}{\pi^2[2\pi^4(a^2+b^2)^2 + a^2b^4(\sigma'_{x2}+\sigma'_{x1})\pi^2 + a^4b^2(\sigma'_{y2}+\sigma'_{y1})\pi^2]}\right]$$

将 $\frac{tq_2}{D_2}=Q_2, \frac{t\sigma_{x2}}{D_2}=\sigma'_{x2}, \frac{t\sigma_{y2}}{D_2}=\sigma'_{y2}, \frac{tq_0(x,y)}{D_2}=q_{20}(x,y); \frac{tq_1}{D_1}=Q_1, \frac{t\sigma_{x1}}{D_1}=\sigma'_{x1}, \frac{t\sigma_{y1}}{D_1}=\sigma'_{y1}, \frac{tq_0(x,y)}{D_1}$
$= q_{10}(x,y)$ 回代入上式可得

$$\frac{tq_0(x,y)}{D_2} = \frac{1}{2}\left[\frac{tq_2}{D_2} - \frac{tq_1}{D_1} - \frac{16[(D_1\sigma_{x2}-D_2\sigma_{x1})\pi^2b^2 + (D_1\sigma_{y2}-D_2\sigma_{y1})\pi^2a^2](Q_2+Q_1)a^2b^2\sin\frac{\pi x}{a}\sin\frac{\pi y}{b}}{\pi^2[2\pi^4(a^2+b^2)^2D_1D_2 + a^2b^4(D_1\sigma_{x2}+D_2\sigma_{x1})\pi^2 + a^4b^2(D_1\sigma_{y2}+D_2\sigma_{y1})\pi^2]}\right]$$

进一步化简可得

$$q_0(x,y) = \frac{1}{2}\left[q_2 - \frac{D_2q_1}{D_1} - \frac{16D_2[(D_1\sigma_{x2}-D_2\sigma_{x1})\pi^2b^2 + (D_1\sigma_{y2}-D_2\sigma_{y1})\pi^2a^2](Q_2+Q_1)a^2b^2\sin\frac{\pi x}{a}\sin\frac{\pi y}{b}}{\pi^2[2\pi^4(a^2+b^2)^2D_1D_2 + a^2b^4(D_1\sigma_{x2}+D_2\sigma_{x1})\pi^2 + a^4b^2(D_1\sigma_{y2}-D_2\sigma_{y1})\pi^2]t}\right]$$

(6.3.10)

当叠合板的上下两层板之间的最大相互作用力$(q_0)_{max} \geq [\sigma_\tau]$($[\sigma_\tau]$为层面的单向抗拉强度)时,层面之间由于横向拉伸引起了离层,离层发生后,随着进一步的开挖将继续扩展,其扩展速度和程度将取决于叠合板的尺寸、层间的粘结力和叠合板的上下两层板的刚度。下面逐一讨论影响离层的这几个因素:

(1)叠合板上下两层板的相对刚度

讨论此问题时先假定叠合板上下两层的水平应力和竖向荷载相差不大,当开采空间比较大时,式(6.3.10)最后一项可以忽略,那么层面间的相互作用力主要取决于上下两层岩层的弯曲刚度。当 $D_2 > D_1$,$(q_0)_{max}$ 有可能小于零,甚至接触面出现压应力;只有当 $D_2 < D_1$ 时,$(q_0)_{max}$ 才可能成为拉力,出现离层。由此可以看出,离层一般出现在上刚下柔的岩体,这与实际观测和试验模拟吻合得很好。

(2)叠合板的上下两层板的竖向荷载

对式(6.3.10)分析可以看出,如果叠合板的下层板的竖向荷载比较大,而上层板的竖向荷载比较小,就会比较容易发生离层现象;另一方面,如果叠合板的下层板的竖向荷载比较小,而上层板的竖向荷载比较大,就不容易发生离层现象。虽然第二种情况不会发生离层,但是当开挖空间和竖向荷载比较大时,应力达到材料的受力极限,会产生整体坍塌破坏。

(3)叠合板上下两层板的水平荷载

当开采空间加大时,式(6.3.10)趋向为 $q_0(x,y) = \frac{1}{2}\left(q_2 - \frac{D_2q_1}{D_1}\right)$ 与水平应力无关,叠合板的

上下两层板的水平荷载不导致离层发生的主要原因,这与实际情况吻合得较好。

6.3.5 结 论

离层是岩体地下大空间开挖中普遍存在的问题。沉积层状岩体比较普遍,岩层在沉积过程中,由于地质和环境条件的改变,使得沉积过程中断或暂时中断,在岩体中形成不整合面、假整合面及岩性互异面,由于层面上下方岩体的差异及结构面的存在,使得该处成为应力位移不连续面,但是层面之间还有应力位移传递,其传递的多少取决于沉积面的性质和载荷条件。层面之间应力位移传递说明岩层之间是相互耦合的,相互发生作用的。本文基于上覆岩层的这些性质,建立了叠合板的模型对离层的发生过程进行了研究。但是还有以下几个方面有待于继续深入的研究:

(1)叠合板的边界约束条件。本文假定叠合板的边界约束为简支,显然是太保守了。其约束应该为简支和固支之间的某一数值,这有待于进一步研究。

(2)叠合板的尺寸。在卸荷拱内,叠合板由下向上各层板的尺寸应是逐渐变小的,应该采用逐渐递减的板宽。

(3)多层板的耦合作用。本文只采用了两层板进行建立模型,而忽略了其他各层对叠合板的作用。

魏金波[1] 于广明[1] 段 欣[2] 刘 宁[1]
(1 青岛理工大学土木学院;2 胜利工程设计咨询有限责任公司)

6.4 减沉桩设计原理及工程实例有限元分析

6.4.1 前 言

减沉桩设计遵循的是沉降变形控制原则,即按基础的沉降量来确定桩基参数(桩长、桩数等),桩在基础中主要起控制沉降的作用。相对于传统的桩基础设计法,采用减沉桩设计具有许多优点,但它也将导致设计思想和方法的较大改变。

6.4.2 减沉桩设计理论

6.4.2.1 减沉桩设计的基本思想

减沉桩的应用对象是天然地基的强度能满足设计荷载要求,但沉降过大的情况。这决定了减沉桩设计的基本思想:

(1)充分利用天然地基的承载能力;

(2)充分发挥桩对地基沉降的控制作用,极大限度地利用单桩的承载能力;

(3)尽量发挥天然地基和桩基础的作用,使桩间距较大。

要实现减沉桩设计的基本思想,其关键在于确定基础沉降与使用桩数之间的关系曲线,根据该曲线即可确定需要减沉桩的合理数目,这就要求合理地计算出减沉桩基础的沉降量。

6.4.2.2 减沉桩基础的沉降计算

设基础沉降量为 S,则有

$$S = S_1 + S_2 \tag{6.4.1}$$

式中 S_1——减沉桩群分担荷载所引起的地基沉降;

S_2——地基土分担荷载所引起的地基沉降,可按地基基础规范规定的天然地基浅基础方法计算。

减沉桩群分担荷载所引起的地基沉降 S_1,一般按单向压缩分层总和法计算。该方法首先要求合理计算减沉桩群由分担荷载所引起的作用于土层上的竖向附加应力。基于 Mindlin 应力公式积分导出的单桩荷载在半无限体中的应力解析式,假定群桩中各桩均具有相同的受荷特性,按简单叠加法原理即可计算群桩在各自计算荷载作用下引起的作用于土层上的竖向附加应力。

$$\sigma_z = \frac{Q}{L} \sum_{i=1}^{k} [a_i I_{p,i} + (1-a_i) I_{s,i}] \qquad (6.4.2)$$

式中 Q, L——每根桩的沉降计算荷载和桩长;

a_i——第 i 根桩的端阻力和侧摩阻力占沉降计算荷载的比,a_i 可近似按单桩的端阻比取值;

$I_{p,i}, I_{s,i}$——第 i 根桩的桩端阻力和桩侧摩阻力对计算点的应力影响系数。

由减沉桩组成的桩基础所引起的压缩变形量 S_1 可由式(6.4.3)求得

$$S_1 = \sum_{t=1}^{\tau} \frac{1}{E_{s,t}} \sum_{\tau-1}^{n} a_{z,t,l} \Delta H_{t,l} \qquad (6.4.3)$$

式中 T——沉降计算的土层压缩总数,沉降计算范围包括自桩顶平面向下整个地层中的附加应力不小于土层自重应力10%的区段内;

$E_{s,t}$——第 t 层土在自重应力至自重应力加附加应力作用时的压缩模量;

n——第 t 层土的单向压缩计算分层总数;

$\Delta H_{t,l}$——第 t 层土的第 l 个分层的层厚;

$\sigma_{z,t,l}$——第 t 层土的第 l 个分层处土层的竖向附加应力,由式(6.4.2)得到。

按照上述方法结合同济大学的研究成果,由同济启明星 Pile2000 软件可输出减沉桩基的沉降量与桩数的关系曲线,然后按允许沉降量来确定所需的减沉桩桩数。这样既能满足桩数最少,又能达到减少沉降的目的。

6.4.3 减沉桩与土相互作用机理工程实例及有限元分析

减沉桩基础以控制变形为原则同时考虑桩与承台及桩与土的共同作用,是介于天然地基与桩基之间的一种基础类型有限元法作为数值计算的工具,近年来已得到越来越广泛的应用。

下述工程实例,是以现场实验为基础,编制了二维弹性非线性有限元程序用于分析桩土共同作用机理、桩土荷载分担比的变化过程以及褥垫层的重要作用。程序计算结果与实测结果吻合较好。

6.4.3.1 工程实例

某住宅工程位于市区,采用6层砖混结构,拟建场地属淤泥-冲洪积成因的软土地基,整个场地比较平整,其工程地质勘察资料如表6.4.1所示。

表6.4.1 地层物理工程指标一览表

地层时代及成因	地层编号	土层名称	顶板~底板标高(m)	锥尖阻力(MPa)	侧摩阻力(kPa)	承载力特征值(kPa)
Q_4^{ml} 第四系全新统人工堆积层	1	杂填土	0.62~-1.11			
	1-1	素填土	0.62~-1.11 -1.40~-2.38	0.87	49.83	60

续表

地层时代及成因	地层编号	土层名称	顶板~底板标高 (m)	锥尖阻力 (MPa)	侧摩阻力 (kPa)	承载力特征值 (kPa)
Q_4^{ial} 第四系全新统 上部陆相层	2	粉质黏土	-1.60~-5.18 -3.69~-7.16	1.06	12.78	110
	2-1	黏土	-0.99~-2.38 -1.89~-4.51	0.92	32.44	120
Q_4^{zm} 第四系全新统 第一海相层	3 及 3-3	粉土	-3.69~-7.9 -10.2~-22.3	稍密 0.74 中密 2.64	稍密 18.244 中密 24.720	稍密 90 中密 120
	3-1	粉质黏土	-9.21~-10.2 -11.7~-14.5	0.72	17.99	100
	3-2	粉砂	-11.5~-12.8 -12.5~-14.5	8.43	56.72	140
Q_4^{hl} 第四系全新统 湖沼相沉积层	4	粉质黏土	-10.8~-14.5 -11.7~-14.9	1.05	22.85	120
Q_4^{hl} 第四系全新统 湖沼相沉积层	5 5-1	粉土 粉质黏土	-16.6~-18.9 -21.5~-14.5 -21.2~-23.4 未穿透	4.73 1.98	94.52 57.37	140 140

该设计采用带褥垫层的减沉桩基础,旨在发挥桩土共同作用来承受上部荷载,减少用桩量。共用承载桩 112 根、减沉桩 48 根,20cm 的粗砂褥垫层振捣密实。桩体混凝土强度等级为 C20,桩身直径 420mm,有效桩长 12m。这样设计比采用单纯的桩基础设计节省用桩 43 根,计算的沉降量增加了约 1 倍。即采用桩基的计算沉降量为 22mm,采用减沉桩基础的计算沉降量为 36.3mm。大于桩基但远小于设计允许沉降量 100mm,更远远低于天然地基计算沉降量 235mm。

为了研究带褥垫层减沉桩地基中桩-土共同作用的机理,确定桩土荷载分担比随荷载增加而变化的特性,进一步完善设计理论,建造过程中进行了以下现场测试工作:

(1) 选取有代表性的位置分两组在桩周土中对称埋设土压力盒各 4 个,以测量桩间土压力变化;

(2) 与土压力测点对应选择 2 根有代表性的桩,在每根桩顶安装 2 个钢筋应力计,以测量桩随上部荷载变化的受力情况。

该工程平面及测点布置如图 6.4.1 所示。其中土压力盒选用量程为 0.2MPa、直径为 10.8cm 的振弦式土压力盒,埋设在桩间土中并使其感压面向下与土完全均匀接触。应力计采用 16 的振弦式钢筋应力计,将其串联在灌注桩的钢筋上,以保证与桩中钢筋共同受力。

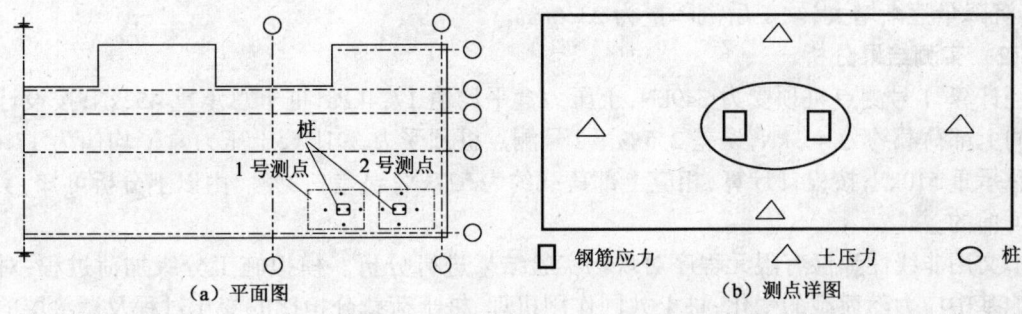

图 6.4.1 平面及测点位置示意图

随着施工的进度,每增加一层荷载即对土压力盒和钢筋应力计读数一次。现场测试从2002年5月开始至2002年11月止,共测量12次。

为分析方便,将测量结果绘成曲线,如图6.4.2和图6.4.3所示。从图中可以看出,各点的应力观测值有较大的差别。

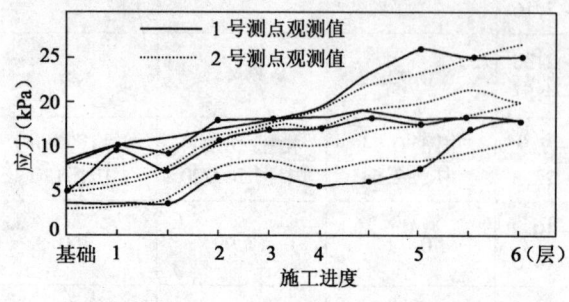 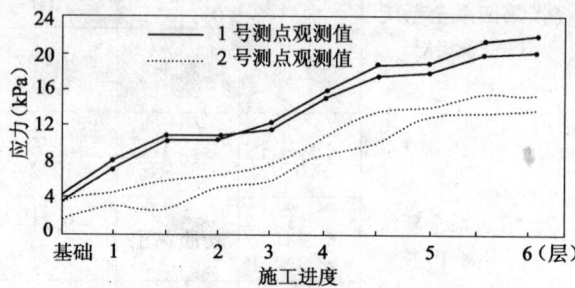

图6.4.2 1号、2号测点土压力随荷载变化曲线　　图6.4.3 1号、2号测点钢筋应力随荷载变化曲线

基础下是否设置褥垫层,这对复合地基受力影响很大。它不仅能保证桩土共同承担荷载,还可以改善复合地基的承载性状,充分发挥桩间土的承载能力。桩土荷载分担比是反映桩土共同工作特性的最直观指标,分担比随外部荷载增加而改变,反映了在加荷的各个阶段,桩所承担荷载和桩间土承担荷载的消长情况。本次现场实验根据桩土应力测值折算出桩土荷载分担比,并随施工进度将其绘成曲线,如图6.4.4所示。

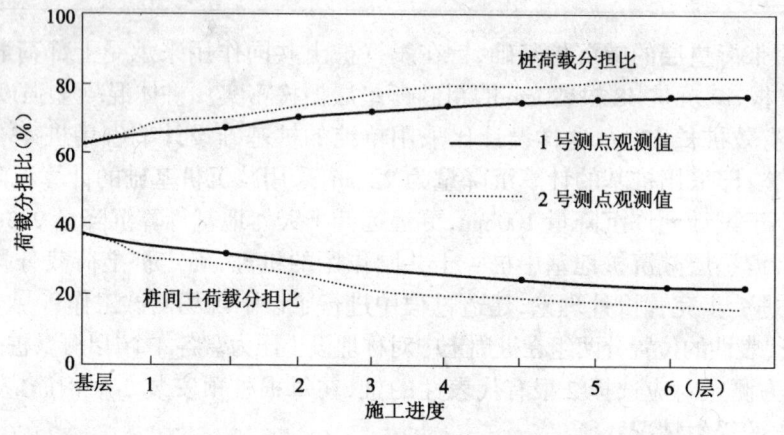

图6.4.4 1号、2号测点荷载分担比变化曲线

为掌握采用带褥垫层减沉桩的建筑物在施工过程中和竣工后的沉降情况,验证设计计算准确性和监测建筑物的安全,该工程同时进行了沉降观测,如图6.4.8所示。随着建筑物荷载的增加,其沉降量逐渐增大,竣工后沉降量为23.6mm。

6.4.3.2 实测结果分析

经计算,1号测点桩顶受力349kN,土压力盒平均值17.4kPa,桩土总承重452kN;按设计计算相应的上部荷载约为463kN,误差2.5%。2号测点桩顶受力391kN,土压力盒平均值为17.6kPa,桩土总承重510kN;按设计计算,相应上部荷载约为527kN,误差3.3%。由以上分析可知,实测数据是可信的。

本文用非线性弹性有限元程序对现场实验结果进行分析。模拟施工分级加荷过程,对桩土复合地基中应力随荷载的变化、桩土共同作用机理、桩土荷载分担比的变化过程及褥垫层的作用进行了分析,并与实测数据进行对比。

计算中,对桩间土和褥垫层用 Duncan-Chang 模型(简称 D-C 模型)进行分析。D-C 模型属于非线性弹性模型中的变模量模型。该模型建立在常规三轴试验基础上,只要通过试验和计算确定出不同应力水平的 E_t 和 K_t,就可以按照增量广义 Hooke 定律进行应力-应变分析。由于其简单实用,概念明确,在工程中得到广泛应用。D-C 模型的切线模量 E_t 表达式为

$$E_t = \left[1 - \frac{R_f(1-\sin\varphi)(\sigma_1 - \sigma_3)}{2c\cos\varphi + 2\sigma_3\sin\varphi}\right]^2 KP_a\left[\frac{\sigma_3}{p_a}\right]^m \tag{6.4.4}$$

切线体积模量 K_t 为

$$K_t = K_b P_a \left[\frac{\sigma_3}{p_a}\right]^m \tag{6.4.5}$$

弹性切线刚度矩阵为

$$D^{\tau t} = \frac{3K_t}{9K_t - E_t}\begin{bmatrix} 3K_t + E_t & 3K_t - E_t & 0 \\ & 3K_t + E_t & 0 \\ SYM & & E_t \end{bmatrix} \tag{6.4.6}$$

本构关系表达式为

$$\sigma_{i,j} = D_{ij}^{\tau t} d\theta_{kl} \tag{6.4.7}$$

由于土与桩、承台与褥垫层各材料性质相差甚远,在一定受力条件下有可能在其接触面上产生错动滑移或开裂。因此在有限元分析中通过增加接触面单元来模拟。本文采用 Goodman 等人提出的无厚度的四节点接触面单元。两种材料接触面的相互作用用无数切向和法向的微小弹簧来模拟。接触面上的应力为

$$\{\sigma\} = \begin{Bmatrix} \tau \\ \sigma_n \end{Bmatrix} \tag{6.4.8}$$

位移为

$$\{\omega\} = \begin{Bmatrix} \omega_s \\ \omega_n \end{Bmatrix} \tag{6.4.9}$$

式中 τ——接触面上的剪应力;
　　σ_n——接触面上的正应力;
　　ω_s——接触面上的相对切向位移;
　　ω_n——接触面上的相对法向位移。

接触面上的应力位移关系为

$$\{\sigma\} = K_0\{\omega\} \tag{6.4.10}$$

其中

$$K_0 = \begin{bmatrix} K_s & 0 \\ 0 & K_n \end{bmatrix}$$

式中 K_s——切向弹性系数；
K_n——法向弹性系数。

利用本问题的对称性，并将其简化为平面问题。有限元计算中单元划分及边界条件如图6.4.5所示。二维计算单元208个，节点数301个。采用二维平面四节点等参单元，外荷载按均布荷载输入。选取2号测点计算，计算结果与实测数据比较如图6.4.6~图6.4.8所示。

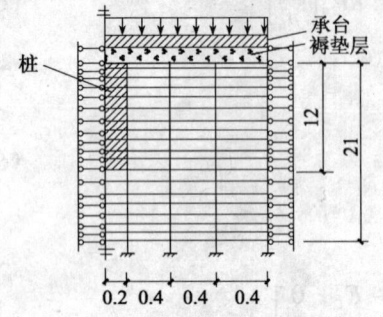

图6.4.5 有限元网格划分示意图（单位 m）

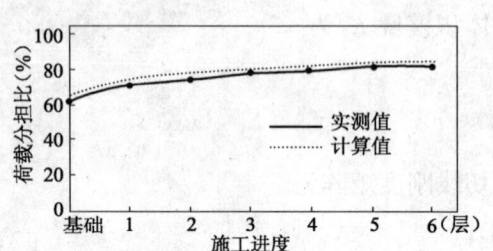

图6.4.6 计算与实测桩荷载分担比

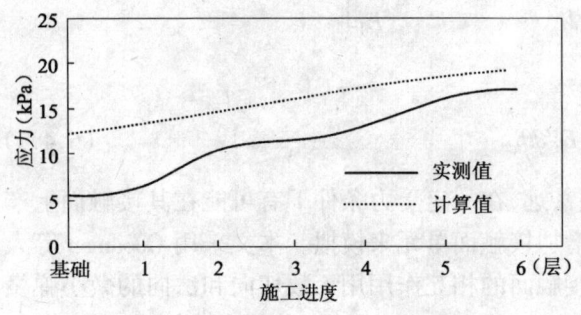

图6.4.7 计算与实测土中应力变化曲线

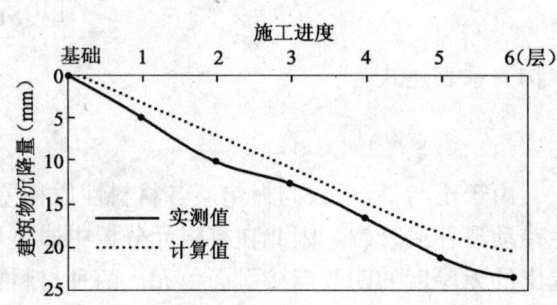

图6.4.8 计算与实测建筑物沉降变化曲线

计算与实测结果表明（图6.4.2、图6.4.3和图6.4.7），桩和桩间土中应力随着外荷载的增加而增大，桩顶应力增大的幅度大于土压力增加幅度。当荷载较小时，例如施工基础和第一层时，桩顶应力与桩间土应力相差不大，桩土应力比在1.1左右，此时桩间土分担外荷载比例比较大。随着建筑物的不断施工，荷载加大，桩顶应力迅速增大，外荷载明显向桩上转移，出现应力向桩上集中的过程，而桩间土的土应力增长幅度较小。随着外荷载进一步增加直至施工完毕，桩顶和桩间土应力逐渐趋于稳定，说明桩侧摩阻力已基本发挥至极限，荷载增加主要由桩间土及桩端阻力承担。从图中不难看出4个钢筋应力计和8个压力盒的测值已没有多大变化。从图6.4.4和图6.4.6中的计算与实测桩、土荷载分担比变化曲线可知，加荷初期，承台均匀压在砂垫层上，大部分力传到土层，只有少部分荷载传到桩顶，桩间土荷载分担比相对较大，而桩荷载分担比相对较小。随着逐渐加荷，当土体在荷载作用下有了一定的变形后，承台与桩顶越来越接近，而桩的刚度比土体大，故桩的沉降量小于土体，此时荷载大部分向桩顶转移，桩的荷载分担比增大而土的荷载分担比减小。随着外荷载的进一步增加直至施工完毕，桩与桩间土变形协调，桩土荷载分担趋于稳定。

从图6.4.8实测建筑物沉降曲线来看，建筑物的沉降随上部荷载的增加而不断增大，逐渐趋于稳定。其最终沉降量23.6mm，远小于计算天然地基沉降量235mm，说明减少桩对减少沉降量的作用是明显的。图中的计算结果证实了这一点。由于处理后的地基承载力比较高，地基土中应力水平比较低，故土的非线性效应不明显。

计算与实测结果的比较说明,该有限元程序能够有效地模拟带褥垫层减沉桩基础的工作过程,计算结果与实测结果较接近。用该程序进一步分析了褥垫层厚度对桩、土荷载分担比的影响。计算表明,当褥垫层厚度从 0 增加到 400mm 时,桩荷载分担比显著减小从 1 到 0.66,土荷载分担比显著增加从 0 到 0.34,当褥垫层厚度从 400mm 增加到 500mm 时,桩、土荷载分担比仍在变化,但幅度明显减小,分别为 0.66 到 0.62 和 0.38 到 0.34。当褥垫层厚度大于 500cm 时,桩、土荷载分担比趋于稳定,分别接近 0.6 和 0.4,此时褥垫层厚度的增加已没有意义。可见,褥垫层的存在对桩土共同作用承担上部荷载起着重要的作用,能显著降低桩上的应力集中现象,使桩间土的承载能力得到有效发挥。

此次现场实验和计算所得的土荷载分担比偏小。经分析认为,一方面是褥垫层偏薄,计算结果可证明这一点。另一方面是褥垫层夯实不够,使桩顶过早承担荷载,从而导致桩间土未按设计承担足够的荷载。

综上所述,在带褥垫层的减沉桩基础中,承台将上部荷载向下传递,由于褥垫层的作用使桩与桩间土共同受荷。计算与实测曲线说明,受荷初期桩间土承担较大的荷载,随着上部荷载的增加,桩间土压力逐渐增大,但趋势愈渐平缓,桩承受压力出现滞后现象,但随上部荷载的增加而迅速增长,而后逐渐趋于稳定。开始桩间土荷载分担比较大,随着桩间土的变形,桩分担荷载也相应增大,由于桩间土被压密,桩侧法向应力增加,桩身摩擦力得到加强,使地基中受力与传力形成良性循环,实现桩土共同工作。

褥垫层在这一受力过程中起到了重要的作用。在荷载作用下,由于桩的模量远远大于土的模量,桩间土表面变形大于桩顶变形,桩向褥垫层刺入。伴随这一变化过程,粒状散体材料不断滚动补充到桩间土表面上,基础通过褥垫层始终与桩间土保持接触,桩间土始终参与工作,达到充分发挥桩间土承载能力的目的。

从上述分析可知,本工程作为试点工程,即使加了 20cm 的褥垫层,仍未能使土的承载力有较大发挥,根据实测结果和计算分析,桩数还可以进一步减少,使工程造价进一步降低。同时说明使用带褥垫层的减沉桩地基是比较安全可靠的。

6.4.3.3 结　　语

采用有限元来模拟桩土复合地基的受力过程,分析桩上及土中应力变化和褥垫层的作用是一种行之有效的方法。本文的有限元法计算结果与实测数据吻合较好,计算结果可以用来作为复合地基设计、施工的辅助工具。

从现场实测数据的验证可知,本次实际工程的现场实验比较成功,所得实验数据可靠,对今后其他类似工程的设计、施工有一定的参考价值。

工程实践和有限元分析表明,带褥垫的减沉桩复合地基有其独特的传力机制,它对于充分利用天然地基承载能力起到了较好的作用。褥垫层对于减少承台底面及桩身的应力集中,调整桩土荷载的分担,进而保证桩土共同承担荷载起着明显的效用,是保证减沉桩桩体与桩间土形成复合地基的一项重要措施。

采用带褥垫层减沉桩基础的设计方案是合理的,设计计算方法是实用安全可靠的。该设计方法由于考虑了桩与承台共同作用的全过程,因此与常规桩基设计方法相比更为经济合理,有广泛应用前景。

郭　哲
(广东省中山市建筑设计院有限公司)

6.5 树根桩技术现状与发展前景

6.5.1 前言

树根桩是一种小直径钻孔灌注桩,在20世纪30年代初由意大利Fondedile公司的F.Lizzi首创并付之实践,因其桩基形状像"树根"而得名。它具有机具简单、施工方便、施工振动和噪声小,对墙身和地基土几乎不产生应力等特点,所以常用于古建筑托换加固、地下铁道穿越、房屋建筑加层改建、稳定岩石和土质边坡及桥墩基础加固等工程中(图6.5.1)。已有文献所介绍的国外树根桩工程,无论是古建筑托换还是楼房加层基础加固,大多采用由ϕ100mm左右的斜桩组成的网状结构,因这种网状结构形似树根而得名为树根桩。在国内,迄今为止的树根桩工程基本上均为直桩,而采用类似树根桩施工方法施工的斜桩常称之为"锚",纳入"土锚"范畴。树根桩的直径也有增大的趋势,上海地区ϕ200~300mm是常见的,直径150mm以下的树根桩已属罕见,显然国内外的树根桩有明显的差异。本文将系统地介绍树根桩的研究现状、适用范围、设计计算、施工方法和质量检验等方面内容,并讨论它的发展前景。

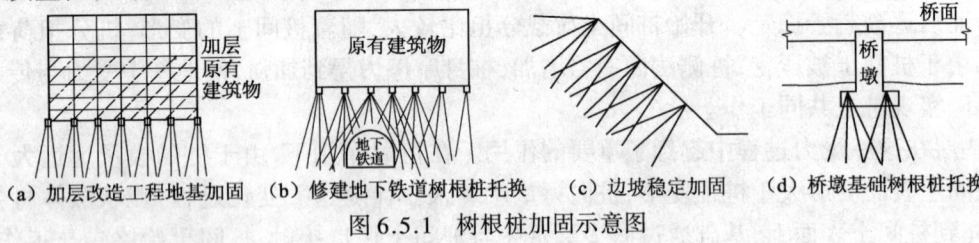

(a) 加层改造工程地基加固　(b) 修建地下铁道树根桩托换　(c) 边坡稳定加固　(d) 桥墩基础树根桩托换

图6.5.1 树根桩加固示意图

6.5.2 研究现状与适用范围

树根桩在国内首先由同济大学叶书麟推荐,并于1981年在苏州虎丘塔纠倾工程中进行了现场试验;接着在上海新卫机器厂进行了树根桩的载荷试验研究。1985年,上海市东湖宾馆加层项目中,同济大学与上海市基础公司合作第一次正式在国内工程中使用树根桩。

树根桩适用于碎石土、砂土、粉土、黏性土、湿陷性黄土和岩石等各类地基土,目前已经在国内外超过3 000个工程中所使用。主要集中在古建筑地基托换加固、危房加固、建筑物加层、稳定岩质和土质边坡、厂房基础和设备基础加荷及深基坑开挖时对既有建筑物的保护等方面。

近年来,对树根桩的研究主要集中在设计方法优化、施工工艺改进、质量控制以及加固效果的数值模拟等方面。

6.5.3 设计计算

树根桩加固地基设计计算内容与树根桩在地基加固中的效用有关,应视工程情况区别对待。树根桩目前主要应用于新建工程、托换工程和基坑开挖工程。尽管目前已完工的采用树根桩基础的新建工程为数不多,但无论在经济、安全可靠或周围环境保护方面,树根桩都具有一定的市场竞争优势。托换工程中树根桩的应用是面广量大,设计型式变化极大,也极其灵活,原则是在成熟的工程经验基础上因地制宜。下面按三类不同工程介绍设计计算要点。

6.5.3.1 新建工程

采用树根桩基础的新建工程,树根桩一般为摩擦桩,与地基土体共同承担荷载,可视为刚性桩复合地基。通常按桩基或复合地基理论进行基础设计。按桩基理论设计时,假设上部荷载全部由桩体承担。由于树根桩桩长一般在30m之内,直径在300mm之内,因此通常作为纯摩擦桩计算。在硬土层埋深较浅的地区,常在端部扩颈,以计入端承力。由于每立方米桩身体积的容许侧壁摩阻力是随着桩径的减小而增加的,当上部荷载不是很大时,采用这类微型桩是比较经济的。

国内外已有很多文献介绍,对桩基础,上部荷载最初是通过底板(承台)分担在桩和土体上的。对端部进入硬土层的长桩,由于土体沉降速率高于桩基沉降,会出现土体承受的上部荷载迅速减小,直至和底板脱开的现象。对树根桩,桩土应力比随着上部荷载的施加和荷载历时的增长而变化,但土体始终分担相当可观的部分上部荷载。因此,采用复合地基理论进行新建工程设计是合理的,也更为经济。

桩土荷载的分担涉及桩的布置、土层特性、荷载施加程序等因素,迄今尚无实用的理论计算方法。实际工程所采用的大多是经验公式,上海地区常用的最简单的形式是分 1/3~3/10 的荷载由土分担。也有不少微型桩工程采用沉降控制复合桩基的计算方法,设土承担外荷载与桩极限荷载的差值。

6.5.3.2 托换工程

(1) 单桩承载力和桩土应力比

树根桩基本上是摩擦桩,采用树根桩进行托换时,可认为树根桩在施工中不起作用。当既有建筑物产生极小的沉降时,桩就立即反应,承担部分荷载,同时减小原基础下基底压力。若既有建筑物继续下沉,则桩继续分担上部荷载和减小基底压力。树根桩与桩间土共同承担荷载,树根桩的承载力发挥取决于建筑物所能容许承受的最大沉降值。容许的最大沉降值愈大,树根桩承载力发挥度愈高。容许的最大沉降值愈小,树根桩承载力发挥度愈低。承担同样的荷载,当树根桩承载力发挥度低时,则要求设置较多的树根桩数。

(2) 网状结构树根桩

树根桩如布置成三维系统的网状体系者称为网状结构树根桩,日本简称为 R.R.P 工法。网状结构树根桩是一个修筑在土体中的三维结构。图 6.5.2 表示在建筑物附近开挖深基坑时采用网状结构树根桩对既有建筑物防护的侧向托换方案。

国外在网状结构树根桩设计时,以桩和土间的相互作用为基础,由桩和土组成复合土体的共同作用,将桩与土围起来的部分视作为一个整体结构,其受力犹如一个重力式挡土结构一样。

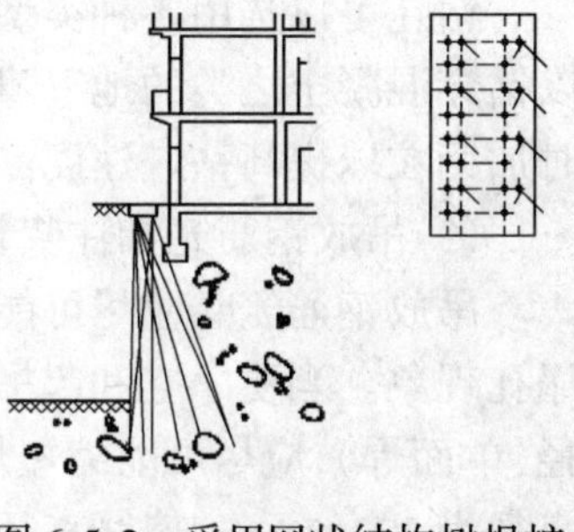

网状结构的断面设计是一个很复杂的问题,在桩系内的单根树根桩可能要求承担拉应力、压应力和弯曲应力。其稳定计算在国外通常是用土力学的方法进行分析。

图 6.5.2 采用网状结构树根桩对既有建筑物防护的侧向托换

由于树根桩在土中起了加筋的作用,因而土中的刚度起了变化,所以网状结构树根桩的桩系变形显著减少。迄今为止,对桩与土共同工作的特征,还不容易做出足够准确的分析。而桩的尺寸、桩距、排列方式和桩长等参数,国外都是根据本国实践的经验而制定的。

国外对网状结构树根桩的设计首先必须进行树根桩的布置,再按布置情况验算受拉或受压的受力模式,对内力和外力进行计算分析。

6.5.3.3 开挖工程

在开挖工程中,树根桩可用作防渗堵漏和组成侧向围护墙。

(1) 防渗堵漏

由于现场条件的限制,采用树根桩防渗堵漏已是一种常见的工程措施。常见的布置型式是 2 根灌注桩之间设 1 根树根桩,组成围护墙体。树根桩本身就是一个大直径的注浆孔,成桩过程中浆液向四周土层渗透,堵塞可渗的通道,使围护墙在开挖期不漏水。这类树根桩不布置钢筋,采用纯水泥浆掺适量的促凝剂。

这种防渗堵漏的可靠性高于一般的注浆方法，低于水泥土搅拌法。设计时应对桩位偏差、垂直度和成桩工艺提出严格要求。在大型基坑工程中采用树根桩防渗时，常常在墙后注浆，封堵难免出现的局部漏点。

(2) 侧向围护墙

采用树根桩组成侧向围护墙时，开挖深度一般不超过 6m。通常在现场施工条件限制时采用。在市政开槽埋管工程中，一般采用单排或双排树根桩组成围护墙体，设顶梁和多道支撑、围檩系统。

6.5.4 施工工艺

尽管在不同类型的工程中树根桩的形式和施工工艺均有所差别，但基本上遵循下列施工步骤：

(1) 定位和校正垂直度

在开挖工程中，桩位偏差应控制在 20mm 之内，对新建工程，可放宽到 50mm。树根桩的垂直度误差应不超出 1/100。

桩位和垂直度对开挖工程尤为重要，墙体渗漏的主要原因往往是桩位和垂直度偏差大，这项重要因素也是施工单位最容易忽视的。

(2) 成孔

通常采用湿钻法成孔。除端承桩的钻孔必须下套管，以确保桩身截面均匀外，一般仅在孔口附近下一段护套筒，不用套管。在成孔过程中采用从孔口不断泛出的天然泥浆护壁。由于天然泥浆很稀，习惯上称作清水护壁。在钻孔遇到复杂地层，极易缩颈和塌孔时，应采用人造泥浆护壁。钻孔至设计标高以下 10~20cm 停钻，通过钻杆继续压清水清孔，直至孔口基本上泛清水为止。

钻孔可以选用各种类型的钻头，以圆筒型钻头为佳。这种钻头的端部镶焊了一圈合金钻，可以钻穿混凝土之类的地下障碍物，同时有利于维持钻孔的垂直度。当混凝土层较厚时，可在钻进时加钢粒以提高钻进速度。采用这种钻头和钻进方法，可以钻穿厚达 1m 的钢筋混凝土板。

(3) 吊放钢筋笼和注浆管

吊放钢筋笼时应尽可能一次吊放整根钢筋笼，因为钻孔暴露时间愈长就愈容易产生缩颈和塌孔现象。当受净空和起吊设备限制需分节吊放时，节间钢筋搭接焊缝长度不小于 10 倍钢筋直径（单面焊），应尽可能缩短焊接工艺历时。钢筋笼外径宜小于设计桩径 40~60mm。常用的主筋直径为 12~18mm，箍筋直径 6~8mm，间距 150~250mm，截面主筋不少于 3 根。承受垂直荷载的钢筋长度不得小于 1/2 桩长；承受水平荷载一般在全桩长配筋。注浆管可用直径 20mm 的铁管，用于二次注浆的注浆管只在注浆深度范围内的侧壁开孔，呈花管状。

在吊放钢筋笼的过程中，若发现缩颈、塌孔而使钢筋笼下放困难时，应起吊钢筋笼，分析原因后重新钻孔。

(4) 填灌碎石

碎石粒径宜在 10~25mm 范围内，用水冲洗后定量填放。填入量应不小于计算空间体积的 0.8~0.9 倍。当填入量过小时，应分析原因，采取相应的措施。在填放碎石的过程中，应利用注浆管继续冲水清孔。

(5) 注浆

分注水泥浆和水泥砂浆两种。注水泥浆时，浆液的水灰比以 0.4~0.5 为佳，可按实际施工需要加入适量的减水剂和早强剂。用作防渗堵漏时，可在水泥浆液中掺磨细粉煤灰，掺入量不超出 30%。

注水泥砂浆时，常用的质量配比为：水:水泥:砂 = 0.5:1.0:0.3。砂粒径受砂浆泵的限制，一般不大于 0.5mm。

注浆时应控制压力和流量,最大工作压力应不小于 1.5MPa,使浆液均匀上冒,直至在孔口泛出。一般不宜在注浆过程中上拔注浆管,当桩长超过 20m 或出现浆液大量流失现象时,可上拔注浆管到适宜的深度继续注浆。

在注浆过程中,应及时处理常见的穿孔、冒浆和浆液沿砂层或某一地下通道大量流失的现象。穿孔是指浆液从邻近已完工的桩顶冒出的现象,常用的措施是采用跳孔工序施工,跳一孔或二孔,在浆液中加入适量的早强剂。冒浆是指浆液从附近地面冒出的现象,大多出现在表层是松散填土层的现场,常用的措施是调整注浆压力和掺适量的早强剂。浆液大量流入邻近河、沟或人防通道、废井等地下构筑物的现象是应严加防范的。在地质勘探时,首先应弄清可能造成浆液流失的隐患,事先采用防范措施。在施工时,若出现注浆量超出按桩身体积计算量的 3 倍时,应停止注浆,查清原因后采取相应的措施。

在注浆过程中,浆液除了充填桩身之外,同时向四周土层渗透,甚至产生劈裂注浆现象。在上海地区,注浆量达到按桩身体积计算量的 2 倍属正常现象,即有不少于 1/2 的水泥浆注入了周围的土层,渗浆是不均匀的,砂性愈重的土层进浆量愈多。

在地下水位很低的地区,这种注浆成桩的工艺往往会造成大量浆液流失,甚至无法成桩。因此有的工程采用不填石子,直接用导管灌入浓浆、砂浆或混凝土的工艺,这种树根桩更像小直径灌注桩。

二次注浆是利用预埋的第二根注浆管进行的,注浆应在第一次注浆的水泥达到初凝之后进行,一般约 45~60min。注浆应有足够的压力,一般要求 2~4MPa,注浆量应满足设计要求,并不应采用水泥砂浆和细石混凝土。

(6)拔注浆管、移位

拔起注浆管后,桩顶会陷落,应采用混凝土填补桩至设计标高。当需要对桩身强度进行质检时,在填补前取样做试块。

6.5.5 质量控制

树根桩属地下隐蔽工程,施工条件和周围环境都比较复杂,控制成桩过程中每道工序的质量是十分重要的。施工单位按设计的要求和现场条件制定施工大纲,经现场监理审查后监督执行。施工过程中应有现场验收施工记录,包括钢筋笼的制作、成孔和注浆等各项工序指标考核。桩位、桩数均应认真核查、复测,桩顶混凝土强度采用现场取样做试块的方法进行检验,通常每 3~6 根桩做一组试块,每组为 3 块 15cm 立方体,按国家标准《混凝土结构设计规范》进行测试。

采用静载荷试验是检验桩基承载力和了解其沉降变形特性的可靠方法。各种动测法也常用于检验桩身质量,如查裂缝、缩颈、断桩等。动测法检测这类小直径桩效率高,但在判别时也要依赖于工程经验。

6.5.6 发展展望

随着我国经济的不断发展,树根桩在工程建设项目,尤其是地基托换项目中的使用数量越来越多。虽然国内在这种技术上已经积累了很多经验,但仍存在一些亟待解决的问题。比如在施工时,注浆过程中常常会出现穿孔、冒浆和浆液沿砂层或某一地下通道流失的现象。在质量检测方法方面,由于树根桩功能、形式多样,尚未形成一套完整可靠的检测体系。总之,随着今后工程项目的对地基处理技术要求越来越高,树根桩技术还有待进一步发展和完善。

叶观宝[1,2]　徐　超[1,2]　杨晓明[1,2]
(1 同济大学岩土工程重点实验室;2 教育部城市环境与可持续发展联合研究中心)

6.6 挤扩支盘灌注桩在电厂建设中的应用

挤扩支盘桩技术始于20世纪90年代初，是在钻孔灌注桩基础上发展起来的一种新型的利用专业机械成孔的变截面桩型。由于支盘桩技术能充分利用桩周各较好土层的端阻力，变摩擦型桩为多支点摩擦端承型桩，使单桩承载力大大提高，同时抗拔性能及抗水平荷载能力也显著提高。多年的工程实践表明，采用支盘桩的建筑物的沉降仅仅是采用普通刚性桩的二分之一，且稳定速度快。由于单方混凝土承载能力的提高，与普通灌注桩相比，支盘桩平均节约钢筋混凝土量达50%，因此工程施工工期可缩短达30%、基础造价降低20%。支盘桩与普通灌注桩最大的不同点也是其最大的特点即是在成孔后下入专利设备进行挤扩成盘，大大增加了单桩承载力。具体施工工艺流程如下：

定位放线——→桩位复核——→钻机就位——→钻进成孔——→下入挤扩支盘机——→第一次清孔——→挤扩支盘——→下钢筋笼——→下灌注导管——→第二次清孔——→水下灌注混凝土养护。

近年来挤扩支盘桩技术在电厂建设中的应用日益扩大，并得到各方一致好评。本文即以近期支盘桩在华北地区三个电厂中的应用实例予以说明。

6.6.1 河北黄骅发电厂一期

6.6.1.1 工程概况

黄骅电厂位于黄骅市东40km黄骅港海湾区的海域中。一期工程为2×600MW燃煤凝汽式机组。共设计支盘桩1 480根，桩长40m、桩径700mm，4盘，盘径为1 500mm。本工程在锅炉房、主厂房、汽机间、烟囱以及磨煤机等主要建筑物基础中均采用支盘桩，施工中共使用25台潜水钻钻机、13台支盘机，工期为50d。

6.6.1.2 工程地质及水文概况

（1）工程地质概况　各地基土物理力学性质指标及桩剖面图如图6.1.1所示。

（2）水文地质概况　地面积水严重，地下水埋深约0.5～1.0m。地下水对钢筋混凝土具有弱腐蚀性。

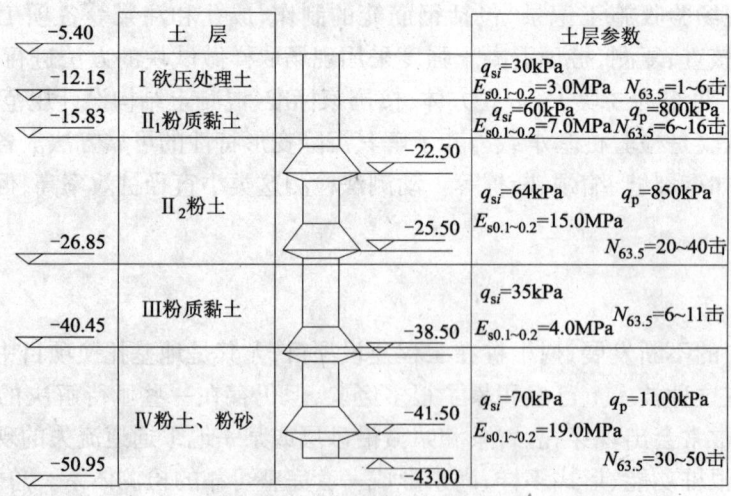

图6.6.1　各地基土物理力学性质指标及桩剖面图

6.6.1.3 支盘灌注桩设计

根据土层特性及上部建筑对基桩承载力的要求，桩端持力层选择Ⅳ粉土、粉砂层。其土性好,桩极限端阻力1 000kPa;Ⅱ₂粉土层亦为较好土层,标贯20~40击,桩极限端阻力850kPa,可作为中间盘的持力层。本工程设计支盘桩桩径700mm,桩长40.0m,桩身混凝土强度C30,全桩共4个盘,盘径1 500mm,设计要求单桩竖向抗压极限承载力8 000kN。具体计算如下:

$$Q_u = u \sum q_{si}L_i + \eta \sum q_{pj}A_{pj} + \eta q_p A_p$$

$$= 0.7 \times 3.14 \times [7.75 \times 30 + 3.68 \times 60 + (11.02 - 1.4 \times 1.2) \times 64 + (13.6 - 0.4 \times 1.2) \times 35 + (2.55 - 1.0 \times 1.2) \times 70] + (0.7^2 - 0.35^2) \times 3.14 \times 0.95 \times (850 + 850) + (0.7^2 - 0.35^2) \times 3.14 \times 0.85 \times 1\,100 + 3.14 \times 0.7^2 \times 0.75 \times 11\,200$$

$$= 3\,527.264 + 931.814 + 1\,814.586 + 1\,538.6$$

$$= 7\,812.262 \quad \text{kN}$$

式中 u——主桩桩身周长;

q_{si}——桩侧第 i 层土的极限侧阻力标准值;

q_p——底盘所在土层的极限端阻力标准值;

L_i——桩穿越第 i 层土折减盘高后的厚度;

q_{pj}——桩身上第 j 个支或盘处土的极限端阻力标准值;

A_{pj}——扣除桩身截面积的支或盘的投影面积;

η——底盘尺寸效应系数;

A_p——底盘投影面积。

上述计算公式是依照《挤扩支盘灌注桩技术规程》(CECS 192:2005)计算的。

6.6.1.4 基桩的检测

(1)高低应变试验 本工程共对211根支盘桩进行了低应变检测,结果是其中19根桩基本完整,属于Ⅱ类桩(占9%),其余192根桩均完整,属Ⅰ类桩(占91%)。对32根支盘桩进行了高应变检测,其中29根桩单桩极限承载力大于8 000kN,其余3根桩大于6 000kN,均满足设计要求。

(2)静载试验 进行了3根支盘桩的静载检测。此3根桩施工工艺相同,施工中操作规范严谨,单桩竖向极限承载力分别为8 400kN、8 100kN、8 400kN,与高应变动力测试得到的支盘桩单桩承载力极限值基本一致。试桩报告得出的结论是:支盘桩可以作为电厂建(构)筑物工程桩桩型,推荐单桩竖向极限承载力值为8 000kN。如表6.6.1所示。

表6.6.1 支盘桩单桩竖向抗压极限承载力统计表

桩 号	桩 型	桩断面尺寸(mm)	极限承载力(kN)	极限承载力对应的沉降(mm)
Z1	支盘桩	φ700	8 400	38.0
Z2	支盘桩	φ700	8 100	37.4
Z3	支盘桩	φ700	8 400	38.1

此3根试桩的高应变结果如表6.6.2所示。

表6.6.2 高应变检测成果表

桩 型	桩 号	桩长(m)	动测单桩竖向极限承载力(kN)
支盘桩	Z1	39.5	8 000
支盘桩	Z2	39.5	8 050
支盘桩	Z3	39.5	8 000

综合分析单桩竖向抗压静载荷试验和高应变动力检测一致,故支盘桩单桩竖向极限承载力取为 8 000kN。

(3)应力测试 在试桩期间对 3 根桩进行了应力测试,采用的是钢筋应力计法。当钢筋应力计承受轴向力时,引起弹性钢弦的荷载变化,从而改变钢弦的振动频率,通过频率测定钢弦频率的变化,即可测出钢筋所受荷载大小,计算出桩身结构所受的作用力,以此推导出桩身各截面的应力和相应的轴力值,确定不同地层的桩侧阻力或桩端阻力。本文着重介绍 Z1 试桩的应力测试情况(表 6.6.3)。

表 6.6.3 Z1 号试桩在各级竖向荷载作用下主要横截面的轴力值表

荷载(kN)	截面2	截面3	截面4	截面5	截面6
1 000	532	436	237	74	64
2 000	705	589	357	118	88
3 000	2 180	2 118	1 182	396	184
4 000	3 136	2 977	1 808	636	261
5 000	4 089	3 866	2 470	922	285
6 000	4 963	4 641	2 948	1 325	208
7 000	5 796	5 409	3 238	1 824	221
8 000	6 860	6 371	3 687	2 449	450
9 000	7 989	7 468	4 216	3 048	761

在竖向荷载为 8 000kN 时,Z1 号试桩上部土层侧摩阻力约占极限荷载的 94.4%,其中 II_2 层支盘端占土层总侧摩阻力 35.5%,在第 IV 层支盘段的侧摩阻力占土层总侧摩阻力 26.6%,全桩 4 个支盘的侧摩阻力占土层总侧摩阻力 62.0%。可以很直观的看出支盘对承载力的贡献相当明显,有效的变摩擦型桩为多支点摩擦端承型桩。如表 6.6.4 所示。

表 6.6.4 Z1 号试桩桩侧阻力及桩端阻力数值表

试桩编号	断面(m)	施加荷载(kN)	各层侧摩阻力(kN)	总侧摩阻力(kN)	总桩端阻力(kN)
Z1	0.0~15.0	8 000	1 140	7 550	450
	15.0~18.5		489		
	18.5~24.0		2 683		
	24.0~35.0		1 238		
	35.0~39.8		1 999		

注:在上述的侧摩阻力中,把支盘所提供的端阻力视作侧摩阻力计算。

6.6.2 河北秦皇岛电厂三期

6.6.2.1 工程概况

河北秦皇岛电厂位于秦皇岛市联运公司煤厂内,地形较为平坦,略有起伏。三期工程为 2× 300MW 机组,主要建筑物包括汽组间、锅炉房、主厂房、烟囱等。该工程弃用原设计入岩施工排浆困难的 ϕ800 嵌岩钻孔灌注桩,而采用挤扩支盘灌注桩,有效回避了难题。本工程设计支盘桩桩型为,桩径 700mm、桩长 16.5m、盘径 1500mm,2 盘。2 盘均位于 II_4 粗砂层中,桩端持力层为 III_1 强风化岩。支盘桩桩数为 1340 根,单桩竖向抗压极限承载力为 6000kN。其中汽机房基础 355 根、锅炉房基础 530 根、主厂房基础 355 根、烟囱基础 100 根。施工中使用 3 台正循环钻机、10 台反循环钻机、4 台支盘机,工期为 3 个月。

6.6.2.2 工程地质及水文概况

(1) 工程地质概况　各地基土物理力学性质指标及桩剖面图如图 6.6.2 所示。

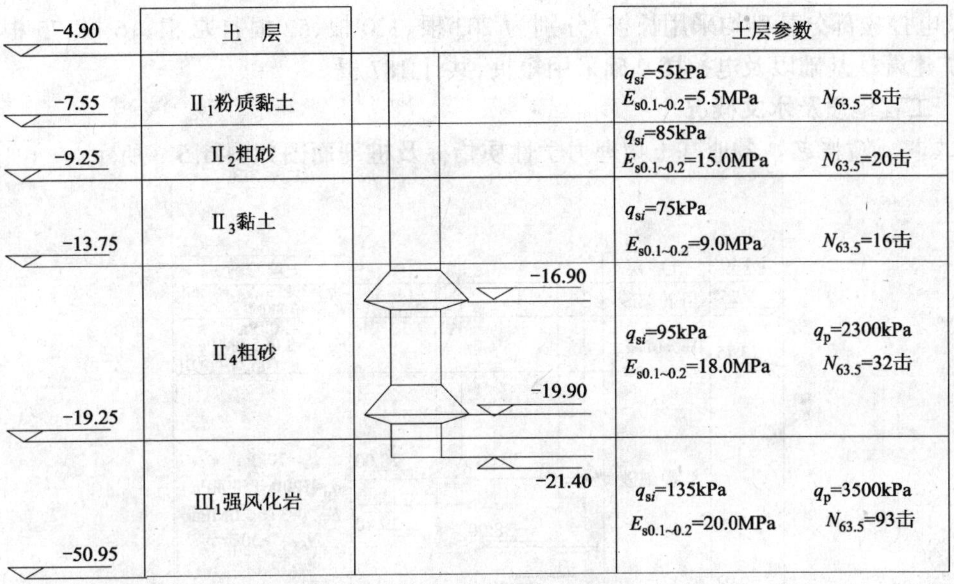

标高	土　层	土层参数
-4.90		
-7.55	II_1 粉质黏土	q_{si}=55kPa　$E_{s0.1\sim0.2}$=5.5MPa　$N_{63.5}$=8击
-9.25	II_2 粗砂	q_{si}=85kPa　$E_{s0.1\sim0.2}$=15.0MPa　$N_{63.5}$=20击
-13.75	II_3 黏土	q_{si}=75kPa　$E_{s0.1\sim0.2}$=9.0MPa　$N_{63.5}$=16击
-19.25	II_4 粗砂	q_{si}=95kPa　q_p=2300kPa　$E_{s0.1\sim0.2}$=18.0MPa　$N_{63.5}$=32击
-50.95	III_1 强风化岩	q_{si}=135kPa　q_p=3500kPa　$E_{s0.1\sim0.2}$=20.0MPa　$N_{63.5}$=93击

图 6.6.2　地基土物理力学性质指标及桩剖面图

(2) 水文地质概况　趋于滨海边缘,地势较低,地下水埋藏较浅。

6.6.2.3 基桩的检测

本工程共进行了 16 根支盘桩的试验,共分两个阶段进行。下面仅介绍第一阶段试验的 3 根支盘桩的检测情况。

(1) 低应变测试　3 根试桩均完整,属于 I 类桩。
(2) 高应变测试　3 根试桩动测单桩竖向极限承载力分别为 5505kN、5706kN、6219kN。
(3) 静载试验　如表 6.6.5 所示。

表 6.6.5　支盘桩单桩竖向抗压极限承载力统计表

桩　号	桩　型	桩断面尺寸(mm)	极限承载力(kN)	极限承载力对应的沉降(mm)
Z1	支盘桩	ϕ700	5600	61.1
Z2	支盘桩	ϕ700	5600	59.87
Z3	支盘桩	ϕ700	7000	58.11

从此 3 根支盘桩的静载试验数据(表 6.6.3)来看,沉降较大。分析原因是因为桩端持力层 II_4 粗砂层强度相对不高,为减小沉降,工程桩持力层改为 III_1 强风化花岗片麻岩层。经实践证明,沉降得到有效控制,满足设计要求。

6.6.3 王滩电厂一期

6.6.3.1 工程概况

河北大唐王滩电厂一期工程场址位于河北省唐山市海港开发区内,为 4×600MW 燃煤发电机组。本工程全部采用支盘桩,设计两种桩型:一种桩长为 35.0m,桩径为 700mm,进入第Ⅳ层稳定层后设置 2 个盘,盘径 1 500mm;另一种桩长为 25m,桩径为 700mm,进入第Ⅳ层稳定层后设置 1 盘,盘径 1 500mm。主要构建筑物锅炉房基础、烟囱基础、汽机间基础、磨煤机基础、电动给水泵基础以及电控楼部分基础均采用长桩,分别为 203 根、120 根、52 根、192 根、16 根、75 根桩,共计 658 根;扩建端柱基础以及电控楼基础采用短桩,共计 187 根。

6.6.3.2 工程地质及水文概况

(1)工程地质概况 各地基土物理力学性质指标及桩剖面图如图 6.6.3 所示。

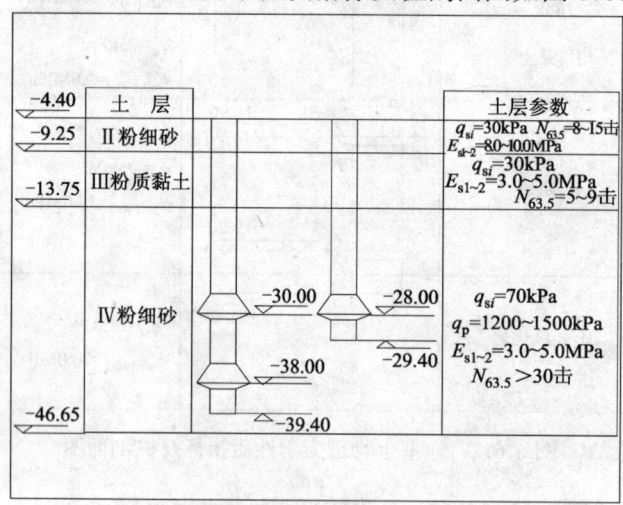

图 6.6.3 各地基土物理力学性质指标及桩剖面图

(2)水文地质概况 场址区水位埋深一般 $1.0\sim 2.0$m,进行腐蚀性分析测试,判定环境水对混凝土结构具有强腐蚀性;对混凝土结构中的钢筋有弱腐蚀性;对钢结构具有中等腐蚀性。

6.6.3.3 基桩的检测

本工程对 6 根支盘桩进行检测试验,桩号分别为 1-1、1-2、1-3、1-4、1-5 及 1-6,测试结果如下:

(1)低应变测试 根据试桩结果报告显示,6 根桩均完整,属Ⅰ类桩;

(2)高应变测试 1-1、1-2、1-3 号为 34m 长桩,1-4、1-5、1-6 为 21.5m 短桩。其测试结果如表 6.6.6 所示。

表 6.6.6 高应变检测结果表

试桩区及桩型	桩号	有效桩长(m)	LE(m)	极限承载力(kN)
支盘桩	1-1	34.00	33.50	8 200
	1-2	34.00	33.50	9 900
	1-3	34.00	33.50	9 350
支盘桩	1-4	21.50	21.00	4 500
	1-5	21.50	21.00	5 000
	1-6	21.50	21.00	4 950

(3)静载试验　本次静载荷试验,终止试验条件为沉降量大于40mm。表6.6.7列出6根试桩静载试验结果。

表6.6.7　支盘桩单桩竖向抗压极限承载力统计表

桩号	桩型	桩长(m)	桩断面尺寸(mm)	极限承载力(kN)	极限承载力对应的沉降(mm)	单桩竖向抗压极限承载力 Q(kN)
1-1	支盘桩	34.3	ϕ700	8 000	39.2	9 000
1-2	支盘桩	34.1	ϕ700	9 800	40.0	
1-3	支盘桩	34.2	ϕ700	9 400	40.0	
1-4	支盘桩	21.7	ϕ700	4 400	40.0	4 700
1-5	支盘桩	21.6	ϕ700	5 000	40.0	
1-6	支盘桩	21.8	ϕ700	4 900	40.0	

试桩报告内容显示:3根长桩中1-2、1-3桩,当沉降变形为40.00mm时,它们的 Q-s 和 s-lg$t$ 曲线仍呈缓变形,其极限承载力取桩顶总沉降量 s = 40.0mm 所对应的荷载值,分别为9 800kN和9 400kN。1-1桩加载至8 000kN时沉降变形超过40.0mm,根据试验终止条件,终止了试验。长桩单桩竖向抗压极限承载力取其平均值 Q = 9 000kN。3根短桩1-4、1-5和1-6试桩在桩顶总沉降量超过40.0mm时,它们的 Q-s 和 s-lg$t$ 曲线仍呈缓变形,其极限承载力取桩顶总沉降量 s = 40.0mm所对应的荷载值,分别为4 400kN、5 000kN和4 900kN。短桩单桩竖向抗压极限承载力取其平均值 Q = 4 700kN。

6.6.4　结　论

挤扩支盘灌注桩技术以其显著的优势在基础界日益得到广泛应用,已成为桩基界不可或缺的生力军。支盘桩技术在施工工期、材料节约及单桩承载力、建筑物沉降等方面的巨大优势应用于电厂基础建设工程正是发挥所长,在实际应用中取得了巨大的社会效益和经济效益。电厂工程绝大多数属于国家重点工程,工程建设规模巨大,工程质量更是关系到国计民生的大事。可以预见,挤扩支盘灌注桩技术在国家电厂建设工程中将会有更加广阔的发展空间。

马旭龙[1]　兰　岚[2]　李兴利[1]　张晓玲[1]
(1 北京恒基中创基础公司;2 国电华北电力设计院工程有限公司)

6.7　挤扩支盘灌注桩的应用实例

6.7.1　挤扩支盘抗拔桩的作用机理

挤扩支盘灌注桩由主桩、承力盘及分支组成。常规钻孔形成主桩后,利用专利液压挤扩机,在合宜的位置对钻孔周围土体施以三维静压,挤扩形成承力盘或分支。灌注混凝土后,主桩身和承力盘、分支形成一体。一个承力盘面积是主桩截面的6~7倍。适合设置承力盘或分支的位置,即是桩身有效深度范围内各较好土层。在支盘桩受向上荷载时,变摩擦型桩为多支点摩擦向上端承型桩,大大提高了桩的抗拔力,减小了桩基的变形。如图6.7.1所示。

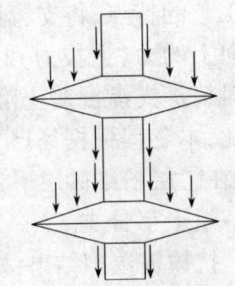

图6.7.1　挤扩支盘抗拔桩的作用机理

6.7.2 北京丽馨园商住楼地下车库抗拔桩设计和施工

6.7.2.1 工程概况

丽馨园商住楼位于北京市朝阳区和平里西坝河西里。该商住楼为两个地上 26 层、地下 3 层的塔楼,其间为纯地下 3 层的车库,如图 6.7.2 所示。地下车库为框架结构,其柱网尺寸为 7 800mm × 7 800mm、7 800mm × 4 500mm 和 7 800mm × 6 700mm。纯地下车库考虑地下水的浮力作用,单柱抗拔力标准值为 1 000kN。

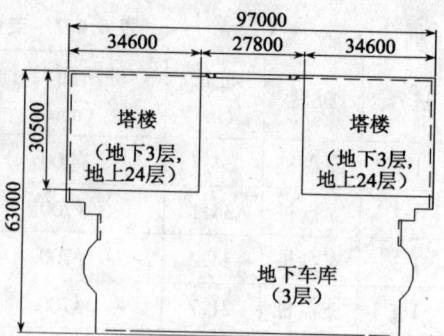

图 6.7.2 平面示意图

6.7.2.2 工程地质和水文地质概况

(1)工程地质概况

该工程场地位于全新世纪古金沟河、古清河故道所夹台地的中部,第四纪覆盖层厚度为120～160m。地基土以黏性土、粉土为主,层间分布有明显层理的砂类土层。土层自上而下的分布情况如表 6.7.1 所示。

表 6.7.1 土层分布及物理力学指标参数表

层号	岩性	压缩性	e	I_p	I_L	E_s (MPa)	$N_{63.5}$ (击)	q_s (MPa)	状 态 描 述
④	粉质黏土	中高	0.64	12.3	0.38	8.2		50	褐黄、饱和、可塑
⑤	粉质砂土	低	0.60			40.2	70	65	褐黄、饱和、硬塑
⑥	黏质粉土	中低～低	0.59	8.9	0.22	16.0		60	褐黄、饱和、硬～可塑
⑦	粉细砂	低				45.0	72	65	褐黄、饱和
⑧	重粉黏	中低～低	0.70	15.5	0.25	13.6		65	褐黄、饱和、硬～可塑
⑨	黏土	中低～低	0.74	17.5	0.28	16.9		65	褐黄、饱和、可～硬塑
⑩	细中砂	低	0.64				85		褐黄、饱和

(2)水文地质概况

该工程场区地下水有三层。上层为台地潜水,中层为层间潜水,下层为承压水。近 3～5 年最高水位接近自然地面。工程地质勘察报告建议设计设防水位为自然地坪。

6.7.2.3 挤扩支盘混凝土灌注抗拔桩设计

(1)土层计算参数如表 1 所示。

(2)桩型选择。根据挤扩支盘混凝土灌注桩成桩工艺的特点,将支、盘置于好土层的下方。当桩受到向上的力(上拔力)时,支、盘将发挥极好的作用。即对挤扩支盘混凝土灌注抗拔桩按反向抗压考虑。因此,本工程根据场区土层特性和地下车库抗浮要求,在⑦层粉细砂层下方设一挤扩盘,在⑦层土上方设一组十字分支。

抗拔桩选型结果:桩径 650mm,桩长 12.0m,设一个挤扩盘,一组十字分支。桩顶标高为 28.57m,混凝土强度等级 C30。其剖面及配筋如图 6.7.3 所示。

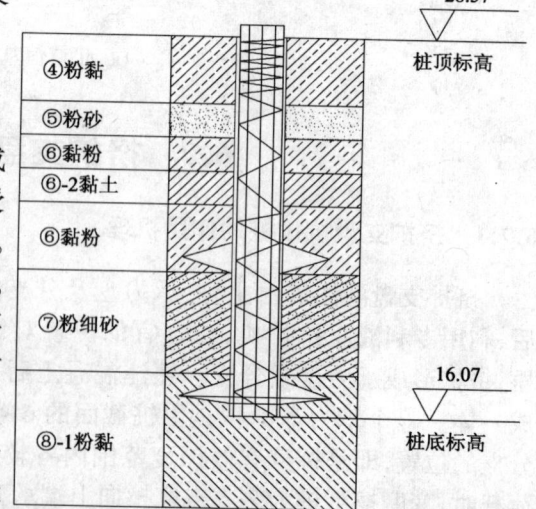

图 6.7.3 抗拔桩剖面及配筋图

(3)抗拔桩单桩承载力的估算。其计算公式

$$U_{\mathrm{u}} = u \sum \lambda_i q_{\mathrm{s}i} L_i + \sum \eta q_{\mathrm{p}j} A_{\mathrm{p}j}$$

式中 U_{u}——挤扩支盘桩单桩抗拔极限承载力标准值(kN);
  u——主桩桩身周长(m);
  λ_i——桩周第 i 层土的侧阻力折减系数,按表6.7.2确定;
  $q_{\mathrm{s}i}$——桩侧第 i 层土的极限侧阻力标准值,按勘察报告中灌注桩极限侧阻力标准值取值,也可参考当地经验或相关规范取值(kPa);
  L_i——桩穿越第 i 层土的厚度,当第 i 层中设置承力盘时为有效厚度,有效厚度按表6.7.3确定;
  $q_{\mathrm{p}j}$——桩身第 j 个盘顶部土层的极限端阻力标准值(kPa),如表6.7.4所示;
  $A_{\mathrm{p}j}$——第 j 盘扣除桩身截面积的盘投影面积(m^2);
  η——盘极限端阻力标准值的修正系数(经验值),如表6.7.5、表6.7.6所示。

表6.7.2 桩周第 i 层土侧阻力折减系数 λ_i

土 类	λ_i 值	土 类	λ_i 值
砂 土	0.50~0.70	黏性土、粉土	0.70~0.80

表6.7.3 L_i 计算方法

黏性土、粉土	$L_i = H_i - 1.2h$	碎石类土	$L_i = H_i - 1.8h$
砂 土	$L_i = H_i - (1.5\sim1.8)h$	其 他	$L_i = H_i - (1.1\sim1.2)h$

注:H_i 为第 i 层土厚度;h 为盘根高度,未设承力盘时 $h=0$。

表6.7.4 盘底处土层的极限端阻力标准值(kPa)

土的名称	桩型 土的状态	承力盘距桩顶的距离(m)(水下作业)				承力盘距桩顶的距离(m)(干作业)		
		5	10	15	$h>30$	5	10	15
黏性土	$0.75<I_{\mathrm{L}}\leqslant1$	150~250	250~300	300~450	300~450	200~400	400~700	700~950
	$0.50<I_{\mathrm{L}}\leqslant0.75$	350~450	450~600	600~750	750~800	500~700	800~1 100	1 000~1 600
	$0.25<I_{\mathrm{L}}\leqslant0.50$	800~900	900~1 000	1 000~1 200	1 200~1400	850~1 100	1 500~1 700	1 700~1 900
	$0<I_{\mathrm{L}}\leqslant0.25$	1 100~1 200	1 200~1 400	1 400~1 600	1 600~1 800	1 600~1 800	2 200~2 400	2 600~2 800
粉土	$0.75<e\leqslant0.9$	300~500	550~650	650~750	750~850	800~1 200	1 200~1 500	1 400~1 600
	$e\leqslant0.75$	650~900	750~950	900~1 100	1 100~1 200	1 200~1 700	1 400~1900	1 600~2 100
粉砂	稍密	350~500	450~600	600~700	600~700	500~950	1 300~1 600	1 500~1 700
	中密、密实	700~800	800~900	900~1 100	1 100~1 200	900~1 000	1 700~1 900	1 700~1 900
细砂	中密、密实	1 000~1 200	1 200~1 400	1 300~1 500	1 400~1 500	1 200~1 400	2 100~2 400	2 400~2 700
中砂		1 300~1 600	1 600~1 700	1 700~2 200	2 000~2 200	1 800~2 000	2 800~3 300	3 300~3 500
粗砂		2 000~2 200	2 300~2 400	2 400~2 600	2 700~2 900	2 900~3 200	4 200~4 600	4 900~5 200
砾砂		1 800~2 500				3 600~5 300		
角砾、圆砾	中密、密实	1 800~2 800				4 000~7 000		
碎石、卵石		2 000~3 000				6 000		

表6.7.5 水下作业盘土层极限端阻力标准值修正系数 η

承力盘位置	盘径(mm) 900	1 400	1 900
上盘	1.3	0.95	0.9
中盘	1.2	0.85	0.8
下盘	1.1	0.75	0.7

表6.7.6 干法作业盘底土层极限端阻力标准值修正系数 η

土层名称	硬塑黏土	可塑黏土	粉 土	粉 砂	细 砂	中粗砂
η值	0.6~0.8	0.8~1.0	0.8~1.0	0.8~0.9	0.6~0.7	0.4~0.5

计算结果：单桩抗拔承载力极限标准值为2 000kN；

该桩抗压承载力极限标准值为2 200kN。

(4)布桩

地下车库为一桩一柱、两桩一柱和三桩一柱，承台厚1150mm，承台间连板厚650mm。总桩数114根。

6.7.2.4 基桩的(动、静)试验检测

本工程在114根抗拔桩中选3根进行了静载荷抗拔试验，占总抗拔桩的2.6%。选25根进行了低应变动力检测，占总桩数的22%。检测情况如下：

(1)静载荷抗拔试验

试验桩最大加载值为单桩抗拔承载力标准值的2倍，即2 000kN。

抗拔桩静载荷试验结果如表6.7.7所示。

表6.7.7 抗拔桩静载荷试验结果汇总表

桩 号	单桩承载力标准值1 000kN时上拔量(mm)	最大加荷2 000kN时上拔量(mm)
474	1.57	3.50
475	1.77	3.00
477	1.80	3.74
平均	1.71	3.41

抗拔桩静载荷试验的 U-Δ 曲线和 Δ-$\lg(t)$ 曲线如图6.7.4~图6.7.7所示。

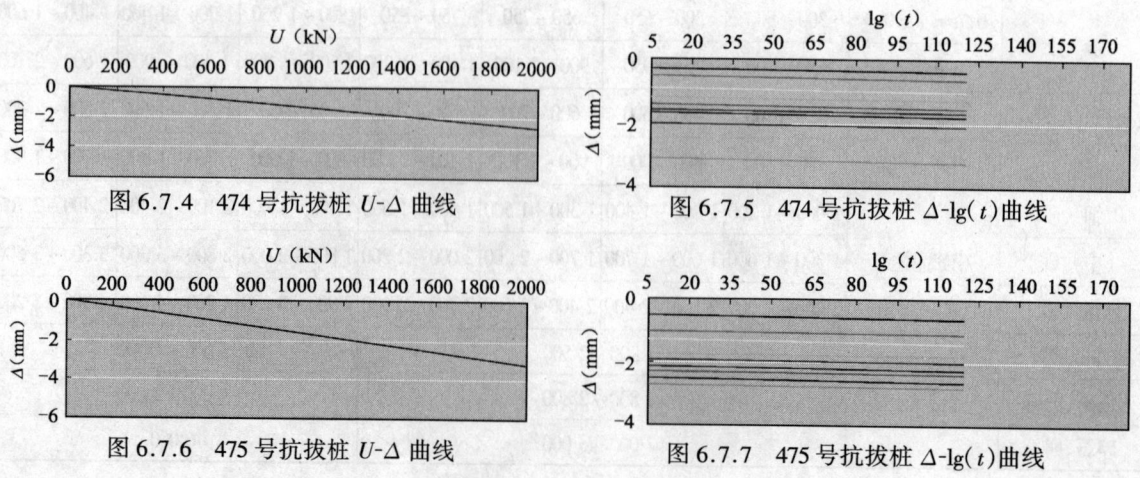

图6.7.4 474号抗拔桩 U-Δ 曲线

图6.7.5 474号抗拔桩 Δ-$\lg(t)$ 曲线

图6.7.6 475号抗拔桩 U-Δ 曲线

图6.7.7 475号抗拔桩 Δ-$\lg(t)$ 曲线

从图中可以看出,本工程的挤扩支盘混凝土灌注抗拔桩极限承载力大于2 000kN。

(2)低应变动力检测结果

桩身混凝土均达到完整和基本完整。

6.7.2.5 挤扩支盘灌注桩的施工

根据场地的工程地质、水文地质及抗拔桩的设计情况,参考附近工程的施工经验,本工程采用回转钻进、上部钢护筒、泥浆护壁、导管水下混凝土灌注工艺。

(1)主要机具和设备

①GPS-12型正反循环钻机(或同类钻机)及刮刀,完成桩直孔成型。

②YZJ600型或YZJ2000型支盘成型机(专利设备),完成桩的盘与支的成型。

③履带吊车,完成支盘成型机调用、钢筋笼吊装就位。

④水下灌注混凝土设备及机具,含砂石泵、泥浆泵、潜水泵导浆管、泥浆比重测仪等,完成泥浆护壁、水下灌注混凝土和泥浆处理等。

⑤其他:挖掘机、电焊机、经纬仪、水准仪等。

(2)施工工艺流程

定位放线—→桩位、标高复核—→钻机就位—→钻进成孔—→桩长检测—→挤扩成型设备入位—→挤扩支盘—→支盘直径检测—→下钢筋笼—→下灌注混凝土导管—→浇注水下混凝土—→混凝土养护。同时做好泥浆配置、钢筋笼制作及各种施工表单的填写、签字工作。

(3)直孔成型技术要点

1)直孔成型施工与一般混凝土灌注桩相同。

2)质量标准:①孔深满足设计桩长;②孔径允许偏差小于$0.1d$(d为桩径),且$\leqslant 50mm$;③桩孔垂直度偏差小于桩长的1%;④桩位水平偏差小于$d/6$,且$\leqslant 100mm$;⑤桩孔底沉渣$\leqslant 100mm$。

3)泥浆:①钻孔泥浆密度$\leqslant 1.3$;②灌注混凝土前泥浆密度$\leqslant 1.2$;③胶体率$\geqslant 95\%$;④含砂率$\leqslant 6\%$。

(4)挤扩支盘成型施工要点和检验

1)要点:①挤扩设备弓压臂挤出或收回过程,应认真读取表压值、设备起伏高度、液压油位差、起止时间等,并作好记录。②每完成一个承力盘或一组分支挤扩成型后,应及时补充泥浆,保持浆液水头高度,但不得注入清水。③挤扩支盘成型机吊离桩孔后,应及时清除孔口拖带泥皮、泥块,防止回落;同时立即补充泥浆。④挤扩支盘检验合格后,应及时施作下道工序,相隔时间一般应控制在3~5h以内。

2)检验及标准:①抗拔桩支盘成型底盘挤扩首次压力$\geqslant 10MPa$。②液压站油位计油压液面下降值与支盘机空载液面下降值相比,允许相差$+3mm$。③在无补给情况下,泥浆下降体积宜不小于承力盘体积的50%。④用井径仪抽检盘径,允许偏差$(1/15)d$。⑤根据设计图和勘察报告,施工时随时检查持力层层位、盘位、盘间距和盘数。

6.7.2.6 沉降观测

本工程委托北京市勘察设计研究院进行了沉降观测,共设40个观测点,包括对主楼、群楼的沉降观测,共观测14次。开始观测时间2001年2月13日,最终观测时间2003年6月3日。封顶时主楼平均沉降量2.600cm。交付使用一年时最大沉降速率已满足小于0.1cm/百日的基本稳定要求。进行最后一次观测时,主楼平均沉降为2.685cm,无明显差异沉降。群楼沉降1.679~2.784cm。地下车库沉降为0.101(南部边缘)~2.214(靠近主楼处)cm。满足设计要求。

6.7.2.7 技术与经济比较

经多项工程的技术经济比较,对工程量、工期进行统计,挤扩支盘灌注桩比普通混凝土灌注桩可节约材料50%左右,工期缩短30%左右。现就本工程的设计、施工具体情况,将挤扩支盘灌注桩与普通直杆混凝土灌注桩作一比较,如表6.7.8～表6.7.10所示。

表6.7.8 抗拔桩同桩径、同桩长情况下的比较

桩型	桩径 (mm)	桩长 (m)	单桩承载力极限值 Q_u (kN)	单方混凝土完成的承载力极限值 (kN/方)	比　较
支盘桩	650	12.0	2 000	447	2.2
直杆桩	650	12.0	800	200	1.0

表6.7.9 抗拔桩同桩长、同承载力情况下的比较

桩型	桩径 (mm)	桩长 (m)	单桩承载力极限值 Q_u (kN)	单方混凝土完成的承载力极限值 (kN/方)	比　较
支盘桩	650	12.0	2 000	447	2.55
直杆桩	1 100	12.0	2 000	175	1.00

表6.7.10 本工程的经济比较

桩型	总工程量 (m³)	比较	单方概算估价 (元/方)	基桩总价比较 (万元)	比　较	工期 (d)
支盘桩	509	1.00	1 600	81.44	0.63	15
直杆桩	1 297	1.93	1 000	130.00	1.00	20

6.7.3 结　语

挤扩支盘灌注桩作为一种新的桩型,经过多年的工程实践已显示出其独特的优点,具有极好的社会效益和经济效益,特别是北京市建委组织的鉴定对本技术给予了充分的肯定。目前,由建设部标准化协会立项组织编写的《挤扩支盘灌注桩技术规程》已报批。随着本技术的不断应用、发展、完善、提高,本技术将继续在地基基础工程领域发挥其承载力高、沉降量小、节省投资、缩短工期的优势,造福于国家、社会和人民。

张晓玲[1]　杨桂芹[2]
(1 北京恒基中创基础工程有限公司;2 北京城建设计研究总院)

6.8 压力注浆法在治理高填方路基裂缝中的应用

6.8.1 工程概况

某高速公路高填方路段,因多种因素影响,导致已筑道路路面沿行车中心线发生纵向开裂,路面以下水稳层开裂情况更甚于路面。为防止开裂情况进一步发展,稳定路基、路面,对该路段进行了注浆浆液配比试验,对注浆工艺及参数进行分析,并根据试验参数对该路段进行了治理加固,取得了满意效果。

6.8.2 注浆浆液配合比试验

6.8.2.1 浆液试验的基本原则及要求

性能应达到注浆工程质量要求,主要材料来源充足可靠,配制方便,操作简单。

6.8.2.2 材料选择

本次试验拟选用的主要材料及其基本性能如下:

(1)原425号普通硅酸盐水泥:符合质量标准的合格产品;

(2)粉煤灰:达到国际Ⅱ级粉煤灰细度要求,即0.045mm方孔筛筛余量<20%;

(3)膨润土:200目湿筛余量<4%。

6.8.2.3 浆液配合比选择

选用当地易取、价格较低的材料做主要材料,分别对水泥-粉煤灰两组分、水泥-膨润土两组分、水泥-粉煤灰-膨润土三组分的三种材料进行配比试验。选用水玻璃、氯化钙作为助剂,其配比方案如表6.8.1所示。

表6.8.1 配比方案

浆液组成（水固比）	固体比 材料	1:1	2:3	3:7	备 注
0.8	水	1 000	1 000	1 000	
	水泥	625	500	375	
	粉煤灰	625	750	875	
0.7	水	1 000	1 000	1 000	
	水泥	714	571.2	428.4	
	粉煤灰	714	856.8	999.6	
0.6	水	1 000	1 000	1 000	
	水泥	835	668	501	
	粉煤灰	835	1 002	1 169	
0.7	水	1 000			
	水泥	715			
	膨润土	50			
	粉煤灰	665			
0.9	水	1 000			
	水泥	1 000			膨润土占水泥质量的10%
	膨润土	100			
0.87	水	1 000			
	水泥	1 000			膨润土占水泥质量的15%
	膨润土	150			
0.95	水	1 000			
	水泥	1 000			膨润土占水泥质量的5%
	膨润土	50			

6.8.2.4 试验流程

进行室内浆液配合比试验主要步骤如下:

```
材料称重 → 搅拌 → ┬→ 测密度(测量密度及计算密度)
                  ├→ 试管存样(测结石率及观察分层离散析现象)
                  ├→ 测流动度
                  ├→ 测凝结时间(初、终凝时间)
                  └→ 取强度试验样(测 3d、7d、28d 强度)
```

6.8.2.5 试验成果

浆液配合比试验成果如表 6.8.2 所示。

表 6.8.2 浆液配合比试验成果表

编号	水固比（质量比）	固体比(%)			添加剂（占水泥质量，%）		凝结时间		密度（g/cm³）	结石率（%）	流动度（cm）	7d抗压强度（MPa）
		水泥	粉煤灰	膨润土	水玻璃	氯化钙	初凝（时:分）	终凝（时:分）				
ZJ-03	0.8:1 (1:1.25)	50	50		2	3	14:56	31:46	1.635	86	28	2.4
ZJ-04	0.8:1 (1:1.25)	40	60		2	3	18:10	43:40	1.566	84	27	1.0
ZJ-13	0.8:1 (1:1.25)	30	70		2	3	19:10	44:30	1.508	84	25	1.0
ZJ-10	0.7:1 (1:1.43)	50	50		2	3	8:10	26:10	1.665	87	24.7	2.9
ZJ-14	0.7:1 (1:1.43)	40	60		2	3	11:10	26:10	1.571	86	24	2.5
ZJ-15	0.7:1 (1:1.43)	30	79		2	3	12:55	25:25	1.536	84	24	2.5
ZJ-05	0.6:1 (1:1.67)	50	50		2	3	8:30	23:25	1.705	90	20.5	5.3
ZJ-06	0.6:1 (1:1.67)	40	60		2	3	9:25	29:15	1.669	92	20.1	3.6
ZJ-16	0.6:1 (1:1.67)	30	70		2	3	11:30	25:20	1.577	91	20	2.3
ZJ-01	0.8:1 (1:1.25)	50	50				20:30	32:30		78	28	2.3
ZJ-02	0.8:1 (1:1.25)	50	50				19:53	31:55		79	29	2.3
ZJ-18	0.6:1 (1:1.67)	50	50				14:40	24:10		89	20	3.8
ZJ-11	0.7:1 (1:1.43)	50	45	5	2	3	7:40	25:40	1.716	98	19	3.6
ZJ-07	1:1	90		10			13:20	33:50	1.684	90	23	4.9
ZJ-08	1:1	95		5			13:40	37:50	1.707	86	23	4.5
ZJ-09	1:1	85		15			10:00	21:00		86	12	4.0

6.8.2.6 填筑水泥砂浆材料配合比试验

为了解决高速路面开裂、沥青路面水稳层呈张性裂开,直接影响注浆治理面层封压、封浆问题,经专家组研究决定对张性裂缝宽大于5mm的宽缝,采用水泥砂浆填筑封闭,为此进行了5组水泥砂浆试验,成果如表6.8.3所示。

表6.8.3 填筑水泥砂浆材料配合比试验成果表

编号	水灰比（质量比）	灰砂比（质量比）	添加剂（占水泥质量,%）（铝粉）	凝结时间 初凝（时:分）	凝结时间 终凝（时:分）	密度（g/cm³）	7d抗压强度（MPa）	结石率（%）
ZJ-12	0.6:1 (1:1.67)	1:3		5:50	10:20		17.4	100
ZJ-17	0.6:1 (1:1.67)	1:2.5		5:25	10:20	2.227	16.9	100
ZJ-19	0.4:1 (1:1.43)	1:5.09		3:40	8:5		9.7	100
ZJ-20	0.7:1 (1:1.43)	1:5.09	1	2:25	9:30		9.6	108
ZJ-21	0.7:1 (1:1.43)	1:5.09	0.5	2:30	9:40	1.635	11.3	102

经分析并经专家组讨论认为:水灰比0.7:1,灰砂比1:5.09,添加剂铝粉掺量为水泥质量的1%时,该配比满足填筑裂缝、保证和提高封浆压力的目的和要求。

6.8.2.7 推荐配比

从技术性能、经济分析及现场注浆操作等方面考虑,推荐膨润土-水泥浆作为注浆材料,封闭水稳层裂缝采用水泥砂浆。具体配合比如表6.8.4和表6.8.5所示。

表6.8.4 注浆浆液配比推荐表

水灰比	固体材料(%) 水泥	固体材料(%) 膨润土	初凝（时:分）	抗压强度(MPa) 3d	抗压强度(MPa) 7d	抗压强度(MPa) 28d	结石率（%）	流动度(cm)	每1m³材料质量(kg/m³) 水泥	每1m³材料质量(kg/m³) 膨润土	每1m³材料质量(kg/m³) 水	每1m³材料浆液成本（元/m³）
1:1	90	10	13:20	3.0	4.9	7.7	90	23	286	80	802	402.20

表6.8.5 填筑水泥砂浆材料配合表

水灰比	灰砂比（质量比）	初凝（时:分）	抗压强度(MPa) 3d	抗压强度(MPa) 7d	抗压强度(MPa) 28d	每1m³材料质量(kg/m³) 水泥	每1m³材料质量(kg/m³) 砂	每1m³材料质量(kg/m³) 水	每1m³材料质量(kg/m³) 铝粉	每1m³材料浆液成本（元/m³）
0.7	1:5.09	2:25		5.8	9.6	286	1 450	200.5	0.286	245.20

6.8.3 注浆工艺及参数分析

6.8.3.1 工艺流程

根据试验及工程地质条件,采用全孔作为一个完整的注浆段进行注浆。其工艺流程为:割开剥离缺陷路面→清理缺陷路面→砂浆填筑封堵裂缝→布孔→钻孔→安装封孔器→下注浆管→封孔→冲洗钻孔→注浆→终止注浆→拔封孔器。在试验过程中,封孔器因浆液固结,拔出困难,后省掉此工序。

6.8.3.2 成孔工艺

钻孔是注浆工艺中的关键工序。钻孔成孔效率的高低,直接影响施工工期的长短,钻孔质量也很大程度影响注浆效果。通过对工艺的研究和现场试验,采用无循环半干钻成孔工艺,这样没有大量水分带入高填方路基,对路基稳定性没有负面影响。

6.8.3.3 注浆参数

(1) 注浆压力

注浆压力过小直接影响浆液的扩散、填充挤密效果,达不到对路基缺陷治理的目的。注浆压力过大,不仅会产生路基大量冒浆,造成浆液浪费,而且易造成未切割路面的鼓胀变形,甚至造成路基的蠕动、推移,破坏路基土的结构。

根据治理对象的特定条件,结合以往注浆工程中的经验,确定该工程采用全孔作为一个完整的注浆段进行注浆的工艺,允许注浆压力为 0.3MPa,终止压力按 0.4 MPa 控制。通过 32 个试验孔验证,采用此参数注浆,质量可靠,浆液充盈度好。

(2) 浆液有效扩散半径

经过试验并通过统计、修正,得到浆液有效扩散半径 $R = 2.25$m。

6.8.4 注浆施工治理高填方路基裂缝

6.8.4.1 钻孔布置

沿缺陷裂缝呈"一"字形布置,孔深 3.0~3.5m,钻孔间距 3.0m。为防止注浆孔之间串孔冒浆,采用隔孔分序方式进行注浆,即第一序孔间距为 6.0m,第二序孔间距为 3.0m,相邻注浆孔间隔时间不小于 48h。

6.8.4.2 注浆终止条件

单孔终止注浆条件主要从孔口压力和冒浆情况两方面确定。

①孔口压力控制在 0.3MPa,若达到或高于(不大于 0.35MPa)此值应停止注浆,待压力消散后再注浆,如此反复三次。当第三次开泵注浆孔口压力升至 0.4MPa 时,维持此压力 5min 即可终止注浆。

②若出现冒浆现象,采用间歇注浆法,每隔 10~20min 再注,若经过 1~2 个间隔冒浆问题消除,则按孔口压力 0.4MPa 作为终止条件;若经过 2 个间隔,冒浆问题仍未消除,则以三次注浆为终止条件。

6.8.4.3 检测

在施工中按规范要求对水泥、注浆浆液进行了抽样检验。注浆治理完工后,按注浆孔总数的 3% 进行了动力触探检测。注浆前后动力触探击数差别十分明显,说明治理效果是明显的。

6.8.5 结　语

本次注浆加固工程,历时近 5 个月,共完成注浆孔 1 275 个,注浆检测孔 42 个,钻孔总进尺 4 851m,总注浆量 597.2m^3。通过注浆加固治理的路段,经过近五年的运营,效果良好,路基处于稳定状态。

注浆法在治理建(构)筑物地基和路基方面有广泛的应用前景,尤其在处理不规则裂缝及空洞方面更有独到之处。注浆材料选择及确定配比应极为慎重,应根据具体工程进行试验,并通过工程试验段予以检验。

丁太东　安享茂　张学利　朱克令
(新疆建筑科学研究院)

6.9 条形基础垫层底面处附加压力值的简化计算

6.9.1 前言

换填垫层法是常用的地基处理方法之一,该方法适用于浅层软弱地基和不均匀地基的处理。在采用换填垫层法进行地基处理设计时,首先应确定垫层的厚度 z,而 z 值应根据需置换软弱土的深度或下卧土层的承载力来确定,并符合下式的要求。

$$p_z + p_{cz} \leqslant f_{az} \quad (6.9.1)$$

式中 p_z——相应于荷载效应标准组合时,垫层底面处的附加压力值(kN/m^2);

p_{cz}——垫层底面处的自重压力值(kN/m^2);

f_{az}——垫层底面处经深度修正后的地基承载力特征值(kN/m^2)。

式中条形基础垫层底面处的附加压力值 p_z,应按《建筑地基处理技术规范》中式(4.2.1-2)进行计算。本文在现有理论的基础上,对垫层底面处的附加压力值的计算进行了简化,给出了简化用系数 M 和应用表格,为在实际工程设计中应用提供了方便。

6.9.2 研究的内容和结果

当上层土与垫层的压缩模量比值大于或等于3时,对于条形基础可用压力扩散角的方法求得垫层底面处的附加压力值 p_z,该方法是假设基底处的附加压力 p_0 按某一扩散角 θ 向下扩散,在任意深度的同一水平面上的附加压力均匀分布(图 6.9.1)。所谓地基压力扩散角,就是压力扩散线与垂直线的夹角,如表 6.9.1 所示。根据扩散前后的总应力相等的条件或采用《建筑地基处理技术规范》中式(4.2.1-2),可得出条形基础下垫层底面处的附加压力值 p_z

$$p_z = \frac{b(p_k - p_c)}{b + 2z\tan\theta} \quad (6.9.2)$$

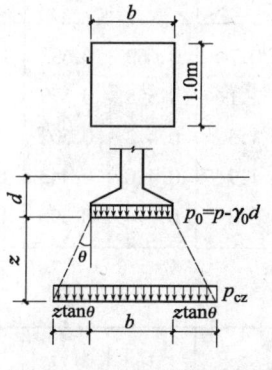

图 6.9.1 压力扩散角法

式中 p_z——条形基础下垫层底面处的附加压力值(kN/m^2);

p_k——相应于荷载效应标准组合时,基础底面处的平均压力值(kN/m^2);

p_c——基础底面处土的自重压力值(kN/m^2);

b——条形基础底面的宽度(m);

z——基础底面下垫层的厚度(m);

θ——垫层的压力扩散角(°),宜通过试验确定,当无试验资料时,可按表 6.9.1 采用。

表 6.9.1 压力扩散角 θ(°)

z/b	换填材料 中砂、粗砂、砾砂、圆砾、角砾、石屑、卵石、碎石、矿渣	粉质黏土、粉煤灰	灰 土
0.25	20	6	28
≥0.50	30	23	

注:(1)当 $z/b < 0.25$ 时,除灰土取 $\theta = 28°$ 外,其余材料均取 $\theta = 0°$,必要时,宜由试验确定;
(2)当 $0.25 < z/b < 0.5$ 时,θ 值可内插求得。

为了简化计算起见,可设

$$p_z = M(p_k - p_c) \tag{6.9.3}$$

其中

$$M = \frac{b}{b + 2z\tan\theta} \tag{6.9.4}$$

式中　M——简化系数,其值如表 6.9.2~表 6.9.6 所示。

表 6.9.2　M 值表($z/b = 0.25, \theta = 6°$)

z \ b	1	1.1	1.2	1.3	1.4	1.5	1.6	1.7	1.8	1.9	2.0	2.1
0.7	0.872	0.882	0.890	0.898	0.904	0.911	0.915	0.920	0.925	0.927	0.932	0.935
1.1	0.812	0.826	0.839	0.849	0.858	0.867	0.874	0.881	0.886	0.891	0.896	0.901
1.5	0.760	0.778	0.792	0.805	0.816	0.827	0.835	0.843	0.851	0.857	0.864	0.869
1.9	0.715	0.734	0.750	0.764	0.778	0.789	0.800	0.809	0.819	0.827	0.834	0.840
2.3	0.674	0.695	0.713	0.729	0.743	0.756	0.768	0.779	0.788	0.798	0.806	0.815

表 6.9.3　M 值表($z/b = 0.25, \theta = 20°$)

z \ b	1	1.1	1.2	1.3	1.4	1.5	1.6	1.7	1.8	1.9	2.0	2.1
0.7	0.662	0.683	0.702	0.719	0.734	0.747	0.758	0.770	0.779	0.789	0.796	0.804
1.1	0.555	0.579	0.600	0.619	0.636	0.653	0.667	0.680	0.693	0.703	0.714	0.725
1.5	0.478	0.502	0.523	0.543	0.561	0.579	0.594	0.609	0.623	0.635	0.646	0.657
1.9	0.420	0.443	0.464	0.485	0.503	0.521	0.536	0.551	0.565	0.580	0.592	0.603
2.3	0.374	0.396	0.418	0.437	0.455	0.473	0.488	0.503	0.518	0.532	0.544	0.557

表 6.9.4　M 值表($z/b \geq 0.25, \theta = 23°$)

z \ b	1	1.1	1.2	1.3	1.4	1.5	1.6	1.7	1.8	1.9	2.0	2.1
0.7	0.627	0.649	0.668	0.686	0.701	0.716	0.730	0.741	0.752	0.762	0.770	0.779
1.1	0.517	0.541	0.563	0.582	0.599	0.617	0.632	0.646	0.659	0.671	0.682	0.693
1.5	0.440	0.463	0.485	0.506	0.524	0.542	0.557	0.571	0.585	0.599	0.610	0.622
1.9	0.383	0.406	0.426	0.446	0.465	0.482	0.498	0.513	0.527	0.542	0.554	0.565
2.3	0.339	0.361	0.380	0.399	0.417	0.435	0.450	0.466	0.479	0.494	0.506	0.519

表 6.9.5　M 值表($z/b \geq 0.5, \theta = 28°$)

z \ b	1	1.1	1.2	1.3	1.4	1.5	1.6	1.7	1.8	1.9	2.0	2.1
0.7	0.573	0.596	0.617	0.636	0.653	0.668	0.682	0.695	0.707	0.719	0.729	0.738
1.1	0.461	0.485	0.506	0.526	0.545	0.562	0.578	0.592	0.606	0.619	0.631	0.642
1.5	0.385	0.408	0.429	0.449	0.467	0.485	0.501	0.516	0.530	0.544	0.556	0.568
1.9	0.331	0.353	0.373	0.392	0.409	0.426	0.442	0.457	0.471	0.485	0.497	0.510
2.3	0.290	0.310	0.329	0.347	0.364	0.380	0.395	0.410	0.424	0.437	0.450	0.462

表 6.9.6　M 值表（$z/b \geq 0.5$，$\theta = 30°$）

z \ b	1	1.1	1.2	1.3	1.4	1.5	1.6	1.7	1.8	1.9	2.0	2.1
0.7	0.553	0.576	0.598	0.616	0.634	0.650	0.664	0.678	0.689	0.701	0.712	0.722
1.1	0.440	0.464	0.480	0.506	0.524	0.542	0.557	0.573	0.587	0.599	0.612	0.624
1.5	0.366	0.388	0.409	0.429	0.447	0.464	0.480	0.495	0.509	0.523	0.536	0.548
1.9	0.313	0.334	0.354	0.372	0.389	0.407	0.422	0.437	0.450	0.464	0.476	0.489
2.3	0.274	0.293	0.311	0.329	0.346	0.362	0.376	0.391	0.403	0.416	0.430	0.441

【算例】　4层写字楼，承重墙传到 ±0.00 处的设计荷载为 $N = 186 \text{kN/m}$。地基土上层为人工填土，厚度 1.5m，重度 $\gamma = 16.5 \text{kN/m}^3$；下层为淤泥质土，厚度为 8.2m，重度 $\gamma = 17 \text{kN/m}^3$，承载力特征值 $f_{ak} = 72 \text{kN/m}^2$。采用条形基础（图 6.9.2），基础材料和基础台阶上填土的平均重度 $\gamma_g = 20 \text{kN/m}^3$，地基处理采用砂垫层，采用中砂，其承载力设计值取 $f = 156 \text{kN/m}^3$，压力扩散角 $\theta = 30°$。试确定基础宽度和砂垫层底面处的附加压力值。

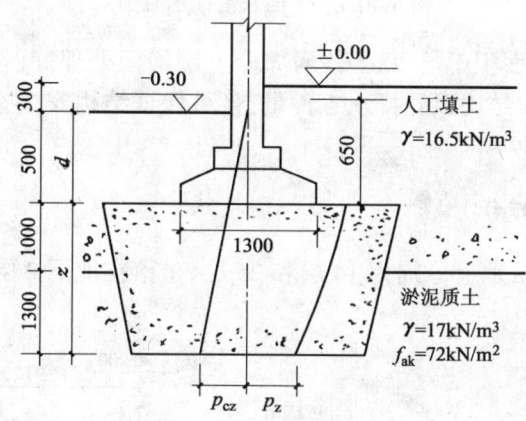

图 6.9.2　算例附图

【解】　基础宽度　　$b = \dfrac{N}{f - \gamma_g h} = \dfrac{186}{156 - 20 \times 0.650} = 1.3$ m

基础底面平均压力　　$p_k = \dfrac{N + G}{b} = \dfrac{186 + 1.3 \times 0.650 \times 20}{1.3} = 156.08$ kN/m^2

基础底面处土的自重压力　　$p_c = \gamma d = 16.5 \times 0.5 = 8.25$ kN/m^2

基础底面的附加压力　　$p_0 = p_k - p_c = 156.08 - 8.25 = 147.83$ kN/m^2

砂垫层底面处土的自重压力　　$p_{cz} = 16.5 \times 1.5 + 17 \times 1.3 = 46.85$ kN/m^2

当基础宽度 $b = 1.3$m、砂垫层厚度 $z = 2.3$m、压力扩散角为 30°时，查表 6.9.6，得简化系数 $M = 0.329$。

故砂垫层底面处的附加压力设计值

$$p_z = M p_0 = 0.329 \times 147.83 = 48.64 \text{ kN/m}^2$$

此结果与《建筑地基处理技术规范》中式(4.2.1-2)的计算结果相一致，表明本文用 M 值简化条形基础垫层底面处附加压力值的计算是可行的。

李保军

（河南安阳市政维护管理处）

6.10 把好地基基础关确保工程质量与安全

6.10.1 大钟寺市政四公司 2 幢 16 层住宅(1981 年)

本工程由于两楼间局部地基承载力不能满足要求,故设计单位将基础标高降至 −9.2m 处,把厚达 1.8m 的大面积具有良好承载力的土层全部挖除,然后再进行回填。如图 6.10.1 所示。

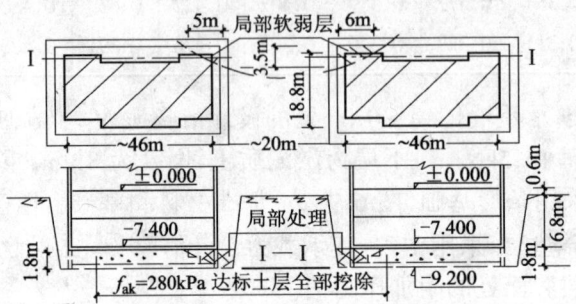

图 6.10.1 平面及剖面示意图

施工审图后认为:若把面积不足 $20m^2$ 软弱部分土层加固处理好,将基础标高提升至 −7.4m 处,不但可以减少大量土方、结构以及排水工程量,且可保证结构安全。这一方案为工程节约 36 万元,工期提前 1 个月。

6.10.2 东土城某大厦(1997 年)

该工程宽 40m,长 162m,地上分别为 14 层和 25 层,坐落在地下 2 层连体筏基上,其建筑与地基纵剖如图 6.10.2 所示。

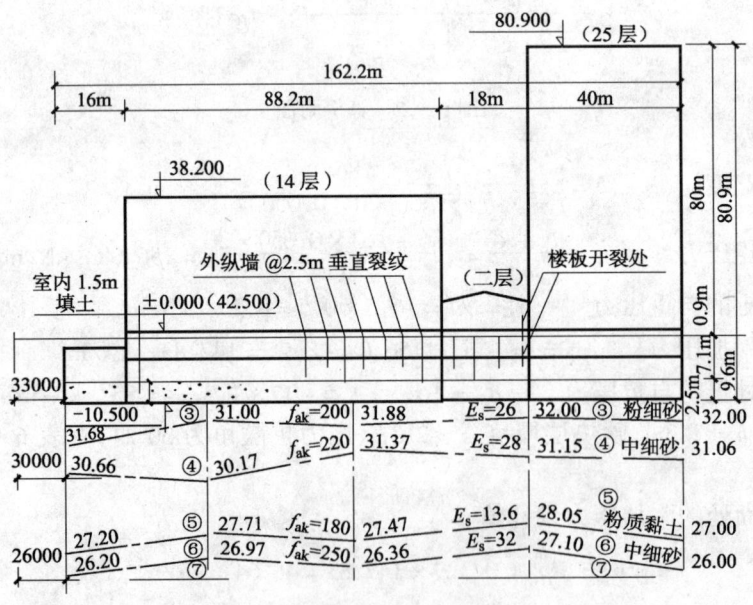

图 6.10.2 地基剖面图

审图后认为,本建筑较长,高低错落,荷载相差悬殊,采用天然地基很难保证由于不均匀沉降将给结构带来严重后果。提出:

(1)承载力特征值取 220kPa 不妥,因④最薄处仅 0.5m,最厚处 2.5m 很不均匀,应取下部⑤

180kPa 为宜;

(2) 根据最高 25 层以及地下室回填 1.5m 土层,其建筑折算荷载 N 为 $(27 层 \times 16.5\text{kPa} + 1.5 \times 18\text{kPa}) = 472\text{kPa/m}^2$;

(3) 按设计规范,地基承载力设计值为 $420\text{kPa/m}^2[180 + 0.3 \times 18(6-3) + 16 \times 17.5(8.5-0.5) = 420]$。420 < 472,说明地基承载力不能满足要求。

由于某些人为原因,没有采取措施。1998 年 6 月结构封顶时整个高低层连接部位,±0.00 与负 1 层楼板横向有通长细小裂纹,并随时间,裂纹继续扩大,用 ϕ6mm 钢筋即能穿透 18cm 厚楼板。装修过程中,高低跨部位墙面有开裂脱落现象,同时地下室外纵墙每 2.5m 有 0.2mm 通长垂直裂纹(约 20 条)。这说明二道 0.35m 厚×10m 高外纵墙(配有 ϕ20mm 以上大直径钢筋)不但承受着设计的竖向荷载和侧压力,且像受弯构件的大梁一样,由于地基承载力不够、不均,还承受着由于地基基础变形所产生的巨大弯矩和剪力。存在一定安全隐患,有待于加固处理。

6.10.3 大兴区金华园住宅小区(1999 年)

本工程总建筑面积约 17.5 万 m^2,分别由 40 幢 3~5 层砖混结构组成。根据地勘报告,持力层 -2.2m 处③砂质粉土厚 4m 以上,承载力特征值 $f_{ak} = 160\text{kPa}$,地下水埋深 15m,无液化。勘查报告建议:采用条基并加 ϕ350mm×4000mm 灰土桩@1500mm 梅花形布置。经审图,5 层结构沿轴线最大荷载 $F = 210\text{kPa}$,条基宽 1.8m×160kPa/m,其承载力特征值可达 288kPa/m;且每幢建筑物总长在 40m 以内。这么好的持力层,下卧层更好,可采用天然地基。这一建议为本工程节省了 85 万元,每幢楼压缩工期半月左右,还为后期同类工程做出示范。

6.10.4 建外公寓(2000 年)

本工程总建筑面积 4.8 万 m^2,地下 2 层,长 84.2m,宽 33.8m,地上东西分别为 24 层、20 层,其纵剖如图 6.10.3 所示。

该项目场地十分狭小,周边环境与道路条件很差,给施工带来一定难度。根据勘察资料、市规划道路标高,设计确定建筑基底标高为 31.900m,即以地下③粉砂黏土层 $f_{ak} = 160\text{kPa}$ 作为持力层不能满足要求,④细砂层 $f_{ak} = 230\text{kPa}$ 也不能满足要求,直到⑤卵石层 $f_{ak} = 400\text{kPa}$,才能满足。故勘查和设计方案都将③、④层厚约 4m 土全部挖除,换填天然级配分层碾实。该方案,要挖成深大基坑,一方面是场地条件不允许,其次是大型碾压设备无法进场。

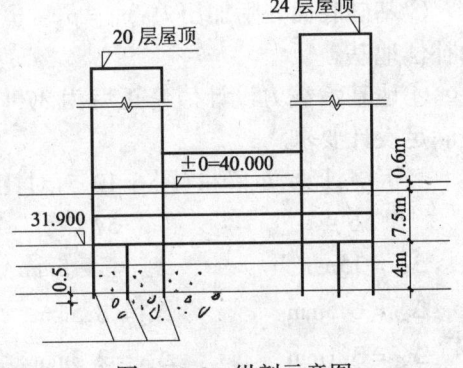

图 6.10.3 纵剖示意图

通过分析,基底 31.900 标高下③、④层土承载力虽不能满足设计要求,但主要的物理力学性质指标,如:液限指数 $I_L \leq 0.25 \sim 0.30$,属于硬塑;压缩模量 $E_s = 24\text{MPa}$,属低压缩性;标贯击数 $N = 55 \sim 65$,属密实性。说明均匀性很好。根据经验,本工程如采用复合地基要优于换土地基。这一建议为工程节省资金约 50 万元,提前工期 30d。

6.10.5 长辛店电话局(2000 年)

该工程地下 1.5 层,地上 5.5 层,东西长 54m,南北宽 22~39.6m,建筑面积 9 600m^2,坐落在呈阶梯状三级平台的中台丘陵地上,地面标高 54.00m,如图 6.10.4 所示。

场地有一深约6m探坑,地表下4m地下水极为丰富。地下水位在49.000处。1.5m厚人工填土下为10m厚第四纪坡积黏性土,含少量鹅卵石,很密实。$f_{ak}=250$kPa;再下为第三纪风化沉积岩$f_{ak}=300$kPa。工程处于山坡地带,规划不会限高。提出将整个建筑物抬高,躲开地下水的建议,这样在施工中就可不降水排水、少挖土,并减少三面维护挡土墙工程量。本建议不但为工程节省建设资金约100万元,压缩工期20d,还使该建筑成为当地景点建筑。

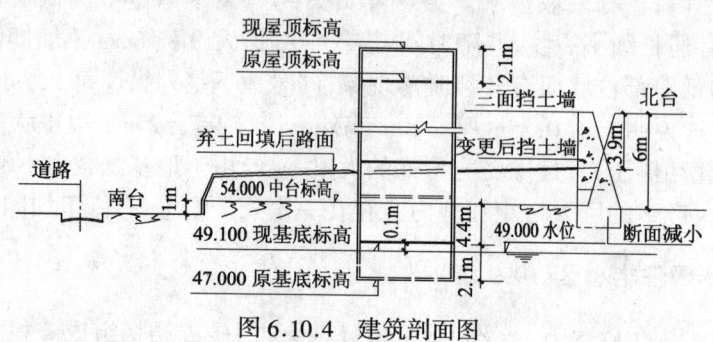

图6.10.4 建筑剖面图

6.10.6 海淀区学知园逸成东苑(B区)5号、7号两座12.5层板楼(2001年)

该两幢建筑坐落在大型车库中心,设计采用CFG桩复合地基;但车库为天然地基。若两者同步施工,必然由于两座板楼施工滞后干扰大型车库不能正常施工。任务大,工期紧,矛盾突出。

在审定施工组织设计中,提出取消CFG桩复合地基方案。计算如下:
对板楼地基承载力的验算:
①平均压力应按15.5层计: $p_1 = 15.5$层$\times 16$kPa/m² = 248kPa/m²;
②基础底面处土自重压力: $p_c = 10.5$m$\times 18$kPa/m² = 189kPa/m²;
③基础底面处附加压力: $p_0 = p_1 - p_c = 248 - 189 = 59$kPa/m²,说明附加压力很小,是一个很好的补偿地基;
④地基承载力设计值修正后为370kPa/m² > 248kPa/m² > 59kPa/m²,说明该地基承载力可完全满足设计要求。

经沉降计算,沉降量(图6.10.5)对比如下:

56点	57点
$\Delta_{s1}=15$mm	$\Delta_{s1}=11.5$mm
$\Delta_{s2}=6.5$mm	$\Delta_{s2}=8.5$mm
$\Delta_{s3}=3.1$mm	$\Delta_{s3}=2.3$mm
$\Delta_{s4}=0.6$mm	$\Delta_{s4}=1.1$mm
共25.2mm	共23.4mm

沉降差仅1.8mm。

从地质剖面看各土层厚度虽不甚均匀,但其压缩模量E_s基本相差不大,故此地基沉降满足规范要求。这一方案为5号、7号板楼提前完工约2个月,节省直接工程费用145万元,排除大型车库施工干扰,对整个建筑群正常施工创造了良好的条件。

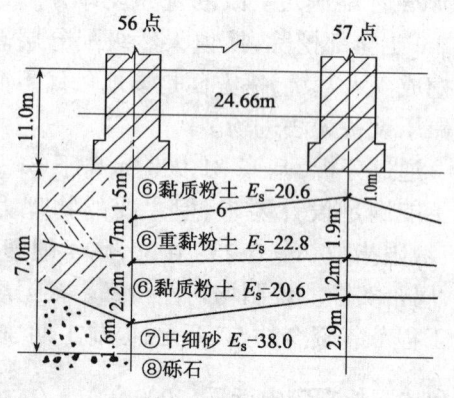

图6.10.5 沉降量对比

通过上述事例可见,作为监理工程师首先应对设计图纸进行仔细的审阅,找出不安全隐患,予以预防。其次,对施工中暴露出的问题,应采取有效措施进行处理,防止产生严重后果。特别是有关地基基础工程和开挖支护工程,更不可掉以轻心。本文所列各项事例,足以说明只有把好地基基础关,才能确保建筑工程质量和安全,从而提高建筑工程综合效益。

厉家能

(北京建创建筑工程咨询有限责任公司)

6.11 锚杆静压桩在特殊地基土中的应用研究

6.11.1 前言

锚杆静压桩是锚杆和静力压桩二项技术结合而形成的一种桩基施工新工艺,是一项地基加固处理新技术。加固机理与坑式静压桩相同但施工工艺不同。现用于新建建筑物的逆作法施工基础,其施工工艺是先在新建的建(构)筑物基础上预留压桩的桩位孔,并预埋好锚杆,然后安装压桩反力架,通过锚杆利用建筑物的自重作反力(必要时可加配重),用压桩设备将桩体(混凝土方桩或钢管桩)逐节压入地基土,桩节与桩节之间的连接采用焊接,使桩端坐落到或进入可靠持力层。使建筑物荷载直接传到持力层。当压桩力和压桩深度达到设计要求后,将桩头与基础浇注在一起,桩即可受力。压桩深度采用压桩力和标高双控措施。

当新建建筑物基础不能设计为天然地基时,采用锚杆静压桩逆作法施工,可提高工效,降低施工难度,获得良好的技术和经济效果。因为逆作法改变了先作基础后建房的常规施工顺序,而是先建房后压桩,压桩可与上部建筑同步施工。另外,特殊工程地质条件下,该施工法可使施工难度很大的工程得以顺利实施。

近几年锚杆静压桩托换技术逐步在我国得到了广泛的应用,特别是在特殊工程地质条件下得到了顺利实施,取得了较好的效果。现结合工程实例,介绍锚杆静压桩逆作法技术在赤泥堆场地基土中的应用。

6.11.2 工程概况

山西某铝厂110kV种分槽保安变电站,拟建建筑物包括6kV高压室、控制室、电容器室、道路及变压器等电器设施。长46.00m,宽33.00m。该场地位于山西省河津县中国铝业山西分公司原赤泥堆场。

赤泥是氧化铝工业生产的废料,属于有害废渣,化学成分极其复杂,为强碱性土。天然状态的赤泥压缩系数为1.0~1.6MPa,属高压缩性土,强度差异性较大。一般每生产1t氧化铝约产出1.0~1.3t赤泥,赤泥废料的排放侵占了大量的农田、工业场地。多年来,赤泥堆场一直无法得到利用,给企业造成了很大的经济损失。

6.11.3 工程地质条件

根据岩土工程勘察报告,该场地属黄河南岸一级阶地,原地貌单元属黄河东岸Ⅲ级阶地,现为赤泥堆积场地,地势平坦。场地出露的地层主要为杂填土、赤泥、黄土状粉土、粉细砂、粉质黏土(未穿透)。其工程地质特征如下:

①层杂填土(Q^{4ml}):分布于整个场地,厚度0.30~2.50m,杂色,主要由垃圾、砖块、煤屑、赤泥

组成,结构松散,力学性质差。

②层赤泥(Q^{4ml}):分布于整个场地,厚度为10.20~19.80m,杂色,主要矿物成分为文石、方解石,含量为60%~65%。粒径大多在0.005~0.075mm之间,稍湿~饱和。天然密度为1.45~1.51g/cm³之间,天然孔隙比变化在0.253~0.295之间。压缩系数为1.0~1.6MPa^{-1},具有高压缩性,强度差异性大。且具有强碱腐蚀。$E_s = 2$MPa,$f_{ak} = 40$kPa。

③层黄土状粉土(Q^{4apl}):黄褐色,厚度0.00~5.10m,局部夹薄层黏土、砂土等,呈硬塑~可塑状态,稍湿~湿,稍密~中密。$E_s = 4$MPa,$f_{ak} = 120$kPa。

④层细砂(Q^{4apl}):黄褐色,分布于整个场地,埋深17.10~30.1m,中密~密实状态,级配均匀,局部夹黄色或红色粉质黏土薄层,湿~饱和。$E_0 = 22$MPa,$f_{ak} = 350$kPa。

⑤层粉质黏土(Q^{4apl}):黄褐色,本地层最大揭露深度为3.40m,未穿透,土质均匀,饱和,稍密~中密。

地下水类型为潜水,稳定水位埋深为20.10~20.40m,局部地段为14.3~15.6m左右,存在上层滞水。根据水质分析报告,地下水具有强碱腐蚀。

6.11.4 地基处理方案

根据该场地工程地质条件,地基处理可采用桩基。桩基可采用机械钻孔灌注桩、机械冲击成孔灌注桩、打入桩或静力压桩。但由于该地基土具有高压缩性,②层赤泥及地下水具有强碱性腐蚀,采用机械钻孔灌注桩、机械冲击成孔灌注桩设备进驻现场困难,施工工期长,且桩身防腐处理成本较高,不能满足建设单位的要求。静力压桩可采用锚杆静压桩逆作法。该方法是采用桩筏基础,先施工筏板并预留洞口,后压桩。压桩力与标高双控制,直观、明确、便捷,效果明显,是一种直观可靠的地基处理方法,能保证地基处理质量及建筑物使用年限,施工工期短,能满足建设单位的要求,适合于该场地建筑物地基处理。

经方案比较,根据场地工程地质条件、建筑物结构形式,场地施工前对杂填土、赤泥进行开挖,开挖深度约10.00m。控制室、6kV高压室地基土为粉质黏土,可作天然地基。其他建筑场地地基土为赤泥,赤泥厚度约10.00m,地基处理采用锚杆静压桩逆作法方案。

6.11.5 地基处理设计

根据《建筑结构设计手册》及"岩土工程勘察报告",赤泥开挖回填500mm厚3:7灰土垫层,其承载力特征值按$f_{ak} = 80$kPa进行设计。静压桩尺寸为250mm×250mm,单桩承载力标准值按$P_s = 300$kN进行设计。砂层标贯锤击数>30,密实、无液化,压桩深度进入砂层即可。由于②层赤泥及地下水具有强碱腐蚀,须对预制桩身进行严格防腐蚀处理。根据上部的荷载及桩筏共同作用,经计算后具体设计如图6.11.1~图6.11.4所示,设计参数如下:

(1)共布置静压桩38根;基础筏板26.5m×19.2m×0.5m。

(2)静压桩采用250mm×250mm耐碱钢筋混凝土方桩,每节长1.5m,桩尖长1.5m,C30混凝土。

(3)压桩反力采用预埋M30锚杆,锚杆根数4根/桩。

(4)桩体采用2道环氧沥青漆进行防腐蚀处理。接桩采用焊接,接头进行防腐蚀处理。

(5)压桩进入砂层,平均深度为12m。采用标高和压桩力双控制,压桩力为450~500kN。

(6)基础筏板厚度500mm,桩头伸入筏板长100mm,筏板下为100mm厚素混凝土垫层及500mm厚3:7灰土垫层。

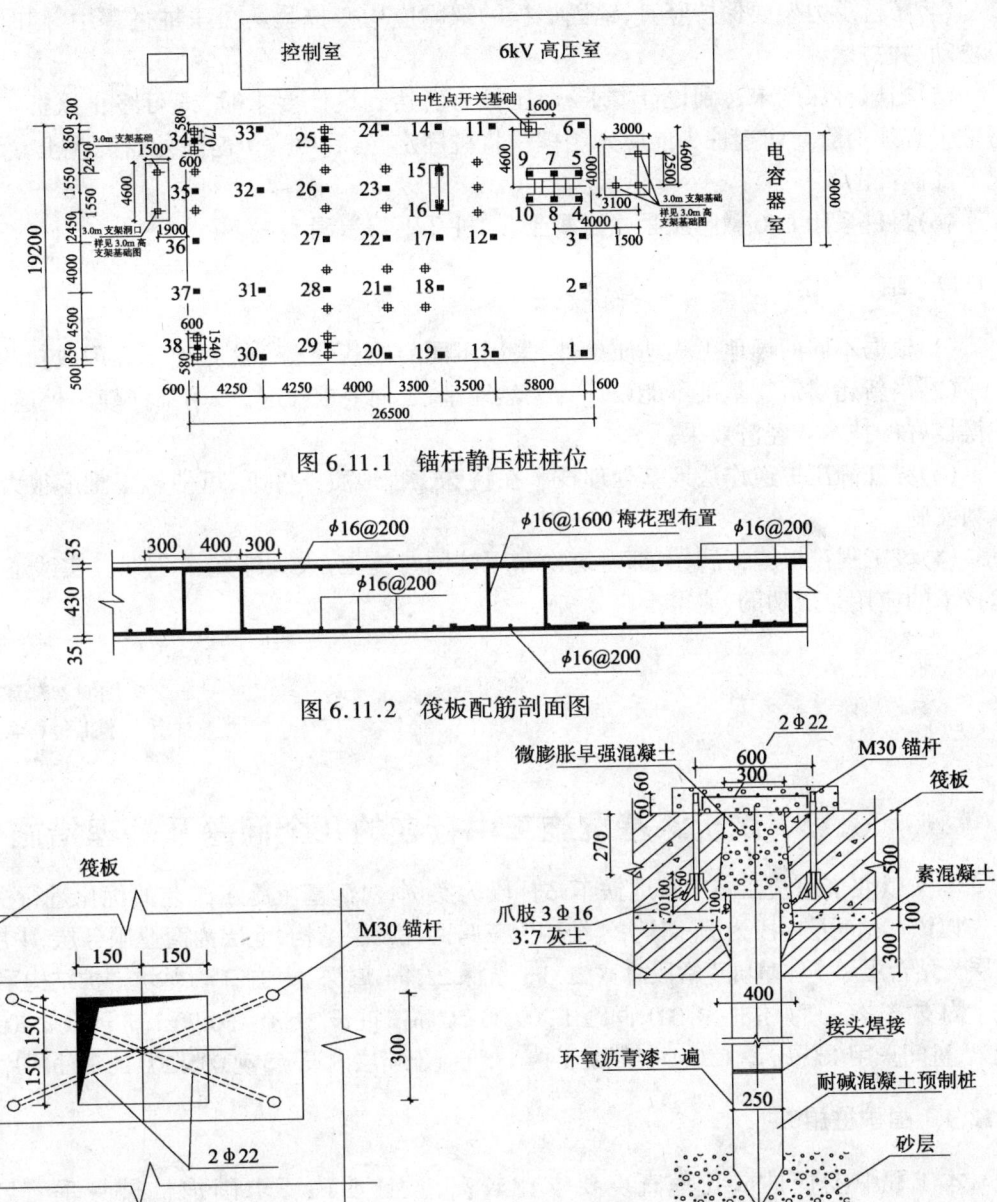

图 6.11.1 锚杆静压桩桩位

图 6.11.2 筏板配筋剖面图

图 6.11.3 压桩孔、锚杆布置图

图 6.11.4 锚杆静压桩剖面图

6.11.6 施 工

6.11.6.1 施工程序

施工准备→定位放线→垫层抄平→支垫层及压桩洞口模板→现浇垫层混凝土→放筏板钢筋线→绑扎筏板钢筋→支基础洞口模板预埋螺栓→现浇筏板混凝土→预制混凝土方桩→刷防腐涂料→压混凝土方桩→浇注微膨胀混凝土封压桩洞口→养护。

6.11.6.2 施工要求

(1) 该施工为后施工法,先进行筏板施工,后进行静压桩施工。
(2) 筏板制作时,压桩洞口边缘应增加加强筋。
(3) 预埋锚杆螺栓为爪式或墩式,在基础混凝土整浇时定位。

(4) 压桩反力架要保持竖直，锚固螺栓的螺帽应均衡拧紧。在压桩过程中，随时检查螺帽是否松动，并拧紧。

(5) 当压桩深度未达到设计要求，但压桩力已达到设计要求时，即可终止压桩。此时对于外露桩头必须切除。切割桩头前应先用楔块将桩固定，然后用凿子凿除外露混凝土，严禁在悬臂情况下乱砍乱凿。

(6) 封桩采用C30微膨胀早强混凝土，封桩孔不得渗漏水。

6.11.7 结 论

(1) 根据不同的场地工程地质条件，采用不同的地基处理方法是地基处理成功的关键。

(2) 当新建建筑物基础不能设计为天然地基，工期要求短时，采用锚杆静压桩逆作法施工，可获得良好的技术和经济效果。

(3) 锚杆静压桩逆作法地基处理技术在特殊工程地质条件下，可使施工难度很大的工程得以顺利实施。

(4) 该工程筏板施工后，上部建筑物和压桩同时施工，大大缩短了工期。实践证明该地基处理技术的应用是成功的，值得推广。

张国澍 郑建军

（甘肃土木工程科学研究院）

6.12 浅析深基坑施工中存在的几个问题及处理措施

本文以北京地铁在施工某地铁车站标段为实例，对深基坑施工工艺的优化进行探讨。

以该车站明挖南段为例。其主体结构为三跨两柱三层结构，上层为商业服务层，中层为站厅层，下层为站台层。主体基坑正常段总宽22.3m，坑深22.4m，属深基坑施工。基坑围护结构采用钻孔灌注桩+内支撑体系。灌注桩$\phi 1\,000$，间距$1\,200 \sim 1\,500$mm，桩长$29.70 \sim 30.70$m，桩顶设$1\,200$mm$\times 800$mm冠梁，桩间采用100mm厚C20喷射混凝土挡土，混凝土喷层内设$\phi 8@200\times 200$的钢筋网片。

6.12.1 围护桩施工

本工程中围护桩成孔垂直度要求比较高，设计明确要求围护桩桩身垂直度不得大于$3L/1\,000$（L为围护桩桩长），施工难度较大。为达到此目的，选用旋挖机成孔。旋挖机不仅能够满足现场地质情况的钻孔要求，而且在控制垂直度方面也优于其他类型的成孔方式。施工中将围护桩桩位线整体向基坑外侧平移10cm，以保证个别垂直度偏差较大的围护桩不至于侵入车站结构，影响后续车站结构施工。但该方法造成在后续的防水及施工时，个别桩位与结构距离较大，需要特殊处理。可砌砖墙找平或者增加喷射混凝土厚度。从施工安全、施工难度和保证进度看，桩位外放还是优于后期凿桩的。

6.12.2 桩间网喷混凝土施工

桩间网喷混凝土挂网的一般施工工艺为剔凿出相邻两围护桩主筋后，挂网筋网片，设压筋与桩主筋单面焊接。压筋间距500mm，以固定钢筋网片。本工程采用打入膨胀螺栓与压筋连接方式，压筋与膨胀螺栓采用焊接连接。焊接时注意不能烧伤螺栓套筒，以保证螺栓强度。事实证明，此施工方法易于掌握，网喷质量较好。膨胀螺栓采用M18型。

6.12.3 土方施工(马道的技术处理)

本工程施工围护结构桩时,在2号出入口位置施作的是短桩,预留了马道的位置。短桩桩顶距一般部位桩顶冠梁顶12.65m。围护结构短桩施工完毕后优化施工方案时,将马道移至西南风道,此时的西南风道围护桩已经施工完毕,所以必须将已施完毕的围护桩凿除至马道底,距冠梁顶12.65m。短桩处需重新设计支护结构至一般部位的冠梁顶。

优化后的施工方案利于从北向南的流水段作业,加快结构施工进度,减缓工期压力。马道平面如图6.12.1所示。

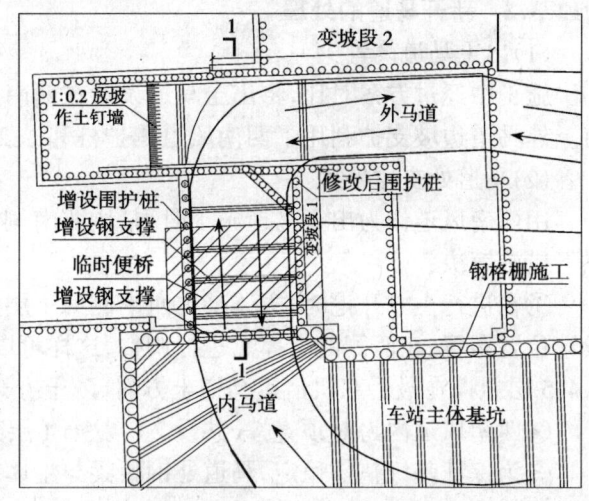

图6.12.1 马道平面布置图

6.12.3.1 原马道短桩处的处理

在2号出入口短桩范围内采用钢筋格栅+锚杆+模筑混凝土的支护型式,随挖随架设格栅。经过严格、准确计算,确定钢格栅的配筋。

为了保证主体基坑的整体稳定性,施工时首先在该处补作冠梁。冠梁下预留 $\phi 25mm$ 钢筋,间距1.5m,与第一榀钢格栅焊接连接。格栅上下每榀间距50cm,随土方开挖一起架设。土方开挖每步1m,开挖面形成后及时架设钢格栅。格栅主筋与主体围护桩主筋单面焊连接。钢格栅竖向采用 $\phi 25mm$ 钢筋,间距1.5m,每层搭接长度不得小于25cm,单面焊连接。

开挖面中部沿基坑竖向设置一道锚杆,锚杆采用 $\phi 20mm$ 钢筋,间距1.5m,长11m,锚头锁定在钢格栅中部的15cm×15cm预埋角钢上。锚头锁定采用现场直螺纹套丝机和套筒进行连接。

为了加快施工进度,保证施工质量,格栅混凝土施工采取了类似倒挂井壁逆作法。模板安装时,靠基坑侧预留出宽25cm、高25cm的坡口,用以施工下层钢格栅模筑浇筑混凝土。下层钢筋绑扎之前,要将上层混凝土底面清理干净,接触面凿毛处理。该施工方法与现场其他部位喷射混凝土钢格栅相比较,从成品外观质量、整体强度等方面均优于后者。如图6.12.2所示。

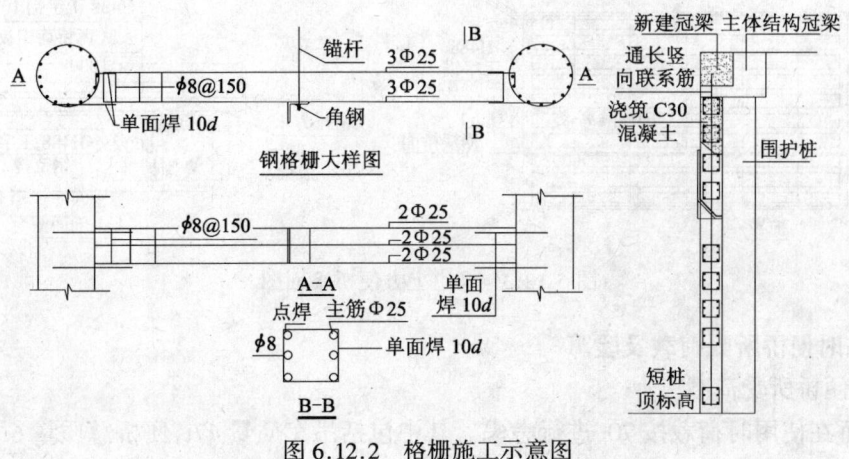

图6.12.2 格栅施工示意图

6.12.3.2 新开马道的处理

(1)出土马道设置

施工中经过方案对比,将出土马道设置在西南风道处。主体基坑内为内马道,基坑外为外马道。外马道边坡支护利用了西南风道围护桩和原2号出入口围护桩,并且增设内支撑。

(2)马道处支撑处理

用西南风道作为出土马道施工时,基坑西南侧共有2层斜支撑受马道影响无法设置。采取以下措施解决:

①在进行土方开挖时,主体基坑西南侧第1层斜撑与第2层钢支撑在基坑南侧支撑点按原设计位置布置,在西侧的支撑点进行调整,这样可以保证在开马道后基坑南侧的安全。西南侧第3、4、5层斜撑在最后双机清运马道土方时,随土方开挖架设钢支撑。

②西南风道内为对顶直撑,共设2层。第1层架设在冠梁上,第2层架设在腰梁上。

③为保证基坑整体稳定,马道处钢腰梁与主体基坑钢腰梁联接。在破除围护桩范围内,设2层对顶撑。

6.12.4 马道处钢便桥的设置

6.12.4.1 临时便桥的用途

由于本工程施工场地较小,出土马道设置后,使原本狭小的施工场地分为南北两块,且无法贯通,给后序钢支撑架设施工和主体结构施工带来很大困难。为解决此问题,在主体基坑出土马道处设置临时便桥一座,将南北施工场地连通。

6.12.4.2 临时便桥设置方案

临时便桥设置在西南风道出土马道位置的上方。便桥宽7m,跨8.6m,桥面高出现场地面20cm。临时便桥采用10根H488工字钢进行架设。工字钢长度11m,间距0.7m。桥面铺装采用20mm厚钢板。便桥5m宽作为机动车通道,2m宽作为人行、小推车通道,中间采取一定措施隔离。便桥两侧设1.2m高护栏,护栏两端顺基坑方向延伸3m。

便桥所在位置的围护桩冠梁作为便桥承台,H488工字钢与冠梁间密排10cm×10cm方木,以避免工字钢与冠梁刚性接触。为保证基坑整体安全,在便桥下冠梁位置每间距2.6m增设钢支撑。

便桥结构组成如图6.12.3所示。

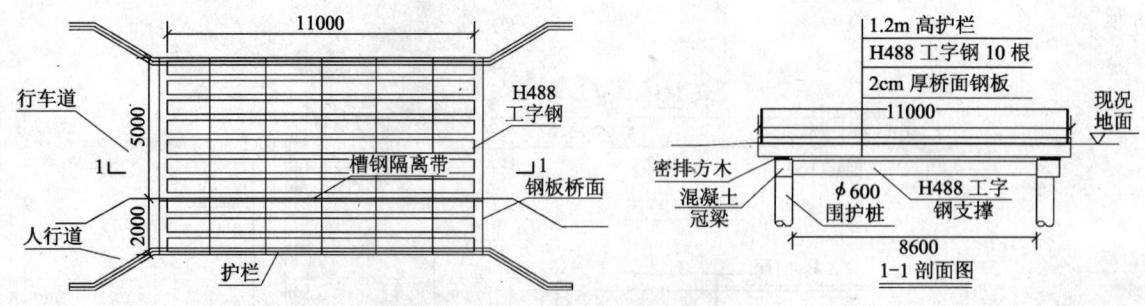

图6.12.3 马道上方便桥平面图

6.12.4.3 临时便桥所受荷载及验算

(1)临时便桥所受荷载

临时便桥在使用时荷载按70t进行考虑。其中包括吊车质量47t,便桥总质量6.9t,动力荷载按静荷载的130%计,为16.1t。计算时,由于车辆均为直行通过桥面,所以不考虑侧向分布力,安全系数取为4。钢支撑采用日本进口的H488型钢,计算过程按16Mn钢考虑,取钢屈服强度315kN/mm²。由于该型钢的力学性能优于16Mn钢力学性能,计算结果从理论上分析要比实际情况偏于安全。钢便桥受力按均布荷载考虑,计算所得8.6m宽的每根工字钢上的均布荷载为7.90kN/m,因不是实际的受力情况,所以按8.0kN/m计。

(2)便桥验算

按《施工手册》钢结构强度与稳定性计算中受弯构件公式进行验算,计算其抗弯强度、整体稳定性及局部稳定性。

1)截面特性

①工字钢截面尺寸,如图6.12.4所示。

②工字钢截面特性:面积 $A = 15\ 320\text{mm}^2$;惯性矩 $I_x = 67\ 368\text{cm}^4$, $I_y = 8\ 103.8\text{cm}^4$;抵抗矩 $W_x = 2\ 761\text{cm}^3$, $W_y = 504.3\text{cm}^3$;回转半径 $i_x = (I_x/A)^{1/2} = 20.97\text{cm}$, $i_y = (I_y/A)^{1/2} = 7.27\text{cm}$。

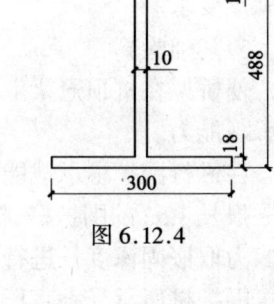

图6.12.4

2)强度验算

工字钢梁受均布荷载为8kN/m(图6.12.5),其公式

$$M_x/\gamma_x W_{nx} \leqslant f$$

跨度为 $l = 8.6\text{m}$;总均布荷载为 $q = 4 \times 8 = 32\text{kN/m}$;工字钢两端剪力 $V = 4 \times 8 \times 8.6/2 = 137.6\text{kN}$;均布荷载 q 产生的跨中最大弯矩 $M_{\max} = ql^2/8 = 295.84\text{kN} \cdot \text{m}$。

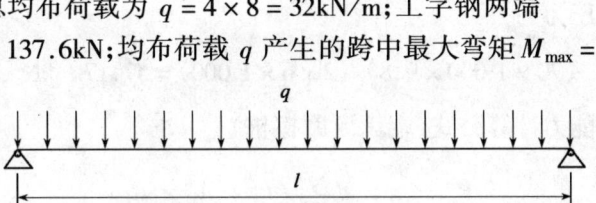

图6.12.5

强度验算:

$$M_x/\gamma_x W_{nx} = 102.1\text{N/mm}^2 < 315\text{N/mm}^2$$

满足要求。式中截面塑性发展系数 γ_x 取1.05。

3)稳定验算

①整体稳定验算

$$\sigma = M_x/\psi W_x \leqslant f$$

$$\lambda_x = l_0 x/i_x = 40.95 < [\lambda] = 150$$

刚度满足要求。λ_x 为梁的长细比。

由《钢结构设计规范》查表得 $\psi = 0.937$。

$$\sigma = M_x/\psi W_x = 114.36\text{N/mm}^2 < 315\text{N/mm}^2$$

满足要求。

②局部稳定验算

当 $h_0/t_w \leqslant 80 \times (235/f_y)^{1/2}$ 时,对无局部压应力的梁,可不配置加肋筋。

$h_0/t_w = 27.11$, h_0 为腹板的计算高度488mm, t_w 为腹板的厚度18mm。

$$80 \times (235/f_y)^{1/2} = 66$$

$$h_0/t_w \leqslant 80 \times (235/f_y)^{1/2}$$

所以不需配置加肋筋,截面稳定,满足要求。

4) 挠度验算

单跨简支梁受均布荷载挠度计算公式

$$v = 5ql^4/384EI = 0.0344\text{m} = 1.64\text{ cm}$$

允许挠度

$$[v] = 1/250 = 3.454\text{ cm}$$
$$v < [v]$$

故满足要求。

5) 基础验算

便桥架在桩顶冠梁上,荷载由桩顶冠梁传递到马道两侧围护桩上。基础验算主要验算围护桩承载能力。

在进行围护桩承载能力计算时按最不利位置进行验算。围护桩最不利位置为马道处加设的第一根长12m的围护桩,桩嵌固深度3.7m。由于马道便桥施工时,围护桩部分土体被挖除,单桩摩擦力取嵌固深度长进行计算,即计算摩擦力土层厚度取3.7m。此计算结果偏于安全。

围护桩所承受垂直压力为

$$(70 \times 1\,000 \times 9.8)/(2 \times 6 \times 1\,000) = 57.17\text{ kN}$$

由灌注桩单桩承载能力计算公式(端承+摩擦桩)

$$P_a = \pi \times d \sum f_i L_i + A_p \times R_i$$

式中 d——桩身直径(m);

L_i——有效桩长范围内第 i 层土的厚度(m);

f_i——第 i 层土的容许侧摩擦力(kN/m);

A_p——桩身截面面积(m^2);

R_i——桩端土层容许承载力(kPa)。

计算时桩身直径 d 取设计直径0.6m,桩身截面面积 A_p 取0.28m^2,桩端土层承载力 R_i 由地质勘察报告中查得,R_i 值取200kPa。各土层容许侧摩擦力由地质勘察报告中查得,综合考虑取最小值20kPa。单桩承载能力为

$$P_a = 195.5\text{kN} > 57.17\text{ kN}$$

满足要求,所以便桥施工时不需要进行基础处理。

6.12.5 结　论

本文以施工实例来阐述深基坑施工中几项工艺的优化。不同工程还会遇到各种不同问题。深基坑支护工程是近20年来随着城市高层建筑和地铁建设发展而发展的一门新的实践工程学,它还有待于通过工程实践、理论研究不断完善和进步。

梁俊峰　李广江　尹　伟
(北京城建地铁地基市政工程有限公司)

6.13 预制混凝土楼板连续跨塌控制

6.13.1 引言

随着人们生活水平的提高,人类生产、生活活动的聚积性增大,伴随而来的自然、人为灾害给社会造成的危害程度也在提高。例如,2003年11月3日,衡阳市衡州大厦失火,造成大楼突然发生坍塌,20名消防官兵壮烈牺牲,15名官兵受伤;2004年2月14日,俄罗斯一水上乐园的玻璃屋顶突然坍塌,随后一面墙壁发生倒塌,造成28人丧生、110多人受伤;2005年12月4日,俄罗斯一游泳馆发生顶棚坍塌事故,共造成14人死亡,其中包括10名儿童,另有10多人受伤;2006年1月2日,德国一冰上运动馆的屋顶突然倒塌,造成至少15人死亡。这些现有建筑的倒塌事故,造成重大人员伤亡和财产损失。如何防止现有建筑跨塌事故,成为国内外政府机构、学者关注的重大课题。

为此,长期以来,建筑工程领域的专家学者就现有建筑的健康问题进行了大量研究工作,建立了现有建筑检查、鉴定的标准和规范,同时各国政府也颁布了房屋建筑管理法规,如我国颁布实施的《工业建筑可靠性鉴定标准》(GBJ 144—90)、《城市危险房屋管理规定》(1989年11月21日颁布2004年7月20日修订),加拿大《建筑法》中明确规定现有建筑鉴定承载能力极限状态计算分析条款,以期从建筑病害的早期发现和安全管理角度,控制现有建筑跨塌事故。即使如此,现有建筑倒塌事故仍时有发生,给我国经济发展和和谐社会建设造成严重影响。本文从事故案例分析入手,探讨通过设计合理的结构体系,控制建筑使用过程中的跨塌。

6.13.2 现有建筑倒塌原因与防范

事故案例分析表明,建筑倒塌事故发生原因基本可以归为以下几类:

(1)设计缺陷与设计错误

设计缺陷与设计错误,是导致建筑跨塌的主要原因之一。例如,1940年,美国华盛顿州的塔科马索桥,就是由于设计没考虑到风荷载引起的自感应振动造成的。

(2)施工差错

施工差错,包括施工过程中的偷工减料,是导致建筑倒塌的另一个主要原因,约占21%。例如,1997年7月12日,浙江常南县一五层住宅楼整体倒塌,造成36人死亡,3人重伤;1999年1月4日晚6时50分左右,重庆綦江彩虹桥整体垮塌,造成18名年轻武警战士在内的40人遇难。

(3)使用不当

使用不当,包括非正常使用、加固改造不当,约占建筑倒塌事故的23%。例如,1991年大连重型机械厂计量楼三层会议室屋顶坍塌,造成43人死亡,127人受伤。

(4)其他原因

其他原因,如无设计、施工图纸等,约占建筑倒塌事故35%。

6.13.3 预制混凝土楼板连续塌坏案例

鉴于现有建筑倒塌事故的危害性,世界各国加强了建筑设计、施工、验收全过程管理,同时实施建筑可靠性检测鉴定、城市危险房屋管理等技术和行政法规,以控制现有建筑倒塌,收到良好效果。但是预制混凝土楼板建筑连续塌坏事故不断发生。

案例1 2005年4月9日凌晨2时许,重庆市垫江县桂溪镇桂溪村5社一幢9层旧民房楼顶的违章建筑被大风吹垮,砖头砸落在与该楼相邻的另一幢6层居民楼上,致使该6层楼1~6层主卧室部位楼板被全部砸穿,正在熟睡中的两对夫妇被砸死。从1楼朝上看去,6层楼内形成一个18m高的"大漏斗"。"漏斗"周围还挂着随时可能垮塌下来的断裂预制板、家具等物。

这两幢居民楼均为10年前修建,一幢9层,一幢6层。9层居民楼楼顶修建有一座1.3m高的墙体,9日凌晨2点左右,墙体被大风吹垮,顺着风向,倒向了与它相邻的6层高居民楼顶。由于两幢楼之间的落差有3层楼、近10m高,在重力的作用下,6层居民楼顶屋面板被砸穿,楼板加上1.3m高的砖头又砸向底下的5层楼板,就这样,整幢居民楼2至6层的楼板全部被砸穿。

案例2 1992年12月6日某住宅小区三期8-1号8层宿舍楼,施工到7层时,2块预应力圆孔板(3.9m跨),突然坍塌,一塌到底,造成11人死亡、1人重伤、5人轻伤。

案例3 2001年11月某住宅小区,6层砖混住宅,傍晚时分,一工人在5层楼面推一小车湿水砖,致使一块空心楼板折断。折断楼板从5层开始先后砸断4层空心楼板、3层楼板,一直砸到底层,砸死2名在一楼房间休息的一对民工夫妻。

案例4 重庆市某宿舍工程为砖混结构,在吊装第三层混凝土空心楼板时,因吊装原因,将空心板临时堆放在已安装好的楼板上。因楼板承载能力不足,发生断裂,并依次砸穿2层、1层楼板,最后砸到底层的素土中,造成1死、2伤。

案例5 2004年3月中旬,某商品住宅小区一幢住宅6层屋面现浇混凝土施工中发生坍塌事故,坍塌物将与之垂直对应的下面6层预应力空心板全部砸穿,10名施工人员与4辆手推车、模架、混凝土一起落入地下室。施工人员不同程度受伤,在社会上造成恶劣影响。

6.13.4 预制楼板住宅建筑结构体系改造

尽管国内外针对建筑倒塌事故,制定了相应的控制措施,但预制混凝土楼板建筑连续塌坏事故的不断发生,从侧面表明现有防范措施是不够的,需要对其结构体系进行改造。那么如何构建预制混凝土楼板建筑结构体系,防止这类住宅建筑倒塌事故呢?首先我们来看一个的现浇楼板事故案例。

某工程,高层建筑,2001年结构完工,正进行设备安装。在起吊一个约6t重的变压器时,因缆绳断裂,变压器从88.5m的高空落下,撞击到下部裙房的现浇混凝土楼板上,击穿了从6层到4层共3层楼板。变压器冲击荷载的势能约360t·m,是前述预制空心楼板连续破坏案例冲击荷载势能(约2t·m)的180倍。如果是预制空心混凝土楼板,不仅会砸穿所有楼板,地板也会砸穿,正是由于该工程采用的是现浇楼板,事故后果并不十分严重。

现浇混凝土楼板的防灾、抗灾能力,远远高于预制楼板。然而,完全放弃预制空心楼板改用现浇楼板,虽然可以杜绝楼板在较小势能冲击荷载下的破坏,但由于现浇混凝土楼板成本高和施工技术要求高,而预制混凝土空心楼板具有经济、施工便利的优势,因此难以淘汰。需要采取折中方案。

在砌体建筑设计中,为提高竖向墙体的抗灾能力,《砌体结构设计规范》规定设置圈梁提高其整体性措施。作为借鉴,在多层预制空心楼板建筑中,每隔几层(3层或4层)设置一层现浇楼板,使整个楼板体系如同多层建筑砌体中设置的圈梁,增强结构的整体性。由于现浇楼板少,因此经济上投入较小,但可以有效防止预制混凝土空心楼板连续垮塌事故,显著提高建筑抗灾、抗震能力。

因此,隔层设置现浇混凝土楼板的预制空心楼板建筑,是一种较好的抗灾、抗震结构体系。

6.13.5 结　论

通过事故案例分析,得到以下基本结论:

(1)现有建筑倒塌事故原因,除设计、施工错误及使用不当等原因外,建筑结构体系不合理是导致预制空心混凝土楼板建筑连续跨塌事故持续发生的主要原因之一。

(2)间隔设置(如砌体中的圈梁)现浇楼板,经济投入小,可显著提高建筑物的整体刚度和防灾抗灾能力,控制楼板连续跨坍事故。

赵挺生　张奉举　董　立
(华中科技大学土木工程与力学学院)

6.14　多种支护工艺在某基坑工程中的综合应用

6.14.1　工程概况

该工程位于广东省中山市中山港附近,新建的电镀铬板车间位于厂区已有厂房的南侧。在该车间中部由西向东设计布置有JK2、JK3及JK4基坑。各基坑内地下结构的尺寸设计分别为8.135m×6.8m、30.24m×8.4m、9.12m×6.8m,长向均为东西向。3个基坑地下结构间的距离均约2.0m,东西向总长为51.38m,南北向总宽为8.7m。JK2、JK4基坑底板下垫层底面高程为-8.6m,JK3基坑底板下垫层底面高程为-5.8m。

地下结构北侧距已有厂房约3m。据了解该厂房采用管桩基础。

6.14.2　工程地质条件

6.14.2.1　基本地质情况

目前场地地面较平坦。以现地面高程为0.0高程。钻孔平面及地质剖面如图6.14.1所示。据地质报告场地各土层自上而下依次为:

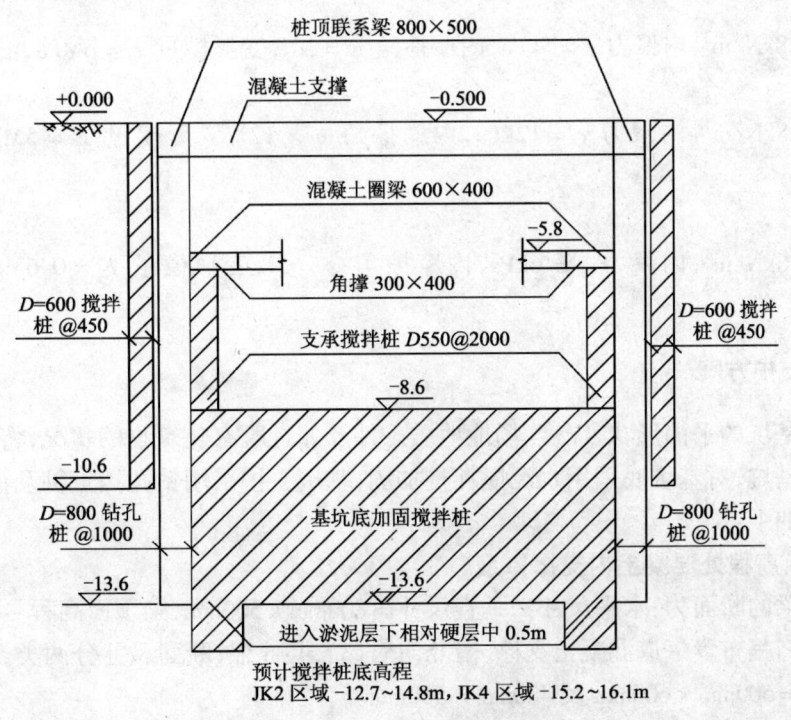

图6.14.1　A—A(JK2、JK4区域)

(1) 人工填土(Q^{ml})

为素填土,上部 0.5m 主要为花岗岩片石,下部以粉细砂为主,次为泥质。呈松散状。层厚 $h = 1.7 \sim 6.0m$,多为 $h = 3.7 \sim 4.2m$。

(2) 耕植土(Q^{pd})

呈软塑状,$h = 0.4 \sim 1.1m$,平均 $h = 0.6m$,层底高程 $-2.2 \sim -6.7m$。

(3) 冲淤积土(Q_4^{al})

①淤泥

含少量贝壳碎片。$h = 7.5 \sim 12.1m$,平均 $h = 9.8m$。层底高程 $-11.5 \sim -16.2m$,JK2 基坑处层底高程为 $-12.2 \sim -14.3m$,JK3 基坑处为 $-14.3 \sim -16.3m$,JK4 基坑处为 $-14.7 \sim -15.6m$。标贯 $N = 1.7 \sim 3.7$ 击,含水量 $W = 68.7\% \sim 81.9\%$,平均 $W = 75.8\%$。室内固结快剪试验的强度参数值为:内聚力 $c = 13.3 \sim 18.0$ kPa,平均 $c = 16.2$ kPa;内摩擦角 $\varphi = 8.6 \sim 12.7°$,平均 $\varphi = 10.6°$。

②粉质黏土及黏土

呈可塑状,标贯 $N = 8.0 \sim 9.0$ 击,$h = 1.5 \sim 5.1m$,平均 $h = 3.6m$。

③细砂

仅见于 ZK4 及 ZK8 孔,中密状,$h = 0.6 \sim 1.0m$,平均 $h = 0.8m$。

④残积层

呈可塑状~硬塑状,标贯 $N = 12.4 \sim 19.4$ 击,$h = 1.9 \sim 13.3m$,平均 $h = 6.3m$。

⑤花岗岩风化带

层顶 $13.9 \sim 26.4m$,地下水位埋深为 $1.2 \sim 1.5m$。

6.14.2.2 各土层有关物理力学参数取值

(1) 填土

重度 $\gamma = 18$ kN/m³,内聚力 $c = 5$ kPa,内摩擦角 $\varphi = 20°$,变形模量 $E = 6$ MPa,泊松比 $\mu = 0.35$。

(2) 耕植土

重度 $\gamma = 18$ kN/m³,内聚力 $c = 12$ kPa,内摩擦角 $\varphi = 12°$,变形模量 $E = 5$ MPa,泊松比 $\mu = 0.36$。

(3) 淤泥

重度 $\gamma = 16$ kN/m³,内聚力 $c = 6$ kPa,内摩擦角 $\varphi = 5°$,变形模量 $E = 0.6$ MPa,泊松比 $\mu = 0.45$。

6.14.3 基坑支护方案

综合考虑基坑的平面形状、深度、场地地质条件及邻近既有建筑物的状况,将 JK2、JK3 及 JK4 总体作为一个基坑,对基坑底采用水泥搅拌桩加固,基坑支护采用钻孔挡土桩及混凝土内支撑体系。具体方案如下:

6.14.3.1 桩顶高程处混凝土内支撑体系

桩顶连系梁的断面为:水平尺寸×垂直尺寸 = 800mm×500mm,梁顶面高程 $-0.5m$。

在连系梁高程布置一道混凝土支撑(南北向对撑),共 5 根,断面尺寸分两类,分别为:水平尺寸×垂直尺寸 = 500mm×600mm 及 400mm×500mm。

在东西两端 JK2 及 JK4 的范围内布置 12 个角撑,断面尺寸为:水平尺寸×垂直尺寸 = 300mm×400mm。

6.14.3.2 -5.8m 高程处的支撑体系

对东、西两端的 JK2 及 JK4 的较深基坑,均在 -5.8m 高程设置一道内支撑体系。圈梁断面尺寸为:水平尺寸×垂直尺寸 = 600mm×400mm。在每个圈梁的角部均设置角撑,8 个角撑的断面尺寸均为:水平尺寸×垂直尺寸 = 300mm×400mm。

6.14.3.3 基坑钻孔挡土桩的布置

沿基坑周边按中心距 1.0m 布置钻孔灌注桩挡土。在基坑中部 JK3 范围,钻孔桩直径为 600mm,桩底高程 -10m,即进入基坑底面(-5.8m)以下 4.2m。在基坑两端的 JK2 及 JK4 范围,钻孔桩直径为 800mm,桩底高程 -13.6m,即进入基坑底面(-8.6m)以下 5m。

在钻孔桩挡土侧按中心距 500mm 布置一排直径 600mm 的搅拌桩形成帷幕,桩底进入基坑底面下 2.0m。用于钻孔桩间挡土及基坑开挖止水。

6.14.3.4 基坑底水泥搅拌桩加固

基坑底水泥搅拌桩的加固深度(坑底高程以下深度)为:中部 JK3 部分 4.2m,两端 JK2 及 JK4 部分为 5.0m。将 JK2 及 JK4 部分的四周边 3 排搅拌桩穿过淤泥层,进入其下相对硬层中 0.5m。考虑到本场地淤泥层含水量较高,为使搅拌桩具有较好的早期强度,并对基坑底淤泥的工程性质有所改善,采用喷粉型水泥搅拌桩(干法)。搅拌桩直径 550mm,淤泥层中设计搅拌桩的标准强度为 $q_u = 1.2$MPa。为使坑底加固搅拌桩具有一定的整体结构性,搅拌桩在平面上呈格栅状密排布置,相邻两桩均搭接 150mm。基坑底周边以 3 排搅拌桩密排成格边,中部 JK3 部分按 1.2m 间隔布置单排桩格栅,JK2 及 JK4 部分按 0.8m 间隔布置单排桩格栅。

6.14.4 支护结构受力分析

6.14.4.1 挡土桩及内支撑的内力计算

(1)计算方法

在挡土桩水、土压力作用下,桩的内力及桩与内支撑体系间的作用力应用文献 61、62 提出的侧向荷载作用下桩土相互作用模型分析,并采用专用程序计算。填土层采用水土分算,水位埋深取 1.5m,其余土层水土合算,土压力采用 Rankine 理论计算。计算中考虑 $q = 10$kN/m^2 的地面均布荷载。

(2)挡土桩及内支撑的刚度

C25 混凝土的弹性模量 $E = 2.8 \times 10^4$MPa;

直径 0.6m 钻孔桩的抗弯刚度 $EI = E \cdot \dfrac{\pi d^4}{64} = 2.8 \times 10^4 = \dfrac{\pi \times 0.6^4}{64} = 1.78 \times 10^2$MN·m^2,

直径 0.8m 钻孔桩的抗弯刚度 $EI = E \cdot \dfrac{\pi d^4}{64} = 2.8 \times 10^4 = \dfrac{\pi \times 0.8^4}{64} = 5.63 \times 10^2$MN·m^2;

单根混凝土支撑的抗压刚度 $K = \dfrac{E \cdot A}{L}$;

对断面尺寸为 0.5m×0.6m 的混凝土支撑 $K = \dfrac{2.8 \times 10^4 \times 0.5 \times 0.6}{10.7/2} = 1.57 \times 10^3$MN/m,

对断面尺寸为 0.4m×0.5m 的混凝土支撑 $K = \dfrac{2.8 \times 10^4 \times 0.4 \times 0.5}{10.7/2} = 1.05 \times 10^3$MN/m。

(3)搅拌桩的力学参数取值

28d 龄期强度 $q_u = 0.7q_u = 0.7 \times 1.2 = 0.84$MPa;

变形模量 $E = 100q_u = 84$MPa;

抗拉强度 $[\sigma_t] = 0.0787 q_u^{0.8111} = 68$kPa;

内聚力 $c = 0.2813 q_u^{0.7078} = 272$kPa;

内摩擦角 $\varphi = 23°$；

坑底采用搅拌桩处理后侧向等效变形模量为 $E_{sp} = m \cdot E_p + (1-m) \cdot E_s$；

搅拌桩侧向置换率 $m = 0.487\ 4/1.2 = 0.406\ 2$。

则 $E_{sp} = 0.406\ 2 \times 84 + (1-0.406\ 2) \times 0.6 = 34.5 \mathrm{MPa}$。

(4) 计算结果

中部 JK3 基坑部分

① 采用 ZK7 钻孔地质资料分析，挡土钻孔桩的计算结果，桩身最大弯矩 $M = 249.8 \mathrm{kN \cdot m}$，最大剪力 $Q = 169.2 \mathrm{kN}$；最大水平位移 $U = 11.7 \mathrm{mm}$，产生在地面以下 4.1m 处；坑底搅拌桩复合体的最大反力值 $X_F = 155.5 \mathrm{kN/m^2}$；桩顶与内支撑体系间的相互作用力 $N_F = 87 \mathrm{kN/m}$。

JK3 部分地下结构底板顶面的高程为 -5.0m，在底板完成并达到一定的强度后，将底板与钻孔挡土桩间采用低强度等级混凝土填实，则可拆除桩顶的混凝土支撑，以便地下结构施工。该工况挡土桩的内力计算结果，$M = 196.6 \mathrm{kN \cdot m}$，$Q = 134.4 \mathrm{kN}$，小于基坑开挖到底工况时桩的内力。

② 两端部 JK2 及 JK4 基坑部分

采用 ZK7 钻孔地质资料时，挡土钻孔桩受力的计算结果。作为对比，采用 ZK8 钻孔地质资料的计算结果，两者差异不大。计算得其控制内力结果为：$M = 583.6 \mathrm{kN \cdot m}$，出现在基坑开挖到 -5.8m 时；$Q = 282.4 \mathrm{kN}$；$U = 282.1 \mathrm{kN}$；$U = 15.9 \mathrm{mm}$，产生在地面下 6.1m 处；$X_F = 216.9 \mathrm{kN/m^2}$；桩与桩顶内支撑体系间的作用力为 $NF_1 = 159 \mathrm{kN/m}$，桩与 -5.8m 高程处内支撑体系间的相互作用力为 $NF_2 = 145 \mathrm{kN/m}$。

6.14.4.2　坑底加固搅拌桩的受力分析

(1) 两端 JK2 及 JK4 部分

这两部分已采用部分搅拌桩打穿淤泥层进行了围封，因此该处不存在抗底涌问题。仅验算搅拌桩的侧向抗压强度即可。钻孔挡土桩作用在坑底搅拌桩复合体上的最大压力 $X_F = 216.9 \mathrm{kN/m^2}$，压力平均值明显小于该值，偏安全计取该值验算搅拌桩格栅的抗压强度。

单排桩格栅搭接处的宽度 $b = 0.377 \mathrm{m}$，则桩身的侧向压应力为

$$\sigma = \frac{0.8 \times 216.9}{0.377} = 460.3 \mathrm{kPa}$$

$$q_u/\sigma = 840/460.3 = 1.82$$

(2) 中部 JK3 部分

由于搅拌桩未打穿淤泥层，需对基坑底的抗底涌进行验算。由于基坑底加固搅拌桩采用具有整体结构性的格栅状布置，因此抗底涌已转化为淤泥是否会由格栅的空格中挤出。计算模型

对单元体 1 $\qquad \sigma_3 = \sigma_1 \cdot k_a - 2c\sqrt{k_a}$

对单元体 2 $\qquad \sigma'_3 = \sigma'_1 \cdot k_a - 2c\sqrt{k_a}$

因 $\qquad \sigma'_1 = \sigma_3$

所以 $\qquad \sigma'_3 = \sigma_1 \cdot k_a - 2c\sqrt{k_a}(1 + k_a)$

σ'_3 为作用在坑底加固搅拌桩底高程处向上的压应力。

$$\sigma_1 = q + \sum \gamma_i \cdot h_i = 10 + 4.5 \times 18 + 5.5 \times 16 = 179 \mathrm{kPa}$$

$$\sigma'_3 = 179 \times \tan^4\left(\frac{45° - 5°}{2}\right) - 2 \times 6 \times \tan\left(\frac{45° - 5°}{2}\right) \times \left[1 + \tan^2\left(\frac{45° - 5°}{2}\right)\right] = 106.0 \text{kPa}$$

$$\text{抗底涌安全系数} = \frac{\gamma \cdot h_0 + 4a \cdot h_0 \cdot c}{a^2 \cdot \sigma'_3} = \frac{16 \times 4 + 4 \times (1.2 - 0.55) \times 4 \times 6}{(1.2 - 0.55)^2 \times 106.0} = 2.82 > 1.3$$

满足要求。

在底部净压力的作用下,可将坑底搅拌桩体视为梁来处理。

单宽内净压力 $\Delta p = \sigma'_3 - \gamma \cdot h_0 = 106 - 16 \times 4.0 = 42 \text{kPa}$;

单根梁(格栅)弯矩

$$M = \left(\frac{1}{8} + \frac{1}{24}\right)/2 \times 1.2 \Delta p \cdot l^2 = \left(\frac{1}{8} + \frac{1}{24}\right)/2 \times 1.2 \times 42 \times 10.7^2 = 480.9 \text{kN} \cdot \text{m};$$

单排桩格栅搭接处的宽度 $b = 0.377 \text{m}$,则梁主形心惯性矩为

$$I = \frac{bh^3}{12} = \frac{0.377 \times 4.0^3}{12} = 2.01 \text{m}^4 。$$

由于弯曲形成的拉应力

$$\sigma_r = \frac{M}{I} \cdot y_0 = \frac{480.9}{2.01} \times 2.01 = 502.4 \text{kPa}$$

坑底处的侧压力 $X_F = 155.5 \text{kN/m}^2$,则其在搅拌桩格栅上形成的侧压力为

$$\sigma_y = \frac{1.2 \times 155.5}{0.377} = 495.0$$

则搅拌桩格栅顶部处的实际应力为

$$\sigma = \sigma_y - \sigma_t = 495.0 - 502.4 = -7.4 \text{kPa}$$

为较小的拉应力。

另外,可按如下边坡稳定分析方法对坑底的抗隆起进行验算。

坑底搅拌桩加固体的等效强度参数按下式计算

$$c_{ps} = m \cdot c_p + (1 - m) \cdot c_s$$
$$\tan \varphi_{ps} = m \cdot \tan \varphi_p + (1 - m) \cdot \tan \varphi_s$$

将搅拌桩的强度参数 $c = 272 \text{kPa}$、$\varphi = 23°$ 及淤泥的强度参数 $c = 6 \text{kPa}$、$\varphi = 5°$ 代入上式经计算 $c_{ps} = 128.4 \text{kPa}$,$\varphi_{ps} = 13.6°$。

经采用专用程序计算,基坑边坡的安全系数 $K_s = 1.7$,完全满足抗隆起稳定要求。

6.14.4.3 混凝土内支撑体系的内力

对不等跨梁的内力按等跨梁公式取较大跨的参数计算是偏于安全的。

(1)桩顶东西向连系梁

①中部支座

弯矩 $M = 0.111 ql^2 = 0.111 \times 87 \times 8.28^2 = 662.1 \text{kN} \cdot \text{m}$;

剪力 $Q = 0.591 ql = 0.591 \times 87 \times 8.28 = 425.0 \text{kN}$。

②中部跨中
$M = 0.085ql^2 = 0.085 \times 87 \times 8.28^2 = 507.0 \text{kN}\cdot\text{m}$。
③边部支座
弯矩 $M = 0.119ql^2 = 0.119 \times 159 \times 85.2^2 = 511.6 \text{kN}\cdot\text{m}$；
剪力 $Q = 0.62ql = 0.62 \times 159 \times 5.2 = 512.6 \text{kN}$。
④边部跨中
$M = 0.079ql^2 = 0.079 \times 159 \times 5.2^2 = 339.6 \text{kN}\cdot\text{m}$。
(2) 桩顶南北向连系梁
①支座
弯矩 $M = 0.117ql^2 = 0.117 \times 159 \times 4.8^2 = 428.6 \text{kN}\cdot\text{m}$；
剪力 $Q = 0.617ql = 0.617 \times 159 \times 4.8 = 470.9 \text{kN}$。
②跨中
$M = 0.075ql^2 = 0.075 \times 159 \times 4.8^2 = 274.8 \text{kN}\cdot\text{m}$。
(3) -5.8m 高程圈梁
①支座
弯矩 $M = 0.117ql^2 = 0.117 \times 145 \times (10.7 - 1.2 - 2.5 \times 2)^2 = 428.6 \text{kN}\cdot\text{m}$；
剪力 $Q = 0.617ql = 0.617 \times 145 \times 4.5 = 402.6 \text{kN}$。
②跨中
$M = 0.075ql^2 = 0.075 \times 145 \times 4.5^2 = 220.2 \text{kN}\cdot\text{m}$。
(4) 支撑轴力
西力撑 $N_1 = 1/2 \times 159 \times 9.4 + 87 \times (2 + 6.53/2) = 1\,205.4 \text{kN}$；
东边撑 $N_5 = 1/2 \times 159 \times 10.4 + 87 \times (2 + 6.53/2) = 1\,284.9 \text{kN}$；
中部支撑 $N_2 = N_4 = 87 \times (8.28/2 + 6.53/2) = 644.2 \text{kN}$；
$\qquad N_3 = 87 \times 8.28 = 720.4 \text{kN}\cdot\text{m}$；
桩顶高程角支撑轴力最大值 $N = 159 \times 10.4/2/\cos 45° = 1169.3 \text{kN}$；
-5.8m 高程角支撑的最大轴力 $N = 145 \times 9.0/2/\cos 45° = 922.8 \text{kN}$。

6.14.5 结构设计

6.14.5.1 钻孔挡土桩配筋

(1) 直径 $\phi 600\text{mm}$ 桩均配 13Φ20 纵向钢筋，受弯承载力 $M_u = 227.5 \text{kN}\cdot\text{m}$，箍筋配 $\phi 8@300$，桩的抗剪承载力 $V_{cs} = 224.6 \text{kN}$。

(2) 直径 $\phi 800\text{mm}$ 的桩均配 18Φ22 纵向钢筋，受弯承载力 $M_u = 648.1 \text{kN}\cdot\text{m}$，箍筋配 $\phi 8@300$，$V_{cs} = 410.7 \text{kN}$。

6.14.5.2 混凝土内支撑体系

(1) 桩顶连系梁的配筋 ($800\text{mm} \times 500\text{mm}$)
1) 东、西向长梁
①支座(撑)处纵筋配 8Φ25，$M_u = 860.0 \text{kN}\cdot\text{m}$
②跨中处纵筋配 6Φ25，$M_u = 645.0 \text{kN}\cdot\text{m}$
③支座处箍筋配 $\phi 8@100$ 三支箍。
$V_{cs} = 698.3 \text{kN}$。

2)南北向梁

①支座(撑)处纵筋配 5Φ25，$M_u = 537.5$ kN·m；

②跨中处纵筋配 4Φ25，$M_u = 430.0$ kN·m；

③支座处箍筋配 ϕ8@100 三支箍。

(2) -5.8m 高程处圈梁的配筋(600mm×400mm)

①支撑处纵筋配 6Φ25，$M_u = 468.3$ kN·m；

②跨中处纵筋配 4Φ25，$M_u = 312.2$ kN·m；

③支座处箍筋配 ϕ8@100 二支箍，$V_{cs} = 376.8$ kN。

(3)支撑的配筋

断面尺寸 500mm×600mm，纵向主筋为 3Φ18(上)+2Φ14(中)+3Φ22(下)；

断面尺寸 400mm×500mm，纵向主筋为 3Φ16(上)+2Φ12(中)+3Φ20(下)；

断面尺寸 300mm×400mm，纵向主筋为 3Φ16(上)+3Φ18(下)；

箍筋均为 ϕ8@200；

受压承载力均大于计算轴力的1.5倍。

6.14.6 结 论

(1)基坑支护结构由钻孔挡土桩、混凝土内支撑体系、基坑底水泥搅拌桩加固体组成。挡土桩及搅拌桩平面布置如图6.14.2所示。

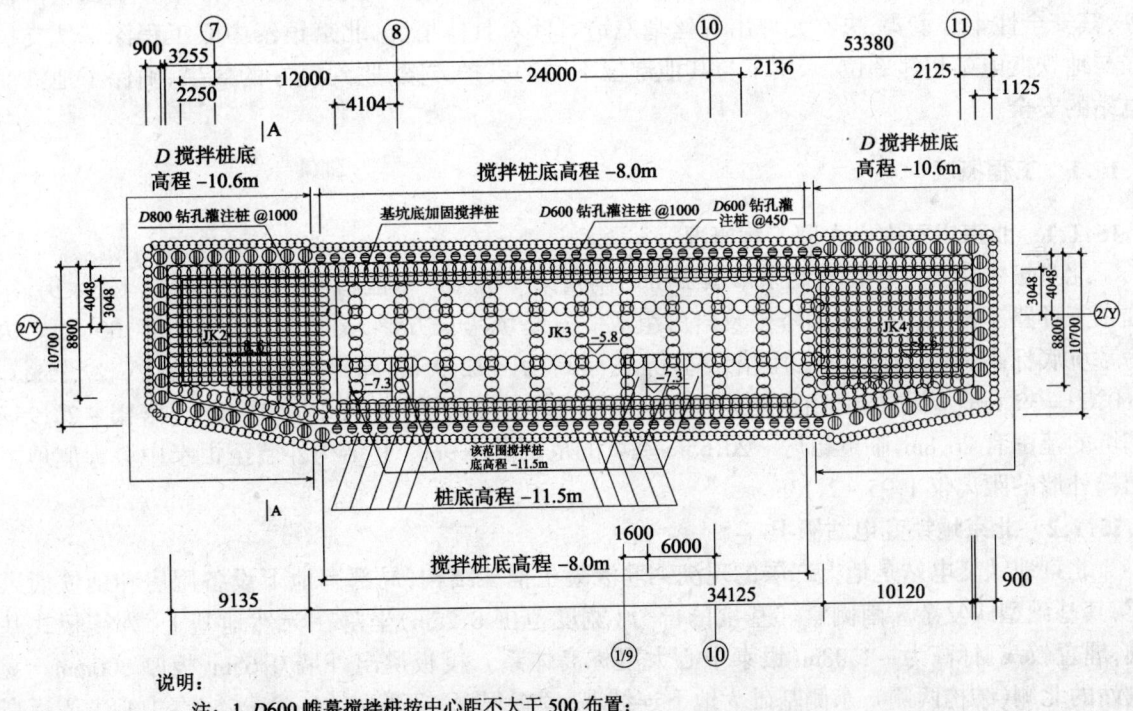

图 6.14.2 挡土桩及搅拌桩平面布置图

(2)钻孔桩按中心距1.0m布置，其外侧由直径600mm、中心距500mm的搅拌桩形成帷幕。对两端的JK2及JK4部分，钻孔桩直径1.0m，桩底高程 -13.6m，即嵌入基坑底面下5m。对中部的JK3部分，钻孔桩直径0.6m，桩底高程 -10.0m，即嵌入基坑底面下4.2m。

(3) 桩顶混凝土支撑体系为：①桩顶连系梁 800mm×500mm；②5 根混凝土横向水平对撑，断面尺寸分别为 500mm×600mm 及 400mm×500mm；③12 根角撑，断面尺寸为 300mm×400mm。对 JK2 及 JK4 部分在 -5.8m 高程处均设置内撑体系，圈梁断面尺寸 600mm×400mm，混凝土角撑断面尺寸 300mm×400mm。

(4) 用于加固基坑底软土的喷粉型水泥搅拌桩直径为 550mm，呈格栅状布置，相邻两桩搭接 150mm。对基坑中部 JK3 部分，加固深度至 -5.8～-10.0m；对基坑两端 JK2 及 JK4 部分，加固深度至 -8.6～-13.6m。

(5) 挡土桩的水平位移不超过 2cm，产生在桩的中部，可满足对附近建筑物的保护要求。

(6) 施工过程中应监测基坑的水平变形。

梁坚源
（广东省中山市鼎盛建设工程技术咨询有限公司）

6.15 紧邻地铁变电站深基坑支护设计与施工

随着国家建设的发展，深基坑工程的设计施工技术与计算理论的研究已随之有了长足的进步。但是，由于各种复杂的原因，我国深基坑工程的事故发生率还是较高的。特别是紧邻既有建筑物的深基坑支护工程的事故，造成的经济损失和社会影响更是难以弥补。北京银泰中心北侧紧邻北京地铁 1 号线的地铁变电站。该变电站担负着整个北京地铁 1 号线 40 余公里的供电任务，其安全性十分重要，决不允许出现丝毫差错。针对具体情况，北京银泰中心工程深基坑支护在与地铁变电站相邻部位，采用了与其他部位不同的支护方案，收到极好的效果，确保了地铁变电站的安全。

6.15.1 工程概况

6.15.1.1 北京银泰中心大厦工程概况

北京银泰中心工程位于北京市国贸桥西南角第一机床厂东区，其北侧紧临建国门外大街，东临东三环路。由 A、B、C 三幢塔楼及裙房组成。其基坑呈长方形，长宽为 219.4m 和 100.4m。裙房基坑底标高为 -20.65m，三座塔楼基坑底标高为 -22.95m（局部电梯井最深处 -27.15m）。±0.00=39.0m。基坑的北侧临近地铁变电站。变电站长度为 31.7m，其中临近 A 塔楼 -22.95m 基坑的范围有 26.8m，临近裙房 -20.65m 基坑的范围有 4.9m。其结构外墙至银泰中心大厦地下结构外墙的距离仅 1.95～2.13m。

6.15.1.2 北京地铁变电站概况

北京地铁变电站是地上二层的现浇钢筋混凝土框架结构，局部有地下设备用房和地铁通风道，其基础型式复杂。南侧紧邻基坑的部分（宽度范围 8.25m）坐落在天然地基上，为筏板式基础，埋置较浅，标高为 -1.38m（银泰中心大厦标高体系），筏板挑出外墙 0.65m，板厚 300mm。变电站的北侧（结构两侧）、东侧基础为地下连续墙，埋置很深，标高为 -21.08m（银泰中心大厦标高体系），两部分连接部位较为薄弱。

6.15.1.3 平面图及剖面图

平面图及剖面图如图 6.15.1 和图 6.15.2 所示。

第6章 地基基础加固

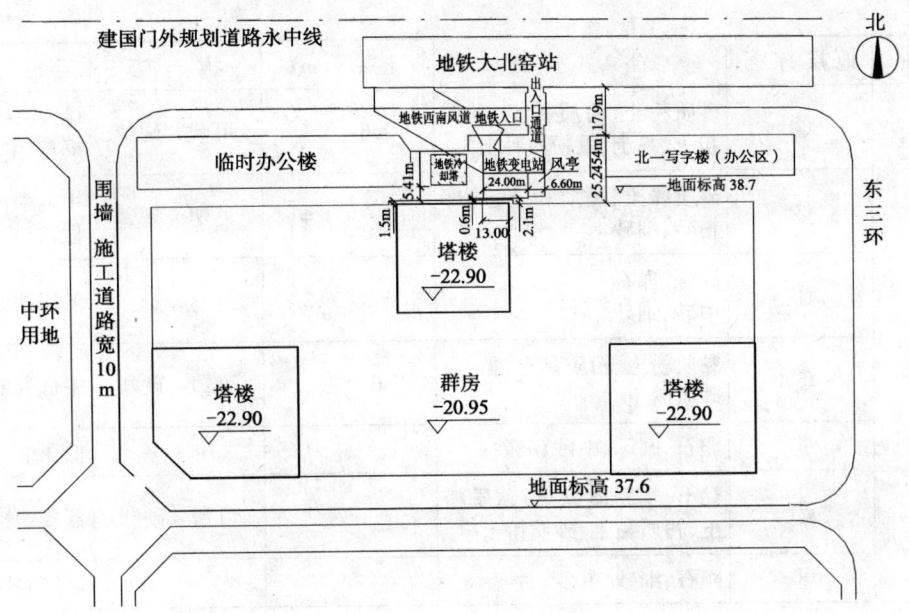

图 6.15.1 平面图

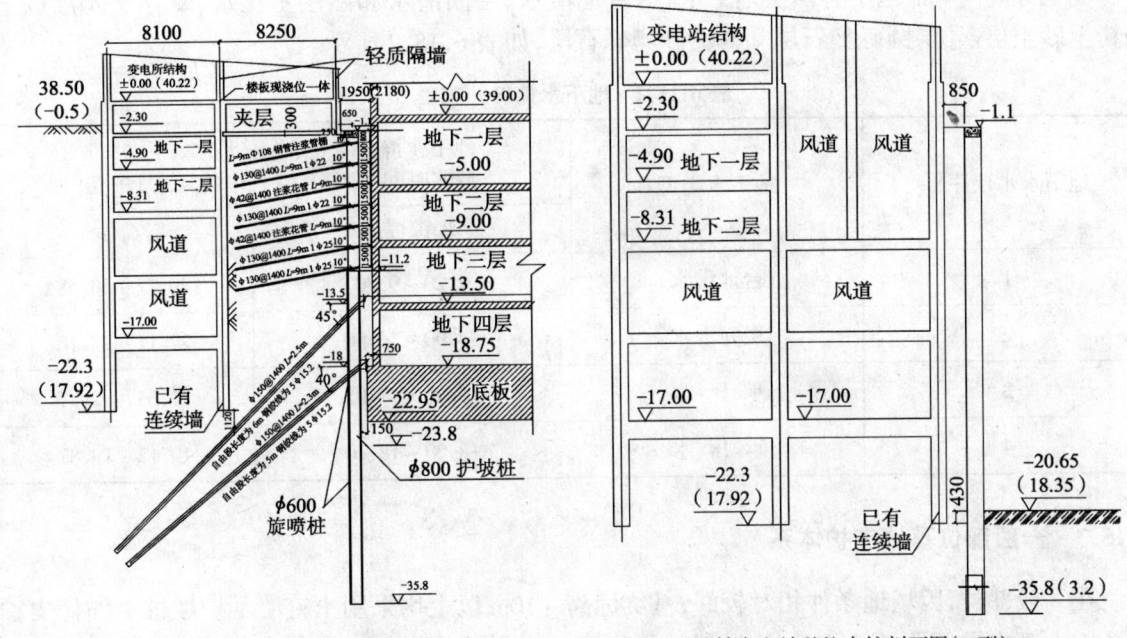

(a) 地铁变电站基坑支护剖面图(A型)　　(b) 地铁变电站基坑支护剖面图(B型)

图 6.15.2 剖面图

6.15.2 工程地质及水文地质概况

6.15.2.1 工程地质概况

表 6.15.1 工程地质概况表

成因类别	地层序号	岩　性	土层厚(m)	状　态	压缩性
人工堆积层	①	素土、碎石填土、房渣土	2.1~4.1		

405

续表

成因类别	地层序号	岩 性	土层厚(m)	状 态	压 缩 性
第四纪沉积层	②	砂质粉土、粉质黏土、黏质粉土、黏土、重粉质黏土	2.8~4.4	可塑~硬塑	中~中低压缩性，局部中高压缩性
	③	砂质粉土、黏质粉土，局部粉砂、细砂	2.7~4.4	可塑~硬塑	中~中低~低压缩性
	④	圆砾、卵石中砂、细砂	5.5~6.3		低压缩性
	⑤	黏质粉土、粉质黏土、黏土、砂质粉土	6左右	可塑~硬塑	中低~低压缩性
	⑥	卵石、圆砾、中砂、细砂			低压缩性
	⑦	黏土、重粉质黏土、黏质粉土、粉质黏土、砂质粉土		可塑~硬塑	低压缩性
	⑧	卵石、细砂、中砂			低压缩性

6.15.2.2 水文地质概况

场地标高 −40m 范围有四层地下水，为台地潜水、层间潜水和两层承压水，赋存于④层以上的粉土砂土层、④层圆砾卵石层和⑥⑧砂卵砾石层，如表 6.15.2 所示。

表 6.15.2 地下水情况一览表

地下水水层序号	地下水类型	地下水静止水位(承压水的测压水头)量测时间：2003年2月中旬~3月中旬	
		埋深(m)	标高(m)
1	台地潜水	7.20~9.30	29.77~30.58
2	层间潜水	14.90~16.50	22.11~23.18
3	承 压 水	15.40~17.05	21.33~22.77
4	承 压 水	18.00~18.70	19.12~19.87

6.15.3 一般部位基坑支护体系

在一般部位，因场地条件相对较好，基坑标高 −10m 以上均采用土钉墙＋护坡桩＋锚杆支护体系。土钉水平间距 1.5(1.6m)，自然地面标高 −0.6~−1.8m，土钉层数 5~6 层，长度 6.5~11m，为北京地区常见做法，不作过多描述。标高 −10.0m 以下基本采用护坡桩＋两道预应力锚杆支护体系(简称桩锚体系)。护坡桩直径 800mm，桩长 15.6m(基坑标高 −20.65m 处)和 19.5m(基坑标高 −22.95m 处)，嵌固深为 4.95m、5.55m 和 6.55m。桩间距为 1.4m 和 1.5m。按计算配置钢筋。锚杆直径 150mm，配置 3Φ15.2 和 5Φ15.2 钢绞线。采用一桩一锚方案(局部位第一层锚杆为两桩一锚)。腰梁采用 2I28a 或 2I32a。桩间土采用 ϕ6.5@200×200 钢筋网，喷 100mm 厚 C20 混凝土，每间隔 3~5m 设一泄水管(根据具体情况制定)。桩顶冠梁为 900×500mm。如图 6.15.3 所示。

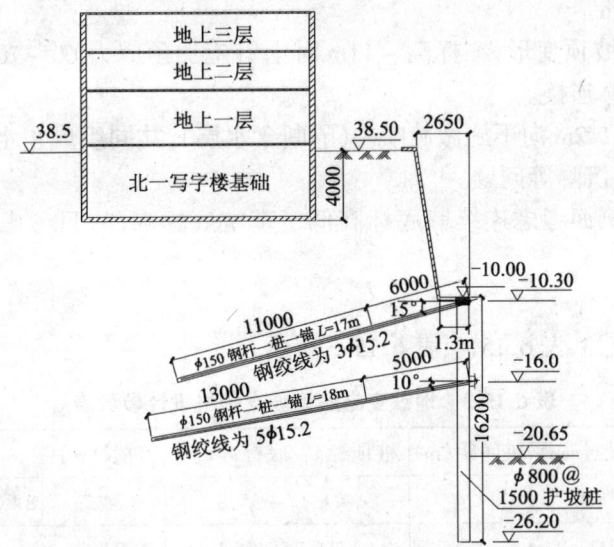

图 6.15.3 一般部位基坑支护剖面示意图

6.15.4 紧邻地铁变电站部位基坑支护体系

6.15.4.1 工程难点

(1)由于地铁变电站的北侧、东侧基础为地下连续墙,埋置深度标高为 -21.70m,所以支护结构的锚杆受到了限制,在 -13.5m 以下锚杆倾角需为 40°～45°的方可避开连续墙结构,造成支护体系很不合理。由于倾角加大,锚杆进入第一层承压水砂卵石地层,施工难度较大。

(2)变电站基底 -11.7m 以下存在厚 1～2m 的粉细砂层和 5～6m 的圆砾层,该层为层间潜水含水层。虽然其北、东面已采取了截水措施,但该承压水层对边坡土体的稳定和变电站基底安全的影响不容忽视。

(3)地铁变电站距离基坑太近,护坡桩需在破除变电站外挑底板后方可施工,护坡桩外皮与变电站墙体外皮最近仅 27cm 距离,除施工时场地受到很大的限制外,严格控制支护体系的变形、控制地下水对基坑的影响是支护工程成败的关键。

6.15.4.2 支护体系方案

紧邻地铁变电站部位支护体系,经过多方案的比选,确定上部不能进行锚杆施工部位采用土钉墙拉锚+护坡桩的复合支护体系。下部可施做锚杆部位采用护坡桩+预应力锚杆支护体系,桩间采用旋喷桩止水,同时变电站基底采用注浆棚护形式。

具体方案:A 型支护如图 6.15.2(a)所示,B 型支护如图 6.15.2(b)所示,支护体系效果如图 6.15.4 所示。

(1)标高 -12.0m 以上采用土钉墙计算模式。考虑地面 8.0m 范围的变电站结构自重形成的超载,此范围取超载值为 20kN/m²。

(2)标高 -12.0m 以下采用锚杆,考虑地面为局部土体自重和变电站结构自重形成的超载,此范围取超载值为 220kN/m²。两道预应力锚杆标

图 6.15.4 变电站部位支护效果立面图

高为-13.5m和-18.0m。

(3)考虑适当控制坡顶变形,在标高-11m对土钉施加预应力60~70kN。使桩与土钉相拉结,保证土钉与桩有可靠连接。

(4)支护桩间自-11.2m向下施做旋喷桩(隔断含水层),共同组成止水帷幕。避免因地下水问题导致变电站不均匀沉降等问题。

(5)对于东侧B形剖面考虑连续墙底标高低于基坑底标高,故只考虑护坡桩及旋喷止水作用,不需进行锚杆施工。

6.15.4.3 设计参数

设计参数如表6.15.3、表6.15.4、表6.15.5所示。

表6.15.3 地铁变电站边坡支护桩设计参数表

支护类型	项目	桩径(mm)	桩间距(m)	桩顶标高/底标高(m)	桩长(m)	主 筋	备注
A型	支护桩	800	1.4	-1.1/-35.8	34.7	8Φ22+4Φ25(短筋)	
	旋喷桩	700×2	1.4	-11.2/-35.8	24.6		
B型	支护桩	800	1.6	-1.1/-35.8	34.7	8Φ22	
	旋喷桩	800×2	1.6	-23.8/-35.8	12.0		

表6.15.4 地铁变电站边坡支护土钉参数表(A型)

土钉编号	标高(m)	直径(mm)	间距(m)	长度(m)	倾角(°)	配 筋	备 注
第一道注浆管棚	-1.9	108	0.5	9.0	10	1Φ108钢花管	
第二道土钉	-3.4	130	1.4	9.0	10	1Φ22	
第三道土钉	-4.9	130	1.4	9.0	10	1Φ42钢花管	
第四道土钉	-6.4	130	1.4	9.0	10	1Φ22	
第五道土钉	-7.9	130	1.4	9.0	10	1Φ42钢花管	
第六道土钉	-9.4	130	1.4	9.4	10	1Φ25	
第七道土钉	-10.9	130	1.4	12	10	1Φ25	预加力60~70kN

表6.15.5 地铁变电站边坡支护锚杆设计参数表(A型)

锚杆层号	标高(m)	直径(mm)	间距(m)	长度(m)	自由段长度(m)	倾角(°)	设计拉力(kN)	配筋	预张拉力	锁定力
第一层	-13.5	150	1.4	25.0	6.0	45	720	绞线 5Φ15.2	1.1N·t	0.7N·t
第二层	-18.0	150	1.4	23.0	5.0	40	795		1.0N·t	0.65N·t

6.15.4.4 其他构造及保证措施

(1)土钉面板纵横拉结采用φ16钢筋,横向与桩主筋相焊。

(2)支护桩顶冠梁截面500mm×900mm,主筋5Φ22,箍筋φ6.5@200。

(3)锚杆处腰梁采用2I32a工字钢,每根锚杆处加2⊏18槽钢加强,在第一层锚杆腰梁下焊牛腿,辅加φ100实心钢柱加强(图6.15.5)。

(4)土方开挖时考虑时空效应,科学地、充分地利用土体自身与管棚支护注浆加固及桩锚联合体的控制稳定的能力和潜力。

(5)支护施工及土方开挖全过程实行信息化施工,加强施工监测。

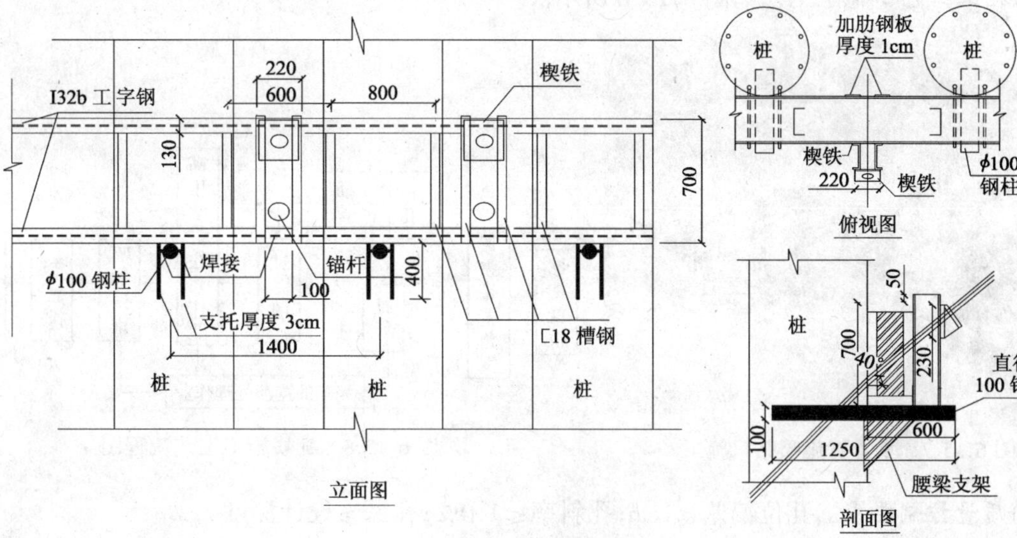

图 6.15.5 变电站大角度锚杆腰梁做法详图

6.15.5 施 工

在清理场地至各工序施工条件后,此部位支护施工主要有八个施工步骤,护坡桩施工→旋喷桩施工→桩顶冠梁施工→注浆管棚施工→土钉施工→锚杆及腰梁施工→桩间护壁施工→布设变电站及基坑支护结构监测点并进行监测。桩间护壁施工穿插于土钉施工及锚杆腰梁施工过程中,变电站的监测点在开挖之前布设完成,基坑支护结构监测点的布设与上述其他工序相结合按期布设完成,并及时完成初始值的采集及开挖过程中的数据收集整理分析。

6.15.5.1 支护桩施工

在标高-1.1m处施工护坡桩。采用旋挖钻机成孔、泥浆护壁、水下混凝土灌注施工工艺,同时为避免串孔,桩施工时采用隔桩跳打工艺。因施工初期场地条件狭小,护坡桩外皮与变电站墙体外皮最近仅27cm距离,且变电站筏板挑出外墙0.65m,不具备桩施工条件。因变电站内多为电器仪表设备,为避免施工振动对其造成影响,首先将外挑底板用小型钢筋混凝土切割钻(金刚石钻孔技术)切除,然后组织护坡桩的施工,切割后效果如图6.15.6所示。

(1)桩施工流程:测量定位→钻机就位→成孔→泥浆护壁→清孔→钢筋笼制作与吊装入孔→浇注混凝土。

(2)质量控制要求:桩定位偏差≤20mm;通过经纬仪观测辅助人工铅锤观测和操作显示器双向控制垂直度;垂直度偏差≤1%,施工过程中实时纠正。

(3)钻孔时注意控制泥浆质量,勤测勤量,提钻速度与回浆或抽浆速度相匹配。

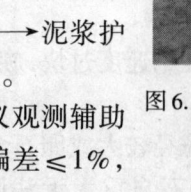

图 6.15.6 变电站筏板切割效果图

6.15.5.2 旋喷桩施工

旋喷桩在临近两桩完成后的第三天开始施工。旋喷机采用三重管旋喷,为加快施工进度,部分孔位采用地质钻机引孔后另成旋喷,如图 6.15.7 所示。

(1)施工工艺　施工工艺如图 6.15.8 所示。

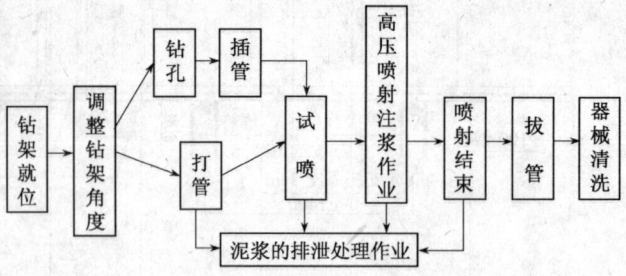

图 6.15.7　承重管施喷钻机施工　　　　图 6.15.8　旋喷施工工艺流程图

(2)质量控制要求　孔位偏差≤1cm;孔斜率≤1.0%;孔深≥设计深度。

(3)高压旋喷注浆参数　清水水压≥35~40MPa,水量 75L/min;普通 425 号硅酸盐水泥浆(外加剂)水灰比不大于 0.75,压力 1~2MPa,浆量 60~80L/min;喷管提升速度10~15cm/min,转速 10~20;高压水喷嘴直径 $2×\phi 1.80~2.40$mm,浆嘴直径 $2×\phi 3.0~4.5$mm。

(4)钻孔取芯　为检测旋喷效果,对旋喷桩进行了开挖前垂直取芯工作,取芯部位为理论桩中心和理论旋喷桩边缘。以检测桩体的旋喷直径和垂直度以及旋喷效果;另外在开挖后水平取芯,检查旋喷效果和旋喷直径。取芯效果如图 6.15.9~图 6.15.10 所示。

图 6.15.9　旋喷桩垂直取芯(上部黏土层)　　图 6.15.10　旋喷桩垂直取芯(下部砂卵石)

在垂直取芯过程中,出现两种截然不同的情况,分析原因如下:

①在护坡桩成孔时塌孔,灌注出现扩径现象,旋喷成孔无法按设计要求成孔至设计深度或成孔过程中发生偏斜;

②旋喷过程中出现提钻速度过快,旋喷时高压水未能充分冲切土体,导致浆液冲填部位出现断层或直径不足;

③在卵石层中卵石粒径较大或卵石含量高的部位,旋喷时高压水不能充分冲切卵石,直径无法达到设计要求,且因卵石自重大无法随高压水冲切掉的土层从孔口排出,旋喷出现断层现象。

结论:当支护采用旋喷桩与护坡桩施工相结合时,要控制好护坡桩泥浆质量及成孔垂直度,避免扩径或旋喷施工时无法按设计孔位成孔;旋喷时要控制好引孔垂直度及孔位偏差,同时控制好旋喷提钻速度;另外因设备自身精度问题,成孔垂直度控制在1%左右,旋喷深度不宜超过20m,如需旋喷深度较大,易采用多排旋喷纠正垂直度偏差的问题,以达到止水效果;旋喷设备运转情况要良好;正式旋喷前,需在非使用桩位进行旋喷试验,并取芯检查,以确定具体旋喷控制参数。对于场地条件小要求精度高的工程,旋喷施工一定要精心组织,否则极易导致旋喷失败(达不到设计效果)。

6.15.5.3 冠梁施工

支护桩钢筋锚固在冠梁内的长度不小于设计要求,同时确保凿出桩头露出新鲜混凝土面及粗骨料,确保桩体与冠梁的混凝土连接强度,避免形成薄弱节点现象,同时注意预埋件的留设与保护,工序合理穿插。

6.15.5.4 注浆管棚与土钉施工(含桩间护壁)

按常规操作工艺进行施工,每步土方开挖标高为土钉下0.3~0.5m处(粉细砂层取0.3m)。

(1)施工工艺

开挖工作面→成孔→插筋→堵孔注浆→绑扎、固定钢筋网→焊接加强筋→喷射混凝土面层→土钉浆体及混凝土面层养护。

(2)控制要求

①第一道土钉施做ϕ108钢花管(钢管每间距200~300mm梅花状布设ϕ8mm溢浆孔,后端1.0m不设),管口尾部设止浆塞。注浆压力0.1~0.2MPa。该土钉在变电所基础底形成管棚,起到支托的作用。

②土钉主筋间距2m设星型定位器以保证主筋的保护层厚度。

③注浆至孔口溢浆,在浆体初凝前补浆1~2次。

④钢筋土钉端部与面层加强筋焊接牢固。

⑤第一、三、五、七道土钉处设置[18槽钢腰梁。

⑥桩间土人工清理,每步土方开挖标高为对应土钉下0.3~0.5m处(粉细砂层取0.3m),对于桩间局部渗水处需插入不低于50cm塑料管引流,塑料管末端要用密目网包裹,只流水不流砂。

⑦土钉面板钢筋网片为ϕ6.5@200×200,挂在土钉主筋上。钢筋网片上下搭接长度不少于26cm并点焊加强,经检验合格后喷射10cm厚C20混凝土。

⑧对于旋喷部位的桩间护壁,直接清除表面浮土即可。

6.15.5.5 锚杆及腰梁施工

由于锚杆锚固段均在砂层和圆砾石层中,因此锚杆施工采用套管跟进工艺,设备选用英格索兰(KLEMMKR803-1)水冲法套管跟进锚杆钻机。

(1)施工工艺

测量定位→钻机就位→钻孔→插入钢绞线→压浆→养护→安装工字钢腰梁→张拉→锁定。

(2)控制要求

①锚杆钻孔深度应超过锚杆设计长度0.3~0.5m,钻孔垂直方向误差不大于50mm,因锚杆底端必须通过变电站风道结构底板以下,倾斜度不应大于±1°。射水缓缓钻进。

②杆体采用1860型钢绞线,杆体中间插入ϕ25塑料注浆管。钢筋骨架采用间距2.0m的塑料星型定位器。锚杆杆体长应考虑张拉锁定段。

③注浆管距孔底宜为100~200mm,严禁在锚杆端部或中间部位注浆;采用水灰比0.45~0.5的水泥浆,补浆一至两次。

④锚杆施工与腰梁部位的护坡桩表面剔凿处理工作同步进行,锚杆成型三日后挂腰梁并完

成焊接连接工作,锚固体强度大于 15MPa 后方可组织张拉。

6.15.6 结　　语

与深基坑相临的地铁变电站部位的支护结构采取了加强措施,同时施工全过程加强了对基坑的水平和竖向变形观测及对变电站的沉降监测,保证了银泰中心地下结构的安全、顺利的施工,同时保证了地铁变电站的安全。由此可见,深基坑的支护设计应因地制宜,合理选择支护型式,才能在确保基坑安全的前提下,使方案经济合理。

高志刚[1]　任　刚[1]　杨桂芹[2]
(1 北京城建地铁地基市政工程有限公司;2 北京城建设计研究总院)

6.16　CFG 桩在加固深厚人工填土地基中的应用

CFG 桩适用于处理黏性土、粉土、砂土和已自重固结的素填土等地基。它是通过一定的施工工艺在地基中设置高粘结强度竖向增强体,以提高原地基土的强度和刚度,增强体、地基土和褥垫层一起构成复合地基,共同承担上部建筑荷载。从施工工艺方面可分为:长螺旋钻孔灌注成桩;长螺旋钻孔、管内泵压混合料灌注成桩;沉管灌注成桩。因其加固后建筑物沉降量小且均匀、施工速度快、造价适宜,所以该法在国内许多地区得到应用。现结合深圳市一工程实例加以介绍。

6.16.1　工程概况

深圳市龙岗区愉园新苑位于龙岗区中心城,该商住楼地面上以上 13 层,地下 1 层,地下室埋深 -5.0m。建筑平面形状呈 L 形。

根据勘察资料,地层条件如下:

①人工填土(Q^{ml}):土黄色,主要由砂岩风化土堆填,含较多砂岩碎石,层厚 9.5~13.0m,平均 12.3m。f_{ak} = 80kPa。

②坡积粉质黏土(Q^{pl}):土黄色、砖红色,含少量砾石或砂岩碎石,可塑~硬塑。层厚 2.10~10.0m,平均 5.4m。f_{ak} = 200kPa,E_s = 7.0MPa。

③残积粉质黏土(Q^{el}):褐黄色、褐红色,由粉砂岩风化残积而成,原岩结构可辨,可塑~硬塑。层厚 12.0~22.3m,平均 19.5m。f_{ak} = 210kPa,E_s = 7.5MPa。

下伏基岩为中风化~微风化粉砂岩。

6.16.2　地基加固设计参数

本工程采用筏板基础,要求地基土承载力特征值不小于 300kPa,由于筏板基础下人工填土承载力不能满足设计要求,故采用沉管式 CFG 桩法(低等级素混凝土桩)加固。其加固原理是既对人工填土中设置一系列竖向增强体,同时对人工填土进行了进一步的挤密,有效地改善了人工填土的物理力学性质。经按有关规范计算和结合类似工程经验,地基加固设计参数确定如下:

①加固后地基土承载力特征值为 300kPa;

②桩径 φ480mm,桩长 L = 15.0m;

③桩间距 1.5m×1.5m 正方形布置;

④桩身素混凝土强度等级为 C20;

⑤筏板基础与 CFG 桩之间设置砂石褥垫层 200mm 厚。

6.16.3 施工质量控制

①混合料坍落度采用 60~80mm；
②拔管速率控制在 1.2~1.5m/min，以确保桩径尺寸和桩身质量；
③为确保桩头的混凝土质量，桩顶超灌 50~70cm 长度；
④为避免大面积土体隆起和断桩的可能性，施工顺序采用从中心向外推进的方案。

6.16.4 质量检测

成桩 28d 后，采用了复合地基静载试验进行竣工验收，压板尺寸为 1.5m×1.5m，试验点为总桩数的 1%。

结果表明：本工程 CFG 桩复合地基承载力特征值满足 300kPa 的设计要求。

6.16.5 沉降观测

根据主体竣工后的沉降观测，沉降量为 30~40mm，且比较均匀，地基总沉降值和差异沉降值符合国家有关规范和设计要求。

6.16.6 结 语

在深厚人工填土地基中，采用施工工艺为沉管法的 CFG 桩，既可在人工填土中设置一系列竖向增强体，同时对人工填土进行了一定程度挤密，可大幅度地提高地基土承载力值和抗变形能力，在类似地质条件下该地基加固方法值得借鉴。

肖长生　张　鹏
（深圳市岩土综合勘察设计有限公司）

6.17 CFG 桩复合地基在深圳某高层建筑中的应用

6.17.1 工程概况

该工程位于深圳市龙岗区坪地街道办，用地面积约为 8 293m²。建筑物为地下室 1 层，地上 16~17 层。框架结构，筏板基础，基础埋深约 6.0m，天然地基承载力特征值 200kPa，设计要求地基承载力 330kPa。

6.17.1.1 工程地质条件

本工程场地内地势基本平坦，根据钻探揭露，场地局部为人工填土覆盖，其下为第四系冲洪积层，下伏基岩为石炭统测水段大理石。各地层土性及土的物理力学性质如表 6.17.1 所示。

表 6.17.1 地层土性和土的物理力学性质一览表

层 号	土 类 型	平均土层厚(m)	重度(kN/m³)	压缩模量(MPa)	承载力特征值(kPa)
1	素填土	2.5	18.1	2.5	50
2	粉质黏土①	18.5	18.5	6.5	200
3	粉质黏土②	18.0	19.0	5.5	190
4	粉质黏土③	6.0	18.5	2.5	70
5	强风化岩	7.0	20.0	500	400

6.17.2 CFG桩复合地基设计

6.17.2.1 方案分析与选择

(1)处理要求

根据设计院的要求,对该建筑物进行地基处理,处理后的地基承载力特征值要求大于330kPa。

(2)处理设计

根据本工程的特点和地质条件,为了满足高层建筑物对地基承载力的要求,原设计按常规方法采用冲孔桩基础方案,该方案技术可靠,在保证设计和施工质量的前提下,基础沉降易于控制,但工程造价高、工期长,还存在一定的泥浆污染等缺点,导致该方案甲方难以接受;而CFG桩复合地基方案具有工程造价低、工期短、质量可靠、施工震动小、噪音低、无泥浆污染等优点,目前已被大量应用于高层和多层建筑的地基处理中。因此,根据多方协调,决定该建筑物基础采用CFG桩复合地基。

CFG桩就是水泥粉煤灰碎石桩。也叫低等级素混凝土桩,由该桩、桩间土和桩顶褥垫层复合而成的地基即为CFG桩复合地基,其通过桩顶设置褥垫层,充分调动地基土参与工作,达到提高地基承载力的目的。

6.17.2.2 CFG桩复合地基设计

(1)确定单桩承载力

根据本工程的实际情况,采用桩径$\phi 480mm$的CFG桩。根据地质资料,初步确定桩长$L = 18.0m$,由理论公式计算并结合该地区工程实践经验,确定单桩承载力为500kN。

(2)复合地基承载力计算

布桩按照间距1.8m×1.8m正方形布置(共布桩933根),桩间土强度发挥系数取0.75。经计算复合地基承载力为330.9kPa,满足设计要求。

(3)其他

根据桩身强度验算公式,桩身素混凝土强度等级定为C20,筏板基础与CFG桩之间设置砂石褥垫层300mm厚。

6.17.3 施工质量控制

为保证施工质量,在施工过程中采取如下措施控制施工过程,以保证施工质量:

(1)混合料坍落度采用60~80mm;

(2)拔管速率控制在1.2~1.5m/min,以确保桩径尺寸和桩身质量;

(3)为确保桩头的混凝土质量,桩顶超灌不少于50cm;

(4)为避免大面积土体隆起和断桩的可能性,施工顺序采用从中心向外推进的方案。

6.17.4 质量检测

根据《建筑地基基础工程施工质量验收规范》(GB 50202—2002)、《地基处理技术规范》(JGJ 79—2002)进行检验。

低应变动力试验:随机抽取不少于10%的桩进低应变动力试验,以检验桩身的完整性、强度、桩长等技术数据。

载荷板试验:水泥粉煤灰碎石桩地基竣工验收时,承载力检验应采用复合地基载荷试验以检验加固后地基的承载力,试验数量宜为总桩数的0.5%~1%,且每个单体工程的试验数量不应少于3点。

根据规范,确定该工程载荷板试验数为5个,经过质量站的载荷板试验,最终试验结果均达到设计要求(大于330kPa)。

6.17.5 结　　语

该工程采用CFG桩复合地基,提高了地基承载力。由于该工法的显著特点是工期短、经济、无污染,为该工程的顺利按期完成创造了条件。在类似情况下,该地基处理方法值得借鉴。

乔丽平　许宏洲

(深圳市岩土综合勘察设计有限公司,深圳市粤地建设工程有限公司)

6.18　冻结法施工工艺浅析

6.18.1 概　　述

冻结法是岩土工程的一种施工方法,其基本原理是:利用人工冷液在插入地层中的冻结管中循环,将冻结管周围地层的热量带走,使之不断降温,直到冻结,从而在预期要开挖的场地外围,构筑起稳定且不透水的连续冻土墙,这样就可在一个安全、干燥、方便的环境中施工,直到把永久性构筑物建造起来为止,并把临近构筑物的影响减小到最小程度。冻结法一般根据冻结管形式不同,可分为3类,即垂直孔冻结法、水平孔冻结法、斜孔冻结法。

6.18.2 冻结法加固机理

6.18.2.1 冻结过程

土中自由水的冻结过程可划分为5个时间段:

(1)冷却段　开始向土层供冷,土体温度逐渐降到冰点;

(2)过冷段　土体温度达到0℃以下,但土层中的自由水尚未结冰,呈现出过冷的现象;

(3)突变段　水过冷后,一旦结晶就立即放出结冰潜热,出现升温现象;

(4)冻结段　温度上升到接近0℃时稳定下来,土体中的自由水结冰,将矿物质颗粒胶结成整体,形成冻土;

(5)继续冷却段　随着温度的降低,冻土的强度逐渐增大。

表6.18.1　典型土壤冻结过渡状态的平均温度(℃)

土层类型	由融态向塑性态过渡	坚硬的冻结状态
砂	0~-0.25	低于-0.25
砂质黏土	-0.5~-1.5	低于-1.5
黏土	-1.0~-3.0	低于-3.0
重黏土	-2.0~-4.0	低于-4.0

土壤冻结是随时间变化而变化的复杂的热过程。土中孔隙水是逐渐冻结的,实际上在任何负温下的冻土内部总有土颗粒薄膜水保持未冻状态与冰共存。在一定的温度范围内,土壤处于由融土经塑性过渡到坚硬的冻土的中间状态,而不同土壤之过渡状态的温度是不同的。常见土壤冻结过渡状态的温度如表6.18.1所示。

6.18.2.2 加固机理

由于制冷剂与土体的交换,使冷却管周围土体温度急剧降低,当孔隙水冷却到与土颗粒矿物表面的相互作用力小于冰的结晶力时,孔隙水开始产生冻结结晶,并与土的矿物颗粒形成胶结冰。因为土温较低处水汽弹性较小,土骨架的吸附力和冰的结晶力较大,水膜中的水分子活动性较低,也就是说沿着冷却源的方向存在着各种分子力的梯度,使得土中水向该方向发生迁移,所以,在一定水平面上,成冰作用的温度越高,该处就越易冻结且冰夹层的厚度就越大。

伴随着土中水的迁移、水与土矿物颗粒的冻结、孔隙溶液浓度的增高等一系列复杂的物理化学变化,尤其是矿物颗粒为冰胶结的过程,冻土的抗压、抗剪、抗拉等力学强度指标得到明显的提高,并随着温度的降低而增加。

6.18.3 冻结法的适用范围

冻结法的加固效果与土的渗透系数无关,因而只要是土的天然含水量不小于10%的土,几乎都能获得良好的冻结效果。但当流进冻结区水流所能提供的能量的速率大于冻结设备所能吸收的能量时,冻结法将失败。一般认为,循环致冷不得用于地下水流速超过1.5m/d的地基;液氨致冷不得用于地下水流速超过50m/d的地基。从经济角度,当地基平均温度超过30℃时,也不宜采用冻结法。

6.18.4 冻结法施工

6.18.4.1 冻结法施工的设备和器材

冻结法施工所需要的主要的设备和器材包括:制冷设备与附件以及钻孔设备、器材。现分述如下:

(1)制冷设备及附件

制冷设备及附件主要包括:制冷压缩机、冷凝器与蒸发器、盐水循环系统等。

(2)制冷压缩机

我国冻结法施工所使用的制冷压缩机主要有活塞式和螺杆式两种。过去,在以氨为制冷工质的制冷过程中,常采用活塞式压缩机。

(3)冷凝器和蒸发器

冷凝器和蒸发器是完成制冷循环所必需的辅助设备。它们的换热效率直接影响冻结站的技术经济指标。

蒸发器由置于盐水箱中的多组金属管组成。在制冷循环中,压缩后的液态工质(液态氟利昂或液态氨)在蒸发器中蒸发,变为饱和蒸气,吸收周围管路中盐水的热量,形成低温盐水。

在冻结法施工中多采用立式冷凝器完成气态工质到液态的转换。立式冷凝器是一个装有多组冷却水管的密闭筒体,高约2~3m,直径1~2m。冷凝水从筒体内的冷却管通过,使筒内的过热氟利昂或氨的蒸气冷却并形成气态和液态混合物。

(4)盐水循环系统

盐水循环系统的作用是:将通过蒸发器得到冷量的低温盐水输送到需要冻结的地层中的冻结器,并将吸收了地层热量的升温盐水通过管路送回蒸发器,完成利用盐水作介质的热交换循环。

盐水循环系统主要设备有盐水泵、盐水干管、配液及集液环、冻结器等。在一般保温情况下,冷量损失约占冻结站总制冷量的20%~25%,所以为降低能量消耗,盐水循环系统应有良好的保温措施。配液器和集液环设在冻结工作面附近,使去、回盐水管路阻力相等,配液均匀。

冻结器由冻结管、供液管、回液管组成,冻结管常用直径127mm或直径139mm的无缝钢管制成。供液管可采用直径50～60mm的塑料管或橡胶管。

(5)可移动制冷机组

在城市地下工程中采用冻结法施工优点很多,但是每个工作现场要建立冻结站比较繁琐。为方便工程使用,近几年来,煤矿和机械行业联合研制了可移动制冷机组。将具有制冷机、卧式冷凝器、蒸发器、盐水泵、电机控制柜等配置的小型冻结站所需的主要设备全部装配在一个底盘上,形成可移动制冷机组。这样的制冷机组采用平板拖车运到现场后,只需增设一个盐水箱,安装盐水循环泵,接上电源和冷却水源后即可投入运行。

6.18.4.2 钻孔设备

钻孔设备主要包括钻机和钻具等。

(1)钻机

根据垂直冻结、水平冻结或斜向冻结的不同冻结方式和冻结长度的需要,可选用不同形式的钻机。

(2)钻具

钻具主要是指常规钻杆、特殊钻杆、钻杆联接器材和钻头。冻结法与矿山施工密切相关,多用在煤矿竖井施工,所以除了在钻井设备上沿用了煤矿和石油的钻机之外,最初的钻具也常常是矿井钻杆(内加厚或外加厚的钢管)或石油钻杆(截面外方型的钢杆)。钻孔工序完成后,需要提升钻杆,换装冻结管。现在,随着冻结法施工在城市浅地层中的使用,为提高成孔效率、避免坍孔、减小地面沉降,煤炭科研单位已研制出钻杆、冻结管合一的专利技术:采用装有特殊钻具的直径120～140mm的无缝钢管做钻杆,在钻孔完成后,采用专利技术封闭管端,然后装入盐水循环管,把钻进钢管直接变成为冻结器。该项技术已经得到越来越广泛的应用。钻进过程中,钢管与钢管之间除采用螺纹管箍联接外,还增加了环向焊接工序,使密封性能更好,避免了盐水的泄漏。

6.18.5 冻结法施工监测

冻结法是包含多工种的复杂施工过程,地层温度场控制、制冷量控制、现场水文地质条件的不确定性、暗挖工程自身所包含的信息化施工因素等,都使量测监控工作成为冻结法施工中不可缺少的重要环节。在冻结施工过程中,主要需进行以下几方面量测监控工作:

6.18.5.1 冻结设备工作情况的监测

冻结设备的安全正常运行是冻结法施工成功的关键。对冻结设备的运行全过程的监测主要包括:机组运行温度和电流监测、冻结系统供冷量监测、冻结器工作状态监测等。

6.18.5.2 地层温度场监测

地层温度场监测主要包括冻结地层的温度分布情况观测、冻结壁部位的温度观测、开挖阶段断面荒径上土体温度的观测、初衬浇筑阶段断面荒径上的温度观测等。这些部位的温度数据是确定制冷量、进行冻结阶段转换和安全施工的重要保证。对这些部位温度的观测常采用在地层中钻测温孔预埋传感元件和开挖阶段在关键部位及时补充布设温度测点的方法进行。

6.18.5.3 施工阶段土体位移和地层压力的监测

地层中的自由水结冰会在土体内引起附加应力和位移,在冻结壁的遮护下进行的开挖掘进施工也会使冻结土层内的应力产生很大变化,为确保施工安全,需要采用测倾仪、分层沉降仪观测地层的水平位移,用预埋土压力传感器对重要部位的地层压力进行观测,防止施工阶段的冻土崩塌、冻结管折断、地下水喷涌等意外事故发生。

6.18.5.4 地表位移和邻近建筑物的变形观测

城市地下工程大多具有埋深较浅、地面现况建筑物多、地处交通干道、对环境保护要求较高等特点,而在浅地层中,土层的冻胀融沉和暗挖所引起的地层沉降较为明显。因此,在冻结法施工的全过程中,要采用精密水准仪和精密测倾装置,对地表的隆起或沉陷和邻近建筑物的倾斜进行连续观测,以便随时合理调整冻结方案和挖掘方案,最大限度地减少施工对环境的影响。

乔丽平　方雨明
(深圳市岩土综合勘察设计有限公司,深圳市粤地建设工程有限公司)

6.19　浅谈嵌岩桩的几个问题

6.19.1　概　　述

嵌岩桩作为一种特定的桩基类型在我国上世纪90年代得到了广泛应用和研究,嵌岩桩特性的理论研究和嵌岩桩的工程应用国内外均有大量的报道,有关嵌岩桩的理论也越来越受到理论界和工程界的重视。因此,有必要对有关嵌岩桩的几个常见问题进行简要的讨论。

6.19.2　嵌岩桩的定义

国外学者认为,不论岩体的风化程度如何,只要桩端嵌入岩体中的就称为嵌岩桩。国内的《建筑桩基技术规范》没有对嵌岩桩作明确的规定。刘树亚、刘祖德认为,只要桩端嵌入到岩体中,不管是硬岩还是软岩,不管是中风化还是强风化,就应该称其为嵌岩桩。由于嵌岩桩定义的不明确,国内学者在嵌入深度研究方面已产生分歧:黄求顺在实验的基础上认为,$3D$(D为桩径)为最佳嵌岩深度,$5D$为最大嵌岩深度,并且已在规范中体现出来;明可前通过实验认为,$4D$为最佳嵌岩深度,而刘松玉等认为泥质软岩中的嵌岩桩的最大嵌入深度为$7D$。

6.19.3　嵌岩桩的分类

承压嵌岩桩的分类按桩侧、桩端分担外荷载份额的不同,承压嵌岩桩可分为三种。刘树亚、刘祖德对此作了如下定义:①侧阻嵌岩桩:桩端以下存在深厚的沉渣,沉渣分担外荷载的作用可以忽略;②端承嵌岩桩:桩侧阻很小或很难发挥,端阻分担了外荷载的大部分,分析或设计时不考虑侧阻的作用;③全阻嵌岩桩:端阻、侧阻尽管发挥的程度不同,但都参与到分担外荷载的作用。显而易见,侧阻嵌岩桩和端承嵌岩桩是全阻嵌岩桩的两个极端情况。

6.19.4　嵌岩桩的嵌入深度

在满足沉降准则和承载力准则的基础上,从经济的角度上考虑,嵌岩桩嵌入深度越浅越好。但应具体问题具体分析,笼统地认为$5D$为最大嵌入深度是片面的、不合适的。因为$5D$只适用于岩石的弹性模量与混凝土的弹性模量相差不大的桩,对于大量的$E_p/E_r>10$的嵌岩桩是不适用的。针对泥质软岩,刘松玉等提出了最大嵌入深度$7D$的观点。国家规范应明确嵌岩桩的定义,继而打破$5D$的框框。那么如何提高嵌岩桩的承载力,使端阻、侧阻都尽可能地得到发挥呢?刘树亚、刘祖德认为,在进行嵌岩桩设计时,不必因为是嵌入到岩石中的桩就对其沉降过分苛求,而应把它和土中的普通桩基一样看待,这样在一定的容许位移情况下,嵌入深度可以相对减小,桩侧、桩端阻力都可以得到较大程度的发挥。

6.19.5　嵌岩桩的设计方法

嵌岩桩的设计,观念上经历了从端阻桩向全阻桩的过渡,计算方法上经历了从弹性方法向弹塑性方法的发展,而设计准则则经历了从单一承载力准则向沉降变形和承载力双准则的变化。

6.19.5.1 国外的研究情况

(1) Rosenberg 和 Joumeaux 的方法　该方法根据试验结果认为:①即使碰到很差的岩石,桩岩握裹强度也很大;②桩岩界面初始破裂发生后,P-S 曲线表现为塑性硬化或屈服,很少出现软化现象;③握裹强度可以粗略地与岩石饱和单轴抗压强度建立关系;④极限端阻远大于一般设计中的容许端阻,即设计太保守。其设计方法,就是把桩岩界面的极限侧阻当作设计值,剩下的荷载由端阻承担,整个嵌岩桩抵抗破坏的安全系数就等于极限端阻值与实际端阻值的比值。该法适用于桩岩界面具有一定的粗糙度,清孔较好的桩,即要保证侧阻与位移曲线为工作强化或屈服型。但在软岩中或清孔、清底难以保证的情况下,该方法会超过桩的实际承载力。

(2) Pells 和 Turner 的方法　该方法采用弹性有限元分析,给出了嵌岩桩的端阻分担比 Q_b/Q 与 L/D 的分布图,并建议了两种设计方法:①假设岩石的端阻及桩岩交界面的侧阻全部发挥,根据已知的桩径 D,求出桩端承担的反力值 Q_b;用总的设计荷载减去端阻 Q_b 得到侧阻承担的 Q_a 值,进而求出嵌岩深度 $L = Q_a/(\pi D \tau_d)$。②先假设桩侧阻力能够承担全部设计荷载,求出最大嵌入深度 $(L/D)_{max}$,然后在图中将点 $[(L/D)_{max}, 0]$ 与点 $[0, 100\%]$ 连线,与 $Q_b/Q - L/D$ 曲线的交点所对应的 Q_b/Q 即为所求的端阻分担荷载比。再根据 Q_b 求出桩端岩体的应力 q_b,若 q_b 小于地基容许承载力,则设计完毕。

根据弹性有限元的分析结果,上述两种方法都可以查到相应的位移值。方法①:想让端阻和侧阻都得到充分发挥,这在弹性状态下是不可能的。若端阻得到充分发挥,侧阻必将进入塑性状态,从而导致端阻实际值不可能是设计值,桩的沉降也无法预测。方法②:对嵌岩桩的设计具有启发性,Rowe 和 Amiitage fv3l 就是以该法为基础。但该方法的关键在于如何通过试验得到桩岩界面平均弹性侧剪阻临界值。

弹性方法简明适用,在某些情况下可以反映工程设计的主要问题,但问题一复杂(例如,桩岩界面出现滑动)就显得力不从心。同时在引用上述弹性方法时,必须注意到其隐含的假设,即桩界面胶结良好,以致于在外荷作用下界面无滑动变形。

(3) Williams 等人的方法　该方法是一种考虑端、侧阻非线性的设计方法。该方法尽管是针对澳大利亚的 Melbourne 泥岩的,但其基本概念和理论却具有一定的典型性。该方法的基础是 Pelts 等人提出的弹性理论法。对非线性状的考虑是通过实测的端、侧阻曲线实现的。若有条件进行此项试验,该方法值得借鉴。其缺陷在于:可能要几次试算才能成功;利用相对独立的端、侧阻桩的试验预测全阻桩的受荷反应,在理论上存在缺陷;另外,William 等仍采用单一安全系数法。

(4) Rowe 和 Armitage 的方法　该方法正确地延用了其同胞 Williams 等的设计原则,即①满足用户指定的设计沉降标准;②保证有足够的承载力安全系数。Rowe 等的方法概念明确、条理清晰,只要有限元能算出较大范围 E_p/E_r 情况下的 $Q_b/Q - L/D - I$ 图,就可以推广应用。其缺陷在于:①用岩体的剪切模量代替桩岩界面的剪切模量;②适合于清底有绝对保证的嵌岩桩,否则沉降和容许承载力的安全系数会降低,端、侧阻分担外荷载的比例将不同于 $Q_b/Q - L/D - I$ 图中的情况。

6.19.5.2 国内的设计方法

现行规范是国内设计方法的典型代表。规范只给出了嵌岩桩承载力的求法,没有给出设计位移值。

若不考虑上覆土层的作用,则嵌岩桩的极限承载力 Q_u 为

$$Q_{u} = Q_{su} + Q_{bu} = (\pi DL)\varepsilon_{a}f_{rc} + \varepsilon_{b}f_{rc}\frac{\pi D^{2}}{4} \tag{6.19.1}$$

设计承载力为

$$Q_{d} = Q_{su}/k_{a} + Q_{bu}/k_{b} \tag{6.19.2}$$

可见,极限侧阻通过 ε_a 与饱和单轴抗压强度 f_{rc} 建立关系,极限端阻通过 ε_b 与 f_{rc} 建立关系。从形式上看,规范是通过极限端阻值和极限侧阻值各自除以一个安全系数而得到 Q_d,但在理论上 Q_{bu} 不能理解为极限端阻值。刘树亚指出:嵌岩桩的端、侧阻极限值很难同时得到充分发挥,在端、侧阻的共同作用下,Q_b 与 Q_s 存在一个内在比值。因此,规范中的 Q_{bu} 只能理解为当侧阻达到 Q_{su} 时端阻的相应发挥值。

影响嵌岩桩受荷性能的因素众多,明可前研究嵌岩桩的受力机理时曾指出:"最影响质量的因素是施工水平","稍有不慎,其桩的承载力将大幅度降低"。明可前的这段话不仅承认了他的一些研究结论只适用于实验室中的试桩或个别情况下的嵌岩桩,也说明了施工等现场因素对嵌岩桩承载性能的强烈影响。实际中的挖孔或钻孔灌注嵌岩桩,由于成孔后岩石的暴露风化或水解,桩端岩体和桩侧界面岩体都可能受到劣化作用;钻孔灌注桩的桩底清孔很难保证,而研究表明,这些软弱面对桩的承载性能的影响是很大的,因此设计方法中应该考虑到这些因素。合理的设计方法应能满足:①采用沉降和承载力双准则控制;②考虑桩岩界面出现滑动破坏;③考虑桩端岩性劣化或桩底沉渣的影响;④考虑岩体特性的影响;⑤将线弹性的设计方法与非线性设计方法相结合,全阻嵌岩桩与侧阻嵌岩桩的设计方法相结合,以利于设计者选择或比较;⑥简单、快捷。

6.19.6 结 语

国内外学者对承压嵌岩桩理论进行了大量的研究,取得了大量的成果。对嵌岩桩的承载机理及提高承载力的措施有了一定的认识,数值模拟方法已由线性发展到非线性,设计理论方面的趋势是采用沉降和承载力双准则。相比之下,国内学者的研究多集中在试验研究、经验统计、分析和总结方面,对承载机理的理论分析还有待努力。以下几个方面的工作应加以重视:①如何经济有效地获得嵌岩桩分析所需的基础性资料,是迫切需要解决的问题,只有这样,数值模拟和理论分析才有立足之本;②在重视试验研究的同时,注重试验与理论分析的结合,这样既可以相得益彰,又可以清楚试验研究的条件和假设,以使试验得出的结论中包含明确的适用条件;③由于桩岩界面和岩体的蠕变,使得嵌岩桩的端、侧阻随时间而变化,时间效应对嵌岩桩承载性能的影响还需要进一步研究;④动荷载对嵌岩桩的影响研究还是一个空白,尤其对水平荷载或复杂荷载作用下的嵌岩桩,动荷载可能会使桩岩界面的部分粘聚力丧失,进而使桩的整体刚度降低;⑤与一般的科研项目相比,很难有足够的经费进行细致的试验,以获取分析所需的参数。因此,复杂的分析方法有助于人们对承载机理的认识,但工程中却不一定适用。嵌岩桩机理和设计方法研究遵循的原则应该是,用较少的已知条件最大程度地反映桩的实际受荷情况。

张 鹏 乔丽平
(深圳市岩土综合勘察设计有限公司,深圳市粤地建设工程有限公司)

6.20 "变废为宝"发展循环经济
——论 DDC、SDDC 技术在固体垃圾处理中的运用

人类社会的发展总是在使有限资源得以最大化利用,但总有一些物质,由于技术的限制或其他因素的影响而不得不闲置,甚至被视为垃圾。因处理失当,人类已饱尝大自然的报复之苦,让人们深切地感受到科学处理人与自然的关系、构建和谐社会的重要和紧迫。科学、优化处理垃圾,创造性地再利用,发展循环经济、构建和谐成为必由之路。

6.20.1 现　　状

人类社会正面临着来自垃圾的威胁,其势已具相当规模,并且还在不断壮大。国家环境保护"十五"计划中有这样一段记载"城市垃圾年产生量以每年 8% 的速度递增,1999 年已达 1.4 亿 t,仅少数经过无害化处理。垃圾围城现象普遍,二次污染严重。"《工人日报》刊登"固体废物处理面临三大难题"一文中也有一段记载"据了解,北京市每年产生固体废物 14 00 万 t 左右,若将北京 1 年产生的固体垃圾堆起来,会形成一座面积 500 亩,高 40m 的小山。"据统计,全国 688 座大中城市,约 2/3 已处于垃圾废弃物的包围之中,1.5 亿 t 垃圾占地将超过 128 万亩。

固体垃圾是指在生产建设、日常生活和其他活动中产生的污染环境的固态、半固态废弃物,主要包括工业固体废料、建筑垃圾等。随着经济的发展,城区的扩大和房地产的发展,建筑垃圾的数量激增,由于其数量巨大和人为因素,常常有乱倒现象,不仅给市容市政工作造成很多麻烦,而且运卸引起的灰尘直接影响市民的健康。据南方日报报道,目前广州市大部分截污河涌水体发臭的主要原因,是沿线房地产的建筑垃圾堵塞下游管道,造成污水溢流到河涌内淤集。

到目前为止,对固体垃圾的处理方法主要有:回收再利用、土地填埋、焚烧法、堆肥法。建设部城建司市容环卫处处长卢英方介绍,目前固体废物焚烧处理所占比重为 1.68%,填埋占 91.78%。而对固体废物进行填埋产生的问题日渐突出:永久占用大量土地、综合利用比例低、对大气和地下水造成污染隐患,还可能引起燃爆或生化危害。因此,通过改进技术,做到循环利用,保持大自然能量良性循环才是根本之计。

6.20.2 DDC、SDDC 的作用机理及技术优势

DDC 是 Down Hole Dynamic Compaction 的缩写,即孔内深层强夯。是由司炳文教授研究发明的技术专利。他在综合重锤夯实、强夯法、灰土桩、碎石桩、双灰桩等地基处理技术的基础上,集高动能、高压强、强挤密各效应于一体,创造了独特的施工方法,完成对各类疑难地基的处理。

"孔内深层强夯法"是先成孔(钻孔、掏孔、冲孔),然后通过孔道向地基处理的深层部位进行填料,并以高动能的特制强夯重锤在孔内深层进行冲、砸、挤、压的高压强、强挤密的强夯作业,使孔内的填料向竖向纵深压缩固结和对桩间土进行横向强劲的挤密动力固结,其桩土作用机理如图 6.20.1 所示。

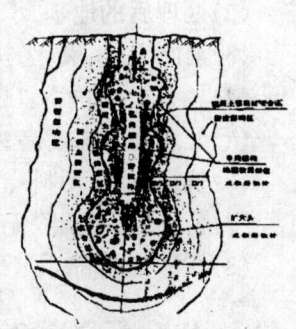

图 6.20.1 孔内深层强夯对桩间土作用机理

此工艺噪音小、粉尘小、振动小,在锤重小、压强高的特制重锤作用下,能产生几千个 $kN·m/m^2$ 高压强的动能。在具有相同夯锤和落距条件下,孔内深层强夯法的单位面积夯击能量比强夯法大很多倍。在深层直接加固软弱下卧层,自下而上均匀加固地基,最深可达 30m 以上。强夯机理的动能压强有很强的创新性(如图 6.20.2 所示)。强夯

时,对下层填料是深层动力冲、砸、挤、压的动力固结,对上层新填料是动力冲、砸、挤、劈的强制侧向挤压固结。通过桩锤的动力强夯,锤侧面土体产生极大的动态被动土压力,锤挤土迫使填料向周边强制挤出,桩间土也被强夯挤密加固。

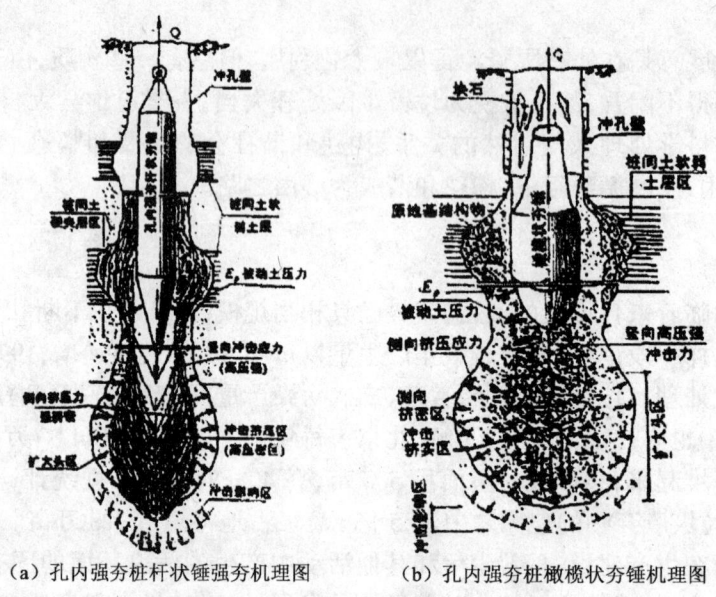

(a) 孔内强夯桩杆状锤强夯机理图　　(b) 孔内强夯桩橄榄状夯锤机理图

图 6.20.2　孔内深层强夯桩锤作用机理

"孔内深层强夯法"处理的地基,自下而上的都得到有效加固,呈均匀密实状态,它不但承载力高而且均匀。而强夯加固的地基上强下弱。

"孔内深层强夯法"在处理地基时,采用较重夯锤,使孔内加固料单位面积受到高动能强夯,使地基材料受到很高的预压应力,迫使填料向纵向压缩固结和桩周横向挤密固结。处理后的地基浸水或加载都不会产生明显的压缩变形。在大型甲类工程疑难地基工程中,其沉降值仅为规范值的 33~44 分之一,地基承载力可提高 3~9 倍,最大处理深度可达 30m 以上。桩体直径可达 0.6~2.5m,最大直径可达 4m 左右。而且桩间土也受很大侧向挤压力,同样也被挤密加固。桩周土被挤密形成了强制挤密区、挤密区以及挤密影响区,形成高承载力的"桩土共同作用"、"整体刚度均匀"大直径的"复合地基"或"桩基",这是一般柔性桩加固地基难以取得的效果。

DDC、SDDC 技术在国内外因其无可比拟的优势获得多项殊荣,并获多项奖项。

综合起来,DDC、SDDC 有以下优势:

(1) 处理各种疑难地基;
(2) 处理后的地基"承载力高";
(3) 消除湿陷、液化,抗震性能好;
(4) 具有"高动能"、"超压强"、"强挤密"的技术特征;
(5) 处理地基深度高;
(6) 就地取材,用料广泛;
(7) 公害小、可消除无机固体对社会的污染;
(8) 经济效益高。

6.20.3　DDC、SDDC 技术处理固体垃圾的可行性

与其他垃圾相比,固体垃圾内部组织比较紧密,硬度高,明显不适合使用焚烧法处理。按传

统处理方法,只能填埋。但固体垃圾数量比较大而集中,而填埋地一般较远。就地使用既经济也不会因装卸产生浮尘。利用DDC、SDDC"高动能"、"超压强"、"强挤密"的优势,在超压强的处理下,让固体垃圾粉碎、重组,并和其他材料紧密结合形成牢固的基础。因其处理深度可达30m,不会因填埋深度不够或封闭性不好污染环境。这种方法可使固体垃圾通过土层变动再造,可保持大自然的能量平衡。

在不断的实践中一次次地验证了将固体垃圾作为桩体材料的可行性及优越性。据完成的100个工程统计,不仅消除垃圾、碴土500万 m³ 左右,在保证工程质量的前提下,为建设单位节约投资10亿元之多。近年来,随着此技术为更多人了解,工程量也在与日俱增,许多工程实际就是在垃圾场上施工,再向垃圾场要地。如北京燕山原油储运站、贵州铝厂等等。以工程实例分析如下:

(1)贵州电解铝厂房是大型国家重点工程之一,每栋厂房基础轴线长522.9m,宽24.0m,三栋厂房地基处理面积约84 000m²。勘察报告显示其地质条件为:

①杂填土广布,以生活垃圾、建筑垃圾、黏土、碎石为主;

②基底为风化石灰岩区,喀斯特溶洞发育。

利用SDDC技术处理,把现场50多万立方米无机固体垃圾作为桩体材料,而且速度之快非钢筋混凝土桩所能比,而且节约资金约5 000万元人民币。检测结果显示:复合地基总体均匀性良好,刚度均匀;灰土桩的复合地基承载力 $f_{spk} = 299$ kPa,渣土桩复合承载力 $f_{spk} = 259$ kPa,压缩模量 $E_s = 20$ MPa,完全满足设计要求。

(2)北京燕山原油储运站的3个10万 m³ 油罐,建立在地质构造极为复杂,有中国地质博物馆之称的牛峪山坡上。利用SDDC技术,通过"超压强动能"处理,取得最佳技术和环保效果。复合地基承载力 $f_{spk} = 600$ kPa,空隙比 $e = 0.56$,干重度 $\gamma_d = 1.7$(平均值),使用沉降量仅为国家规范规定的1/26,大大超过了原设计标准。三个罐地的处理,为国家节约投资600万元人民币,消纳工业废料6 000m³。

温家宝总理在政府工作报告中提出:各行各业都要杜绝浪费,降低消耗,形成有利于节约资源的生产模式和消费方式。发出"建设资源节约型社会"的呼吁。大力发展循环经济,推行清洁生产。通过工程实例证明,DDC、SDDC技术面对多种复杂地质条件有很强的适应性,具有高承载力、刚度均匀等优点,且其技术经济可行,并具有节能环保的优越性。DDC、SDDC顺应时代潮流,将为人类做出更大贡献。

司炳文
(北京瑞力通地基基础工程有限责任公司)

6.21 循环钻机成孔水下混凝土灌注桩工法论述

我国钻孔灌注桩基础自上世纪50年代末期由河南省用人力转动锥头钻孔以来发展迅速。钻孔灌注桩以其施工简便、承载力大、适用范围广而得到工程界的普遍认可,已成为工程中最普遍使用的一种基础形式。在众多的成孔方法中反循环钻机成孔以其适应性广、成孔质量好、速度快、设备简单、噪声和震动波小而得到广泛应用。笔者在承担施工的许多工程中均使用反循环钻机进行成孔作业,取得很好的效果。经过数十年的摸索改进,各种成孔方法的灌注桩施工工法均已比较完善,但由于水下施工的不可遇见性以及其施工工艺专业性较强,如果处理不当极易出现各种质量、安全事故。因此桩基础施工是风险性较大施工项目。下面根据笔者近年来的施工体会对反循环成孔的钢筋混凝土水下灌注桩在施工中易出现的问题及处理方法作一浅显论述(因正循环钻机目前使用相对较少,在此不再赘述)。

6.21.1 成孔

6.21.1.1 塌孔表现
孔内泥浆突然涌起随即降落,表面涌动产生细密气泡。钻进速度应放慢。
(1)产生原因
①泥浆密度不够或泥浆其他性能指标不符合要求,孔壁未形成坚实泥皮。
②钻孔通过砂砾等强透水层或其他原因使孔内水流失而造成孔内水头高度不够。
③护筒埋置太浅,下端孔口漏水、坍塌或孔口地面被浸湿泡软,或钻机压在护筒上,由于震动使孔口坍塌。
④在松软砂层中钻进,进尺太快。
⑤提住钻头钻进,回转速度过快,空转时间太长。
⑥清孔后泥浆密度、黏度等指标降低。
⑦工序衔接不紧,清孔后没有及时灌注混凝土。
⑧吊入钢筋笼时碰撞孔壁。

(2)塌孔的预防和处理
①在松散粉砂土或流砂中钻进时,应控制进尺速度,选用较大密度、黏度、胶体率的泥浆。或投入黏土掺片、碎卵石等使其挤入孔壁起护壁作用。
②现场应备有水源及红土,控制钻进速度。出现水位异常下降时及时补充水源并填入红土封底,加大泥浆稠度减速钻进。
③护筒应埋设牢固,周边用黏土回填夯实。护筒上口应较周边地面高出 20~30cm,防止孔口周边积水。在所有后续工序施工过程中严禁压碰护筒。
④桩基施工前要认真研究地质报告,头几根桩施工时要放慢钻进速度,掌握地质情况后,制订切实可行的钻进方案,确定合理的泥浆指标和钻进速度后,再大面铺开施工。
⑤吊入钢筋笼时应对准钻孔中心竖直插入。具体方法可参见附录1。
发生孔口坍塌时,应立即拆除护筒并回填钻孔,待沉实后,重新埋设护筒再钻。
⑥如发生孔内坍塌,判明坍塌位置,回填砂砾和黄土混合物到塌孔处以上 1~2m,如塌孔严重时应全部回填,待回填物沉积密实后再进行钻进。

6.21.1.2 钻孔偏斜
(1)偏斜原因
①钻孔中遇有较大的孤石或探头石。
②在有倾斜度的软硬地层交界处、岩石倾斜处钻进,或者在粒径大小悬殊的砂卵石中钻进,钻头受力不均。
③在扩孔较大处钻进时,钻头摆动偏向一方。
④钻机底座未安置水平或产生不均匀沉陷。
⑤钻杆弯曲,接头不正。

(2)预防和处理
①安装钻机时要使转盘、底座水平,起重滑轮缘、固定钻杆的卡孔和护筒中心三者应在一条竖直线上,以上项目每个作业班次均应检查校正并填写记录。
②由于主动钻杆较长,转动时上部摆动过大。必须在钻架上增设导向架,控制钻杆上的提引水龙头,使钻杆在钻进过程中始终保持铅直状态。

③钻杆应经常根据需要接长检查,发现主动钻杆弯曲,要用千斤顶及时调直。
④在有倾斜的软、硬地层钻进时,应吊着钻杆控制进尺,以低速钻进。

发现钻孔偏斜,用孔规查明钻孔偏斜的位置和偏斜情况后,一般可在偏斜处吊住钻头上下反复扫孔,使钻孔正直。偏斜严重时应回填砂黏土到偏斜处,待沉积密实后再继续钻进。

6.21.1.3 糊 钻

(1)表现

出浆及进尺异常缓慢。

(2)原因

在软塑黏土层回转钻进,因进尺快,钻渣量大,出浆口堵塞而造成糊钻。

(3)预防处理办法

首先,要根据地质情况选则合理内径的钻杆。其次,还应控制进尺,选用刮板齿小、出浆口大的钻头。若已严重糊钻,应将钻头提出孔口,清除钻头残渣。

6.21.1.4 扩孔和缩孔

扩孔是孔壁坍塌而造成的结果,若只是孔内局部发生坍塌而扩孔,钻孔仍能达到设计深度则不必处理,只是混凝土灌注量将大大增加。若因扩孔后继续坍塌影响钻进,应按塌孔事故处理。

缩孔原因有两种:一种是钻锥维护修理不及时,严重磨耗的钻锥往往钻出较设计桩径稍小的孔。另一种是由于地层中有软塑土(橡皮土),遇水膨胀后使孔径缩小。此时可在缩孔处使用钻头上下反复扫孔的方法进行处理。

6.21.1.5 钻杆折断

(1)折断原因

①所钻孔径较大而钻杆强度、刚度太小,容易折断。
②钻进过程中选用的转速不当,使钻杆扭转或弯曲折断。
③钻杆使用过久,连接处有损伤或接头磨损过甚。
④地层坚硬,进尺太快,钻杆超负荷引起。

(2)预防和处理

①据现场情况经计算选用适当管径和壁厚的钻杆。
②不使用弯曲严重的钻杆,要求连接处丝扣完好,以螺套连接的钻杆接头,要有防止反转松脱的固锁措施。
③应控制进尺,遇坚硬、复杂地层要仔细操作。
④经常检查钻具各部分的磨损情况,损坏的要及时更换。
⑤如发生钻杆折断事故要立即选用适当的打捞方法将掉落的钻杆打捞上来。查明原因,换用新的或大钻杆继续钻进。

6.21.2 清 孔

清孔过程中较少发生质量问题,但应注意以下几点:
①清孔过程中不应向孔内注入清水,严禁水流冲刷井孔内壁。
②严格控制清孔后的泥浆指标。
③用底部为圆锥形的钻头时,沉淀体厚度从圆锥体高度的中点标高算起。
④沉淀体厚度测量方法可在清孔后用开口铁盒吊到孔底,待到灌注混凝土前取出,测量沉淀在盒内的渣土厚度。

6.21.3 钢筋骨架

(1)容易发生的质量问题

①焊点不牢,夹渣咬肉。

②笼体松散、变形。

③安装位置偏差较大。

(2)预防及处理措施

①加强技能培训,电焊工人应持证上岗。内部环形加强筋与主筋的每个交叉点应点焊两处。吊装受力点处的加强筋与主筋、耳筋与主筋间更要焊接牢固,并有专人检查,防止发生钢筋笼坠落事故。

②加强笼体绑扎质量,安放处地面应平整,长时间不用的钢筋笼应有防锈措施并经常滚动90°防止变形。采用适当方法(见附录1)防止钢筋笼在吊运过程中变形。

③吊放钢筋笼时,笼体下端进入孔内0.5m左右时,自护桩引线校正笼体位置,吊车大臂不动,垂直放绳,在笼体上端即将没入泥浆面前再次校核笼体位置,无误后继续放绳。稳笼时吊环位置应以吊钩钢丝绳位置对称。

6.21.4 灌注水下混凝土

6.21.4.1 导管进水

(1)产生原因

①首批混凝土储量不足,导管底口距孔底的间距过大,混凝土下落后,未能将导管底口封住,以至泥水从底口进入。

②导管接头不严,接头间橡皮垫被导管内的高压空气挤开,或焊缝破裂,水从接头或焊缝开裂处流入。

③因施工操作失误或探测错误,提升导管时导管底口超出混凝土面,自导管底口涌入泥水。

(2)预防和处理办法

①仔细计算好混凝土初灌量,计算好导管底口距孔底的间距,确保一次封底成功。

②每次下导管前,所有管节接口均应紧固检查一次。每灌注10根桩后,要重新对导管进行打压试验,检查、更换破损部件。灌注混凝土过程中,尽量使混凝土沿导管壁流下,避免在导管中产生气栓冲压管壁。

③灌注混凝土时,安排两人用两套设备分别检测混凝土灌注深度,互相校核。任何时候导管埋深不应少于2m。

④封底失败或灌注时发现导管进水时,可将钢筋笼及导管拔除,钻机重新就位将孔底沉渣及混凝土吸出,经检查孔底达到原施工标高后,方可进行下道工序。

⑤若混凝土面在水面以下不很深,且尚未初凝时,可于导管底部设置防水塞,将导管重新插入混凝土内,导管上面再加重量,以克服水的浮力。导管内装满混凝土后,稍提导管,利用混凝土自重将底塞压出,然后继续灌注。

⑥如出现问题时,混凝土面在水面以下不很深,但已初凝,导管不能重新插入混凝土时,可在原护筒内面加设内径稍小的钢护筒,压入原混凝土面以下适当深度。再将护筒内的水及泥浆抽除,并将原混凝土顶面的泥渣及软弱层剔除干净,然后在护筒内浇注普通混凝土至设计桩顶。

6.21.4.2 卡　　管

在灌注过程中混凝土在导管中下不去,称为卡管。

(1)产生原因

初灌时隔水栓卡管,或由于混凝土本身原因,如坍落度过小,流动性差,夹有大卵石,拌合不均匀,运输途中产生离析,导管接缝处漏水,雨天运送混凝土未加遮盖,使混凝土中的水泥浆被冲走,粗骨料集中而造成导管堵塞。

机械发生故障或其他原因使混凝土在导管内停留时间较长,或灌注时间持续过长,最初灌注的混凝土已经初凝,增大了管内混凝土下落的阻力,混凝土堵在管内。

(2)预防及处理办法

充分做好施工前的准备工作,加强工序间的衔接。混凝土初凝时间控制在混凝土灌注所需时间的2~3倍左右为宜。

发生卡管时,在保证埋深的情况下可用吊车吊住导管上下抖动。在导管上安装附着式振捣器振动导管使栓塞下落。或在原导管上加安一节2~3m长的导管(起导向作用)。在保证埋深的情况下将导管稍提,将直径较导管内径小1.5cm的预制混凝土塞(重约50kg,后用细钢丝绳栓着)用吊车提着在导管内上下冲捣。

若以上办法均无效时,则只能将导管拔出,以后的处理方法参见导管进水的处理方法。

6.21.4.3 塌　　孔

(1)表现

在灌注过程中如发现井孔护筒内泥浆水位忽然上升溢出护筒,随即骤降并冒出气泡,应怀疑是塌孔征象。此时可用测锤测井深。若井中原测锤被埋上不能取出或探测混凝土面时,达不到原来深度,相差很多,均可证实为塌孔。

(2)产生原因

可能是护筒底脚周围漏水,孔内水位降低,孔内水位差减小,不能保持原有静水压力,以及由于护筒周围堆放重物或机械震动等均可引起塌孔。

(3)预防及处理办法

发生塌孔后,应立即查明原因,采取相应措施,如保持或加大水头,移开重物,排除振动等,防止继续塌孔。

若塌孔范围较小,没有接连不断地继续塌孔,根据经验孔内塌土堆积厚度在1m以内时,若混凝土灌注后能继续上返,则应抓紧时间继续灌注(继续灌注时应增加埋管深度并提高原桩顶浇注标高)。若塌孔严重,无法继续进行灌注时,在确保施工人员及机械安全的前提下应尽量将导管及钢筋笼拔出,孔位处回填水泥稳定土,待沉实后在原孔位处重新开孔。

6.21.4.4 埋　　管

(1)产生原因

导管埋入混凝土过深,导管内外混凝土已初凝使导管与混凝土间磨阻力过大,或提管过猛将导管拉断。

(2)预防及处理办法

混凝土浇注过程中严格控制埋管深度不得超过6m,混凝土中必须加入缓凝剂,加快灌注速度。当因某种原因混凝土供应不及时时,每隔数分钟应将导管上下抖动一次。或在导管上口加装附着式振捣器进行振捣,使导管周围的混凝土不致过早初凝。导管接头部件要经常检查,安装牢固。导管提升过程中感觉有阻力时,应左右转动匀速上拔,不可大力猛拔。

埋管事故发生后应尽快调用较大吨位的起重设备,尽可能将导管及钢筋笼拔出,然后移机重钻。

当已灌注的混凝土距桩顶不深时,可将原护筒向上接长(或外加一道钢护筒),加压或锤击使护筒底角沉到已灌注的混凝土面以下,抽水、除渣后,接灌普通混凝土。

通过以上总结可以看出,钻孔灌注桩是一个工序较为复杂、各工序需紧密衔接的施工项目。施工过程中必须认真准备,严肃对待,不允许有丝毫麻痹大意、松懈侥幸心理。施工中能否在第一时间发现问题,并采取正确的方案进行处理,是保证施工进度、完成成本控制目标的关键所在。

附录1 钢筋笼吊装一法

以往钢筋笼吊装过程中,为减小其变形,往往在笼内加放一根方木,吊车在外面吊住方木起吊。此种起吊方法不能使钢筋笼达到真正意义上的垂直,使其在入孔过程中易刮蹭孔壁,引起塌孔或孔底沉渣超厚。施工过程中尝试使用一种"滑车法"对笼长小于30m的钢筋笼使用效果非常令人满意。起吊过程中吊车大臂向钢筋笼根部方向偏转。

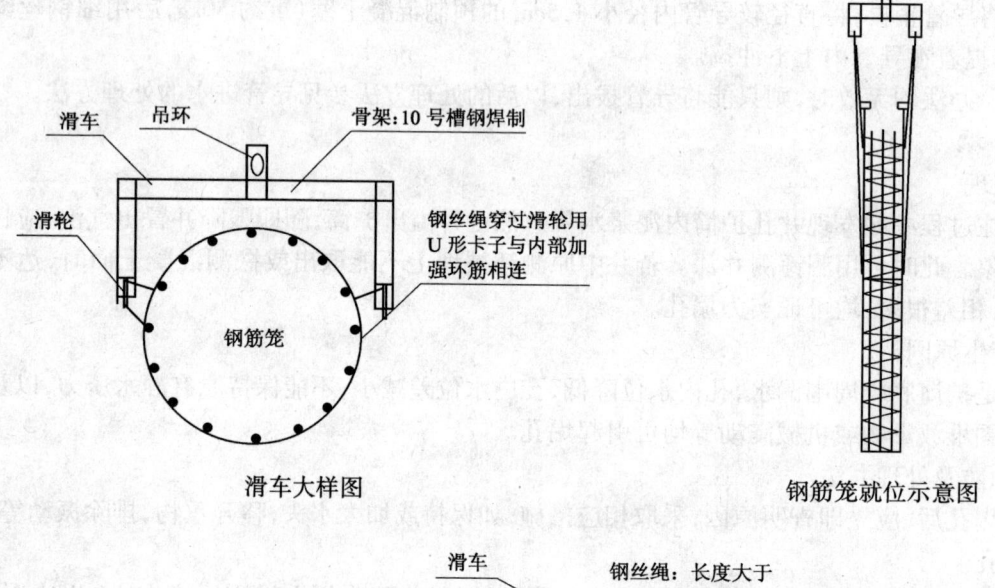

滑车大样图　　钢筋笼就位示意图

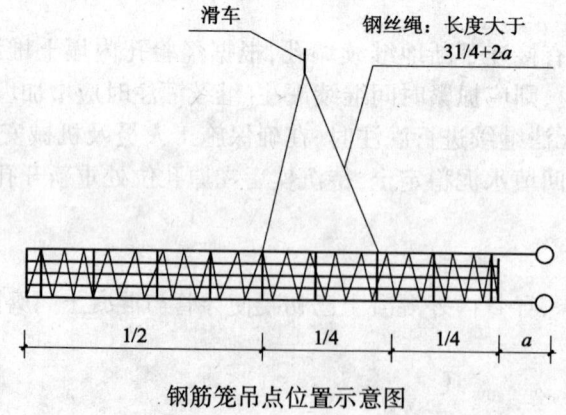

钢筋笼吊点位置示意图

郭英杰[1]　金　星[2]

(1 北京五维地下工程有限责任公司;2 北京城建集团总承包部)

参 考 文 献

1. 王赫,全玉琬,贺玉仙. 建筑工程质量事故分析. 北京:中国建筑工业出版社,1992
2. 高彦斌,吴晓峰,叶观宝. 地下连续墙施工对临近建筑物沉降的影响. 地下空间,2003,23(2):115~118
3. 陈杰,叶观宝,石振明. 上海市地面沉降现状及研究. 陕西建筑,2000(2):22~25
4. 叶观宝,司明强,赵建忠,徐超. 高速公路沉降预测的新方法. 同济大学学报,2003,31(5):540~543
5. 李志斌,叶观宝,徐超. 高速公路沉降预测方法的优化选择. 石家庄铁道学院学报,2005,18(3):24~27
6. 叶观宝,赵建忠,徐超,高彦斌,白航. 油罐地基压缩层厚度的研究. 水文地质工程地质,2002(6):54~56
7. 谢明. 深圳地铁暗挖区间地表沉降分析及控制探讨. 西部探矿工程,2004(6):83~85
8. 王伟,卢廷浩. 建筑物沉降控制分析. 建筑技术开发,2004,31(12):25~27
9. 唐海. 建筑物基础沉降原因分析及控制措施. 中州煤炭,2002(4):36
10. 邱本仁,杨生龙. 某住宅楼基础沉降原因分析及治理方法. 岩土工程师,2003,15(4):28~31
11. 杨光,祝文峰. 公路路基沉降的成因与防治对策研究. 交通科技与经济,2004(4):14~16
12. 吴立民. 天然地基上浅基础的不均匀沉降分析与控制. 化工建设工程,2002,24(4):42~44
13. 叶书麟,叶观宝. 地基处理与托换技术(第三版). 北京:中国建筑工业出版社,2005
14. 玄雁燕. 浅谈减少多层住宅地基不均匀沉降的措施. 煤炭工程,2005(2):27~28
15. 田英. 浅谈地基不均匀沉降的原因及防治措施. 太原科技,2005(3):62~65
16. 才宏,司建中. 浅谈高速公路路基不均匀沉降的控制. 辽宁省交通高等专科学校学报,2002(1):39~40
17. 张典福,马永兴. 软基沉降对建筑设施的影响及其预防措施. 广东土木与建筑,2005(2):12~14
18. 颜春,黎兆联. 路基不均匀沉降的原因与处治措施. 广西交通科技,2002,27(4):32~36
19. 于广明,杨伦,苏仲杰等著. 地层沉陷非线性原理、监测与控制. 长春:吉林大学出版社,2000
20. 赵德深,苏仲杰等. 覆岩离层充填减缓地表沉降实验模拟研究. 煤炭学报,1997.6
21. 钱鸣高编著. 采场矿山压力与控制. 北京:煤炭工业出版社,1983
22. 宋振骐,实用矿山压力控制. 北京:中国矿业大学出版社,1988
23. 范学理,刘文生等著. 中国东北煤矿区开采损害防护理论与实践. 北京:煤炭工业出版社,1998
24. 徐芝纶. 弹性力学. 北京:高等教育出版社,1990
25. 刘洪. 层状岩体离层计算方法研究. 中国矿业大学博士学位论文,1997
26. Humber to Mendoza and Juan Murria Ground Subsidence Modeling in Western Venezula [C]. International Symposium On Land Subsidence, 1989
27. G.Yang, A. Numberical Approach to Subsidence Predicton and Stress analysis in coal Mining Using a laminated Model [J]. Int. J. Rock. Mech. Min. Sci. 1993(7)
28. 江理平等. 工程弹性力学. 上海:同济大学出版社,2002
29. 张玉卓,徐乃忠. 地表沉陷控制新技术. 北京:中国矿业大学出版社,1998
30. 莫海鸿,杨小平主编. 基础工程. 北京:中国建筑工业出版社,2003
31. H·F·温特科恩,方晓阳主编. 基础工程手册. 钱鸿缙,叶书麟等译校. 北京:中国建筑工业出版社,1983
32. E·波勒斯著. 基础工程分析与设计. 童小东等译. 北京:中国建筑工业出版社,2004
33. 陈仲颐,叶书麟主编. 基础工程学. 北京:中国建筑工业出版社,1991
34. 林宗元主编. 岩土工程治理手册. 北京:中国建筑工业出版社,1994
35. 叶书麟,韩杰. 树根桩托换基础试验研究. 中国土木工程学会第七届土力学与基础工程学术会议论文集. 北京:中国建筑工业出版社,1994
36. F. Lizzi(1980). The use of root piles in the underpinning of monument and old buildings and in the consolidation of historic centers. L'INDUSTRIA DELLE CONSTRUZION, Nr.110, Dec.1980. Rome.
37. 和曙泉,平学荣. 树根桩托换及灌浆加固在某危房地基处理中的应用. 西部探矿工程,2004,16(12)
38. 戴恩欣,余健生. "树根桩"在增层工程中的应用与探索. 地基基础工程,1994(4)
39. 姬深堂,乔来军. 树根桩与土钉墙联合支护在边坡加固中的应用. 施工技术,2002,31(1)

40 廉能直. 树根桩在工业厂房技术改造中的应用. 工业建筑,1994,24(6)
41 刘湘晖,袁培中,陈益敏. 复合支护技术在保护基坑邻近建筑物中的应用. 土工基础,2004,18(4)
42 陈江涛. 树根桩-土钉墙复合支护的设计与应用探讨. 基建优化,2005,26(3)
43 廖永忠,陈代君. 树根桩的施工方法及二次注浆的重要性浅析. 西部探矿工程,2005,17(3)
44 陈旭. 沉管抗浮树根桩施工技术的研究与应用. 天津市政工程,2003,15(1)
45 徐卓,翟鸣元. 树根桩加固房屋地基及其质量控制. 山西建筑,2004,30(15)
46 孙少锐,吴继敏,魏继红,侯伟生. 树根桩加固边坡的稳定性分析与评价. 岩土力学,2003,24(5)
47 陈希哲编著. 土力学地基基础. 北京:清华大学出版社,1989
48 黄骅电厂,河北秦皇岛电厂,王滩电厂相关工程资料
49 张晓玲等. 挤扩支盘灌注桩的研究与工程应用. 北京:地基基础工程,1999(1)
50 丽馨园商住楼基桩静载荷试验报告(990731—23). 北京:中国地震局地壳应力研究所工程测试中心,2000
51 江正荣编著. 建筑施工计算手册. 北京:中国建筑工业出版社,2001
52 张永钧,叶书麟. 既有建筑基础加固工程实例应用手册. 北京:中国建筑工业出版社,2002
53 景英仁. 赤泥的基本性质及其工程特性. 轻金属,2001(4):20
54 黄存汉. 建筑结构设计手册. 北京:中国建筑工业出版社,1996
55 曾国熙. 桩基工程手册. 北京:中国建筑工业出版社,1995
56 Allen D.E., Limit States Criteria for Structural Evaluation of Existing, Can, J.Civ.Eng.1991;18
57 姚继涛,马永欣,董振平等. 建筑物可靠性鉴定和加固. 北京:科学出版社,2003
58 胡伦坚. 某工程现浇屋顶坍塌事故分析. 施工技术,2005,(34)4:82
59 王赫. 建筑工程质量事故分析与防治. 南京:江苏科学技术出版社,1990
60 宋晓滨,张伟平,顾祥林. 重物高空坠落撞击多层钢筋混凝土楼板的仿真计算分析. 结构工程师,2002,4:23~28
61 Cheung Y K, Lu Peiyan, Yuet Tsui. A simplified analysis of pile-soil interaction under lateral loading[A]. In: Chueng Y K, Lee P K K ed. Fourth Intemational Conference on Tall Buildings[C]. Hong Kong: China Translation and Printing Ltd, 1988, 1:384~389
62 陆培炎. 横向荷载作用下桩土共同作用简化计算法. 广东水电科技,1991(1)
63 叶书麟等. 地基处理. 北京:中国建筑工业出版社,1997
64 阎明礼,张东刚. CFG桩复合地基技术及工程实践. 北京:中国水利水电出版社,2001
65 陈瑞杰等. 人工地层冻结应用研究进展和展望. 岩土工程学报,2000(1):40~44
66 陈湘生. 地层冻结技术40年. 煤炭科学技术,1996(1):13~15
67 龚晓南. 地基处理技术及其发展. 土木工程学报,1997(6):3~11
68 汪崇鲜. 含水软土地基加固的冻结技术. 施工技术,2000(1):51~52
69 萧岩,程工. 城市地下工程冻结法施工技术及其应用. 市政技术,2002(3):20~32
70 杨平. 冻结技术在基础及地下工程中的应用. 淮南矿业学院学报,1993(4):22~30
71 刘树亚,刘祖德. 嵌岩桩理论研究和设计中的几个问题. 岩土力学,1999(4):86~92
72 刘兴远,郑颖人,林文修. 关于嵌岩桩理论研究的几点认识. 岩土工程学报,1998(5):118~119
73 吕福庆,昊文,姬晓辉. 嵌岩桩静载试验结果的研究与讨论. 岩土力学,1996(1):84~96
74 刘松玉,韦杰等. 深长大直径嵌岩桩单桩沉降的简化计算. 岩土工程学报,2002(4):535~537
75 肖昭然,王录民,李建文. 单桩非线性分析的半解析半数值方法. 岩土工程学报,2002(5):640~644
76 凌治平. 基础工程. 北京:人民交通出版社,1986
77 陈仲颐. 基础工程学. 北京:中国建筑工业出版社,1990
78 交通部第一公路工程局. 公路施工手册. 北京:人民交通出版社,1984
79 林婉华. 建筑施工手册(第2版). 北京:中国建筑工业出版社,1988

上海天演建筑物移位工程有限公司

平移 · 顶升 · 纠偏 · 加固 · 切割

公司简介

上海天演建筑物移位工程有限公司是由上海联圣建筑工程有限公司移位工程管理部经改制重新注册的、具有独立法人资格的、专门从事建筑物移位的特种专业公司，注册资金捌佰万元人民币。具有建筑物纠偏和平移、结构补强、特殊设备的起重吊装等特种和地基与基础工程专业承包资质，可独立完成各类建筑物移位的方案设计与施工。截至2005年，已完成各类移位加固工程40余项。其代表工程上海音乐厅平移与顶升、浙江三门千年古樟整体平移、北京英国使馆旧址整体平移、天津海河狮子林桥整体顶升、安徽合安高速公路上跨桥整体顶升、浙江余杭上跨沪杭铁路的东湖路立交桥顶升、上海市中环线A3.4标云岭西路立交顶升、宁夏吴忠宾馆整体平移等工程所采用的核心技术不仅在该领域填补了国内多项空白，且已达到国际先进水平。中国中央电视台、《人民日报》等国内外主流媒体均给予关注和报道。

公司的研发机构"同济大学建筑物移位技术研究中心"是我国第一个专门从事建筑物移位技术研究的学术机构。公司是中国工程建设标准化协会《建筑物移位纠倾增层改造技术规范》编制单位之一并拥有建筑物移位和整体迁移等方面的多项专利。

在建筑物移位这一技术密集且风险较大的领域，公司将本着严谨的科学态度和求实的工作作风提供安全优质服务。为进一步提高公司的管理水平，公司将引入GB/T19001-2000 idtISO9001:2000；GB/T24001-2004idtISO14001:2004；GB/T28001-2001标准，并认真贯彻执行。郑重承诺：没有99%，只有100%，全力为客户打造放心工程。

典型业绩

▲ 上海音乐厅整体平移与抬升

▲ 英国领事馆旧址整体平移

▲ 杭州市余杭区东湖路立交桥顶升

◀ 宁夏吴忠宾馆整体平移

◀ 浙江三门岭口千年古樟整体平移

▲ 安徽省高速公路跨线桥整体顶升

▶ 上海市中环线A3.4标云岭西路立交顶升

◀ 天津海河北安桥抬升

黑龙江省四维岩土工程有限责任公司

公司简介：

董事长兼总经理　何新东

哈尔滨师范大学地基加固及墙体补强加固

　　黑龙江省四维岩土工程有限责任公司成立于1996年，是由黑龙江省城市规划勘测设计研究院投资组建的高新技术股份制企业，具有岩土工程（甲级）、特种工程（结构补强纠偏）、**水工建筑物地基处理与基础工程**等专业资质，并于2003年通过ISO9001：2000质量管理体系认证。公司技术力量雄厚，设备先进，并聘请国内外知名专家组成专家顾问组，形成公司强大的技术后盾。 公司成立以来，先后完成各类工程300余项，获省部级奖项30余次，其中哈尔滨市齐鲁大厦纠偏工程为世界纠偏建筑物高度之最。公司坚持"以诚为本，团结奋进，开拓创新，精益求精"的质量方针，以"礼、义、廉、耻"的四维精神为社会服务。

文林电力花园住宅楼地基加固

哈依煤气穿越松花江岩土工程勘察

业务范围：

▲ 建筑物病害治理
▲ 基坑支护、降水
▲ 建筑物倾斜扶正、结构补强加固
▲ 建筑物增层、改造
▲ 边坡治理
▲ 水工建筑物地基加固
▲ 混凝土结构植筋、粘钢
▲ 堤坝防渗
▲ 软弱地基加固处理
▲ 岩土工程勘察、设计、治理、检测
▲ 各类桩基施工
▲ 水文地质勘察

宋集屯水库堤坝防渗

北岸明珠基坑支护

中山分公司

长春办事处

山东建筑工程学院
工程鉴定加固研究所

山东建工学院工程鉴定加固研究所是融科研、技术开发、咨询服务于一体的科研经济实体，取得了"工程鉴定加固"专项设计证书、"特种工程"专项施工资质，具有法人地位。

本着"严肃认真，技术先进，稳妥可靠，重义守约"的经营宗旨，面向社会开展服务。自1992年成立以来，完成科研项目几十项，多次获省部级成果奖励。完成建筑物鉴定与加固改造工程项目一千余项。

一、**建筑物可靠性鉴定评估**——现场检测、室内试验、分析和计算。

二、**建筑物加固改造技术**——建筑物加固修复及植筋、粘钢、碳纤维加固。

三、**地基基础处理及纠倾**

四、**灾后建筑物鉴定加固**——遭受爆炸、火灾、水灾等灾后建筑物的鉴定加固。

五、**深基坑支护工程**——济南珍珠泉大厦，5层住宅楼距基坑边缘1.2米，淤泥质土，支护深度9.5米。

六、**楼房整体平移**——山东临沂国家安全局8层办公楼整体平移171.4米（西向96.9米，南向74.5米）。

研究所充分发挥学院科技人才优势，以山东省重点结构实验室先进的仪器设备为依托，服务用户，造福社会。愿与各界朋友密切交流合作。

济南火车站原候车室室内增层改造

济南钢铁集团8层砖混住宅纠倾

深基坑支护工程

山东临沂国家安全局8层办公楼平移171.4米

中铁西北科学研究院有限公司

中铁西北科学研究院有限公司原名铁道部科学研究院西北分院，成立于1961年，专门从事地质灾害防治领域的科学研究与技术开发。四十多年来致力于滑坡、高边坡、危岩体和石窟、古墓葬、古塔纠倾加固以及古建筑物病害治理工程的研究、咨询、勘察、设计和施工。经过数十年艰苦探索和不懈努力，积累了丰富的经验，培养了一支优秀的人才队伍，配备了先进的仪器设备，已成为地质病害防治、文物加固保护领域的主力军之一。2004年首批获得国家文物局施工一级资质。

兰州白塔寺白塔纠倾

从上世纪80年代末以来，公司先后完成了包括世界文化遗产云冈石窟、武威天梯山石窟、张掖马蹄寺石窟、徐州龟山汉墓、楚王陵、贵州镇远青龙洞、都江堰奎光塔、山东蓬莱阁、北京延庆古崖居、北京戒台寺等数十项石窟、古墓葬和古建筑物病害治理工程的勘察、设计、施工，完成了许多卓有成效的抢险加固工程，积累了丰富的经验。特别在古塔纠倾加固方面有独到之处，曾成功地扶正了兰州白塔寺白塔、兰州烈士陵园纪念塔及全国层数最多的都江堰奎光塔，研究课题《古塔及塔式建筑物可控精确纠偏加固技术》获2004年甘肃省科技进步一等奖。应邀参加了《建筑物移位纠倾增层改造技术规范》的编写，组织编写了《中国石窟岩体病害治理技术》，在我国文物保护界享有盛誉。

都江堰奎光塔纠倾

公司一步一个台阶，不断改进保护措施，在实践中探索出了先进的复合锚固技术，创造出了高频轻震的锚孔施工工艺和反向压浆的灌浆工艺；不断更新保护理念，坚持"防护先行"、"维护原貌、修旧如旧"的治理原则，形成了"针对文物特点，宏观与微观结合"的设计理念和"现场试验、验证调整"、"工程可控"的施工特色，做到了"治理与开放并行"，对保护人类文化遗产作出了积极贡献。

北京延庆古崖居保护

炳灵寺大佛加固治理

戒台寺病害治理

大连久鼎特种建筑工程有限公司
DALIAN JIUDING SPECIAL CONSTRUCTION ENGINEERING CO.,LTD

大连久鼎特种建筑工程有限公司于2002年1月28日正式注册成立，具有建设部特种专业工程资质（平移、纠偏、结构补强）、地基与基础工程资质、国土资源部地质灾害防治勘察甲级资质、设计甲级资质、施工甲级资质、评估甲级资质，是大连市科学技术局认定的高新技术企业，是专门从事建（构）筑物纠偏、移位（平移和转向）、病害治理、地质灾害治理的专业公司，拥有各类中高级以上专业技术人员60余人。

公司拥有6项发明专利：建筑物移位的转向方法、建筑物移位过程中的防侧向位移方法、建筑物原地旋转方法、一种阻止海水入侵的地下截潜与集水方法、高层建筑物移位荷载托换方法、高层建筑物移位的抗震方法；3项实用新型专利：一种辐射井纠倾装置、调控桩头荷载纠倾装置、一种负摩擦力纠倾降水井方法。

董事长兼总经理卢明全先生

代表工程

①

②

③大连二十高中基础托换加固　④鞍钢化工总厂烟囱纠偏加固

⑤

⑥

⑤云南大理富海小区累计23栋住宅楼地基基础托换加固
⑥大连锦绣居住区37号、43号楼纠倾扶正

①创吉尼斯世界纪录的广西梧州人事局办公楼平移工程（2004）
②被誉为"华夏第一旋"的世界首例固定轴旋转的山东东营永安商场旋转移位工程（2005年）

江苏东南特种技术工程有限公司

本公司是集科研、设计、施工、工程结构可靠性鉴定及技术咨询于一体的专业性公司，拥有一支由全国知名的结构工程专家、教授组成的专业技术队伍，已承接完成数千项各类在用建筑物、在建工程、文物保护性建筑、特种构筑物和大型公路桥梁等的加固、改造工程设计与施工任务。

业务范围：受弯构件抗弯抗剪补强加固，截柱扩跨，拆墙设梁，快速抢修加固，有严重腐蚀环境的防腐加固，防水堵漏，房屋纠偏，房屋平移，基础加固，基坑支护等

主要施工技术

- ★ 混凝土结构粘贴碳纤维加固
- ★ 混凝土结构粘贴钢板加固
- ★ 建筑物结构封缝灌胶加固
- ★ 钢结构加固
- ★ 混凝土结构防腐
- ★ 建筑物结构无粘结预应力加固
- ★ 混凝土结构钻孔锚固
- ★ 建筑物平移和纠倾
- ★ 止水堵漏技术
- ★ 地基与基础加固

"东南"将以雄厚的技术实力，
严肃认真的工作态度为各界提供建（构）筑物的加固服务

浙岩加固
浙江省岩土基础公司
特种工程分公司

浙岩加固
工程病害治理专家

专业设计

精心施工

规范管理

热情服务

公司简介

浙江省岩土基础公司始创于1958年，是浙江省地勘局直属国有企业，全国地勘功勋单位，曾获"中国500家最佳经济效益企业"，连续多年获浙江省委省政府授予的"文明单位"称号，连续五年被宁波资信评估委员会评为AAA级资信企业。拥有建设部首批颁发的特种专业工程专业承包资质、地基与基础工程专业壹级承包资质，城市道路桥梁工程专业承包叁级资质，工程勘察设计乙级资质和地质灾害防治工程甲级施工、乙级勘察设计资质。

公司下属特种工程分公司，长期专业从事建筑物病害治理、加固改造和建筑特种技术的开发与应用，以多名高级工程师、结构与地基基础方面的知名专家为核心力量，先后完成了660余项工程病害治理的设计与施工，均一次性成功，不留后患，工程合格率达100%。

我们将一如既往与各位同行一道，竭诚为业界服务,共谋发展。

主要技术

1. 建筑物增层、改建加固
2. 建筑物迫降、顶升、平移
3. 粘钢、粘碳纤维加固
4. 钢筋锚固、化学锚栓
5. 裂缝灌浆、渗漏修补
6. 结构加大截面法加固
7. 干、湿法外包钢加固
8. 抽柱拆墙换梁、托换加固
9. 预应力加固技术
10. 砌体双面挂网喷混凝土加固
11. 新老混凝土界面处理
12. 管道修复、防腐加固
13. 注浆加固、止水帷幕
14. 树根桩、锚岩桩加固
15. 50吨至250吨锚杆静压桩
16. 基坑支护、山体边坡治理
17. 建筑物沉降控制与基础托换
18. 道路桥梁、涵洞隧道加固

上海华铸地基技术有限公司

基础托换加固工程

可控纠偏工程

桩基逆作施工法工程

500T级压桩装置

上海华铸地基技术有限公司是上海华冶建筑危难工程技术开发公司部分科技人员于2004年重新组建而成的，具有独立经营施工资质的特种工程施工公司。公司著名地基专家周志道教授，擅长处理复杂的岩土工程事故，具有较高的理论水平和丰富的实践经验；善于自主创新，在地基加固中独立创建了锚杆静压桩技术体系；自上世纪八十年代初相继开发出多项地基加固实用新技术。如：锚杆静压桩地基加固新技术；建（构）筑物可控纠偏新技术；建（构）筑物桩基逆作法施工新技术；大型锚杆静压钢管桩500T级装置专利新技术。主编了中华人民共和国行业标准《锚杆静压桩技术规程》YBJ227—91，并参与上海市地基处理技术规范的编制。

上海华冶公司和上海华铸公司成立至今二十多年来相继完成了基础托换加固和纠偏加固工程近五百项，专门从事技术难度大、工程复杂、施工条件苛刻等大中型建筑桩基事故和超沉降、超倾斜工程等特种工程的处理，自行研制了专业用压桩设备。公司在国内同行业中享有一定声誉，受到工程界的好评。

上海国际会议中心桩基工程
（采用锚杆静压钢管桩装置专利技术）

亚龙国际酒店公寓
（采用锚杆静压钢管桩装置专利技术）

实用新型专利证书

同固™

上海怡昌碳纤维材料有限公司
同济·怡昌工程材料研发中心

◆桥梁结构加固　◆房屋结构加固　◆隧道加固

专业的碳纤维加固

同固牌碳纤维及其配套胶粘剂是目前国产品牌中唯一一家通过"建设部建筑物鉴定与加固规范管理委员会"的安全性及适配性统一检测的品牌。

上海怡昌碳纤维材料有限公司

○ 是与同济大学、华东理工大学共同合作、研制、开发、生产碳纤维系列产品和各种胶粘剂的高新技术企业。

同济·怡昌工程材料研发中心

○ 是由"**同济大学土木工程学院**"与"**上海怡昌碳纤维材料有限公司**"共同组建的，隶属于同济大学的科研机构。中心以建筑桥梁结构检测、鉴定及加固为研究对象，针对工程材料的新技术、新工艺、新产品进行广泛的研发，并提供相应的技术咨询、服务和指导。以碳纤维系列产品为主导的工程材料的应用，已经取得多项科技成果。

○ 中心目前有多名教授、博士生导师、国家注册结构工程师及相应的科研人员。

公司荣誉

◆上海市高新技术企业
◆中国中轻保障中心示范企业
◆上海市新产品成果转化认证企业
◆中国工程建设标准化协会会员企业
◆华东理工大学合作企业
◆日本东丽公司大中华区伙伴企业
◆长城认证中心ISO9001认证企业
◆建筑物鉴定与加固管委会会员企业
◆同济大学复合材料领域合作伙伴企业

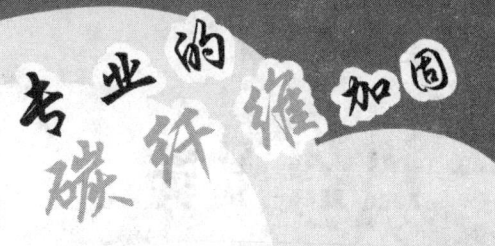

同固牌碳纤维胶粘系列

同固牌碳纤维布材系列

同固牌碳纤维板材系列

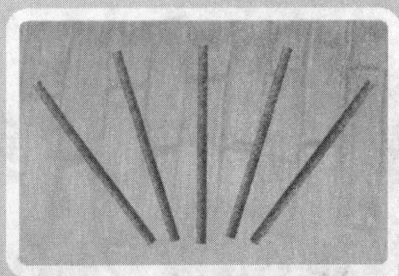

同固牌碳纤维筋材系列

胜特加固

胜特加固

热烈祝贺：

第七届建筑物改造与病害处理学术研讨会 圆满成功！

胜特——城市建筑的医疗师
建筑病害治理专家

广州市胜特建筑科技开发有限公司
GUANG ZHOU SHI SHENG TE CO., LTD

北京瑞力通地基基础工程有限责任公司
BEIJING RUI LI TONG FOUNDATION ENGINEERING CO.,LTD

孔内深层强夯法（DDC）地基处理技术

2005年DDC技术被建设部评定为全国重点推广项目

获得八项专利技术

中国工程建设标准化协会批准编制建筑行业技术标准（CECS）

DDC技术荣获第52届尤里卡世界发明博览会最高金奖

罗马尼亚发明家协会授予DDC技术拯救星球发明最高奖

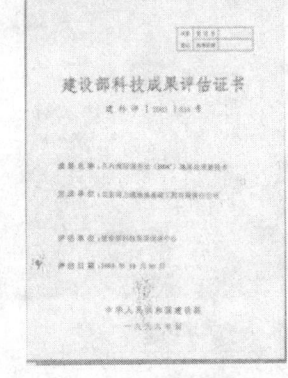

DDC技术被建设部鉴定为达到国际先进水平

孔内深层强夯法（DDC）地基处理技术在部分重点工程中的应用

广州市鲁班建筑防水补强有限公司

公司性质：建筑业高新技术企业，集科研、生产、设计、施工一体化的技术密集型综合企业
公司口号：挑战建筑业世界难题　专治建筑物奇难杂症
公司目标：成为全国乃至世界建筑防水补强企业

广西梧州九层福港楼平移工程（世界上最重的平移）

是当今世界上难度最大的浅基础平移工程。它将一幢重达14800多吨的9层商住楼平移了35.62米，且旋转了2.8度。**2006年1月17日，"广西梧州福港楼平移工程"项目获世界最重的平移工程称号，入选吉尼斯世界纪录**，吉尼斯英国总部颁证官员亲自为总经理李国雄先生颁发证书。

总经理李国雄先生在吉尼斯颁奖大会上

世界上最重的平移工程（福港楼）

新疆和田电力公司住宅楼平移工程

是**世界目前平移最长有地下室的一幢建筑物**。楼长75米，中间设一道伸缩缝，相当于把两幢建筑物"**带着地下室**"同步平移，整个施工过程是在2.2米高的地下室进行，给工程技术人员及平移技术以全新的考验。

广州锦纶会馆平移工程

锦纶会馆是一座拥有三百年历史的砖木结构建筑，平移前结构非常破败，几乎没有整体性，鲁班公司成功地挑战了这一建筑业难题，使会馆整体纵向平移80米，横向平移22米，且抬高了1.04米。这是目前**世界难度最大的砖木古建筑平移工程**。联合国教科文组织官员亲赴现场观摩并给予高度的评价。

平移中的锦纶会馆

联合国教科文组织官员赴平移现场

深圳地铁3C标段桩基托换工程

位于深圳闹市区的百货广场主楼高22层、裙楼高9层、地下三层。我公司采用主动托换方法对该楼裙楼的6条柱进行了托换，平均每条被托换柱托换量为1500吨，最大柱托换量为1890吨，是世界上最大托换荷载的桩基托换工程。该工程从开工到竣工一年后，桩顶累计下沉量小于4mm、上升量小于1mm。

被托换大楼

广东顺德容奇整体顶升1.78米工程

整体顶升前后对照(7.5层，9000吨重)

深圳市粤地建设工程有限公司
深圳市岩土综合勘察设计有限公司

董事长、总经理：王曙光

深圳市粤地建设工程有限公司是经建设部批准成立的市政总承包一级施工企业，承担各类市政工程、桥梁工程、地基与基础工程、房屋建筑工程、土石方工程、建筑装修装饰工程以及水工建筑物基础处理工程的施工。

公司注册资金4100万元，每年建筑施工总产值达2亿元。几年来，共获部级二等奖1项，三等奖1项，市级优秀工程奖多项。2000年被深圳市龙岗区建设局评为先进单位。公司现有职工243人，其中高中级职称技术经济管理人员126人，具有一级、二级资质项目经理22人（其中一级12人）。公司已通过国家ISO9001：2000标准、职业健康安全18000和环境14000体系认证，严格遵循"诚实守信、顾客满意、科学管理、打造精品"的质量方针。我们真诚地希望与社会各界人士进行经济技术交流与合作，为广大用户提供优质高效的服务。

深圳市岩土综合勘察设计有限公司成立于1992年，原名为深圳市龙岗地质技术开发公司，于2003年更名。是国有企业，持有建设部颁发的综合甲级勘察资质证书。主要从事岩土工程勘察、岩土工程设计和施工、测绘工程、水文地质以及抽芯验桩、实验检测等业务。

公司每年产值2000多万元，年均完成勘察项目三百多项。获部级二等奖1项，三等奖2项，市级优秀工程奖5项。1994年公司被广东省委、省政府评为"广东省先进单位"，2000年被深圳市企业评价协会评为深圳市勘察设计行业十强之一，并于2002年通过了ISO9001：2000标准认证。

公司现有职工150人，其中博士、硕士二十余人，高中级职称人员56人，公司下属十二个管理部门，十六个业务部。精良的装备，优秀的人才，务实的作风，团结的队伍，保证了公司生产的高效、优质。公司全体员工正齐心协力、昂首阔步地前进，努力创造公司和谐共进的新篇章。

"九运会"自行车赛馆工程勘察获市优秀工程奖

龙口水库坝基帷幕灌浆工程获部级二等奖

龙岗公安分局大楼基坑工程

深圳大工业区荔景路F3标段道路工程

YZJ 系列建筑结构胶及加固配套产品

长江加固

中国建筑材料科学研究院定点生产企业
中国化工学会重点推荐产品
全国建筑物鉴定与加固标准技术委员会会员单位
中国土木工程学会 FRP 及工程应用专业委员会委员单位

主要产品

YZJ-1　粘钢型结构胶
YZJ-2　植筋型结构胶
YZJ-3　包钢灌注型结构胶
YZJ-4　混凝土界面型结构胶

YZJ-5　裂缝灌注型结构胶
YZJ-6　高潮湿型结构胶
YZJ-7　封缝胶
YZJ-C　FRP 专用配套结构胶

YZJ-T　浸入型混凝土防护涂料
YZJ-QT　混凝土水密防护涂料
YZJ-HY　高强聚合砂浆

（主要产品均通过权威检测机构检测合格）

加固配套产品

台湾重亿产（CYMAX）碳纤维布
台湾重亿产（CYMAX）玻璃纤维布
专用裁剪纤维布电动剪刀
纤维粘贴压密专用滚筒

压力灌浆罐
壁可法注胶器
普通灌浆嘴
加固专用夹具螺杆

加固专用书籍

《建筑结构粘结加固的理论与实践》
《长江加固论文集1》
《桥梁加固论文集》
《水利工程加固论文集》

各种类型结构胶

结构胶包装规格

台湾重亿 CYMAX 型碳纤维布

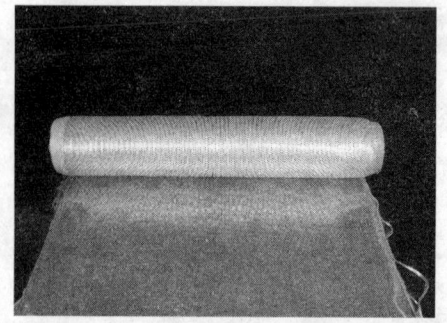

台湾重亿 CYMAX 型玻璃纤维布

压力灌胶罐

专用裁剪纤维布电动剪刀

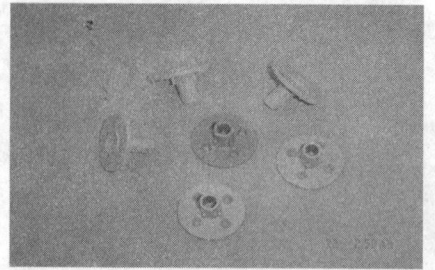

普通灌浆嘴

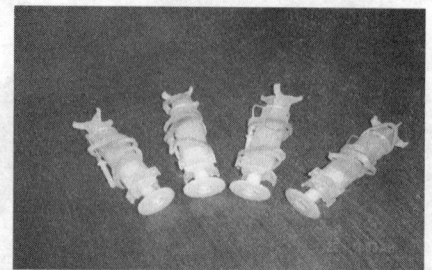

壁可法注胶器

加固理论书

武 汉 长 江 加 固 技 术 有 限 公 司